“十三五”国家重点出版物出版规划项目
面向可持续发展的土建类工程教育丛书
21世纪高等教育建筑环境与能源应用工程系列教材

# 建筑环境学

主　编　李念平
副主编　章文杰　胡锦华
参　编　魏小清　何颖东　段姣姣　阿勇嘎　柳青青
主　审　杨昌智

机械工业出版社

本书根据全国高等院校“建筑环境与能源应用工程”专业教学大纲的要求，结合作者多年的教学和科研经验编写而成。书中系统分析了影响建筑环境的各种因素，从物理、人的生理及心理角度出发，阐述了室内建筑环境对人的热舒适影响因素，分析了室内主要污染物对人体健康的危害及防治措施；探讨了建筑环境模拟与控制及评价方法，并给出了建筑环境数值计算应用实例。全书共9章，包括绪论、建筑室外环境、建筑热湿环境、热舒适环境、室内空气环境、建筑光环境、建筑声环境、建筑环境模拟与仿真、绿色建筑环境评价等。每章相对独立，且理论联系实际。

本书是高等学校建筑环境与能源应用工程专业教材，也可作为建筑学、土木工程、环境工程等专业了解建筑环境学知识的辅助教材，并可作为相应部门科研、管理、工程技术人员的参考书。

本书配有ppt电子课件，免费提供给选用本书作为教材的授课教师。需要者请登录机械工业出版社教育服务网（www.cmpedu.com）查询索取方式。

**图书在版编目（CIP）数据**

建筑环境学/李念平主编. —北京：机械工业出版社，2021.8（2024.8重印）

（面向可持续发展的土建类工程教育丛书）

“十三五”国家重点出版物出版规划项目　21世纪高等教育建筑环境与能源应用工程系列教材

ISBN 978-7-111-68611-8

Ⅰ.①建…　Ⅱ.①李…　Ⅲ.①建筑学—环境科学—高等学校—教材

Ⅳ.①TU-023

中国版本图书馆CIP数据核字（2021）第133238号

机械工业出版社（北京市百万庄大街22号　邮政编码100037）

策划编辑：刘　涛　责任编辑：刘　涛　舒　宜

责任校对：刘雅娜　责任印制：常天培

固安县铭成印刷有限公司印刷

2024年8月第1版第3次印刷

184mm×260mm · 25印张 · 667千字

标准书号：ISBN 978-7-111-68611-8

定价：75.00元

电话服务
客服电话：010-88361066
010-88379833
010-68326294

网络服务
机　工　官　网：www.cmpbook.com
机　工　官　博：weibo.com/cmp1952
金　　书　　网：www.golden-book.com
机工教育服务网：www.cmpedu.com

# 前 言

“建筑环境学”是建筑环境与能源应用工程专业的一门重要的专业基础课，它包含了建筑、传热、声、光、电、材料、人的生理及心理等多门学科的内容，是一门跨学科的边缘科学。

本书是“建筑环境学”课程教材，书中系统介绍了建筑室外环境、热湿环境、热舒适环境、室内空气环境、声与光环境、建筑环境模拟与控制及评价方法，分析了影响建筑环境的各种因素，从物理、人的生理及心理角度出发，阐述了室内建筑环境对人的热舒适影响因素，分析了室内主要污染物对人体健康的危害及防治措施；探讨了建筑环境模拟与仿真及评价方法。

本书由湖南大学李念平任主编，南京理工大学章文杰、湖南科技大学胡锦华任副主编，湖南大学杨昌智主审。各章编写分工如下：湖南大学李念平编写第1章；南京理工大学章文杰编写第2章；湖南工业大学魏小清编写第3章；湖南大学何颖东、阿勇嘎、李念平编写第4章；湖南科技大学胡锦华编写第5章；湖南大学李念平、阿勇嘎、柳青青编写第6章；湖南城市学院段姣姣编写第7章；南京理工大学章文杰、湖南大学阿勇嘎编写第8章；南京理工大学章文杰、湖南大学柳青青编写第9章。另外，湖南大学土木工程学院研究生黄晨昱、陆美瑶、汪泳思、段若岚参与了部分制图与录入工作。

本书可作为高等学校建筑环境与能源应用工程专业的教材，也可作为研究生的参考教材，同时也是从事工程设计、科学研究、施工管理和运行管理人员以及建筑学、城市规划、环境工程等专业人员的参考书。

在本书的编写过程中，编者参考了许多同行专家学者的教材、专著及研究论文，并列于每章参考文献中，以便读者在使用本书时进一步查阅相关资料，谨向有关文献的作者表示衷心感谢。湖南大学杨昌智教授对书稿进行了认真审阅，并提出了不少宝贵意见，在此表示衷心感谢。

由于编写时间较仓促，且所涉及内容广泛，书中缺点、错误在所难免，恳请读者提出宝贵意见。

编　者

# 目录

# 第 1 章 绪　论

1

## 1.1 建筑与环境

### 1.1.1 建筑与环境的含义

建筑是人类的基本活动场所之一，也是人类文化的组成部分。建筑是社会和文化的外显形态之一。由于建筑与特定的文化背景、当地人们的生活环境、生活方式及工作环境有着密切的联系，因此，也可以说建筑是当地人们行为方式和心理的反映。

建筑具有物质形态的特征，从本质上看，建筑也是环境，也是人工环境的一部分，从建筑与环境可以环视一个社会的生活和文化。

环境的内涵更加广泛，人们存在需要的一切物质、条件、状态、境域等均属于环境。从理论上来讲，人类可以使自然处于更好和更有区别的控制之下，如果环境的许多固有价值——自然价值、社会价值、经济和文化价值等被有效地保存、利用和开发，那么它们将能更好地服务于社会和人类。美国建筑学家拉普森教授认为，人们建造的物质环境是由生态学和自然环境开始的。物质环境包括人造环境中的一部分即建筑环境，建筑环境只有通过人们的活动才有意义，图 1-1 所示为建筑与环境之间的相互关系。

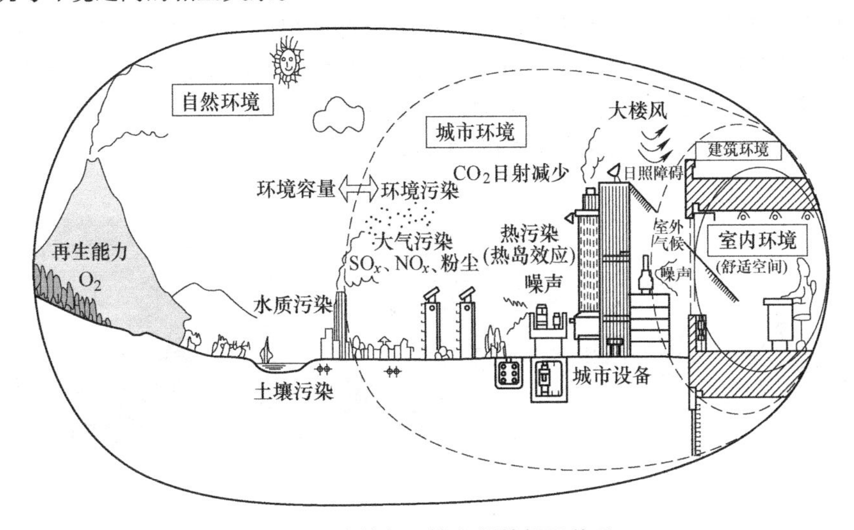


图 1-1　建筑与环境之间的相互关系

在建筑中，环境是被作为一种综合的空间环境概念来对待的。它既包括物理环境，也包括心理环境。而实际上，物理环境与心理环境是相互作用而存在的，在实际中不可能把它们严格分开，因为人们对于环境的感知，一部分与客观存在的物理环境相同，另一部分则是经过人脑加工过的，与客观存在有一定差异的心理环境，人对环境的感知实际上就是这两部分的总和。

### 1.1.2 建筑环境的发展过程

建筑环境，按照“环境”的概念来讲，就是指围绕着建筑，并对建筑的存在与发展产生影响的一切外界事物。它包括室内环境和室外环境。随着不同时期社会生产力和科学技术发展的需要，人们追求和创造的建筑环境也在不断地进步和深化。

古代人类面对的首要问题是如何在恶劣的自然环境中保护自己、求得生存——从巢居、穴居、散居到建房聚居的过程正是人类力图适应自然、利用自然、改造自然，不懈地改善其生存环境的真实写照。新石器时期，随着原始文明的迅速发展，巢居和穴居在漫长的历史过程中逐渐发展成建筑（图 1-2）。建筑是人类与大自然不断抗争的产物。在功能上，建筑是人类作为生物体适应气候而生存的生理需要；在形式上，是人类启蒙文化的反映。

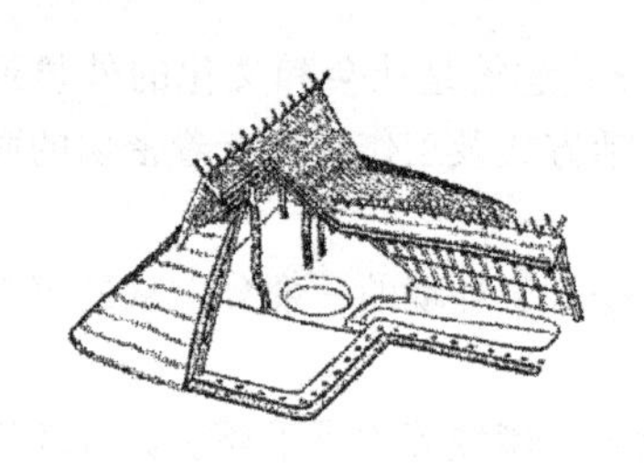

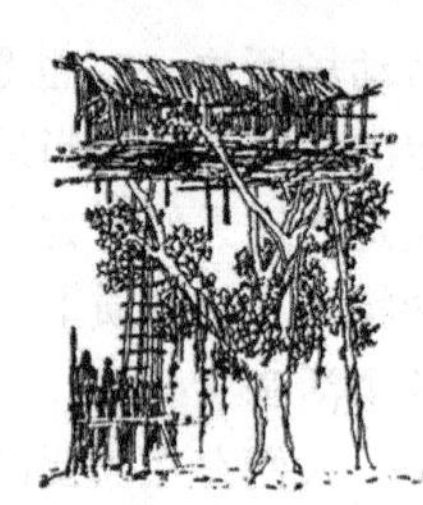

图 1-2 从穴居、巢居到建筑

从远古时代到工业革命之前，人类为防御自然气候与灾害对生命的威胁，所建的建筑仅仅是遮风避雨的遮蔽所。人们在长期的居住活动中，结合各自生活所在地的自然资源、地理环境与气候条件，因地制宜、就地取材，积累了丰富的设计经验。北极寒冷异常，当地的爱斯基摩人的冰屋采用冰块砌筑而成，500mm 厚的墙体可以提供较好的保温性能（图 1-3），当室外温度为 -30℃时，室内温度可维持在-5℃以上。中东埃及、伊拉克等地区气候干燥、昼夜温差大，民居通常用土坯砌筑而成，其外墙厚度一般为 340～450mm，屋面厚达 460mm。利用土坯的蓄热性，当室外昼夜温差在 25℃时，室内温度波动在 5℃以内（图 1-4）。

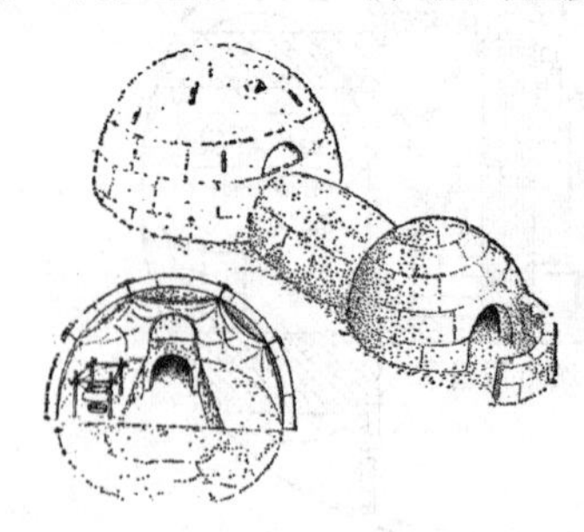

图 1-3 爱斯基摩人的冰屋

在我国西北黄土高原地区，因土质坚实、干燥、地下水位较低等特殊的地理与气候条件，人们造出了“窑洞”以适应当地冬季寒冷干燥、夏季炎热、春季多风沙、年气温变化较大的气候环境（图 1-5）。蒙古包采用木料、毛毡等材料建造，能够适应内蒙古冬季寒冷的气候环境，起到挡风保暖、抵御沙暴和雨雪侵袭的作用（图 1-6）。生活在西双版纳的傣族人，为了适应当地

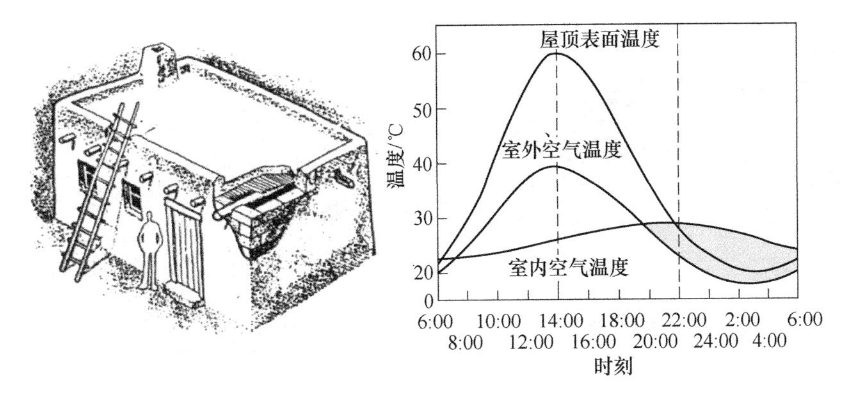


图 1-4 中东地区传统民居

的高温、高湿的气候环境，创造出了颇具特色的家住木楼——干阑式民居（图 1-7)。图 1-8 所示为夏天炎热高湿、冬天阴冷潮湿的湖南湘西地区的苗家民居。

图 1-5 西北窑洞民居

图 1-6 蒙古包

工业革命后到 20 世纪 70 年代初，大量煤炭和石油的开采，发电和生产燃气技术的成熟，使人们方便地得到丰富的电能和天然气，空调与供暖及人工照明等设施的使用，使人们有条件去追求建筑的舒适性，人类进入了所谓的“舒适建筑”阶段。进而出现了全封闭的、完全靠空调和人工照明来维持室内环境而与自然界隔绝的“现代化建筑”。

然而，石油危机使这种人工环境的能源供应产生了危机，工业界以及人们的生活观念发生了很大的变化，建筑领域也不例外。许多节能规划项目立项，有关合理使用能源法规的制定，建

图 1-7 云南干阑式民居

图 1-8 湖南湘西地区的苗家民居

筑隔热性能的研究，大量合理使用能源的指南，降低建筑环境设计的标准等相继出现。与此同时，积极利用太阳能等自然资源、采用高效机械设备、以节能为宗旨的节能建筑逐渐增多。此阶段的建筑环境设计特征是在舒适和节能之间寻找平衡点。

节能建筑使人工生物圈内的平衡打破了，许多闻所未闻的健康问题显现出来，“病态建筑综合征”等引起了人们的关注。20 世纪 80 年代出现的智能化大楼将“白领”工人的劳动生产率与室内环境品质联系起来，国外学者开始研究“健康建筑”，特别是室内空气品质，甚至在大楼里建起模拟自然环境的森林浴空调。这一阶段，尽管建筑能耗有所反弹，但更多的研究集中在如何提高能源利用率，计算机技术的介入使得提高效率、降低能耗有了可靠的保证。这一阶段的建筑环境设计特征是在健康、节能之间寻找平衡点。

可持续发展理论的提出使人们开始反思，此前的建筑发展历程实际上是人类在不断地与自然界抗衡，是人类以不可再生的能源作为武器与自然界斗争。其结果是人与自然两败俱伤。建筑环境设计不仅影响室内环境品质，进而影响人们的健康和舒适，而且还影响实现建筑环境所需的能耗及其向大气排放的废气的质与量，于是学者们提出了“绿色建筑”（或者“可持续建筑”“生态建筑”）的概念。这种建筑的建筑环境应该是健康、舒适的，所用能源是清洁的或者接近清洁的，对大气影响是最小的或接近最小的，并尽可能充分利用可再生能源、亲和自然（比如利用自然通风和天然采光）、不破坏环境、保护居住者的健康，充分体现可持续发展和人类回归自然的理念。国内外许多学者致力于绿色建筑的研究，并建立了一些示范建筑，甚至建立了“零能耗”的样板房。可持续发展对建筑环境学学科发展提出了更新的要求，促使人们从人的生理和心理角度出发，研究确定合理的室内环境标准，分割室内居住区域和非居住区域，研究自然能源的利用，在室内环境品质、能耗、环保之间寻找建筑环境设计的平衡点。至此，建筑环境学作为一门建筑环境设计的必备学科成熟和完整起来。图1-9展示了建筑环境设计目标发展的演绎过程。

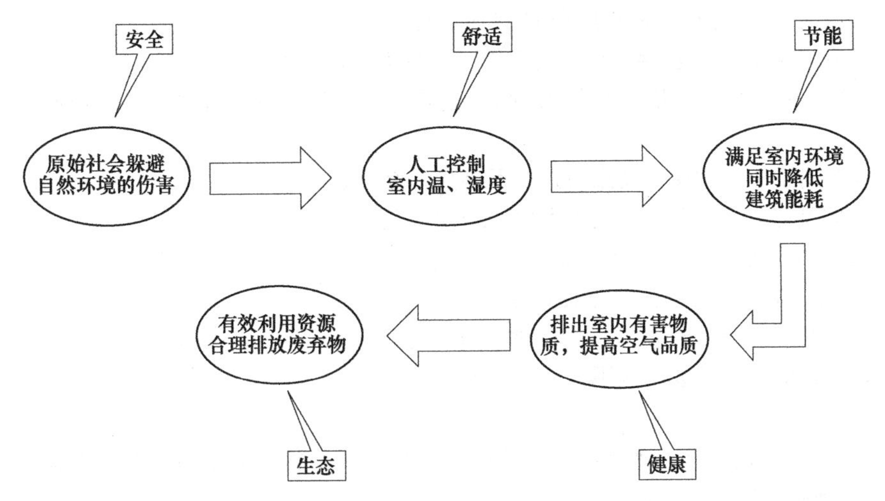


图1-9 建筑环境设计目标发展的演绎过程

### 1.1.3 建筑环境控制的发展历程

从遮风避雨的遮蔽所，到现代化舒适建筑，到节能建筑、健康建筑乃至生态建筑，都离不开对建筑环境的控制手段，建筑环境控制手段的应用也经历了从朦胧到觉醒、从被动到主动、从无意识到有意识的过程。建筑环境控制从火资源利用开始，展开了最早的建筑环境控制实践。

#### 1. 暖房的历史

壁炉、火炉、暖炉等直接燃烧的取暖方式，不但污染空气，而且具有相当的危险性。但是，事物总是不断向前发展的。

1）1784年，蒸汽机发明者瓦特（Watt）利用废弃的蒸汽作为热源，这是现代暖房系统的雏形。

2）1792年，德比（Derby）医院中设置了重力式风暖房系统，利用管道由室外引进新鲜空气，加热后送入各房间内。

3）1830年，布拉默（Bramah）首次在威斯敏斯特（Westminster）医院利用温水发热器简易暖房系统。

4）20世纪初，各种放热器先后诞生。

#### 2. 玻璃的温室效应

（1）早期的“玻璃”雏形　没有玻璃窗之前，北方寒带国家的建筑开口设置极其保守，基本不设开口。但是人有从室内眺望室外的欲望，纯粹的开口虽然解决了瞭望问题，却无法防风、防雨。然而，许多古老民族的住宅采用了种种两全其美的方法。

1）爱斯基摩人的冰孔——在圆顶雪屋上端留数个透明的冰块。

2）中国古人的纸糊——在花格子窗扇上贴油纸纸张。

3）滨海渔民的鱼鳔——使用透明的鱼鳔。

4）游牧民族的兽皮——半透明的兽皮、牛胃。

（2）玻璃的产生　玻璃的使用，使“防风雨”和“采光、眺望”的双重功能发挥尽致，并且因为其具有特殊的“温室效应”，使建筑物保温性能大增。

1）公元65年，出现使用玻璃扇面的记录。

2）公元79年，庞贝古迹中发现成熟的玻璃窗。

3）17世纪中叶，法国人发明平板玻璃制造法。

4）20世纪中叶，浮法玻璃问世，玻璃深加工技术出现并发展。

（3）玻璃在建筑中的应用　玻璃的最初用途是为了应用于寒带地区，冬季取暖。它不适用于炎热地区。

1）古罗马时期，玻璃窗的使用使开口不再受天冷限制。

2）由于玻璃窗取代厚石墙，促进了拱券结构的诞生。

3）以最少的框架“挖”出最大采光面——尖拱、哥特式建筑的飞扶壁。

4）16世纪，温室从北欧荷兰开始流行。

5）18世纪欧美上流社会温室盛行，称为温室时代（Age of Greenhouse）。

6）钢铁结构的发展给玻璃应用带来无限生机。

### 3. 空调的演变

（1）低技术“空调”期　现代冷气空调的出现虽然不是很久的事情，但是人类以通风、蒸发等原始方法来降低室温的历史却非常久远。

1）在许多古老的乡土建筑中，依然可发现许多善用通风来降低室内温度的好例子：伊拉克及巴基斯坦等干热地方居民建有“风塔”以采凉风。

2）利用水的蒸发来作自然冷房。印度有些居民在入口或者窗户上放置潮湿的草席，地中海沿岸地区居民中庭中设置水池，更有民居在风道中放置水盆。

3）利用冰雪来降低室温。

（2）中技术“空调”期　此时期空调作为一项系统出现，综合了初步的技术概念，做到冷却、除湿并举。

1836年瑞德（Reid）博士为英国下议院议事厅设计的冷房系统，是现代空调的雏形。此系统包括加湿、干燥、冷却、过滤系统。室外空气经过12.6m×5.46m幕布过滤后，由开有100万个小洞的地板吹入室内。

（3）高技术“空调”期　制冷机的出现使得空调系统冷却、除湿等过程的控制自如。这也正是空调进入高技术时期的标志。

1）1902年，美国人Willis H. Carrier为德克萨·威廉斯印刷出版公司安装了世界上第一台空气调节系统；1922年，Willis H. Carrier研制出了第一台离心式冷冻机并应用在Graumann's Metropolitan剧场。

2）19世纪中叶以后，冷冻机在渔业、农业方面已经迈入实用化阶段。

3）20世纪初期，冷冻机才利用到建筑中，用作建筑空调。

4）20世纪40年代后期之前，建筑物中的空调并不太多。

5）由于第二次世界大战之后的技术革新，空调迅速普及。

6）钢结构、玻璃幕墙的产生与建筑空调互相依存、相互促进，但在1973年第一次石油危机之后，人们开始反省空调的大量应用所带来的新的矛盾，如电力消耗倍增、能源危机、环境污染等。

（4）回归期　如今，建筑界渐渐抛弃了以往设备依附于建筑设计的成见，开始留意设计和设备的整合问题以及其他问题。

1）设计和设备的整合。

2）低技术“空调”和中技术“空调”的重生。

3）自然和自净的回归。

4）责任（未来）和信任（现在）的并存。

## 1.2 建筑环境学简介

### 1.2.1 建筑环境学的定义

“建筑环境学”与“传热学”“工程热力学”以及“流体力学”共同组成了建筑环境与能源应用工程学科的专业知识平台。所谓建筑环境学，简单地讲，就是指在人所处的建筑空间范围内，在满足其使用功能的前提下，如何让人们在使用过程中感到舒适和健康的一门科学。根据建筑物使用功能的不同，从以人为本的角度出发，研究建筑室内的温度、湿度、气流组织的分布、空气品质、采光、照明、噪声和音响效果等及其相互间组合后所产生的效果，研究建筑室内外环境之间的相互作用和影响，并对此做出科学的评价，为营造舒适和健康的建筑室内环境而提供理论依据。

随着社会的进步和科学技术的不断发展，现代社会人们一天当中的大部分时间（超过80%）在室内活动，人们的生活和工作虽然越来越方便了，但与此同时出现了越来越严重的病态反应，这一问题引起了学者们的广泛重视，并很快提出了病态建筑（Sick Building）和病态建筑综合征（Sick Building Syndrome，SBS）的概念，而SBS主要是由于室内热微气候、室内空气品质（Indoor Air Quality，IAQ）和室内声环境、光环境不佳引起的。

在强调可持续发展的今天，建筑环境学也面临着两个亟待解决的问题：第一，如何解决满足室内环境舒适性与能源消耗和环境保护之间的矛盾。目前，在建筑能耗中，50%以上为空调系统所消耗的。因此，研究和制定合理的室内环境和舒适标准，以便有效地合理利用能源，是我们目前面临的一个艰巨而紧迫的任务。第二，在室内空气品质方面，由于大量使用合成材料作为建筑内部的装修和保温，造成室内空气污染，影响人体健康。因此，研究和掌握形成病态建筑的起因，分析各因素之间的相互影响，为创造健康的室内环境提供科学依据也是我们面临的一个很重要的任务。

### 1.2.2 建筑环境学的研究对象及方法

建筑环境学主要由建筑室外环境、室内热湿环境、室内空气质量、建筑声环境及光环境和建筑室内电磁环境等若干部分组成，包含了建筑、传热、声、光、电磁、材料、生理及心理和生物等多门学科的内容，是一门跨学科的边缘科学。不同领域的专家的研究出发点和目标不完全相同。概括地讲，建筑环境学的研究内容就是从环境的角度和以人为本的观点，结合人的生理特征和心理反应，利用各相关领域的研究成果，研究自然界中的大气、热辐射、光反应和电磁场等因素对人类的影响，以及在建筑物的内部和外部创造出比自然环境更好的人工环境的理论和方法。

通过学习“建筑环境学”，要完成的任务：①了解人类生活和生产过程需要什么样的室内外环境；②了解各种内部和外部因素是如何影响人工微环境的；③掌握改变或控制人工微环境的基本方法和手段；④综合评价建筑环境的营造过程及其对生态环境、能源、资源等众多方面的影响。

针对第一个任务，需要从人类在自然界长期进化过程中形成的生理特点出发，了解热、声、光、空气质量等物理环境因素（即不包括美学、文化等主观因素在内的环境因素）对人的健康、舒适的影响，了解人需要什么样的微环境。此外，还要了解特定的工艺过程需要何种人工微环境。

针对第二个任务，要了解外部自然环境的特点和气象参数的变化规律；外部因素对建筑环境各种参数的影响；掌握人类生活与生产过程中热量、湿量、空气污染物等产生的规律以及对建筑环境形成的作用。

针对第三个任务，要了解建筑环境中热、空气质量、声、光等环境因素控制的基本原理、基本方法和手段。根据使用功能的不同，从使用者的角度出发，研究微环境中温度、湿度、气流组织的分布、空气品质、采光性能、照明、噪声和音响效果等及其相互间组合后产生的效果。并对此做出科学的评价，为营造满足要求的人工微环境提供理论依据。

针对第四个任务，要全面了解建筑活动会对哪些因素（如生态、能源、资源等）产生影响，产生怎样的影响，以及怎样评价这些影响；掌握绿色建筑的概念和内涵，建立正确评价建筑是否绿色的方法体系；正确评价人类建筑活动、自然生态环境、社会、经济系统之间的关系，找到发展与环境协调的平衡点。

“建筑环境学”课程内容主要由建筑外环境、建筑热湿环境、热舒适环境、室内空气环境、声环境、光环境、建筑环境综合评价等部分组成。

研究建筑规划、单体建筑设计、建筑围护结构设计和室内装修设计等建筑设计因素对室内外环境的影响，涉及从材料的物理性能着手，对材料的热物性、光学性能、声学性能进行研究的建筑物理学。

从研究人体的功能出发，用热生理学来研究人体对热和冷的反应机理，认识包括像血管收缩和出汗等一系列的反应机理。

为了了解人在某些给定的热、声、光环境下的感觉，即在一定的刺激下，如何来定量地描述这种感觉，必须借助心理学的研究手段，通过观察受试者的反应得出结论。由于感觉是不能测量出来的，需要通过某些间接的途径来实现，所以需要通过不同的测试手段来研究反应与感觉的关系。

综上所述，“建筑环境学”内容多样，涉及热学、流体力学、物理学、心理学、生理学、劳动卫生学、城市气象学、房屋建筑学、建筑物理学等学科知识。事实上，它是一门跨学科的边缘科学，因此对建筑环境或者人工微环境的认识需要综合以上各类学科的研究成果，这样才能完整和正确地描述建筑环境，合理地调节控制建筑环境，并给出评价的标准。因此，建筑环境学的研究方法主要是正、反面研究的结合。自然界中的声、光、热等既是人类生存必需的，又有产生污染、造成危害的可能性，这是事物矛盾的两个方面。人们在利用这些条件造福的同时，可以通过一定的技术措施来防止和消除污染，包括：质和量的研究相结合、宏观和微观的研究相结合、与交叉学科的研究相结合、建筑环境学理论与工程实际应用相结合、计算机技术在建筑环境中的应用等。

## 复习思考题

1. 建筑环境学面临的有待解决的问题是什么？
2. 建筑环境学的主要研究内容是什么？
3. 阐述建筑环境学的产生背景。

## 参考文献

[1] 李念平. 建筑环境学 [M]. 北京：化学工业出版社，2010.
[2] 朱颖心. 建筑环境学 [M]. 3 版. 北京：中国建筑工业出版社，2010.
[3] 黄晨. 建筑环境学 [M]. 2 版. 北京：机械工业出版社，2016.
[4] 宋德萱. 建筑环境控制学 [M]. 南京：东南大学出版社，2003.

# 第2章 建筑室外环境

本书所述的环境主要指人类生存的空间及可以直接或间接影响人类生活和生产的各种自然因素。对不同的对象和科学学科来说，环境的内容也不同。对建筑学来说，环境是指室内条件和建筑物周围的景观条件，即建筑内环境和建筑外环境。建筑内环境包括空间内空气的热湿环境、空气品质、气流环境、声环境和光环境等，它直接影响人类的生活和工作；建筑外环境包括建筑外围护结构以外的一切自然环境和人工环境，它通过围护结构直接影响室内的环境。例如，室外空气温湿度、太阳辐射、风速与风向变化，均可以通过围护结构的传热、传湿、空气渗透使热量和湿量进入室内，对室内热湿环境产生影响；同时，通风对改善室内热湿环境与空气品质具有重要作用，应考虑冬季防风和夏季有效利用自然通风等问题，与室外风环境和建筑群布局有密切关系；日照与建筑朝向、间距、建筑群的布局，建筑平面布置与房间开口等的选择息息相关。因此，为了营造良好的室内环境，必须了解建筑外环境的变化规律及其特征。另外，为了在建筑节能技术中更好地利用室外空气、太阳能、地热能、风能等，也需要了解建筑外环境的相关要素。

一个地区的建筑外环境是在许多因素综合作用下形成的，它主要取决于太阳对地球的辐射，同时也受人类的城乡建设和生产、生活等活动的影响。与建筑内环境和建筑节能密切相关的环境要素主要有：太阳辐射、气温、湿度、风、降水、天空的辐射、土壤温度等。

本章主要围绕气温、湿度、风、降水等几个重要环境要素进行讨论，并对我国的气候分区与设计用气象参数加以介绍。

## 2.1 太阳与地球运动规律

### 2.1.1 地球运动规律

#### 1. 地球自转与公转

太阳的直径约为 $1.39\times10^6$km，地球的直径约为 $1.27\times10^4$km，两者之间的平均距离约为 $1.5\times10^8$km，它们之间的几何关系（示意图）如图 2-1 所示。从图中可以看出，在太阳与地球的中心线上，地球表面某点至太阳的张角仅为 32′，因此可近似地将太阳投射到地球的光线视为一组平行光束。

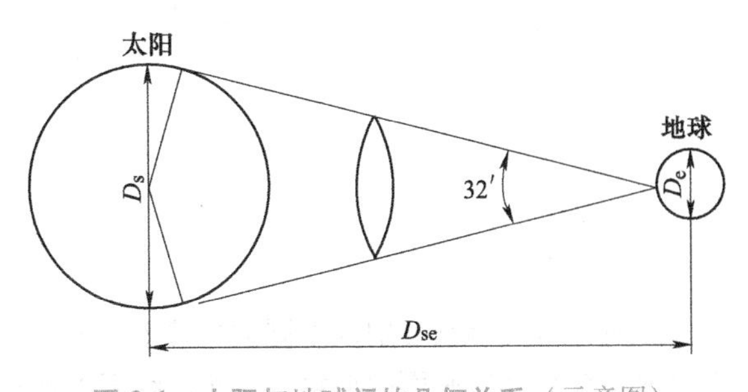


图 2-1 太阳与地球间的几何关系（示意图）

地球绕太阳逆时针旋转，其运行轨道接近椭圆形，而太阳所居位置有所偏心，因此太阳与地球之间的距离逐日在变化。1 月初两者距离最近，约为 $1.47\times10^8$km，7 月初两者的距离最远，约为 $1.53\times10^8$km（图 2-2a）。除公转以外，地球还绕其极轴（地轴）自转，地轴与地球绕太阳运行的轨道平面（黄道平面）的法线呈固定倾角，其值为23°27′。因地球自转形成昼夜，公转形成四季。地球上的任何一点位置可以用地理经度和纬度来表示。

一切通过地轴的平面同地球表面相交而成的圆叫经度圈，经度圈都通过地球两极，因而都在南、北极相交。这样每个经圈都被南、北极等分成两个180°的半圆，这样的半圆叫经线，或子午线。一般将全球分成180个经度圈，360条经线。

一切垂直于地轴的平面同地球表面相割而成的圆都是纬线，它们彼此平行。其中通过地心的纬线叫赤道。赤道所在的赤道面将地球分成南半球和北半球（图2-2b）。

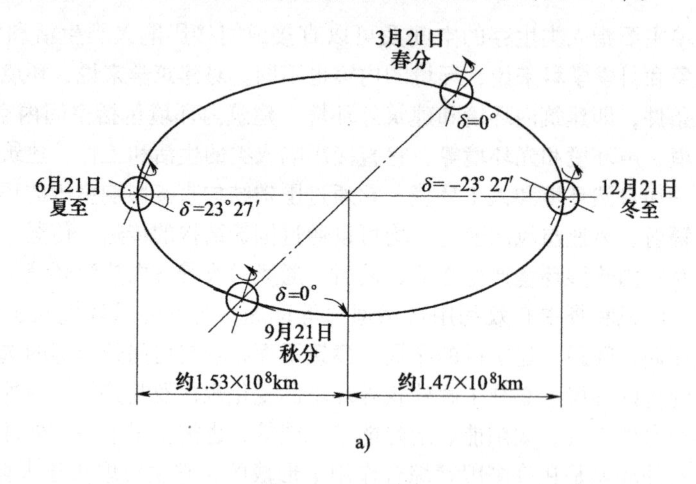


a)

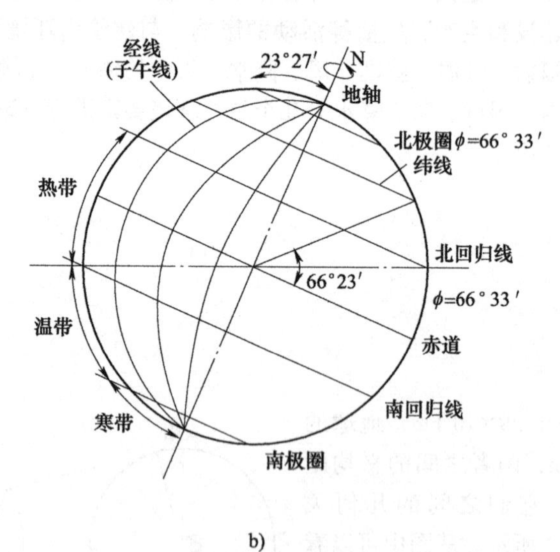


b)

图2-2 地球的自转与公转

不同的经线和纬线分别以不同的经度和纬度来区分。所谓经度，就是本初子午线所在的平面与某地子午线所在平面的夹角。因此，经度以本初子午线为零度线，自零度线向东分为180°，称为东经；向西180°，称为西经。纬度是本地法线（地平面的垂线）与赤道平面的夹角，是在本地子午线上度量的。赤道面是纬度度量起点，赤道上的纬度为零。自赤道向北极方向分为90°，称为北纬；向南极方向分为90°，称为南纬。

地球中心与太阳中心的连线与地球赤道平面的夹角称为赤纬（或赤纬角），用符号 $\delta$ 表示（图 2-2a）。赤纬角的逐日变化是导致地球表面上太阳辐射分布变化、昼夜时间长短变化以及任何给定地区各季太阳辐射强度有很大变化的主要原因。

### 2. 四季的形成

地球公转及黄赤交角的存在造成了四季的交替。季节更迭的根本原因是地球的自转轴与其公转轨道平面不垂直，偏离的角度是黄赤交角。由于地轴的倾斜角永远保持不变，致使赤纬随地球在公转轨道上的位置（即日期）的不同而变化。全年赤纬在+23.5°~−23.5°（即北、南回归线之间）变化，从而形成了一年中春、夏、秋、冬四季的更替。赤纬 $\delta$ 随时都在变化，可用以下简化公式计算赤纬 $\delta$：

$$\delta = 23.45 \times \sin\left(360 \times \frac{284 + n}{365}\right) \tag{2-1}$$

式中 $\delta$——赤纬（°）；

$n$——计算日在一年中的日期序号。

赤纬从赤道平面算起，向北为正，向南为负。春分时，赤纬为 0°，阳光直射赤道，并且正好切过两极，南北半球的昼夜相等。春分以后，赤纬逐渐增加，到夏至达到最大（+23.5°），此时太阳光线直射北回归线上。以后赤纬一天天地变小，秋分日的赤纬又变回到 0°。在北半球，从夏至到秋分北极圈处在太阳一侧，北半球昼长夜短，南半球夜长昼短，到秋分时又是日夜等长。当阳光又继续向南半球移动时，到冬至日，赤纬达到−23.5°，阳光直射南回归线，这情况恰与夏至相反。冬至以后，阳光又向北移动返回赤道，至春分太阳光线与赤道平行，如此周而复始。主要季节的太阳赤纬 $\delta$ 值见表 2-1。

表 2-1 主要季节的太阳赤纬 $\delta$ 值

| 节气 | 日期 | 平均时差 | 赤纬 $\delta$ | 平均时差 | 日期 | 节气 |
|---|---|---|---|---|---|---|
| 夏至 | 6月21日或22日 | −1.9min | +23°27′ | | | |
| 芒种 | 6月6日左右 | 1.1min | +22°30′ | −4.9min | 7月8日左右 | 小暑 |
| 小满 | 5月21日左右 | 3.2min | +20°00′ | −6.2min | 7月23日左右 | 大暑 |
| 立夏 | 5月6日左右 | 3.4min | +15°00′ | −5.4min | 8月8日左右 | 立秋 |
| 谷雨 | 4月21日左右 | 1.5min | +11°00′ | −2.2min | 8月23日左右 | 处暑 |
| 清明 | 4月5日左右 | −2.5min | +6°00′ | 3.0min | 9月8日左右 | 白露 |
| 春分 | 3月19日~22日 | −7.1min | 0° | 8.5min | 9月22日或23日 | 秋分 |
| 惊蛰 | 3月6日左右 | −11.6min | −6°00′ | 13.79min | 10月8日或9日 | 寒露 |
| 雨水 | 2月21日左右 | −13.9min | −11°00′ | 16.3min | 10月24日左右 | 霜降 |
| 立春 | 2月4日左右 | −14.0min | −15°00′ | 15.8min | 11月8日左右 | 立冬 |
| 大寒 | 1月21日左右 | −11.0min | −20°00′ | 12.2min | 11月23日左右 | 小雪 |
| 小寒 | 1月6日左右 | −5.1min | −22°30′ | 6.0min | 12月8日左右 | 大雪 |
| | | | −23°27′ | −1.0min | 12月22日或23日 | 冬至 |

地球在绕太阳公转的行程中，从天球上看，地球春分、夏至、秋分、冬至日的位置把黄道等分成四个区段，若将每一个区段再等分成六小段，则全年可分为 24 小段，每小段太阳运行大约为 15d 左右。这就是我国传统的历法——二十四节气，它是我国古代发明的一种用来指导农事的补充历法。二十四节气的命名反映了季节、气候现象、气候变化等。划分四季的方法有很多种，以下四种方法最为常见（以北半球为例）：①我国传统以立春、立夏、立秋、立冬为划分四季的起点；②西方以春分、夏至、秋分与冬至为划分四季的起点；③以气候本身的标准——候

温（即五日的平均气温）划分：夏季——候平均气温在22℃以上的连续时期；冬季——候平均气温在10℃以下的连续时期；春季和秋季——介于10～22℃的时期；④天文季节划分法严格按照地球公转位置来决定，而实际的季节在不同地区因气候而异。现在通用以天文季节与气候季节相结合来划分四季，即3月、4月、5月为春季，6月、7月、8月为夏季，9月、10月、11月为秋季，12月、1月、2月为冬季。上述情况对于居住在南半球的人，则正好相反。

太阳的视动（假想地球不动，似乎太阳在绕地球旋转）对于地球赤道是对称的。因而，北半球发生的变化，半年后将在南半球重复出现。以北半球为例，参看图2-2b。

6月、7月、8月地球距太阳最远，但赤纬角大，太阳对地面的直射辐射大，所以形成炎热的夏季。每年6月21日或6月22日赤纬角最大，为23°27′，定名为夏至，该日中午12时太阳正好位于北纬23°27′纬度线的正上空（天顶），是北半球上太阳照射时间最长的一天，即夏至那天白昼最长。过了该日，赤纬角又开始减小，相应地，中午12时太阳可以正好处于天顶的纬度线开始往回移，故23°27′的纬度又称为回归线，北半球为北回归线，南半球为南回归线。

12月、1月、2月，虽然地球距离太阳最近，但赤纬角为负值，阳光直射南半球，日照时间短，所以形成昼短夜长的冬季。冬至是12月21日或22日，为全年白昼最短的一天，该日中午12时，太阳正好位于南回归线的正上空。此后，赤纬角又往回移，故赤纬角的变化范围是从-23°27′到+23°27′。

3月21或22日为春分，9月21日或22日为秋分，地球正好位于公转轨道上的两个中间点，该两日地球自转的地轴与阳光射线垂直，中午12时太阳位于赤道面的正上空，赤纬角等于零。这两日全球各地的昼夜时间均相等，故称春分和秋分。

### 3. 时区的划分

一天时间的测定是以地球自转为依据的，而日照设计中所用的时间均以当地平均太阳时为准。它与日常钟表所指的标准时之间有一差值，应予以换算。

平均太阳时是指以太阳通过该地的子午线时为正午12时来计算一天的时间。这样一来，经度不同的地方正午时间均不相同，使用起来不方便，故规定在一定经度范围内统一使用一种标准时间，在该范围内同一时刻的钟点均相同。经国际协议，以本初子午线处的平均太阳时为世界时间的标准时，称为“世界时”。把全世界按地理经度划为24个时区，每个时区包含地理经度15°。以本初子午线东西各7.5°为零时区，向东分12个时区，向西分12个时区。每个时区都按它的中央子午线的平均太阳时作为计时标准，称为该时区的标准时，相邻两个时区的时差为1h。图2-3给出了时区的划分。

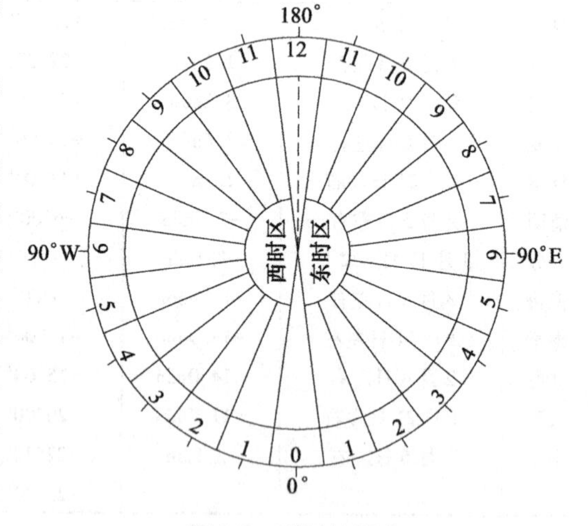

图2-3 时区的划分

我国地域辽阔，从东5时区到东9时区，横跨5个时区。为了计算方便，我国统一采用东8时区的时间，即以东经120°的平均太阳时作为中国的标准，称为“北京时间”。北京时间与世界时相差8h，即北京时等于世界时加上8h。

标准时与地方平均太阳时可近似地按式（2-2）来计算：

$$T_0 = T_m + 4(L_0 - L_m) \tag{2-2}$$

式中 $T_0$——标准时间（min）；

$T_m$——地方平均太阳时（min）；

$L_0$——标准时间子午线的经度（°）；

$L_m$——地方时间子午线所处的经度（°）；

4——系数，其确定如下：地球绕其轴自转一周为24h，地球的经度为360°，所以每转1°需4min。地方位置在中心经度线以西时，经度每差1°要减去4min；位置在中心经度线以东时，经度每差1°要加4min。

地球自转还产生了地方时差。当地太阳时（即真太阳时，用$T$表示）是以当地太阳位于正南向的瞬时为正午12时，地球自转15°为1h，地球自转一周又回到正南时为一天。由于太阳与地球之间的距离和相对位置随时间在变化，以及地球赤道与黄道平面的不一致，致使当地子午线与正南方向有一定的差异，所以真太阳时比当地的平均太阳时有时快一些，有时慢一些。真太阳时与当地平均太阳时之间的差值称为时差（用$e$表示）。故某地的真太阳时$T$可按下式计算：

$$T = T_m \pm \frac{L - L_m}{15} + \frac{e}{60} \tag{2-3}$$

式中 $T$、$T_m$——分别为当地的真太阳时和该时区的当地平均太阳时（h）；

$L$、$L_m$——分别为当地子午线和该时区中央子午线的经度（°）；

$e$——时差（min）；

"±"——对于东半球取正值，对于西半球取负值。

若不考虑时差$e$，则可由式（2-4）求得当地的地方平均太阳时$T_m$，单位为h：

$$T_m = T_0 \pm \frac{L - L_m}{15} \tag{2-4}$$

日照设计等有关计算均以当地真太阳时为计算依据，它与日常钟表所指示的标准时之间，往往有一定差值，需加以换算。

【例2-1】 已知：北京处于东经116°19′，上海处于东经121°26′。求：北京和上海两地的时差是多少？

【解】 北京、上海均采用东8时区的时间作为标准时间，该时区中央子午线的经度东经120°。

不考虑太阳轨迹非圆引起的时差时，北京标准时间12点时，实际上它的真太阳时为：

12：00 + (116°19′ − 120°)/15 = 11：45

同理，北京标准时间12点时，上海地区的真太阳时为：

12：00 + (121°26′ − 120°)/15 = 12：06

所以，北京上海两地时差为21min。我国地理幅度大部分处于东经80°~130°，因此全国范围内的真太阳时时差可达3h。例如，新疆喀什与北京标准时间的时差为2h57min。

### 2.1.2 地球与太阳相对位置关系

地球与太阳的相对位置可以用纬度$\varphi$、太阳赤纬$\delta$、时角$h$、太阳高度角$\beta$和方位角$A$来表示。太阳与地球的各种角关系如图2-4所示，太阳的高度角与方位角如图2-5所示。

纬度（$\varphi$）：地球表面某地的纬度是该点对赤道平面偏北或偏南的角位移。

时角（$h$）：如图2-4所示，时角指OP线在地球赤道平面上的投影与当地时间12时日、地中心连线在赤道平面上的投影之间的夹角。当地时间12时的时角为零，前后每隔1h，增加360°/24=

15°，如 10 时和 14 时的时角均为 15°×2=30°。

地球上某一点看到的太阳方向，称为太阳位置。太阳位置常用两个角度来表示，即太阳高度角 $\beta$ 和太阳方位角 $A$（图 2-5）。

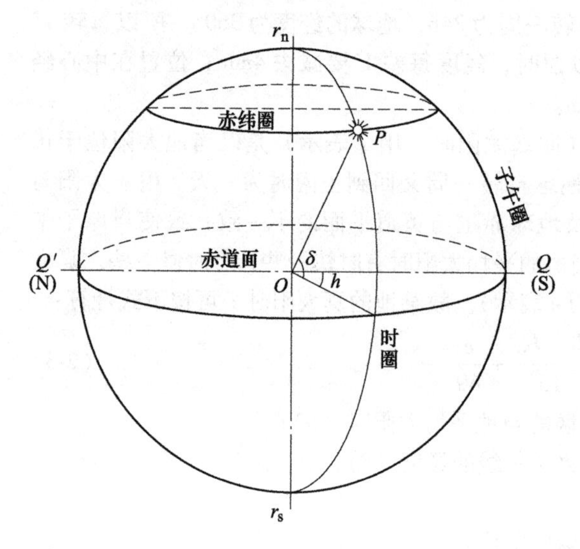


图 2-4 太阳与地球的各种角关系

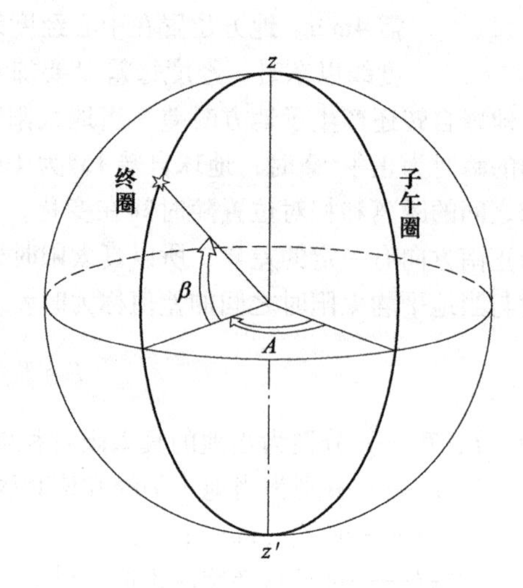


图 2-5 太阳的高度角与方位角

太阳高度角（$\beta$）：地球表面某点和太阳的连线与地平面之间的夹角，可用下式计算：

$$\sin\beta = \cos\varphi\cos h\cos\delta + \sin\varphi\sin\delta \tag{2-5}$$

由式（2-5）可看出，太阳高度角随地区、季节和每日时刻的不同而改变。

太阳方位角（$A$）：地球表面某点和太阳的连线在地面上的投影与南向（当地子午线）的夹角。太阳偏东时为负，偏西时为正。太阳方位角的计算公式为：

$$\sin A = \frac{\cos\delta\sin h}{\cos\beta} \tag{2-6}$$

---

【例 2-2】 求北纬 35°地区在立夏日午后 3 时的太阳高度角和方位角。

【解】 已知 $\varphi=+35°$；查表 2-1，立夏时 $\delta=+15°$；3 时的时角 $h$ 为 15°×3=45°。将查得的数据分别代入式（2-5）和式（2-6），得

$$\begin{aligned}\sin\beta &= \cos\varphi\cos h\cos\delta + \sin\varphi\sin\delta\\ &= \cos35°\cos45°\cos15° + \sin35°\sin15° = 0.708\end{aligned}$$

故 $\beta=45°06'$

$$\sin A = \frac{\cos\delta\sin h}{\cos\beta} = \frac{\cos15°\sin45°}{\cos45°06'} = 0.968$$

故 $A=75°22'$

---

## 2.2 太阳辐射与日照

对于建筑物的热环境来说，太阳辐射是一项十分重要的外扰，它直接影响房间的温度。在寒冷季节，太阳辐射有利于室内供暖；而在酷暑季节，它却产生了大量的冷负荷。因此，为合理利

用或控制太阳辐射的作用，有必要掌握太阳辐射的特性。

## 2.2.1 太阳常数与太阳波谱

### 1. 太阳常数

太阳是一直径是地球109倍的炽热气体球，其表面温度约6000K左右，中心温度在1500万K以上。太阳表面不断地以电磁波辐射形式向宇宙空间发送巨大的能量，地球接受的太阳辐射能量约为$1.7\times10^{14}$kW，仅占其辐射总能量的二十亿分之一。

太阳辐射热量的大小用辐射强度$I$来表示。它是指$1m^2$全辐射体（黑体）表面单位时间内在太阳辐射下所获得热量值，单位为$W/m^2$。它可以用仪器直接测得。

太阳常数是指地球大气外离太阳一个天文单位㊀的地方，在垂直于太阳光方向，单位面积上单位时间内接收到所有波长的太阳总辐射能量，用符号$I_0$表示。$I_0=1353W/m^2$。但是，由于太阳与地球之间的距离逐日在变化，地球大气层上边界处垂直于阳光射线表面上的太阳辐射强度也会随之变化，1月初最大，7月初最小，相差约7%。各月大气层外边界处太阳辐射强度见表2-2。

表2-2 各月大气层外边界处太阳辐射强度

| 月份 | 1 | 2 | 3 | 4 | 5 | 6 | 7 | 8 | 9 | 10 | 11 | 12 |
|---|---|---|---|---|---|---|---|---|---|---|---|---|
| $I/(W/m^2)$ | 1405 | 1394 | 1378 | 1353 | 1334 | 1316 | 1308 | 1315 | 1330 | 1350 | 1372 | 1392 |

### 2. 太阳波谱

太阳波谱是太阳辐射能量随波长的分布。太阳辐射波谱如图2-6所示。

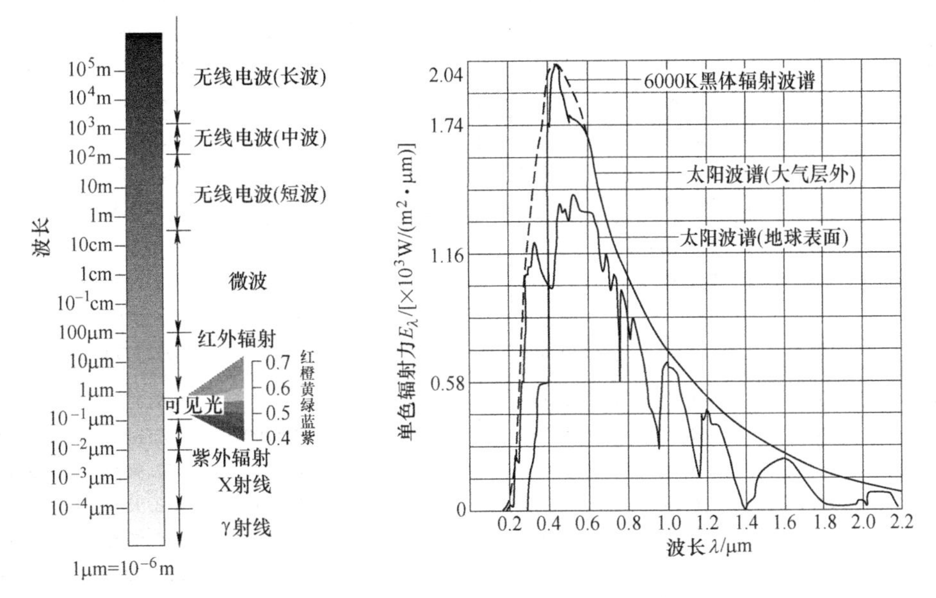


图2-6 太阳辐射波谱

太阳常数与太阳辐射波谱的关系可用下式表示：

---

㊀ 即气象学上所指的太阳与地球的平均距离或称平均太阳距离。因地球为椭圆形，太阳辐射强度在近日点约大于远日点7%。故太阳常数必须换成太阳与地球的平均距离。

$$I_0 = \int_0^{\infty} E(\lambda)\,\mathrm{d}\lambda \tag{2-7}$$

式中 $I_0$——太阳常数（$W/m^2$）；

$\lambda$——辐射波长，（μm）；

$E(\lambda)$——以 $\lambda$ 为中心的狭小频带宽上的平均太阳辐射强度[$W/(m^2 \cdot \mu m)$]。

现将各种波长的太阳辐射强度（波谱标准值）列于表 2-3。从表中可以看出，全部波长辐射能量和为 1353$W/m^2$，其中 99%的能量集中在波长为 0.28～5.0μm 波段之间。

表 2-3 太阳波谱标准值

| $\lambda$ | $E_\lambda$ | $E_{0-\lambda}$ | $D_{0-\lambda}$ | $\lambda$ | $E_\lambda$ | $E_{0-\lambda}$ | $D_{0-\lambda}$ |
|---|---|---|---|---|---|---|---|
| 0.12 | 0.9000 | 0.0048 | 0.0003 | 0.78 | 1159 | 735.314 | 54.346 |
| 0.14 | 9.030 | 0.0073 | 0.0005 | 0.80 | 1109 | 757.984 | 56.023 |
| 0.16 | 0.230 | 0.0093 | 0.0006 | 0.85 | 900 | 810.34 | 59.899 |
| 0.18 | 1.250 | 0.0230 | 0.0016 | 0.90 | 891 | 857.329 | 63.365 |
| 0.20 | 10.70 | 0.1098 | 0.0081 | 0.95 | 837 | 900.509 | 66.556 |
| 0.22 | 57.50 | 0.6798 | 0.0502 | 1.00 | 748 | 940.184 | 69.488 |
| 0.24 | 63.0 | 1.9356 | 0.1430 | 1.10 | 593 | 1007.109 | 74.435 |
| 0.26 | 130 | 3.6516 | 0.269 | 1.20 | 485 | 1060.809 | 78.404 |
| 0.28 | 222 | 7.6366 | 0.564 | 1.30 | 397 | 1104.159 | 81.652 |
| 0.30 | 514 | 16.3816 | 1.210 | 1.40 | 337 | 1141.009 | 84.331 |
| 0.32 | 830 | 30.0216 | 2.218 | 1.50 | 288 | 1172.234 | 86.639 |
| 0.34 | 1074 | 50.3566 | 3.721 | 1.60 | 245 | 1198.909 | 88.611 |
| 0.36 | 1064 | 71.9366 | 5.316 | 1.70 | 202 | 1221.234 | 90.621 |
| 0.38 | 1120 | 94.7566 | 7.003 | 1.80 | 159 | 1239.259 | 91.593 |
| 0.40 | 1429 | 110.0541 | 8.725 | 1.90 | 126 | 1253.484 | 92.644 |
| 0.42 | 1747 | 151.834 | 11.222 | 2.0 | 103 | 1264.909 | 93.489 |
| 0.44 | 1810 | 185.706 | 13.725 | 2.5 | 55 | 1302.809 | 96.2903 |
| 0.46 | 2066 | 225.321 | 16.653 | 3.0 | 31 | 1323.609 | 97.8277 |
| 0.48 | 2074 | 266.296 | 19.681 | 3.5 | 14.6 | 1334.329 | 98.6200 |
| 0.50 | 1942 | 305.766 | 22.599 | 4.0 | 9.5 | 1340.254 | 99.0579 |
| 0.52 | 1833 | 343.379 | 25.379 | 4.5 | 5.92 | 1344.0351 | 99.33740 |
| 0.54 | 1783 | 379.979 | 28.084 | 5.0 | 3.79 | 1346.3999 | 99.51219 |
| 0.56 | 1695 | 414.660 | 30.648 | 10 | 0.2410 | 1352.1774 | 99.93920 |
| 0.58 | 1715 | 448.874 | 33.176 | 15 | 0.0481 | 1352.7524 | 99.98170 |
| 0.60 | 1666 | 482.796 | 35.683 | 20 | 0.015200 | 1352.8920 | 99.99202 |
| 0.62 | 1620 | 515.469 | 38.098 | 30 | 0.002970 | 1352.9683 | 99.99765 |
| 0.64 | 1544 | 546.879 | 40.421 | 40 | 0.000942 | 1352.9860 | 99.99887 |
| 0.66 | 1486 | 577.159 | 42.657 | 50 | 0.000391 | 1352.9927 | 99.99946 |
| 0.68 | 1427 | 606.284 | 44.810 | 100 | 0.00002570 | 1352.9990 | 99.99993 |
| 0.70 | 1369 | 634.284 | 46.379 | 200 | 0.00000169 | 1352.9998 | 99.99999 |
| 0.72 | 1314 | 661.134 | 48.864 | 400 | 0.00000011 | 1352.9999 | 99.99999 |
| 0.74 | 1260 | 686.909 | 50.769 | 1000 | 0.00000000 | 1353.0000 | 100.00000 |
| 0.76 | 1211 | 711.614 | 52.595 | | | | |

注：$\lambda$—波长（μm）；$E_\lambda$—以 $\lambda$ 为中心的一个窄光带上平均太阳辐射强度[$W/(m^2 \cdot \mu m)$]；$E_{0-\lambda}$—0～$\lambda$ 波段内太阳辐射强度累积值（$W/m^2$）；$D_{0-\lambda}$—0～$\lambda$ 波段内太阳辐射强度所占的百分比。

以波谱形式发射出的太阳辐射能，通过厚厚的大气层，波谱分布发生了不少变化（图 2-6）。太阳波谱中的 X 射线及其他一些超短波辐射线通过电离层时，会被氧、氮及其他大气成分强烈地吸收。大部分紫外线（波长为 0. 29~0. 38μm）被臭氧所吸收；至于波长超过 2. 5μm 的射线，在大气层外的辐射强度本来就低，加上大气层中的二氧化碳和水蒸气对其有强烈吸收作用，所以能达到地面的能量微乎其微；这样只有波长为 0. 38~0. 76μm 的可见光才能比较完整地达到地面。因此认为，地面上所接受的太阳辐射属于短波辐射。

在不同的太阳高度角下，太阳光的路径长度不同，导致光谱的成分也不相同（表 2-4）。从表 2-4中可以看出，太阳高度角越高，紫外线及可见光成分越多。红外线则相反，它的成分随太阳高度角的增加而减少。

表 2-4 太阳辐射光谱的成分

| 太阳高度角 $\beta$ | 紫外线 | 可见光 | 红外线 |
|---|---|---|---|
| 90° | 4% | 46% | 50% |
| 30° | 3% | 44% | 53% |
| 0. 5° | 0 | 28% | 72% |

## 2. 2. 2 地球表面的太阳辐射

### 1. 太阳辐射的衰减

地球周围的大气层在垂直方向上可分为对流层、平流层、电离层，主要成分为分子和其他微粒，分子主要有 $N_2$ 和 $O_2$，约 99%；$O_3$、$CO_2$、$H_2O$ 及其他分子，约 1%。微粒主要有烟、尘埃、雾、小水滴及气溶胶等。距离地面高度越高，大气成分含量越少，空气越稀薄。太阳辐射通过大气层时，其中一部分辐射能被云层反射到宇宙空间；一部分辐射能与天空中的各种气体分子、尘埃、微小水珠等质点发生瑞利散射（指半径比光的波长小很多的微粒对入射光的散射），因为蓝光比红光波长短，瑞利散射发生得比较激烈，散射的蓝光布满了整个天空，从而使天空呈现蓝色。太阳光谱中的 X 射线和其他一些超短波射线在通过电离层时，会被氧、氮及其他大气成分强烈吸收，大部分紫外线被大气中的臭氧吸收，大部分的长波红外线则被大气层中的二氧化碳和水蒸气等温室气体吸收，因此由于反射、散射和吸收的共同影响，使到达地球表面的太阳辐射强度大大削弱（图 2-7）。同时，辐射光谱也因此发生了变化，到达地面的太阳辐射能主要是可见光和近红外线部分，即波长为 0. 32~2. 5μm 部分的射线。

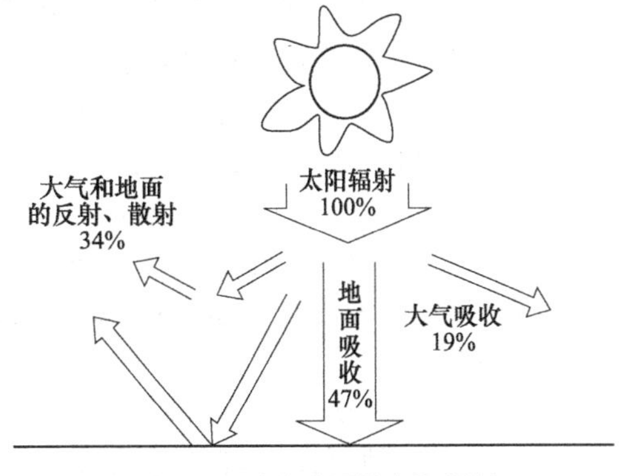

图 2-7 到达地面的太阳辐射

到达地面的太阳辐射主要由两部分组成，一部分是太阳直接照射到地面的部分，称为直射辐射；另一部分是经过大气散射后到达地面的，称为散射辐射。直射辐射与散射辐射之和就是到达地面的太阳辐射能总和，称为总辐射。另外，还有一部分被大气层吸收掉的太阳辐射会以长波辐射的形式将其中一部分能量送到地面。不过这部分能量相对于太阳总辐射能量来说要小得多。

大气吸收谱如图 2-8 所示。

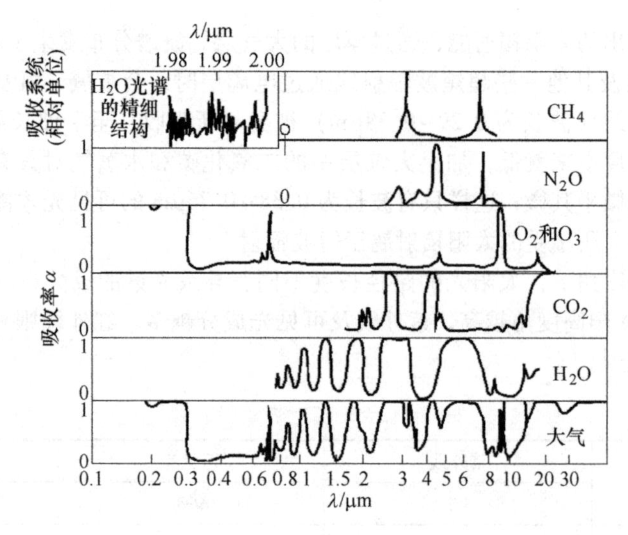


图 2-8 大气吸收谱

阳光经过大气层时，其强度按指数规律衰减，也就是说，每经过 d$x$ 距离的衰减梯度与本身辐射强度成正比，即

$$\frac{-\mathrm{d}I_x}{\mathrm{d}x}=KI_x$$

解此式可得：

$$I_x=I_0\cdot\exp(-Kx) \tag{2-8}$$

式中 $I_x$——距离大气层上边界 $x$ 处，在与阳光射线相垂直的表面上（即法线方向）太阳直射辐射强度（$\mathrm{W/m^2}$）；

$K$——比例常数（$\mathrm{m^{-1}}$）；$K$ 值越大，辐射强度的衰减就越迅速，因此 $K$ 值也称为消光系数，其值大小与大气成分、云量多少等有关，影响因素比较复杂；

$x$——阳光道路，即阳光穿过大气层的距离，如图 2-9 所示，可由太阳在空间的位置来确定。对于到达地面的阳光来说，当太阳位于天顶时，阳光道路 $x=l$；太阳位于其他位置时，阳光道路 $x=l'$；$l'$与 $l$ 之比，称为大气质量，用符号 $m$ 表示，即 $m=l'/l$。

太阳位于天顶时，到达地面的法向太阳直射辐射强度为：

$$I_l=I_0\cdot\exp(-Kl) \tag{2-9}$$

令 $I_l/I_0=P$，称为大气透明度，是衡量大气透明程度的标志。$P$ 值接近 1，表明大气越清澈，阳光通过大气层时被吸收的能量越少。

太阳不是位于天顶，即太阳高度角为 $\beta$ 时；阳光道路为 $l'=l/\sin\beta$，到达地面法向太阳辐射强度应为：

$$I_{\mathrm{DN}}=I_0\cdot\exp(-Kl')=I_0\cdot\exp(-Kml)=I_0P^m \tag{2-10}$$

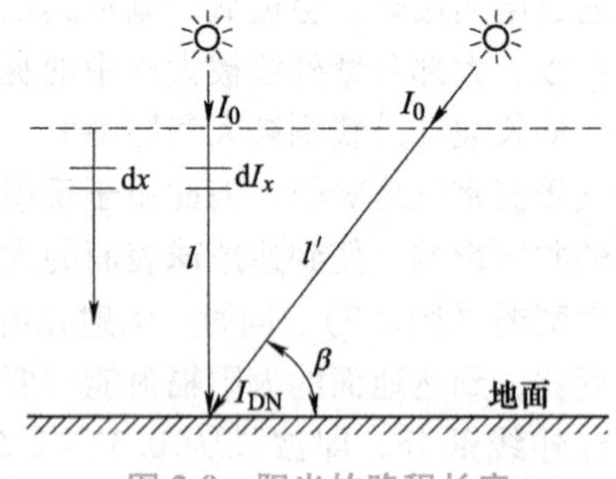


图 2-9 阳光的路程长度

从而可见，到达地面的太阳辐射强度的大小取决于地球对太阳的相对位置（太阳高度角和它通过大气的路程）和大气透明度。

图 2-10 所示为不同太阳高度角和大气透明度下的直射辐射强度。图中表明在法线方向和水平面上的直射辐射强度随着太阳高度角的增大而增强，而垂直面上的直射辐射强度开始随着太阳高度角的增大而增强，到达最大值后，又随太阳高度角的增大而减弱。

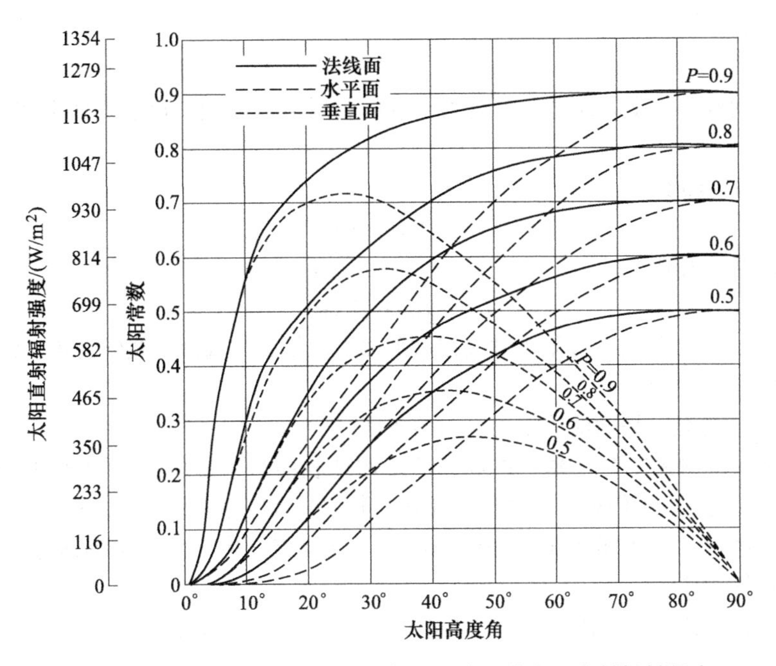


图 2-10 不同太阳高度角和大气透明度下的太阳直射辐射强度

图 2-11 所示为不同纬度水平面上的太阳辐射，该图表明，在低纬度地区，太阳高度角高，阳光通过的大气层厚度较薄，因而太阳直射辐射照度较大；高纬度地区则与之相反。又如，在中午太阳高度角大，太阳射线穿过大气层的射程短，直射辐射照度就大；早晨和傍晚的太阳高度角小，射程长，直射辐射就小。

图 2-12 给出了北纬 40°全年各月水平面、南向表面和东西向表面每天获得的太阳总辐射照度。从图中可以看出，对于水平面来说，夏季总辐射照度达到最大；而南向垂直表面，在冬季所

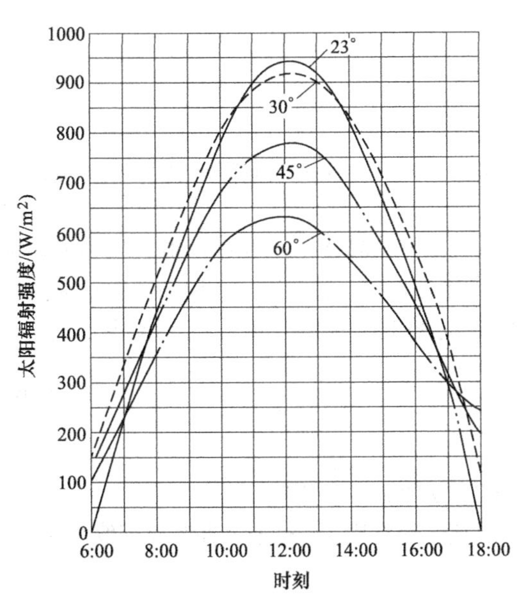


图 2-11 不同纬度水平面上的太阳辐射

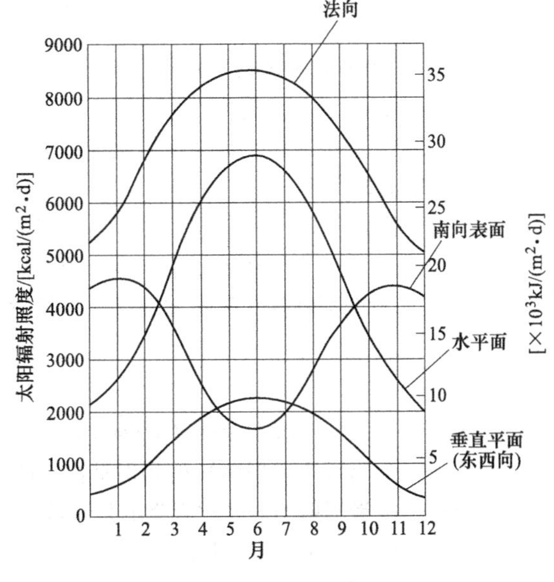


图 2-12 北纬 40°的太阳总辐射照度

接受的总辐射照度为最大。

### 2. 太阳辐射强度的计算

（1）太阳直射辐射强度的计算　根据太阳直射辐射可以分别算出水平面上和垂直面上的直射辐射强度。

水平面上的直射辐射

$$I_{DH} = I_{DN}\sin\beta \tag{2-11}$$

垂直面上的直射辐射

$$I_{DV} = I_{DN}\cos\beta\cos\theta \tag{2-12}$$

式中　$\theta$——墙—太阳方位角，太阳辐射线在水平面上的投影与墙面法线的夹角，$\theta=A\pm\partial$；

$A$——太阳方位角（°）；

$\partial$——墙面方位角，墙面法线偏离南向的角度（°）。

（2）太阳散射辐射强度的计算　建筑围护结构外表面从空中所接收的散射辐射包括三项，即天空散射辐射、地面反射辐射和大气长波辐射。其中，天空散射辐射是关键。

1）天空散射辐射。天空散射辐射是阳光经过大气层时，由于大气中的薄雾和少量尘埃等，使光线向各个方向反射折射。

计算天空散射辐射的公式很多，例如贝尔拉格（Berlage）公式。

水平面上的天空散射辐射

$$I_{SH} = \frac{1}{2}I_0\sin\beta\frac{1-P^m}{1-1.4\ln p} \tag{2-13}$$

垂直面上的天空散射辐射

$$I_{SV} = \frac{1}{2}I_{SH} \tag{2-14}$$

2）地面反射辐射。太阳光线射到地面上以后，其中一部分被地面反射。

垂直壁面所获得的地面反射辐射为

$$I_F = \frac{1}{2}\rho_e I_{ZH} \tag{2-15}$$

式中　$I_{ZH}$——水平面所接收的太阳总辐射强度；

$\rho_e$——地面平均反射率。

对于混凝土路面来说，地面平均反射率 $\rho_e$ 可达 0.33~0.37，故一般城市地面反射率可近似取 0.2，有雪时取 0.7。

3）大气长波辐射。阳光透过大气层到达地面途中，其中一部分（约 10%）被大气中的水蒸气和二氧化碳吸收，它们还吸收来自地面的反射辐射，使其具有一定的温度，因而会向地面进行长波辐射，这种辐射称为大气长波辐射，其辐射强度 $I_B$ 可按黑体辐射的四次方定律计算，即

$$I_B = C_b\left(\frac{T_S}{100}\right)^4\varphi \tag{2-16}$$

式中　$I_B$——大气长波辐射强度（$W/m^2$）；

$C_b$——全辐射体（黑体）的辐射常数，$C_b=5.67\times10^{-8}W/(m^2\cdot K^4)$；

$\varphi$——接受辐射的表面对天空的角系数，对于屋顶平面可取 1，对于垂直壁面可取 0.5；

$T_S$——天空当量温度（K）。

（3）太阳总辐射强度

水平面上的总辐射强度

$$I_{ZH} = I_{DH} + I_{SH} \tag{2-17}$$

垂直面上的总辐射强度

$$I_{ZV} = I_{DV} + \frac{I_{SV} + I_F}{2} \tag{2-18}$$

### 2.2.3　日照与建筑日照

太阳光是天然的光源，也是地球上最主要的能源。阳光对地面上的一切物质都有物理、化学和生物学作用。它对于生命的产生、存在和发展起着重要的作用。在建筑设计中，采用技术措施充分利用日照或限制日照，改善生产环境及居住卫生条件，提高劳动生产率，增进人们的健康，这就要求对日照有一定的了解。

#### 1. 日照的作用

阳光直接照射到物体表面的现象称为日照；阳光直接照射到建筑地段、建筑物围护结构表面和房间内部的现象称为建筑日照。

对于住宅室内的日照水平一般由日照时间和日照质量来衡量。保证足够或最低的日照时间是对日照要求的最低标准。中国地处北半球的温带地区，对于居住建筑，人们一般希望夏季避免日晒，而冬季能获得充分的阳光照射。居住建筑多为行列式或组团式布置，考虑到前排住宅对后排住宅的遮挡，为了使住户保持最低限度的日照时间，总是首先着眼于底层住户。北半球的太阳高度角全年中的最小值是冬至日。因此，将冬至日底层住宅内得到的日照时间作为最低的日照标准。在我国《城市居住区规划设计标准》（GB 50180—2018）以强制性条文给出了住宅建筑的间距要求。并对旧版标准（1993 年版）中的“冬至日满窗日照时间不低于 1h”进行了修订，现行标准具体要求住宅建筑日照标准应符合表 2-5 中的规定；对特定情况，还应符合下列规定：

表 2-5　住宅建筑日照标准

| 建筑气候区划 | Ⅰ、Ⅱ、Ⅲ、Ⅶ气候区 | | Ⅳ气候区 | | Ⅴ、Ⅵ气候区 |
|---|---|---|---|---|---|
| 城区常住人口（万人） | ≥50 | <50 | ≥50 | <50 | 无限定 |
| 日照标准日 | 大寒日 | | | 冬至日 | |
| 日照时数/h | ≥2 | ≥3 | | ≥1 | |
| 有效日照时间带（当地真太阳时） | 8 时~16 时 | | | 9 时~15 时 | |
| 计算起点 | 底层窗台面 | | | | |

注：底层窗台面是指室内地坪 0.9m 高的外墙位置。

1）老年人居住建筑，日照标准不应低于冬至日日照时数 2h。

2）在原设计建筑外增加任何设施不应使相邻住宅原有日照标准降低，既有住宅建筑进行无障碍改造加装电梯除外。

3）旧区改建项目内，新建住宅建筑日照标准不应低于大寒日日照时数 1h。

住宅中的日照质量是由日照时间的积累和每小时的日照面积所决定的。只有日照时间和日照面积都得到保证，才能充分发挥阳光中紫外线的杀菌作用。

从太阳波谱可以看出，到达大气层表面太阳的波长范围大约是 0.2~3μm。太阳光中除了可见光外，还有短波范围的紫外线，长波范围的红外线。

紫外线的波长大约在 0.2~0.4μm。紫外线具有较强的杀菌作用，尤其是波长在 0.25~0.295μm 范围内杀菌作用更为明显。波长在 0.29~0.32μm 的紫外线还能帮助人体合成维生素 D。

由于维生素D能帮助人们的骨骼生长，对婴幼儿进行必要和适当的日光浴，可预防和治疗由于骨骼组织发育不良而形成的佝偻病。当人体的皮肤被这一波段光所照射后，会产生红斑，继而色素沉淀，也就是人们所说的晒黑。另一方面，过度的紫外线照射会危及人类身体健康。

可见光的波长大约在0.4~0.77μm，是人眼所能感知的光线。波长在0.77~0.63μm是红色，0.63~0.59μm为橙色，0.59~0.56μm为黄色，0.56~0.49μm为绿色，0.49~0.45μm为蓝色，0.45~0.4μm为紫色。

波长在0.77~4.0μm的红外线是造成热效应的主要因素，具有良好的杀菌作用。

虽然阳光是生产和生活不可缺少的，但直射阳光对生产和生活也会产生一些不良影响。例如，夏季直射阳光会使室内温度过高，人们易于疲劳，尤其是紫外线能破坏眼睛的视觉功能。故保证最低日照，并使其达到最佳效果是在建筑设计中必须重视的问题。

### 2. 建筑物外形与日照的关系

建筑物对日照的要求主要根据它的使用性质和当地气候情况而定。寒冷地区的建筑一般需要争取较好的日照，而在炎热地区的夏季建筑群一般需要避免过量的直射阳光进入室内，尤其是博物馆、药品库等要限制阳光直射到工作间或物体上，以免发生危害。

由于建筑物体的配置、间距或者形状造成的阴影形状是不同的。对于行列式或组团式的建筑，为了得到充分的日照，必须考虑南北方向的楼间距。而最低日照限度的不同，建筑所在地理位置（即纬度）的不同，使得建筑物南北方向的相邻楼间距要求也不同。图2-13给出了日照时间、南北方向相邻楼间距和纬度的关系。从图中可以看出，对于需要同一日照时间的建筑，由于其所在纬度不同，南北方向的相邻楼间距是不同的，纬度越高，需要的楼间距也越大。

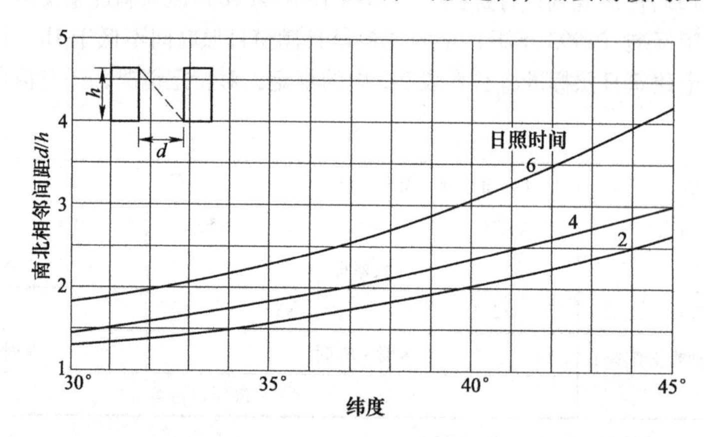


图2-13 不同纬度下南北方向相邻楼间距与日照的关系

建筑物周围的阴影和建筑物自身阴影在墙面上的遮蔽情况，与建筑物平面体形、建筑物高度和建筑物朝向有关。常见的建筑平面有正方形、长方形、L形及凹形等形状。它们在各朝向产生的阴影和自身阴影遮蔽示意图如图2-14~图2-16所示。

正方形和长方形是最常用的较简单的平面体形，其最大的优点是没有永久阴影和自身阴影遮蔽情况。

正方体由于体形系数小，冬季在各朝向上形成的阴影区范围都不大，能保证周围场地有良好日照。从日照的角度来考虑，当以正方形和长方形朝向东南或西南时，不仅场地上无永久阴影区，而且全年无终日阴影区和自身阴影遮蔽情况，是最好的朝向和体形。

L形的建筑物会出现永久阴影区和建筑自身阴影遮蔽情况。同时，由于L形平面不对称，在

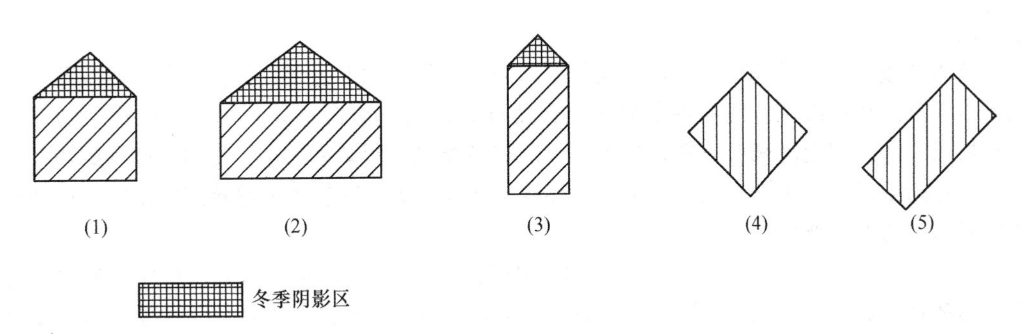


图 2-14 正方形和长方形建筑物的阴影区示意图

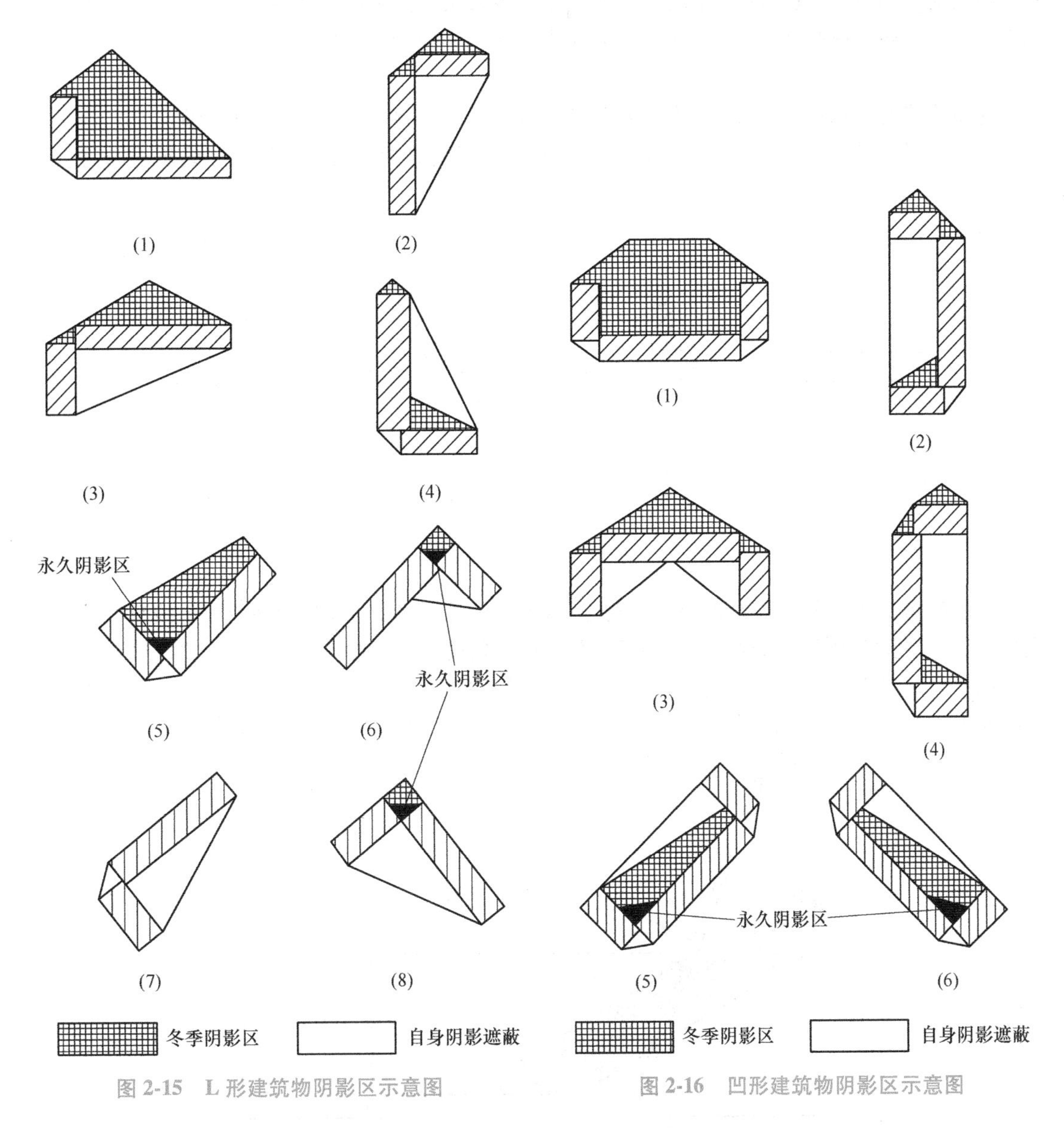


图 2-15 L 形建筑物阴影区示意图

图 2-16 凹形建筑物阴影区示意图

同一朝向上因转角部分连接在不同方向上的顶部，其阴影遮蔽情况也有很大变化，也会出现局部永久阴影区。

建筑体形较大，并受场地宽度限制或其他原因，会采用凹形建筑。这种体形虽然南北方向和东西场地没有永久阴影区，但在各个朝向上转角部分的连接方向不同，都有不同程度的自身阴影遮蔽情况。从日照角度来考虑建筑的体形，期望冬季建筑阴影范围小，使建筑周围的场地能接受比较充足的阳光，至少没有大片的永久阴影区。在夏季最好有较大的建筑阴影范围，以便对周围场地起一定的遮阳作用。

长方形、L形和凹形这三种体形，在南北朝向时，冬季阴影区范围较大，在建筑物北边有较大面积的终日阴影区，在夏季阴影区范围较小，建筑物南边终日无阴影区。东西朝向时，冬季阴影区范围较小，场地日照良好；夏季阴影区都很大，上午阴影区在西边，下午阴影区在东边。在东南或西北朝向时，阴影区范围在冬季较小，在夏季较大。上午阴影区在建筑物的西北边，下午在东南边。在西南或东北朝向时，阴影变化情况与东南朝向相同，只是方向相反。

### 3. 建筑物的朝向与日照的关系

建筑物能否获得良好的日照条件，在无遮挡情况下，主要取决于建筑物的朝向。

（1）建筑物南、北朝向 建筑物南、北朝向，是指建筑物纵轴与当地子午线垂直布置，如图 2-17a 所示。

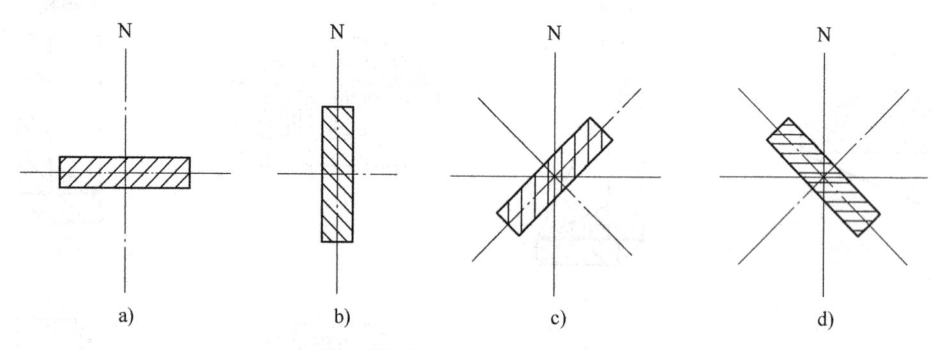


图 2-17 建筑物朝向

南向房间在冬季太阳高度角较低，阳光射入室内较深，接受太阳辐射热及紫外线都较多，可提高室温，改善室内卫生条件；夏季由于太阳高度角较高，阳光射入室内不深，室内接受太阳辐射热极少，如图 2-18 所示。在低纬度地区，夏季阳光照射不到室内。这个朝向易于做到冬暖夏凉的要求。但大多数建筑物都不可避免地在另一侧有北向房间，对于在北回归线（北纬 23°27′）

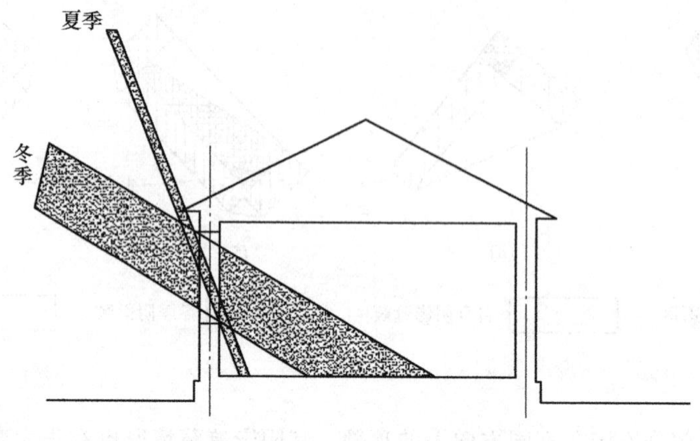


图 2-18 南向房间受照情况

以北地区，北向房间除在夏至日前后早晚获得少量阳光外，一年大多数日期见不到阳光。所以在寒冷地区，北向是最不好的朝向。

（2）建筑物东、西朝向　建筑物东、西朝向，是指建筑物纵轴与当地子午线一致，如图 2-17b 所示。这种朝向在东西两侧墙面，接受日照情况相同。冬至日室内还能得到 1～3h 的日照时间，但在冬季最主要的正午前后反而得不到阳光，且室内照射到阳光时，由于太阳高度角较低，室内获得紫外线也较少。西向建筑夏季西晒会造成室内温度过高，不宜采用。

（3）建筑物东南、西北朝向　建筑物东南、西北朝向，是指建筑物纵轴与当地子午线偏东形成 45°夹角，如图 2-17c 所示。这种朝向最大优点是建筑物所有外墙全年均能得到直射阳光，场地始终没有终日阴影区及永久阴影区。这种朝向没有北向及西向房间，清除了北向阴湿及西向西晒的影响，一年均能获得良好的日照条件。

（4）建筑物西南、东北朝向　建筑物西南、东北朝向，是指建筑物纵轴与当地子午线偏西形成 45°夹角，如图 2-17d 所示。这种朝向的优点与东南方向相同，缺点是西南向墙面接受太阳辐射热量较其他朝向为多，在南方炎热地区，不宜采用这种朝向。

#### 4. 全国各地区最佳及适宜的建筑朝向

全国各地区对建筑朝向问题很重视，有关单位结合本地区的气象条件，进行了大量的调研工作，得出本地区最佳及适宜的建筑朝向。全国部分地区建筑朝向见表 2-6。

表 2-6　全国部分地区建筑朝向

| 地区 | 最佳朝向 | 适宜朝向 | 不宜朝向 |
|---|---|---|---|
| 北京 | 南偏东 30°以内<br>南偏西 30°以内 | 南偏东 45°范围内<br>南偏西 45°范围内 | 北偏西 30°～60° |
| 上海 | 南至南偏东 15° | 南偏东 30°<br>南偏西 15° | 北、西北 |
| 石家庄 | 南偏东 15° | 南至南偏东 30° | 西 |
| 太原 | 南偏东 15° | 南偏东到东 | 西北 |
| 呼和浩特 | 南至南偏东<br>南至南偏西 | 东南、西南 | 北、西北 |
| 哈尔滨 | 南偏东 15°～20° | 南至南偏东 15°<br>南至南偏西 15° | 西、北、西北 |
| 长春 | 南偏东 30°<br>南偏西 10° | 南偏东 45°<br>南偏西 45° | 东北、西北、北 |
| 沈阳 | 南、南偏东 20° | 南偏东至东<br>南偏西至西 | 东北东至西北西 |
| 济南 | 南、南偏东 10°～20° | 南偏东 30° | 西偏北 5°～10° |
| 南京 | 南偏东 15° | 南偏东 25°<br>南偏西 10° | 西、北 |
| 合肥 | 南偏东 5°～15° | 南偏东 15°<br>南偏西 5° | 北、西 |
| 杭州 | 南偏东 10°～15°<br>北偏东 6° | 南、南偏东 30° | 西 |

（续）

| 地区 | 最佳朝向 | 适宜朝向 | 不宜朝向 |
|---|---|---|---|
| 福州 | 南、南偏东5°~10° | 南偏东20°以内 | 西 |
| 郑州 | 南偏东15° | 南偏东25° | 西北 |
| 武汉 | 南偏西15° | 南偏东15° | 西、西北 |
| 长沙 | 南偏东9°左右 | 南 | 西、西北 |
| 广州 | 南偏东15°<br>南偏西5° | 南偏东22°30′<br>南偏西5°至西 | |
| 南宁 | 南、南偏东15° | 南、南偏东15°~25°<br>南偏西5° | 东、西 |
| 西安 | 南偏东10° | 南、南偏西 | 西、西北 |
| 银川 | 南至南偏东23° | 南偏东34°<br>南偏西20° | 西、北 |
| 西宁 | 南至南偏西30° | 南偏东30°至<br>南偏西30° | 北、西北 |
| 乌鲁木齐 | 南偏东40°南偏西30° | 东南、东、西 | 北、西北 |
| 成都 | 南偏东45°至<br>南偏西15° | 南偏东45°至<br>东偏北30° | 西、北 |
| 昆明 | 南偏东25°~56° | 东至南至西 | 北偏东35°<br>北偏西35° |
| 拉萨 | 南偏东10°<br>南偏西5° | 南偏东15°<br>南偏西10° | 西、北 |
| 厦门 | 南偏东5°~10° | 南偏东22°30′<br>南偏西10° | 南偏西25°<br>西偏北30° |
| 重庆 | 南、南偏东10° | 南偏东15°<br>南偏西5°、北 | 东、西 |
| 大连 | 南、南偏西15° | 南偏东45°至<br>南偏西至西 | 北、西北、东北 |
| 青岛 | 南、南偏东5°~15° | 南偏东15°至<br>南偏西15° | 西、北 |

## 2.2.4 棒影日照图的原理及其应用

求解日照问题的方法有计算法、图解法和模型试验等。在此介绍一种实用的作图法——棒影日照图法。

### 1. 棒影日照图的基本原理及制作

设在地面上 $O$ 点立一任意高度 $H$ 的垂直棒，在已知某时刻的太阳方位角和高度角的情况下，太阳照射棒的顶端 $a$ 在地面上的投影为 $a'$，则棒影 $Oa'$ 的长度 $H'=H\coth_s$，这是棒与影的基本关系（图2-19a）。

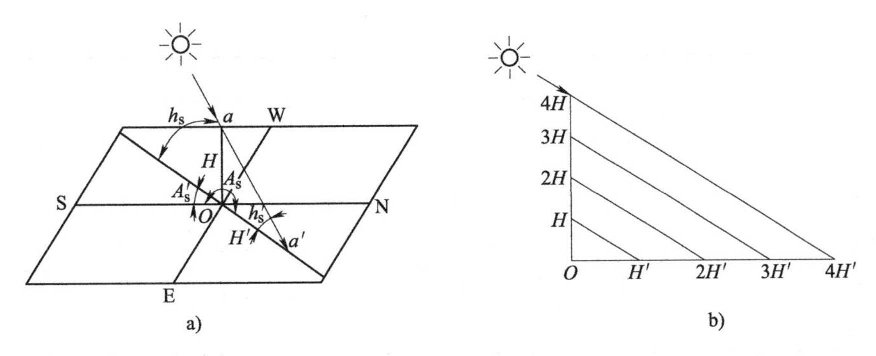


图 2-19 棒与影的关系

由于建筑物高度不同，根据上述棒与影的关系式，当 $\coth_s$ 不变时，$H'$ 与 $H$ 成正比例变化。若把 $H$ 作为一个单位高度，可求出其单位影长 $H'$。若棒高由 $H$ 增加到 $2H$，则影长也增加到 $2H'$（图 2-19b）。

利用上述原理，可求出一天的棒影变化范围。例如，已知春分、秋分日的太阳高度角和方位角，可绘出其棒影轨迹图（图 2-20）。图中棒的顶点 $a$ 在每一时刻如 10、12、14 点的落影 $a'_{10}$，$a'_{12}$，$a'_{14}$，将这些点连成一条一条的轨迹线，即表示所截取的不同高度的棒端落影的轨迹图，放射线表示棒在某时刻的落影方位角线。$0a'_{10}$，$0a'_{12}$，$0a'_{14}$ 则是相应时刻的棒影长度，也表示其相应的时间线。上述的内容就构成了棒影日照图。

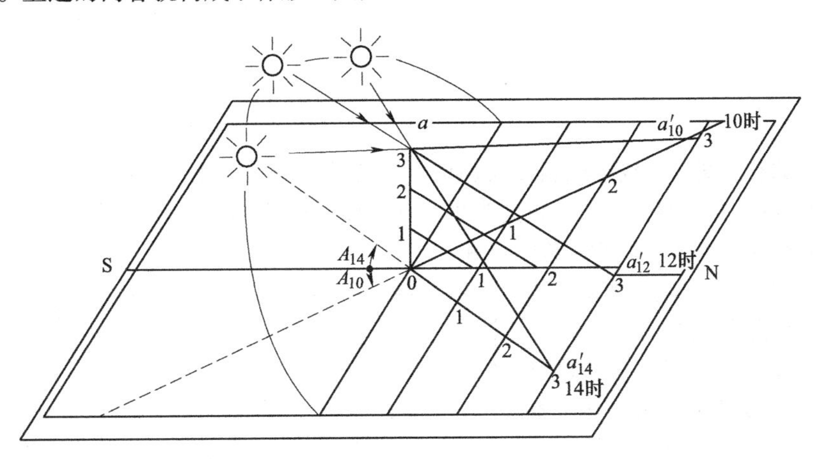


图 2-20 春分、秋分日的棒影轨迹图

棒影日照图实际上表示了下列两个内容：

1）位于观察点之直棒在某一时刻的影的长度 $H'$（即 $Oa'$）及方位角（$A'_s$）。

2）某一时刻太阳的高度角 $h_s$ 及方位角 $A_s$，即根据同一时刻影的长度和方位角的数据由下式确定：$A_s = A'_s - 180°$；$\coth_s = \coth'_s = Oa'/H$。

以广州地区（北纬 23°8′）冬至日为例，其棒影日照图的制作步骤如下：

1）由计算法或图解法求出广州冬至日各时刻的方位角和高度角，并据此求出影长及方位角。假定棒高 1cm，棒影长度计算见表 2-7。

2）如图 2-21 所示，在图上作水平线和垂直线交于 0，在水平线上按 1∶100 比例以 1cm 代表 1m 的高度。截取若干段（也可以其他比例代表棒高的实长）。由 0 点按各时刻方位角作射线（用量角器量出），并标明射线的钟点数。再按 $t\coth_s$ 值在相应的方位角线上截取若干段影长，

表 2-7 广州冬至日棒影长度计算

| 项目 | 时间（时） | | | | | | |
|---|---|---|---|---|---|---|---|
| | 日出 | 7 | 8 | 9 | 10 | 11 | 12 |
| | 日落 | 17 | 16 | 15 | 14 | 13 | |
| 方位角 $A_s$ | ±66°22′ | ±62°38′ | ±55°31′ | ±46°17′ | ±34°6′ | ±18°30′ | 0° |
| 高度角 $h_s$ | 0° | 3°24′ | 15°24′ | 26°8′ | 35°4′ | 41°12′ | 43°27′ |
| 影长 $H\coth_s$ | ∞ | 18.67 | 3.63 | 2.03 | 1.42 | 1.14 | 1.06 |
| 影方位角 $A'_s$ | $A'_s=A_s+180°$ | | | | | | |

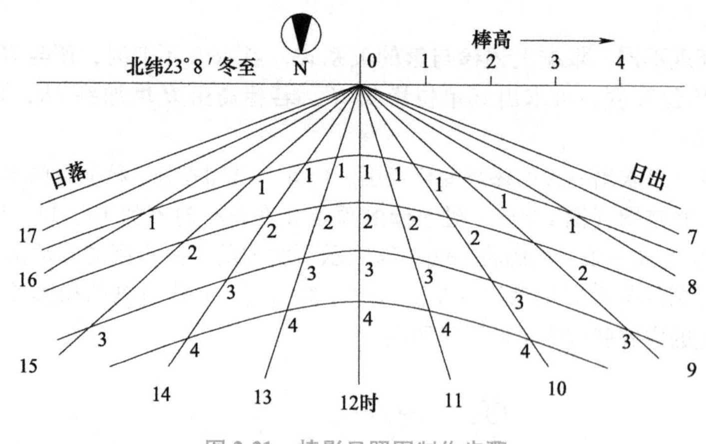


图 2-21 棒影日照图制作步骤

即有 1cm 棒高的日照图后，也可根据棒长加倍，影长随之加倍的关系，将影长沿方位射线截取而获得棒高为 2cm、3cm 等的影长，依此类推，并在图上标明 1，2，3，…标记。然后把各射线同一棒高的影长各点连接，即成棒影日照图。

3）棒影日照图上应注明纬度、季节日期、比例及指北方向等。

按上述制作方法，可制作不同纬度地区在不同季节的棒影日照图，如北纬 40°和北纬 23°地区的夏至、冬至、春分、秋分的棒影日照图。

### 2. 用棒影日照图求解日照问题

（1）建筑物阴影区和日照区的确定 这一类问题都可以直接利用棒影日照图来解决。

1）建筑物阴影区的确定。试求北纬 40°地区一幢 20m 高，平面呈 U 形，开口部分朝北的平屋顶建筑物（图 2-22），在夏至上午 10 时，在周围地面上的阴影区。

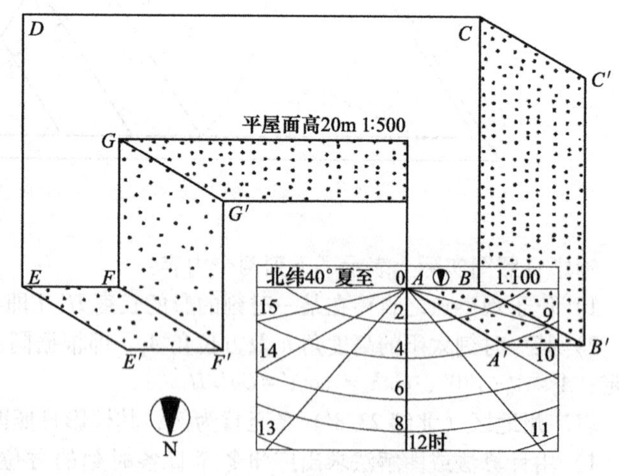


图 2-22 建筑物阴影区的确定

首先将绘于透明纸上的平屋顶房屋的平面图覆盖于棒影图上，使平面上欲求的 A 点与棒图上的0点重合，并使两图的指北针方向一致。平面图的比例最好与棒影比例一致，较为简单，但也可以随意。当比例不同时，要注意在棒影图上影长的折算。例如选用1∶100时，棒高1cm代表1m；选用1∶500时，棒高1cm代表5m，余类推。如平面图上$A$为房屋右翼北向屋檐的一端，高度为20m。则它在这一时刻之影就应该落在10点这根射线的4cm点$A'$处（建筑图比例为1∶500，故棒高4cm代表20m），连接$AA'$，线即建筑物过$A$处外墙角的影。

用相同的方法将$B$、$C$、$E$、$G$诸点依次与0点重合，可求出它们的阴影$B'$、$C'$、$E'$、$G'$，根据房屋的形状依次连接$A$、$A'$、$B'$、$C'$、$C$和$E$、$E'$、$F'$、$G'$所得的连线，并从$G'$作与房屋东西向边平行的平行线，即求得房屋影区的边界，如图2-22所示。

2）室内日照区的确定。利用棒影日照图也可以求出采光口在室内地面或墙面上的投影即室内日照区。了解室内日照面积与变化范围，对室内地面、墙面等接收太阳辐射所得的热量计算，窗口的形式与尺寸及对室内的日照深度等，均有很大的关系。

例如，求广州冬至日14时，正南朝向的室内日照面积。设窗台高1m，窗高1.5m，墙厚16cm，如图2-23所示。

首先使房间平面的比例及朝向与棒影日照图一致。再将棒影日照图0点置于窗边的墙外线$A$点及$B$点。从图的14时射线上找出1个单位影长的点$A_1$及$B_1$，连$A_1B_1$虚线代表窗台外边的投形轨迹，再考虑墙厚16cm得$A_1'B_1'$线，即实际的窗台的落影线口，再由此射线上找出2.5单位的影长点$A_{2.5}$及$B_{2.5}$，则连接$A_1'$、$A_{2.5}$、$B_{2.5}$、$B_1'$四点所构成的平面，则是窗的日影全部落于地面上的日照面积。

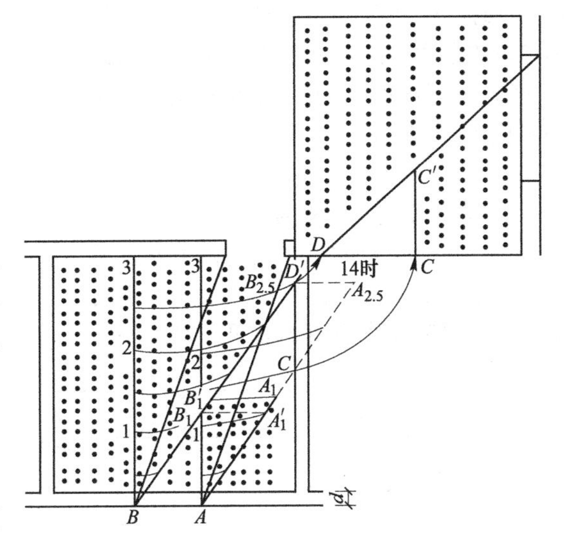

图2-23 求室内日照面积

当窗的日影分别落于地面和墙面上时（图2-23），地面上的日影因在$A_{2.5}$点处被截去一部分而成多边形，其面积可以作图计算；落于墙面上的日影，可由其展开图作图计算，二者相加就是该时间的日影面积。

同理，可求出其他时间的投影。将各个时间的日照面积连接起来、即为一天内在室内的日照面积范围。

日照深度可在房间平面图上直接量出，窗越高则日照深度越大。

（2）确定建筑物日照时间和遮阳尺寸　为了求解这一类问题，不能直接利用上述解阴影区日照区所用的棒影日照图，需要把它的指北向改为指南向，然后再应用。图2-24所示为旋转180°后的棒影日照图。旋转180°就意味着将某一高度的棒放在相应的棒影轨迹$O'$上，则其棒的端点$A'$的影恰好落在$O$点上。如果将棒立于连线$OO'$以外时，棒端点$A'$的影就达不到$O$点，则$O$点受到阳光，既$O$点有日照。

据此原理，便可利用朝向改变后的棒影日照图。当已知房屋的朝向和间距时，就可确定前面有遮挡的情况下该房屋的日照时间；也可以根据所要求的日照时间，来确定房屋的朝向和间距；也可以用来确定窗口遮阳构件的挑出尺寸等。

1）日照时间的计算。例如求广州冬至日正南向底层房间窗口$P$点的日照时间，窗台高1m（图2-25）。

图中房屋$B_1$高9m，$B_2$高3m，$B_3$高6m。由于减去1m窗台高，故$B_1$相对高8m，$B_2$相对高

2m，$B_3$ 相对高 5m。

将棒影日照图 0 与 $P$ 点重合，使图的 SN 旋转 180°，并使与建筑朝向重合。由于窗口有一定厚度，故 $P$ 点只在 ∠$QRP$ 的采光角范围内才能受照射。由图内找出 5 个单位影长的轨迹线，则 $B_3$ 平面图上的 $C'D'$ 与轨迹相交，这是有无照射的分界点。而平面上的 $ABC'D'$ 均在轨迹线范围内，故这些点均对 $P$ 点有遮挡，由时间线查出 10 时 10 分之前遮挡 $P$ 点。对于 $B_2$ 幢来说，因它在 2 个单位影长轨迹之外，故对 $P$ 点无遮挡。同理，$B_1$ 平面在棒影日照图 8 个单位影长轨迹之内，故对 $P$ 点有遮挡，时间由 13 时 30 分至日落。因此 $P$ 点实际受到日照的时间是从 10 时 10 分到 13 时 30 分，共 3h20min。

2）建筑朝向与间距的选择。从日照角度确定适宜的建筑间距和朝向，主要目的在于能获得必要的阳光，达到增加冬季的室温和利用紫外线杀菌的效果。对一些疗养院、托儿所和居住建筑来说，都应保证一定的室内日照时间，但具体标准涉及卫生保健的需要以及经济条件等问题，应由卫生部门协同有关单位共同研究制定。根据国外研究资料：美国公共卫生协会推荐，至少应有一半居住用房在冬至日中午有 1~2h 日照；苏联提出，普通玻璃窗的居

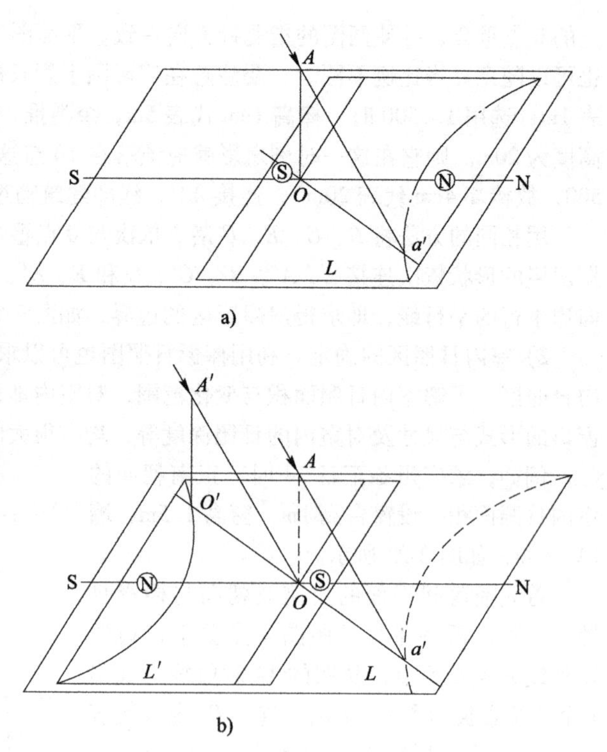


图 2-24 旋转 180°后的棒影日照图

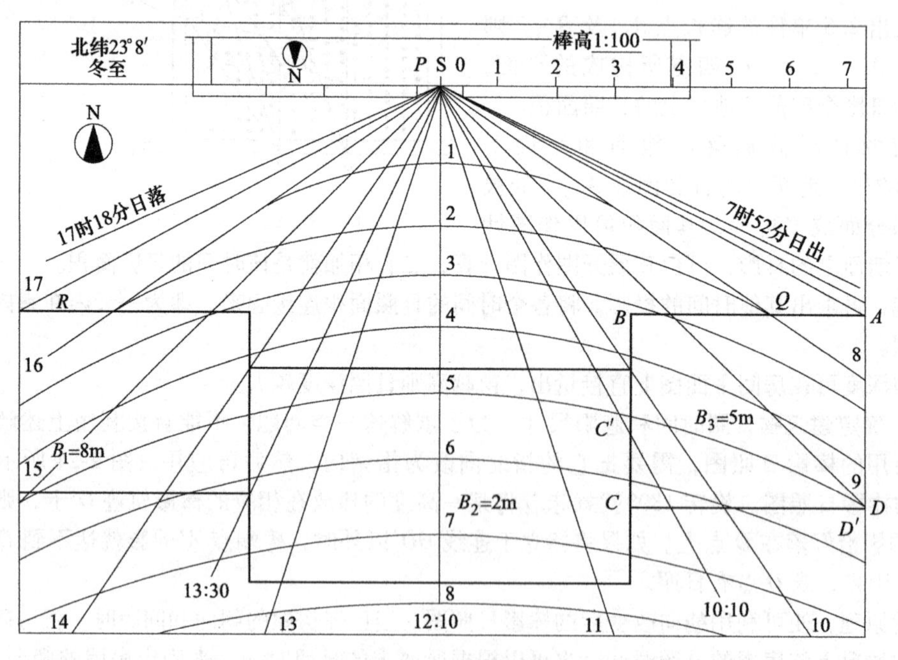


图 2-25 求日照时间

住建筑，每天有3~4h的日照，即能获得良好杀菌效果；德国柏林建筑法规规定，所有居住面积每年须有250d每天有2h的日照。必须指出，据研究，在中午左右紫外线杀菌能力较强，而接近早晨和傍晚太阳高度角很低，紫外线的能量很少。同时，对日照时间的规定，尚未反映出室内日照的深度、面积等关系，这些都有待进一步研究。由于我国对日照的卫生指标尚未具体规定，在参考国外资料时应根据我国具体情况使用。例如，争取日照的寒冷地区或医疗建筑、托幼建筑等，可考虑采用3h，而一般建筑可采用2h左右。

在总图设计时，应考虑个别房间的日照要求，选择适宜的房屋朝向和间距，合理组织建筑的布局等。

以图2-26为例，说明这一问题。图中前幢房屋（相对）高度为15m，位于北纬40°地区，已知冬至日后幢房屋所需日照时数为正午前后3h，则前后房屋的间距和朝向可按下述方法确定。

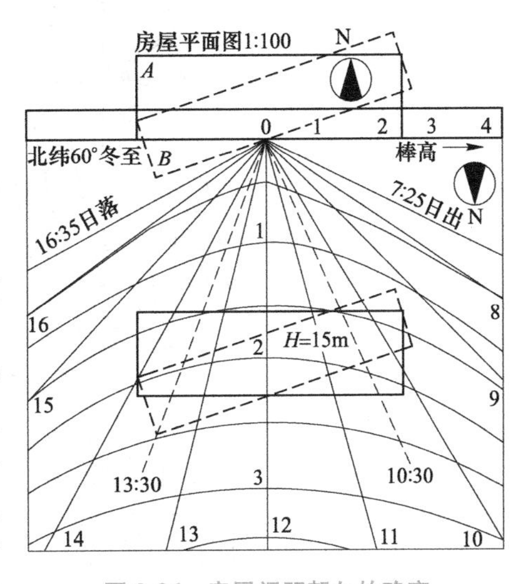

图2-26 房屋间距朝向的确定

若两幢房屋朝向正南，如图2-26中$A$（实践）布置。假设1个单位棒高代表10m，即$H=10\text{m}$，则前幢房屋相当于1.5个单位棒高，因而讨论这一问题时，必须利用棒影日照图中的1.5个单位影长曲线。为保证后幢房屋正午前后有3h日照，即从10时30分到13时30分，前幢不得遮挡后幢；则前幢房屋北墙外皮，必须位于1.5个单位影长曲线与10时30分至13时30分两条射线（虚线）之二交点的连接线上。确定了北墙皮的位置以后，即可从图中12时时间线上量出前后房屋之间距$D$为$1.7H'$。由于北纬40°地区冬至正午时，单位影长等于单位棒高的2倍，即

$$H' = H \cdot \cot h_s = 2H$$

故间距

$$D = 1.7H' = (1.7 \times 2 \times 10)\text{m} = 34\text{m}$$

故改用$B$（虚线）的布置方法，即将朝向转到南偏东15°，则虽间距未变，而日照时间却可达4h以上。由此可见，合理选择间距和朝向，对日照状况有重大影响。因此，在总图设计中如果能合理布局，既可节约用地，又能减少投资。

当然，房间的实际朝向和间距，还取决于其他许多因素，如总体规划的要求、太阳辐射量、主导风向、采光要求，以及考虑防风沙、防暴雨袭击等，因此要综合有关因素后做最后选择。

3）遮阳尺寸的确定。要确定遮阳的形式和尺寸，首先应知道建筑物的朝向和所要求的遮阳时间。

试用棒影日照图求广州地区一个朝南偏东10°的窗口（窗宽1.5m，窗高2m，墙厚0.18m）在秋分日上午9时到下午1时室内不进阳光的遮阳构件尺寸。

如图2-27所示，先将窗的平、剖面按比例（如1∶50）绘在透明纸上，并准备好广州地区秋分的棒影日照图，设其比例为1∶100。

然后将已制好的北纬23°08′，秋分日的棒影日照图的0点置于窗台内线上任一点$a$（图2-27a）。应注意将棒影日照图的指北方向改为朝南方向应用。由于遮阳窗口的高度为2m，故在棒高4cm轨迹线上的$KM$一段若立有2m高之棒，其端点的影皆终于$a$点而不入室内，故遮阳

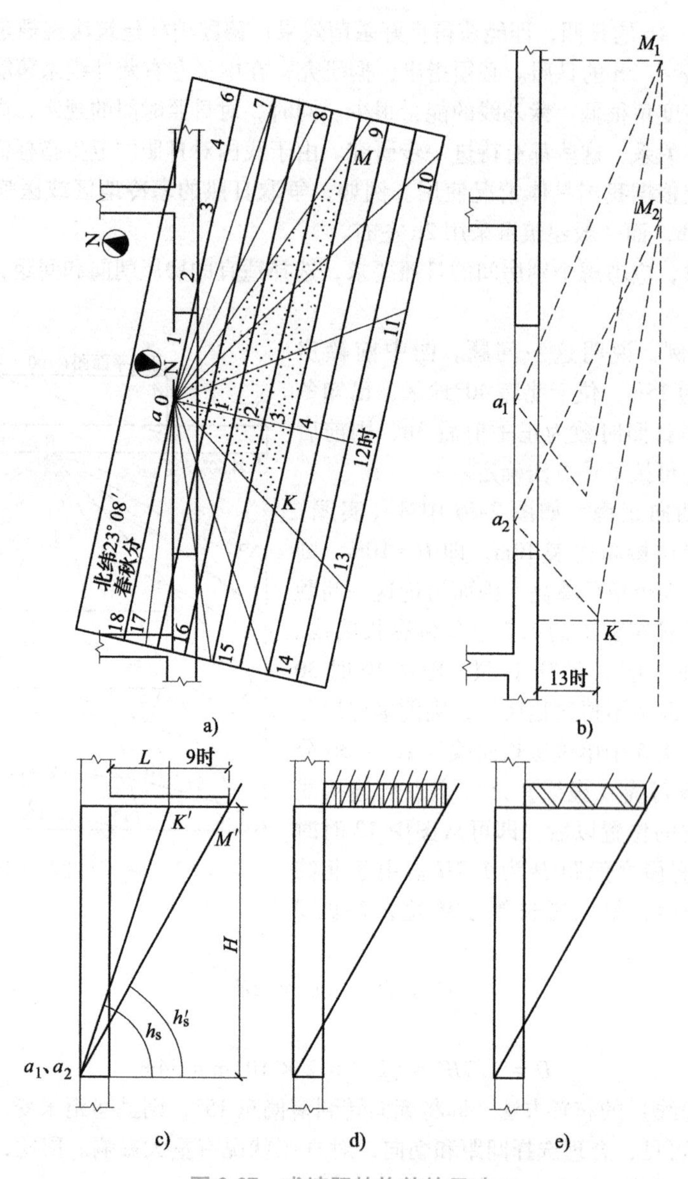


图 2-27 求遮阳的构件的尺寸

的平面尺寸应为 0*KM* 范围，如图 2-27a 中的阴影区，也就是遮阳的方位角应为∠0*KM*，可将 0*KM* 面积沿着内窗台线上各点（如图 2-27b 中 $a_1$、$a_2$ 点）平行移动，它们的包络图即为所述窗口遮阳的尺寸，如图 2-27b 中虚线所示的矩形。相应地，遮阳的高度角范围可从剖面图来求，从图 2-27b 中 *K*、*M* 向图 2-27c 引投影线，交于 *K*′、*M*′两点，从而得到遮阳高度角的范围及构件挑出长度 *L*（已减墙厚），两翼挑出长度各为由窗边到矩形包络图的端线边的长度。据此就可设计各种遮阳板的构造形式，如图 2-27 的 c、d、e 所示。

4）日照设计。

① 日照标准。日照是指物体表面被太阳光直接照射的现象。阳光直接照射到建筑地段和建筑物表面及其房间内部的现象，称为建筑日照。住宅日照标准应符合表 2-5 所示的规定，每套住宅至少有一间居室，四居室以上户型至少有两间居室达到日照标准。

② 日照间距。日照间距是影响生活质量的重要因素，制定日照间距要求的最终目的是确保居民生活的日照时间。住宅建筑间距分正面间距和侧面间距两个方面。凡泛称的住宅间距，系指正面间距。决定住宅建筑间距的因素很多，根据我国所处地理位置与气候状况，以及我国居住区规划实践，说明绝大多数地区只要满足日照要求，其他要求基本都能达到。表2-8为我国夏热冬冷地区和夏热冬暖地区一些主要城市的日照间距系数。

日照间距系数计算公式如下：

$$D = H_0 \cdot \coth \cdot \cos r \tag{2-19}$$

$$l_0 = D/H_0 = \coth \cdot \cos r \tag{2-20}$$

式中 $D$——日照间距（m）；

$l_0$——日照间距系数；

$H_0$——前栋建筑计算高度（m）；

$r$——后栋建筑方位与太阳方位所夹的角。

表2-8 我国夏热冬冷地区和夏热冬暖地区一些主要城市的日照间距系数

| 城市 | 南向 | 南偏西（东） | | | | | |
|---|---|---|---|---|---|---|---|
| | | 10° | 20° | 30° | 40° | 50° | 60° |
| 广州 | 1.06 | 1.07 | 1.05 | 1.00 | 0.92 | 0.81 | 0.68 |
| 南宁 | 1.05 | 1.07 | 1.05 | 1.00 | 0.92 | 0.81 | 0.68 |
| 福州 | 1.18 | 1.19 | 1.17 | 1.11 | 1.02 | 0.90 | 0.75 |
| 海口 | 0.95 | 0.97 | 0.95 | 0.91 | 0.84 | 0.74 | 0.62 |
| 合肥 | 1.46 | 1.47 | 1.44 | 1.37 | 1.25 | 1.10 | 0.91 |
| 杭州 | 1.37 | 1.39 | 1.36 | 1.29 | 1.18 | 1.04 | 0.86 |
| 南京 | 1.47 | 1.48 | 1.45 | 1.38 | 1.26 | 1.11 | 0.92 |
| 上海 | 1.42 | 1.43 | 1.41 | 1.33 | 1.22 | 1.07 | 0.89 |
| 长沙 | 1.27 | 1.29 | 1.26 | 1.20 | 1.10 | 0.97 | 0.80 |
| 成都 | 1.39 | 1.41 | 1.38 | 1.31 | 1.20 | 1.05 | 0.87 |
| 南昌 | 1.29 | 1.31 | 1.28 | 1.22 | 1.12 | 0.98 | 0.82 |
| 武汉 | 1.39 | 1.40 | 1.38 | 1.31 | 1.20 | 1.05 | 0.86 |

注：本表是根据式（2-20）求得。计算条件：南向、南偏东或南偏西10°~60°建筑，计算时间为冬至日上午11时30分或12时30分。

## 2.2.5 建筑遮阳

如前所述，建筑物对日照的要求是根据它的性质和当地的气候条件决定的。有些建筑，如实验室、化学药品库要避免阳光的直射，炎热地区的建筑在夏季也要限制阳光的直射。这就要进行遮阳，其目的就是防止室内过热和直射阳光引起的不良作用。

根据有关单位的调研和测定，当室内有直射阳光、辐射强度大于280W/m$^2$、相对湿度大于70%、气流速度小于0.3m/s、室内气温在29℃以上时，人们在室内热感上升很快，感到闷热。根据这些调研测定材料，适合南方炎热地区需要设置遮阳的条件如下：

1）室内气温在29℃以上。

2）太阳辐射强度大于280W/m$^2$。

3）阳光照射室内深度（由墙表面算起）大于0.5m。

4）阳光照射室内的时间超过1h。

当具备以上四项条件时，一般应采取遮阳措施。对于建筑标准较高的房间，只有1）、2）两项条件时，即可设置遮阳。特殊要求的房间，如恒温恒湿室、易燃品库等，可不受此限制。

遮阳的措施很多，可概括地分为三类：利用绿化来遮阳；结合建筑构件处理进行遮阳；专门设置的遮阳。建筑物采取遮阳措施后，往往对室内的通风、采光产生不利影响，因此在遮阳设计时，应根据建筑本身的要求和建筑条件，适当注意通风、采光和防雨等问题的处理。

### 1. 遮阳的作用

在夏热地区，遮阳对降低建筑能耗、节约能源与提高室内居住舒适性有显著的效果。其一，夏季通过窗户进入室内的空调负荷主要来自太阳辐射，降低外窗的负荷和能耗必须采取有效的遮阳措施，采用减少空气渗透或者降低传热系数等手段的作用很有限，所以在空调建筑和建筑节能设计计算中，遮阳部分的设计计算是很重要的。其二，窗口遮阳能防止直射阳光造成的强烈眩光，使室内照度分布比较均匀，改善光环境。其三，遮阳对建筑外观起到了很好的装饰作用。在欧洲建筑界，已经把外遮阳系统作为一种活跃的立面元素加以利用，甚至称之为双层立面形式。一层是建筑物本身的立面，另一层则是动态的遮阳状态的立面。这种具有动感的建筑物形象不是因为建筑立面的时尚需要，而是现代技术解决人类对建筑节能和享受自然需求而产生的一种新的现代建筑形态。

但是，遮阳设施对房间通风有一定的阻挡作用，在开窗通风的情况下，室内的风速会减弱。此外，遮阳设施对外墙表面上升的热空气有阻挡作用，不利于散热，因此在遮阳的构造设计时应加以注意。

### 2. 遮阳的形式

（1）内遮阳　建筑内遮阳是一般建筑最常使用的遮阳形式。内遮阳对透过玻璃进入室内的辐射进行遮挡，可以使室内物体表面的眩光、发射光与紫外线大幅度减少，营造舒适的室内环境。内遮阳具有调节灵活，安装拆卸方便和不易受外界破坏，经济可靠等优点。其缺点是穿过玻璃的太阳辐射会使内遮阳帘自身受热升温，升温的这部分热量将通过对流和辐射的方式进入室内，使室内的温度升高。内外遮阳的传热过程如图2-28所示。

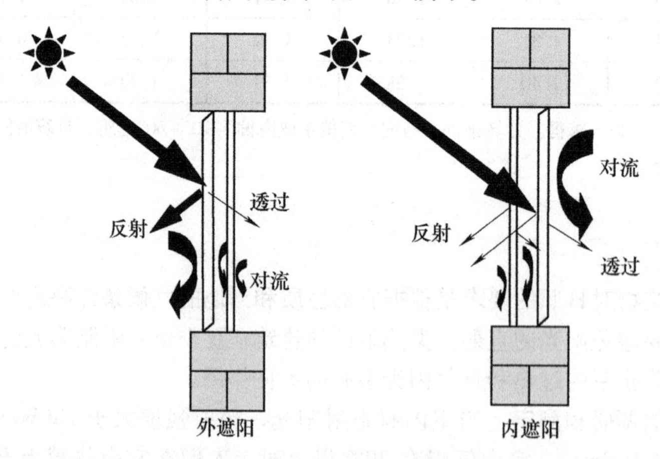


图2-28　内外遮阳的传热过程

内遮阳的形式有百叶窗帘、百叶窗、拉帘、卷帘等，材料有布料、塑料、金属、竹、木等。浅色窗帘比深色的反射热量更多，吸收热量少，所以其遮阳效果更好，大约可挡去17%太阳辐射热。

（2）外遮阳　建筑外遮阳是非常有效的遮阳措施，夏季外窗遮阳节能设计应该首选外遮阳。外遮阳系统中，太阳辐射经过外遮阳设施的遮挡，只有一部分到达玻璃外表面，其中有部分通过玻璃进入室内形成冷负荷，其过程如图2-28所示。由图2-28对比可知，外遮阳系统中太阳辐射得热率要低于内遮阳系统，但其缺点是易受风雨损坏，且安装与维修较为困难，所以目前在国内应用得并不普遍。但它是今后遮阳技术发展的主要方向之一。

外遮阳可以是固定式的建筑遮阳构造，如遮阳板、遮阳挡板、屋檐等；也可以是活动式的，如百叶、活动挡板、花格等。我国用得最多的是屋檐、遮雨檐、遮阳棚这几种形式。

固定外遮阳有水平遮阳、垂直遮阳、挡板遮阳三种基本形式。水平遮阳能够遮挡从窗口上方射来的阳光，适用于南向外窗；垂直遮阳能够遮挡从窗口两侧射来的阳光，适用于北向外窗；挡板遮阳能够遮挡平射到窗口的阳光，适用于接近于东西向外窗。实际中可以单独选用或者进行组合，常见的还有综合遮阳、固定百叶遮阳、花格遮阳等（图2-29）。

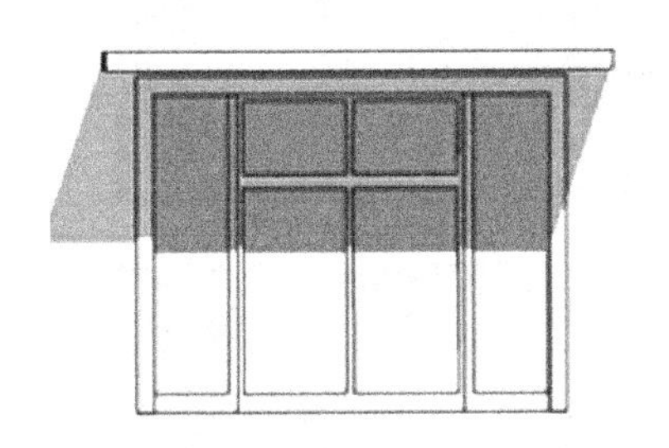

a) 水平遮阳(适宜接近南向的窗口或北回归线以南低纬度地区的北向附近窗口)

b) 垂直遮阳(适宜东北、北、西北附近窗口)

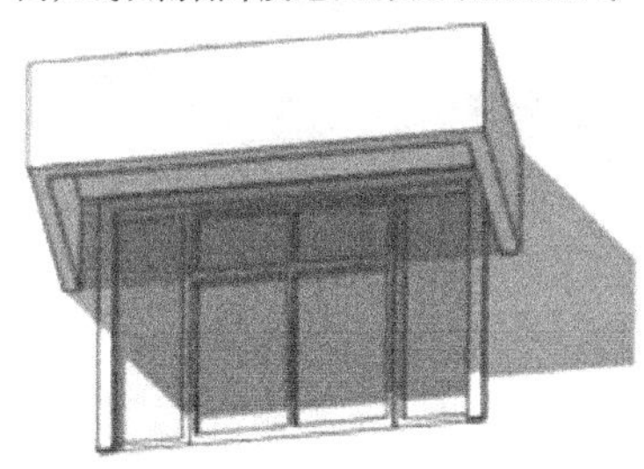

c) 挡板遮阳(适宜东、南向附近窗口)

d) 综合遮阳(适宜东南、西南附近窗口)

图2-29　固定外遮阳的形式

固定遮阳不可避免地会带来与采光、自然通风、冬季采暖、视野等方面的矛盾。活动遮阳可以根据环境变化和使用者个人喜好，自由地控制遮阳系统的工作状况。其遮阳形式有遮阳卷帘、活动百叶遮阳、遮阳棚、遮阳纱幕等（图2-30）。窗外遮阳卷帘是一种有效的遮阳措施，适用于各个朝向的窗户。当卷帘完全放下的时候，能够遮挡住几乎所有的太阳辐射，这时进入外窗的热量只有卷帘吸收的太阳辐射能量向内传递的部分。这时，如果采用导热系数小的玻璃，则进入窗户的太阳热量非常少。

适当拉开遮阳卷帘与窗户玻璃之间的距离，利用自然通风带走卷帘上的热量，也能有效地减少卷帘上的热量向室内传递。活动百叶遮阳有升降式百叶帘和百叶护窗等形式。升降式百叶帘既可以升降，也可以调节角度，在遮阳和采光、通风之间达到了平衡，因而在办公建筑及民用住宅上得到了广泛的应用。根据材料的不同，其又可分为铝百叶帘、木百叶帘和塑料百叶帘。遮阳棚很常见，它有简单实用的特点。遮阳纱幕既能遮挡阳光辐射，又能根据材料选择控制可见光

a) 遮阳卷帘　b) 百叶遮阳
c) 推拉式遮阳挡板　d) 遮阳纱幕
e) 折臂式遮阳棚　f) 活动遮阳

图 2-30　活动外遮阳的形式

的进入量，防止紫外线，并能避免眩光的干扰，是一种适合于炎热地区的外遮阳方式。纱幕的材料主要是玻璃纤维，它具有耐火防腐、坚固耐久的特点。

（3）窗口中置式遮阳　为了克服外遮阳易损坏、不易清洗和维护的缺点，可将百叶窗帘安在两层玻璃之间，例如双层皮幕墙（Double Skin Facade，Double Skin Curtain Wall）。但遮阳设施吸热后升温会加热玻璃间层的空气，将部分热量传入室内，使窗户的隔热能力降低。目前，多采用在玻璃间层通风的方法来把其中的热量排到室外（图 2-31）。中置式遮阳的遮阳设施通常位于双层玻璃的中间，和窗框及玻璃组合成为整扇窗户，有着较强的整体

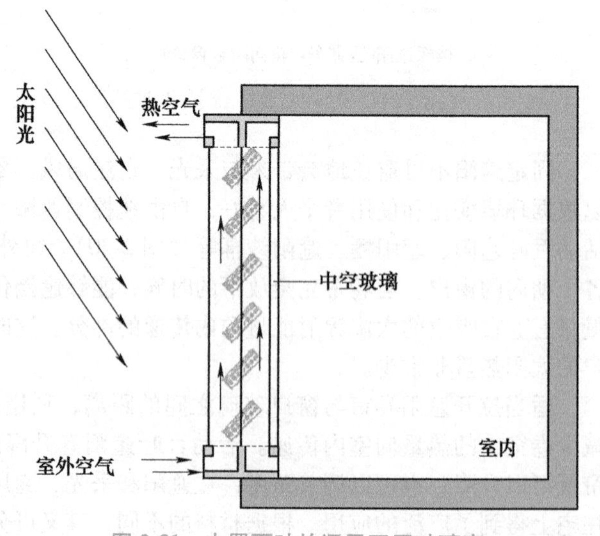


图 2-31　内置百叶的通风双层玻璃窗

性，一般由工厂一体生产成型。

（4）绿化遮阳　绿化遮阳借助树木或藤蔓植物来遮阳，是一种既有效又经济美观的遮阳措施，特别适用于低层建筑。绿化遮阳最为理想的遮阳植物是落叶乔木，茂盛的枝叶可以阻止夏季灼热的阳光，而冬季温暖的阳光又会透过稀疏枝条射入室内（图2-32），这是普通固定遮阳设施无法具备的优点。此外，藤蔓植物还可以有效降低墙面温度。设计绿化遮阳时，还要尽量避免植物对通风、采光和视线阻挡的影响。

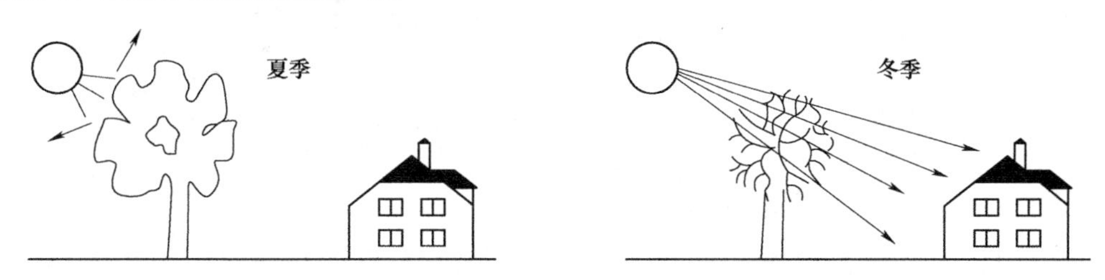


图2-32　落叶乔木的遮阳形式

建筑立体绿化系统包括环境绿化（场地绿化）、屋顶绿化（屋顶花园）、墙面绿化和阳台绿化四个方面，如图2-33a~d所示。可以在窗外一定距离种树，也可以在窗外或阳台上种植攀缘植物（如爬山虎、牵牛花、爆竹花等）实现对墙面的遮阳，还有屋顶花园等形式。植物可吸收一定的由太阳光辐射产生的热量，反射一部分热量；同时，植物能通过蒸发水分降低地面的反射，常青的灌木和草坪对于降低地面反射和建筑反射很有用，如图2-33e、f所示。

（5）玻璃自遮阳　玻璃或透光材料本身对太阳辐射具有一定的遮挡作用，遮阳性能好的玻璃常见的有吸热玻璃、热反射玻璃、低辐射玻璃。

a) 环境绿化　b) 屋顶绿化

c) 墙面绿化　d) 阳台绿化

图2-33　立体绿化遮阳系统

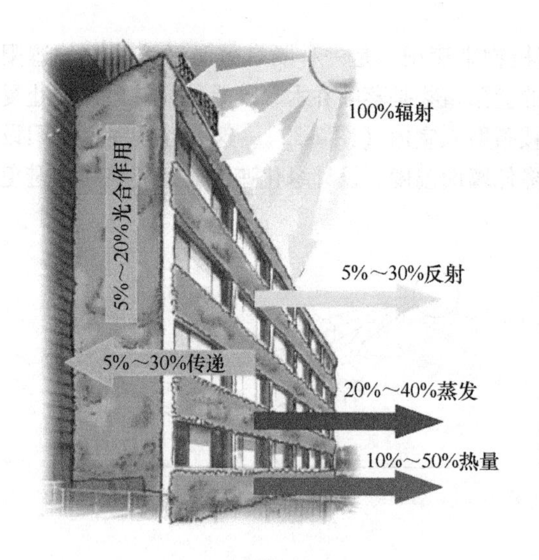


e) 垂直绿化与建筑能耗的关系

f) 绿化墙面与普通墙面热成像对比
(荷兰代尔夫特大学)

图 2-33 立体绿化遮阳系统（续）

提高玻璃对太阳辐射的遮挡效果也是非常有效的遮阳措施。随着玻璃镀膜技术的发展，玻璃已经可以对入射的太阳光进行选择，将可见光引入室内，而将增加负荷和能耗的红外线反射出去（图 2-34）。玻璃遮阳已经成为现代建筑遮阳最主要的手段之一。

图 2-34 单色 low-e 玻璃遮阳形式

此外，利用玻璃进行遮阳时，必须是关闭窗户的，会给房间的自然通风造成一定的影响，使滞留在室内的部分热量无法散发出去。所以，尽管玻璃自身的遮阳性能是值得肯定的，但是必须配合百叶遮阳等措施，才能取长补短。

进行遮阳设计时，应根据建筑气候、窗口朝向和房间的用途来确定遮阳的形式和种类，以达到建筑节能与舒适的要求。2005 年 3 月建成的清华大学超低能耗示范楼采用了一系列遮阳措施，包括在西立面设置遮阳墙，在南立面设置遮阳隔板和设置屋顶花园等，大大降低了夏季建筑能耗，在建筑“绿色设计”方面做了有益的探索。

## 2.3 室外气候

建筑室内冷热负荷的计算要以室外气候参数为依据。因此，在建筑设计中，必须了解当地各主要气候因素的概况及变化规律。一个地区的气候状况是许多因素综合作用的结果。建筑设计中涉及的室外气候通常在“微气候”的范畴，微气候是指离地30~120m高度范畴内，在建筑物周围地面上及屋面、墙面、窗台等特定地点的风、阳光、辐射温度与湿度条件。建筑物本身以其高大的墙面而成为一种屏障，并在地面与其他建筑物上投下影子，也会改变该处的微气候。

### 2.3.1 室外空气温度

室外空气温度一般是指距地面1.5m高、背阳处的空气温度。大气中的气体分子在吸收和放射辐射能时具有选择性。对于太阳辐射而言，大气几乎是透明的，其直接受太阳辐射的增温非常微弱，主要靠吸收地面的长波辐射（波长3~120μm）而升温，因此地面与空气的热量交换是气温升降的直接原因。影响空气温度的因素主要有：首先，入射到地面上的太阳辐射热量起着决定性的作用。空气温度的日变化、年变化及随着地理纬度的变化都是由于太阳辐射热量的变化而引起的。其次，大气的对流作用是影响气温最强的方式。无论是水平方向或垂直方向的空气流动都会使高低温空气混合，从而减少地域间空气温度的差异。再次，下垫面对空气温度的影响也很重要。草原、森林、沙漠和河流等不同的地面覆盖层对太阳辐射的吸收和反射及自身温度变化的性质均不同，所以地面增温也不同，因此各地温度也就有了差别。最后，海拔、地形、地貌等都对气温及其变化有一定影响。

气温有明显的日变化和年变化。在一般晴朗天气下，气温的昼夜变化是有规律的。如图2-35所示为晴天室外空气温度变化，它是将晴天一天24h所测出的温度值，经谐量分析后得出的曲线。从图中可以看出，气温日变化中有一个最高值和最低值。这是由于地球每天接受太阳辐射热和放出热量而形成的。在白天地球吸收太阳辐射热，使靠近地面的空气温度升高；到夜晚，地面得不到太阳辐射，但要向大气层放出热量，黎明前为地面放热的最后阶段，故气温一般在凌晨4、5点时最低。随着太阳逐渐升高，地面获得的太阳辐射热量逐渐增多，到下午2、3点时，达到全天的最高值。此后气温又随太阳辐射热量的减少而下降，到下一个凌晨，气温又达最低值。一日内气温的最高值和最低值之差称为气温的日较差，通常用它来表示气温的日变化。另外，如前所述，气温的年变化及日变化取决于地表温度的变化，在这一方面，陆地和水面会产生很大的差异。在同样的太阳辐射条件下，大的水体较陆地所受影响要慢。所以，在同一纬度下，陆地表面与海面比较；夏季热些，冬季冷些。在这些表面上所形成的气团也随之而变。陆地上的平均气温在夏季较海面高些，冬季则低些。由于海陆分布与地形起伏的影响，我国各地气温的日较差一般从东南向西北递增。

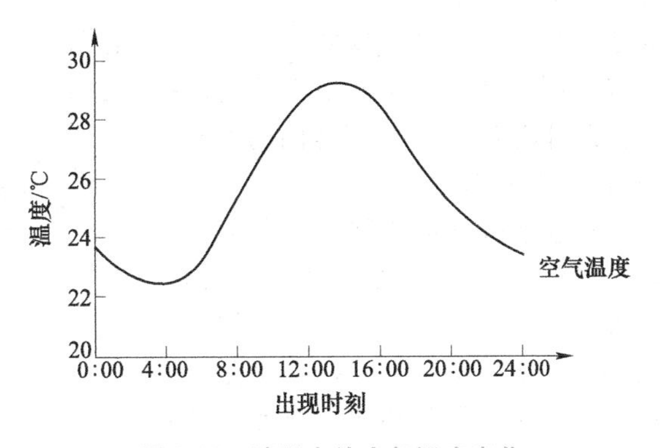


图2-35 晴天室外空气温度变化

一年中各月平均气温也有最高值和最低值。对处于北半球的我国来说，年最高气温出现在7月（大陆地区）或8月（沿海或岛屿），而最低月气温出现在1月或2月。一年内最热月与最冷月的平均气温差叫作气温的年较差。我国各地气温的年较差自南到北、自沿海到内陆逐渐增大。华南和云贵高原约为10~20℃，长江流域一般为20~30℃，华北和东北的南部约为30~40℃，东北的北部与西北部则超出40℃，但沿海地区常受台风影响，北方地区则受寒流影响，至于长江中下游地区，常为北方寒流与南方暖湿气流的交汇处，气温波动较大。

图2-36给出了北京、西安、上海三地区的10年（1961—1970年）平均气温月变化曲线。

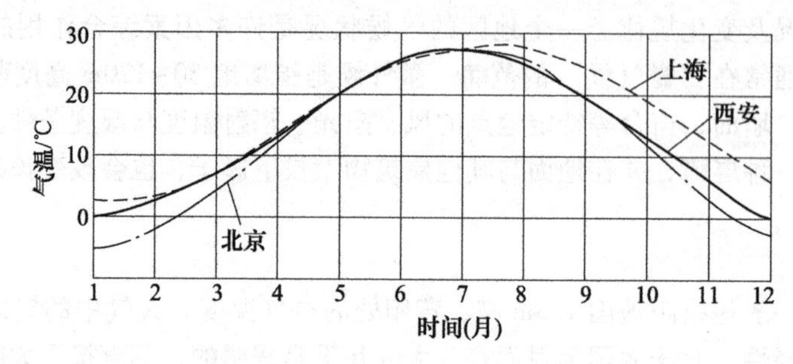


图2-36 气温月变化曲线

在微气候范围内的空气层温度随着空间和时间的改变会有很大的变化，这一区域的温度会受到土壤反射率、夜间辐射、气流形式及土壤受建筑物或种植物遮挡情况的影响，图2-37给出了混凝土地面与草地上空气温湿度变化。从图中可以看出，在同一高度，离建筑物越远，温度越低；草地地面的温度明显低于混凝土地面温度，最大温差可达7℃，微气候区的两者温差也可达5℃左右。

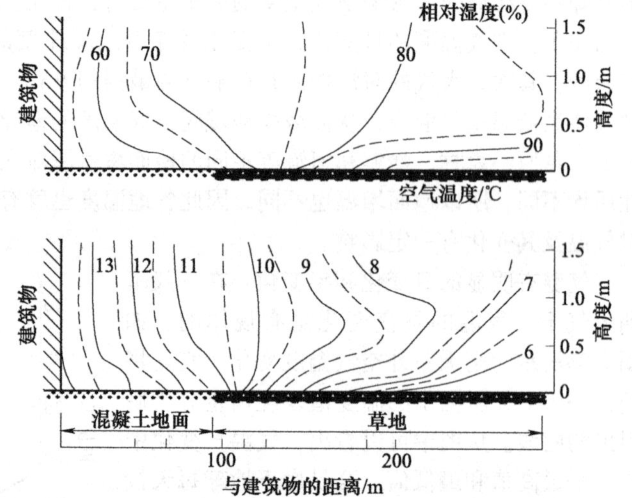


图2-37 混凝土地面与草地上空气温湿度变化

在这个微气候范围内，众所周知的温度变化是温度的局地倒置现象，其极端形式称为“霜洞”，当空气流入山谷、洼地、沟底时，只要没有风力扰动，空气就会如池水一样积聚在一起。最可能出现这种现象的条件是寒冷、晴朗的夜晚。那时天空的低温会加速地表的冷却过程，因此使靠近地表的空气冷却，而这种现象通常是平静地进行的，因此不会形成风。在这种凹地里的建筑或住宅里，冬季温度较其周围平地面上的温度低得多，特别是在夜间更为明显。同样地，在建筑物底层或位于一般地面以下而室外有凹坑的半地下室，情况也与此类似。室外气温霜洞效应如图2-38所示。

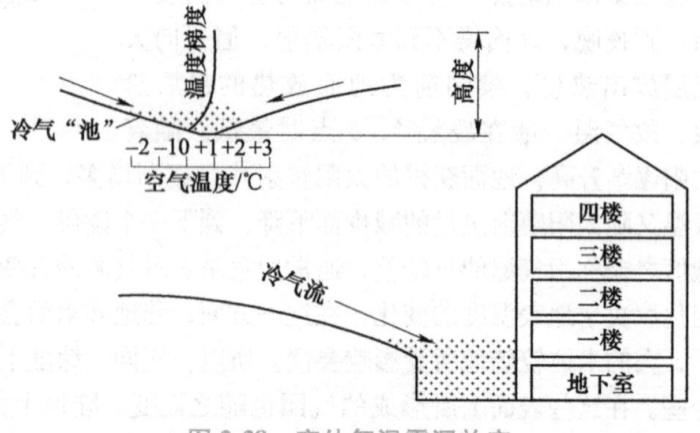


图2-38 室外气温霜洞效应

当阳光透过大气层到达地面的途中，其中一部分（大约10%）被大气中的水蒸气和二氧化碳吸收，它们还吸收来自地面的反射辐射，使其具有一定温度，因而会向地面进行长波辐射，此时的大气温度用有效天空温度 $T_{sky}$ 来表示。在对我国82个气象台站长年的观测数据进行了统计分析后，有学者给出了一个与实测数据符合较好的有效天空温度表达式：

$$T_{sky}=[0.9T_d^4-(0.32-0.026\sqrt{e_d})(0.30+0.70S)T_0^4]^{1/4} \tag{2-21}$$

式中 $T_d$——地表温度（K）；

$T_0$——地面1.5~2.0m高处的气温（K）；

$e_d$——以毫巴表示的水蒸气分压力（mbar）；

$S$——日照百分率，即全天实际日照时数与可能日照时数之比，是一个与云量密切相关的量。

### 2.3.2 空气湿度

空气湿度是指空气中水蒸气的含量，一般以绝对湿度（含湿量）和相对湿度来表示。

含湿量 $d$ 是指对应于1kg干空气的湿空气所含水蒸气的量。其定义为湿空气中的水蒸气密度与干空气密度之比，即

$$d=\frac{\rho_q}{\rho_g}=0.622\frac{p_q}{p_g}$$

或

$$d=0.622\frac{p_q}{B-p_q} \tag{2-22}$$

式中 $\rho_q$、$\rho_g$——水蒸气及干空气的密度（$kg/m^3$）；

$p_q$、$p_g$——水蒸气及干空气的压强（Pa）；

$B$——湿空气压力或称大气压强（Pa）。

相对湿度 $\varphi$ 是表征湿空气中水蒸气接近饱和含量的程度，其定义为湿空气的水蒸气压力与同温度下饱和湿空气的水蒸气压力之比，即

$$\varphi=\frac{p_q}{p_{q,b}}\times 100\% \tag{2-23}$$

式中 $p_{q,b}$——饱和水蒸气压力（Pa）。

空气中的水蒸气来源于江河湖海的水面、植物及其他水体的水面蒸发。相对湿度的日变化受到地面性质、水陆分布、季节寒暑、天气阴晴等因素的影响，一般是大陆低于海面、夏季低于冬季、晴天低于阴天。相对湿度日变化趋势与气温的日变化趋势恰好相反（图2-39），晴天相对湿度的最高值出现在黎明前后，此时虽然空气中的水蒸气含量较少，但气温最低，所以相对湿度最大；最低值出现在午后，此时空气中的水蒸气含量虽然较大，但由于温度已达最高，所以相对湿度最低。

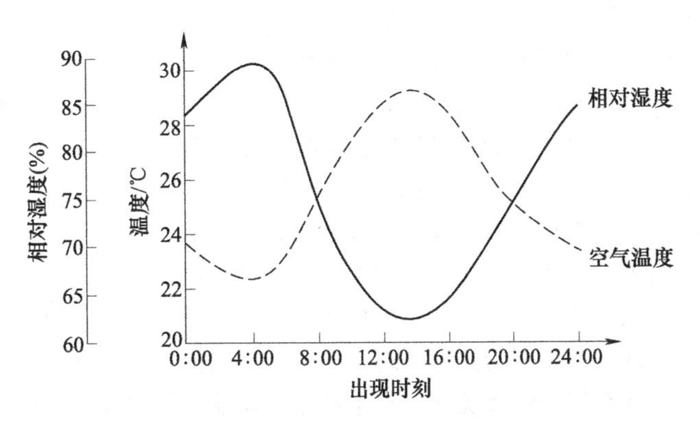


图2-39 室外湿度的变化

在一年中，最热月的绝对湿度最大，最冷月的绝对湿度最小。这是因为蒸发量随温度的变化

而变化。有时即使绝对湿度接近于基本不变，相对湿度的变化范围也可能很大。这是由气温的日变化和年变化引起的。显著的相对湿度日变化主要发生在气温日较差较大的大陆上。在这类地区，中午过后不久，当气温达到最高值时，相对湿度会变得很低；而一到夜间，气温很低时，相对湿度又变得很高。我国因受海洋气候的影响，南方大部分地区的相对湿度在一年中以夏季为最高，秋季最小。华南地区和东南沿海一带，春季海洋气团侵入，由于此时的温度还不太高，所以形成了较高的相对湿度，大约在3月、4月、5月最大，秋季最小。所以，在南方地区的春夏交接的时候，气候较为潮湿，室内地面产生返潮现象。

### 2.3.3 气压与风

#### 1. 气压

气压是大气压强的简称，即作用在单位面积上的大气压力，它在数值上等于单位面积上向上延伸到大气上界的垂直空气柱所受到的重力。著名的马德堡半球实验证明了它的存在。气压的国际制单位是帕斯卡，简称帕，符号是Pa。气象学中，人们一般用千帕（kPa），或使用百帕（hPa）作为单位，其他的常用单位分别是：巴（bar，1bar=100000Pa）和毫米水银柱（或称毫米汞柱，mmHg），例如，标准大气压习惯上常用水银柱高度表示。标准大气压被定义为温度为0℃时纬度为45°的海平面上的气压。1个标准大气压等于760mmHg产生的压力，即相当于$1cm^2$面积上承受1.0336kg大气重力所产生的压强。

气压的大小与海拔、大气温度、大气密度等有关，一般随着海拔升高按指数律递减。气压与海拔的关系如图2-40所示。

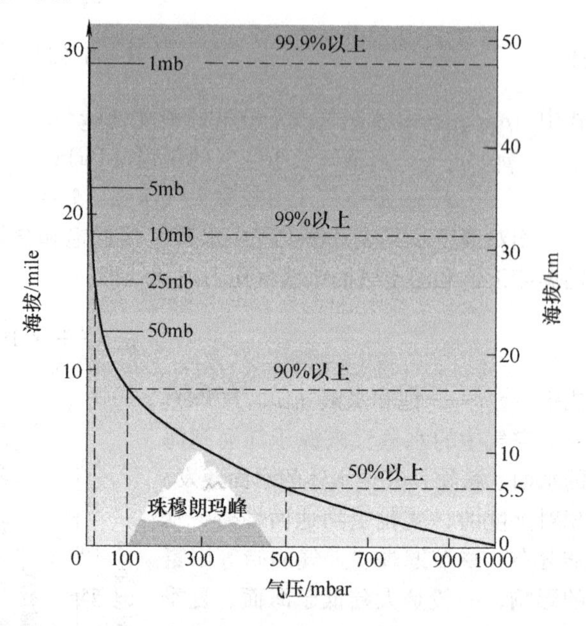


图2-40 气压与海拔的关系

注：1mile=1.609344km；1mbar=100Pa。

气压有日变化和年变化。一年之中，冬季比夏季气压高。一天中，气压有一个最高值、一个最低值，分别出现在9~10时和15~16时，还有一个次高值和一个次低值，分别出现在21~22时和3~4时。气压日变化幅度较小，一般为0.1~0.4kPa，并随纬度增高而减小。气压变化与风、天气的好坏等关系密切，因而是重要的气象因子。气象观测中常用的测量气压的仪器有水银气压表、空盒气压表、气压计等。

气压对人体健康与舒适有着明显的影响，概括起来分为生理的和心理的两个方面。低气压对人体生理的影响主要是影响人体内氧气的供应。由于人体特别是脑缺氧，会出现头晕、头痛、恶心、呕吐和无力等症状，神经系统也会发生障碍，甚至会发生肺水肿和昏迷，这就是通常说的“高山反应”。

在高气压的环境中，肌体各组织逐渐被氮饱和（一般在高压下工作5~6h后，人体就被氮饱和），当人体重新回到标准大气压时，体内过剩的氮便随呼气排出，但这个过程比较缓慢，如果从高压环境突然回到标准气压环境，则脂肪中蓄积的氮就可能有一部分停留在肌体内，并膨胀形成小的气泡，阻滞血液和组织，易形成气栓而引发病症，严重者会危及人的生命。

气压变化对人体健康与舒适的影响，更多表现在高压或低压所代表的环流天气形势的生成、消失或移动方面。在低压环流形势下，大多为阴雨天气，风的变化比较明显；而在高压环流形势下，多为晴天，天气比较稳定。在高压控制下，空气干燥，天晴风小，夜间的辐射冷却容易形成贴地逆温层，尘埃、真菌类、花粉、孢子等过敏源，容易在近地层停滞，从而诱发哮喘病的发作。

同时，气压的变化还会影响人的心理变化，使人产生压抑、郁闷的情绪。例如，低气压下的雨雪天气，尤其是夏季雷雨前的高温、高湿天气（此时气压较低），使心肺功能不好的人异常难受，正常人也有一种抑郁不适之感。而这种憋气和压抑，又会使人的植物神经趋向紧张，释放肾上腺素，引起血压上升、心跳加快、呼吸急促等；同时，皮质醇被分解出来，引起胃酸分泌增多、血管易发生梗塞、血糖值也可能急升。

2. 风

(1) 风的成因与分类 风是由大气压差引起的大气水平方向的运动。地表增温不同是引起大气压力差的主要原因，也是风的主要成因。图 2-41所示为地球气压带和风带分布。

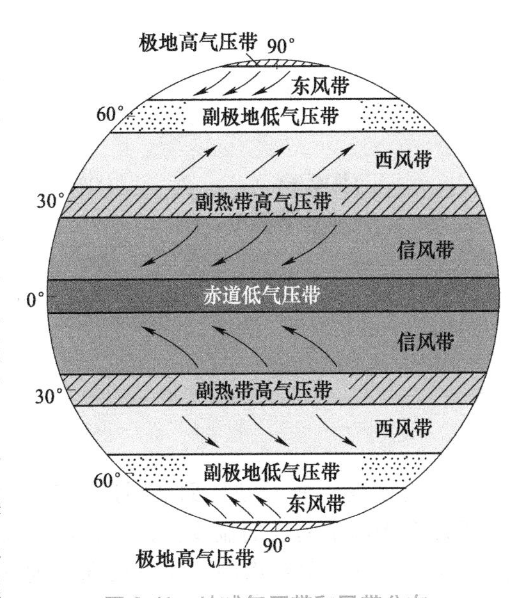


图 2-41 地球气压带和风带分布

风可分为大气环流和地方风两大类。由于太阳辐射在地球上照射不均匀，引起赤道和南、北极出现温差，从而引起大气从赤道到两极和两极到赤道的经常性活动，称为大气环流。它是造成各地气候差异的主要原因之一。控制大气环流的主要因素是地球形状和地球的自转与公转。

地方风是由地表水陆分布、地势起伏、表面覆盖等地方性条件不同而引起的，如海陆风、季风、山谷风、庭院风及巷道风等。除季风外的地方风，都是由于局部地方昼夜受热不均匀而引起的，所以都以一昼夜为周期，风向产生日夜交替的变化。而季风是因为海陆季节温差而引起的，冬季的大陆强烈冷却，气压增高，季风从大陆吹向海洋；夏季大陆强烈增温，气压降低，季风由海洋吹向大陆。因此，季风的变化是以年为周期的。中国的东部地区夏季湿润多雨而冬季干燥，就是受了强大的季风的影响。我国的季风大部分来自热带海洋，多为南和东南风。

山谷风与海（湖）陆风是由于局部地方昼夜受热不均匀而引起的 24h 为周期的地方性风，如图 2-42 所示。山谷风多发生在较大的山谷地区或者山与平原相连的地带。由于山坡在谷地形成阴影，使得日间山坡获得的太阳辐射量多于谷地，其空气受热后上升，沿着山坡爬向山顶，这就是谷风。而山顶和山腰夜间对天空的长波辐射量也多于谷地，因此靠近山顶和山腰的一薄层空气冷得也特别快，而积聚在山谷里的空气还是暖暖的。这时，山顶和山腰的冷空气流向山谷，就形成了山风。山风和谷风合称山谷风。山谷风常发生在晴好而稳定的天气条件下，热带和副热带在旱季、温带在夏季时最易形成。

可是，在海拔很高的地方，当山谷里积满了雪，或者山谷里流的不是水，而是冰川，情况就完全不一样了。如 1960 年春季，我国登山队首次攀登珠峰时，就发现珠峰北坡的许多冰川谷里，长达 20km 的绒布冰川上，夜间是吹下山的南风，而白天也多是吹下山的南风，这就是“冰川风”。这是由于冰川上的气温永远比同高度的自由大气冷的缘故。

海（湖）陆风的形成机理和山谷风一样，由于海（湖）水的蓄热与自然对流作用，日间陆

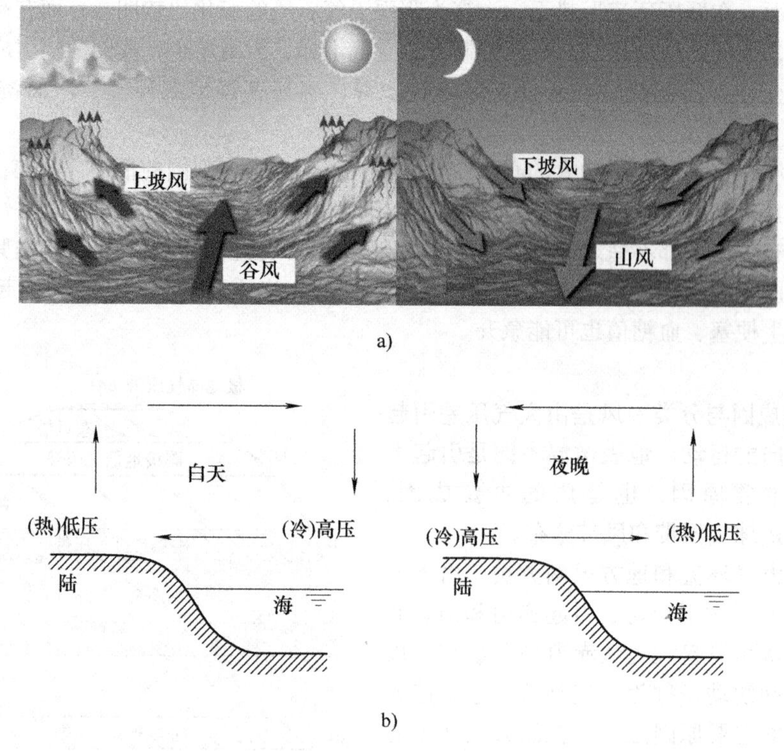


图 2-42 山谷风与海陆风

地的表面温度高于海（湖）面的温度，而夜间海（湖）面的温度高于陆地的表面温度。因此，日间陆地表面的热空气上升，海（湖）面的冷空气流向陆地补充，形成海（湖）风，夜间陆地表面附近的冷空气流向海（湖）面，形成陆风。由于大陆及邻近海洋之间存在的季节温差而形成大范围盛行的、风向随季节有显著变化的风系，具有这种大气环流特征的风称为季风。冬季大陆被强烈冷却，气压增高，季风从大陆吹向海洋；夏季大陆强烈增温，气压降低，季风由海洋吹向大陆（图 2-43）。因此，季风的变化是以年为周期的，它造成季节差异。我国的东部地区，夏季湿润多雨而冬季干燥，就是受强大季风的影响。我国的季风大部分来自热带海洋，影响区域基本是东南和东北的大部分区域，夏季多为南风和东南风，冬季多为北风和西北风。

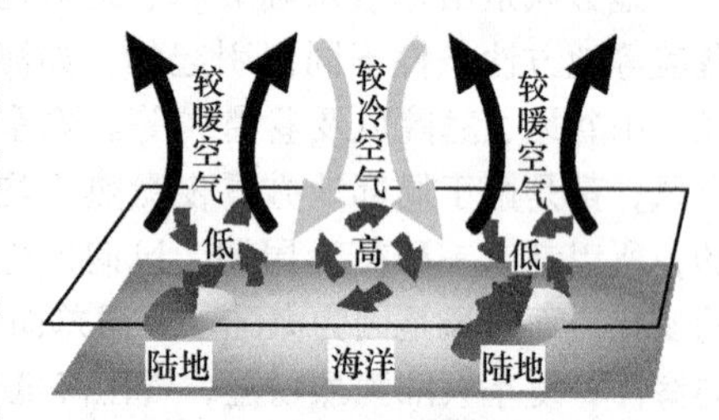


图 2-43 夏季季风的形成

（2）风的特征　人们通常用风向和风速来描述风的特征。一般地，把风吹来的地平方向确定为风的方向，如风来自于西北方向称为西北风。风向一般分 8 个或 16 个方位观测，累计某一时刻中（如一季、一年或多年）各个方位风向的次数，并以各个风向次数所占该时期不同风向的总次数百分比值（即风向的频率）来表示。风速则为单位时间内风所行进的距离，以 m/s 为单位。气象台一般以所测距地面 10m 高处的风向和风速作为当地的观察数据。

测量风向风速的仪器有 EL 型电接风向风速计，达因（Dines）风向风速计等。测定的项目有平均风速和最多风向。此外，风的测量中还有以风力等级进行观察的，风力等级是根据风对地上物体所引起的现象将风的大小分成 13 级，以 0~12 级的蒲福（Francis Beaufort）风力等级来描述，见表 2-9。风力等级观察须在空气不受任何障碍物影响的地方进行。

表 2-9 蒲福风力等级

| 风力等级 | 风名 | 距地 10m 高处的相当风速/(m/s) | 陆地地面征象 | 自由海面浪高/m（一般/最高） |
|---|---|---|---|---|
| 0 | 无风 | 0~0.2 | 静，烟直上 | —/— |
| 1 | 软风 | 0.3~1.5 | 烟能表示方向，但风向标不能转动 | 0.1/0.1 |
| 2 | 轻风 | 1.6~3.3 | 人面感觉有风，树叶微响，风向标能转动 | 0.2/0.3 |
| 3 | 微风 | 3.4~5.4 | 树叶及微枝拨动不息，旌旗展开 | 0.6/1.0 |
| 4 | 和风 | 5.5~7.9 | 能吹起地面灰尘和纸张，树的小枝摇动 | 1.0/1.5 |
| 5 | 清风 | 8.0~10.7 | 有叶的小树摇摆，内陆的水面有小波 | 2.0/2.5 |
| 6 | 强风 | 10.8~13.8 | 大树枝摇动，举伞困难 | 3.0/4.0 |
| 7 | 疾风 | 13.9~17.1 | 全树摇动，迎风步行感觉不便 | 4.0/5.5 |
| 8 | 大风 | 17.2~20.7 | 树枝折毁，人向前行感觉阻力甚大 | 5.5/7.5 |
| 9 | 烈风 | 20.8~24.4 | 建筑物有小损，烟囱顶部及平屋摇动 | 7.0/10.0 |
| 10 | 狂风 | 24.5~28.4 | 可使树木拔起或使建筑物损坏较重，陆上少见 | 9.0/12.5 |
| 11 | 暴风 | 28.5~32.6 | 陆上很少见，有则必有广泛破坏 | 11.5/16.0 |
| 12 | 飓风 | >32.7 | 陆上绝少见，摧毁力极大 | 14.0/— |

为了直观地反映一个地方的风向和风速，通常用当地的风向频率图（又称风玫瑰图）表示，如图 2-44 所示。图 2-44a 风向频率分布表示某地全年（实线部分）及 7 月份（虚线部分）的风向频率，其中，除圆心以外每个周环间隔代表频率为 5%。从图中可看出，该地区全年以北风为主，出现频率为 23%；7 月份以西南风为盛，频率为 19%。除风向频率图以外，有时气象部门还绘出风速频率分布图，图 2-44b 表示某地各方位的风速，从图中可看出，该地一年中以东南风为主，风速也较大，西北风所发生的频率虽小，但高风速的次数也有一定的比例。

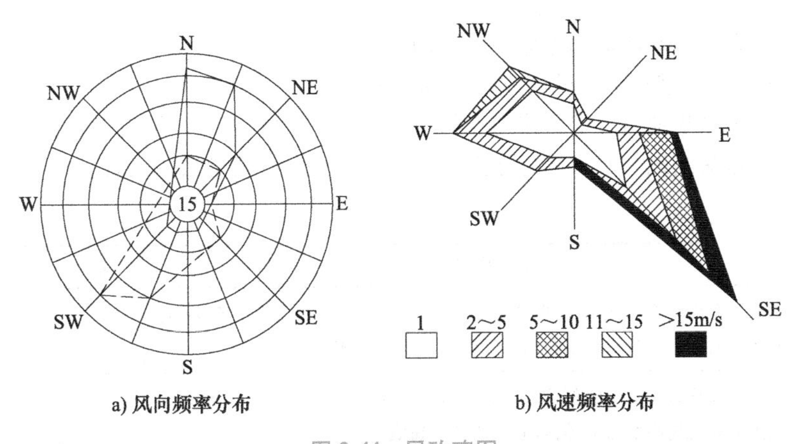


图 2-44 风玫瑰图

根据我国各地 1 月、7 月和年的风向频率图，按其相似形状进行分类，可分为季节变化主导风向、双主导风向、无主导风向和准静止风五大类。

建筑物周围的环境对其附近的风向和风速也有很大的影响。局部的主导风可能偏离地区的主导风，风速也会变。这主要是局部地方受冷或热不均匀而产生的气流所为，像海陆风或山谷风；也有由于风在遇到障碍物而绕行时所产生方向和速度的变化，如街巷风和高楼风。

（3）边界层风速变化　从地球表面到500~1000m高的空气层叫作大气边界层，其厚度主要取决于地表的粗糙度。在平原地区大气边界层薄，在城市和山区大气边界层厚（图2-45）。在下垫面对气流的摩擦力作用下，贴近地面处的风速为0；由于地面摩擦力的影响越往上越小，所以风速沿高度方向递增；到达一定高度以后，风速不再增大，人们往往把这个高度称为边界层高度。

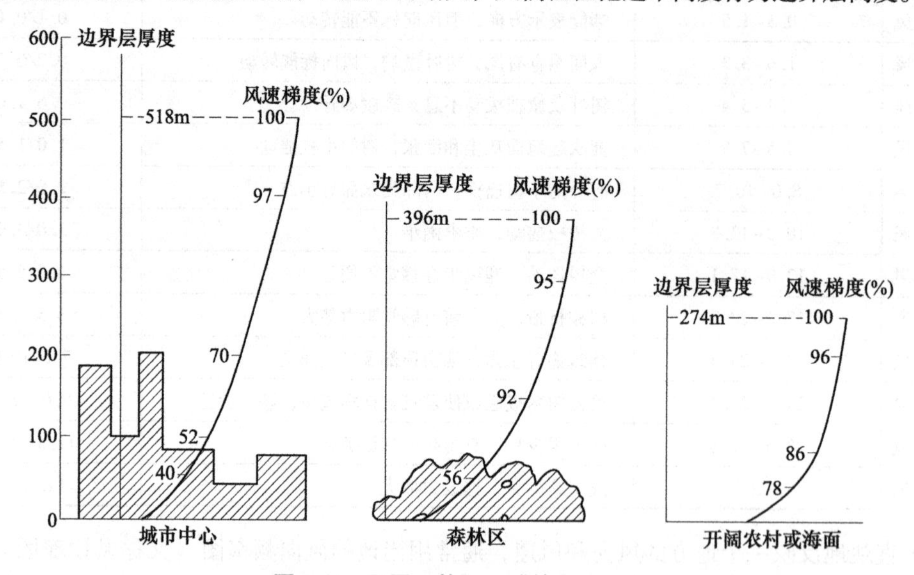


图2-45　不同下垫面区域的风速分布

边界层内风速沿垂直方向存在梯度，可利用气象站风速测量点高度 $h_{met}$ 和测量点处的风速 $v_{met}$ 来求出边界层内高度为 $h$ 的某点风速 $v_h$：

$$v_h = v_{met}\left(\frac{\delta_{met}}{h_{met}}\right)^{a_{met}}\left(\frac{h}{\delta}\right)^{a} \tag{2-24}$$

式中　$h_{met}$——气象站风速测量点高度，$h_{met}=10\text{m}$；

$v_{met}$——气象站风速测量点处的风速（m/s）；

$\delta_{met}$、$\delta$——气象站当地与所求风速地点的大气边界层厚度（m），见表2-10；

$a_{met}$、$a$——气象站当地与所求风速地点的大气边界层厚度的指数，见表2-10。

表2-10　大气边界层的参数

| 序号 | 地形类型描述 | 指数 $a$ | 边界层厚度 $\delta$/m |
|---|---|---|---|
| 1 | 大城市中心，至少有50%的建筑物高度超过21m；建筑物范围至少有2km，或者达到迎风方向上的建筑物高度的10倍以上，二者取高值 | 0.33 | 460 |
| 2 | 市区、近郊、绿化区，稠密的低层住宅区；建筑物范围至少有2km，或者达到迎风方向上的建筑物高度的10倍以上，二者取高值 | 0.22 | 370 |
| 3 | 平坦开阔地区，有稀疏的10m以下高度的建筑物，包括气象站附近的开阔乡村 | 0.14 | 270 |
| 4 | 面向1.6km以上水面来流风的开阔无障碍物地带；范围至少有500m，或者陆上构筑物高度的10倍以上，二者取高值 | 0.1 | 210 |

### 2.3.4 降水

从地球表面蒸发出来的水蒸气进入大气层，经过凝结后又降到地面上的液态或固态水分，简称降水。雨、雪、冰雹都属于降水现象。降水性质包括降水量、降水时间和降水强度等。降水量是指降落到地面的雨、雪、冰雹等融化后，未经蒸发或渗透流失而积累于地表的水层厚度，以mm为单位。降水时间是指一次降水过程从开始到结束的持续时间，用h或min来表示。降雨强度是指在某一历时内的平均降落量。它可以用单位时间内的降雨深度表示，也可以用单位时间内单位面积上的降雨体积表示，降雨强度=降雨量/降雨历时。降雨强度是描述暴雨特征的重要指标，强度越大，雨越猛烈。计算时特别有意义的是相应于某一历时的最大平均降雨强度，显然，所取的历时越短则求得的降雨强度越大。降雨强度也是决定暴雨径流的重要因素。表2-11所示为国家气象局颁布的我国降水强度等级划分标准。

表2-11 国家气象局颁布的我国降水强度等级划分标准 （单位：mm）

| 项目 | 24h降水总量 | 12h降水总量 |
|---|---|---|
| 小雨、阵雨 | 0.1~9.9 | ≤4.9 |
| 小雨~中雨 | 5.0~16.9 | 3.0~9.9 |
| 中雨 | 10.0~24.9 | 5.0~14.9 |
| 中雨~大雨 | 17.0~37.9 | 10.0~22.9 |
| 大雨 | 25.0~49.9 | 15.0~29.9 |
| 大雨~暴雨 | 33.0~74.9 | 23.0~49.9 |
| 暴雨 | 50.0~99.9 | 30.0~69.9 |
| 暴雨~大暴雨 | 75.0~174.9 | 50.0~104.9 |
| 大暴雨 | 100.0~249.9 | 70.0~139.9 |
| 大暴雨~特大暴雨 | 175.0~299.9 | 105.0~169.9 |
| 特大暴雨 | ≥250.0 | ≥140.0 |

影响降水分布的因素很复杂，主要是气温。在寒冷地区水的蒸发量不大，而且由于冷空气的饱和水蒸气分压力较低，不能包含很多的水汽，因此寒冷地区不可能有大量的降水。在炎热地区，由于蒸发强烈，而且饱和水蒸气分压力也较高，所以水汽凝结时会产生较大的降水。此外，大气环流、地形、海陆分布的性质及洋流也会影响降水性质，而且它们往往互相作用。

我国大部分地区因受季风影响，雨量多集中在春夏季节，由东南向西北递减，山岭的向风坡常为多雨地带，年降雨量的变化很大。春末夏初，东南暖湿气流北上，与由北向南的低温气流在长江流域相遇，形成长江流域的梅雨期，其基本特征是在某一特定的长时间内大量地连续降水，这是长江流域降水的主要组成部分。由于梅雨期气候在长江流域的气候中占有重要地位，其对建筑物和室内热环境都有不可忽视的影响。珠江口和台湾省南部，在7月、8月间多降暴雨，这是由西南季风和热带风暴或台风的综合影响所致，其特征是降水强度大，往往造成不同程度的灾害，但一般持续时间不长。

我国降雪量在不同地区差别很大，在北纬35°到北纬45°的区域为降雪或多雪地区。

综上所述，全球各地的气候状况是非常复杂的，差异也很大。为了科学地提出与建筑有关自然气候条件的设计依据，明确各气候区建筑的设计要求和相应的技术措施，我国已经根据建筑特点、要求以及各种气候因素对建筑的影响，在全国范围内进行了建筑气候分区的工作，以指导做出合宜的建筑设计。

## 2.3.5 城市气候

任何一种类型气候区域，并非全区域的气候都完全一致。由于地形、土壤、植被、水面等地表情况的不同，一些地方往往具有独特的气候。这种在小地区因受各地方因素影响而形成的气候，称为小气候。根据地区下垫面的特性，可以形成不同的小气候类型，如地势小气候、森林小气候、湖泊小气候及城市小气候等。城市小气候是在不同区域气候的条件下，在人类活动特别是城市化的影响下形成的一种特殊气候。

城市气候的形成与特点主要表现在以下几个方面：

1）城市具有特殊的下垫面，它与郊区农村植被及土壤的性质不同，城市是由道路、广场、建筑物、构筑物等不同的几何形体组成的凸凹不平的粗糙下垫面，这种建筑密集、纵横交错的下垫面使地面风速减小，使城区的空气湍流增加，并影响了风的方向。城市的下垫面的建筑材料是沥青、混凝土、石子、砖瓦、金属等，其坚硬密实不透水，使城区的蒸发量减小，径流过程加速，空气湿度减小。城市下垫面建筑材料的物理性质与郊区植被的物理性质明显不同，热传导率及热容量比较大，导致城区气温的变化。下垫面是气候形成的重要因素，它与空气存在着复杂的物质交换、热量交换与水分交换，对空气温度、湿度、风向、风速等都有很大的影响，是导致城市气候与农村气候不同的重要原因之一。

表 2-12 给出了某地各种不同性质的下垫面的表面实测温度。

表 2-12 表面实测温度（当时气温 29~30℃） （单位：℃）

| 下垫面性质 | 湖泊 | 森林 | 农田 | 住宅区 | 停车场及商业中心 |
|---|---|---|---|---|---|
| 表面温度 | 27.3 | 27.5 | 30.8 | 32.2 | 36.0 |

由表 2-12 可看出，城市中心下垫面表面温度比气温高 6~7℃。同时，相关研究表明，建筑群增多、增密、增高，导致下垫面粗糙度增大，消耗了空气水平运动的动能，使城区的平均风速减小（图 2-45）。

尽管市区的风速较低，在高层建筑的地区仍然会出现大量复杂的湍流。当风吹向高层建筑的墙面向下偏转时，会和水平方向的气流一起在建筑物侧面形成高速风和湍流，在迎风面形成下行气流，而在背风面，气流上升。街道常成为一风漏斗，把靠近两边墙面的风汇集在一起，造成近地面处的高速风。这种风常掀起灰尘，并在低温时还会成为冷风，形成不舒适的气候条件。

2）城市热岛效应与城市与郊区间的热力环流。由于城市工业、交通以及居民生活使用能源释放出大量的余热，使城市的人为热量占有一定比例，尤其是高纬寒冷地区的城市尤为明显，是形成热岛效应的原因之一。城市热岛的存在使城市空气上升，与郊区下沉气流形成城市热力环流（图 2-46）；下沉气流又从近地面流向城市中心并把郊区工厂排出的污染物带入城市，致使城市的空气污染更加严重。

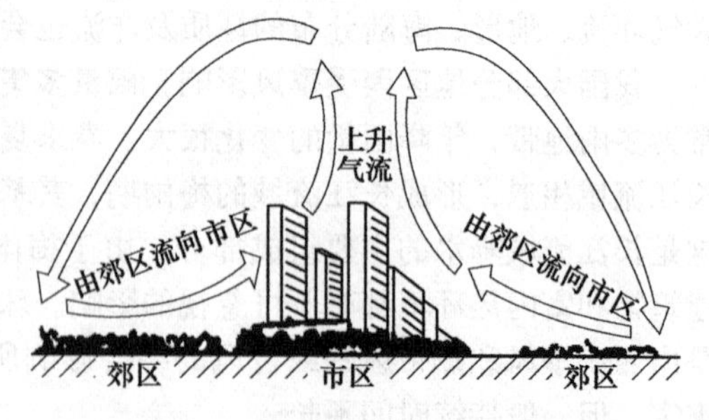


图 2-46 城市与郊区间的热力环流图

城市热岛效应是由于城市气温较高引起的一种普遍现象。由于城市地面覆盖物多，下垫面向地面近处大气层散发的热量比郊区多，密集的城市人口的生活和生产中产生大量的人为热，从而城市气温也就不同程度地比郊区高，且由市区中心地带向郊区方向逐渐降低，这种气温分布的特殊现象叫作热岛效应（图2-47）。图2-47所示为北京地区热岛强度，它给出了以北京天安门为中心的气温实测结果。7月天安门附近的平均气温为27℃，随着市区的扩展，向外温度也依次递减，至海淀附近气温已降为25.5℃，下降了1.5℃。依照学者Oke所提出的定义，城市热岛的强度是以热岛中心气温减去同时间、同高度（距地1.5m高处）附近郊区的气温差值来表示。研究表明热岛强度会随着气象条件和人为因素不同出现明显的非周期变化。在气象条件中，以风速、云量、太阳直接辐射等最为重要。而人为因素中，则以空调散热量和车流量两者关系最为密切。此外城市的区域气候条件和城市的布局形状对热岛强度都有影响。表2-13所示为国内外一些城市的热岛强度值。

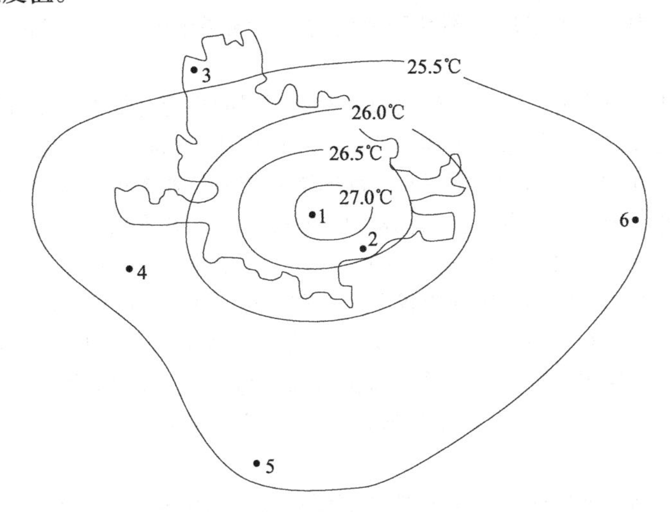


图2-47 北京地区热岛强度

1—天安门 2—龙潭湖 3—海淀区 4—丰台区 5—大兴区 6—通州区

表2-13 国内外一些城市的热岛强度值

| 地名 | 热岛强度/℃ | 地名 | 热岛强度/℃ | 地名 | 热岛强度/℃ |
|---|---|---|---|---|---|
| 东京 | 0.5 | 伦敦 | 1.3 | 广州 | 0.6~1.0 |
| 巴黎 | 0.7 | 纽约 | 1.1 | 香港 | 0.8 |
| 莫斯科 | 0.7 | 北京 | 2.0 | 西安 | 1.5 |
| 柏林 | 1.0 | 上海 | 1.2 | 沈阳 | 1.5 |

近年来，随着城市建设的高速发展，城市热岛效应也变得越来越明显。气候条件是造成城市热岛效应的外部因素，而城市化才是热岛形成的内因。由于城市下垫面特殊的热物理性质、城市内的低风速、城市内较大的人为热等原因，造成城市的空气温度要高于郊区的温度，是城市热岛产生的原因。具体如下：

① 城市下垫面特性的影响。城区大量的建筑物和道路构成以砖石、水泥和沥青等材料为主的人为立体下垫面，对太阳光的反射率小，吸收热量多，蒸发耗热少，热量传导较快，而辐射散失热量较慢，郊区自然下垫面（绿地、水面等）恰好相反。因而在相同的太阳辐射条件下，它们比自然下垫面升温快，其表面温度明显高于自然下垫面。

② 城市人工热源的影响。城市工厂生产、交通运输以及居民生活都需要燃烧各种燃料，每天都在向外排放大量的热量，这些热量进入城市大气空间，使得城市的气温高于郊区。

③ 城市中的大气污染也是一个重要原因。城市中的机动车、工业生产以及居民生活，产生

了大量的烟尘、$SO_2$、$NO_3$、CO和粉尘等排放物。这些物质都是红外辐射的良好吸收者，会吸收下垫面热辐射，产生温室效应，从而引起大气进一步升温。

④ 城市的区域气候条件和城市的布局形状对热岛强度都有影响。例如，在高纬度寒冷地区城市人工取暖消耗能量多，人为热排放量大，热岛强度增大，而常年湿热、多云、多雨或多大风的地区热岛强度偏弱。城市呈团块状紧凑布置，则城中心增温效应强；而城市呈条形状或呈星形分散结构，则城市中心增温效应弱。

在接近地面的大气层中，有时在某个高度范围内，空气的温度随高度的增加而增加，热空气在上，冷空气在下，极大地抑制了自然对流作用，使得这时空气层处于相对稳定状态而不扩散。这种空气层也称为逆温层。逆温层极不利于地面附近空气层中的污染物扩散，对城市的大气污染有加剧作用。

逆温层形成的机理有多种。其中，热岛效应对逆温层的出现有很大的促进作用。热岛影响所及的高度叫作混合高度，在小城市约为50m，在大城市可达500m以上。混合高度内的空气易于对流混合，但在其上部逆温层的大气则呈稳定状态而不扩散，就像热的盖子一样，使得发生在热岛范围内的有害气体、烟尘等各种污染物都被封闭在热岛，不断累积，形成严重的大范围大气污染。人类有许多疾病就是在热岛效应下引发的。另外，城市热岛还在一定程度上影响城市空气湿度、云量和降水，对植物的影响则表现为提早发芽和开花、推迟落叶和休眠。

控制城市的人口密度和建筑物密度过快发展，合理规划城市；保护并增大城区的绿地和水体面积；提高能源的利用率，减少人为热的释放和减少温室气体的排放等措施对减缓城市热岛效应是行之有效的。例如上海市大规模的城市绿地建设，使中心城区夏季的热岛强度减少了0.2~0.4℃。

目前，城市的热岛强度的评价方法有现场测试和计算机模拟方法。许多城市应用卫星遥感热图像研究城市热岛效应，从而掌握城市热环境的变化规律。

3）城市地表蒸发减弱，湿度变小。城市下垫面多为建筑物和不透水的路面，其地表面温度较高，水汽蒸发量小，且城区降水容易排泄，所以城市空气的平均绝对湿度和相对湿度都较小，在白天易形成“干岛”。夜间城市绝对湿度比郊区大，形成“湿岛”。城市年平均相对湿度一般比农村低2%~8%。

4）城市风场与远郊不同，其风速减少，风向多变。研究表明，建筑群增多、增密、增高，导致下垫面粗糙度增大，消耗了空气水平运动的动能，使城区的平均风速减小，边界层高度加大，使得城市热岛效应现象加剧。同时，由于大量建筑物的存在，气流遇到障碍物绕行，会产生方向和速度的变化，使得市区内的一些区域的主导风向与来流主导风向也不同，如大楼风、街巷风。建筑群内风场的形成取决于建筑的布局，不当的规划设计会产生如下一些问题：①在建筑群特别是高层建筑群内，与主导风向一致的“峡谷”或者过街楼会产生空气局部高速流动，即人们俗称的“风洞效应”；冬季“风洞”会增加建筑物的冷风渗透，导致采暖负荷增加；另外，室外局部的高风速还会影响行人的安全和舒适性；②由于建筑物的遮挡作用，会造成夏季建筑的自然通风不良；③建筑群内的风速太低时，会导致建筑群内散发的气体污染物无法有效排除而在小区内聚集；④建筑群内出现旋风区域时，容易积聚落叶、废纸、塑料袋等废弃物。

5）城区大气透明度低，太阳总辐射比郊区弱。由于城市中心上升的气流和大气污染的相互作用，空气中产生较多的尘埃和其他吸湿性等凝结核，因此城市中的云量，特别是低云量比郊区多，大气透明度低，城市的太阳总辐射比郊区减少15%左右。大气透明度和当时的天气情况密切相关，特别是出现扬沙（沙尘暴）、浮尘、霾、烟幕、轻雾等天气时，大气透明度较低，能见度较差。空气污染越严重，直接太阳辐射照度越低。

6）城市降水比郊区略多。由于城市热岛的作用，市区上空的上升气流比郊区要强，空气中的烟尘又提供了充足的凝结核，故城市降水较多。据对欧美许多大城市研究结果，城市降水总量一般比郊区多5%～10%，并且日降水为0.5mm以下的降水日数也比郊区偏多10%。

## 2.4 气候类型与建筑气候区划

### 2.4.1 气候类型特点与分布

气候类型是指某地区的自然条件，是受当地所处纬度（接收到阳光辐照度与辐照量）、大气环流、海陆位置（季风）、地形地势和洋流等因素综合影响的结果。它是分地域、分类型的，各个地方气候类型是不一样的。根据所处纬度、最冷与最热月平均气温及降水量和季节分配情况，可以将世界各地气候类型进行划分，世界各地气候类型特点及分布见表2-14。我国的气候类型有5种，分别是热带季风气候、亚热带季风气候、温带季风气候、温带大陆性气候、高原高山气候。

表2-14 世界各地气候类型特点及分布

| 气候类型名称 | | 分布 | 特点 | 代表地点 | 植被类型 |
| --- | --- | --- | --- | --- | --- |
| 热带气候 | 热带雨林气候 | 赤道及附近地区 | 全年高温多雨 | 最大：南美亚马孙河流域 | 茂密的热带雨林 |
| | 热带草原气候 | 热带雨林气候的南北两侧 | 全年高温，降水分干、湿两季 | 最大：非洲大陆 | 热带草原（猴面包树） |
| | 热带沙漠气候 | 南、北回归线附近大陆西部和内陆地区 | 终年炎热干燥（或常年干旱少雨） | 最大：非洲北部的撒哈拉沙漠 | 热带荒漠 |
| | 热带季风气候 | 纬度10°到回归线附近大陆东部 | 全年高温，降水分旱、雨两季 | 代表：中南半岛、印度半岛 | 常绿阔叶林、水稻 |
| 亚热带气候 | 亚热带季风气候 | 南、北纬25°～35°大陆东部 | 夏季高温多雨，冬季温和少雨 | 代表：中国秦岭—淮河以南 | 常绿阔叶林（水稻、柑橘、茶叶） |
| | 地中海气候 | 南、北纬30°～40°大陆西部 | 夏季炎热干燥，冬季温和多雨 | 代表：地中海沿岸 | 亚热带常绿硬叶林（葡萄、油橄榄） |
| 温带气候 | 温带季风气候 | 温带地区大陆东部 | 夏季暖热多雨，冬季寒冷干燥 | 代表：中国秦岭—淮河以北 | 温带落叶阔叶林（小麦、苹果、枣） |
| | 温带海洋性气候 | 温带地区大陆西部 | 冬温夏凉，降水均匀 | 代表：西欧 | 温带落叶阔叶林 |
| | 温带大陆性气候 | 温带地区大陆中部 | 夏季炎热，冬季寒冷，全年干燥少雨 | 代表：蒙古，中国的甘肃、宁夏、新疆、内蒙古等 | 温带草原（牧场）、荒漠针叶林 |
| 寒带气候 | | 北极圈附近，南极大陆和格陵兰岛大部分 | 终年酷寒，冰雪覆盖 | 代表：南极大陆和格陵兰岛大部分 | 苔藓、地衣 |
| 高原高山气候 | | 各大洲高山高原地区 | 气候寒冷，很多地方终年冰雪覆盖 | 代表：中国青藏高原 | 青稞 |

热带季风气候分布在雷州半岛、海南岛、南海诸岛、台湾岛南部，最冷月的平均温高于15℃，最热月平均温高于22℃；亚热带季风气候分布在秦岭—淮河以南，热带季风气候区以北，横断山脉3000m等高线以东直到台湾，最冷月平均温在0~15℃间，最热月平均温高于22℃；温带季风气候分布在我国北方地区，也就是秦岭—淮河以北，贺兰山、阴山、大兴安岭以东和以南，最冷月的平均温低于0℃，最热月平均温高于22℃；高山高原气候主要分布在青藏高原和天山山地，高寒缺氧；温带大陆性气候分布在广大内陆地区，降水一般低于400mm，年温差大。

## 2.4.2 建筑气候区划

### 1. 建筑气候区划方法与意义

气候区划是根据研究目的和产业部门对气候的要求，采用有关指标，对全球或某一地区的气候进行逐级划分，将气候大致相同的地方划为一区，不同的划入另一区，即得出若干等级的区划单位。

气候区划与气候分类是气候划分的两种方法。气候区划是将一定区域，按气候特征，依次由大到小，由上到下逐级划分；气候分类则是将不同地区的气候按其主要特征划归类别，依次由小到大，由下到上逐级合并。某一类型的气候，可以出现在不同的区域，而气候区划所划出的区域必须是连成一片的。

划分时一般采用发生学方法和实用方法，或两种方法结合运用。发生学方法着重从气候形成因子选取指标，进行区划；实用方法主要根据服务对象对气候的不同要求选取指标，进行区划。建筑气候区划是按实用方法服务对象进行划分的。

在早期，建筑气候区划主要用于指导建筑围护结构的保温设计以及提高冬季室内热环境质量。20世纪70年代以来，提高建筑节能率逐渐成为多个国家制定建筑节能法规的主要方向。为了更好地指导这些法规的制定和实施，美国等部分国家制定了新的建筑气候区划方案。此外，为了满足多种建筑节能技术措施或理念的应用需求，不少国家和地区尝试建立用于指导不同建筑节能技术应用的气候区划方案，如印度和马达加斯加用于被动式设计的气候区划方案，欧洲用于近零能耗设计的气候区划方案等。

### 2. ASHRAE 建筑气候区划方法

美国供暖、制冷与空调工程师学会（American Society of Heating，Refrigerating and Air-Conditioning Engineers，ASHRAE）建筑气候区划方法是指 ANSI/ASHRAE Standard 169-2013 中所给出的气候区划方案。该方法最早由 Briggs 等人于 2003 年提出。整个气候区划共分为 2 级：①干湿区划，其指标主要基于柯本气候区划方法建立；②冷热区划，主要依据基准为 10℃的制冷度日数（CDD10）和基准为 18℃的供暖度日数（HDD18）建立。在冷热区划中，ASHRAE 所采用的制冷度日数基准温度与我国常用的 26℃相比低很多，根据 Briggs 等人的研究，将 10℃作为计算制冷度日数的基准温度，主要是为了便于华氏度和摄氏度之间的单位转换。具体区划方法及指标见表 2-15 和表 2-16。

表 2-15 干湿区划方法及指标

| | |
|---|---|
| 湿润区（Marine Zone） | 1）最冷月平均温度在-3~18℃<br>2）最热月平均温度<22℃<br>3）至少有 4 个月的月平均温度超过 10℃<br>4）冷半年的最大月降雨量至少是热半年最小降雨量的 3 倍以上 |

（续）

| | |
|---|---|
| 干燥区（Dry Zone） | 1）非湿润区<br>2）如果全年降雨量中有70%及以上的降雨均出现在热半年，则干燥区的定义限值为：$P<20(T+14)$<br>3）如果全年降雨量中有30%~70%的降雨均出现在热半年，则干燥区的定义限值为：$P<20(T+7)$<br>4）如果全年降雨量中有30%或更少的降雨均出现在热半年，则干燥区的定义限值为：$P<20T$ |
| 潮湿区（Humid Zone） | 既不是湿润区也不是干燥区的地区 |

注：冷半年是指每年的10月至次年的3月；热半年是指每年的4~9月；$P$为年降雨量，单位为mm；$T$为年平均气温，单位为℃。

表2-16 冷热区划方法及指标

| 分区编号 | 分区名称 | 区划指标 |
|---|---|---|
| 0 | 极度炎热（Extremely Hot） | 6000℃·d<CDD10 |
| 1 | 炎热（Very Hot） | 5000℃·d<CDD10≤6000℃·d |
| 2 | 热（Hot） | 3500℃·d<CDD10≤5000℃·d |
| 3 | 温和（Warm） | CDD10<3500℃·d和HDD18≤2000℃·d |
| 4 | 复杂（Mixed） | CDD10<3500℃·d和2000℃·d<HDD18≤3000℃·d |
| 5 | 凉爽（Cool） | CDD10<3500℃·d和3000℃·d<HDD18≤4000℃·d |
| 6 | 冷（Cold） | 4000℃·d<HDD18≤5000℃·d |
| 7 | 寒冷（Very Cold） | 5000℃·d<HDD18≤7000℃·d |
| 8 | 严寒（Subarctic/Arrtic） | 7000℃·d<HDD18 |

注：℃·d为制冷度日数和供暖度日数的单位度日数是指一年中当某天的室外日平均温度高于或低于某温度时，将高于某温度的温度数乘以1天，再将每一天的此乘积累加。

### 3. 我国建筑气候区划

我国幅员辽阔，地形复杂。由于地理纬度、地势等条件的不同，各地气候相差悬殊。因此针对不同的气候条件，各地建筑的设计都有相应不同的做法。例如，炎热地区的建筑需要遮阳、隔热和通风，以防室内过热；寒冷地区的建筑则要防寒和保温，让更多的阳光进入室内。为了明确建筑和气候两者的科学关系，使建筑更充分地利用和适应我国不同的气候条件，做到因地制宜，因而我国在《建筑气候区划标准》（GB 50178—1993）及《民用建筑设计统一标准》（GB 50352—2019）中给出了我国建筑气候区划。

我国建筑气候区划包括7个主气候区，20个子气候区，一级区反映全国建筑气候上大的差异、二级区反映各大区内建筑气候上小的不同。

一级区划以1月平均气温，7月平均气温、7月平均相对湿度为主要指标；以年降水量、年日平均气温低于或等于5℃的日数和年日平均气温高于或等于25℃的日数为辅助指标；一级区区划指标应符合表2-17的规定。

在各一级区内，分别选取能反映该区建筑气候差异性的气候参数或特征作为二级区区划指标，二级区区划指标应符合表2-18的规定。

表 2-17 一级区区划指标列表

| 分区代号 | | 分区名称 | 气候主要指标 | 辅助指标 | 各区辖行政区范围 | 建筑基本要求 |
|---|---|---|---|---|---|---|
| Ⅰ | ⅠA<br>ⅠB<br>ⅠC<br>ⅠD | 严寒地区 | 1月平均气温≤-10℃<br>7月平均气温≤25℃<br>7月平均相对湿度≥50% | 年降水量200~800mm<br>年日平均气温≤5℃的日数≥145d | 黑龙江、吉林全境，辽宁大部，内蒙古中、北部及陕西、山西、河北、北京北部的部分地区 | 1. 建筑物必须满足冬季保温、防寒、防冻等要求<br>2. ⅠA、ⅠB区应防止冻土、积雪对建筑物的危害<br>3. ⅠB、ⅠC、ⅠD区西部，建筑物应防冰雹、防风沙 |
| Ⅱ | ⅡA<br>ⅡB | 寒冷地区 | 1月平均气温-10~0℃<br>7月平均气温18~28℃ | 年日平均气温≥25℃的日数<80d<br>年日平均气温≤5℃的日数145~90d | 天津、山东、宁夏全境，北京、河北、山西、陕西大部，辽宁南部，甘肃中东部以及河南、安徽、江苏北部的部分地区 | 1. 建筑物应满足冬季保温、防寒、防冻等要求，夏季部分地区应兼顾防热<br>2. ⅡA区建筑物应防热、防潮、防暴风雨、沿海地带应防盐雾侵蚀 |
| Ⅲ | ⅢA<br>ⅢB<br>ⅢC | 夏热冬冷地区 | 1月平均气温0~10℃<br>7月平均气温25~30℃ | 年日平均气温≥25℃的日数40~110d<br>年日平均气温≤5℃的日数90~0d | 上海、浙江、江西、湖北、湖南全境，江苏、安徽、四川大部，陕西、河南南部，贵州东部，福建、广东、广西北部和甘肃南部的部分地区 | 1. 建筑物必须满足夏季防热、遮阳、通风降温要求，冬季应兼顾防寒<br>2. 建筑物应防雨、防潮、防洪、防雷电<br>3. ⅢA区应防台风、暴雨袭击及盐雾侵蚀 |
| Ⅳ | ⅣA<br>ⅣB | 夏热冬暖地区 | 1月平均气温>10℃<br>7月平均气温25~29℃ | 年日平均气温≥25℃的日数100~200d | 海南、台湾全境，福建南部，广东、广西大部以及云南西南部和元江河谷地区 | 1. 建筑物必须满足夏季防热、遮阳、通风、防雨要求<br>2. 建筑物应防暴雨、防潮、防洪、防雷电<br>3. ⅣA应防台风暴雨袭击及盐雾侵蚀 |
| Ⅴ | ⅤA<br>ⅤB | 温和地区 | 1月平均气温0~13℃<br>7月平均气温18~25℃ | 年日平均气温≤5℃的日数0~90d | 云南大部、贵州、四川西南部、西藏南部一小部分地区 | 1. 建筑物应满足防雨和通风要求<br>2. ⅤA区建筑物应注意防寒，ⅤB区建筑物应特别注意防雷电 |
| Ⅵ | ⅥA<br>ⅥB | 严寒地区 | 1月平均气温0 ~ -22℃<br>7月平均气温<18℃ | 年日平均气温≤5℃的日数90~285d | 青海全境，西藏大部，四川西部、甘肃西南部，新疆南部部分地区 | 建筑热工设计应符合严寒和寒冷地区相关要求 |
| | ⅥC | 寒冷地区 | | | | |

（续）

| 分区代号 | | 分区名称 | 气候主要指标 | 辅助指标 | 各区辖行政区范围 | 建筑基本要求 |
|---|---|---|---|---|---|---|
| Ⅶ | ⅦA<br>ⅦB<br>ⅦC | 严寒地区 | 1月平均气温-20～-5℃<br>7月平均气温≥18℃<br>7月平均相对湿度<50% | 年降水量10～600mm<br>年日平均气温≥25℃的日数<120d<br>年日平均气温≤5℃的日数110～180d | 新疆大部，甘肃北部，内蒙古西部 | 建筑热工设计应符合严寒和寒冷地区相关要求 |
| | ⅦD | 寒冷地区 | | | | |

表 2-18 二级区区划指标列表

| 区名 | 指标 | | 区名 | 指标 | | |
|---|---|---|---|---|---|---|
| ⅠA<br>ⅠB<br>ⅠC<br>ⅠD | 1月平均气温<br>≤28℃<br>-28～-22℃<br>-22～-16℃<br>-16～-10℃ | 冻土性质<br>永冻土<br>岛状冻土<br>季节冻土<br>季节冻土 | ⅤA<br>ⅤB | 1月平均气温<br>≤5℃<br>>5℃ | | |
| ⅡA<br>ⅡB | 7月平均气温<br>≥25℃<br>≤25℃ | 7月平均气温日较差<br><10℃<br>≥10℃ | ⅥA<br>ⅥB<br>ⅥC | 7月平均气温<br>≥10℃<br><10℃<br>≥10℃ | 1月平均气温<br>10℃<br>-10℃<br>>-10℃ | |
| ⅢA<br>ⅢB<br>ⅢC | 最大风速<br>≥25m/s<br><25m/s<br><25m/s | 7月平均气温<br>26～29℃<br>≥28℃<br><28℃ | ⅦA<br>ⅦB<br>ⅦC<br>ⅦD | 1月平均气温<br>≤-10℃<br>≤-10℃<br>≤-10℃<br>>-10℃ | 7月平均气温<br>≥25℃<br><25℃<br><25℃<br>≥25℃ | 年降水量<br><200mm<br>200～600mm<br>50～200mm<br>10～200mm |
| ⅣA<br>ⅣB | 最大风速<br>≥25m/s<br><25m/s | | | | | |

## 2.4.3 建筑热工设计分区（区划）

建筑热工设计分区是我国现行的用于指导建筑围护结构热工设计和建筑节能设计的气候区划方案。我国于1993年颁布了用于指导建筑围护结构热工设计的建筑热工设计分区（图2-48），并在此分区的基础上逐步制定了用于各个气候区的建筑节能设计标准。

《民用建筑热工设计规范》（GB 50176—2016）将建筑热工设计区划分为两级。一级区划包含2类指标：①主要指标，如最冷月平均温度（$t_{min,m}$）、最热月平均温度（$t_{max,m}$）；②辅助指标，如日平均温度低于或等于5℃的天数（$d_{\leqslant 5}$）、日平均温度高于或等于25℃的天数（$d_{\geqslant 25}$），如表2-19所示，沿用了1993年版规范中划分的5个区划，即，严寒地区、寒冷地区、夏热冬冷地区、夏热冬暖地区和温和地区，且划分边界保持不变。

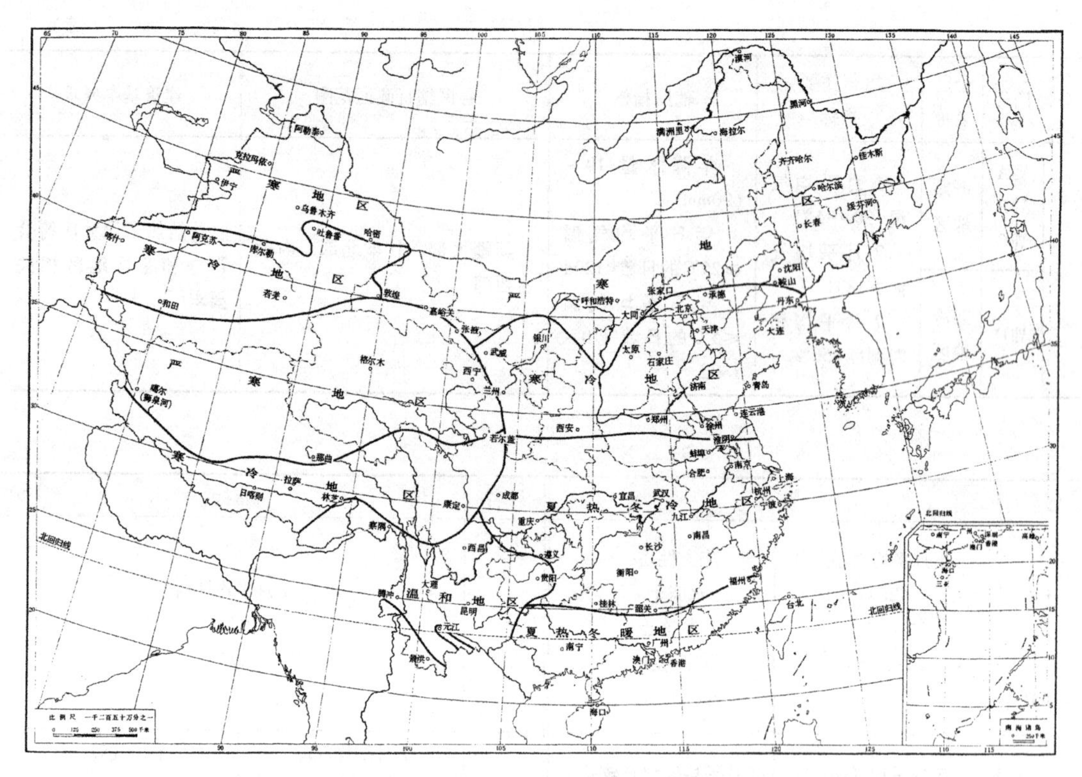


图 2-48 建筑热工设计分区图 审图号：GS（2017）690 号
摘自《民用建筑热工设计规范》（GB 50176—2016）

表 2-19 建筑热工设计一级区划指标及设计原则

| 一级区划名称 | 区划指标 | | 设计原则 |
|---|---|---|---|
| | 主要指标 | 辅助指标 | |
| 严寒地区<br>（1） | $t_{\min,m}\leqslant -10℃$ | $145\leqslant d_{\leqslant 5}$ | 必须充分满足冬季保温要求，一般可以不考虑夏季防热 |
| 寒冷地区<br>（2） | $-10℃<t_{\min,m}\leqslant 0℃$ | $90\leqslant d_{\leqslant 5}<145$ | 应满足冬季保温要求，部分地区兼顾夏季防热 |
| 夏热冬冷地区<br>（3） | $0℃<t_{\min,m}\leqslant 10℃$<br>$25℃<t_{\max,m}\leqslant 30℃$ | $0\leqslant d_{\leqslant 5}<90$<br>$40\leqslant d_{\geqslant 25}<110$ | 必须满足夏季防热要求，适当兼顾冬季保温 |
| 夏热冬暖地区<br>（4） | $10℃<t_{\min,m}$<br>$25℃<t_{\max,m}\leqslant 29℃$ | $100\leqslant d_{\geqslant 25}<200$ | 必须充分满足夏季防热要求，一般可不考虑冬季保温 |
| 温和地区<br>（5） | $0℃<t_{\min,m}\leqslant 13℃$<br>$18℃<t_{\max,m}\leqslant 25℃$ | $0\leqslant d_{\leqslant 5}<90$ | 部分地区应考虑冬季保温，一般可不考虑夏季防热 |

由于我国地域辽阔，上述每个热工一级区划的面积非常大。例如，同为严寒地区的黑龙江漠河和内蒙古额济纳旗，最冷月平均温度相差18.3℃、HDD18相差4110。对于寒冷程度差别如此大的两个地区，采用相同的设计要求显然是不合适的。因此，《民用建筑热工设计规范》（GB 50176—2016）采用了二级分区进行子区细分。二级分区将基准温度为18℃的供暖度日数（HDD18）和基准温度为26℃的制冷度日数（CDD26）作为区划指标，将建筑热工各一级区划进行细分。与一级区划指标（最冷、最热月平均温度）相比，该指标既表征了气候的寒冷和炎热的程度，也反映了寒冷和炎热持续时间的长短。同时，该二级指标也与《严寒和寒冷地区居住建筑节能设计标准》(JGJ 26—2018）中的细化分区指标相同。建筑热工设计二级区划指标及设计要求见表2-20。

表2-20　建筑热工设计二级区划指标及设计要求

| 二级区划名称 | 区划指标 | | 设计要求 |
|---|---|---|---|
| 严寒A区（1A） | 6000≤HDD18 | | 冬季保温要求极高，必须满足保温设计要求，不考虑防热设计 |
| 严寒B区（1B） | 5000≤HDD18<6000 | | 冬季保温要求非常高，必须满足保温设计要求，不考虑防热设计 |
| 严寒C区（1C） | 3800≤HDD18<5000 | | 必须满足保温设计要求，可不考虑防热设计 |
| 寒冷A区（2A） | 2000≤HDD18<3800 | CDD26≤90 | 应满足保温设计要求，可不考虑防热设计 |
| 寒冷B区（2B） | | CDD26>90 | 应满足保温设计要求，宜满足隔热设计要求，兼顾自然通风、遮阳设计 |
| 夏热冬冷A区（3A） | 1200≤HDD18<2000 | | 应满足保温、隔热设计要求，重视自然通风、遮阳设计 |
| 夏热冬冷B区（3B） | 700≤HDD18<1200 | | 应满足隔热、保温设计要求，强调自然通风、遮阳设计 |
| 夏热冬暖A区（4A） | 500≤HDD18<700 | | 应满足隔热设计要求，宜满足保温设计要求，强调自然通风、遮阳设计 |
| 夏热冬暖B区（4B） | HDD18<500 | | 应满足隔热设计要求，可不考虑保温设计，强调自然通风、遮阳设计 |
| 温和A区（5A） | CDD26<10 | 700≤HDD18<2000 | 应满足冬季保温设计要求，可不考虑防热设计 |
| 温和B区（5B） | | HDD18<700 | 宜满足冬季保温设计要求，可不考虑防热设计 |

由于建筑热工设计分区和建筑气候区划（一级区划）的划分主要指标是一致的，因此两者的区划是互相兼容、基本一致的。建筑热工设计分区中的严寒地区包含建筑气候区划图中全部Ⅰ区，Ⅵ区中的ⅥA、ⅥB，以及Ⅶ区中的ⅦA、ⅦB、ⅦC；建筑热工设计分区中的寒冷地区包含建筑气候区划图中全部Ⅱ区、Ⅵ区中的ⅥC，以及Ⅶ区中的ⅦD；建筑热工设计分区中的夏热冬冷、夏热冬暖、温和地区与建筑气候区划图中全部区Ⅲ、Ⅳ、Ⅴ区完全一致。

## 复习思考题

1. 试求当地平均太阳时12h相当于北京标准时间为多少？两地时差多少？

2. 何谓太阳高度角和太阳方位角？确定太阳高度角和太阳方位角的目的是什么？并计算当地春分（秋分）正午时太阳高度角，冬至及夏至正午时的太阳高度角、日出及日没的时间和方位。

3. 分析太阳辐射到达大气层的传播机理。

4. 什么是日照间距系数？如何设置楼间距？

5. 建筑内遮阳与外遮阳有什么区别？举例说说你见到的遮阳形式有哪些。

6. 影响地面附近气温变化的因素是什么？大气层内气温在高度方向是如何变化的？

7. 风玫瑰图有什么作用？它是如何绘制出来的？

8. 降水指的是什么？降水的性质包含哪些？说明影响降水分布的因素。

9. 什么是温室效应、逆温层与城市热岛效应？它们之间有何相互关系？

10. 为什么要进行气候分区？结合自己家乡的气候来了解各区的气候特点与相应的热工设计要求。

11. 结合建筑外环境各要素，谈谈如何实现建筑节能？

12. 什么是“微气候”？

13. 不同下垫面空气的温度遵循什么样的变化规律？

14. 影响地面附近气温变化的因素是什么？

15. 地球与太阳的相对位置可用哪些参数来表示？影响相对位置变化的主要因素是什么？为什么太阳离地球最远时最热，离地球最近时却是寒冷天气。

16. 到达地面的太阳辐射能量是由哪些部分组成的？辐射能量的强弱与哪些因素有关？

17. 不同纬度的建筑屋顶及不同朝向立面上获得的太阳辐射能量在单日和全年有多大差别？以广州、长沙及北京分别计算说明。

18. 我国民用住宅建筑的最低日照标准是什么？日照时间与建筑物配置和外形有何关系？

19. 何为“日较差”和“年较差”？我国各地的“日较差”“年较差”遵循什么规律？

20. 何为“霜洞”？何为“有效天空温度”？影响“有效天空温度”的主要因素是什么？

21. 相对湿度的日变化受哪些因素的影响？其变化规律如何？为何相对湿度的日变化在黎明前后最大，而午后却最小？

22. 风可分为哪两大类？并解释其定义。我国气象部门是如何测定当地的风向与风速的？风玫瑰图的含意是什么？

23. 城市气候环境变暖且高于周边郊区农村的主要原因是什么？为什么在城市密集区易形成热岛现象？

24. 我国建筑热工设计中为什么要按分区进行设计？是如何分区的？各分成什么区域？

# 参考文献

[1] 金招芬，朱颖心．建筑环境学［M］．北京：中国建筑工业出版社，2001.
[2] 李念平．建筑环境学［M］．北京：化学工业出版社，2010.
[3] 刘加平．建筑物理［M］．4版．北京：中国建筑工业出版社，2009.
[4] 白鲁建，杨柳．不同区划方法在建筑节能设计气候区划中的应用研究［J］．暖通空调，2018，48（12）：2-11.

3

# 第3章 建筑热湿环境

在工业或民用建筑中，为了达到使用者的各项功能要求，除需要研究各种建筑空间及其相互关系外，也需要研究建筑环境以及环境与空间的相互关系。建筑空间与建筑环境之间的相互作用是非常紧密的。

热湿环境是建筑环境中最主要的内容，主要反映在空气环境的热湿特性中。对于建筑室内热湿环境而言，其形成主要是各种外扰和内扰的影响所致。外扰主要包括室外气候参数如室外空气温湿度、太阳辐射、风速、风向变化以及邻室的空气温湿度，经围护结构的传热、传湿、空气渗透使热量和含湿量进入室内，对室内热湿环境产生影响。内扰主要包括人体、照明设备、各种工艺设备及电气设备等室内热湿源。建筑物热量传递过程如图3-1所示。

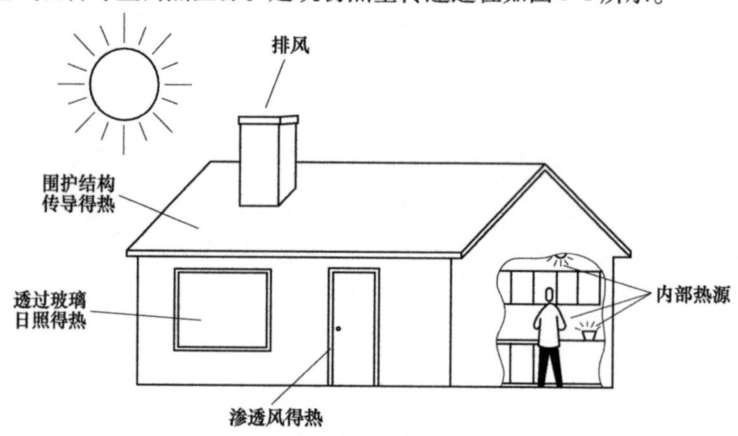

图3-1 建筑物热量传递过程

无论是围护结构的热湿传递还是室内产热产湿，其作用形式基本为对流换热（对流质交换）、导热（水蒸气渗透）和辐射三种，某时刻在内扰和外扰作用下进入房间的总热量叫作该时刻的得热（Heat Gain），包括显热和潜热两部分。得热量的显热部分包括对流得热和辐射得热两部分。通过围护结构形成的潜热得热主要来自围护结构的湿传递。如果得热量为负，则意味着房间失去显热或潜热量。

由于围护结构本身存在热惯性，使得其热湿过程的变化规律变得相当复杂，通过围护结构的得热量与外扰之间存在着衰减和延迟的关系。本章的主要任务就是介绍建筑室内热湿环境的形成原理以及室内热湿环境与各种内、外扰之间的响应关系。

## 3.1 热湿环境的基本概念

### 3.1.1 围护结构外表面吸收的太阳辐射热

由前章所述可知，太阳的光谱主要由0.2~3.0μm的波长区域所组成的。太阳光谱的峰值位于0.5μm附近，到达地面的太阳辐射能量在紫外线区（0.2~0.4μm）占的比例很小，约为1%。可见光区（0.4~0.76μm）和红外线区占主要部分，两者能量各约占一半。红外线区中短波红外线（波长3μm以下）的能量又占了大部分。而一般高温工业热源的辐射均为长波辐射，波长为5μm以上。

当太阳照射到非透明的围护结构外表面时，一部分会被反射，另一部分会被吸收，二者的比例取决于围护结构表面的吸收率（或反射率）。但不同的表面对辐射的波长有选择性，图3-2给出了不同类型的表面在不同辐射波长下的反射率。由图3-2可以看到，黑色表面对各种波长的辐射几乎都是全部吸收，而白色表面对不同波长的辐射反射率不同，可以反射几乎90%的可见光。因此，在外围护结构表面涂白或在玻璃上挂白色窗帘可以有效地减少进入室内的太阳辐射热。

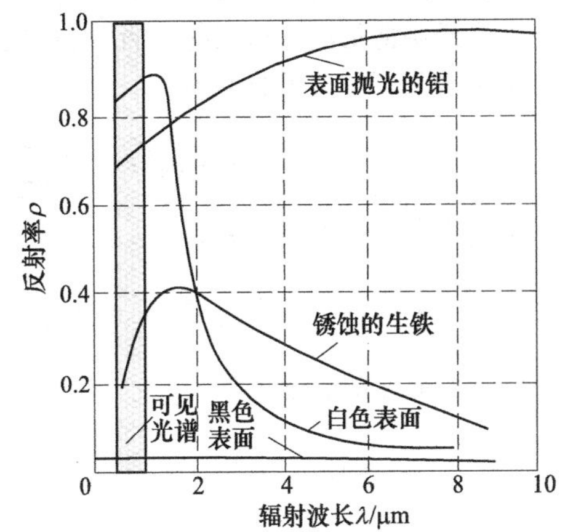


图3-2 不同类型的表面在不同辐射波长下的反射率

围护结构的表面越粗糙，颜色越深，吸收率就越高，反射率越低。各种材料的围护结构外表面对太阳辐射的吸收率 $a$ 见表3-1。

表3-1 各种材料的围护结构外表面对太阳辐射的吸收率

| 材料 | 日照吸收率 | 长波辐射吸收率 |
|---|---|---|
| 白色涂料 | 0.2 | 0.8 |
| 混凝土 | 0.6 | 0.9 |
| 沥青 | 0.9 | 0.92 |
| 铝 | 0.3 | 0.05 |
| 水 | — | 0.95 |
| 砖、墙粉、木 | 0.86 | — |

玻璃对不同波长的辐射有选择性，两种普通玻璃（厚度分别为 $\delta_1$ 和 $\delta_2$）的光谱透过率如图3-3所示，即玻璃对于可见光和波长为3μm以下的短波红外线来说几乎是透明的，但却能够有效地阻隔长波红外线辐射。因此，当太阳直射在普通玻璃窗上时，绝大部分的可见光和短波红外线将会透过玻璃，只有长波红外线（也称长波辐射）会被玻璃反射和吸收，但这部分能量在太阳辐射中所占的比例很少。

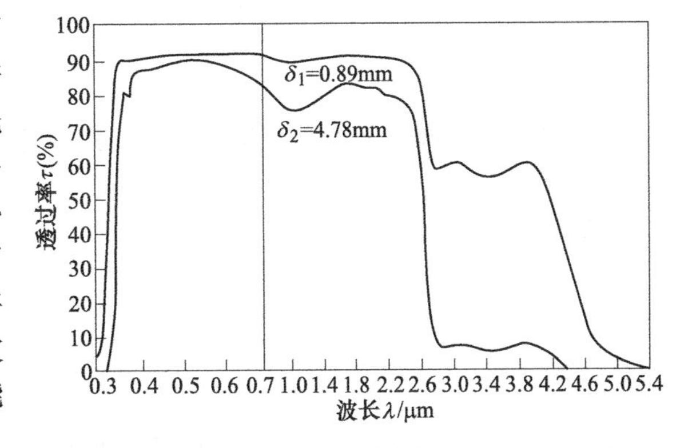


图3-3 两种普通玻璃（厚度分别为 $\delta_1$ 和 $\delta_2$）的光谱透过率

由于玻璃对辐射有一定的阻隔作用，因此不是完全的透明体。当阳光照到两侧均为空气的半透明薄层时，例如单层玻璃窗，射线要通过两个分界面才能从一侧透射到另一侧（图3-4）。阳光首先从空气入射玻璃薄层，即通过第一个分界面。此时，如果用 $r$ 代表空气-半透明薄层界面的反射百分比，$a_0$ 代表射线单程通过半透明薄层的吸收百分比，由于分界面的反射作用，只有 $(1-r)$ 的辐射能可以达到第二个分界面。由于第二个分界面的反射作用，只有 $(1-r)^2(1-a_0)$ 的辐射能可以进入另一侧的空气，其余 $(1-r)(1-a_0)r$ 的辐射能又被反射回去，再经过玻璃吸收以后，抵达第一界面，如此反复下去。

因此，阳光照射到半透明薄层时，半透明薄层对于太阳辐射的总反射率、吸收率和透过率是阳光在半透明薄层内进行反射、吸收和透过的无穷次反复之后的无穷多项求和。

半透明薄层的总吸收率为

$$a = a_0(1-r)\sum_{n=0}^{\infty} r^n (1-a_0)^n = \frac{a_0(1-r)}{1-r(1-a_0)} \tag{3-1}$$

半透明薄层的总反射率为

$$\rho = r + r(1-a_0)^2(1-r)^2\sum_{n=0}^{\infty} r^{2n}(1-a_0)^{2n} = r\left[1+\frac{(1-a_0)^2(1-r)^2}{1-r^2(1-a_0)^2}\right] \tag{3-2}$$

半透明薄层的总透过率为

$$\tau_{\text{glass}} = (1-a_0)(1-r)^2\sum_{n=0}^{\infty} r^{2n}(1-a_0)^{2n} = \frac{(1-a_0)(1-r)^2}{1-r^2(1-a_0)^2} \tag{3-3}$$

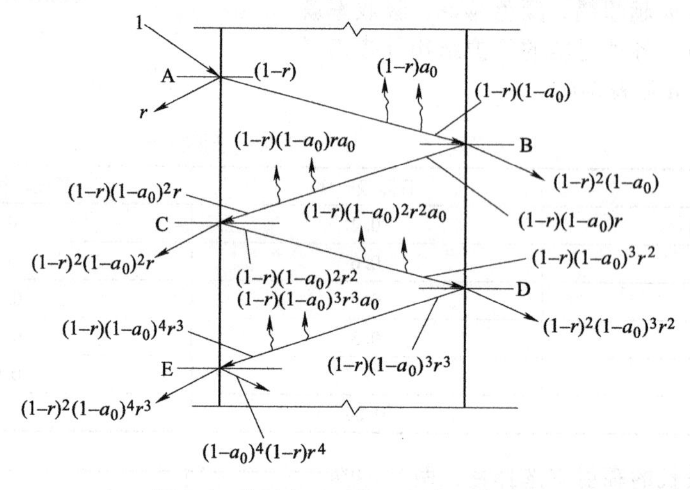


图 3-4 单层半透明薄层中的光的行程

同理，当阳光照射到两层半透明薄层时，其总反射率、总透过率和各层的吸收率也可以用类似方法求得。

总透过率为

$$\tau_{\text{glass}} = \tau_1\tau_2\sum_{n=0}^{\infty}(\rho_1\rho_2)^n = \frac{\tau_1\tau_2}{1-\rho_1\rho_2} \tag{3-4}$$

总反射率为

$$\rho = \rho_1 + \tau_1^2\rho_2\sum_{n=0}^{\infty}(\rho_1\rho_2)^n = \rho_1 + \frac{\tau_1^2\rho_2}{1-\rho_1\rho_2} \tag{3-5}$$

第一层半透明薄层的总吸收率为

$$a_{c1} = a_1\left(1+\frac{\tau_1\rho_2}{1-\rho_1\rho_2}\right) \tag{3-6}$$

第二层半透明薄层的总吸收率为

$$a_{c2} = \frac{\tau_1 a_2}{1 - \rho_1 \rho_2} \tag{3-7}$$

式中　$\tau_1$、$\tau_2$——第一、第二层半透明薄层的透过率；

$\rho_1$、$\rho_2$——第一、第二层半透明薄层的反射率；

$a_1$、$a_2$——第一、第二层半透明薄层的吸收率。

以上各式中所用到的空气-半透明薄层界面的反射百分比 $r$ 与射线的入射角和波长有关，可用以下公式计算：

$$r = \frac{I_\rho}{I} = \frac{1}{2}\left[\frac{\sin^2(i_2 - i_1)}{\sin^2(i_2 + i_1)} + \frac{\tan^2(i_2 - i_1)}{\tan^2(i_2 + i_1)}\right] \tag{3-8}$$

式中　$I$——半透明薄层表面所接收的太阳辐射强度（$W/m^2$）；

$I_\rho$——半透明薄层表面所反射的太阳辐射强度（$W/m^2$）；

$i_1$、$i_2$——入射角和折射角（图 3-5）。

入射角和折射角的关系取决于两种介质的性质，即与两种介质的折射指数 $n$ 有关，可用以下关系式表示：

$$\frac{\sin i_2}{\sin i_1} = \frac{n_1}{n_2} \tag{3-9}$$

空气的平均折射指数为 1.0；在太阳光谱的范围内，玻璃的平均折射指数为 1.526。

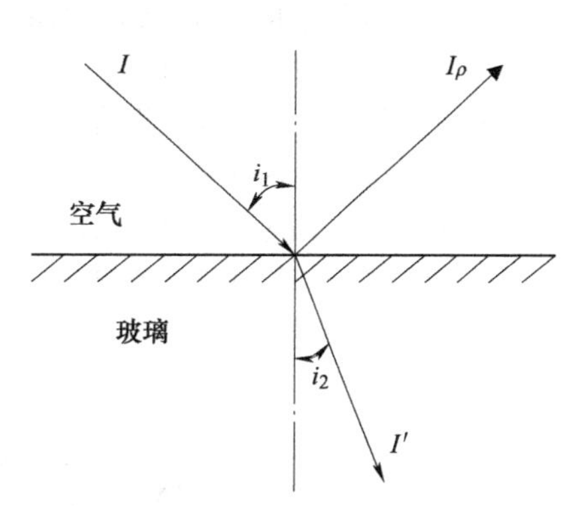


图 3-5　空气-半透明薄层界面的反射和折射

此外，射线单程通过半透明薄层的吸收百分比 $a_0$ 取决于对应其波长的材料的消光系数 $k_\lambda$ 以及射线在半透明薄层中的行程 $L$。而行程 $L$ 又与入射角和折射指数有关，消光系数 $k_\lambda$ 与射线波长有关。在太阳光谱主要范围内，普通窗玻璃的消光系数 $k \approx 0.045$，水白玻璃的消光系数 $k \leqslant 0.015$。射线单程通过半透明薄层的吸收百分比 $a_0$ 可以通过以下公式进行计算：

$$a_0 = 1 - \exp(-kL) \tag{3-10}$$

因为随着入射角的不同，空气-半透明薄层界面的反射百分比 $r$ 不同，射线单程通过半透明薄层的吸收率 $a$ 也不同，从而导致半透明薄层的吸收率、反射率和透过率都随着入射角改变。图 3-6 所示是 3mm 厚的普通窗玻璃对阳光的吸收率、反射率和透过率与入射角之间的关系曲线。由图可见，当阳光入射角大于 60°时，透过率会急剧减少。

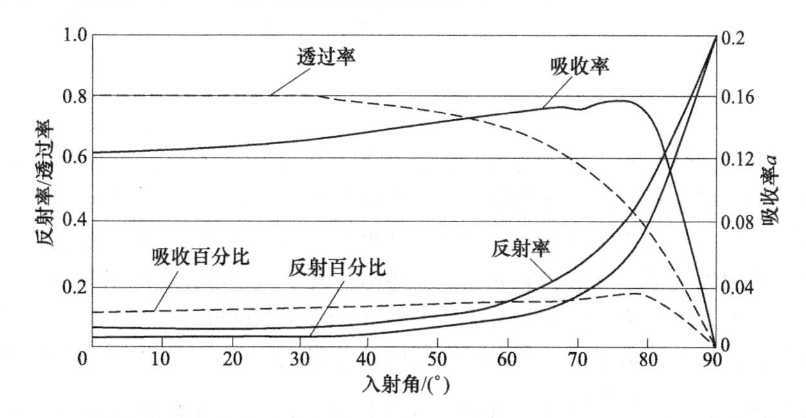


图 3-6　3mm 厚的普通窗玻璃对阳光的吸收率、反射率和透过率与入射角之间的关系曲线

### 3.1.2 室外空气综合温度

图 3-7 所示为围护结构外表面的热平衡。其中太阳直射辐射、天空散射辐射和地面反射辐射均是含有可见光和红外线的太阳辐射组成部分，而大气长波辐射、地面长波辐射和环境表面长波辐射是只有长波红外线的辐射部分。壁体得热主要包括三部分：太阳辐射热量、长波辐射换热量和对流换热量。建筑物外表面单位面积上得到的热量 $q$ 为

$$
\begin{aligned}
q &= \alpha_w(t_w - \tau_w) + aI - Q_L \\
&= \alpha_w\left[\left(t_w + \frac{aI}{\alpha_w} - \frac{Q_L}{\alpha_w}\right) - \tau_w\right] \\
&= \alpha_w(t_z - \tau_w)
\end{aligned}
\tag{3-11}
$$

式中 $\alpha_w$——围护结构外表面的表面传热系数[W/(m$^2$ · ℃)]；

$t_w$——室外空气温度（℃）；

$\tau_w$——围护结构外表面温度（℃）；

$a$——围护结构外表面对太阳辐射的吸收率；

$I$——太阳辐射强度（W/m$^2$）；

$Q_L$——围护结构外表面与环境的长波辐射换热量（W/m$^2$）；

$t_z$——室外空气综合温度（℃）。

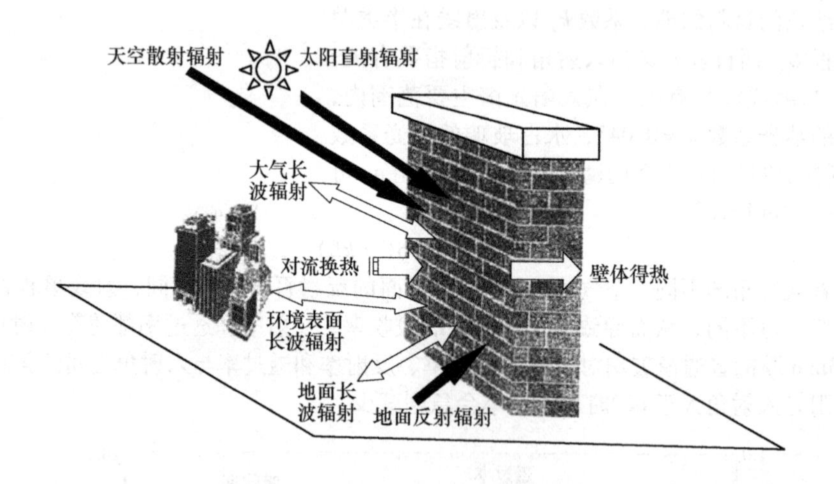


图 3-7 围护结构外表面的热平衡

太阳辐射落在围护结构外表面上的形式包括太阳直射辐射、天空散射辐射和地面反射辐射三种，后两种是以散射辐射的形式出现的。由于入射角不同，围护结构外表面对直射辐射和散射辐射有着不同的吸收率，而且地面反射辐射的途径更为复杂，其强度与地面的表面特性无关。因此，式（3-11）中的吸收率 $a$ 只是一个考虑了上述不同因素并进行综合的当量值。

式（3-11）中 $t_z$ 又称为室外空气综合温度（Solar-air Temperature）。所谓室外空气综合温度是相当于室外气温由原来的 $t_w$ 增加了一个太阳辐射的等效温度（$aI/\alpha_w$）值及一个围护结构外表面与环境的长波辐射的等效温度 $\left(\frac{-Q_L}{\alpha_w}\right)$ 值。显然，这只是为了计算方便而提出的一个当量的室外温

度，并非实际的室外空气温度。因此室外空气综合温度的表达式为

$$t_z = t_w + \frac{aI}{\alpha_w} - \frac{Q_L}{\alpha_w} \tag{3-12}$$

式（3-11）和式（3-12）不仅考虑了来自太阳对围护结构的短波辐射，而且反映了围护结构外表面与天空和周围物体之间的长波辐射。有时这部分长波辐射是可以忽略的，这时式（3-12）就简化为

$$t_z = t_w + \frac{aI}{\alpha_w} \tag{3-13}$$

### 3.1.3 夜间辐射

在计算白天的室外空气综合温度时，由于太阳辐射的强度远远大于长波辐射，所以忽略长波辐射的作用是可以接受的。夜间没有太阳辐射的作用，而天空的背景温度远远低于空气温度，因此建筑物向天空的辐射放热量是不可以忽略的，尤其是在建筑物与天空之间的角系数比较大的情况下。而且在冬季夜间忽略天空辐射作用可能会导致热负荷估计偏低。因此，式（3-11）和式（3-12）中的长波辐射 $Q_L$ 也被称为夜间辐射或有效辐射。

围护结构外表面与环境的长波辐射换热包括大气长波辐射以及来自地面和周围建筑和其他物体外表面的长波辐射。如果仅考虑对天空的大气长波辐射和对地面的长波辐射，则有

$$Q_L = \sigma\varepsilon_w[(x_{sky} + x_g\varepsilon_g)T_w^4 - x_{sky}T_{sky}^4 - x_g\varepsilon_g T_g^4] \tag{3-14}$$

式中 $\varepsilon_w$——围护结构外表面对长波辐射的系统黑度，接近壁面黑度，即壁面的吸收率 $a$；

$\varepsilon_g$——地面的黑度，即地面的吸收率；

$x_{sky}$——围护结构外表面对天空的角系数；

$x_g$——围护结构外表面对地面的角系数；

$T_{sky}$——有效天空温度（K）；

$T_g$——地面温度（K）；

$T_w$——围护结构外表面温度（K）；

$\sigma$——斯忒藩-玻耳兹曼常数[$5.67\times10^{-8}$W/(m$^2$·K$^4$)]。

由于与环境表面的长波辐射取决于角系数，即与环境表面的形状、距离和角度有关，很难求得，因此往往采用经验值。有一种方法是对于垂直表面近似值取 $Q_L=0$，对于水平面取 $\frac{Q_L}{\alpha_w}=3.5\sim4.0$℃。很显然，这种做法的前提是认为垂直表面与外界长波辐射换热之差值很小，可以忽略。

### 3.1.4 材料及围护结构的热特性指标

在围护结构的传热过程中，材料和围护结构内部温度的分布、温度波幅的衰减程度以及相应延迟的多少，都与所选用的材料、构成情况和边界条件有直接的关系。在本章中，为阐明围护结构得热与其形成冷负荷之间的关系，下面简要介绍几个涉及的主要的热特性指标。

#### 1. 材料蓄热系数

建筑材料在周期性波动的热作用下，均有蓄存热量或放出热量的能力，借以调节材料层表面温度的波动。在建筑热工学中，材料蓄热系数是指物体在谐波热作用下，半无限厚物体表面热

流波动的振幅$A_{q0}$与温度波动振幅$A_f$的比值。经推算，其计算式为

$$S = \frac{A_{q0}}{A_f} = \sqrt{\frac{2\pi\lambda c\rho_0}{Z}} \tag{3-15}$$

式中 $S$——材料的蓄热系数[W/(m²·K)]；

$\lambda$——材料的导热系数[W/(m·K)]；

$c$——材料的比热容[kJ/(kg·K)]；

$\rho_0$——材料的密度（kg/m³）；

$Z$——温度波动周期（h）。

当$Z$=24h时，式（3-15）可简化为

$$S_{24} = 0.51\sqrt{\lambda c\rho_0} \tag{3-16}$$

常用建筑材料的$S_{24}$值可在相关文献中查到。

从上式可以看到，材料蓄热系数不仅与谐波周期有关，而且是材料的几个基本物理指标的复合参数。它的物理意义在于，半无限厚物体在谐波热作用下，表面对谐波热作用的敏感程度。即在同样的热作用下，材料蓄热系数越大，其表面温度波动越小；反之，材料蓄热系数越小，则其表面温度波动越大。

### 2. 材料层的热惰性指标

在谐波热作用下，物体内部的温度波是按指数函数规律衰减的，即

$$A_x = A_e \cdot \exp\left(-\sqrt{\frac{\pi c\rho_0}{\lambda Z}}x\right) \tag{3-17}$$

式中 $A_e$——物体表面空气温度最高温度与平均温度之差，称为温度波动振幅（℃）；

$A_x$——物体内部离表面$x$处的温度波动振幅（℃）。

式中的指数项可改写为

$$\sqrt{\frac{\pi c\rho_0}{\lambda Z}}x = \frac{x}{\lambda}\frac{1}{\sqrt{2}}\sqrt{\frac{2\pi\lambda c\rho_0}{Z}} = \frac{1}{\sqrt{2}}R_x S$$

令
$$D = R_x S \tag{3-18}$$

式中 $D$——厚度为$x$的材料层的热惰性指标。它是一个量纲为一的量。

因此，式（3-17）也可表示为

$$A_x = A_e \cdot \exp\left(\frac{-1}{\sqrt{2}}D\right) \tag{3-19}$$

由此可以看出，在$A_e$相同的条件下，若材料层的热惰性指标$D$越大，则离表面$x$处的温度波动越小。显然，它表示围护结构在谐波热作用下反抗温度波动的能力。

多层围护结构的热惰性指标等于各分层材料热惰性指标求和。若其中有封闭空气间层，因为间层中空气的蓄热系数甚小，接近为零，因此热惰性指标可忽略不计。于是多层围护结构的热惰性指标为

$$\begin{aligned} D &= D_1 + D_2 + D_3 + \cdots + D_n \\ &= R_1S_1 + R_2S_2 + R_3S_3 + \cdots + R_nS_n \end{aligned} \tag{3-20}$$

倘若多层围护结构中间某层由两种以上材料组成时，则应先求得该层的平均导热系数和平均蓄热系数，以其平均热阻求取该层热惰性指标。其计算方法为

$$\bar{x} = \frac{\lambda_1 F_1 + \lambda_2 + F_2 + \cdots + \lambda_n F_n}{F_1 + F_2 + \cdots + F_n} \tag{3-21}$$

$$\bar{S} = \frac{S_1 F_1 + S_2 + F_2 + \cdots + S_n F_n}{F_1 + F_2 + \cdots + F_n} \tag{3-22}$$

$$\bar{R} = \frac{d}{\bar{\lambda}} \tag{3-23}$$

$$D = \bar{R}\,\bar{S} \tag{3-24}$$

式中 $\lambda_1$、$\lambda_2$、…、$\lambda_n$——材料各个传热面积上的导热系数[W/(m·K)]；

$F_1$、$F_2$、…、$F_n$——在该层中平行于热流划分的各个传热面积（$m^2$）；

$S_1$、$S_2$、…、$S_n$——材料各个传热面积上的蓄热系数[W/($m^2$·K)]。

### 3. 材料层表面蓄热系数

前面讨论的半无限厚壁体在谐波热作用下，波幅的衰减与相位的延迟都只涉及单一材料的热物理参数，材料蓄热系数也就是在这种条件下提出来的。我们所考虑的范围均是有厚度的单层或多层围护结构。在这种情况下，材料层受到简谐温度波作用时，其表面温度的波动，不仅与各构造层的材料热物理性能有关，而且与边界条件有关，即在顺着温度波前进的方向，与该材料层接触的材料或空气的热物理性能和换热条件对其表面温度的波动有影响。所以，对于有限厚度的材料层，必须研究如何适合这种实际情况，因此提出了材料层表面蓄热系数的概念，为区别起见，一般以 $Y$ 表示。$Y$ 与 $S$ 的物理意义是相同的，其定义式均是材料层表面的热流波动振幅 $A_q$ 与表面温度波动振幅 $A_f$ 的比值，差别仅在于计算式的不同。当边界条件的影响可以忽略不计时，两者在数值上可视为相等。

由前所述，因围护结构材料的蓄热特性，通过围护结构的传热量和温度的波动幅度与外扰波动幅度之间存在衰减和延迟的关系（图3-8）。衰减和滞后的程度取决于围护结构的蓄热能力。围护结构的热容量越大，蓄热能力就越大，滞后的时间就越长，波幅的衰减就越大。图3-8a给出的是两种传热系数相同但蓄热能力不同的墙体的传热量变化与室外气温之间的关系。由于重型墙体的蓄热能力比轻型墙体的蓄热能力大得多，因此其得热量的峰值就比较小，延迟时间也长得多。

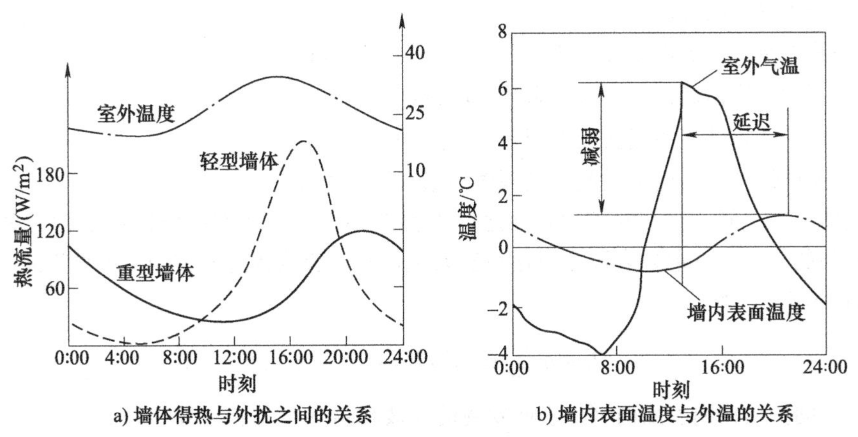


图3-8 墙体的传热量与温度对外扰的响应

## 3.2 建筑围护结构的热湿传递

### 3.2.1 通过围护结构的显热得热

通过围护结构形成的显热传热量主要包括两方面：通过非透明围护结构的热传导以及通过玻璃窗的日射得热。两种显热传递有着不同的原理，但又相互关联。

1. 通过非透明围护结构的得热

通过墙体、屋顶等非透明围护结构传入室内的热量来源于两部分：室外空气与围护结构外表面之间的对流换热和太阳辐射通过墙体导热传入的热量。

墙体、屋顶等建筑构件的传热过程均可看作非均质板壁的一维不稳定导热过程，描述其热平衡的微分方程为

$$\frac{\partial t}{\partial \tau}=a(x)\frac{\partial^2 t}{\partial x^2}+\frac{\partial a(x)}{\partial x}\frac{\partial t}{\partial x} \tag{3-25}$$

如果定义 $x=o$ 为围护结构外侧，$x=\delta$ 为围护结构内侧，考虑太阳辐射、长波辐射和围护结构内外侧空气温差的作用，可给出边界条件：

$$\alpha_w[t_w(\tau)-t(o,\tau)]+Q_{solar}+Q_L=-\lambda(x)\left.\frac{\partial t}{\partial x}\right|_{x=o} \tag{3-26}$$

$$\alpha_n[t_1(\delta,\tau)-t_n(\tau)]=-\lambda(x)\left.\frac{\partial t_1}{\partial x}\right|_{x=\delta} \tag{3-27}$$

$$t(x,o)=f(x) \tag{3-28}$$

式中 $\delta$——围护结构的厚度（m）；

$x$——围护结构内部与外侧表面之间的距离（m）；

$t_1(\delta,\tau)$——墙体结构内侧表面 $\tau$ 时间的温度（℃）

$t_n(\tau)$——墙体结构内侧 $\tau$ 时刻的空气温度（℃）

$t_w(\tau)$——围护结构外侧 $\tau$ 时刻的空气温度（℃）；

$t(x,\tau)$——墙体结构内部 $x$ 处，$\tau$ 时刻的温度（℃）；

$a(x)$——墙体材料的导温系数（$m^2/s$）；

$\tau$——时间（s）；

$\lambda(x)$——墙体材料的导热系数[W/(m · K)]；

$\alpha_w$——围护结构外表面表面传热系数[W/($m^2$ · ℃)]；

$\alpha_n$——围护结构内表面表面传热系数[W/($m^2$ · ℃)]；

$Q_{solar}$——围护结构外表面接受的太阳辐射热量($W/m^2$)；

$Q_L$——围护结构外表面接受的长波辐射热量（$W/m^2$）。

在一般情况下，同一空间的各内表面之间的温差不大，因此有时室内各表面之间的长波辐射是可以忽略的。但当室内各表面之间存在较大温差时，长波辐射的作用就不可以忽略了。对于有 $m$ 个表面的房间，有

$$Q_l=\sigma\sum_{j=1}^{m}x_{ij}\varepsilon_{ij}[T_i^4(\tau)-T_j^4(\tau)] \tag{3-29}$$

式中 $Q_l$——围护结构内表面向其他表面发射的长波辐射热量总和（$W/m^2$）；

$x_{ij}$——所分析的第 $i$ 个围护结构内表面与第 $j$ 个内表面之间角系数；

$\varepsilon_{ij}$——所分析的第 $i$ 个围护结构内表面与第 $j$ 个内表面之间系统黑度；

$T_i(\tau)$——第 $i$ 个内表面的温度（K）；

$T_j(\tau)$——第 $j$ 个内表面的温度（K）。

室内空气温度可以是受控的温度，即通过设备系统在室内形成一个受控的热源或热汇来控制室温使其成为已知的边界条件。如果室内空气温度没有受控，可以通过整个房间围护结构内表面和非受控热源之间的热平衡来求得。

太阳辐射的作用能使墙体外表面温度升高，然后通过板壁向室内传热（图3-9）。由于太阳辐射作用的求解很复杂，因此可以利用前面介绍的室外空气综合温度 $t_z(\tau)$ 来代替式（3-26）中的围护结构外侧空气温度。即有

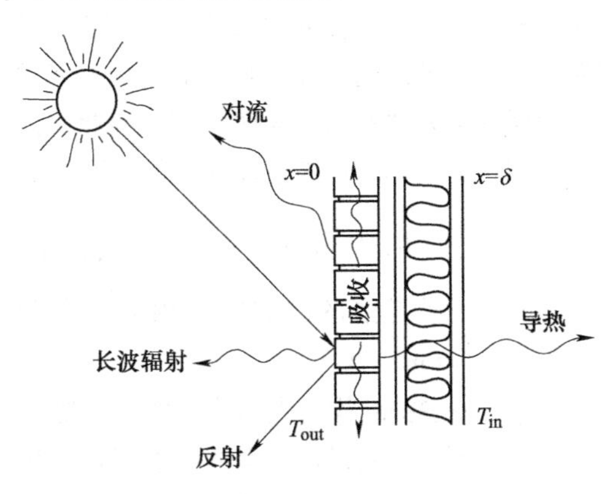


图3-9 太阳辐射在墙体上形成的传热过程

$$\alpha_w[t_z(\tau)-t(o,\tau)]=-\lambda(x)\left.\frac{\partial t}{\partial x}\right|_{x=o} \tag{3-30}$$

式（3-30）所描述的就是通过非透明围护结构实际传入室内的热量 $Q_{env}$：

$$Q_{env}=-\lambda(x)\left.\frac{\partial t}{\partial x}\right|_{x=\delta} \tag{3-31}$$

假定室内各表面温度一致，又没有其他辐射热量落在围护结构内表面上，则传入室内的热量就等于内表面对流换热的热量，内表面温度完全由第三类边界条件决定。但在实际应用中，绝大部分条件下，内表面均存在辐射热交换，因此内表面温度受其他各辐射表面的条件和辐射源的影响，是导热、对流、辐射和蓄热综合作用的结果。如果各时刻各围护结构内表面和室内空气温度已知，就可以求出通过围护结构的传热量。但各围护结构内表面温度和室内空气温度之间存在着显著的耦合关系，因此求解通过围护结构传入一个房间的热量，需要联立求解一组形如式（3-25）~式（3-28）的方程组和房间的空气热平衡方程。由于其求解过程相当复杂，只能采用数值求解的方法。

图3-10所示是在室温恒定、未考虑太阳辐射作用的条件下，一道板壁内温度随室外温度变化的数值求解结果。在室外寒冷的冬季，求解得热量时往往忽略有利的太阳辐射的作用，只考虑室外温度的作用。这种做法是出于安全的考虑，因为最冷的日子往往是太阳辐射微弱的阴天。从图3-10可见，当室外温度变化时，围护结构外表面、围护结构本身各部位和内表面的温度变化比室外空气温度的变化在时间上有所滞后。与外表面距离越远，滞后的时间就越长。

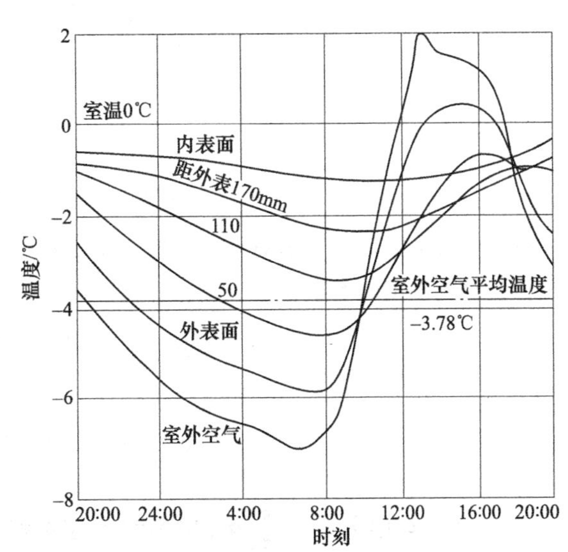


图3-10 板壁内温度随室外温度变化

式（3-25）给出的是围护结构内的温度分布，式（3-27）给出的是通过围护结构内表面传到室内空气的热量，这些都是由室外条件与室内条件共同作用造成的。如果室内

辐射热源落在该围护结构内表面的辐射强度增加，尽管室外条件和室内空气温度并没有改变，但实际通过围护结构传入室内的热量则由于内表面温度的升高而减少。室外气象和室内空气温度对围护结构的影响比较清楚，而室内长波和短波辐射扰动的作用求解比较复杂，需要了解各内表面间的角系数和实际表面温度。因此，需要把室外条件和室内扰动的作用分开进行分析。

对式（3-25）的边界条件式（3-27）中的长波辐射部分进行线性化，有

$$\alpha_n[t(\delta,\tau)-t_n(\tau)]+\sum_{j=1}^{m}\alpha_\gamma[t(\delta,\tau)-t_j]-Q_{sh}=-\lambda(x)\left.\frac{\partial t}{\partial x}\right|_{x=\delta} \tag{3-32}$$

式中 $\alpha_\gamma$——被考察的围护结构内表面与第 $j$ 个围护结构内表面的当量辐射换热系数[W/(m²·℃)]。

$Q_{sh}$——围护结构内表面接受的短波辐射热量（W/m²），例如进入室内的日射。

这样就可以利用线性方程的叠加原理，将式（3-32）分为两部分，分别用于式（3-25）的求解，即一部分为单纯由于室外气象条件和室内空气温度决定的围护结构的温度分布和通过围护结构的得热；另一部分为室内壁面长波辐射内扰造成的围护结构温升、蓄热和传热量。

用 $t_1$ 表示由于室外气象条件和室内空气温度决定的围护结构的内部温度，$t_2$ 表示由于落在围护结构内表面的室内辐射内扰造成的围护结构内部温度的增量，则式（3-25）、式（3-26）和式（3-32）可表示为

$$\frac{\partial t_1}{\partial\tau}+\frac{\partial t_2}{\partial\tau}=a(x)\frac{\partial^2 t_1}{\partial x^2}+a(x)\frac{\partial^2 t_2}{\partial x^2}+\frac{\partial a(x)}{\partial x}\frac{\partial t_1}{\partial x}+\frac{\partial a(x)}{\partial x}\frac{\partial t_2}{\partial x} \tag{3-33}$$

$$\alpha_w[t_w(\tau)-t_1(o,\tau)-t_2(o,\tau)]+Q_{solar}+Q_L=-\lambda(x)\left.\frac{\partial t_1}{\partial x}\right|_{x=o}-\lambda(x)\left.\frac{\partial t_2}{\partial x}\right|_{x=o} \tag{3-34}$$

$$\alpha_n[t_1(\delta,\tau)+t_2(\delta,\tau)-t_n(\tau)]+\sum_{j=1}^{m}\alpha_\gamma[t_1(\delta,\tau)+t_2(\delta,\tau)-t_j]-Q_{sh}$$
$$=-\lambda(x)\left.\frac{\partial t_1}{\partial x}\right|_{x=\delta}-\lambda(x)\left.\frac{\partial t_2}{\partial x}\right|_{x=\delta} \tag{3-35}$$

当室内没有任何长波辐射和短波辐射影响时，由式（3-33）、式（3-34）和式（3-35）有

$$\frac{\partial t_1}{\partial\tau}=a(x)\frac{\partial^2 t_1}{\partial x^2}+\frac{\partial a(x)}{\partial x}\frac{\partial t_1}{\partial x} \tag{3-36}$$

$$\alpha_w[t_w(\tau)-t_1(o,\tau)]+Q_{solar}+Q_L=-\lambda(x)\left.\frac{\partial t_1}{\partial x}\right|_{x=o} \tag{3-37}$$

$$\alpha_n[t_1(\delta,\tau)-t_n(\tau)]=-\lambda(x)\left.\frac{\partial t_1}{\partial x}\right|_{x=\delta} \tag{3-38}$$

结合式（3-33）~式（3-38）可求得由于落在围护结构内表面的室内长波和短波辐射内扰造成的围护结构温度的增量 $t_2$：

$$\frac{\partial t_2}{\partial\tau}=a(x)\frac{\partial^2 t_2}{\partial x^2}+\frac{\partial a(x)}{\partial x}\frac{\partial t_2}{\partial x} \tag{3-39}$$

$$\alpha_w t_2(o,\tau)=\lambda(x)\left.\frac{\partial t_2}{\partial x}\right|_{x=o} \tag{3-40}$$

$$\alpha_n t_2(\delta,\tau)+\sum_{j=1}^{m}\alpha_\gamma[t_1(\delta,\tau)+t_2(\delta,\tau)-t_j]-Q_{sh}=-\lambda(x)\left.\frac{\partial t_2}{\partial x}\right|_{x=\delta} \tag{3-41}$$

通过式（3-36）~式（3-38）可求得由于围护结构在室外气象条件和室内空气温度作用下传

热过程决定的围护结构的温度分布 $t_1$。而此时围护结构内表面与室内空气的换热量，也可看作是围护结构单纯在室外气象条件和室内空气温度作用下传热过程导致的围护结构得热 $HG_W$：

$$HG_W(\tau)=\alpha_n[t_1(\delta,\tau)-t_n(\tau)] \tag{3-42}$$

式（3-39）~式（3-41）给出的是围护结构实际温度分布与室外条件和室内温度造成的围护结构温度分布的差值，即考虑室内辐射扰动造成的差值。而实际到围护结构内表面的热量与围护结构在室外条件和室内温度作用下传热过程造成的围护结构得热的差值可表示为

$$\Delta Q_W=Q_{env}-HG_W(\tau)=\alpha_n t_2(\delta,\tau)+\sum_{j=1}^{m}\alpha_\gamma[t_1(\delta,\tau)+t_2(\delta,\tau)-t_j]-Q_{sh} \tag{3-43}$$

为了表述方便，在这里把 $\Delta Q_W$ 称作内表面辐射导致的传热量差值。如果内表面没有短波辐射，则这一项差值就是由内表面长波辐射造成的。

### 2. 通过玻璃窗的得热

通过玻璃窗形成的围护结构得热量包括两部分：通过玻璃板壁的传热量和透过玻璃窗的太阳辐射得热量。

（1）通过玻璃板壁的传热量　由于有室内外温差存在，必然会通过玻璃以导热方式与室内空气进行热交换。玻璃本身有热容，因此与墙体一样有衰减延迟作用。但由于玻璃很薄，导热系数较大，热惰性很小，所以这部分传热常常可以近似按稳态传热考虑。即有

$$Q_{cond}=K_{glass}F_{glass}[t_w(\tau)-t_n(\tau)] \tag{3-44}$$

式中　$K_{glass}$——玻璃的传热系数[W/(m$^2$·℃)]；

$F_{glass}$——玻璃的传热面积（m$^2$）。

（2）透过玻璃窗的太阳辐射得热量　阳光照射到窗玻璃表面后，一部分被反射掉，不会全部成为房间的得热；一部分直接透过玻璃进入室内，全部成为房间得热量，还有一部分被玻璃吸收（图3-11）。被玻璃吸收的热量使玻璃的温度升高，其中一部分将以对流和辐射的形式传入室内，而另一部分同样以对流和辐射的形式散到室外，不会成为房间的得热。

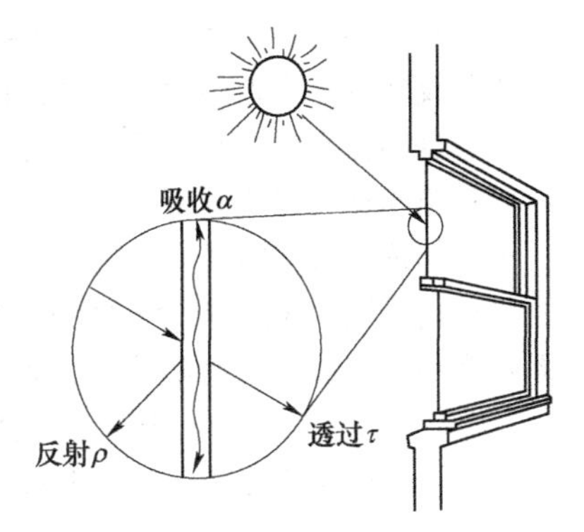

图3-11　照射到窗玻璃上的太阳辐射

关于被玻璃吸收后又传入室内的热量有两种计算方法。一种方法是以室外空气综合温度的形式，计入玻璃板壁的传热中；另一种方法是作为透过的太阳辐射中的一部分，计入太阳透射得热中。如果按后一种算法，透过玻璃窗的太阳辐射得热应包括透过的全部和吸收中的一部分。

透过单位玻璃面积的太阳辐射得热量的计算方法为

$$HG_{glass,\tau}=I_{D_i}\tau_{glass,D_i}+I_{dif}\tau_{glass,dif} \tag{3-45}$$

假定玻璃吸热后温度均匀，则由于玻璃吸收太阳辐射所造成的房间得热为

$$HG_{glass,a}=\frac{R_w}{R_w+R_n}(I_{D_i}a_{D_i}+I_{dif}a_{dif}) \tag{3-46}$$

式中　$I$——太阳辐射强度（W/m$^2$）；

$\tau_{glass}$——玻璃的透过率；

$a$——玻璃的吸收率；

$R$——玻璃的表面换热热阻(m$^2$·℃/W)；

下标 $D_i$——入射角为 $i$ 的直射辐射；

下标 dif——散射辐射；

下标 $i$——入射角；

下标 w——外表面；

下标 n——内表面。

由于玻璃本身种类繁多，而且厚度不同，所以通过同样大小玻璃窗的太阳得热量也不同。因此，为了简化计算，常以某种类型和厚度的玻璃作为标准透光材料，取其在无遮挡条件下的太阳得热量作为标准太阳得热量，用符号 SSG（Standard Solar heat Gain）表示。当采用其他类型和厚度的玻璃，或玻璃窗内外有某种遮阳设施时，只对标准太阳得热量进行不同修正即可。

目前我国、美国和日本均采用 3mm 厚的普通窗玻璃作为标准透光材料，英国以 5mm 厚的窗玻璃作为标准透光材料。虽然各国都采用的是普通窗玻璃，但由于玻璃材质成分有所不同，故性能上有一定差异。我国目前生产的窗玻璃含铁较多，断面呈墨绿色。法向入射透过率为 0.8，反射率 0.074，吸收率为 0.126。而美、日的窗玻璃法向入射时透过率在 0.86 以上。

根据式（3-45）和式（3-46），可得出入射角为 $i$ 时标准玻璃的太阳得热量为

$$
\begin{aligned}
\mathrm{SSG} &= (I_{D_i}\tau_{\mathrm{glass},D_i} + I_{\mathrm{dif}}\tau_{\mathrm{glass,dif}}) + \frac{R_\mathrm{w}}{R_\mathrm{w}+R_\mathrm{n}}(I_{D_i}a_{D_i} + I_{\mathrm{dif}}a_{\mathrm{dif}}) \\
&= I_{D_i}\left(\tau_{D_i} + \frac{R_\mathrm{w}}{R_\mathrm{w}+R_\mathrm{n}}a_{D_i}\right) + I_{\mathrm{dif}}\left(\tau_{\mathrm{dif}} + \frac{R_\mathrm{w}}{R_\mathrm{w}+R_\mathrm{n}}a_{\mathrm{dif}}\right) \\
&= I_{D_i}g_{D_i} + I_{\mathrm{dif}}g_{\mathrm{dif}} = \mathrm{SSG}_{D_i} + \mathrm{SSG}_{\mathrm{dif}}
\end{aligned}
\tag{3-47}
$$

式中 $g$——标准太阳得热率。

下标意义同式（3-45）和式（3-46）。

遮阳设施设置在玻璃窗内侧和外侧，对玻璃窗的遮阳作用是不同的。外遮阳设施可以反射、吸收、透过部分阳光。只有透过部分的阳光会达到窗玻璃外表面，并有部分可能成为得热。尽管内遮阳设施同样可以反射部分阳光，但吸收和透过的部分均变成了室内得热。

为求解透过玻璃窗的实际太阳得热量，对标准玻璃的太阳得热量进行修正的方法包括玻璃本身的遮挡系数 $C_\mathrm{s}$ 和遮阳设施的遮阳系数 $C_\mathrm{n}$。由于内外遮阳设施的作用不同，因此外遮阳的遮阳系数要小于内遮阳的遮阳系数。透过玻璃窗的实际太阳得热量 $\mathrm{HG_{solar}}$ 可表示为

$$
\mathrm{HG_{solar}} = (\mathrm{SSG}_{D_i}X_\mathrm{s} + \mathrm{SSG}_{\mathrm{dif}})C_\mathrm{s}C_\mathrm{n}X_{\mathrm{glass}}F_{\mathrm{window}} \tag{3-48}
$$

式中 $X_{\mathrm{glass}}$——玻璃窗的有效面积系数，单层木窗 0.7，双层木窗 0.6，单层钢窗 0.85，双层钢窗 0.75；

$F_{\mathrm{window}}$——窗面积（$\mathrm{m}^2$）；

$X_\mathrm{s}$——阳光实际照射面积比，即窗上光斑面积与窗面积之比，可以通过几何方法计算求得。

表 3-2 和表 3-3 分别给出不同种类窗玻璃的遮挡系数 $C_\mathrm{s}$ 和一些常见窗内遮阳设施的遮阳系数 $C_\mathrm{n}$。

表 3-2 窗玻璃的遮挡系数 $C_\mathrm{s}$

| 玻璃类型 | $C_\mathrm{s}$ | 玻璃类型 | $C_\mathrm{s}$ |
|---|---|---|---|
| 标准玻璃 | 1.00 | 6mm 厚吸热玻璃 | 0.83 |
| 5mm 厚普通玻璃 | 0.93 | 双层 3mm 厚普通玻璃 | 0.86 |
| 6mm 厚普通玻璃 | 0.89 | 双层 5mm 厚普通玻璃 | 0.78 |
| 3mm 厚吸热玻璃 | 0.96 | 双层 6mm 厚普通玻璃 | 0.74 |
| 5mm 厚吸热玻璃 | 0.88 | | |

表 3-3　窗内遮阳设施的遮阳系数 $C_n$

| 内遮阳类型 | 颜色 | $C_n$ | 内遮阳类型 | 颜色 | $C_n$ |
|---|---|---|---|---|---|
| 白布帘 | 浅色 | 0.5 | 深黄、紫红、深绿布帘 | 深色 | 0.65 |
| 浅蓝色帘 | 中间色 | 0.6 | 活动百页 | 中间色 | 0.6 |

## 3.2.2　通过围护结构的湿传递

### 1. 围护结构的水蒸气渗透系数

在一般情况下，透过围护结构的水蒸气可以忽略不计。但是，需要严格控制湿度的恒温恒湿室以及低温环境室等，当室内空气温度相当低时，应该考虑通过围护结构渗透的水蒸气。

与围护结构的传热现象相似，围护结构两侧表面接触的空气中水蒸气分压力不相等时，水蒸气将以分压力高的一侧移向分压力低的一侧。在稳定条件下，单位时间内通过单位面积围护结构的水蒸气量 $w$[kg/(s·m²)]，与两侧空气中水蒸气分压力差 $\Delta p$ 成正比，即

$$w = K_v(p_w - p_n) \tag{3-49}$$

式中　$K_v$——水蒸气渗透系数[kg/(N·s)或 s/m]；

$(p_w-p_n)$——围护结构内外两侧水蒸气分压力差（Pa）。

建筑围护结构的水蒸气蒸发渗透系数 $K_v$ 可按下式计算：

$$K_v = \frac{1}{\dfrac{1}{\beta_n} + \sum \dfrac{\delta_i}{\lambda_{vi}} + \dfrac{1}{\beta_a} + \dfrac{1}{\beta_w}} \tag{3-50}$$

式中　$\beta_n$、$\beta_w$、$\beta_a$——围护结构内表面、外表面和墙体中封闭空气间层的散湿系数[kg/(N·s)或 s/m]，见表 3-4；

$\lambda_{vi}$——第 $i$ 层材料的蒸汽渗透系数[kg·m/(N·s)或 s]，见表 3-5；

$\delta_i$——第 $i$ 层材料的厚度（m）。

表 3-4　围护结构表面和空气间层的散湿系数　（单位：s/m）

| 条件 | 散湿系数×10⁸ | 条件 | 散湿系数×10⁸ |
|---|---|---|---|
| 室外垂直表面 | 10.42 | 空气层厚度 20mm | 0.94 |
| 室内垂直表面 | 3.48 | 空气层厚度 30mm | 0.21 |
| 水平面湿流向上 | 4.17 | 水平空气层湿流向上 | 0.13 |
| 水平面湿流向下 | 2.92 | 水平空气层湿流向下 | 0.73 |
| 空气层厚度 10mm | 1.88 | | |

### 2. 围护结构最小蒸汽渗透阻值

由于围护结构两侧空气温度不同，围护结构内部将形成一定的温度分布。在稳定状态下，从围护结构内表面算起，第 $n$ 层的材料层的外表面温度 $t^n$，可按下式确定：

$$t^n = t_n - K(t_n - t_w)\left(\frac{1}{\alpha_n} + \sum_{i=1}^{n} \frac{\delta_i}{\lambda_i}\right) \tag{3-51}$$

式中　$K$——围护结构的传热系数[W/(m²·℃)]；

$\sum\limits_{i=1}^{n} \dfrac{\delta_i}{\lambda_i}$——从围护结构第一层至第 $n$ 层的材料层的热阻总和（m²·℃/W）；

$t_n$、$t_w$——围护结构内外两侧空气温度。

表 3-5 材料的蒸汽渗透系数 $\lambda_v$ {单位:[kg·m/(N·s)]或 s}

| 材料 | 密度/(kg/m³) | $\lambda_v(\times10^{12})$ | 材料 | 密度/(kg/m³) | $\lambda_v(\times10^{12})$ |
| --- | --- | --- | --- | --- | --- |
| 钢筋混凝土 | 2551 | 0.83 | 胶合板 | 600 左右 | 0.63 |
| 陶粒混凝土 | 1800 | 2.50 | 木纤维板与刨花板 | ≥800 | 3.33 |
| 陶粒混凝土 | 600 | 7.29 | 泡沫聚苯乙烯 | 15~30 | 1.25 |
| 珍珠岩混凝土 | 1200 | 4.17 | 中发泡泡沫塑料 | 100~400 | 6.25 |
| 珍珠岩混凝土 | 600 | 8.33 | 用水泥砂浆的硅酸盐砖或普通黏土砖砌块 | 1000~1600<br>1600~1800 | 2.92 |
| 加气/泡沫混凝土 | 1000 | 3.13 | | | |
| 加气/泡沫混凝土 | 400 | 6.25 | 膨胀珍珠岩水泥保温板 水泥：珍珠岩=1：5（体积比） | 950~1050 | 0.21 |
| 水泥砂浆 | ≥1900 | 2.50 | 石棉水泥板 | 1600~2000 | 0.83 |
| 混合砂浆 | ≥1800 | 3.33 | 石油沥青 | 710~1000 | 0.21 |
| 石膏板 | 331~433 | 2.71 | 多层聚氯乙烯布 | 1380 | 0.04 |
| 花岗石或大理石 | 279~307 | 0.21 | | | |

同样，由于围护结构两侧空气中水蒸气的分压力不同，在围护结构内部也将形成一定的水蒸气分压力分布。在稳定状态下，从围护结构内表面算起，第 $n$ 层的材料层外表面的水蒸气分压力为

$$p_n = p_n - K_v(p_n - p_w)\left(\frac{1}{\beta_n} + \sum_{i=1}^{n}\frac{\delta_i}{\lambda_{vi}}\right) \tag{3-52}$$

式中 $K_v$——围护结构的水蒸气渗透系数[kg/(N·s)或 s/m]；

$\beta_n$——围护结构内表面空气边界层的散湿系数[kg/(N·s)或 s/m]；

$\sum_{i=1}^{n}\frac{\delta_i}{\lambda_{vi}}$——从围护结构第一层至第 $n$ 层的材料层的蒸汽渗透阻值之和（N·s/kg）。

如果围护结构内任意断面上的水蒸气分压力大于该断面温度所相应的饱和水蒸气分压力时，在此断面将有水蒸气凝结（图 3-12）。如果该断面温度低于 0℃，还将出现冻结现象。所有这些现象将导致围护结构的传热系数增大，加大围护结构的传热量，并加速围护结构的损坏。为此，对于围护结构的湿状态也应有所要求。必要时，在围护结构内应设置蒸汽隔层或其他结构措施，以避免围护结构内部出现水蒸气凝结或冻结现象。

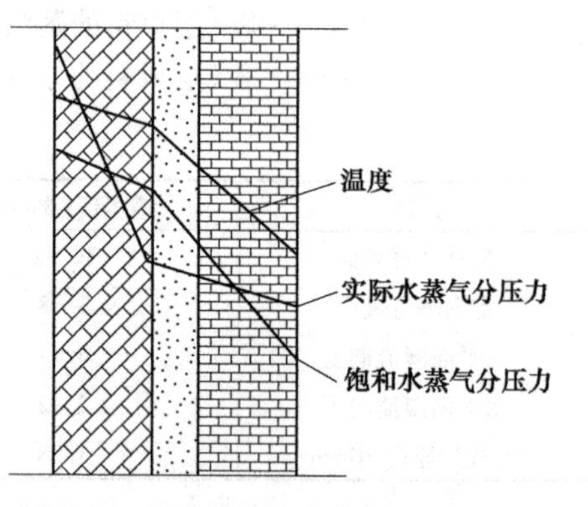


图 3-12 围护结构内水蒸气分压力大于饱和水蒸气分压力，就会出现凝结

## 3.3 室内热湿负荷

### 3.3.1 进入室内的热量和湿量

由上节可知，通过建筑围护结构进行热湿传递是热量和湿量进入室内的主要形式之一。除

此之外，还并存着其他的热湿传递活动。

### 1. 室内产热产湿量

室内的热、湿源一般包括人体、设备和照明设施。人体会通过皮肤和服装向环境散发显热量，另一方面通过呼吸、出汗向环境散发湿量。照明设施向环境散发的是显热；工业建筑的设备（例如电动机、加热水槽等）的散热和散湿取决于工艺过程的需要；一般民用建筑的散热散湿设备包括家用电器、厨房设施、食品、游泳池、体育和娱乐设施等。

（1）设备与照明的散热　室内设备可分为电动设备和加热设备。加热设备只要把热量散入室内，就全部成为室内得热。而电动设备所消耗的能量中有部分转化为热能散入室内成为得热，还有部分成为机械能。这部分机械能有的可能是在该室内消耗，最终都会转化为该空间的得热量。但如果这部分机械能没有消耗在室内，而是输送到室外或者其他空间，就不会成为该室内的得热。

另外，工艺设备的额定功率只反映了装机容量，实际的最大运行功率往往是小于装机容量的，而且实际运行时也可能往往不是在最大功率下运行。在考虑工艺设备发热量时一定要考虑这些因素的影响。工艺设备和照明设施有可能不同时使用，因此在考虑总得热量时，需要考虑不同时使用的影响。即无论是在考虑设备还是照明散热的时候，要根据实际情况考虑实际进入所研究空间中的能量，而不是铭牌上所标注的功率。

（2）室内湿源　如果室内有一个热的湿表面，水分被热源加热而蒸发，则该设施与室内空气既有显热交换又有潜热交换。显热交换量取决于水表面与室内空气的传热温差和传热面积，散湿量 $W$(kg/s)可用下式求得：

$$W=\beta(p_b-p_a)F\frac{B_0}{B} \tag{3-53}$$

式中　$p_b$——水表面温度下的饱和空气的水蒸气分压力（Pa）；

$p_a$——空气中的水蒸气分压力（Pa）；

$F$——水表面蒸发面积（$m^2$）；

$B_0$——标准大气压力，$B_0=101325$Pa；

$B$——当地实际大气压力（Pa）；

$\beta$——蒸发系数[kg/(N·s)]，$\beta=\beta_0+3.63\times10^{-8}v$，$\beta_0$ 是不同水温下的扩散系数[kg/(N·s)]，见表3-6，$v$ 是水面上的空气流速（m/s）。

表3-6　不同水温下的扩散系数

| 水温/℃ | <30 | 40 | 50 | 60 | 70 | 80 | 90 | 100 |
|---|---|---|---|---|---|---|---|---|
| $\beta_0$/[$\times10^8$kg/(N·s)] | 4.5 | 5.8 | 6.9 | 7.7 | 8.8 | 9.6 | 10.6 | 12.5 |

如果室内的湿表面水分是通过吸收空气中的显热量蒸发的，没有其他的加热热源，也就是说蒸发过程是一个绝热过程，则室内的总得热量并没有增加，只是部分显热负荷转化为潜热负荷而已。

如果室内有一个蒸汽源，则加入蒸汽所含的热量就是设备的潜热散热量。

（3）人体的散热和散湿　人体的散热量和散湿量与人体的代谢率有关，在第4章中将有详细的介绍。

### 2. 空气渗透带来的得热

由于建筑存在各种门、窗和其他类型的开口，室外空气有可能进入房间，从而给房间空气直接带入热量和湿量，并即刻影响到室内空气的温湿度。因此需要考虑空气渗透至室内带来的得热量。

空气渗透是指由于室内外存在压力差，从而导致室外空气通过门窗缝隙和外围护结构上的其他小孔或洞口进入室内的现象，也就是所谓的非人为组织（无组织）的通风。在一般情况下，空气的渗入和空气的渗出总是同时出现的。由于渗出的是室内状态的空气，渗入的是外界的空气，所以渗入的空气量和空气状态决定了室内的得热量。因此，在得热量计算中只考虑空气的渗入。

对于形状比较简单的孔口出流，流速较高，流动多处于阻力平方区，流速与内外压力的差存在如下关系：

$$v \propto \Delta p^{1/2} \tag{3-54}$$

对于渗透来说，流速缓慢，流通断面细小而复杂。此时可认为流动处于层流区，流速与内外压力差的关系为

$$v \propto \Delta p \tag{3-55}$$

而对于门窗缝隙的空气渗透来说，多介于孔口出流和渗流之间，但门窗种类繁多，一般取：

$$v \propto \Delta p^{1/1.5} \tag{3-56}$$

所以通过门窗缝隙的空气渗透量 $L_a$($m^3$/h)的计算式可写为

$$L_a = vF_{crack} = al\Delta p^{1/1.5} = F_d \Delta p^{1/1.5} \tag{3-57}$$

式中 $F_{crack}$——门窗缝隙面积（$m^2$）；

$F_d$——当量孔口面积[$m^3/(h \cdot Pa^{1/1.5})$]，$F_d = al$；

$l$——门窗缝隙长度（m）；

$a$——气密性系数，取决于门窗的气密性，见表 3-7。

表 3-7 门窗的气密性系数

| 气密性 | 好 | 一般 | 不好 |
| --- | --- | --- | --- |
| 缝宽/mm | ≤0.2 | ≤0.5 | 1~1.5 |
| 系数 $a$ | 0.87 | 3.28 | 13.10 |

室内外压力差 $\Delta p$ 是决定空气渗透量的因素，一般为风压和热压所致。夏季时由于室内外温差比较小，风压是造成空气渗透的主要动力。如果室内有空调系统送风造成室内足够的正压，就只有室内向室外渗出的空气，基本没有影响室内得热的室外向室内渗入的空气，所以可以不考虑空气渗透的作用。如果室内没有正压送风，就需要考虑风压对渗透风的作用。冬季如果室内有采暖，则室内外存在比较大的温差，热压形成的烟囱效应会强化空气渗透，即由于空气密度差存在，室外冷空气会从建筑下部的开口进入，室内空气从建筑上部的开口流出。因此，在冬季采暖期，热压可能会比风压对空气渗透起更大的作用。高层建筑的这种热压作用会更加明显，所以底层房间的失热量明显要高于上部房间的失热量。故在考虑高层建筑冬季采暖负荷时，要同时考虑风压和热压的作用。

风压和热压对自然通风的作用原理将在以后章节中做详尽介绍，这里仅做一般说明。在风压和热压联合作用下，整个建筑的压力分布和各开口的渗出、渗入流量分布是一个网络流动关系，应该通过对整个建筑的空气流动网络的压力和流量平衡进行求解确定。由于风压和热压都存在非规则的脉动变化，严格地说，在求解流动网络时应该考虑压力脉动变化的影响。因此，要准确求解建筑的空气渗透量是一项非常复杂和困难的工作。为了满足设计人员的实际工作需要，

目前在计算风压作用造成的空气渗透时常用的方法是基于试验和经验基础上的估算方法，即缝隙法和换气次数法。

(1) 缝隙法　缝隙法是根据不同种类窗缝隙的特点，给出其在不同室外平均风速条件下单位窗缝隙长度的空气渗透量。这是考虑了不同朝向门窗的平均值。因此在不同地区的不同主导风向的情况下，给予不同朝向的门窗以不同的修正值。可以通过下式求得房间的空气渗透量$L_a$($m^3$/h)：

$$L_a = kl_a l \tag{3-58}$$

式中　$l_a$——单位长度门窗缝隙的渗透量[$m^3$/(h · m)]，见表3-8；

$l$——门窗缝隙总长度（m）；

$k$——主导风向不同情况下的修正系数，考虑风向、风速和频率等因素对空气渗透量的影响，见表3-9。

表3-8　单位长度门窗缝隙的渗透量　[单位：$m^3$/(h · m)]

| 门窗种类 | 室外平均风速/(m/s) | | | | | |
|---|---|---|---|---|---|---|
| | 1 | 2 | 3 | 4 | 5 | 6 |
| 单层木窗 | 1.0 | 2.5 | 3.5 | 5.0 | 6.5 | 8.0 |
| 单层钢窗 | 0.8 | 1.8 | 2.8 | 4.0 | 5.0 | 6.0 |
| 双层木窗 | 0.6 | 1.3 | 2.0 | 2.8 | 3.5 | 4.2 |
| 双层钢窗 | 0.6 | 1.3 | 2.0 | 2.8 | 3.5 | 4.2 |
| 门 | 2.0 | 5.0 | 7.0 | 10.0 | 13.0 | 16.0 |

表3-9　主导风向不同情况下的修正系数

| 城市 | 朝向 | | | | | | | |
|---|---|---|---|---|---|---|---|---|
| | 北 | 东北 | 东 | 东南 | 南 | 西南 | 西 | 西北 |
| 齐齐哈尔 | 0.9 | 0.4 | 0.1 | 0.15 | 0.35 | 0.4 | 0.7 | 1.0 |
| 哈尔滨 | 0.25 | 0.15 | 0.15 | 0.45 | 0.6 | 1.0 | 0.8 | 0.55 |
| 沈　阳 | 1.0 | 0.9 | 0.45 | 0.6 | 0.75 | 0.65 | 0.5 | 0.8 |
| 呼和浩特 | 0.9 | 0.45 | 0.35 | 0.1 | 0.2 | 0.3 | 0.7 | 1.0 |
| 兰　州 | 0.75 | 1.0 | 0.95 | 0.5 | 0.25 | 0.25 | 0.35 | 0.45 |
| 银　川 | 1.0 | 0.8 | 0.45 | 0.35 | 0.3 | 0.25 | 0.3 | 0.65 |
| 西　安 | 0.85 | 1.0 | 0.7 | 0.35 | 0.65 | 0.75 | 0.5 | 0.3 |
| 北　京 | 1.0 | 0.45 | 0.2 | 0.1 | 0.2 | 0.15 | 0.25 | 0.85 |

(2) 换气次数法　当缺少足够的门窗缝隙数据时，对于有门窗的围护结构数目不同的房间给出一定室外平均风速范围内的平均换气次数。通过换气次数，即可求得空气渗透量：

$$L_a = nV \tag{3-59}$$

式中　$n$——换气次数（次/h）；

$V$——房间容积（$m^3$）。

表3-10给出了我国目前采用的不同类型房间的换气次数，其适用条件是冬季室外平均风速小于或等于3m/s。

表 3-10 换气次数 （单位：次/h）

| 房间具有门窗的外围护结构的面数 | 一面 | 二面 | 三面 |
|---|---|---|---|
| 换气次数 $n$ | 0.25~0.5 | 0.5~1 | 1~1.5 |

美国采用的换气次数估算方法综合考虑了室外风速和室内外温差的影响，即有

$$n = a + bv + c(t_w - t_n) \tag{3-60}$$

式中 $v$——室外平均风速（m/s）；

$a$、$b$、$c$——系数，见表 3-11。

表 3-11 求解换气次数的系数 （单位：次/h）

| 建筑气密性 | $a$ | $b$ | $c$ |
|---|---|---|---|
| 好 | 0.15 | 0.01 | 0.007 |
| 一般 | 0.2 | 0.015 | 0.014 |
| 差 | 0.25 | 0.02 | 0.022 |

对于多层和高层建筑，在热压作用下，室外冷空气从下部门窗进入，被室内热源加热后由内门窗缝隙渗入走廊或楼梯间，在走廊和楼梯间形成了上升气流，最后从上部房间的门窗渗出到室外。这种情况下的冷风渗透量可按照热压造成的自然通风换气量求解方法来确定，具体详见第 4 章相关内容。

### 3.3.2 负荷及负荷与得热的关系

#### 1. 负荷的基本概念

在考虑控制室内热环境内，需要涉及冷负荷和热负荷的概念。

冷负荷的含义是维持一定室内热湿环境所需要的在单位时间内从室内除去的热量，包括显热量和潜热量两部分。如果把潜热量表示为单位时间内排除的水分，则可称作湿负荷。因此，冷负荷包括显热负荷和潜热负荷两部分，或者称作显热负荷与湿负荷两部分。

热负荷的含义是维持一定室内热湿环境所需要的在单位时间内向室内加入的热量，同样包括显热负荷和潜热负荷两部分。如果只考虑控制室内温度，则热负荷就只包括显热负荷。

根据冷、热负荷是需要去除或补充的热量的定义，冷负荷量的大小与去除热量的方式有关，同样热负荷量的大小也与补充热量的方式有关。例如，常规的空调是采用送风方式来去除空气中的热量并维持一定的室内空气温、湿度，因此需要去除的是进入空气中的得热量。至于贮存在墙内表面或家具中的热量只要不进入空气中，就不必考虑。但是，如果采用辐射板空调，由于去除热量的方式包括了辐射和对流两部分，所维持的不仅是空气的参数，还要维持一定的室内平均辐射温度（详见第 4 章相关内容），因此需要去除的热量除了进入空气中的热量外，更重要的是要以冷辐射的形式去除各个热表面包括人体上的热量，因此冷负荷包括需要去除的进入空气中的和贮存在热表面上的热量。

#### 2. 负荷与得热的关系

前面已经介绍了通过各种途径进入室内的热量，即得热。热量进入室内后并不一定全部直接进入空气中，而会有一部分通过长波辐射的方式传递到各围护结构内表面和家具的表面，提高这些表面的温度，然后通过对流换热方式逐步释放到空气中。这种室内各表面的长波辐射过程是一个无穷次反复作用的过程，一直要达到各表面温度完全一致才会停止。一般来说，潜热得

热会直接进入室内空气，形成瞬时冷负荷。当然，如果考虑到围护结构内装修和家具的吸湿和蓄湿作用，潜热得热也会存在延迟。渗透空气的得热也会直接进入室内空气中，成为瞬时冷负荷。但其他形式的显热得热的情况就比较复杂。

通过玻璃窗进入室内的辐射得热会首先被室内各种表面吸收和贮存，当这些表面温度高于空气时，就会有热量以对流换热的形式进入空气中，形成瞬时冷负荷。

通过围护结构导热进入室内的得热中有一部分立刻通过对流换热进入空气中，另一部分热量会以长波辐射的形式传给室内其他表面，提高其他表面的温度。当这些表面的空气温度高于室内空气温度时，也会有对流换热的热量进入空气中，成为瞬时冷负荷。

室内热源散发显热的形式一般包括对流和辐射两种。对流得热的部分立刻进入室内空气中，成为瞬时冷负荷，而辐射得热的部分首先会传递到室内各表面，提高这些表面的温度。当这些表面的空气温度高于室内空气温度时，就会有热量以对流换热的形式进入空气中，成为瞬时冷负荷。

因此，在多数情况下，冷负荷与得热量有关，但并不等于得热。如果采用送风空调，则负荷就是得热中的纯对流部分。如果热源只有对流散热，各围护结构内表面和室内设施表面的温差很小，则冷负荷基本就等于得热量，否则冷负荷与得热是不同的，如果有显著的长波辐射部分存在，由于各围护结构内表面和家具的蓄热作用，冷负荷与得热量之间就存在着相位差和幅度差，冷负荷对得热的响应一般都有延迟，幅度也有所衰减。因此，冷负荷与得热量之间的关系取决于房间的构造、围护结构的热工特性和热源的特性。热负荷同样也存在这种特性。图3-13所示是得热量与冷负荷之间的关系示意图。

对于空调设计来说，首先需要确定室内冷、热负荷的大小，因此需要掌握各种得热的对流和辐射的比例。但是对流散热量与辐射量的比例又与热源的温度及室内空气温度有关，各表面之间的长波辐射量与各内表面的角系数有关，因此准确计算其分配比例是非常复杂的工作。表3-12给出了各种瞬时得热中的不同成分。照明和机械设备的对流和辐射的比例分配与其表面温度有关，人体的显热和潜热比例分配也与人体所处的状况有关，该表仅是为了计算方便而针对一般情况得出的参考结论。图3-14所示是照明得热和实际冷负荷之间的关系示意图。

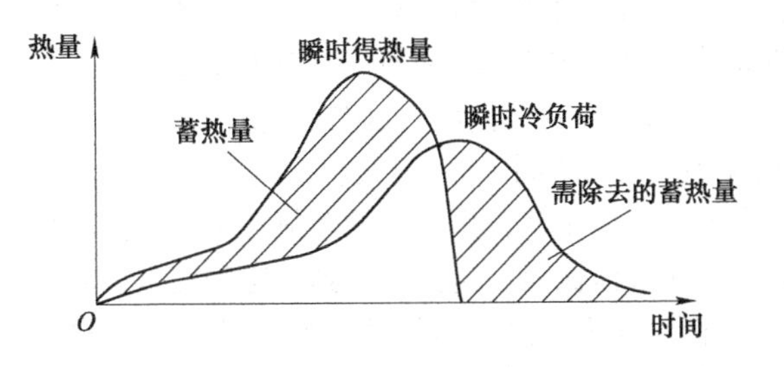


图3-13 得热量与冷负荷之间的关系示意图

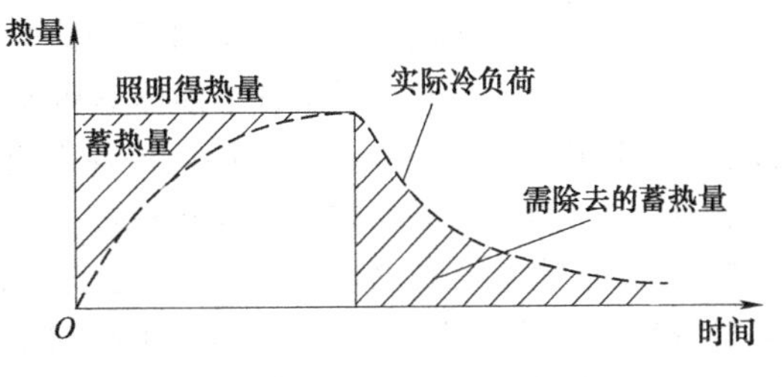


图3-14 照明得热和实际冷负荷之间的关系示意图

表3-12 各种瞬时得热中的不同成分 （%）

| 得热类型 | 辐射热 | 对流热 | 潜热 | 得热类型 | 辐射热 | 对流热 | 潜热 |
|---|---|---|---|---|---|---|---|
| 太阳辐射（无内遮阳） | 100 | 0 | 0 | 白炽灯 | 80 | 20 | 0 |
| 太阳辐射（有内遮阳） | 58 | 42 | 0 | 人体 | 40 | 20 | 40 |
| 传导热 | 60 | 40 | 0 | 机械或设备 | 20~80 | 80~20 | 0 |
| 荧光灯 | 50 | 50 | 0 | | | | |

## 3.4 建筑保温与隔热

### 3.4.1 建筑保温

在我国，大约有占全国总面积60%的地区冬季需要供暖。这些地区的建筑在设计上既要考虑保证良好的室内热环境，还要注意减少采暖的能耗和建造费用，即需注意建筑保温问题。建筑保温主要包括围护结构保温和建筑方案设计中的保温综合处理。

1. 建筑保温的综合措施

影响建筑耗热量的因素除了围护结构的保温性能外，建筑物的体型、朝向、窗墙比等都对耗热量的影响很大。一般来说：底层、体型复杂的建筑热损耗指标较大；东西向比南北向建筑热损耗指标大；另外，适当减小窗墙比和提高窗缝的密封性，减少空气渗透量，也可明显地减少采暖耗热，达到节能的目的。

（1）建筑体形、朝向与保温节能　对寒冷地区的建筑，从体形上考虑节能问题主要包括两个方面：一是尽量节省外围护结构面积；二是使建筑物充分争取到冬季的日辐射得热。

体形系数是一栋建筑的外表面积与其所包的体积之比。对同样体积的建筑物，在各面外围护结构的传热情况均相同时，外围护结构的面积越小则传出去的热量越小。《严寒和寒冷地区居住建筑节能设计标准》（JGJ 26—2018）（简称《标准》）中规定：多层居住建筑的体形系数以0.3或0.3以下为宜，大于0.3则比较不利于节能，需按《标准》的规定用增加围护结构热阻来弥补过多的热损失。除了平面形式外，建筑层数对体形系数及单位面积的耗热量也有很大影响。在同样建筑面积的情况下，一般是单层建筑的体形系数及耗热量比值大于多层建筑。总建筑面积越大时，要求建筑层数也相应增多，对节能有利。

体形朝向对太阳辐射得热的影响：对多数供暖地区建筑来说，太阳辐射是冬季主要辅助热源，而建筑的体形和朝向不同，获得的太阳辐射量也各异。在北半球，冬季南向窗口获得的太阳辐射远大于其他朝向。正南朝向的建筑其长宽比越大，太阳辐射得热量越多。如以长宽比为1∶1的正方形建筑太阳辐射得热为1，则长宽比为5∶1时其太阳辐射得热可达1.87。但朝向越向东（西）偏转，这种差别越小。各种体形建筑获取太阳辐射多少是和其朝向密切相关的。

建筑作为一个整体，其最佳节能体形和各地区的室内外空气温度、太阳辐射量、风向、风速以及围护结构面积大小和其热工特性等各方面因素有关，不能由单一因素决定。但在某一具体情况下，以上各因素的影响大小也不相同。在严寒地区，由于从窗户进入的辐射热不足以抵消从窗户散失的热量，因此必需尽量减少开窗面积，并增大墙体保温；当窗户小到一定程度时，太阳辐射得热的因素就相对减小，而体形系数的影响就相对加大，这时房屋建成圆形或方形就更为有利。而在温和地区，有的建筑中太阳辐射成为主要热源，因此争取日照就成为主要方面。

（2）防止冷风渗透　冷风渗透主要是指空气通过围护结构的缝隙，如门、窗缝等处的无组织渗透。虽然，对一般建筑来说，适量的渗透可使室内通风换气，是排除空气污染的一种方式，但无组织的空气渗透量受缝隙情况以及室内外环境中的风压、热压大小等多种因素影响，常常超过换气需要，造成极大的热损失。因此，在建筑设计中，不应以冷风渗透作为换气手段，而应尽量避免或减少。

按照卫生的要求，排除由人呼吸产生的$CO_2$，每人至少需要$5m^3/h$的换气量（保持室内$CO_2$含量小于0.5%）；如按人的舒适要求及排除各种气味等污染，则每人的换气量约为$15\sim20m^3/h$，按此计算，根据我国居住情况，居住建筑房间的换气次数宜为0.7~0.8次/h。

已有经验表明，一般建筑如不附加措施，则室内的空气渗透量常超过0.8次/h。而且，在大风时冷风渗透量急骤增加，换气次数很不稳定，室内换气量成倍增加，甚至可达5~10次/h，大大超过正常换气需要。这时如再加上室外降温，则渗透热损失会急骤加大，对室内热舒适和节能都很不利。

另外，建筑的布局，如主要出入口和垂直交通（楼梯、电梯）的位置，都直接影响室内的冷风渗透量，设计中均需加以注意。因此，减少冷风渗透的主要措施包括：提高门窗的密封性；在寒冷地区应注意不要把主要入口朝向冬季主导风向，尤其对人流大量出入的公共建筑更需注意；合理布置竖向交通井（电梯、楼梯）。

（3）窗的保温设计　建筑中玻璃窗的热阻远远小于其他外围护结构的热阻。据统计，一般居住建筑通过窗的散热量约占总散热量的1/3。另外，冬季由于窗的内表面温度低，低温的内表面以辐射换热方式从位于窗口附近的人体夺走热量，使人感到很不舒服。在寒冷地区，对于标准较低的建筑，这部分得热更为重要，所以在设法提高窗的热阻时需兼顾室内采光和太阳辐射得热。然而在夏季，尤其在具有空调的建筑，窗又需隔绝强烈的太阳辐射，要避免室内过热。显然，由于要满足多种要求，窗的设计改善困难较多。

为了既保证各项使用功能、又改善窗的保温性能、减少能耗，必须采取以下措施：

1）提高窗的保温性能。窗的温差传热量大小取决于室内外的温差和窗户的传热系数。传热系数越大，同温差的传热量越大，建筑的能耗就越大。因此，和其他的建筑围护结构部件一样，窗的传热系数是评价窗户热性能好坏的重要指标之一，各气候分区建筑节能设计规范中对窗的传热系数要求均有明确的规定。在经济条件许可的情况下，应尽量提高窗的保温性能，这有利于建筑节能和提高房间的热舒适性。提高窗保温性能的两个途径包括改善玻璃部分的保温性能和提高窗框的保温性能。

2）控制各朝向墙面的开窗面积。显然，窗面积越大，对保温和节能越不利。在建筑热工设计中应尽量控制各朝向墙面的开窗面积，通常以窗墙面积比为控制指标。窗墙比是表示窗洞口面积和房间立面单元面积（即房间层高与开间定位线围成的面积）的比值。《标准》规定，居住建筑北向、东西向和南向窗的窗墙比应分别控制在25%、30%和35%以下，其比例不同是考虑朝阳的窗子是建筑物在冬季透过太阳辐射得热的主要构件。窗的大小不仅影响建筑采暖能耗，还会影响建筑立面形式、建筑采光和通风，因此有时因某种需要可能会突破以上的规定，这时应提高窗的保温性能加以弥补。

3）提高窗的气密性，减少冷风渗透。除少数空调房间的固定密闭窗外，一般窗户具有缝隙。特别是材质不佳、加工和安装质量不高时，缝隙更大，从而影响室内热环境，加大了围护结构的热损失。为此，我国有关标准做了一系列的具体规定。如果达不到标准的要求，则应采取密封措施。通常可采取的方法是将弹性较好的橡胶条固定在窗框上，窗扇关闭时压紧在密封条上，效果良好。在木窗上同时采用密封条和减压槽效果较好，风吹进减压槽时，形成涡流，使冷风和灰尘的渗入减少。在冬季室外气温较低的北方严寒地区和寒冷地区，应采用可调节换气装置、热量回收装置等措施，尽量降低因窗户缝隙等不可人为控制的冷风渗透造成的热量损失。

4）提高窗户冬季太阳辐射得热。室内能够得到多少太阳辐射量，取决于当地太阳辐射条件、建筑朝向、窗墙比以及窗的特性。窗的特性主要包括窗玻璃的太阳辐射得热系数以及窗框窗洞比。一般单层窗的窗框窗洞比在20%~30%。为了改善窗户的热性能，一般多采用双层甚至三层玻璃，窗户的窗框窗洞比也随之增大到30%~40%。室内实际获得的太阳辐射量包括透过玻璃直接传入室内的部分和经玻璃吸收后再传入室内的部分。室内实际获得的太阳辐射量与入射到玻璃表面的太阳辐射量的比值称为玻璃的太阳辐射得热系数。显然，该系数越大，室内获得的太阳辐射就越多。目前高保温性能的窗大多采用双层 Low-e 玻璃（即低辐射玻璃）或 Low-e 玻璃与其他玻璃的组合。Low-e 玻璃窗的选用应根据各地区不同的气候特征，兼顾夏季防热需求。因此，窗的保温设计应兼顾考虑其保温与太阳辐射得热的性能。

2. 围护结构的保温设计

在我国现行的《标准》和《民用建筑热工设计规范》（GB 50176—2016）（简称《规范》）中，对围护结构的保温要求都做了规定。围护结构保温能力的选择主要是根据气候条件和房间的使用要求，并按照经济和节能的原则而定。在《规范》中对围护结构规定了最小热阻以保证使用者的最基本卫生要求，在《标准》中则着重考虑经济和节能的需要，二者都是围护结构保温设计的主要依据。

（1）围护结构的最小总热阻　围护结构对室内热环境的影响，主要是通过内表面温度体现的。如内表面的温度太低，不仅对人产生冷辐射，影响到人的健康，而且如温度低于室内露点温度，还会在内表面产生结露，并使围护结构受潮，严重影响室内热环境并降低围护结构的耐久性。

在稳定传热条件下，内表面温度取决于室内外温度和围护结构的总热阻。总热阻越大，内表面温度越和室内温度接近，即其温度越高。

对大量工业与民用建筑来说，控制围护结构内表面温度使其不低于室内露点温度以保证内表面不致结露，同时考虑人体卫生保健的基本需要，并控制通过围护结构的热损失在一定范围之内，围护结构的热阻就不能小于某个最低限度值，这个最低限度值的传热阻称为最小总热阻 $R_{0,\min}$。应当指出，为满足舒适和建筑节能的需要，实有的热阻不得低于最小总热阻。

《规范》规定，最小传热阻 $R_{0,\min}$ 的计算公式如下：

$$R_{0,\min}=\frac{(t_i-t_e)n}{[\Delta t]}R_i \tag{3-61}$$

式中　$R_{0,\min}$——最小传热阻（$m^2 \cdot K/W$）；

$t_i$——冬季室内计算温度（℃）；一般居住建筑，取 18℃；高级居住建筑、医疗、托幼建筑，取 20℃；

$t_e$——冬季室外计算温度（℃）；在《规范》中将围护结构按热惰性指标 $D$ 值的不同分为 4 类（即 $D>6.0$ 者为Ⅰ型；$D=4.1\sim6.0$ 者为Ⅱ型；$D=1.6\sim4.0$ 者为Ⅲ型；$D\leqslant1.5$ 者为Ⅳ型。但对于实体砖墙，当 $D=1.6\sim4.0$ 时，其冬季室外计算温度仍按Ⅱ型取值），分别取不同的冬季室外计算温度；各地冬季室外计算温度的取值详见《规范》；

$R_i$——围护结构内表面换热阻（$m^2 \cdot K/W$）；

$n$——温差修正系数，按表 3-13 取值；

$[\Delta t]$——室内空气与围护结构内表面之间的允许温差（℃），按表 3-14 取值。

表 3-13　温差修正系数 $n$ 值

| 围护结构及其所处情况 | $n$ |
|---|---|
| 外墙、平屋顶及与室外空气直接接触的楼板等 | 1.00 |
| 带通风间层的平屋顶、坡屋顶顶棚及与室外空气相通的不采暖地下室上面的楼板等 | 0.90 |
| 与有外门窗的不采暖楼梯间相邻的隔墙 | |
| 1~6 层建筑 | 0.60 |
| 7~30 层建筑 | 0.50 |

（续）

| 围护结构及其所处情况 | $n$ |
|---|---|
| 不采暖地下室上面的楼板 | |
| 外墙上有窗户时 | 0.75 |
| 外墙上无窗户且位于室外地坪以上时 | 0.60 |
| 外墙上无窗户且位于室外地坪以下时 | 0.40 |
| 与有外门窗的不采暖房间相邻的隔墙 | 0.70 |
| 与无外门窗的不采暖房间相邻的隔墙 | 0.40 |
| 与有采暖管道的设备层相邻的顶板 | 0.30 |
| 与有采暖管道的设备层相邻的楼板 | 0.30 |
| 伸缩缝、沉降缝墙 | 0.30 |
| 防震缝墙 | 0.70 |

表 3-14 室内空气与围护结构内表面之间的允许温差［$\Delta t$］（单位：℃）

| 建筑物和房间类型 | 外墙 | 平屋顶和坡屋顶顶棚 |
|---|---|---|
| 居住建筑、医院和幼儿园等 | 6.0 | 4.0 |
| 办公楼、学校和门诊部等 | 6.0 | 4.5 |
| 礼堂、食堂和体育馆等 | 7.0 | 5.5 |
| 室内空气潮湿的公共建筑 | | |
| 不允许外墙和顶棚内表面结露时 | $t_i-t_d$ | $0.8(t_i-t_d)$ |
| 允许外墙内表面结露，但不允许顶棚内表面结露时 | 7.0 | $0.9(t_i-t_d)$ |

注：1. 潮湿房间系指室内温度为13~24℃，相对湿度大于75%，或室内温度高于24℃，相对湿度大于60%的房间。
2. 表中 $t_i$、$t_d$ 分别为室内空气温度和露点温度（℃）。
3. 对于直接接触室外空气的楼板和不采暖地下室上面的楼板，当有人长期停留时，取允许温差［$\Delta t$］等于2.5℃；当无人长期停留时，取允许温差［$\Delta t$］等于5.0℃。

在《规范》中还规定，对热稳定性要求较高的建筑（如居住建筑、医院和幼儿园等），当采用轻型结构时，外墙的最小传热阻应在式（3-61）计算结果的基础上进行附加，其附加值按《规范》规定取值，见表3-15。

表 3-15 轻质外墙最小传热阻的附加值（%）

| 外墙材料与构造 | 当建筑物处在连续供热热网中时 | 当建筑物处在间歇供热热网中时 |
|---|---|---|
| 密度为800~1200kg/m³ 的轻骨料混凝土单一材料墙体 | 15~20 | 30~40 |
| 密度为500~800kg/m³ 的轻混凝土单一材料墙体；外侧为砖或混凝土、内侧复合轻混凝土的墙体 | 20~30 | 40~60 |
| 密度小于500kg/m³ 的轻质复合墙体；外侧为砖或混凝土，内侧复合轻质材料（如岩棉、矿棉、石膏板等）墙体 | 30~40 | 60~80 |

在围护结构保温设计中，由于建筑材料和构件种类繁多，情况各异，加之围护结构的保温性能又是以其最小传热热阻为指标，材料导热系数的取值是否符合实际情况往往是保温设计成败的关键，并且影响材料导热系数的因素较多，实际状况有时又难以预料。为了避免出现保温性能

的隐患，凡符合表3-16中所列材料、构造、施工、地区及使用情况的，在计算围护结构实际传热阻时，材料的导热系数λ和蓄热系数S应按表中所规定的修正系数α予以修正，即按建筑材料的热工指标值乘以α值（资料来源：《规范》）。

表3-16 导热系数λ和蓄热系数S的修正系数α值

| 序号 | 材料、构造、施工、地区及使用情况 | α |
|---|---|---|
| 1 | 作为夹芯层浇筑在混凝土墙体及屋面构件中的块状多孔保温材料（如加气混凝土、泡沫混凝土及水泥膨胀珍珠岩等），因干燥缓慢及灰缝影响 | 1.60 |
| 2 | 铺设在密闭屋面中的多孔保温材料（如加气混凝土、泡沫混凝土及水泥膨胀珍珠岩、石灰炉等），因干燥缓慢 | 1.50 |
| 3 | 铺设在密闭屋面中及作为夹芯层浇筑在混凝土构件中的半硬质矿棉、岩棉、玻璃棉板等，因压缩及吸湿 | 1.20 |
| 4 | 作为夹芯层浇筑在混凝土构件中的泡沫塑料等，因压缩 | 1.20 |
| 5 | 开孔型保温材料（如水泥刨花板、木丝板、稻草板等），表面抹灰或与混凝土浇筑在一起，因灰浆渗入 | 1.30 |
| 6 | 加气混凝土、泡沫混凝土砌块墙体及加气混凝土条板墙体、屋面，因灰缝影响 | 1.25 |
| 7 | 填充在空心墙体及屋面构件中的松散保温材料（如稻壳、木屑、矿棉、岩棉等），因下沉 | 1.20 |
| 8 | 矿渣混凝土、炉渣混凝土、浮石混凝土、粉煤灰陶粒混凝土、加气混凝土等实心墙体及屋面构件，在严寒地区、且在室内平均相对湿度超过65%的采暖房间内使用，因干燥缓慢 | 1.15 |

【例3-1】 已知北京市冬季室外计算温度$t_e$分别为-9℃、-12℃、-14℃、-16℃。某医院建筑拟采用加气混凝土外墙板，试求保温层应为多厚才能满足最小传热阻的要求。已知墙体构造参数见表3-17。

表3-17 墙体构造参数

| 序号 | 材料名称 | 厚度$d$/mm | 密度/(kg/m³) | 导热系数λ/[W/(m·K)] | 蓄热系数S/[W/(m²·K)] | 修正系数α |
|---|---|---|---|---|---|---|
| 1 | 混合砂浆 | 20 | 1700 | 0.87 | 10.75 | — |
| 2 | 加气混凝土 | $d_2$（待求） | 500 | 0.19 | 2.81 | 1.25 |
| 3 | 水泥砂浆 | 20 | 1800 | 0.93 | 11.37 | — |

【解】 1）与室外空气接触的外墙，查表3-13的温差修正系数$n=1.0$。

2）查表3-14得允许温差$[\Delta t]=6.0℃$。

3）首先假设该墙体热惰性指标为Ⅲ型，取$t_e=-14℃$，依据式（3-61）得：

$$R_{0,\min}=(t_i-t_e)nR_i/[\Delta t]=(20+14)℃\times1\times0.11\text{m}^2\cdot\text{K/W}/6.0℃=0.623\text{m}^2\cdot\text{K/W}$$

4）因为医院的热稳定性要求较高，采用的是加气混凝土单一墙板，根据表3-15，最小传热阻应附加30%，故：

$$R'_{0,\min}=1.3\times0.623\text{m}^2\cdot\text{K/W}=0.810\text{m}^2\cdot\text{K/W}$$

5）保温层应有热阻：

$$R'_2 = R'_{0,\min} - R_i - R_1 - R_2 - R_e$$
$$= 0.810m^2 \cdot K/W - 0.11m^2 \cdot K/W - 0.02m/[0.87W/(m \cdot K)] - 0.02m/[0.93W/(m \cdot K)] - 0.04m^2 \cdot K/W$$
$$= 0.615m^2 \cdot K/W$$

6）考虑到墙板的灰缝影响，$\lambda_2$ 与 $S_2$ 应予以修正，即

$$\lambda'_2 = 1.25 \times 0.19W/(m \cdot K) = 0.238W/(m \cdot K)$$
$$S'_2 = 1.25 \times 2.81W/(m^2 \cdot K) = 3.51W/(m^2 \cdot K)$$

7）保温层应有的最小厚度：

$$d_2 = R'_2 \times \lambda'_2 = 0.615m^2 \cdot K/W \times [0.238W/(m \cdot K)] = 0.146m$$

8）验算热惰性指标 $D$

$$D = (0.023m^2 \cdot K/W) \times [10.75W/(m^2 \cdot K)] + (0.615m^2 \cdot K/W) \times [3.51W/(m^2 \cdot K)] + (0.022m^2 \cdot K/W) \times [11.37W/(m^2 \cdot K)]$$
$$= 2.66$$

$D$ 在1.6~4.0之间，属Ⅲ型，假设成立。如果 $D$ 值的验算结果不属于Ⅲ型，还应根据实际所属类型重新计算。

9）结论：当加气混凝土的厚度为0.146m（工程上一般取150mm）时，可满足最小传热阻的要求。

（2）围护结构的经济传热阻　按前述围护结构最小传热阻方法进行保温设计，不但可以防止围护结构内表面温度过低出现结露，保证起码的保温性能，在一定程度上节约了能源，而且计算方法简捷、方便。若围护结构的总热阻越大，则热损失越小，反之亦然。如果要能耗少、采暖费用低，则围护结构的土建投资就得加大；如果降低围护结构的土建费用，采暖的设备费用和运行必然增加。因此，为了求得围护结构造价、采暖设备费用及运行费用之总和最为经济合理，必须采用经济传热阻方法进行围护结构保温设计。

围护结构的经济传热阻，如图3-15所示，是指围护结构单位面积的建造费用（初次投资的折旧费）与使用费用（由围护结构单位面积分摊的采暖运行费用和设备折旧费）之和达到最小值时的传热阻。显然，经济传热阻受围护结构建造成本以及运行费用等诸多因素的影响，其中包括能源价格、劳动力成本、材料价格、建筑使用年限以及许多不可见因素，如环境效益、人体舒适需求等。因而，基本上无法具体确定围护结构的经济传热阻。近几年，建筑房地产市场化运作，建筑物建造和使用主体分离，如何估计围护结构经济传热阻变得更加复杂，它对房地产开发企业的激励作用基本消失。因此，在建筑节能设计规范中规定，用于建筑保温的附加投资占建筑土建造价的比例一般应控制在10%~20%，初期投资的回收期一般不超过10年。当然对经济传热阻这一概念有所了解，无疑将有助于全面处理设计中涉及的各个方面，使建筑设计方案更趋经济合理。

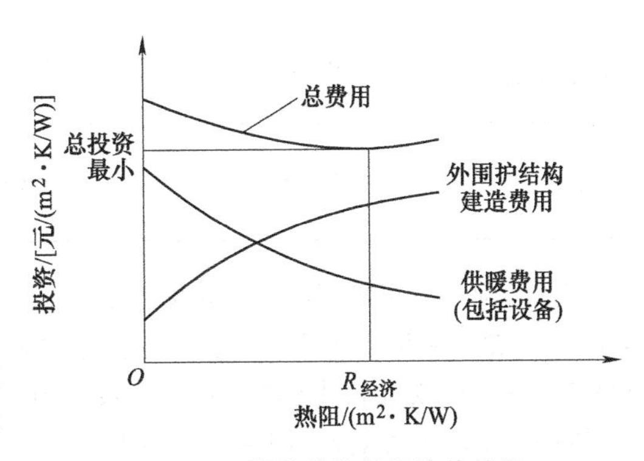

图3-15　围护结构的经济传热阻

目前，建筑保温设计除需要满足围护结构的经济传热阻外，还应满足相关建筑节能设计标

准中提出的传热系数限值或建筑物耗热量指标的要求。

(3) 围护结构保温层的设置 在设计围护结构保温性能时，可以根据建筑物的性质、材料特点与当地的建筑经验提出初步的构造方案。然后通过最小传热阻、平均传热系数以及采暖耗热量指标的计算，验算其是否满足规范、标准的要求，从而确定保温层的设置与厚度。但设计计算的结果仍然需要通过构造图来体现，以便交付施工。需要指出的是，即使计算准确无误，如果构造设计不当，也可能带来隐患或造成损失。因此，对于室内热环境条件有要求的房屋建筑而言，热工设计与构造设计是密不可分的。

保温材料按其材质构造，可分为多孔的、板（块）状的和松散状的。从化学成分看，有的属于无机材料，如岩棉、玻璃棉、膨胀珍珠岩、加气混凝土等；有的属于有机材料，如软木、木丝板、稻壳等。随着化工工业的发展，很多泡沫塑料已成为很有发展前途的新型保温材料，如聚苯乙烯泡沫塑料、聚氨酯等。铝箔等发射率较低的材料，和其他构造结合，也可成为有效的新材料，在建筑中的应用日趋广泛。

为了正确选择保温材料，除首先考虑其热物理性外，还应了解材料的强度、耐久性、防火及耐蚀性等，以便全面分析是否满足使用要求。表3-18为常用保温材料的性能比较。

表 3-18 常用保温材料的性能比较

<table>
<tr><th>类别</th><th>导热系数/[W/(m·K)]</th><th>物理构成</th><th>特 点</th></tr>
<tr><td>玻璃纤维</td><td>0.045</td><td>卷筒、絮和毡片</td><td rowspan="3">防火性能好；受潮后传热系数增加；价格便宜</td></tr>
<tr><td rowspan="2">岩棉</td><td>0.066</td><td>松散填充</td></tr>
<tr><td>0.033</td><td>硬板</td></tr>
<tr><td>珍珠岩</td><td>0.053</td><td>松散填充</td><td>防火性能非常好</td></tr>
<tr><td>膨胀型聚苯乙烯（EPS）</td><td>0.036</td><td>硬板</td><td>导热系数低；可燃，必须做防火和防晒处理</td></tr>
<tr><td>挤压型聚苯乙烯（XPS）</td><td>0.028</td><td>硬板</td><td>导热系数低；防湿性能好、可用于地下；可燃，必须做防火和防晒处理</td></tr>
<tr><td>聚氨酯（PV）</td><td>0.023</td><td>现场发泡</td><td>导热系数很低；可燃、可产生有毒气体，必须做防火和防潮处理；不规则和粗糙的表面</td></tr>
</table>

围护结构一般需要满足承重和保温要求，其构造一种是单一材料，既承重又保温，如砖砌体（墙）、加气混凝土（墙、屋顶）等。这种做法构造简单，但由于承重与保温对围护结构厚度的要求往往不一致而不得不增加结构厚度。另一种是用两种（或两种以上）材料分别满足保温和承重的需要，称为复合围护结构，可以充分发挥材料的特性，以强度大的材料承重，以轻质材料（如岩棉、膨胀珍珠岩制品或泡沫聚苯乙烯等）作为保温。随着对围护结构保温要求的增加，复合构造的使用日益广泛。复合构造大体上可分外保温（保温层在室外一侧）、内保温（保温层在室内一侧）和中间保温（保温层在中间夹芯）。三种配置方式各有优缺点。从建筑热工的角度上看，外保温优点较多，但内保温往往施工比较方便，中间保温则有利于用松散填充材料作保温层。另外，三种配置方式的优缺点分析还应考虑以下几方面：①内表面温度的稳定性；②热桥部位容易导热及其内表面易结露的问题；③防止保温材料内部在冬季产生凝结水问题；④保护承重结构；⑤旧房改造；⑥外饰面处理。

### 3.4.2 围护结构的隔热

现今人们对改善夏季热环境品质的要求日益普遍。除了传统的建筑围护结构防热、自然通风等技术措施外，还常依赖空调设备，这样就使建筑耗能大增。良好的建筑围护结构防热设计对保证室内热环境品质和建筑节能都极为重要。

#### 1. 围护结构隔热能力的选择

围护结构的隔热设计是为了减少夏季室外的热量传入室内，使室内温度维持在较低水平。根据夏季热作用的特点，衡量围护结构的隔热优劣，主要采用的指标是围护结构对周期性热作用的衰减倍数和延迟时间，以及由此得出在具体气候条件下的内表面最高温度和最高温度出现的时间。围护结构的隔热能力选择需要考虑以下几方面：

（1）建筑类型　对于多数无空调的建筑，夏季主要是隔绝太阳辐射热的影响，使围护结构内表面温度不高于室外空气温度，并且在夜间降温后室内热量能尽快散发出去。对于有空调的建筑，为了保持室内气温稳定、减少空调的能耗，要求围护结构的热工性能优于一般建筑。

（2）气候特点　在干热地区，由于日夜温差大，宜用热惰性指标大的比较厚重的围护结构增加对温度波动的衰减和延迟；在湿热地区，气候特点是日夜温差较小，湿度大，建筑内主要靠通风降温，对围护结构热惰性指标的要求便相对较低。

（3）建筑使用特点　根据建筑的功能，对于主要在白天使用的房间（如办公室等），最好将围护结构的内表面出现最高温度的时间和使用时间错开。

（4）围护结构的朝向　由于建筑的各朝向所受夏季日辐射作用的强度不同，屋顶是隔热重点，其次是东、西向的墙和窗户，再次为南向，最后为北向的墙和窗户。

#### 2. 外墙和屋顶的隔热措施

（1）建筑外表面　建筑的外表面采用浅色的粉刷或饰面，以减少围护结构的表面对日辐射的吸收率，从而降低室外综合温度，如屋顶用白色防水涂料或用白色石子代替黑色石子作为沥青油毡防水的防护层，便可以大大降低屋顶的外表面温度（图3-16）。所以，建筑的外表面宜选择对日辐射的吸收率小的材料作面层。

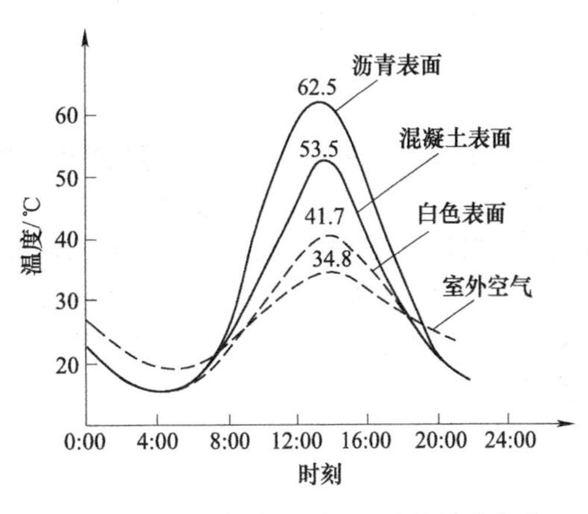


图3-16　不同颜色表面一天中的温度变化

（2）用实体隔热材料或带有封闭空气间层的围护结构　几种具有绝热层或封闭空气层的隔热屋顶如图3-17所示。应用隔热材料提高围护结构的热阻和热惰性指标值，从而加大对波动热作用的阻尼作用，使围护结构具有较大的衰减倍数和延迟时间值，可以降低围护结构内表面的平均温度和最高温度。这种隔热措施适用于日夜温差较大或夏热冬冷的地区。

应用带有封闭空气间层的围护结构，如空心大板屋顶，利用封闭空气间层隔热，可在空气间层内铺设反射系数大的材料如铝箔，以减少辐射传热量，封闭的铝箔空气间层质轻且隔热效果好，对发展轻型屋顶很有意义。

（3）在围护结构内设通风的间层　在围护结构内设通风的间层，作为通风屋顶或通风墙，这些空气间层与室外相通，利用热压和风压作用使空气流动，从而带走大部分进入空气间层的辐射热，减少了通过下层围护结构向室内的传热，可以有效地降低围护结构内表面的温度。这比较适合于湿热地区要求围护结构白天隔热好而夜间又散热快的建筑。通风阁楼的常见形式如

图 3-18所示。

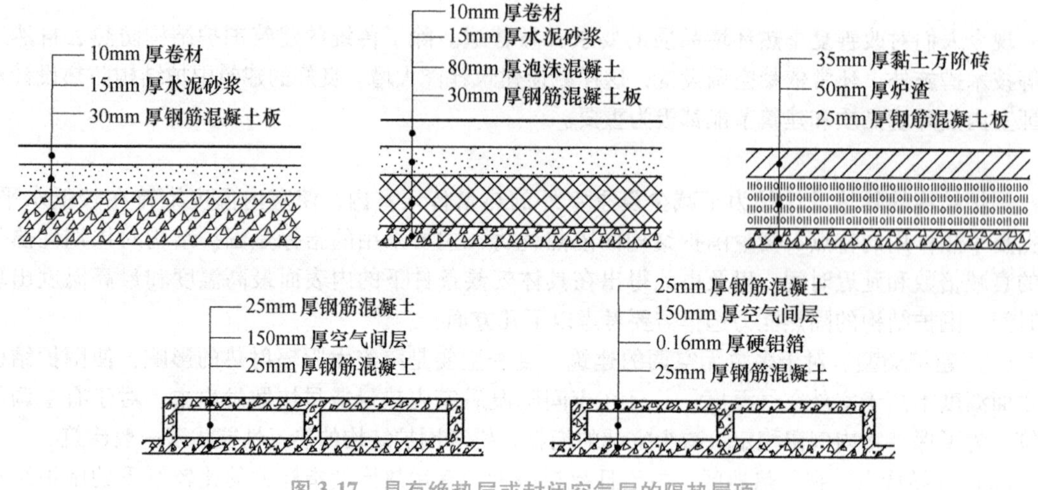


图 3-17 具有绝热层或封闭空气层的隔热屋顶

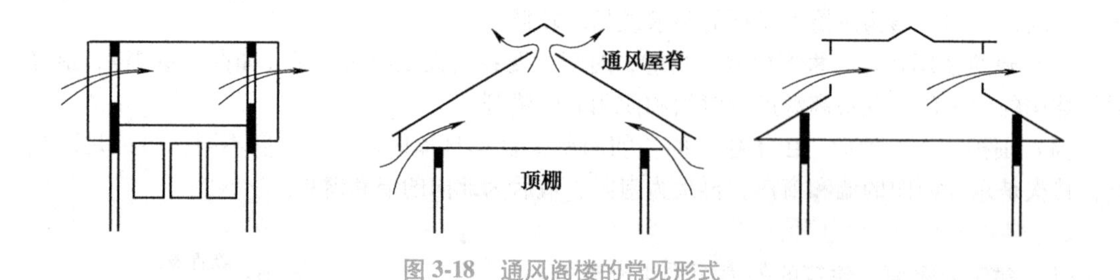


图 3-18 通风阁楼的常见形式

（4）利用水的蒸发和植被对太阳能的转化作用降温 利用水的蒸发和植被对太阳能的转化作用降温，包括蓄水屋面和植被屋面。蓄水层利用水蒸发需吸收汽化热，从而大量消耗达到屋面的太阳辐射热。除隔热效果较好外，蓄水屋面主要利用雨水补充，可以尽量减少人工补水的次数。植被屋顶，即在屋顶上种草或其他植物，利用植物叶面的蒸腾和光合作用吸收太阳辐射。两种屋顶在白天的隔热效果都好，但增加了结构的荷载，在构造上还必须注意水池的防水能力，并且为了减少夜间向室内散热，基层应有一定的保温隔热层。

## 3.5 建筑围护结构的结露与防潮

舒适的热环境要求空气中必须有适量的水蒸气，但当水蒸气在围护结构中凝结时，会对建筑产生不利影响。如围护结构中的保温材料受潮，将使其导热系数增大，保温能力降低。潮湿的材料还会滋生细菌、霉菌和其他微生物，严重危害环境卫生和人体健康。因此，在建筑中需尽量避免围护结构受潮。

围护结构受潮分为两种情况，即表面结露与内部冷凝。所谓表面结露就是在围护结构表面出现冷凝水，是由于水蒸气含量较多而温度较高的空气遇到冷的表面所致。内部冷凝是当水蒸气通过围护结构时，遇到结构内部某个冷区温度达到或低于露点时，水蒸气凝结成水。在这种情况下，围护结构内部受潮，这是最不利的。建筑防潮设计的主要任务是通过围护结构的合理设计，尽量避免空气中的水蒸气在围护结构内表面及内部产生凝结。

### 3.5.1 围护结构内部冷凝的检验

围护结构内部是否出现冷凝现象主要取决于内部各处的温度是否低于该处的露点温度，也可以根据水蒸气分压力是否高于该处温度所对应的饱和蒸气压加以判别。一般计算步骤如下：

1）根据室内外空气的温度、湿度（$t$ 和 $\varphi$）确定水蒸气分压力 $p$（图3-19），然后按式(3-62)计算围护结构各层的水蒸气分压力，并作 $p$ 分布线。对于冬季采暖房屋，设计中取当地采暖期室外空气的平均温度和平均相对湿度作为室外计算参数。

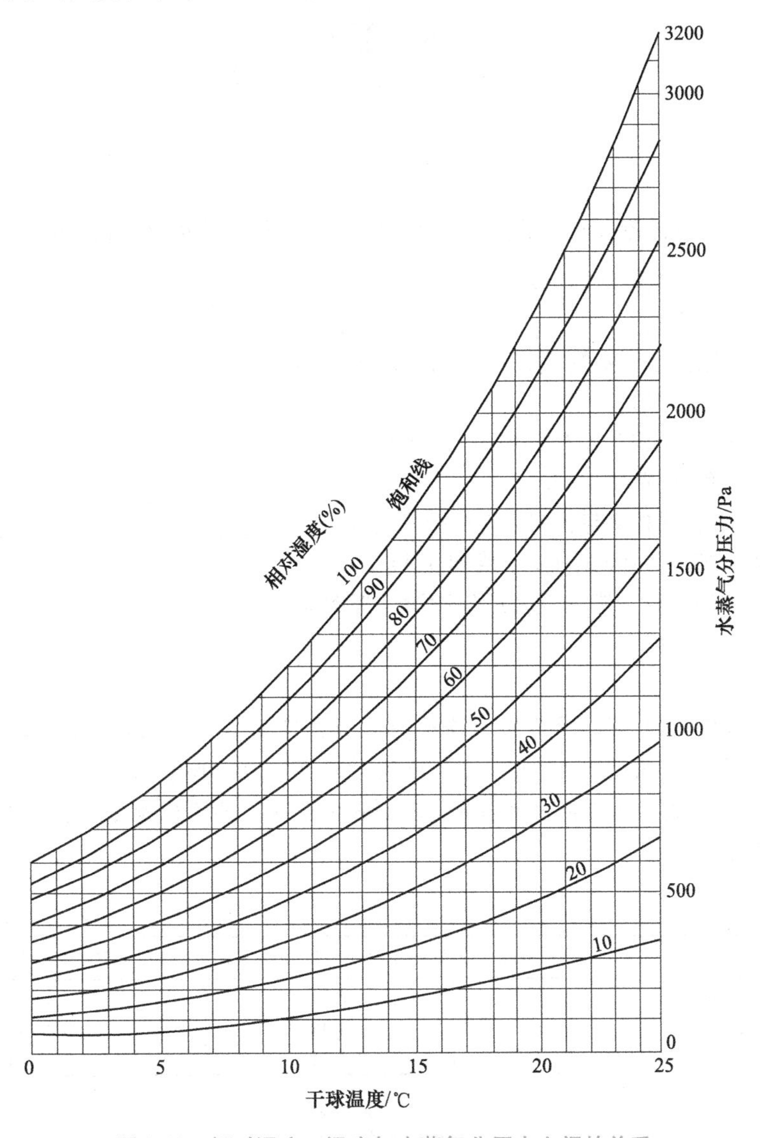


图3-19 相对湿度、温度与水蒸气分压力之间的关系

围护结构内任一层内界面上的水蒸气分压力 $p_m$ 计算公式：

$$p_m = p_i - \frac{\sum_{j=1}^{m-1} H_j}{H_0}(p_i - p_e) \tag{3-62}$$

$$m = 2,3,4,\cdots,n$$

式中 $\sum_{j=1}^{m-1} H_j$——从室内一侧算起，由第 1 层至 $m-1$ 层的蒸汽渗透阻之和（$m^2 \cdot h \cdot Pa/g$）。

$H_0$——围护结构的总蒸汽渗透阻（$m^2 \cdot h \cdot Pa/g$）。

$p_i$、$p_e$——围护结构室内侧、室外侧界面上的水蒸气分压力（Pa）。

2）根据室内外空气温度 $t_i$ 和 $t_e$，由式（3-62）确定各层温度的分布状况，并做出相应的饱和蒸汽压 $p_s$ 分布线。多层平壁内任一层的内表面温度 $\theta_m$ 为

$$\theta_m = t_i - \frac{R_i + \sum_{j=1}^{m-1} R_j}{R_0}(t_i - t_e) \tag{3-63}$$

其中 $R_j = \dfrac{d_j}{\lambda_j}$

式中 $\sum_{j=1}^{m-1} R_j$——顺着热流方向从围护结构第 1 层至 $m-1$ 层的传热阻之和（$m^2 \cdot K/W$）；

$R_i$、$R_0$——围护结构室内侧和总的传热阻（$m^2 \cdot K/W$）；

$t_i$、$t_e$——围护结构室内侧、室外侧界面上的温度（℃）；

$d_j$、$\lambda_j$——第 $j$ 层围护结构的厚度（mm）和导热系数[W/(m·K)]。

3）根据 $p$ 线和 $p_s$ 线相交与否判定围护结构内部是否会出现冷凝现象。如图 3-20a 所示，$p$ 线和 $p_s$ 线不相交，说明内部不会产生冷凝；否则内部会产生冷凝，如图 3-20b 所示。

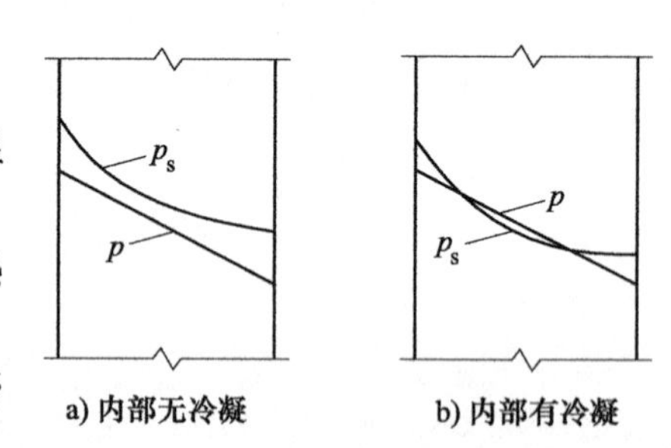


图 3-20 围护结构内部冷凝的判断

【例 3-2】 试检验图 3-21 所示的外墙构造是否会产生内部冷凝。已知：$t_i = 16.0$℃，$\varphi_i = 60\%$；采暖期室外平均气温 $t_e = 0.0$℃，平均相对湿度 $\varphi_e = 50\%$；外墙内表面的换热阻 $R_i = 0.11m^2 \cdot K/W$ 和冬季时外表面的换热阻 $R_e = 0.04m^2 \cdot K/W$。外墙构造及相应的导热系数和蒸汽渗透系数见表 3-19。

表 3-19 外墙构造及相应的导热系数和蒸汽渗透系数

| 序号 | 材料名称（由内到外） | 厚度 $d$/mm | 导热系数 $\lambda$/[W/(m·K)] | 蒸汽渗透系数 $\mu$/[g/(m·h·Pa)] |
|---|---|---|---|---|
| 1 | 石灰粉刷 | 20 | 0.81 | $1.20\times10^{-4}$ |
| 2 | 泡沫混凝土 | 50 | 0.19 | $1.99\times10^{-4}$ |
| 3 | 砖墙 | 120 | 0.81 | $6.67\times10^{-5}$ |

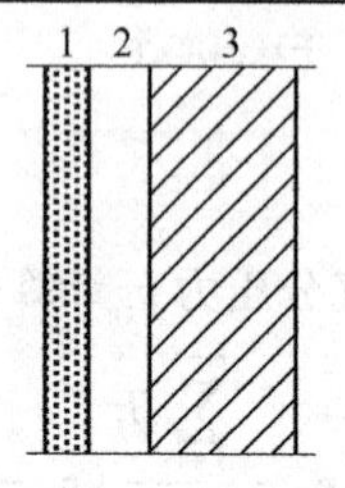


图 3-21 例 3-2 中外墙构造

【解】 1）根据表3-19，计算外墙各层材料的热阻和蒸汽渗透阻，见表3-20。

表3-20 外墙各层材料的热阻和蒸汽渗透阻

| 序号 | 材料名称（由内到外） | 厚度 $d$ /mm | 导热系数 $\lambda$ /[W/(m·K)] | 热阻 $R=d/\lambda$ /[m²·K/W] | 蒸汽渗透系数 $\mu$ /[g/(m·h·Pa)] | 蒸汽渗透阻 $H=d/\mu$ /[m²·h·Pa/g] |
|---|---|---|---|---|---|---|
| 1 | 石灰粉刷 | 20 | 0.81 | 0.025 | $1.20\times10^{-4}$ | 166.67 |
| 2 | 泡沫混凝土 | 50 | 0.19 | 0.263 | $1.99\times10^{-4}$ | 251.51 |
| 3 | 砖墙 | 120 | 0.81 | 0.148 | $6.67\times10^{-5}$ | 1799.1 |

$$\sum R = 0.436\text{m}^2\cdot\text{K/W}$$

$$\sum H = 2217.28\text{m}^2\cdot\text{h}\cdot\text{Pa/g}$$

由此得：外墙构造总的传热阻：

$R_0=(0.436+0.11+0.04)\text{m}^2\cdot\text{K/W}=0.586\text{m}^2\cdot\text{K/W}$。

总蒸汽渗透阻：$H_0=2217.28\text{m}^2\cdot\text{h}\cdot\text{Pa/g}$。

2）计算围护结构内部各层的温度和水蒸气分压力：

① 室内气温 $t_i=16.0℃$，相对湿度 $\varphi_i=60\%$，查图3-19，$p_i=1090\text{Pa}$。

② 室外气温 $t_e=0.0℃$，相对湿度 $\varphi_e=50\%$，查图3-19，$p_e=390\text{Pa}$。

③ 根据式（3-63）计算各材料层表面温度：

$\theta_i=16℃-[0.11\text{m}^2\cdot℃/\text{W}]\times(16℃+0℃)/[0.586\text{m}^2\cdot℃/\text{W}]=13℃$。

由图3-19得饱和蒸汽压 $p_{s,i}=1450\text{Pa}$。

$\theta_2=16℃-(0.11+0.025)\text{m}^2\cdot℃/\text{W}\times(16℃+0℃)/(0.586\text{m}^2\cdot℃/\text{W})=12.3℃$。

饱和蒸气压 $p_{s,2}=1420\text{Pa}$。

$\theta_3=16℃-(0.11+0.025+0.263)\text{m}^2\cdot℃/\text{W}\times(16℃+0℃)/(0.586\text{m}^2\cdot℃/\text{W})=5.1℃$。

饱和蒸汽压 $p_{s,3}=850\text{Pa}$。

$\theta_e=16℃-(0.586-0.04)\text{m}^2\cdot℃/\text{W}\times(16℃+0℃)/(0.586\text{m}^2\cdot℃/\text{W})=1.1℃$。

饱和蒸汽压 $p_{s,e}=630\text{Pa}$。

④ 根据式（3-62）计算围护结构内部水蒸气分压力：

$p_2=1090\text{Pa}-(1090-390)\text{Pa}\times166.67\ (\text{m}^2\cdot\text{h}\cdot\text{Pa/g})\ /2217.28\ (\text{m}^2\cdot\text{h}\cdot\text{Pa/g})=1037.4\text{Pa}$

$p_3=1090\text{Pa}-(1090-390)\text{Pa}\times(166.67+251.51)(\text{m}^2\cdot\text{h}\cdot\text{Pa/g})/2217.28(\text{m}^2\cdot\text{h}\cdot\text{Pa/g})$
$=958.0\text{Pa}$

3）依据以上数据，比较各层的水蒸气分压力和饱和蒸汽压的关系，发现 $p_3>p_{s,3}$。说明外墙内第2层和第3层交接处会出现冷凝现象。

在工程设计中，也可根据一些经验方法来判断围护结构内部是否会产生冷凝。在蒸汽渗透过程中，如材料的蒸汽渗透系数出现由大到小的情况，水蒸气在这些界面上遇到了很大阻力，极易产生冷凝；另一方面，当材料的导热系数出现由小到大的情况，使得结构内部温度分布出现了很陡的下降时，也容易出现冷凝。一般把这些极易出现冷凝现象，且凝结最为严重的界面称为围护结构内部的“冷凝界面”。显然，当出现内部冷凝时，冷凝界面处的水蒸气分压力已达到该界面温度条件下的饱和蒸气压，部分的水蒸气变为液态水（有时甚至是固态冰的形式）蓄积在材料内部。如果材料吸收水分过多，严重受潮就会影响其热工性能，甚至造成材料受损。因此，应采取措施尽量避免围护结构产生内部冷凝。

当然，由于室内外的温、湿度状况不是一成不变的，在冬季围护结构产生冷凝的情况在暖季会得到有效改善，因此在冬季围护结构内部即使产生了少量凝结水，也是允许的。为保证围护结构内部处于正常的湿度状态，不影响材料的保温性能，保温层受潮后的湿度增量应控制在其允许增量范围内（表3-21）。

表3-21　采暖期间保温材料湿度的允许增量［$\Delta\omega$］　（%）

| 保温材料名称 | 湿度允许增量 |
| --- | --- |
| 多孔混凝土（泡沫混凝土、加气混凝土等），$\rho_0=500\sim700\text{kg/m}^3$ | 4 |
| 水泥珍珠岩和水泥膨胀蛭石等，$\rho_0=500\sim700\text{kg/m}^3$ | 6 |
| 沥青膨胀珍珠岩和沥青膨胀蛭石等，$\rho_0=500\sim700\text{kg/m}^3$ | 7 |
| 水泥纤维板，$\rho_0=900\sim2000\text{kg/m}^3$ | 5 |
| 矿棉、岩棉、玻璃棉及其制品（板或毡），$\rho_0=32\sim150\text{kg/m}^3$ | 3 |
| 聚苯乙烯泡沫塑料，$\rho_0=15\sim30\text{kg/m}^3$ | 15 |
| 矿渣和炉渣填料 | 2 |

注：表中的湿度为保温材料中水分质量与干燥保温材料质量之比乘以100%。

### 3.5.2　防止和控制表面结露

产生表面结露的原因是由于室内空气湿度过高或是壁面的温度过低。这种现象不仅会在我国北方寒冷季节出现，南方地区春夏之交的地面泛潮也较常见，其同样属于表面冷凝。因此，防止和控制表面冷凝具有广泛的实用意义。现就不同情况分述如下。

#### 1. 正常湿度的房间

正常湿度的采暖房间产生表面冷凝的主要原因在于外围护结构的保温性能太差，导致内表面温度低于室内空气的露点温度。因此，要避免内表面产生冷凝，必须提高外围护结构的传热阻以保证其内表面温度不致过低。为防止室内供暖不均而引起围护结构内表面温度的波动，围护结构内表面层的材料宜采用蓄热性较好的材料，利用它蓄存的热量所起的调节作用，减少出现周期性冷凝的可能。另外，在使用中应尽可能使外围护结构内表面附近的气流畅通，家具不宜紧靠外墙布置。

#### 2. 高湿房间

高湿房间一般是指冬季室内相对湿度高于75%（相应的室温在18~20℃）的房间，对于此类建筑，应尽量防止产生表面结露和滴水现象，要预防结构材料的锈蚀和腐蚀等有害的湿气作用。有些高湿房间，室内气温已接近露点温度（如浴室、洗染间等），即使加大围护结构的热阻，也不能防止表面结露，这时应力求避免在表面形成水滴掉落下来，影响房间的使用质量，并应防止表面凝结水渗入围护结构的深部，使结构受潮。具体处理时，应根据房间使用性质采用不同的措施。为避免围护结构内部受潮，高湿房间围护结构的内表面应设防水层。对于那些短暂或间歇性处于高湿状态的房间，为避免冷凝水形成水滴，围护结构内表面可采用吸湿能力强又耐潮湿的饰面层。在凝结期，水分会被内表面的饰面层所吸收，待房间比较干燥时，水分自行从内表面的饰面层中蒸发出去。对于那些连续处于高湿的房间，围护结构内表面应设置水不能渗透的饰面层。为防止冷凝水滴落影响使用质量，屋顶内表面应在构造上采取必要措施导流冷凝水，并有组织地排除，或加强屋顶内表面附近的通风，防止水滴的形成。

### 3.5.3 防止和控制内部冷凝

由于围护结构内部水分迁移方式和水蒸气冷凝过程比较复杂，目前在理论研究方面虽有一定进展，但尚不能满足解决实际问题的需要，所以在设计中主要是根据实践中的经验和教训，采取必要的构造措施来改善围护结构内部的湿度状况。

#### 1. 材料层次布置对结构内部的湿状况的影响

在同一气象条件下，围护结构采用相同的材料，由于材料层次布置不同，防潮效果可能显著不同。要避免内部冷凝就要改变材料的布置顺序，宜采用材料蒸汽渗透系数由小变大或材料导热系数由大变小的布置方式，即材料层次的布置应尽量在水蒸气渗透的通路上做到“难进易出”。应尽量减少进入材料内部蒸汽渗透量，一旦水蒸气进入材料内部则应采取措施使之尽快排出。必要时也可在外侧构造中设置与室外相通的排汽孔洞。在设计中，也可根据“难进易出”的原则来分析和检验所设计的构造方案的内部冷凝情况。

在屋面构造设计中，通常将防水层设置在屋面的最外侧。冬季室内水蒸气分压力高于室外，水蒸气传递方向是由室内传向室外。这种布置方式与水蒸气“难进易出”原则相反，进入围护结构的水蒸气难以排出，极易产生内部冷凝。有一种倒置屋面，其构造示意图如图3-22所示，符合“难进易出”的原则。这种屋面将防水层设在保温层下，不仅消除了内部冷凝，又使防水层得到了保护，提高耐久性。

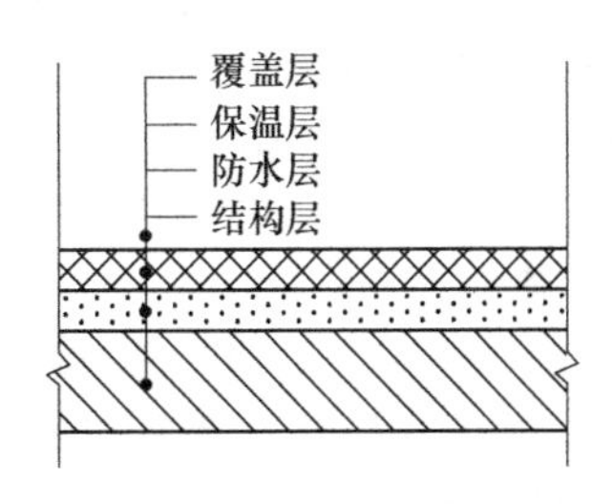


图3-22 倒置屋面构造示意图

#### 2. 设置隔汽层

设置隔汽层防止和控制围护结构内部冷凝是目前设计中应用最普遍的一种措施。它适用于那些无法合理布置材料顺序的围护结构构造。通过在水蒸气流入的一侧设置隔汽层阻挡水蒸气进入材料内部，从而控制保温材料的湿度增量在其允许范围内。当然，如果保温材料内部产生了内部冷凝，但冷凝量并不大，未超过其允许的湿度增量，亦可不设隔汽层。若在全年中出现反向的蒸汽渗透现象，则要根据具体情况决定隔汽层的布置位置，一般以全年占主导的蒸汽渗透方向进行布置。应慎重采用内、外两侧均设隔汽层的构造方案，因为一旦材料内部含有水分，将难以蒸发出去，影响保温材料的质量和性能。

#### 3. 设置通风间层或泄汽沟道

设置隔汽层虽能改善围护结构内部的湿状况，但有时并不一定是最妥善的办法，因为隔汽层的质量在施工和使用过程中难以保证。此外，采用隔汽层会影响房屋建成后结构的干燥速度。为此，在围护结构中设置通风间层或泄汽沟道往往更为妥当（图3-23）。这项措施特别适用于高湿度房间（如纺织厂）的外围护结构以及卷材防水屋面的平屋顶结构。由于保温材料外侧设有

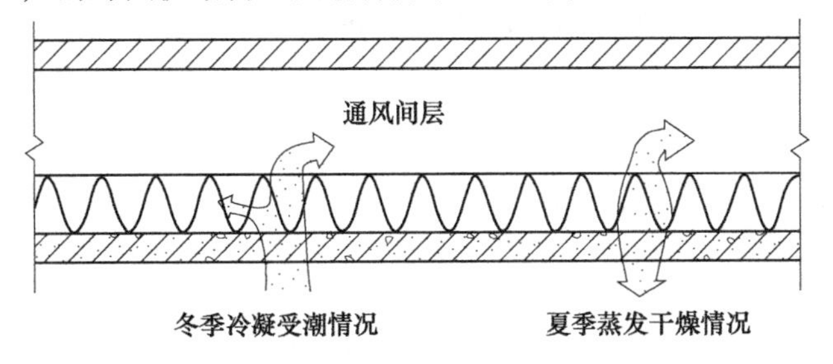


图3-23 有通风间层的围护结构

通风间层，从室内渗入的蒸汽可由不断与室外空气交换的气流带出，对围护结构中的保温层起风干作用。在一些新型的外墙外保温构造系统中，也可在外侧设置通风间层，一方面可避免保温材料直接暴露在室外，提高保温材料的寿命；另一方面则可起到风干作用。

## 复习思考题

1. 室外空气综合温度是单独由气象参数决定的吗？

2. 夜间建筑物可通过玻璃窗以长波辐射形式把热量散出去吗？

3. 封阳台对房间的热环境有什么影响？

4. 冬天晚上拉上窗帘能否改善室内热环境？其原理是什么？

5. 说明某一地区常用的轻质保温材料的性能及构造做法，并阐述原因。

6. 外保温、内保温对防止和控制内部冷凝有何不同？

7. 简述地板泛潮的原因和防治措施。

8. 为什么在施工现场装配保温材料之前，应先将保温材料在现场放置一段时间？

9. 如何判断围护结构内部是否会产生冷凝？应如何避免？

10. 围护结构受潮后为什么会降低其保温性能？试从传热机理上加以阐述。在建筑设计中可采取哪些防潮措施？

11. 在例 3-1 中，如果假设墙体的热惰性指标为Ⅳ型，试求保温层多厚才能满足最小传热阻的要求。

12. 在例 3-2 中，如果室内的相对湿度为 40%，室外相对湿度为 60%，试分析该围护结构是否会出现内部冷凝。

## 参考文献

[1] 李念平. 建筑环境学 [M]. 北京：化学工业出版社，2010.

[2] OWEN，KENNEDY. 2017 ASHRAE Handbook Fundamentals：SI Edition [M]. Atlanta：American Society of Heating，Refrigerating and Air-conditioning Engineers（ASHRAE），Inc.，2017.

[3] 彦启森，赵庆珠. 建筑热过程 [M]. 北京：中国建筑工业出版社，1986.

[4] 赵荣义，范存养，薛殿华，等. 空气调节 [M]. 4 版. 北京：中国建筑工业出版社，2009.

[5] 殷浩. 空气调节技术 [M]. 北京：机械工业出版社，2016.

[6] 中国电子工程设计院. 空气调节设计手册 [M]. 3 版. 北京：中国建筑工业出版社，2017.

[7] STOECKER W-F，JONES J-W. Refrigeration and Air-Conditioning [M]. 3rd ed. Oxford：Butterworth-Heinemann，1999.

[8] 刘加平. 建筑物理 [M]. 4 版. 北京：中国建筑工业出版社，2009.

[9] 柳孝图. 建筑物理 [M]. 3 版. 北京：中国建筑工业出版社，2010.

[10] 邓荣榜，罗秋滚. 建筑物理 [M]. 天津：天津科学技术出版社，2014.

[11] 杨柳，朱新荣，刘大龙，等. 建筑物理 [M]. 北京：中国建材工业出版社，2014.

[12] 李井永. 建筑物理 [M]. 3 版. 北京：机械工业出版社，2016.

# 第4章 热舒适环境

## 4.1 人体对室内热环境反应的生理学基础

### 4.1.1 人体生理学基础

#### 1. 体温的恒定性

人的体温大约保持在36.5~37℃。在室温为25℃时，人在着装时的皮肤表面温度大致为33~34℃。在水温为25℃的游泳池中，测量到的人体皮肤温度则降低到26~27℃，但皮下（距皮肤表面12mm）温度仍达到36.9℃。即使是在5℃的水中，皮下温度仍有36.3℃，变化很小。

为了分析人体温度的变化，通常将人体分为外部层（Shell）和核心层（Core），其中，距躯体皮肤表面10mm厚的部分称为外部层，其余部分则为核心层。如图4-1所示为J. Ashoff提出的人体两层模型图。从图中可知，随着环境温度的变化，两层之间发生相互转移。外部层主要由皮肤、皮下脂肪及其表层肌肉组成。核心层主要由脑、心脏、肝脏及消化器官等维持生命活动不可缺的器官组成。这些部位通常保持在37℃左右。一般以直肠温度作为核心层的核心温度，有时也用腋下或口腔温度替代，其温度略比直肠温度低0.5℃左右。

在生理学研究中，一般使用与人体心脏距离较近且易测量的食道温度和鼓膜温度作为核心层的代表温度。对于核心体温而言，不管在什么场合下，因体温调节机能的作用而保持在37℃左右。我们知道，人在运动时，核心体温会有所上升，但即使是在激烈运动条件下，因体温调节机能的作用，直肠温度上升幅度也不大，大约为39℃。如图4-2所示为人体与周围环境的热平衡示意图。在直射阳光和高温环境下工作时，当超过人的体温调节机能的极限时，体温开始上升，

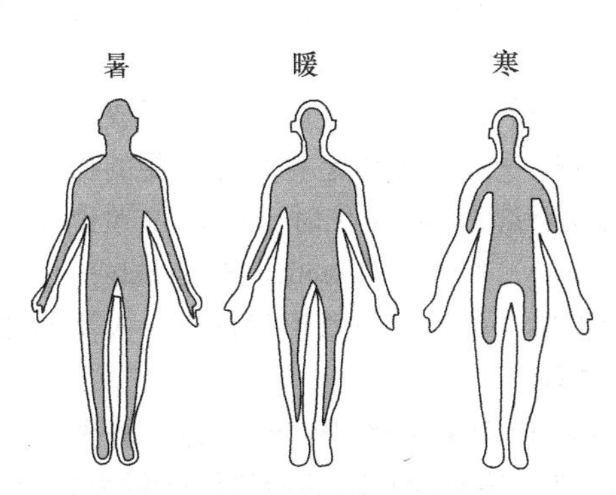


图4-1 人体两层模型

注：人体模型中深色部分为核心层，其余为外部层。

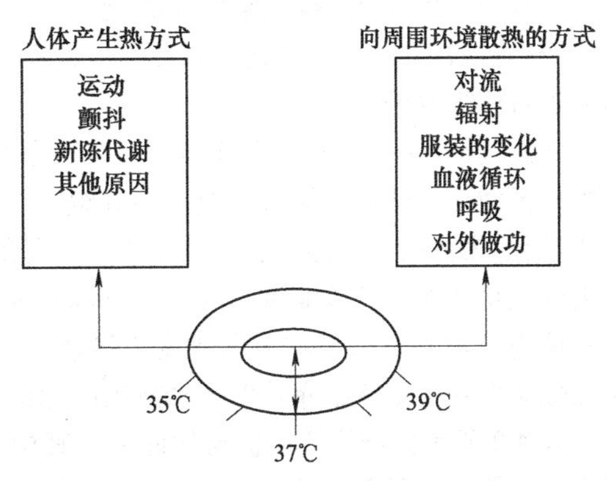


图4-2 人体与周围环境的热平衡示意图

并会发生中暑等现象。当直肠温度超过40℃时，会发生精神恍惚的情况甚至有死亡的危险。体内温度超过42℃时，则已接近体内蛋白质发生不可逆变化的温度。表4-1所示为皮肤温度与人的生理反应关系。在寒冷的冬季登山时，往往伴有-10℃以下的强风，这时暴露在外的鼻、脸、耳等部位特别容易冻伤，但这时往往由于冷感消失而忽略。

当身体受到严寒的刺激时，核心体温会下降。直肠温度低于35℃时，称为低体温。在低体温状态下，人体的新陈代谢、呼吸及循环机能等出现问题，甚至死亡，如登山时出现的疲劳冻死事故。体温计通常设计的刻度范围为35~42℃，也就是基于以上原因。另外，人体以外的动物的核心体温，如鸟为39~40℃，羊为40℃，马为37.8℃，牛、狗、猫为38.6℃。

表4-1 皮肤温度与人的生理反应关系

| 皮肤温度 | 人的生理反应 |
| --- | --- |
| 45℃以上 | 皮肤组织快速损伤 |
| 43~41℃ | 烧灼感 |
| 41~39℃ | 皮肤具有痛感的阈值 |
| 39~35℃ | 炎热感 |
| 37~35℃ | 开始感觉炎热 |
| 34~33℃ | 休息时，适中感 |
| 33~32℃ | 2~4met 活动强度时，舒适 |
| 32~30℃ | 3~6met 活动强度时，舒适 |
| 31~29℃ | 静坐时，不适感 |
| 25℃（局部） | 皮肤感觉消失 |
| 20℃（手） | 不适的寒冷感 |
| 15℃（手） | 非常不适的寒冷感 |
| 5℃（手） | 伴有痛感的冷 |

注：met为代谢率单位，1met=58.2W/$m^2$，为人静坐时的代谢率。

### 2. 新陈代谢

动物是靠体内的碳水化合物、蛋白质及脂肪与由呼吸吸收的氧发生氧化反应，氧化分解出$CO_2$和$H_2O$，并获得维持正常生命的能量。当然，食物在体外发生氧化燃烧反应时，也能产生$CO_2$、$H_2O$及能量，但在体内的氧化反应并不完全一样，体内的氧化反应速度慢，且缓慢地释放出易被身体吸收的能量。

代谢（metabolism）是指身体内一切的化学变化与能量转换过程。代谢过程中释放出的能量可由外部做功、热能和体内蓄能三部分组成。热能对维持一定的体温起着非常重要的作用。如图4-3所示为体内与外界的能量平衡模型。当食物的潜在能量为100单位时，其中39单位的能量因内部做功而作为直接能量以ATP（Adenosine Triphosphate）和CP（Creatine Phosphate）形式贮存在体内，余下的61单位能量则变为热量。体内的内部做功最后以热量形式排出。人体的外部机械效率大约为20%。单位时间释放出的能量称为代谢率。

表4-2所示为身体活动量与代谢率。其中，代谢率单位1met=58.2W/$m^2$，为人静坐时的代谢率。维持生命所需的最少代谢量为基本代谢量，与绝食或绝对静止时的能量消耗量大致相等。一般成年人1天的基本代谢量约为1200~1400kcal。

人体的表面积可由下式给出：

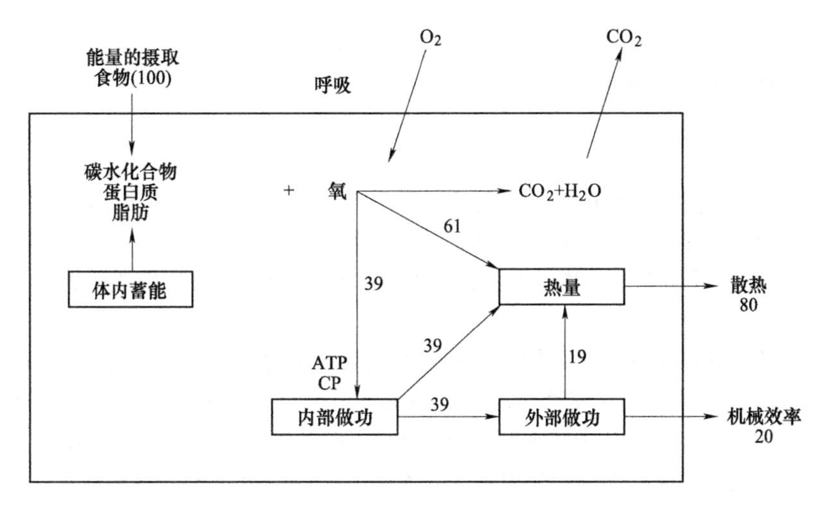


图 4-3 体内与外界的能量平衡模型

表 4-2 身体活动量与代谢率

| 活动类型 | | 代谢率①/W | met |
|---|---|---|---|
| 1. 安静时 | 睡眠 | 70 | 0.7 |
| 2. 休息 | 坐姿 | 75 | 0.8 |
| | 站立 | 120 | 1.2 |
| 3. 办公室 | 坐着看书 | 95 | 1.0 |
| | 坐着打字 | 110 | 1.1 |
| | 坐着整理文件 | 120 | 1.2 |
| | 站立整理文件 | 135 | 1.4 |
| | 来回走动 | 170 | 1.7 |
| | 打包工作 | 205 | 2.1 |
| 4. 平地步行 | 速度 3.2km/h | 195 | 2.0 |
| | 速度 4.8km/h | 255 | 2.6 |
| | 速度 6.4km/h | 375 | 3.8 |
| 5. 驾驶汽车 | 客车 | 100~195 | 1.0~2.0 |
| | 货车 | 315 | 3.2 |
| 6. 家庭劳动 | 做饭 | 160~195 | 1.6~2.0 |
| | 扫除 | 195~340 | 2.0~3.4 |
| | 缝纫 | 180 | 1.8 |
| 7. 车间劳动 | 轻劳动 | 195~240 | 2.0~2.4 |
| | 重劳动 | 400 | 4.0 |
| 8. 用锄等工具时 | | 400~475 | 4.0~4.8 |
| 9. 休闲 | 跳舞 | 240~435 | 2.4~4.4 |
| | 健美操 | 300~400 | 3.0~4.0 |
| 10. 网球、乒乓球等运动 | | 360~460 | 3.6~4.7 |
| 11. 篮球运动 | | 490~750 | 5.0~7.6 |
| 12. 田径 | | 700~860 | 7.0~8.7 |

① 假定人体的标准表面积为 $1.7m^2$。

$$A_D = 0.202\, W^{0.425}\, H^{0.725} \tag{4-1}$$

式中 $A_D$——人体表面积（$m^2$）；

$W$——人的体重（kg）；

$H$——人的身高（m）。

人体内的碳水化合物、脂肪及蛋白质发生氧化反应时，各自产生 4.1kcal/g（17.2kJ/g）、9.3kcal/g（38.9kJ/g）及 4.1kcal/g（17.2kJ/g）的热量。成年男性平均一天摄取的食物约为 2500kcal（10500kJ），成年女性平均摄取食物约为 2000kcal（8400kJ）。即成年男子一天需补充碳水化合物约 610g。

另外，人体的大脑需消耗大量的能量。人的大脑质量不足人体重的 2.5%，但每分钟通常需要提供 750mL 的血液，约占人在安静状态时从心脏流出的血流量的 13%，可见大脑的代谢水平是非常高的。成年人的大脑每分钟需消耗 50mL 的氧，占人体总耗氧量的 20%左右。人脑对氧十分敏感，血液停止流动 10s 以内就会失去意识。大脑所需的能量主要来自葡萄糖。表 4-3 所示为身体活动强度与耗氧量、呼吸量及脉搏数之间的关系。

表 4-3 身体活动强度与耗氧量、呼吸量及脉搏数之间的关系

| 身体活动强度 | 代谢率/met | 耗氧量/(L/min) | 呼吸量/(L/min) | 脉搏数/(次/min) |
| --- | --- | --- | --- | --- |
| 安静 | 0.7~0.8 | 0.20~0.24 | 5.5~6.3 | ≤70 |
| 静坐 | 0.9~1.1 | 0.27~0.33 | 7.6~8.0 | 70~80 |
| 非常轻的工作 | 1.3~1.7 | 0.40~0.50 | 10~f13 | 80~85 |
| 轻的工作 | 2.2~2.8 | 0.66~0.84 | 17~23 | 90~95 |
| 中等强度的工作 | 3.7~4.5 | 1.1~1.5 | 32~33 | 105~115 |
| 重强度的工作 | 5.2~6.4 | 1.6~1.9 | 41~50 | 125~135 |
| 非常重强度的工作 | 6.7~8.3 | 2.0~2.5 | 52~64 | 145~150 |
| 激烈的运动 | 10~12 | 3.0~3.5 | 85~100 | ≥180 |

### 4.1.2 人体温度感知与体温调节

#### 1. 人体温度感受器

温度感受器存在于皮肤和下丘脑中，同时在脊髓、腹腔脏器、上腹部和胸腔的大静脉周围也有分布。根据用途不同分为“热点”和“冷点”，用于感受温度及温度变化的刺激。

（1）人体皮肤 皮肤是人体与环境的第一道屏障，它使得从体内流出的水分保持在低的水平，包含复杂的血管系统和汗腺以保证自身热调节的需要。皮肤结构如图 4-4 所示，尽管皮肤厚度在有些部位不同，但大多数皮肤厚度都在 2mm 左右，主要包括表皮和真皮两层。

表皮很薄，为 0.075~0.15mm（除了脚底和手掌），表皮的最外层是角质层，重叠着盘状细胞，在 0.01~0.1mm 是不易沾水的脂质，是皮肤主要的防水层。角质层细胞不会受到水分迁移的影响，角质层细胞是无生命的，蛋白质墙和蛋白质纤维使其得到硬化，它们不断从皮肤表面脱落，下层细胞移至表层，接着硬化、死亡、脱落。当皮肤遇到水分或者暴露在高湿度的空气中时，它们可以吸收水分，增加 25%的厚度。在角质层下，表皮底部是干细胞基底层，它不断产生新的表皮细胞，向上迁移，基底层水平较低的起伏轮廓，对表皮和下面的真皮层提供机械抗剪功能。

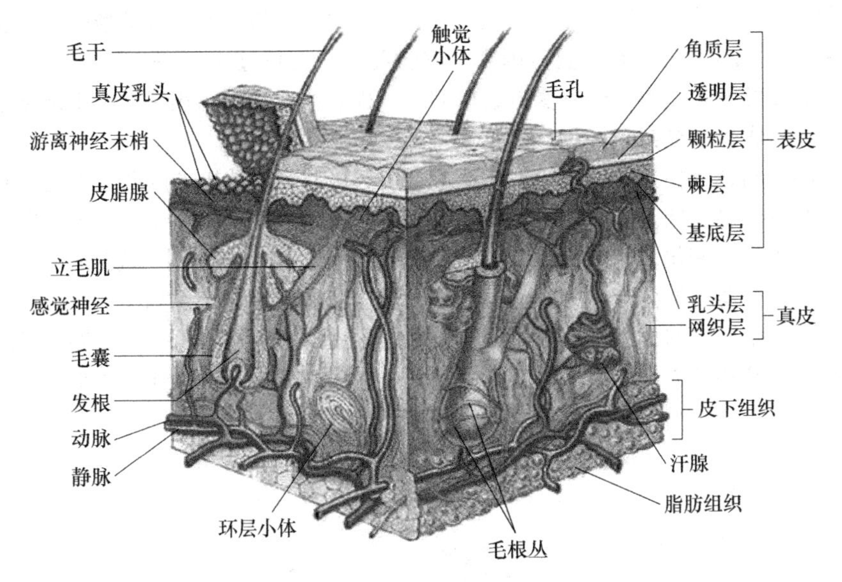


图 4-4　皮肤结构

人体不同部位的真皮层比表皮层厚得多，不同部位的皮肤厚度变化范围如图 4-5 所示，其中有血管系统、汗腺和不同深度热调节神经以及与角质层有关的角质化结构，如指甲和毛囊。真皮中脂肪使分泌的腺体起到润滑皮肤和防水的目的。真皮以下就是脂肪层，它的厚度随个人的不同有很大的变化，起到隔绝下面肌肉的热传导以及储存能量的作用。

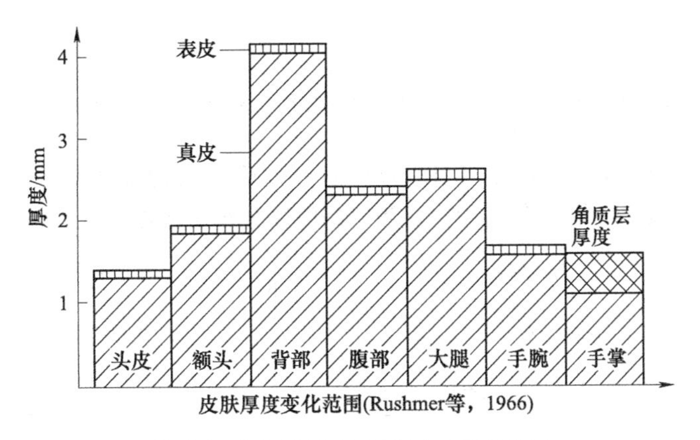


图 4-5　不同部位的皮肤厚度变化范围

皮肤内分布着多种感受器，能产生多种感觉。一般认为皮肤感觉主要有四种，即触觉、痛觉、冷觉和热觉。就热感觉而言，皮肤有四种热感觉神经末梢，即冷觉、热觉、热痛觉和冷痛觉，它们可以感受皮肤温度并将信息传递到大脑。

（2）温度感受器

1）温度选择特性。用不同性质的点状刺激检查人的皮肤会发现，冷、热感觉的感受区在皮肤表面呈相互独立的点状分布；当用 40℃ 的温度刺激作用于皮肤时，可找到皮肤的热点；用 15℃ 的温度刺激可找到冷点。

冷、热感受器只选择性地对热刺激发生反应。当皮肤温度升高到 32 ~ 45℃ 时，热感受器放电，在此范围内，放电的频率随着皮肤温度的升高逐渐增加，热感觉也逐渐增强。皮肤温度一旦超过 45℃，热感觉消失代之为热痛觉。因为，皮肤温度一旦超过 45℃便成为伤害性热刺激，此时温度伤害性感受器开始兴奋，热感受器放电明显减少。由此说明，热感觉是由温度感受器介导的，热痛觉是由伤害性感受器介导。

同样，冷感受器选择性地对冷刺激发生反应，引起冷感受器放电的皮肤温度范围较广，可以为 10~40℃。当皮肤温度低于 30℃时，放电开始增加，冷感觉逐渐增强。在 36℃以上或 30℃以下，即使皮肤温度没有变化，也常常会有热或冷的感觉。另外，某些化学物质也可引起温度感觉，如在皮肤上涂抹薄荷油会产生清凉感觉。冷、热感受器的动态特性如图 4-6 所示，其说明了感受器在一个特殊范围内的作用，在高热环境中，热感受器不起作用，痛感受器接受刺激，感受到热的疼痛感。在冷环境中，冷的疼痛感也如此。如果将温暖的刺激加到冷感受器上，将没有信号产生。

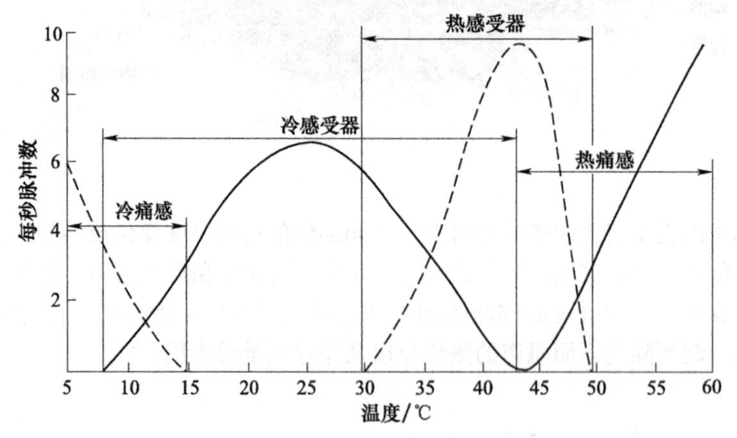


图 4-6 冷、热感受器的动态特性

摘自：冷、热感受器的放电频率，不同温度下冷热痛感变化（Guyton 和 Hall，2000）。

2）动态特性。1982 年，汉塞尔（Hensel）研究发现温度感受器的动态特性影响着热感觉（图 4-7）。温度感受器有较强的适应性，当遇到温度突然变化时，它受到强烈的刺激。但是，

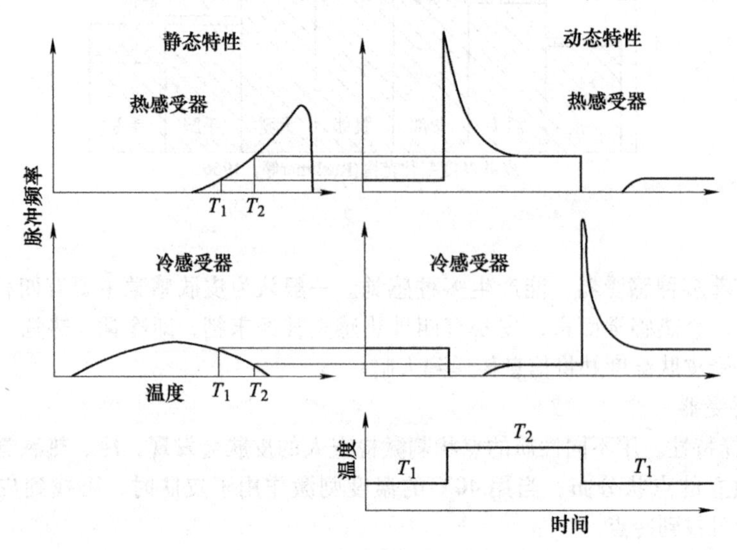


图 4-7 温度感受器的特性

这个刺激信号随着温度变化在1min内迅速衰减，直到达到一个稳定值。一个人的皮肤温度上升或下降时，将比同水平温度中的热感或冷感更加强烈，这就解释了为什么进入冷水池或热浴盆时会有较强的冷感或热感，这种瞬间暴露的过度反应被定义为“超调现象”。温度感受器的动态反应特性对处于稳态环境的人体在新的环境中未到平衡时的反应预测起着非常重要的作用，这种适应性能力对生存具有明显的意义。

3）分布。盖德（Geldard，1969）在《人的感觉》一书中详细论述了人体皮肤冷感受器和热感受器分布的测试，并列出结果，说明在人体多数部位，冷感受器的分布密度高于热感受器10倍，人体皮肤中每平方厘米冷、热感觉点数目见表4-4。另一方面，在表皮两侧所进行的刺激反应试验表明，冷感受器的传递时间较短（0.3~0.5s）。由此估计，冷感受器大约处于皮肤表面以下0.1mm的深处，平均深度在0.16mm；热感受器在0.3~0.6mm处。这表明，冷感受器紧贴表皮层，热感受器的位置在真皮层的上部。这也可以反映出人类对冷的敏感程度要比热的感觉强。

表4-4 人体皮肤中每平方厘米冷、热感觉点数目（Hensel，1982）

| 部位 | 冷点（Strughold、Porz，1931） | 热点（Rein，1925） |
|---|---|---|
| 额头 | 5.5~8 | |
| 鼻子 | 8 | 1 |
| 嘴唇 | 16~19 | |
| 脸部及其他部位 | 8.5~9 | 1.7 |
| 胸部 | 9~10.2 | 0.3 |
| 腹部 | 8~12.5 | |
| 背部 | 7.8 | |
| 上臂 | 5~6.5 | |
| 前臂 | 6~7.5 | 0.3~0.4 |
| 手背 | 7.4 | 0.5 |
| 手掌 | 1~5 | 0.4 |
| 指背 | 7~9 | 1.7 |
| 指掌 | 2~4 | 1.6 |
| 大腿 | 4.5~5.2 | 0.4 |
| 小腿 | 4.3~5.7 | |
| 脚背 | 5.6 | |
| 脚掌 | 3.4 | |

### 2. 体温调节特性

当人体皮肤被加热时，通过出汗及血管扩张而加大皮肤血流量等方式来加速体内热量的排出。当皮肤被冷却时，通过肌体收缩来促进体内热量的增加，以维持正常的体温。

（1）体温调节的控制信号　某些局部的皮肤温度上下变化的幅度相当大，但深部体温却常常保持一定。因此，一般考虑将深部体温作为体温调节的控制量。若以核心体温作为控制量进行控制，应该在体内存在温度感觉装置（器官）。

若身体某局部位置遇到低温刺激时，则在下丘脑前部位置会发生耐寒反应，并发出使体温上升的信号。另外，生理学的研究中还发现，在脊髓和脑干内部存在温度感受器（称为中枢神经内温度感受器）及在腹腔和深部肌肉组织中存在中枢神经之外的体内温度感受器。图 4-8 所示为狗的脊髓及眼床下部在遇到冷却时通过身体发抖来增加产热量的变化情况。

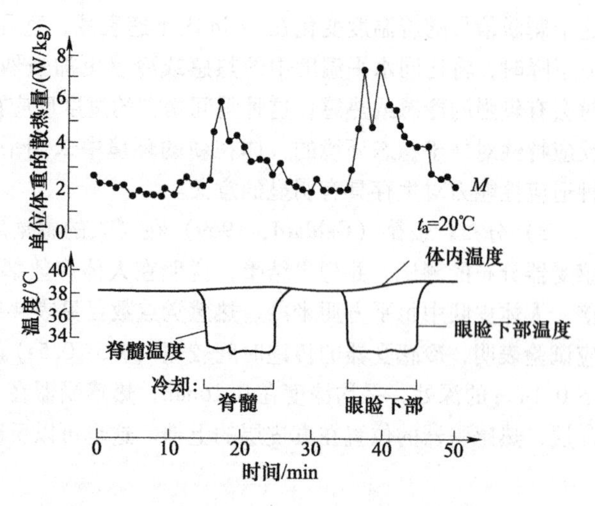


图 4-8　狗的脊髓及眼床下部遇冷时的发热量

1950 年以后，已应用工程领域的自动控制理论被用于生理学的研究，从而更进一步阐明了体温调节系统的结构。如图 4-9 所示为基于自动控制理论的体温调节机能模型，它是法国生理学家 Hensel 于 1981 年提出的具有反馈循环特性的体温调节机能模型。图中，将理想体温（维持一定的体温）作为基准值。在中枢中，通过反馈信号的中枢神经温度、深部体温及皮肤温度与基准值进行比较，相应地进行出汗、血流量及新陈代谢等调节动作，控制对象即人体本身。当人体受到环境的各种热刺激时，最终影响到中枢神经温度、深部体温及皮肤温度，然后反馈到中枢系统。高温时，出汗开始出现，通过汗水来蒸发体内的潜热，以降低体温。血液流动调节的机理是，在高温时，流向体表部的血流量增加，同时将体内中心的热量通过血液流向手足等部位，以加强体内散热。在低温时，则通过收缩血管来降低流向手足等末梢部位的血流量，从而达到保持体温的作用。冷颤则是通过肌肉的收缩来产生热量的一种新陈代谢的调节反应。另外，包括人体在内的动物有时也进行行为性的体温调节。

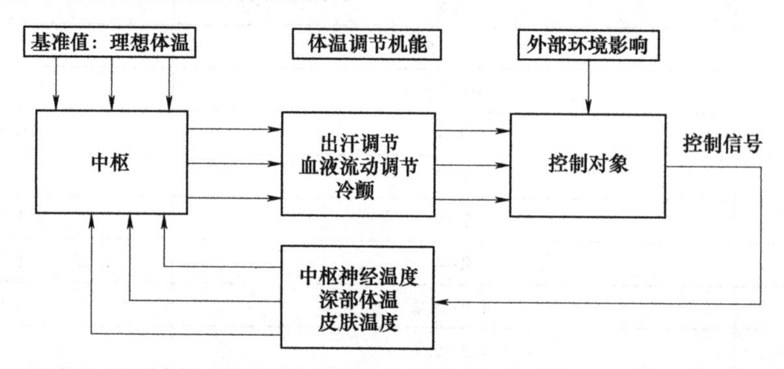


图 4-9　基于自动控制理论的体温调节机能模型

（2）由出汗进行的体温调节　气温高时，人体会出汗。当皮肤表面温度为 33℃时，每小时从身体蒸发出 1kg 的汗（水），同时蒸发掉 674W 的潜热（2400kJ）。当这些热量由体内提供时，则会降低体温，对防止体温过高具有十分显著的作用。

狗比人跑得快，但不能长时间奔跑，因为狗不具备出汗这一调节体温的功能，长时间奔跑会导致体温上升。平常见到狗总是吐出长长的舌头，其实是通过舌头和呼吸作用来蒸发体内水分，以降低体温。

当气温超过 37℃时，人体则不能通过对流换热向外散热，相反，会发生向体内传热的现象。当然即使是气温超过体温时，也不一定会中暑。若 1 小时出汗为 150g 且全部由皮肤表面蒸发时，大约相当于 100W 的散热量。在盛夏季节，当日平均气温为 29℃时，1 个体重为 65kg 的成年人在室内生活1天的出汗量约为3kg。通过对大约100人的实测，得到在气温为32~36℃的太阳下步行时的人均出汗量为400~600g/h，相当于270~405W的散热量。另外，在常温舒适的环境下，人体也会由口腔及呼吸道的黏膜散发水分，这与出汗不同，一般为无意识水分，每小时约为40mL左右（1天约500g），换算成热量，相当于每小时散热27W，即对于坐着工作的人，全部产生的热量约为100W时，其中约有四分之一的热量是通过无意识水分散发出来的。

过去常说“手心出汗”，实际上，在炎热季节，只有手背和手指出汗，而手掌并没有出汗。但在遇到惊吓或紧张时，却在手掌心见到汗，与炎热无关，这就是所谓的“手心出汗”，与因炎热而出汗不同，属于心理性出汗。心理性出汗无潜伏期，具有突发特征。另外，发生心理性出汗的位置除了手心外，还有腋下、额头及胸部等部位。当紧张感消失时，则会感到一身“冷汗”。

（3）根据控制血液流量的体温调节　身体内产生的热量大多是由体内的内脏器官产生的。为防止体内过热，必须将产生的热量排出体外。而担当热转移重任的是血液流动。37℃的血液流向温度比较低的皮下组织时，也将热量带出体外，最后返回心脏被加热。通过血液带走的热量主要取决于心脏与皮肤之间的温度差和血液的流量大小。在寒冷季节，皮肤温度低导致温差大，血液总流量将减少至每分钟200mL，以保持一定的体内温度。在夏季，由于温差小而使得血流流量增加，最大可达到每分钟7000mL。对于手足等末梢部位，表面积与体积之比相当大，而且因散热效率高，可实现散热量的精确控制，血液流量也可实现很大范围的调节。在极限状态下的马拉松选手所带的手套具有特别的意义。1987年1月，在日本东京中午气温为5℃的马拉松比赛中，一位跑在最前面的名叫丽沙的选手，由于带在手臂上的护套突然脱落到地上，不久这位选手的身体就发生剧烈的抖动，导致步伐失常。其原因就是护套的脱落使得手臂的散热量增加而致使运动能力降低。

（4）由冷颤进行的体温调节　在寒冷状态下，不久身体就会出现冷颤现象。冷颤是防止寒冷而进行的一种非常重要的体温调节反应。冷颤是一种无意识的由皮肤冷感受器引起的反射活动。骨骼肌收缩时产生的能量大部分变成了热量。气温越低，冷颤越强，产热量越多，由此保持体温不变。在寒冷时，年轻人的新陈代谢及皮肤血管收缩的反应比较快。相比之下，中老年者产生的热量则要低，易导致体温下降。当体温低于33℃时，靠冷颤产热的功能消失，从而加剧了体温的进一步降低。

（5）行为性的体温调节　人体除了具有生理性的体温调节机能之外，还具有一种行为性的体温调节方式。炎热时一般选择透气性好的衣服；而在寒冷季节，则一般会选择保温性能好的衣服。人在夏季为了限制体内的热量，会无意识地使行为变得缓慢。另一方面，人在寒冷中往往为了保持正常的活动，有时会通过来回走动这一行为性体温调节方式来增加发热量。在室内打开暖气也属于一种行为性体温调节方式。

其他动物其实也具有行为性体温调节特征。如大象和河马等，它们在水中的游泳或潜入泥水中，实际上也是一种行为性体温调节方式。

随环境温度变化而改变体温的动物称为非恒温动物。例如，鱼类、青蛙及蛇类等均属于非恒温动物。这些动物一般会根据周围环境温度的变化寻找适合自己的场所，以保持适当的体温。另外，它们有时也会通过肌肉活动来保持适当的体温。表4-5所示为各种行为性体温调节方式。

（6）人与其他动物的不同之处　即使是环境温度变化很大，人也能通过自身的行为性体温调节方式等来维持一定的体温。其他动物又是怎样的呢？狗的皮肤虽然存在汗腺，但是并不具有出汗这一调节体温的功能。它靠呼吸及舌头来蒸发体内水分，以达到散热的目的。在夏天，狗往往睡在背阳的地方，不太活动，以避免因身体活动而增加体内发热量。马能够通过出汗来散发体

表 4-5 各种行为性体温调节方式

| 序号 | 高温环境 | 低温环境 |
| --- | --- | --- |
| 1 | 向阴凉地方转移 | 去阳光充足的地方 |
| 2 | 扇子、电扇、通风 | 避风 |
| 3 | 白天休息、午休 | 运动 |
| 4 | 衣服的选择、脱衣 | 衣服的选择、增加衣服 |
| 5 | 吃低热值食物、喝冷水 | 吃高热值食物、喝热开水 |
| 6 | 去避暑地 | 去暖和地区 |
| 7 | 去空调房、游泳 | 去暖气房、采暖 |

内的热量。猫在夏天则通过舌头舔身体，使唾液附在身体表面，使之蒸发的方式来吸收体内的热量。老鼠则是随环境温度的提高，逐渐增加涂在身体表面的唾液量。据测定，当气温在 28℃以上时，蒸发量随温度呈对数关系增加，从 28~44℃，蒸发量增加 10 倍以上。另外，老鼠在气温 32℃以上时，体温有所上升，且通过辐射和对流等方式来增加体内的散热量。研究还发现，当气温不高于 36℃，且不让老鼠唾液涂抹在身体表面时，也能具有 5~8h 的耐热能力。当然，唾液的涂抹作用是十分重要的，如果老鼠不进行唾液涂抹，则在 40℃的环境下，2h 内就会死亡。

沙漠中的骆驼的直肠温度在中午时刻会上升到 41℃左右。这并非是骆驼不具有体温调节功能，而应理解为它具有一种为生存而节约水的特殊功能。当水源充足时，骆驼的体温变化范围在 2℃以内。

人类是在中非这一高温潮湿的热带环境下进化而来的。因此，人体具有很好的出汗功能，非常适应热带环境的生活，皮肤的汗腺分布比其他动物密。更重要的是，每个汗腺的分泌能力强。因此，人体单位体重或单位表面积的最大出汗量都要比其他动物高。

栖息在寒冷地区的动物，在夏季和冬季会更换身上的毛发，与人类的夏服与冬服类似，只不过动物是一种无意识的行为。

对于恒温动物而言，在冬季时体温也会降低，甚至也有停止活动的冬眠动物。冬眠中熊的体温可降低几度，接近睡眠状态。蝙蝠的体温下降 5℃时，通过肌肉的活动会使体温很快上升到 37℃，然后继续睡。这些动物与人类不大一样，只是当体温出现某种程度的下降时，才会出现体温调节反应，当体温上升时，则随时会从睡眠中醒来。

### 4.1.3 人体换热与热平衡

热力学第二定律指出，在一个物体内或物系之间，只要存在温度差，热量总是自发地从高温处传向低温处。人作为一个有机的生命体，与其他物体或者周围环境时时刻刻进行着热量的交换。首先，人体通过新陈代谢作用将食物中营养成分转化为能量。这些能量一部分用于人体各器官的生理活动和对外做功，另一部分转化为维持一定体温所需的热量，如果有多余的能量，则还要释放到周围环境中去。如果人体温度和周围环境不同，那么人体也会直接从环境获得热量或向环境散发热量。其次，人体不断地进行呼吸，皮肤表面不断地挥发水分或出汗，这些复杂的生理过程也伴随着与环境的能量交换。再次，人体排泄废物也会带走一部分能量。但是，不管人体的生理活动多么复杂，从热力学的观点来看，人与环境的热交换同样遵循自然界的基本法则——能量转换及守恒定律，或者叫热力学第一定律。

#### 1. 人体的热平衡

如果将人体作为一个系统看待，那么人体所获得的能量减去人体失去的能量等于系统的能量积累。人体热平衡方程式如下：

$$M - W = R + C + C_{res} + E_{res} + E_{dif} + E_{rsw} + S \tag{4-2}$$

式中 $M$——人体代谢率（$W/m^2$）；

$W$——人体所做的机械功（$W/m^2$）；

$R$——人体外表面通过辐射形式散发的热量（$W/m^2$）；

$C$——人体外表面通过对流形式散发的热量（$W/m^2$）；

$C_{res}$——人体呼吸时的显热损失（$W/m^2$）；

$E_{res}$——人体呼吸时的潜热损失（$W/m^2$）；

$E_{dif}$——皮肤扩散蒸发损失（$W/m^2$）；

$E_{rsw}$——接近舒适条件下皮肤表面出汗造成的潜热损失（$W/m^2$）；

$S$——人体蓄热率（$W/m^2$）。

式（4-2）中的物理量的单位均为 $W/m^2$，这是因为人的个体差异，其体形、年龄、性别、习性等均不相同，以人作为研究单位在数学表达及处理时十分困难。有关研究表明，式（4-2）中各项，特别是对流热交换、辐射热交换、蒸发热损失与人体的外表面积呈一定的线性关系，因此将各项都表示为单位人体体表面积的热交换量，使有关研究大为方便，具有可比性。但是人体的体表面积又是一个相当复杂的变量，它同样与人的体型、年龄、性别等有一定关系。

$M$ 是人体通过新陈代谢作用将食物转化为能量的速率，简称新陈代谢率。人体摄取食物就是获取能量。食物本身也具有一定的温度，即食物本身携带一定的热量，但是这部分热量是相当小的，因此，在研究人体与环境的热交换中，不考虑这部分热量的进入。因此，也不考虑人体排泄物所带走的热量。这里主要是指食物通过氧化作用所能释放出的能量。因此，在热平衡方程式中，$M$ 始终是正值。

$W$ 是人体所完成的机械功。人体对外界做机械功，例如，人走上楼梯，身体的势能增加了，这部分增加的势能是由新陈代谢所产生的能量转换而来的，因此 $W$ 取正值，即从 $M$ 中减去。反之，人走下楼梯，人体原先具有的一部分势能将通过复杂的生理过程转化为进入人体的热量，此时，$W$ 要取负值。

$C$ 是人体通过对流的形式与环境的热交换。当人体表面温度高于周围空气温度时，发生对流散热，$C$ 项为正值。反之，人体通过对流从周围空气获得热量，$C$ 项为负值。

$R$ 是人体通过辐射的形式与环境的热交换。当人体表面温度高于环境壁面（如墙面、地面、天花板等）的温度时，热量会以辐射能的形式传给环境壁面，$R$ 为正值，是人体的热损失。反之，当环境壁面的温度高于人体表面温度时，热量由环境壁面辐射给人体，$R$ 为负值，人体从环境获得热量。两者温度相等时，辐射仍在进行，但人体辐射失热与辐射得热相等，$R$ 为零。

人从环境吸入空气，经过呼吸道到达肺泡，完成氧气与二氧化碳的交换后再呼出体外。在这一生理过程中发生了两种热交换过程：一种是由于吸入和呼出的空气温度发生的变化，从人体带走热量，这就是人体的呼吸对流热损失；另一种是由于吸入和呼出的空气湿度发生的变化，通常是呼出的空气中含有更多的水蒸气，这部分增加的水蒸气来自于人体，要带走相应的汽化热，这就是人体的呼吸蒸发热损失。另外，人体的皮肤表面不断地向周围空气蒸发水分，人体出汗时，汗液在人体皮肤表面蒸发，这两种情况都会从人体带走汽化热。

热平衡方程式（4-2）左侧的产热量若大于右侧的失热量，导致人体内热量的积蓄，则等式右侧的 $S$ 为正值，称为蓄热。反之，人体不断散失热量，$S$ 为负值，称为热债。如果人体的产热量等于失热量，则 $S$ 为零，从动态平衡的角度看，人体正处于热平衡状态。如果人体处于热不平衡状态，例如，得热量大于散热量，多余的热量将在体内积蓄，导致体温上升。当然，只要蓄热率不是很大，经过一段较长的时间，由于人体自身的调节机能及体温上升造成对流热交换、辐射热交换等项的增加，可以使 $S$ 重新变为零，即达到新的热平衡状态。在短时期内，由于人体本身具有较大的热容量，加上人体体温调节系统的调节功能（如血管运动、代谢产热、出汗），可以保证人体在热不平衡状态下只有很小的体温变化。

人体于环境中还存在着热传导。人体通过周围空气由对流形式散热的同时，在紧贴人体皮肤或服装表面的地方通过空气层发生热量的传导，与人体表面接触的空气被加热并且由于密度变小而上升，形成自然对流。另外，当人体与固体壁面接触时，会产生传导换热。例如，站立着的人的脚底与地面接触，坐着的人的臀部与椅面接触，躺着的人的背部与床面接触等。

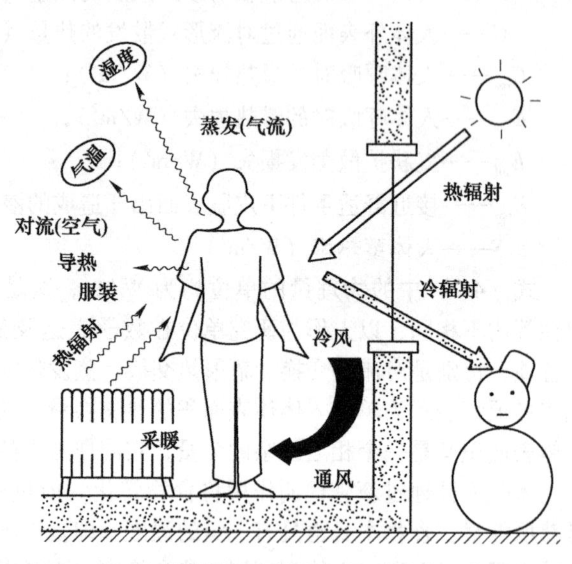

图 4-10 人体与周围环境进行热交换的影响因素

## 2. 人体与外界的热交换

人体与外界的热交换形式包括对流、辐射和蒸发。如图 4-10 所示即为人体与周围环境进行热交换的影响因素，表 4-6 为环境影响因素与人体散热方式。环境空气的温度决定了人体表面与环境的对流换热温差，因而影响了对流换热量，周围的空气流速则影响表面传热系数。气流速度大时，人体的对流散热量增加，因此会增加人体的冷感。

表 4-6 环境影响因素与人体散热方式

| 环境影响因素 | 对应的人体散热方式 | 环境影响因素 | 对应的人体散热方式 |
|---|---|---|---|
| 气温 | 对流、呼吸 | 衣服 | 衣服内部的导热、传湿、热辐射 |
| 周围固体壁面温度 | 热辐射、导热 | 气压 | 对流、蒸发、呼吸 |
| 湿度 | 皮肤表面及呼吸道的水分蒸发 | 重力 | 对流、蒸发 |
| 气流 | 人体表面的对流与水分蒸发 | 人工空气环境 | 对流蒸发、呼吸 |

人体除了对外界有显热交换外，还有潜热交换，主要是通过皮肤蒸发和呼吸散湿带走身体的热量。皮肤蒸发又包含汗液蒸发和皮肤的湿扩散两部分，因为除了人体体温调节系统可以控制汗液的分泌外，水分还可以从皮下组织直接散发到较干燥的环境空气中。在一定温度下，相对湿度较高，空气中的水蒸气分压力较大，人体皮肤表面单位面积的蒸发量较少，可以带走的热量就越少。因此，在高温环境下，空气湿度偏高会增加人体的热感。但是，在低温环境下，如果空气湿度过高，就会使衣服变得潮湿，从而降低衣服的热阻，强化了衣服与人体的传热，从而增加人体的冷感。

空气流速同样会影响人体表面的对流质交换系数。气流速度大会提高汗液的蒸发速率，从而增加人体冷感。

周围物体的表面温度决定了人体辐射散热的强度。例如，在同样的室内空气参数的条件下，围护结构内表面温度高会增加人体的热感，反之会增加冷感。

空气流速除了影响人体与环境的显热和潜热交换速率以外，还影响人体的皮肤的触觉感受。人们把气流造成的不舒适的感觉叫作“吹风感”（Draught）。如前所述，在较凉的环境下，吹风会强化冷感觉，对人体的热平衡有破坏作用，因此“吹风感”相当于一种冷感觉。然而，尽管在较暖的环境下，吹风并不导致人体热平衡受到破坏，但流速过高的气流仍然会引起皮肤紧绷、眼睛干涩、被气流打扰、呼吸受阻甚至头晕的感觉。因此，在较暖的环境下，“吹风感”是一种气流增大引起皮肤及黏膜蒸发量增加以及气流冲力产生的不愉快的感觉。

## 4.2 人体对室内热环境反应的心理学基础

### 4.2.1 热感觉

#### 1. 热感觉的形成

人体冷热感的生理特征是：感觉对环境温度具有一定的适应性，即当受到外界一定量的刺激量时，冷、热感受器的反应逐渐减弱，直到最后停止。也就是说，冷、热感受器只能对温度变化有反应。当外界温度高于其适应的温度时，就会感觉到热，反之则感到冷。对于同样温度的井水，人在夏天感觉到凉，而在冬天则感到暖和。对于同样是23℃的室内空气环境和游泳池中的水，人体的冷热感是完全不相同的。由于人体对23℃的室内空气环境已经适应，其冷热感觉不明显，但人在水里时，由于皮肤温度的急剧下降而导致体内热量快速散失，因而人就感觉到冷。由此可见，人的冷热感觉并不能仅仅只靠温度计表示。

人体的冷热感与绝对温度（$t$）及其与适应温度的变化量（$\Delta t$）、温度变化速率（$dT/dt$）、受到刺激的部位和刺激的持续时间等因素有关。刺激的强度及感受器的特性会影响感觉的形成。因此，热感觉并不仅仅是由冷热刺激的存在形成的，还与温度的变化速率、刺激的延续时间以及人体原有的热状态，人体的冷、热感受器对环境的适应性有关。当皮肤局部温度已经适应某一温度后，改变皮肤温度，若温度的变化率和变化量在一定范围内，则不会引起皮肤产生任何热感觉变化。

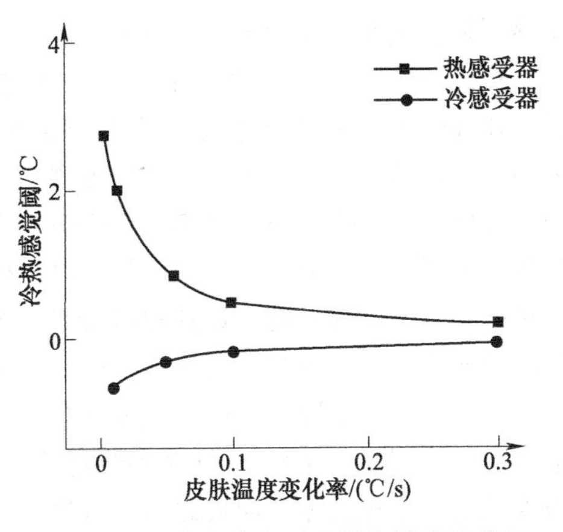

图4-11 温度变化率对冷阈和暖阈的作用

图4-11所示为温度变化率对冷阈和暖阈的作用，图4-12所示为皮肤温度改变引起的感觉与适应温度以及变化量之间的关系。它们是肯斯哈罗（Kensshalo）于1970年发表的人的前臂皮肤温度对温度变化的响应试验结果。图4-11中两条曲线中间的区域是皮肤没有热感觉变化的阈值。从图4-11可以看出，皮肤对温度的快速变化更为敏感，当变化率在0.1℃/s以上时，皮肤温度只要升高0.5℃，人体就会感觉温暖；而在0.1℃/s的变化率下，皮肤温度升高3℃，人体仍没有任何感觉。从图4-12中可以看出，中性区在31~36℃。在31℃以下，即便经过40min的适应期，仍然感到凉；在30℃时，人体感到持续凉意，皮肤温度降低0.15℃以内，或皮肤温度升高0.3℃均不会产生感觉上的变化，直到皮肤温度升高0.8℃，人才会感到温暖；但当皮肤处于36℃适应温度时，冷却0.3℃就会感到凉。也就是说，对同一块皮肤，30.8℃时有可能感觉到暖，35.7℃时却有可能感觉到凉，这便体现了温度感受器的适应性。

### 2. 热感觉标度

热感觉是人对热环境冷热程度的一种有意识的主观感觉。对热感觉的研究属于心理学研究范畴。热感觉不能直接测量，尽管人们经常评价房间的“冷”和“暖”，但人们是不能直接感受到环境温度的，只能感觉到位于自己皮肤表面下的神经末梢的温度。在心理学的研究中，描述由于物理量的变化而引起的心理反应称为心理物理学，而热感觉和热舒适就是这样的反应量。热感觉和热舒适不是一个精确的概念，也不是在某一精确温度下才可能产生的，一个人可以在一定温度范围内感觉舒适，如果温度发生变化甚至超出了这一范围也不会突然产生不舒适感，这给热感觉的量化带来了很大的困难。

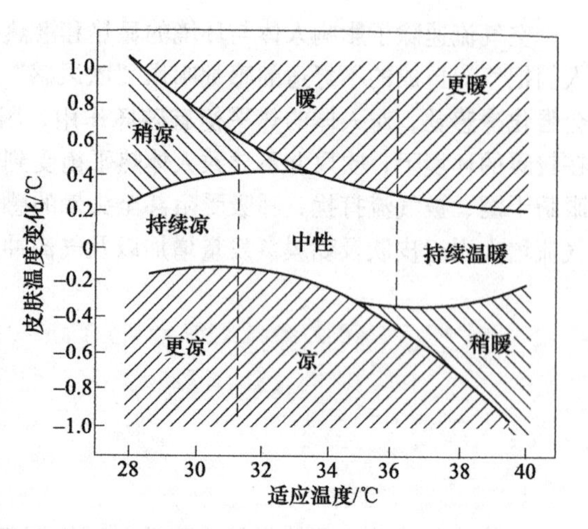


图 4-12 皮肤温度改变引起的感觉与适应温度以及变化量之间的关系

热舒适研究大多以问卷调查的方式进行，通过直接用热感觉和环境温度之间的关系加以处理，且要求回答者能用某个等级来描述其热感觉，这一等级由许多等级标度组成，其目的是能够以定量的术语反映人们的舒适度，即要求在研究时首先要对热感觉和热舒适进行合理的分度。在心理学方面的感觉测量领域，分度的类型会影响试验方法和分析方法，因此热感觉的分度对于热舒适研究及量化分析都非常重要。

热舒适研究常将热感觉和环境温度之间的关系加以处理，且要求回答者能用某个等级指标（Rating Scale）来描述其热感觉，热感觉等级标度早在 1927 年就已经被雅阁劳（Yaglou）所采用。1936 年，英国托乌斯·贝德福德（Thoms Bedford）在他的工厂环境调查中提出了著名的舒适标度（表 4-7）。这一调查并未将标度直接提供给回答者，而是采用由观察者询问回答者有关他的舒适状态的方式，将他们的回答按标度分类。然而，在之后的所有研究工作中的通常作法都是把标度交给受试者，让其勾出最能描述他热感觉状态的用语。从那时起，无论是人工气候室的试验研究工作，还是现场调查都广泛采用了这种标度。

美国供暖、制冷与空调工程师学会（ASHRAE）常采用的 7 点标度也在表 4-7 中列出，其中括号内的为现在 ASHRAE 55 系列热舒适标准常用的数值。与贝德福德标度相比，它的优点在于精确地指出了热感觉，而贝德福德标度（贝氏标度）则分不清温暖和舒适。但实际上两个标度的特性非常相似，用它们得到的结果可以直接比较。

表 4-7 贝德福德和 ASHRAE 的 7 点标度

| 贝氏标度 | | ASHRAE 标度 | |
|---|---|---|---|
| 过分暖和 | 7 | 热 | 7（3） |
| 太暖和 | 6 | 暖 | 6（2） |
| 令人舒适的暖和 | 5 | 稍暖 | 5（1） |
| 舒适（不凉也不热） | 4 | 正常 | 4（0） |
| 令人舒适的凉快 | 3 | 稍凉 | 3（−1） |
| 太凉快 | 2 | 凉 | 2（−2） |
| 过分凉快 | 1 | 冷 | 1（−3） |

贝氏标度和 ASHRAE 标度都选择了7个点，也有一些研究工作者曾经用过3~25点的各种标度，但心理学研究工作表明，人可以正确无误地分辨出大约6种不同的音调以及大约5种不同的响度。米勒（Miller，1956）对几种不同类型的刺激进行研究，发现一般人能不混淆地处理的感觉量级大约不超过7个，因此7点法比较适合正常人的分辨能力，且7点法的中性状态也位于等级中点。

标度的分级是一些规定的数字，习惯上从1~7，或-3—0—+3，对称的分度比较合乎逻辑，但早期的研究者为了避免负数的使用产生误会，常采用1~7。7点标度常用等级标度来划分，即可以明确地把热感觉的级别排列出来（通常可以按次序用编号来表示），是一种顺序标度。这样就可以进行非参数统计检验，一般局限于检验“*A* 大于 *B*”形式的假设。

在分级中，每个极差的宽度相等，即从1—2的感觉变化程度与从2—3一样，但并不是一个等比数列，即感觉2并不意味着2倍于等级1。这种易于检验，有可能仅用内在的数据以验证某个等级标度并得出某个等级的心理学宽度，即不需要采用诸如温度之类的物理变量有关的信息。阿特涅夫（Attneave）在1949年证明了用等级均分法（Method of Graded Dichotomies）可以做到相等的感觉变化与相等的温度变化相吻合。1978年，麦金太尔（MacIntyre）所发表的分析表明，热感觉标度是可以处理成等间距分度的，但这一方法不能用于两端的等级，必须将两端等级的宽度视为不确定的。

### 4.2.2 热舒适

希腊哲学家亚里士多德在公元前350年就指出人具有五感，即视、听、嗅、味、触等固有感觉。例如，当眼睛看见颜色时，就会相应地感觉到存在有一定的对象（物象），并且认为人体并不存在有冷热感之类的第六感觉。那么如何解释我们感兴趣的冷热感和舒适感呢？生理学家哈代（Hardy）则认为，与其说舒适感（Comfort）、满足感（Pleasure）、痛苦感（Pain）等是一种感觉，倒不如说是具有一种意识特性的东西，即认为它是有别于视觉和听觉的一种认识能力和意识行为。另外，在他的论文中还指出了满足感即是一种精神状态。

而 ASHRAE 提出的热舒适性的定义是：对热环境具有一种满足的心理状态。热舒适是人体通过自身的热平衡和感觉到的环境状况综合起来获得是否舒适的感觉。它是由生理和心理综合决定的，且更偏重于心理上的感觉。它与中性的热感觉是不同的。1917年，埃贝克（Ebbecke）指出：热感觉是假定与皮肤热感受器的活动有联系，而热舒适是假定依赖于来自调节中心的热调节反应。当人获得一个带来快感的刺激时，并不能肯定其总体热状态是中性的；而当人体处于中性温度时，并不一定能得到快适感。因此，有人认为热舒适是随着热不舒适的部分消除而产生的。在研究人体热反应时需要设置评价热舒适程度的热舒适投票，见表4-8。

表4-8 热舒适投票

| 0 | 舒适 |
|---|---|
| 1 | 稍不舒适 |
| 2 | 不舒适 |
| 3 | 很不舒适 |
| 4 | 极不舒适 |
| 常用引用句 | 我认为…… |

#### 1. 热舒适标度

人体热舒适范围可以取热感觉七点标度的三个中间等级。在贝氏标度上“令人舒适的凉快”

和“令人舒适的暖和”的感觉都可以取为可接受的环境条件；在 ASHRAE 标度上，相应的三个中间等级也可以取为舒适范围。在连续温标上，舒适范围为 2.5~5.5，也就是说从 2 级和 3 级间的转折点开始，到 5 级和 6 级间的转折点为止。其实，贝氏标度是热舒适和热感觉标度混合，然而这种混合是因为没有对热感觉和热舒适加以区分，这也影响到了它的使用。

对于热舒适的标度，早在 1977 年，盖吉（Gagge）以皮肤湿润度为参数提出了热不舒适指标 DISC，它以 0 点为中和点，冷边为负值，热边取正值。此项指标的优点在于：第一，适用的条件范围很广泛而不仅适用于一般的“室内”条件；第二，DISC 指标可表述对于不舒适程度的评价，因而可在冷条件和热条件间找到与一般反应相当的值。在使用热感觉与热舒适标度过程中，研究者不但要考虑标度描述的准确性与可行性，还应考虑数据处理和实际的工程意义。

2. 影响舒适感的各种环境因素

冷热感和舒适感是与影响人与周围环境热平衡的各种因素紧密相关的。在炎热的夏日，人们会穿上轻便的夏装，如果湿度低的话，则会感到凉快；如果有轻轻的微风的话，则感觉更加舒适。另外，当从烈日炎炎的阳光下走到树荫下休息时，皮肤表面则会慢慢地停止出汗，人会感觉更加舒适。图 4-13 所示为各种环境影响因素与舒适感之间的关系。

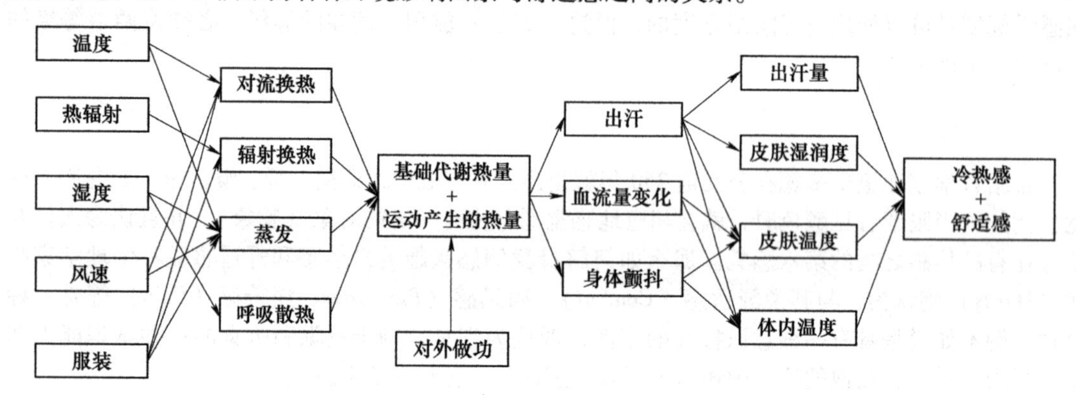


图 4-13 各种环境影响因素与舒适感之间的关系

## 4.3 热环境参数及其测量设备

### 4.3.1 空气温度

空气温度通常用温度传感器进行测量。如前所述，在热环境中表示温度尺度的有黑球温度、辐射温度、作用温度以及标准有效温度等。下面主要介绍几种常用的温度测量仪器。

1. 通风干湿球温度计

通风干湿球温度计可以同时测量空气的温度和湿度（图 4-14）。它是通过玻璃管中水银的体积变化来测量空气温度。直接测量的数据称为干球温度，而在球部包有湿润的棉球后测量的数据称为湿球温度。

2. 双金属片温湿度计

双金属片温湿度计属于一种简单方便的温湿度测量仪，如图 4-15 所示。它利用两种金属在相同温湿度下膨胀率不同的特性检测温湿度，大多用于气象参数的自动测量，精度不高。

3. 热敏电阻式温度计

热敏电阻式温度计由半导体材料制作而成，当温度变化时，因电阻发生变化，从而可确定温

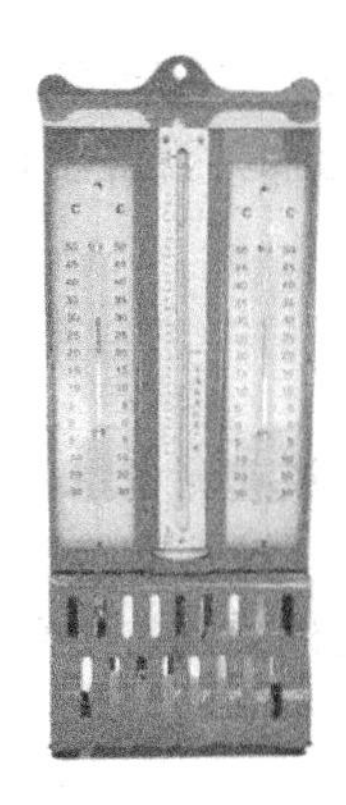

图 4-14　通风干湿球温度计

图 4-15　双金属片温湿度计

度值。市场上的数字式温度计大多属于热敏电阻式温度计。

4. 热电偶

热电偶由两种不同金属材料制作而成，测量精度较高，大多用于试验研究。

### 4.3.2　湿度

湿度的表示方法主要有绝对湿度、相对湿度和露点温度三种。热环境评价中常用的测量相对湿度的湿度传感器主要有干湿度计和电阻式、电容式和毛发感应式湿度计等。

1. 干湿度计

干湿度计即阿斯曼干湿度计，其通过测量得到的干湿球温度来计算相应的相对湿度。

2. 电阻式湿度计

电阻式湿度计是利用陶瓷吸收水蒸气能力强的特点，根据陶瓷表面因吸收水蒸气量的不同而产生不同的电阻的原理制作的湿度传感器。图 4-16 所示为用陶瓷材料制作的电阻式湿度传感器。常用的电阻式测量仪大多为数字式湿度计。

3. 电容式湿度计

它是根据金属氧化膜和亲水性高分子膜的电容量随湿度变化不同的特点制作的电容式湿度传感器。图 4-17 所示为一用高分子膜制成的电容式湿度传感器。与电阻式湿度计一样，电容式湿度计大多也为数字式湿度计。

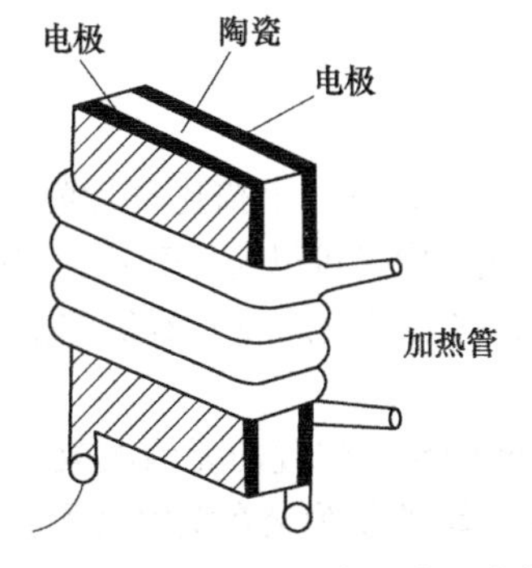


图 4-16　陶瓷材料制作的电阻式湿度传感器

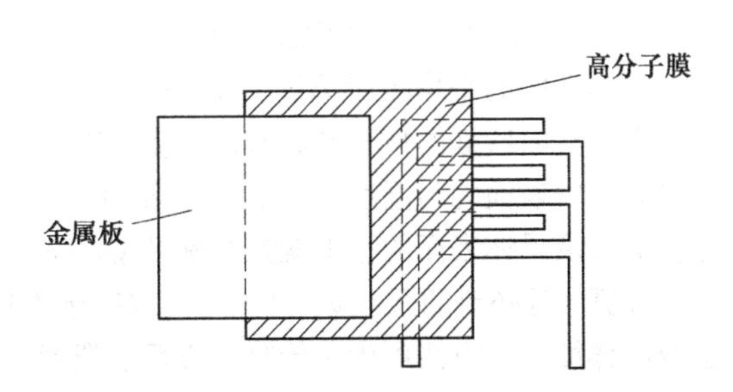


图 4-17　高分子膜制成的电容式湿度传感器

4. 毛发感应式湿度计

当周围环境的湿度发生变化时，动物的毛发或植物纤维就会发生伸缩现象。根据这一特点，可以制作相应的毛发式湿度计，如前所述的自动式温湿度计（双金属片温湿度计）如图 4-15 所示。毛发感应式湿度计可直接且连续地测量相对湿度。

## 4.3.3 风速

测量室内风速较低的仪器，通常有无方向性和有方向性两种。风速测量原理为：根据气流的冷却作用，使被加热金属丝的温度发生变化，从而求得相应的风速。球形传感器式的风速计多为无方向性的风速计；而金属丝形状的一般为有方向性的风速计。另外，目前在测量流体边界层的流速，或测量湍流流场流速时，一般用热线风速仪。

## 4.3.4 热辐射

热辐射的测量一般包括测量物体表面温度、空间某一点的辐射温度或辐射换热量等。

1. 表面温度的测量

表面温度的测量方式一般有接触型和非接触型两种。前者是利用热电偶等直接贴附在壁面上进行测定；后者则主要用红外线方法测定（图 4-18）。

图 4-18 红外线辐射温度计

2. 辐射温度的测量

辐射温度的测量主要用来测定平均辐射温度和某一指定方向的平均辐射温度。通常用黑球温度计来测量。

3. 相对于人体的平均辐射温度

一般情况下，室内的壁面、顶棚、窗及采暖辐射板等表面的温度是不相同的。另外，家具与壁面之间的辐射也相当复杂，因而确定人体与室内各壁面之间的辐射换热也是十分困难的。一种简单的处理方法是，人体表面温度取某一平均值，周围壁面的温度也取某一平均值，壁面平均温度可认为是人体周围各壁面的代表温度与之对应的壁面面积的加权平均值。

人体表面的平均辐射温度 $t_r$ 可用下式计算得出：

$$t_r = \sum_{i=1}^{n} \varphi_{s,i} t_i \tag{4-3}$$

式中 $t_r$——人体表面的平均辐射温度（℃）；

$\varphi_{s,i}$——人体 $S$ 与壁面 $i$ 之间的形状系数；

$t_i$——壁面 $i$ 的表面温度（℃）。

人体表面的平均辐射温度 $t_r$ 是一个相当复杂的概念。虽然它是一个描述环境特性的参数，却与人在室内所处的位置及其着装和姿态有关。严格意义上 $t_r$ 的定义可以这样表达：如果一个封闭空间的内表面均为温度一致的黑体表面，并且人体所造成的辐射换热与人所处的实际环境相等，那么该黑体表面的温度就是实际环境的人体表面的平均辐射温度。

计算 $t_r$ 时必要的系数 $\varphi_{s,i}$ 是一个只取决于人体与壁面之间的相互位置的无因次数。有关形状系数的详细计算方法可参考传热学方面的资料。图 4-19 ~ 图 4-26 所示为坐在室内椅子上的人与矩形表面之间的形状系数。

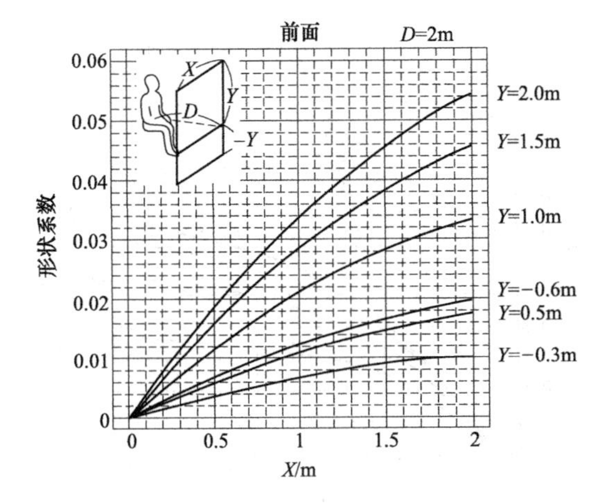


图 4-19 坐在室内椅子上的人与矩形表面之间的形状系数（前面）

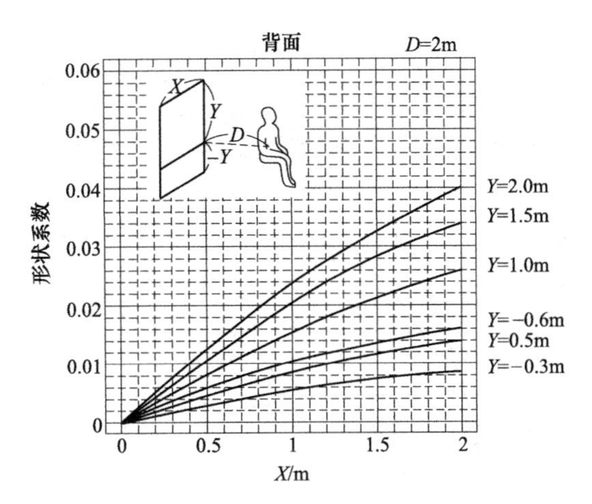


图 4-20 坐在室内椅子上的人与矩形表面之间的形状系数（背面）

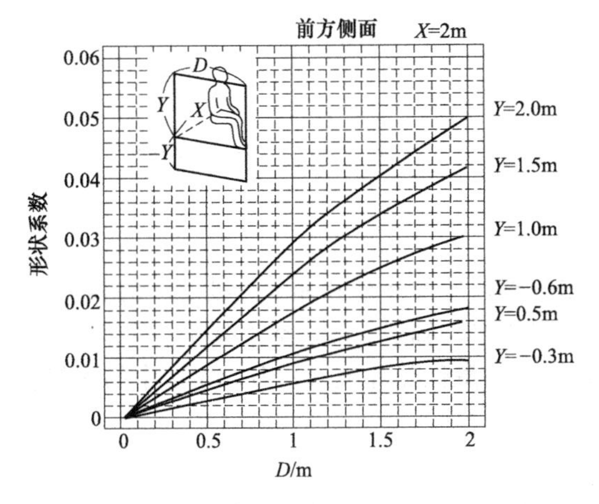


图 4-21 坐在室内椅子上的人与矩形表面之间的形状系数（前方侧面）

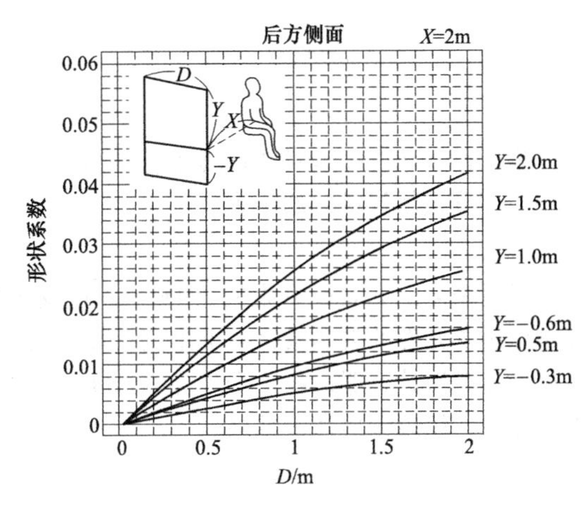


图 4-22 坐在室内椅子上的人与矩形表面之间的形状系数（后方侧面）

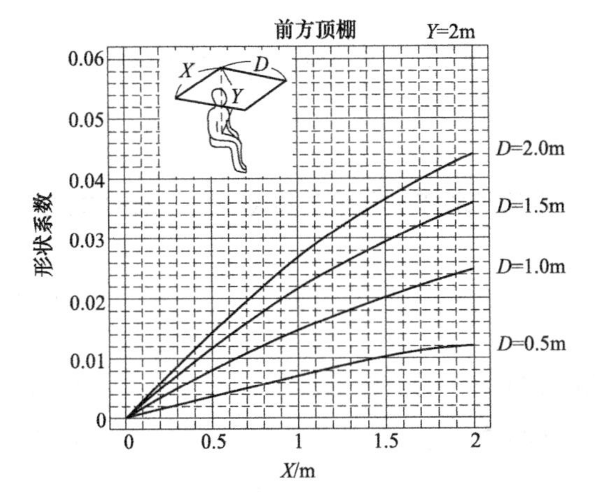


图 4-23 坐在室内椅子上的人与矩形表面之间的形状系数（前方顶棚）

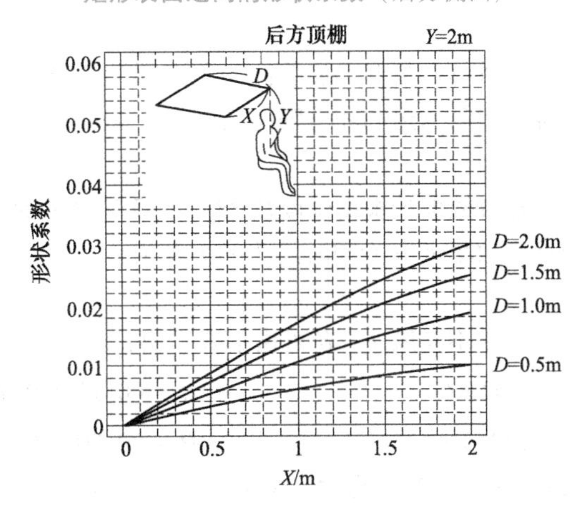


图 4-24 坐在室内椅子上的人与矩形表面之间的形状系数（后方顶棚）

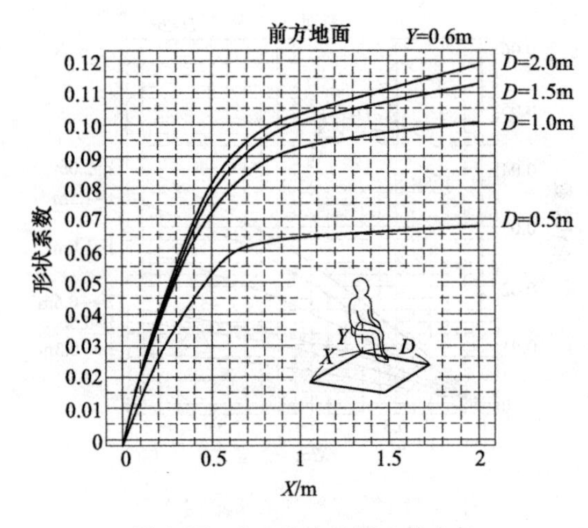


图 4-25 坐在室内椅子上的人与矩形表面之间的形状系数（前方地面）

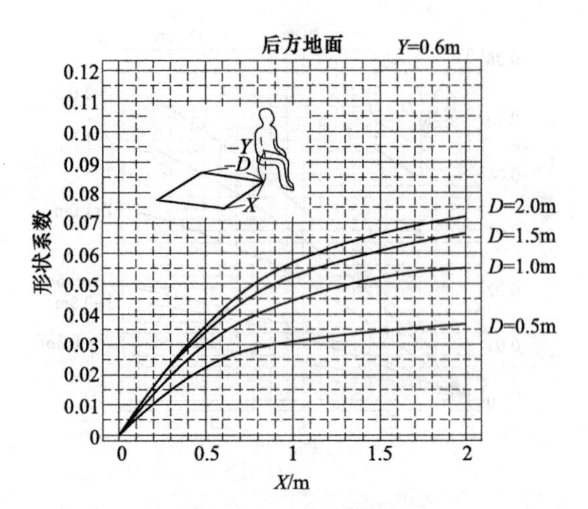


图 4-26 坐在室内椅子上的人与矩形表面之间的形状系数（后方地面）

### 4.3.5 热舒适测量设备

为了迅速和准确地对热环境进行评价，到目前为止已发展了许多可以直接测量舒适性参数或直接评价人体舒适性的仪表。

**1. Madsen 舒适仪**

可用来测定 Fanger 开发的 PMV 值。该仪表根据传感器的发热处和非发热处之间的热平衡，测量出敏感元件的失热量，并求出测量环境条件下的壁面平均辐射温度、空气温度、风速，然后通过微型模拟计算器，将这个失热量与 Fanger 方程计算的最佳热环境（PPD<5%）中的失热量进行比较，然后得出评价结果。

**2. Lutz 气候电子探测器**

这种仪器的测量敏感元件是由四个扇形体组成的圆球，保持恒温 36℃。可测出 4 个方向的气候综合参数。

**3. Schdhter 室内气候分析仪**

这种仪器是两个加热体和测温器的组合，测量空气干湿球温度，并用两个分别镀银和涂黑的球体测量风速和环境辐射温度。

**4. 卡他温度计**

这种温度计根据温度从 38℃ 下降至 35℃ 时所需的时间来测量环境的冷却能力。冷却能力 $H$ 与冷却效率 $F$ 和冷却时间 $T$ 的关系为

$$H = F/T \tag{4-4}$$

对于不同风速，$H$ 可由下式求出：

$v \geqslant 1\text{m/s}$
$$H = (0.13 + 0.47\sqrt{v})(36.5 - t_a) \tag{4-5}$$

$v < 1\text{m/s}$
$$H = (0.20 + 0.40\sqrt{v})(36.5 - t_a) \tag{4-6}$$

式中 $t_a$——空气温度（℃）。

## 4.4 热环境评价方法

对热环境进行评价时各种评价指标之间的关系如图4-27所示。人们对热环境的舒适感和冷热感取决于人体与周围环境之间的热交换结果 $S$ 以及相对应的平均皮肤温度 $t_{sk}$ 和皮肤表面的湿润度。

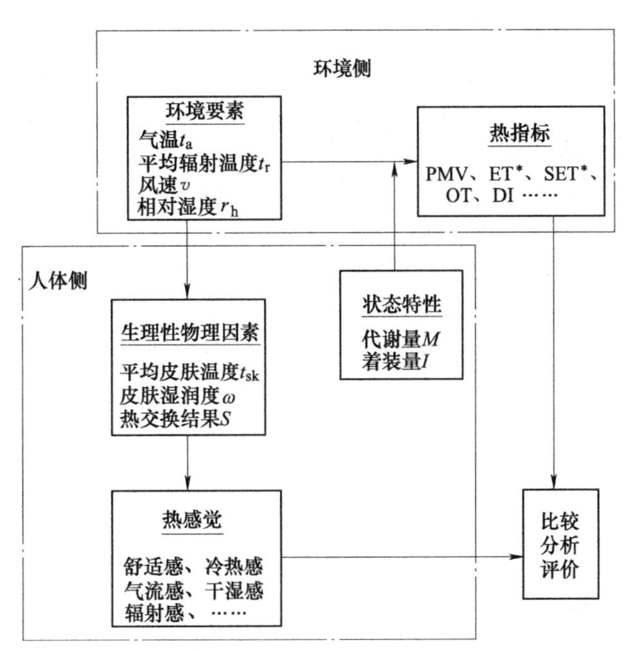


图4-27 对热环境进行评价时各种评价指标之间的关系

如前所述，影响人与周围环境之间热平衡的因素主要包括气温 $t_a$、平均辐射温度 $t_r$、相对湿度 $r_h$、风速 $v$ 以及人体的新陈代谢量 $M$ 和着装量 $I$ 等，这些因素也是评价热环境的最基本的指标。为了更加准确地评价热环境，往往将这些因素进行不同组合从而可形成各种新的评价指标。热环境指标对从热的角度去判断周围环境是否安全、舒适和健康具有重要的作用，并且经常用于环境的设计、管理、整治和评价等方面。因此，热环境评价指标的恰当与否最终要由人对实际热环境的感觉及人的生理和心理反应等方面来判断。

人居环境可分为非极端环境与极端环境。评价方法可分为理性指数法、经验指数法和直接指数法等。理性指数法是利用人体热平衡方程式及人体体温调节数学模型来预测人在各种热环境条件下的热反应，从而对热环境进行评价，如新有效温度、标准有效温度、热应力指数、皮肤湿润率、预测平均投票值等。经验指数是建立在受试者试验的基础上得到的一个评价热环境综合性指数，如旧有效温度、修正有效温度、预测4h出汗率等。直接指数是依据简单的仪器对热环境参数的测量值，如作用温度、湿球黑球温度、环境应力指数等。

### 4.4.1 非极端环境评价

#### 1. 作用温度 $T_o$

作用温度是环境平均辐射温度与空气温度关于各自对应的传热系数的加权平均值。在只考虑空气温度和辐射的影响时，一般采用下式给出的作用温度 $T_o$：

$$T_o = \frac{h_c t_a + h_r t_r}{h_c + h_r} \tag{4-7}$$

式中 $h_c$——表面传热系数[W/(m²·℃)];

$h_r$——辐射传热系数[W/(m²·℃)]。

在低风速条件下,$T_o$可近似用黑球温度 $t_g$代替。实际环境下人体表面的显热损失 DRY 由下式计算:

$$\begin{aligned} \mathrm{DRY} &= C + R \\ &= f_{cl}h_c(t_{cl} - t_a) + f_{cl}h_r(t_{cl} - t_r) \\ &= f_{cl}(h_c + h_r)[t_{cl} - (h_c t_a + h_r t_r)/(h_c + h_r)] \end{aligned} \tag{4-8}$$

式中 $f_{cl}$——服装面积系数,通常取值 1.1~1.25。

另外,对于标准的等温环境($t_{r,s}=t_{a,s}$),显热损失 $\mathrm{DRY}_s$为

$$\begin{aligned} \mathrm{DRY}_s &= C_s + R_s \\ &= f_{cl,s}h_{c,s}(t_{cl,s} - t_{a,s}) + f_{cl,s}(t_{cl,s} - t_{r,s}) \\ &= f_{cl,s}(h_{c,s} + h_{r,s})[t_{cl,s} - t_{a,s}] \end{aligned} \tag{4-9}$$

由于热辐射传热系数在常温时基本保持不变,因此有

$$h_r = h_{r,s} \tag{4-10}$$

另外,如果设:

$$\begin{cases} f_{cl} = f_{cl,s} \\ t_{cl} = t_{cl,s} \\ h_c = h_{c,s} \end{cases} \tag{4-11}$$

当 $\mathrm{DRY}_s$=DRY 时,有

$$t_{a,s} = (h_c t_a + h_r t_r)/(h_c + h_r) \tag{4-12}$$

由式(4-7)和式(4-12)可得:

$$t_{a,s} = T_o \tag{4-13}$$

实际上,式(4-11)也可由下式替代:

$$\begin{cases} v = v_s \\ M = M_s M = M_s \\ I_{cl} = I_{cl,s} \end{cases} \tag{4-14}$$

从上面分析可知,作用温度实际上就是指人在实际环境和标准等温环境下具有相同的显热换热量时所对应的标准等温环境的空气温度。另外,如果两个热环境的湿度相等,那么只要用 DRY 指标就可以评价对人体的影响。也就是说,当只考虑空气温度和辐射的影响时,作用温度不失为一种较好的热环境评价指标。

### 2. 湿度作用温度 $T_{oh}$

湿度作用温度的定义:在一个具有一致温度的黑体封闭环境中,相对湿度 100%,人由于辐射、对流及蒸发所失去的热量与真实环境相同,则该黑体环境的温度就是真实环境的湿度作用温度。湿度作用温度又进一步将环境对人体的显热和潜热交换综合为一个温度指标。湿度作用温度的计算式为

$$T_{oh} = T_o + \omega\, i_m \times \mathrm{LR} \times (p_a - p_{oh,s}) \tag{4-15}$$

式中 $T_{oh}$——湿度作用温度(℃);

$\omega$——皮肤湿润率;

$i_m$——服装的透湿指数；

LR——Lewis 常量，LR=0.0165℃/Pa；

$p_a$——环境空气的水蒸气分压力（Pa）；

$p_{oh,s}$——湿度作用温度下饱和水蒸气压力（Pa）。

用迭代法可由作用温度计算出湿度作用温度，湿度作用温度在数值上与旧有效温度非常接近。

### 3. 旧有效温度 ET

旧有效温度最初由 Houghten 和 Yaglou 提出，它是一个将干球温度、湿度、空气流速对人体热感觉的影响综合成一个单一数值的指标。它在数值上等于产生相同热感觉的静止饱和空气的温度。但旧有效温度没有考虑辐射热的影响，而且是湿度100%时的置换环境，远离一般的生活环境。且旧有效温度在进行人体试验时，被试验者是短时间在特定环境下测得的，因此与长时间在该环境下的冷热感觉未必一致。

### 4. 新有效温度 ET*

新有效温度 ET*是在有效温度 ET 基础上发展的一个指标，现已取代旧有效温度 ET，并得到了广泛应用。新有效温度 ET*由美国学者 Gagge 提出的，它是考虑人体出汗在内的热平衡式的一种湿热指标。它将相对湿度50%作为基准，更能体现日常的现实生活环境。新有效温度根据气温、湿度、风速、辐射、活动水平和着衣量6个因素进行计算来综合评价环境。新有效温度的定义：在标准环境下（平均辐射温度等于空气温度，相对湿度为50%，风速为0.15m/s），人穿着0.6clo 服装，且保持静坐状态，其皮肤温度、皮肤湿润度、通过皮肤的总热损失与在实际环境下相同，该标准环境的一致温度就是新有效温度。新有效温度的优点在于它更接近人们的实际经验感觉，综合了温度、湿度对人体热舒适的影响，适用于穿标准服装和坐着的人群。该指标更接近理论性指标，而不像旧有效温度主要是依据试验建立起来的。

美国供暖空调工程师学会已将新有效温度 ET*作为室内舒适环境设定的基准，可用迭代法解出新有效温度。其计算式为

$$ET^* = T_o + \omega i_m \times LR \times (p_a - 0.5 p_{ET^*,s}) \tag{4-16}$$

式中 $ET^*$——新有效温度（℃）；

$p_{ET^*,s}$——新有效温度下饱和水蒸气压力（Pa）。

### 5. 标准有效温度 SET*

标准有效温度 SET*可定义为：在一个相对湿度为50%的假想等温环境中，人体着装对应其活动水平的标准服装，与真实环境有相同的皮肤温度和皮肤湿润率，该环境一致温度就是标准有效温度。SET*指标是由 Gagge 提出，ASHRAE 将其作为标准体感温度使用，并公布了计算 SET*的 Fortran 程序，其计算流程图如图4-28所示。首先，将实际环境的空气温度 $t_a$、风速 $v$、相对湿度 $r_h$、新陈代谢量 $M$ 及实际着装量 $I_c$、平均辐射温度 $t_r$ [$(t_r+273.15)^4=(t_g+273.15)^4+2.47\times10^8\sqrt{v}(t_g-t_a)$，根据黑球温度 $t_g$ 计算得出] 等的实测值或假设值作为已知参数输入，然后利用二层人体模型计算出平均皮肤温度 $t_{sk}$ 及皮肤湿润度 $\omega$。另外，根据所计算出的作用温度等参数可求出皮肤的显式散热量和蒸发散热量，最后可得到皮肤的总散热量 $M_{sk}$。实际环境与标准环境具有相同热感觉的条件是：

$$\begin{cases} t_{sk,s} = t_{sk} \\ \omega_s = \omega \end{cases} \tag{4-17}$$

$$M_{sk,s} - M_{sk} = 0 \tag{4-18}$$

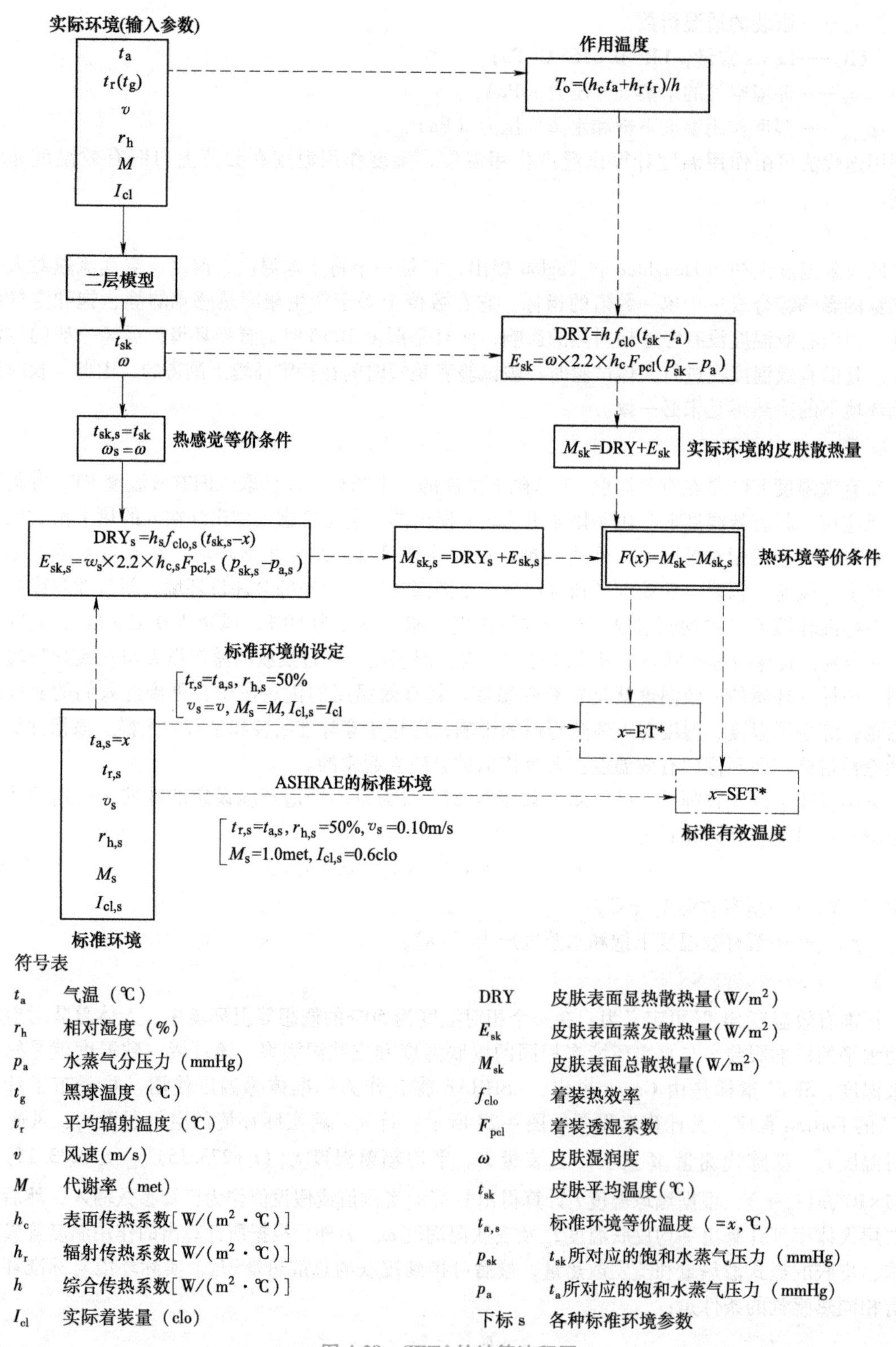


图 4-28　SET* 的计算流程图

当标准环境为等温环境时（$t_{r,s}=t_{a,s}$），可联立求解方程组，最后得到 SET* 值。

$SET^*$与$ET^*$的不同之处在于标准环境参数的设定不同，除了都是等温环境之外，$ET^*$是在$r_{h,s}=50\%$，其他参数则与实际环境一样的条件下得出的，即

$$\begin{cases} r_{h,s} = 50\% \\ v_s = v \\ M_s = M \\ I_{cl,s} = I_{cl} \end{cases} \tag{4-19}$$

而当标准环境的参数取值如下式时，则称标准环境的空气温度为$SET^*$。

$$\begin{cases} r_{h,s} = 50\% \\ v_s = 0.1\mathrm{m/s} \\ M_s = 1.0\mathrm{met} \\ I_{cl,s} = 0.6\mathrm{clo} \end{cases} \tag{4-20}$$

由于$ET^*$值所对应的标准环境是随着实际环境的变化而改变的，相应地$ET^*$值也会随着实际环境的变化而不一样，因此得不到相同的评价标准。但$SET^*$却可以得到一个统一的评价标准，因此$SET^*$具有广泛的通用性。但当实际环境接近办公室等环境时，式（4-19）和式（4-20）基本接近，因而$SET^*$和$ET^*$大致相等。

Gagge提出的$SET^*$指标计算方法的特点是为了计算$\omega$和$t_{sk}$而引入了二层人体模型，这与Fanger提出的人体均匀圆筒模型相比，其不同之处是将人体核心层与皮肤层之间的血流量的热生理调节作用模型化，并计算出$\omega$和$t_{sk}$等参数。另外，$E_{sk}$也可由$\omega$计算得出：

$$E_{sk} = \omega F_{pcl} \times 16.5 h_c (p_{sk}^* - p_a) \tag{4-21}$$

式中　$F_{pcl}$——着装的透湿系数；

$h_c$——表面传热系数[W/(m²·℃)]；

$p_{sk}^*$——平均皮肤温度$t_{sk}$对应的饱和水蒸气压力（kPa）；

$p_a$——空气中水蒸气分压力（kPa）；

16.5——刘易斯系数（℃/kPa）。

$SET^*$与冷热感之间的关系如图4-29所示，其说明了以欧美人为对象的试验结果。从图中可知，当$SET^*$值超过30℃时，人对环境已感到明显的不适。根据对美国办公室的在室人员进行的实际调查结果的分析，ASHRAE将只有20%以下的在室人员对所处的环境感到不满意时的室内环境定义为舒适的环境，相对应的$SET^*$=22.2~25.6℃。

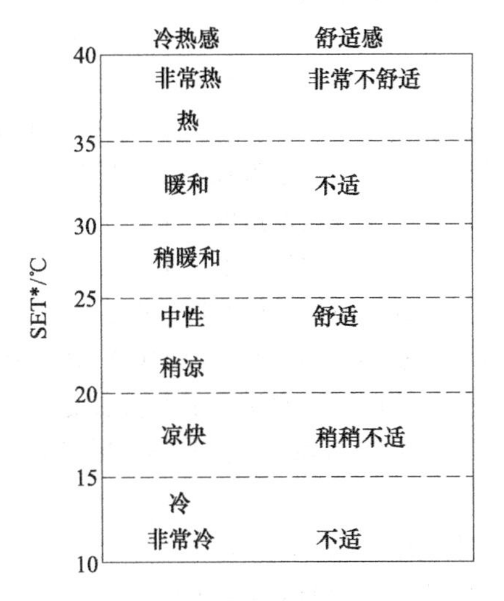


图4-29　$SET^*$与冷热感之间的关系

## 4.4.2　极端环境评价

### 1. 极端热环境评价

（1）热应力指标HSI（Heat Stress Index）　热应力指标主要用来判断在炎热环境下劳动者的疲劳状况以及进行适当休息的时间，计算公式为

$$\mathrm{HSI} = (E_{sk}/E_{max}) \times 100 \tag{4-22}$$

式中　$E_{sk}$——维持人体热平衡的蒸发热量，$E_{sk}=M-C-R$；

$E_{max}$——最大蒸发散热量。

在实际求 HSI 指标值时，还规定了皮肤平均温度 $t_{sk}=35℃$。这样当 HSI>100 时，意味人体开始蓄热，体温升高；当 HSI<0 时，人体开始失热，体温下降。表 4-9 为热应力指标 HSI 与健康评价，它列举了不同 HSI 指标值下人体对环境的热应力产生的生理反应。

表 4-9 热应力指标 HSI 与健康评价

| HSI | 8h 暴露时间下的生理性的健康症状 |
|---|---|
| 0 | 无热应力，无热疲劳感 |
| 10~30 | 轻微的到中等的热疲劳。如果从事的工作涉及高智能的、需要技巧和灵敏性或需要高度集中注意力的，那么工作效率可能会受到影响；如果工作仅仅是繁重的体力劳动，一般不会影响工作效率 |
| 40~60 | 较严重的热疲劳。从医学角度来看，如果人的体力不能适应此环境，则有可能对其健康产生不利的影响。此环境不适合持续的脑力劳动，也不适合有心血管系统、呼吸系统及慢性皮肤疾病的人，也不适合需持续精神紧张的工作。有必要对可能在这种环境下工作的人进行医学检查和诊断 |
| 70~90 | 非常严重的热疲劳。实际上只有极少数的人能适应这样的工作条件。只有经过医学检查并经试用可以适应的人方可从事该环境条件下的工作，而且必须保证人体的水分及盐分能及时补充。此外，应通过改进工作效率来减少对健康的影响。任何在其他环境中根本不成问题的小病都不能适应此环境 |
| 100 | 极度的热疲劳<br>只有具有适应能力强且健康的年轻人方能承受 |

（2）皮肤湿润率 $\omega$　皮肤湿润率由美国学者 Gagge 提出，其定义为人体实际蒸发热损失与最大可能的蒸发热损失的比。实际上，皮肤上湿润率与热应力指数相等，只是皮肤湿润率采用百分数。与人体感觉相比，皮肤湿润率与不舒适感或不愉悦感密切相关。

（3）湿球黑球温度指标 WBGT（Wet Bulb Globe Temperature Index）

在阳光下为

$$\mathrm{WBGT}=0.7t_{nw}+0.2t_{g}+0.1t_{a} \tag{4-23}$$

在室内或阴天时为

$$\mathrm{WBGT}=0.7t_{nw}+0.3t_{g} \tag{4-24}$$

式中　$t_{nw}$——自然湿球温度（℃）；

$t_{g}$——黑球温度（℃）；

$t_{a}$——空气温度（℃）。

WBGT 最初是作为热带地区军事训练时的极限条件来使用的。现在也经常用于对铸铁车间、高炉炼铁等高温劳动环境的评价等。图 4-30 所示为美国劳动安全健康研究所给出的 WBGT 值与暴露极限时间，它说明了劳动强度与不同暴露时间对应的极限温度之间的关系。

（4）酷热地区的夏季热指标 TSI（Tropical Summer Index）　TSI 指标可由下式给出：

$$\mathrm{TSI}=(1/3)t_{w}+(3/4)t_{g}-2\sqrt{v} \tag{4-25}$$

式中　$t_{w}$——湿球温度（℃）；

$t_{g}$——黑球温度（℃）。

式（4-25）是由 Sharma 等人在白天的室内和傍晚的室外，以印度青年男子作为试验对象得到的结果。当与实际环境具有同样热感觉的等温标准环境的相对湿度为 50% 且无风时，这种等温环境的空气温度即可用 TSI 指标表示。因此，TSI 实际上是体感温度。另外，TSI 指标与热感 7 分级法的 $S$ 有以下关系：

$$S=0.2174\times\mathrm{TSI}-2.1 \tag{4-26}$$

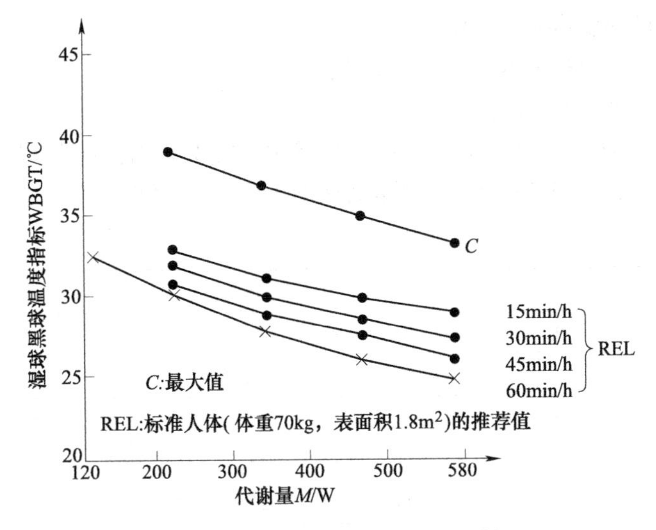


图 4-30 WBGT 值与暴露极限时间

根据式（4-26）可知：

$S=3$（稍冷）　　　　TSI≈23.5℃

$S=4$（舒适）　　　　TSI≈28℃

$S=5$（稍热）　　　　TSI≈32.5℃

2. 极端冷环境评价

（1）风冷指数 WCI（Wind Chill Index）　风冷指数 WCI 最初是在南极洲考察时，为了研究工作环境的安全性时提出的一种试验指标。可由下式计算：

$$WCI = (10.45 + 10\sqrt{v} - v)(33 - t_a) \tag{4-27}$$

式中　WCI——风冷指标[kcal/(m²·h)]；

$t_a$——环境温度（℃）；

$v$——风速（m/s）。

建立 WCI 指标的试验是对一个小罐在不同风速及气温下进行冷却速率的测定，进而发展到对人体皮肤的冷却率的分析。风冷指数 WCI 是应用最广泛的冷应力指数，但它也有局限性。WCI 仅适用于裸露的皮肤，未考虑呼吸热损失以及服装对人体热损失的影响。人体着装时的实际热损失比 WCI 的估计值低。当风速大于 20m/s 时，WCI 不适用。

如果将实际环境条件下的 WCI 值等价到风速低于 1.8m/s 的条件时，所对应的空气温度即为风冷等价温度 $t_{eq}$，可由下式计算得出：

$$t_{eq} = -0.04544 \times WCI + 33 \tag{4-28}$$

$t_{eq}$是一种体感温度，表 4-10 所示为基于风冷等价温度对寒冷环境的评价。

（2）所需服装热阻 IREQ　服装是保护在寒冷环境中工作和生活的人最重要的措施，1984 年，Holmer 提出了评价冷应力的指标所需的服装热阻，后来被国际标准 ISO 11079 采纳，旨在指导评估人体暴露与冷环境下的冷应力。在稳态条件下所需服装热阻（IREQ）可由下式计算：

$$IREQ = \frac{T_{msk} - T_{cl}}{M - W - E_{sk} - C_{res} - E_{res}} \tag{4-29}$$

式中　$T_{msk}$——平均皮肤温度（℃）；

$T_{cl}$——衣服外表面温度（℃）；

$E_{sk}$——人体的蒸发热损失（$W/m^2$）；

$C_{res}$——人体呼吸的对流热损失（$W/m^2$）；

$E_{res}$——人体呼吸的蒸发热损失（$W/m^2$）。

IREQ 适合于评价冷环境，使用该指数时主要参数应在下列范围：新陈代谢率为 58~290W/m$^2$，空气温度小于 10℃，风速为 0.4~18m/s，服装的基本热阻大于 0.5clo。

表 4-10　基于风冷等价温度对寒冷环境的评价

| 风速/(km/h) | 温度计读数/℃ | | | | | | | | | | | | |
|---|---|---|---|---|---|---|---|---|---|---|---|---|---|
| | 10 | 5 | 0 | -5 | -10 | -15 | -20 | -25 | -30 | -35 | -40 | -45 | -50 |
| | 风冷等价温度/℃ | | | | | | | | | | | | |
| 稳态 | 10 | 5 | 0 | -5 | 10 | -15 | -20 | -25 | -30 | -35 | -40 | -45 | -50 |
| 10 | 8 | 2 | -3 | -9 | -14 | -20 | -25 | -31 | -37 | -42 | -48 | -53 | -59 |
| 20 | 3 | -3 | -10 | -16 | -23 | -29 | -35 | -42 | -48 | -55 | -61 | -68 | -74 |
| 30 | 1 | -6 | -13 | -20 | -27 | -34 | -42 | -49 | -56 | -63 | -70 | -77 | -84 |
| 40 | -1 | -8 | -16 | -23 | -31 | -38 | -46 | -53 | -60 | -68 | -75 | -83 | -90 |
| 50 | -2 | -10 | -18 | -25 | -33 | -41 | -48 | -56 | -64 | -71 | -79 | -87 | -94 |
| 60 | -3 | -11 | -19 | -27 | -35 | -42 | -50 | -58 | -66 | -74 | -82 | -90 | -97 |
| 70 | -4 | -12 | -20 | -28 | -35 | -43 | -51 | -59 | -67 | -75 | -83 | -91 | -99 |
| 危险度 | 低危险区域（WCI<1400）5h 内皮肤干燥，安全感减弱 | | | | 危险增加区域 1400 <WCI<2000 皮肤暴露部分 1min 以内冻伤 | | | 高危险区（WCI>2000）30s 内冻伤 | | | | | |

注：当风速大于 70km/h（19.4m/s）时，风冷作用几乎不发生变化。

服装的工作基本热阻的定义是在一定的条件下服装所能提供的实际热阻值。服装的基本热阻是通过静止的暖体假人在无风或微风的条件下测量得到的，现有的文献资料提供的都是基本热阻值。由上述方法获得的所需服装热阻为服装的工作基本热阻。人体运动和风干扰了服装表面静止的空气层，降低了服装的隔热性能，影响的效果取决于服装材料的透气性、服装的设计和结构、人体运动的形式和穿着方式。

### 4.4.3　室外环境评价

#### 1. 风环境的舒适性评价

室外热环境的特性在阳光下和阴凉的地方是大不相同的。与室内相比，由于风速的原因，风对人体的冷热感产生很大的影响。图 4-31 所示为室外热环境评价图。其试验条件是：人的代谢率 $M$=1.7met，且慢慢地行走在购物街上。图中共有四种着装方式，在每一着装舒适区域的下端线表示开始颤抖，而上端线表示身体开始出汗，中心线表示热平衡状态。

另外，从图中可以看出，在室外气温为 16℃、风速为 2m/s 时，人在太阳下的舒适着装量为 0.5clo，而在阴凉区则为 1.0clo。由此可见，与人在阴凉区行走时相比，在阳光下行走时风速对人体舒适性的影响要大，尤其是在低风速时更为明显。当在阳光下行走且风速大于 4m/s、在阴凉区行走且风速大于 3m/s 时，风速的影响不再明显，这时舒适性主要取决于空气温度。

#### 2. 不适指数 DI（Discomfort Index）

不适指数 DI 由下式计算：

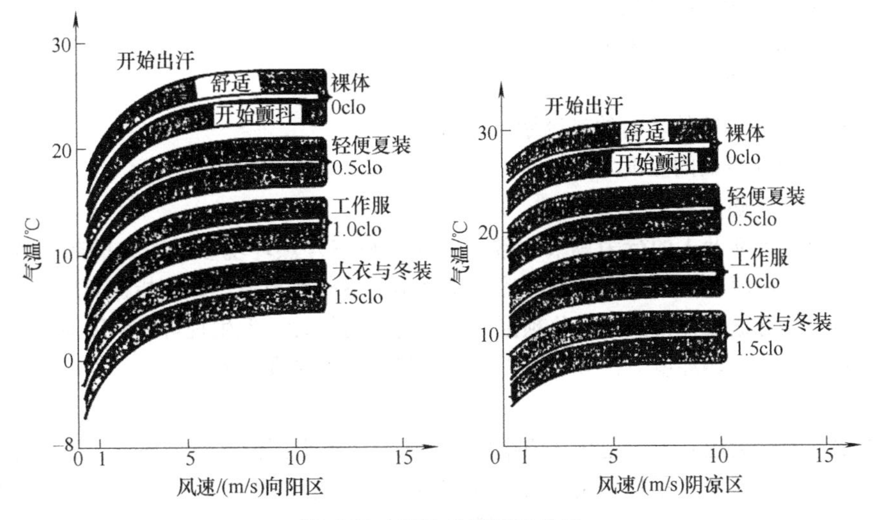


图 4-31 室外热环境评价图

$$DI = 0.81t_a + 0.01r_h(0.99t_a - 14.3) + 46.3 \tag{4-30}$$

式中 $r_h$——相对湿度（%）。

不适指数 DI 中不包含风速和辐射的影响因素，只包含室外测量得到的 $t_a$ 和 $r_h$ 值。在分析地域性的环境不适感时经常用到 DI 指标。DI 与体感值有以下近似关系：

DI≥75，稍感热。

DI≥80，热，开始出汗。

DI≥85，热得受不了。

### 3. 生理等效温度 PET

生理等效温度（PET）的定义为：在一个风速为 0.1m/s，水蒸气分压力为 1200kPa（相当于空气温度 20℃时相对湿度为 50%）的普通等温室内环境中，一个着装 0.9clo 的人从事轻度活动，其核心温度和皮肤温度与实际环境相同，且保持相同的热平衡状态，该等温环境的空气温度就是生理等效温度。例如在一个温暖的晴天，室外空气温度为 30℃，平均辐射温度为 60℃，风速为 1m/s，相对湿度为 50%，一个人着装 0.5clo，以 4km/h 速度步行，该环境的生理等效温度为 43℃。则人在该环境中的核心温度和皮肤温度与在 43℃的普通等温室内环境相同，其热平衡状态与该室内环境一样。

生理等效温度的计算步骤如下：首先，将实际环境的参数及人体活动水平和着衣量代入热平衡方程，并结合二节点模型中的参数和式（4-29）和式（4-30），解出人体核心温度、平均皮肤温度及服装外表面温度，然后将核心温度、皮肤温度和普通室内环境的各项参数、人体活动水平（88.9W/m²）及着衣量（0.9clo）代入热平衡方程，解出空气温度，该空气温度就是生理等效温度。

$$F_{cs} = SKBF \times \rho_b c_{bl}(T_c - T_{sk}) \tag{4-31}$$

$$F_{scl} = \frac{T_{sk} - T_{cl}}{I_{cl}} \tag{4-32}$$

式中 $F_{cs}$——人体核心到皮肤的热流量（$W/m^2$）；

SKBF——人体皮肤血流量[$kg/(m^2 \cdot s)$]；

$c_{bl}$——人体血液比热容，$c_{bl} = 4.19kJ/(kg \cdot K)$；

$\rho_b$——人体血液密度（$kg/m^3$）；

$T_c$——人体核心温度（℃）；

$T_{sk}$——人体皮肤温度（℃）；

$F_{scl}$——皮肤到服装外表面的热流量（$W/m^2$）；

$T_{cl}$——服装外表面的温度（℃）；

$I_{cl}$——服装的热阻（$m^2 \cdot ℃/W$）。

生理等效温度为涉及人的行为调节因素，仅仅反映室外热环境参数对人的热生理状态的影响。由于生理等效温度既可用于室外冷环境，又可用于室外热环境，故该指标被广泛应用于各种气候条件下室外热舒适的评价，如气象预报、城市规范与设计。但生理等效温度对湿度的变化不是很敏感，尤其是在炎热环境下，湿度是影响人体热舒适的重要因素。

#### 4. 通用热气象指数 UTCI

国际生物气象学会建立了通用热气象指数（UTCI），用来评价室外热环境。通用热气象指数的定义是：在参考环境下［平均辐射温度等于空气温度，相对湿度为 50%（空气温度小于或等于 29℃）或水蒸气压力小于 2kPa（空气温度大于 29℃），地面以上 10m 处的风速为 0.5m/s］，人体水平步行（速度为 4km/h，新陈代谢率为 135W/m$^2$）时的动态生理热反应与在实际环境下相同，该参考环境的空气温度就是通用热气象指数。

计算通用热气象指数分为两步：第一步将聚类分析法应用于模拟网格数据（能代表几乎所有气象输入参数的组合），来确定人体的 48 个生理变量（假定人体分别在该环境下暴露 30min、60min、90min、120min，每次有 12 个生理变量，如直肠温度、平均皮肤温度、脸部皮肤温度、皮肤血流量、出汗率和皮肤湿润率等）。第二步通过主成分分析法计算能代表人体热应激的一维热反应指数，人在参考环境下的热反应指数与该值相同，该参考环境的空气温度就是通用热气象指数。

目前，国际生物气象学会已建立相关网页，不仅提供了计算通用热气象指数的源程序，供人们免费下载使用，而且建立了计算热气象指数的界面，用户只需输入基本气象参数，就可得到通用热气象指数。不同的通用热气象指数对应不同的人体热应激程度，如表 4-11 所示。

表 4-11 通用热气象指数与热应激程度

| 通用热气象指数 | 热应激程度 |
|---|---|
| >46 | 极度炎热 |
| 38~46 | 非常热 |
| 32~38 | 很热 |
| 26~32 | 适度的热 |
| 9~26 | 无热应激 |
| 0~9 | 稍冷 |
| -13~0 | 适度的冷 |
| -27~-13 | 很冷 |
| -40~-27 | 非常冷 |
| <-40 | 极度寒冷 |

通用热气象指数与其他热环境指数（如湿球黑球温度）有较好的一致性，而且在温暖环境下，与平均辐射温度有较好的线性关系，随着湿度的增加而增加，在高温高湿环境下，这种增加更明显。在冷环境下，当风速大于3m/s时通用热气象指数对风速的变化较为敏感。因此，无论是在热环境下，还是冷环境下，通用热气象指数都能有效评价人体生理热反应，可被广泛应用于生物气象领域。

## 4.5 人体热舒适理论

### 4.5.1 PMV-PPD理论

PMV-PPD理论及模型在20世纪70年代由丹麦技术大学Fanger教授在大量前人研究的基础上总结提出。PMV-PPD模型的基础是人体热平衡，包括人体产热和人体与环境之间的换热。

人在稳定状态感到热舒适时需要满足三个条件：①人与环境达到热平衡，即热平衡方程中人体蓄热为零；②人体平均皮肤温度稳定在较窄的范围内；③人体出汗蒸发热损失很小。后两项由主要代谢率决定。经过对式（4-2）的各变量计算，人体实现热舒适时的热平衡主要由六个因素决定：空气温度、平均辐射温度、风速、空气湿度、服装热阻和人体代谢率。

Fanger将在丹麦技术大学的试验结果与美国堪萨斯州立大学的试验结果整合（共1396名受试者的数据）后，建立了预测热感觉投票（Predicted Mean Vote，PMV）与人体换热的关系。热感觉的投票设为1~7级，分别为冷（-3）、凉（-2）、稍凉（-1）、中性（0）、稍暖（1）、暖（2）、热（3）。预测热感觉投票的计算方程为

$$\begin{aligned}\mathrm{PMV} = &[0.303\exp(-0.036M)+0.0275]\{(M-W)-f_{cl}h_{cl}(T_{cl}-T_a)-\\&3.96\times10^{-8}f_{cl}[(T_{cl}+273)^4\times(T_{mrt}+273)^4]-3.05\times[5.733-\\&0.007(M-W)-p_a]-0.42(M-W-58.2)-\\&1.73\times10^{-2}M(5.867-p_a)-0.0014M(34-T_a)\}\end{aligned} \tag{4-33}$$

式中 PMV——预测热感觉投票；

$f_{cl}$——服装面积系数；

$h_{cl}$——表面传热系数[W/(m$^2$·K)]；

$T_{cl}$——衣服外表面温度（K）；

$T_a$——人体周围空气温度（K）；

$T_{mrt}$——环境的平均辐射温度（K）；

$p_a$——人体周围空气的水蒸气分压力（kPa）。

为了预测对热环境感到不满意的人数比例，Fanger提出了用PMV预测不满意率（Percentage of Predicted Dissatisfaction，PPD）的方法：

$$\mathrm{PPD} = 100-95\exp(-0.03353\,\mathrm{PMV}^4-0.2179\,\mathrm{PMV}^2) \tag{4-34}$$

当PMV = ±0.5时，PPD为10%，这一限值被现行建筑室内热环境规范采用，并以此为基础确定建筑室内舒适温度区间。图4-32所示为ASHRAE 55中定义的建筑舒适温湿度区间，图4-33所示是由式（4-34）计算出的PPD与PMV之间的关系。

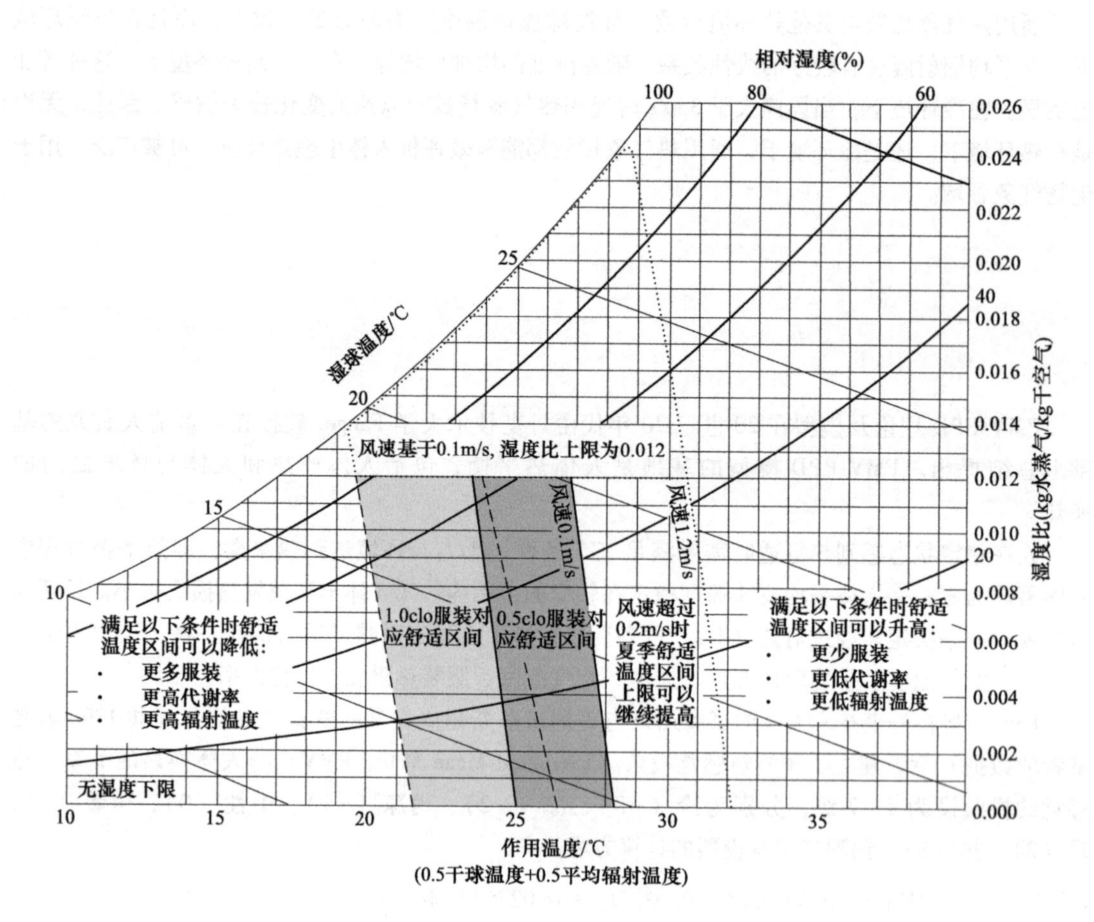


图 4-32 ASHRAE 55 规定的舒适温湿度区间

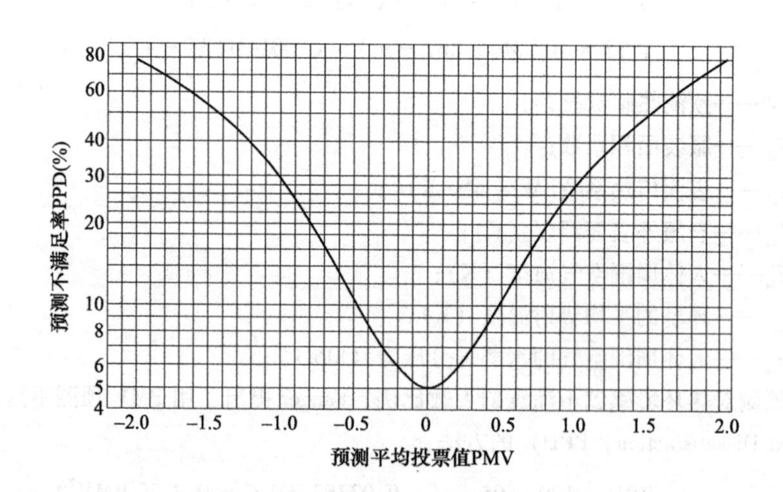


图 4-33 PMV 与 PPD 之间的关系

PMV-PPD 理论的最大贡献在于建立多个物理参数与主观的心理反应之间的关系，使得用物理量预测复杂的主观反应成为可能。但这一理论仅适用于均匀、低风速、低代谢率的非极端环境。尽管有学者提出修正 PMV-PPD 模型以扩展其应用范围，但并未充分解释 PMV-PPD 预测值与实际环境中真实值的差异。

### 4.5.2 适应热舒适理论

#### 1. 适应性理论的形成

PMV-PPD 模型是以人体热平衡为基础，在实验室内研究得出的，它假设人体的热感觉仅受到四个环境参数（空气温度、平均辐射温度、空气流速以及相对湿度）和两个个体参数（服装热阻和新陈代谢率）的影响，并没有考虑文化背景、气候条件和社会状况等因素的影响。PMV-PPD 模型没有明确定义“可接受性（Acceptability）”，或者“满意（Satisfaction）”，而是将“满意”同热感觉的“稍暖（Slightly Warm）”“刚好（Neutral）”和“稍凉（Slightly Cool）”联系起来，即认为在热感觉投票中，投票值为以上三项时，都认为此时的室内热环境是令人满意的。

然而，研究者发现在非严格控制的室内热湿环境中，人体的感觉与 PMV-PPD 模型预测的结果有较大出入。在非空调环境下，人的热舒适反应与传统的适用于稳态空调环境的 PMV 指标值存在较大偏差，如果能够分析出产生这个差异的原因，利用传统自然通风建筑中的生活方式作为空调系统的设计指导，将减少人们对机械制冷的依赖，降低空调能耗。

针对 PMV-PPD 模型在应用过程中与实际情况有差异的问题，美国供暖、制冷与空调工程师学会（ASHRAE）开展了一个大型的研究课题 RP-884，在世界范围内进行了一系列的研究，来量化空调建筑与自然通风建筑对人体热反应的影响，并形成了 RP-884 数据库。在研究过程中，ASHRAE 严格按照标准程序，对 PMV 模型中 6 个输入变量与实际热感觉的关系，包括数据格式、数据库的机构等都进行了严格的规定，对数据处理过程，例如服装热阻的计算都有统一的规定。数据收集和分析过程的标准一致性使得不同地区收集得到的数据具有可比性，可以避免由于数据收集和分析过程的不统一对结果产生的人为误差。最终的数据库包括 160 栋建筑，22346 份问卷，包括泰国、英国、印度尼西亚、美国、加拿大、巴基斯坦、新加坡等国家的数据。1998 年 Richard de Dear 等在 RP-884 数据库基础上提出了适应性模型（Adaptive Model），并成为 ASHRAE 55 适应性标准 ACS（Adaptive Comfort Standard）的基础。

#### 2. 适应性理论的基本内容

适应性手段的基本假设是通过适应性原理来表达的，即如果导致不舒适的情况发生，人们的反应就会向着恢复自身舒适的方向发展。Nicol 和 Humphreys 认为把热舒适投票值和人们的活动联系起来，适应性原理就可以将舒适温度和受试者所在的环境相联系。舒适温度是受试者和建筑或者他们所在环境相互作用的结果。环境中变化最多的就是气候，气候会影响当地的文化和人们建造房屋的风格。人们在设计房屋时，最基本的想法是，室内热环境能够不受气候变化的影响，这个想法就会引导人们采取一系列措施来改善室内环境，好方法便日积月累，因此那些有更多机会适应环境的人，或者是通过技术手段营造适合人居环境的人，他们经历不舒适环境的可能性将会大大减少。在人工气候室的热舒适研究中，没有将受试者的文化背景、性别、年龄、认知水平、气候条件、社会经济状况等因素同人体的舒适性联系起来，因此人是作为环境的被动接受者。而在热舒适的现场研究中，或者说在适应性研究中，人不是作为环境的被动接受者，而是环境的积极适应者。

这种适应性定义为：由于对热环境不断适应而逐渐减小的机体反应。

适应性理论认为：人不仅是环境热刺激的被动接受者，同时是积极的适应者，人的适应性对热感觉的影响超过了自然热平衡，对环境的适应会使人逐渐对该环境满意。例如，生活在热气候环境下的人们对室内的期望温度，要比生活在寒冷气候环境下的人们的期望温度高。不仅仅是基本的热环境和人体参数对热期望值和热偏好起重要作用，人员热感觉、满意度以及可接受性也受人体在某个特定环境下的热期望值和人体实际所处的热环境共同影响。热平衡模型在一定程度上考虑了人体行为调节的作用，但是忽略了心理调节的作用，心理调节在某个特定环境下可能会起到重要的作用，进而改变人体的热期望值、热感觉以及满意度等。适应性模型由三部分组成，分别是生理适应、心理适应和行为适应，如图 4-34 所示。

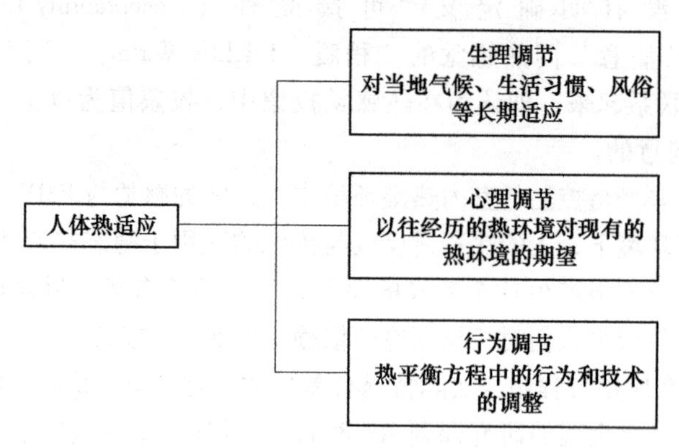


图 4-34 适应性模型的组成

实际建筑和在室人员之间的关系是极为复杂的，人体对环境的适应或满意，是这三个适应调节共同作用的结果，也就是说，人体对热环境的主观热评价是这三个方面共同作用的结果。适应性模型机理如图 4-35 所示，首先是人体对所处的实际热环境进行主观评价，如果是舒适的，则维持现状，如果是不舒适的，则通过人体自身的行为调节，对环境的技术性调节等手段达到让自己对环境满意的目的。在这一过程中，人体原来所经历的热环境、生活习惯、文化背景、气候条件以及社会经济状况等，均会使人体对环境的热期望值发生改变，这种期望值的改变使得在室人员对所处的热环境满意。

（1）行为适应　行为适应是指人们改变身体热量平衡所做的有意或无意的热调节行为。它包括以下三个方面：

1）个人调节。通过个人的调节来适应热环境，比如换衣服，改变活动量，喝冷饮或者热饮等。

2）技术调节或者环境调节。在条件允许的情况下通过调控热环境满足热舒适的要求，例如开关窗户、打开风扇或者取暖器、应用采暖或者空调等。

3）习惯性调节。如行为习惯、午休的习惯、着装习惯等。

（2）生理适应　生理适应广义来讲包括所有为了适应热环境而进行的生理响应。人们通过生理响应来减小热环境对人体形成的应力。生理适应至少可以分为以下两类：

1）遗传适应。机体由于适应热环境，成为个体或者群体中的遗传基因的一部分，会通过遗传代代相传。

2）热习惯。在某个热环境中工作或生活一段时间以后，通过改变生理调节系统的温度设定点来适应热环境。

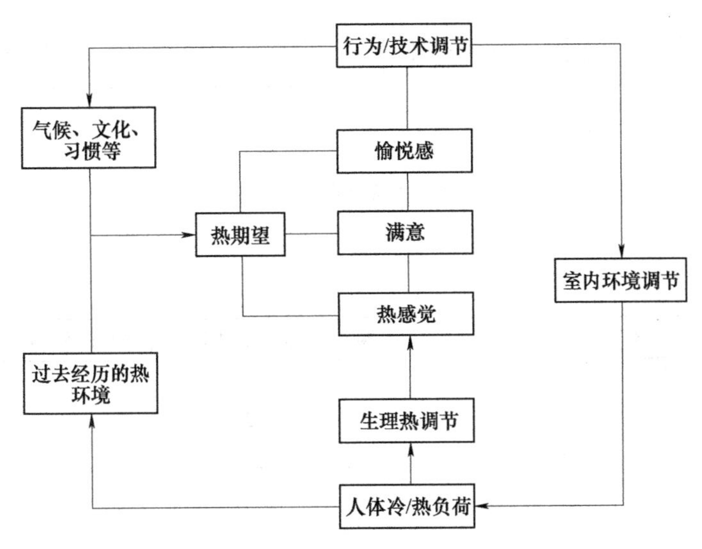


图 4-35 适应性模型机理

（3）心理适应 心理适应是指人们由于自己的经历和期望而改变了的对客观环境的感受和反应。人对热环境的热经历和热期望可以直接而又显著地降低人对环境的感受。心理适应随着时间和地点的变化，改变人对舒适温度的要求。模型认为这是解释自然通风建筑中实际观测结果和 PMV 预测结果不同的主要原因。

Richard de Dear 通过对自然通风建筑室内热环境的研究发现，对于自然通风建筑来说，心理调节（Psychological Adaptive）在影响人体热感觉等方面起了重要作用。越来越多的实地测试表明，稳定热舒适模型并不能准确地预测出人体的热反应。人的适应性和对环境的期望被认为是产生这种状况的主要原因。

### 3. 适应性理论逻辑图

适应性模型强调用人们如何与环境相互作用和改变环境，来说明人们过去的经验和将来的计划如何影响人们对环境的看法。适应性模型的机理可以用一个反馈控制图表示，如图 4-35 所示，图中将室外气候、过去经历的热环境及调节通过各种反馈表示出来，可以看出，气候以及过去经历的热环境都是负反馈过程。

图 4-35 也反映出适应性模型不仅包含了热平衡为基础的静态热舒适模型，也将三种热调节机制以及影响适应性的各种因素包含在内，并可通过行为热调节、生理热调节和心理热调节等三个反馈过程反映出来。适应性模型同时隐含着：人们期望的舒适温度会随着每天经历的室内外温度的平均情况而改变。

（1）行为热调节反馈 行为热调节是对热环境反应最快的一个反馈，如图 4-36 所示。当人感到热不舒适或者不满意时，会采取相应的措施。在静态热平衡模型中，热不舒适或者不满意仅仅成为一个结果，而在适应性模型中则是一个反馈的起点。

（2）生理热调节反馈 生理热调节反馈是由自主神经系统调节的过程，生理热调节反馈主要表现为人对热环境的热适应和热习惯影响人的热期望。生理热调节反馈如图 4-37 所示。

（3）心理热调节反馈 心理热调节对于适应性的影响为：认知程度和文化差异形成的热习惯不同会影响热期望。由于对室内外热环境形成的热期望直接影响热感觉以及满意程度，心理热调节反馈循环（图 4-38）已经包含于热舒适模型中。

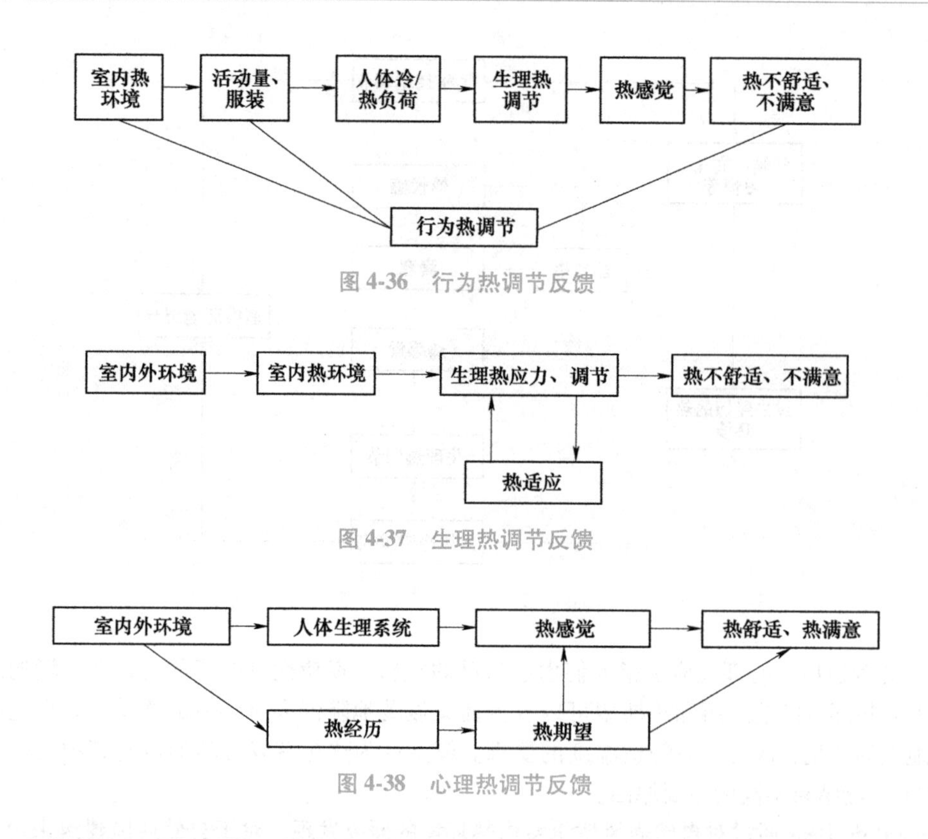


图 4-36 行为热调节反馈

图 4-37 生理热调节反馈

图 4-38 心理热调节反馈

#### 4. 适应性热舒适预测模型的方法

（1）RP-884 数据库 考虑到在适应性假设中心理适应对热感觉的重要影响，研究者一致认为，测试必须是现场测试，而不能在气候室内进行。因此，RP-884 改变了以往以给报酬的大学生为对象，在一个严格控制的气候室内做测试的做法，而到现场去调查建筑的真正用户。

RP-884 数据库包括每个被调查者所在的建筑基本特征、总人数，以及被调查者针对 6 个参数（空气温度、辐射温度、相对湿度、风速、服装热阻、代谢率）的室内热感觉、热期望和可接受投票。考虑到服装对行为热调节的影响和不同热指数的计算，一定要保证服装和家具的隔热值在整个 RP-884 数据中保持一致，最后采用的是 ASHRAE 55 的方法。

其他热舒适模型的应用均是根据给定的一些参数（温度、湿度、风速）来预测人们在这种情况下的反应，既不是针对现已在建筑中的用户，也不是针对即将建成建筑中假设的用户，仅仅是一组参数而已。但是 RP-884 的适应性模型是为了能够在单体建筑中应用，因此用于模型的模块化分析必须和该单体建筑保持一致。因此，对所得到的 21000 组原始数据根据建筑水平进行了分类统计整理。

RP-884 的模块分析就是通过统计单体建筑形成的这些大量数据库得到的，共有 160 个建筑。统计结果从热中性温度、期望温度、可接受度、平均室内热指数值以及在调查时的室外气象指数中获得。原始数据经过标准化后，规整到数据库中，那么一些热指数（如 ET*、SET、PMV、PPD）就可以用标准软件工具（ASHRAE RP-781）计算出来。而且室外气候和气象资料都附加在数据库的每一组中，以便调查室外大气环境对热适应的作用。

（2）RP-884 适应性模型 以单体建筑作为一个单元来分析所得数据，是 RP-884 适应性模型与其他适应性模型最显著的区别，因为它可以区别对不同建筑环境的适应性。通过分析处理这些数据，RP-884 热舒适模型得到的室内热中性温度方程式如下：

$$热中性温度 = 15.34 + 0.35 \times 作用温度(r =+ 0.62) \tag{4-35}$$

式（4-35）和 Humphreys1975 年得到的方程式热中性温度 = 2.56 + 0.83 × 作用温度（$r$=+0.96）很类似。最后从 98 个单体建筑［包括空调建筑（HVAC）和自然通风建筑］获得的 11620 个样本建立了自适应模型：

$$热中性温度 = 12.93 + 0.44 \times 作用温度(r =+ 0.68) \tag{4-36}$$

RP-884 的室外气候指标采用的是 ET*，增加了对湿度影响的考虑，但是后来 Richard de Dear 发现室内热舒适温度和室外空气温度（而不是室外有效温度）有很好的相关性，尤其是在自由运行建筑或者自由通风建筑中，这一发现使得 ASHRAE 的热舒适标准可以根据气候做适当的修订，减少了对冷却降温能耗的需求。

之所以会提出适应性模型，是由于在某些情况下，PMV 和实际热感觉之间产生了较大的偏差。那么，RP-884 是否有所改进呢？事实上，对 HVAC 建筑来讲，已经有大量的文章证明了 PMV 预测的准确性，这些文章中的数据也是 RP-884 数据库中的一部分。HVAC 建筑的情况和气候室类似，行为和心理适应反馈都处于封闭状态，因此得到了两个模型的预测结果相近。其实 PMV 模型在建立之初是一个适应性模型，但是在未建成或未使用的建筑中进行预测通常无法获得具体的参数，如服装热阻、风速等。而 RP-884 模型根据数据得到了隔热值和室内平均风速与室外平均有效温度的相关关系：

$$服装热阻 = 0.93 \times e^{-0.013\times 室外平均有效温度}(r =+ 0.80) \tag{4-37}$$

$$室内平均风速 = 0.08 \times e^{+0.014\times 室外平均有效温度}(r =+ 0.44) \tag{4-38}$$

有了以上关系式，PMV 在 HVAC 建筑中的适应性方程可表示为：

$$舒适温度 = 22.6 \times 0.04 \times 室外平均有效温度(r =+ 0.50) \tag{4-39}$$

在自然通风建筑中，RP-884 适应性模型的曲线几乎为 PMV 模型的两倍，如果按照上面的分析，PMV 模型在环境方面可以算是具有适应的模型，那么在自然通风建筑中排除生理适应的影响，PMV 模型和 RP-884 的区别只剩下行为适应的心理适应了。在舒适度附近，人们一般很少采用行为调节，故两个模型预测结果的差异可以用心理适应性来解释。因此，在自由运行建筑中，适应性模型能更为准确地预测热舒适性。

由样本库同样可以得到 RP-884 适应性模型可接受温度范围，如式（4-40），但是没有对空调房间和自然通风房间加以区分。为了将可接受温度应用到预测室内最佳温度的适应性模型，需要将它和室外温度联系起来。可以设想，如果回归模型具有统计意义上的变化，子样本的平均接受范围就能够合理地适用于所有气候区。

$$可接受温度区间 = 4.2 + 1.65 \times 室内温度标准差 \tag{4-40}$$

### 5. 应用

Richard de Dear 和 Brager 利用 ASHRAE 的 RP-884 数据库，对空调建筑和自然通风建筑中 PMV 模型和适应性模型获得的现场数据的结果进行了比较，如图 4-39 和图 4-40 所示。空调建筑中，PMV 模型可以用于预测热舒适温度，PMV 模型的输入变量为：服装、空气流速等行为热调节方式，该模型可以比较准确地得出不同室外气候对应的室内舒适温度。与此相反，在自然通风建筑中，适应性模型得到的结果与 PMV 模型有显著的差异，产生这个差异的一个主要原因便是前面介绍的心理热调节的影响，因此在自然通风建筑中，适应性模型更能反映室内人员的热感觉情况，确定的舒适温度范围更宽。

将图中室外气候月平均有效温度用干球温度代替，可以通过回归分析得到室内舒适温度与室外干球温度的计算公式：

$$t_{comf}=0.31t_{a,out}+17.8 \tag{4-41}$$

式中 $t_{comf}$——最优的室内舒适温度（℃）；

$t_{a,out}$——室外空气平均温度（℃）。

采用PMV-PPD模型评判热可接受与热舒适的方法，即将适应性模型的热感觉平均投票值的-0.5～+0.5，即90%的人感到满意的范围，作为热舒适的界限；-0.85～+0.85，80%的人感到满意，作为可接受范围的界限。相应地得到热舒适范围的上下温度界限与中心平均温度差为5℃，可接受温度宽度为7℃。将得到的数据用连续的温度范围表示出来，即得到空调建筑中静态模型（PMV）与适应性模型，如图4-40所示。适应性模型，已被ASHRAE 55-2004标准采纳，并用于自然通风建筑的热舒适评价。

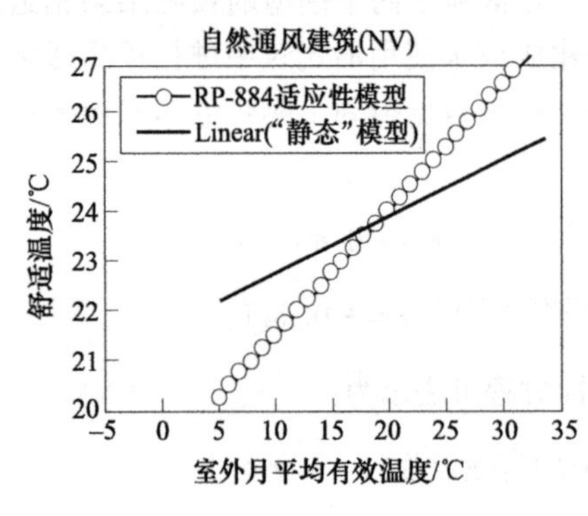


图4-39 非空调建筑中静态模拟（PMV）与适应性模型

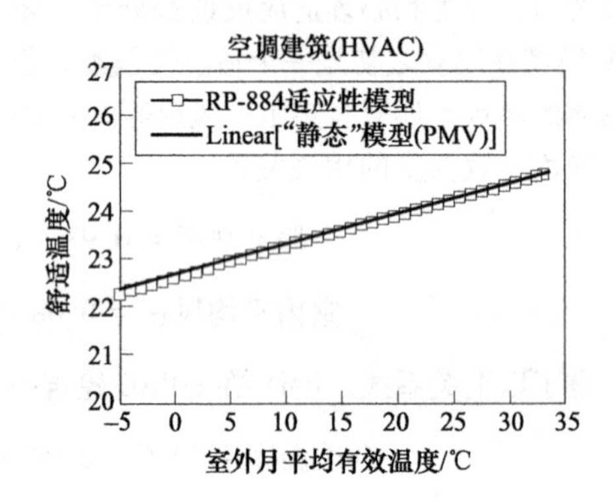


图4-40 空调建筑中静态模型（PMV）与适应性模型

## 4.5.3 局部—整体热舒适理论

### 1. 人对冷热感觉的反应特性

我们知道，在人体皮肤内和人体体内的某些黏膜和腹腔内脏等处存在温度感受器。根据温度感受器对外界刺激的反应特性，可以将它们分为热感受器和冷感受器两种。热感受器只对热刺激产生反应，而在冷刺激作用下反应被抑制。与此相反，冷感受器则只对冷刺激产生反应，而不对热刺激产生反应。另外，冷感受器在皮肤中的分布密度要大于热感受器，从而决定了人对冷感觉的反应比对热感觉的反应更敏感。

人体的冷热感与绝对温度（$t$）及与之适应温度的变化量（$\Delta t$）、温度变化速率（$\mathrm{d}T/\mathrm{d}t$）、受到刺激的部位和刺激的持续时间等因素有关。

### 2. 局部热感觉模型

当皮肤温度适中时，皮肤温度和热感觉之间的关系接近于线性。而当皮肤温度过低或者过高时，这种线性关系就消失了，热感觉趋于稳定。

研究者认为局部热感觉是局部皮肤温度变化的函数，和局部皮肤温度与其设定值之差有关。当局部热感觉为热中性时，局部皮肤温度取为设定值。稳定状态下的逻辑函数见下式：

$$\mathrm{TS}_i = 4 \times \left( \frac{2}{1 + \exp[-C_1(T_{\mathrm{sk},i} - T_{\mathrm{sk},i,\mathrm{set}})]} - 1 \right) \tag{4-42}$$

式中　$\mathrm{TS}_i$——身体各部位的局部热感觉；

4——热感觉范围，从非常冷（−4）到非常热（+4）；

$C_1$——系数；

$T_{\mathrm{sk},i}$——局部皮肤温度（℃）；

$T_{\mathrm{sk},i,\mathrm{set}}$——局部皮肤温度设定值（℃）。

局部热感觉不仅受局部皮肤温度的影响，还受全身热状态的影响。局部热感觉随着全身热状态冷和暖的区别而产生分离。对于具有相同皮肤温度的身体部位，当全身处于较冷状态时，局部热感觉会较暖，而当全身处于较暖状态时，局部热感觉会较冷。

通过皮肤平均温度与设定值的差值来确定稳定状态下的全身热感觉比用核心温度更为方便有效。式（4-42）中的指数决定该逻辑函数的斜率，还应包括全身热感觉。对式（4-42）进行改进后可得

$$\mathrm{TS}_{\mathrm{static},i} = 4 \times \left( \frac{2}{1 + \exp[-C_1(T_{\mathrm{sk},i} - T_{\mathrm{sk},i,\mathrm{set}})] - K_1(T_{\mathrm{sk},i} - T_{\mathrm{sk},i,\mathrm{set}}) - (\overline{T}_{\mathrm{sk}} - \overline{T}_{\mathrm{sk},\mathrm{set}})} - 1 \right) \tag{4-43}$$

式中　$K_1$——系数；

$\overline{T}_{\mathrm{sk}}$——平均皮肤温度（℃）；

$\overline{T}_{\mathrm{sk},\mathrm{set}}$——平均皮肤温度设定值（℃）。

当局部热感觉偏冷时，皮肤温度的变化范围要比局部热感觉偏暖时更大。在冷环境中手部血管收缩，皮肤温度可以比其设定值（约 33℃）低 20℃。而在炎热环境中，血管舒张仅使手部皮肤温度升高到接近核心温度（约 37℃），出汗会防止皮肤温度和核心温度进一步上升。因此，在冷却侧和加热侧应使用不同的系数及方程式，以体现皮肤温度变化的不对称性。

用试验数据对式（4-43）进行拟合，得到局部热感觉动态模型的回归系数，见表 4-12。该模型的预测值可以代表稳态时的热感觉，但当皮肤温度处于上升或下降动态变化时，计算值会低于观测值。为此，需要在方程式中引入动态项。

用身体核心温度的变化来预测动态局部热感觉比用平均皮肤温度的变化更准确。动态 TS 项为

$$\mathrm{TS}_{\mathrm{dynamic},i} = C_2 \frac{\mathrm{d}T_{\mathrm{sk},i}}{\mathrm{d}t} + C_3 \frac{\mathrm{d}T_{\mathrm{cr}}}{\mathrm{d}t} \tag{4-44}$$

式中　$C_2$、$C_3$——系数；

$T_{\mathrm{cr}}$——核心温度（℃）；

$t$——时间（s）。

局部热感觉动态模型的回归系数见表 4-13。导数项为正时，为局部加热；导数项为负时，为局部冷却。将稳态局部热感觉模型和动态局部热感觉模型结合，可得到动态热环境下局部热感觉模型：

表 4-12 局部热感觉动态模型的回归系数（一）

| 身体部位（温度测量位置） | $T_{sk,i}-T_{sk,i,set}<0$（局部冷却/℃） | | $T_{sk,i}-T_{sk,i,set}\geqslant 0$（局部加热/℃） | | 决定系数 | |
|---|---|---|---|---|---|---|
| | $C_1$ | $K_1$ | $C_1$ | $K_1$ | $R^2$ | $N$ |
| 前额 | 0.4 | 0.2 | 1.3 | 0.2 | 0.55 | 136 |
| 脸部 | 0.15 | 0.1 | 0.7 | 0.1 | 0.70 | 192 |
| 呼吸区 | 0.1 | 0.2 | 0.6 | 0.2 | 0.58 | 136 |
| 颈前部 | 0.4 | 0.15 | 1.25 | 0.15 | 0.63 | 136 |
| 胸部（左上部） | 0.35 | 0.1 | 0.6 | 0.1 | 0.67 | 172 |
| 背部（左上部） | 0.3 | 0.1 | 0.7 | 0.1 | 0.66 | 164 |
| 腹部 | 0.2 | 0.15 | 0.4 | 0.15 | 0.50 | 124 |
| 上臂 | 0.3 | 0.1 | 0.4 | 0.1 | 0.72 | 124 |
| 前臂 | 0.3 | 0.1 | 0.7 | 0.1 | 0.81 | 124 |
| 手背 | 0.2 | 0.15 | 0.45 | 0.15 | 0.74 | 166 |
| 大腿 | 0.2 | 0.1 | 0.3 | 0.1 | 0.50 | 142 |
| 小腿 | 0.3 | 0.1 | 0.4 | 0.1 | 0.62 | 142 |
| 脚 | 0.25 | 0.15 | 0.25 | 0.15 | 0.76 | 180 |

$$\mathrm{TS}_i = 4 \times \left\{\frac{2}{1+\exp[-C_1(T_{sk,i}-T_{sk,i,set})-K_1(T_{sk,i}-\overline{T}_{sk})-(T_{sk,i,set}-\overline{T}_{sk,set})]}-1\right\}+ C_{2i}\frac{\mathrm{d}T_{sk,i}}{\mathrm{d}t}+C_{3i}\frac{\mathrm{d}T_{cr}}{\mathrm{d}t} \tag{4-45}$$

当导数为 0 时，身体处于稳定状态。模型的动态部分为 0，局部热感觉由式（4-43）预测。

表 4-13 局部热感觉动态模型的回归系数（二）

| 身体部位 | $C_{21}$（局部冷却） | $C_{22}$（局部加热） | $C_3$ | $R^2$ | $N$ |
|---|---|---|---|---|---|
| 前颈 | 543 | 90 | 0 | 0.64 | 260 |
| 脸部 | 37 | 105 | −2289 | 0.74 | 500 |
| 呼吸区 | 68 | 741 | 0 | 0.92 | 220 |
| 颈前部 | 173 | 217 | 0 | 0.80 | 260 |
| 胸部（左上部） | 39 | 136 | −2135 | 0.61 | 340 |
| 背部（左上部） | 88 | 192 | −4054 | 0.73 | 300 |
| 腹部 | 75 | 137 | −5053 | 0.86 | 260 |
| 上臂 | 156 | 167 | 0 | 0.74 | 240 |
| 前臂 | 144 | 125 | 0 | 0.77 | 240 |
| 手背 | 19 | 46 | 0 | 0.90 | 340 |
| 大腿 | 151 | 263 | 0 | 0.94 | 200 |
| 小腿 | 206 | 212 | 0 | 0.85 | 200 |
| 脚 | 109 | 162 | 0 | 0.55 | 360 |

### 3. 整体热感觉模型

在均匀和不均匀热环境中，热感觉随身体部位的不同而不同。这种差异与许多因素有关：身体局部的体温调节机制对身体全身热状态的反应，服装热阻及周围环境分布不均匀，身体局部皮肤温度的变化率不同以及不同部位的热敏感度不同。

整体热感觉模型分两种情况。当不存在身体某一部位与其余部位的感觉截然不同（如身体某部位感到冷而其余部位感到暖）时，这种状态称为“无差异热感觉”；当存在身体某一部位明显与其余部位的感觉不同时，称该种状态为“差异热感觉”。

（1）无差异热感觉　该模型可适用于下列几种情况：①均匀热感觉；②全身感觉温暖时进行局部加热；③全身感觉凉爽时进行局部冷却；④身体局部稍凉/稍暖，其他部位感觉暖和/凉。

定义$n^-$为热感觉为负（冷）的身体部位的个数，$n^+$为热感觉为正（暖）的身体部位的个数，1和-1表示“明显程度”的极限，“无差异热感觉”的判断依据为以下4个条件中的任意一个（$n^+ + n^- =$ 身体部位的总数）：

$$n^- = 0 \tag{4-46}$$

$$n^+ = 0 \tag{4-47}$$

$$n^- > n^+ \text{ 且 } S_{\text{local,max}} \leqslant 1 \tag{4-48}$$

$$n^+ > n^- \text{ 且 } S_{\text{local,max}} \geqslant -1 \tag{4-49}$$

1）高水平热感觉。当局部热感觉投票大于或等于2时，会引起人们的不满意感，对全身热感觉影响较大。由回归分析可知，局部热感觉投票的最大值（最小值）与第三大值（第三小值）的加权平均数可以较为准确地预测加热侧和冷却侧的全身热感觉。回归方程见式（4-50）和式（4-51）。

在加热侧，以第三大局部热感觉为预测变量。当$S_{\text{local,third,max}} \geqslant 2$（至少有三处局部热感觉大于2时）

$$S_{\text{overall}} = 0.5\, S_{\text{local,max}} + 0.5\, S_{\text{local,third,max}} \tag{4-50}$$

在冷却侧，当$S_{\text{local,third,min}} \leqslant -2$（至少有三处局部热感觉小于-2）时

$$S_{\text{overall}} = 0.38\, S_{\text{local,min}} + 0.62\, S_{\text{local,third,min}} \tag{4-51}$$

当出现最大（最小）热感觉的身体部位同时包括两只手或两只脚时，只算一只手或一只脚。

2）低水平热感觉。当局部热感觉趋于中性时，最高或最低热感觉对全身热感觉的影响不大。全身热感觉接近于局部热感觉的平均值。

以“稍暖热感觉”情况为例，当$S_{\text{local,third,max}} < 2$时，首先将局部热感觉以降序排列：

$$S_{\text{local},0,\text{max}} > S_{\text{local},1,\text{max}} > S_{\text{local},2,\text{max}} > \cdots > S_{\text{local},i,\text{max}} > \cdots (i = 0,1,2,\cdots,n^+) \tag{4-52}$$

用身体部位总数（双手和双脚只算作两个部位）将热感觉标度从（$S_{\text{local}} = 2$）到（$S_{\text{local}} = 0$）的部分分成相等区间：

$$\text{间距} = \frac{2}{\text{身体部位总数} - 2} \tag{4-53}$$

若$S_{\text{local},i,\text{max}} > 2 -$ 间距×（$i-2$），则：

$$S_{\text{overall}} = \frac{S_{\text{local},0,\text{max}} + S_{\text{local},1,\text{max}} + \cdots + S_{\text{local},i,\text{max}}}{i + 1} \tag{4-54}$$

研究者将“无差异热感觉”情况下的热感觉观测数据与以上模型的预测值进行对比，决定系数为0.94，说明该模型可有效的预测全身热感觉。

（2）差异热感觉　当全身热感觉为暖和时，对一处或几处身体部位进行局部冷却，或在全身热感觉为凉时，对一处或几处身体部位进行局部加热，此类局部热感觉为差异热感觉。这种差

异足够显著，对全身热感觉产生一定影响，极限为±1。当身体某部位的局部热感觉大于1，该部位为差异热感觉。有一种情况例外，当三处起主导作用的部位（胸部、背部和腹部）中的一处热感觉为稍凉时，则局部热感觉下限小于或等于-1。

该模型将热感觉分为两组（正热感觉和负热感觉）。包含身体部位多的组（大组）代表全身热感觉，而小组则表示差异热感觉。用以上提到的无差异热感觉模型得到大组的热感觉值。局部热感觉为0的身体部位归大组，当两组大小相等时，热感觉为正的组为大组。

小组中的身体部位的热感觉会削弱大组中的热感觉对全身热感觉的影响。每个身体部位都有“影响力”，其中，热感觉投票最大的一个或两个部位产生的影响力会修正大组的热感觉。全身的热感觉等于大组的热感觉与小组的综合影响力之和。

每个身体部位的影响力 Individual force 用下式计算，

$$每个身体部位的影响力 = S_{overall,modifier} = a(\Delta S_{local} - c) + b \tag{4-55}$$

式中 $a$、$b$、$c$——回归系数；

$\Delta S_{local}$——局部冷却/局部加热开始与结束时局部热感觉的变化；

$S_{overall,modifier}$——局部热感觉的变化对全身热感觉的修正值。

斜率 $a$ 定量表征了各个身体部位影响全身热感觉的程度，身体各部位的回归系数见表4-14。

对于局部冷却试验，若身体有一处或多处存在差异热感觉主要部位（胸部、背部和腹部），全身热感觉就等于局部热感觉投票绝对值最大（感到最冷）的部位的局部热感觉。

对于局部加热试验或是不针对主要部位的局部冷却试验，用影响力来修正大组的热感觉。由表4-14得到身体部位的最大及次大影响力 $\max S_{over,modifier}$ 及 Second $\max S_{overall,modifier}$，并由下式得到“综合影响力”Combined force：

$$\begin{aligned}综合影响力 &= \max S_{overall,modifier} + 10\% \times \text{Second} \max S_{overall,modifier} \\ &= S_{overall,modifier,0} + S_{overall,modifier,1}\end{aligned} \tag{4-56}$$

表4-14 “差异热感觉”模型身体各部位的回归系数

| 身体部位 | $\Delta S_{local} \leqslant -2$ | | | $-2<\Delta S_{local}<2$ | | | $\Delta S_{local} \geqslant 2$ | | | 决定系数 $R^2$ |
|---|---|---|---|---|---|---|---|---|---|---|
| | $a$ | $b$ | $c$ | $a$ | $b$ | $c$ | $a$ | $b$ | $c$ | |
| 头部 | 0.54 | -1.1 | -2 | 0.50 | 0 | 0 | 0.69 | 1.1 | 2 | 0.89 |
| 脸部 | 0.70 | -0.74 | -2 | 0.37 | 0 | 0 | 1.14 | 0.74 | 2 | 0.82 |
| 呼吸区 | 0.27 | -1 | -2 | 0.51 | 0 | 0 | 0.39 | 1 | 2 | 0.78 |
| 颈部 | 0.65 | -0.92 | -2 | 0.46 | 0 | 0 | 0.63 | 0.92 | 2 | 0.81 |
| 胸部 | 0.91 | -1.14 | -2 | 0.57 | 0 | 0 | 0.97 | 1.14 | 2 | 0.90 |
| 背部 | 0.91 | -0.92 | -2 | 0.46 | 0 | 0 | 0.75 | 0.92 | 2 | 0.62 |
| 腹部 | 0.94 | -0.64 | -2 | 0.32 | 0 | 0 | 0.75 | 0.64 | 2 | 0.89 |
| 上臂 | 0.43 | -0.56 | -2 | 0.28 | 0 | 0 | 0.37 | 0.56 | 2 | 0.73 |
| 前臂 | 0.37 | -0.73 | -2 | 0.38 | 0 | 0 | 0.30 | 0.73 | 2 | 0.67 |
| 手 | 0.25 | 0 | -2 | 0 | 0 | 0 | 0.33 | 0 | 2 | 0.51 |
| 大腿 | 0.81 | -0.6 | -2 | 0.3 | 0 | 0 | 0.82 | 0.6 | 2 | 0.73 |
| 小腿 | 0.7 | -0.59 | -2 | 0.29 | 0 | 0 | 0.8 | 0.59 | 2 | 0.71 |
| 脚 | 0.50 | 0 | -2 | 0 | 0 | 0 | 0.44 | 0 | 1 | 0.45 |

如果小组不存在热感觉次大的身体部位，则$S_{overall,modifier,1}$为0。

这样，全身热感觉（$S_{overall}$）等于大组的热感觉（$S_{overall,bigger,group}$）与小组的综合影响力之和：

$$S_{overall} = S_{overall,bigger,group} + 综合影响力 \tag{4-57}$$

### 4. 局部热舒适

热舒适是一种对环境既不感到热也不感到冷的舒适状态，用来描述室内人员对热环境表示满意的程度。关于热舒适的定义，现在比较通用的是美国供暖、制冷与空调工程师学会标准ASHRAE 55 标准中的定义——热舒适是人对热环境感到满意的意识状态。这一定义认为热舒适是人体对周围环境在主观心理上的一个感知过程。这个过程会受到很多因素的影响，这些因素分为热环境参数和人体参数两类：热环境参数包括空气温度、气流速度、空气湿度和平均辐射温度；与人体有关的参数包括能量代谢及服装热阻。

（1）局部热舒适模型　局部热舒适模型是鞍形曲线，反映身体的各种热状态，如图 4-41 所示。从试验数据可得出以下 5 点：

1）局部热舒适是局部热感觉的两段线性函数。当热感觉从中性到非常热或非常冷时，局部热舒适趋向于很不舒适。

2）受试者感到最舒适时的局部热感觉随着全身热感觉的变化而变化。全身热感觉越暖和（或越凉爽），最舒适的局部热感觉就越凉爽（或越暖和）。

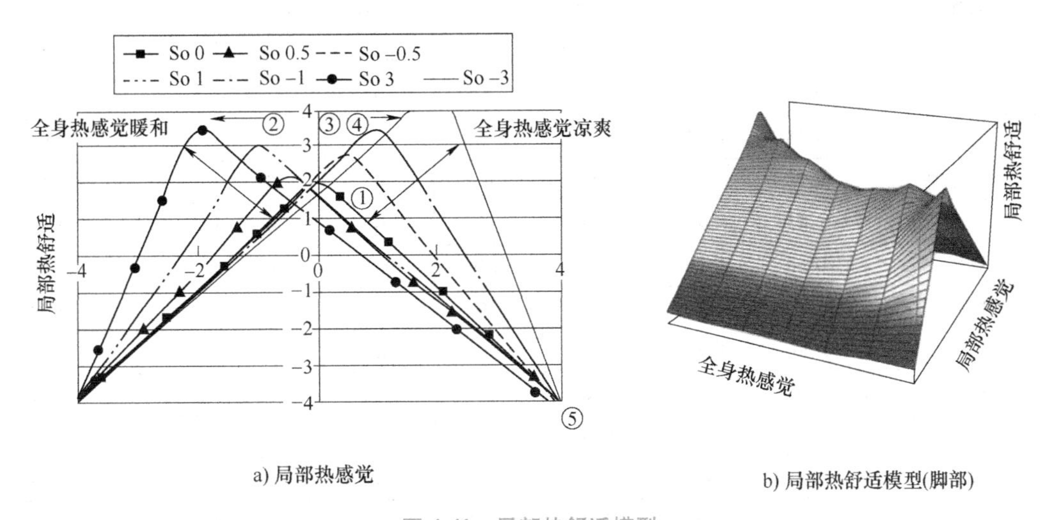


a) 局部热感觉　　b) 局部热舒适模型(脚部)

图 4-41　局部热舒适模型

3）热舒适与全身热感觉有关。全身热感觉越暖和（或越凉爽），对身体局部进行冷却或加热后越舒适。最大热舒适程度比热中性状态下的热舒适高。

4）在冷却侧和加热侧最大热舒适程度可能不对称。身体的某些部位（例如腹部）在全身热感觉为凉爽时进行加热会感到舒适，而当全身热感觉为暖和时进行冷却会感到不舒适。相反地，受试者在全身热感觉为暖和时吸入冷空气后会感觉舒畅，而在其他试验条件下吸入热空气并不感到舒适。

5）当局部热感觉为非常热或者非常冷时，受试者都感到很不舒适。

模型的表达为

$$\mathrm{TC}_i=\left\{\frac{\dfrac{-4-(C_6+C_{71}|S_0^-|+C_{72}|S_0^+|)}{|(-4+C_{31}|S_0^-|+C_{32}|S_0^+|+C_8)|^n}-\dfrac{-4-(C_6+C_{71}|S_0^-|+C_{72}|S_0^+|)}{|(4+C_{31}|S_0^-|+C_{32}|S_0^+|+C_8)|^n}}{\exp[25(S_l+C_{31}|S_0^-|+C_{32}|S_0^+|+C_8)]+1}+\frac{-4-(C_6+C_{71}|S_0^-|+C_{72}|S_0^+|)}{|(-4+C_{31}|S_0^-|+C_{32}|S_0^+|+C_8)|^n}\right\}\times(S_l+C_{31}|S_0^-|+C_{32}|S_0^+|+C_8)^n+(C_6+C_{71}|S_0^-|+C_{72}|S_0^+|) \tag{4-58}$$

式中 $\mathrm{TC}_i$——第 $i$ 个身体部位的舒适度；

$C_{31}$、$C_{32}$、$C_6$、$C_{71}$、$C_{72}$、$C_8$、$n$——系数；

$S_0^+$——加热侧的全身热感觉；

$S_0^-$——冷却侧的全身热感觉。

与身体各部位相关的局部热舒适模型的回归系数见表 4-15。

表 4-15 局部热舒适模型的回归系数

| 身体部位 | $C_{31}$ | $C_{32}$ | $C_6$ | $C_{71}$ | $C_{72}$ | $C_8$ | $n$ | $R^2$ |
|---|---|---|---|---|---|---|---|---|
| 头部 | 0.35 | 0.35 | 2.17 | 0.28 | 0.40 | 0.50 | 2 | 0.55 |
| 脸部 | -0.11 | 0.11 | 2.02 | 0 | 0.40 | 0.41 | 1.5 | 0.44 |
| 呼吸区 | 0 | 0.62 | 1.95 | 0 | 0.79 | 1.10 | 1.5 | 0.33 |
| 颈部 | 0 | 0 | 1.96 | 0 | 0 | -0.19 | 1 | 0.43 |
| 背部 | -0.45 | 0.45 | 2.10 | 0.96 | 0 | 0 | 1 | 0.74 |
| 背部（上部） | -0.30 | 0 | 2.05 | 0 | 0 | 0 | 1 | 0.45 |
| 背部（下部） | -0.23 | 0 | 2.20 | 0 | 0 | 0 | 1 | 0.69 |
| 胸部 | -0.66 | 0.66 | 2.10 | 1.39 | 0.9 | 0 | 2 | 0.68 |
| 腹部 | 0.59 | 0 | 2.06 | 0.50 | 0 | -0.51 | 1 | 0.74 |
| 上臂 | 0.30 | 0.35 | 2.14 | 0 | 0 | -0.40 | 1 | 0.70 |
| 前臂 | -0.23 | 0.23 | 2.0 | 0 | 1.71 | -0.68 | 1 | 0.77 |
| 手 | -0.80 | 0.80 | 1.98 | 0.48 | 0.48 | 0 | 1 | 0.60 |
| 大腿 | 0 | 0 | 1.98 | 0 | 0 | 0 | 1 | 0.59 |
| 小腿 | -0.2 | 0.61 | 2.0 | 1.67 | 0 | 0 | 1.5 | 0.68 |
| 脚 | -0.91 | 0.40 | 2.13 | 0.50 | 0.30 | 0 | 2 | 0.55 |

注：系数 $C_6$ 和 $C_8$ 分别表示全身热感觉为中性时局部热舒适投票的最大值和局部热感觉的偏移量；系数 $C_{31}$ 表示当全身热感觉变冷时，局部热感觉向较暖方向的偏移；系数 $C_{32}$ 表示当全身热感觉变暖时，局部热感觉向较凉方向的偏移。$C_{31}$ 和 $C_{32}$ 的值越大，偏移程度越大。系数 $C_{71}$、$C_{72}$ 与热舒适投票的最大值的升高相关：其值越大，则最大热舒适程度越大。$S_0^+$（正值）表示全身热感觉偏暖，$S_0^-$ 表示全身热感觉偏凉。回归系数 $n$ 决定局部热感觉和局部热舒适关系的曲线形状，当 $n=1$ 时，为线性曲线，局部热舒适在热舒适投票最大值附近较为敏感；当 $n=1.5$ 时，为指数曲线；当 $n=2$ 时，为二次曲线。

该模型考虑了各种影响因素，但回归系数只适用于试验中的测试条件。在温暖环境下进行局部冷却的试验次数大大超过在寒冷环境下进行局部加热的试验次数，这可能限制了模型的应用。在 UCB 试验和验证试验中，最高试验温度足够使受试者适度出汗，所以该模型的系数同样可以应用于有一定皮肤湿润率的情况。

由于试验中冷却速率的选择并不全面，所以模型中的系数还是存在不足。例如，在温暖环境下采用大流量冷空气对受试者背部局部冷却，局部热舒适投票最大值并未出现。受试者可能由于局部过度冷却而感到不舒适。如果局部冷却速率逐渐加大，局部热舒适投票最大值可能会出现。

影响皮肤和核心温度的因素有许多，包括热传导、对流和热辐射。该模型同样适用于身体局部较小的区域，但是模型的系数会有所不同。

（2）模型的验证　为测试上述局部热舒适模型，在某汽车公司的风洞内进行了64种工况的试验。汽车内部可调的温度范围较宽，被放置在温度为-23~43℃的风洞中45min，风洞中太阳辐射可调。受试者先站在风洞环境内5~10min，然后进入汽车内。受试者进入汽车内不久，就回答与局部热感觉及热舒适等相关问题。除了采用纸质调查表外，热感觉及热舒适调查标度与UCB试验相比还包括稳态和暂态条件。每份数据有全身热感觉和热舒适、局部热感觉和热舒适。表4-16为车辆测试（针对司机：160套数据）的模型验证，给出了模型预测值和实际观测值的相关性。

模型对数据（局部热舒适）变化的贡献在51%（右脚）~76%（右手），大多数在70%左右。在实验室测试中，当全身热感觉为冷时，对脚部进行局部加热，受试者感到舒适，而在车辆测试中，没有出现这种情况。

表4-16　车辆测试的模型验证

| 身体部位 | 决定系数 $R^2$ | 标准差SD |
|---|---|---|
| 脸部 | 0.69 | 0.81 |
| 胸部 | 0.59 | 0.97 |
| 背部 | 0.70 | 1.00 |
| 腹部 | 0.70 | 1.04 |
| 上臂 | 0.68 | 1.16 |
| 前臂 | 0.67 | 0.74 |
| 左手 | 0.73 | 0.80 |
| 右手 | 0.76 | 0.75 |
| 大腿 | 0.53 | 1.13 |
| 小腿 | 0.69 | 1.01 |
| 左脚 | 0.55 | 1.36 |
| 右脚 | 0.51 | 1.40 |

### 5. 整体热舒适

热舒适随身体部位不同而不同，取决于身体其他部位的热状态。在身体各部位具有不同程度的舒适感时，人们的全身热舒适是基于局部热舒适程度还是取决于处于舒适状态或不舒适状态的身体部位的个数？或是其他因素？下面进行分析。

（1）整体热舒适模型　热舒适传统上以热感觉进行定量表述。ASHRAE 55将热感觉投票在[-1，1]范围外定义为不满意或不舒适。该方法不适用于身体局部热舒适的评价、非均匀或暂态热环境。在这种情况下，热感觉与热舒适之间的联系较为复杂，取决于身体各个部位的热状态。

表4-17列出了试验中受试者不同热感觉情况下的局部和全身热舒适的平均值。

表4-17 局部及全身热舒适

| 身体部位 | 冷（5份数据） | 稍凉（6份数据） | 中性（8份数据） | 稍暖（3份数据） | 热（10份数据） |
|---|---|---|---|---|---|
| 全身 | -2.8 | -0.1 | -1.6 | -0.4 | -1.4 |
| 头部 | 0.5 | 0.4 | 1.1 | -0.3 | -1.7 |
| 脸部 | 0.6 | 0.4 | -0.3 | -0.3 | -1.7 |
| 呼吸区 | 1.4 | 0.5 | 0.2 | 0.4 | -0.7 |
| 颈部 | 0.5 | 0.4 | 1.1 | -0.3 | -1.3 |
| 胸部 | -0.3 | 0.4 | 1.2 | 0.6 | -1.3 |
| 背部 | -0.7 | 0.2 | 1.1 | 0.5 | -1.0 |
| 腹部 | -0.3 | 0.2 | 1.2 | 0.7 | -0.7 |
| 手部 | -2.5 | 0.3 | 1.0 | 0.3 | -1.2 |
| 手 | -3.0 | 0.5 | 1.3 | -0.5 | -1.2 |
| 腿 | -1.7 | 0.5 | 1.3 | 0.5 | -0.9 |
| 脚 | -2.4 | -0.1 | 0 | 1.0 | -0.3 |

从表中数据可以看出，尽管可能存在其他不舒适的或舒适的部位，全身热舒适与局部热舒适的最高值或次高值（均指绝对值）接近。局部热舒适的极值对全身热舒适影响最大，其极值和次极值的平均值可准确预测全身热舒适。与全身热感觉模型一样，当双脚或双手的热感觉为冷时，只算一只。

将上述模型应用到汽车试验后，发现受试者的全身热舒适比预测值高。造成差异的原因有如下两点：①汽车试验中的受试者通过调节车内空调自行调节周围热环境，而在实验室，受试者所处的热环境是由工作人员设定的；汽车试验中的受试者的这种行为调节，使得他们感到更舒适；②汽车试验中，车内热环境是由受试者在整个测试过程中不断调节以满足自身需要的，因而是暂态热环境，而在实验室数据来自于稳定的热环境。在稳定的环境下，任何局部的不舒适都会持续存在。而在瞬变的环境下，不舒适的身体部位及其程度都在变化，所以局部不适感较不确切。此外，当热环境由暖变冷时，由热和冷引起的不舒适感可能会相互抵消。

为了使模型更适合汽车试验中舒适的情况，热舒适投票增加了“最舒适”，用来评价受试者能自行调节周围热环境情况下的全身热舒适。增加最舒适的投票是由于在暂态热环境下，最舒适最易察觉，因而影响到全身热舒适。基于一定规则的全身热舒适模型见表4-18。

表4-18 全身热舒适模型

| 规则 |
|---|
| 规则1：<br>如果规则2的条件不满足，全身热舒适等于两个局部热舒适投票最小值的平均 |
| 规则2：<br>当下列任何一个条件满足时：<br>1. 受试者对其所处的热环境有一定控制<br>2. 热环境是暂态的<br>此时，全身热舒适等于局部热舒适投票中两个最小值和最大值的平均 |

注：如果出现双手或双脚为最不舒适的身体部位，则忽略局部热舒适投票的第二小值，用第三小值代替。

（2）模型的验证 另外的1600份数据来自在汽车公司进行的暂态试验。一辆汽车被放置在能模拟冬季和夏季条件的风洞中（温度-23~43℃）。在身体各部位粘贴有热电偶的受试者进入汽车中，对其局部和全身热感觉及热舒适进行投票，然后打开空调40min，此期间受试者每2min对热感觉及热舒适进行投票。测量部位和问卷调查标度都与人工气候室内的试验相同，不同的是，汽车试验中受试者穿着常见的冬季或夏季服装。

将全身热舒适模型应用于实验室和汽车工厂的试验。由于上述基于规则的模型不是通过回归而是对试验数据进行目视观察得出的，所以可以用这些数据来验证该模型。

规则1应用于UCB试验中稳定状态时热舒适投票。预测值见表4-19。

表4-19 用UCB稳态试验数据对全身热舒适模型的验证

| 试验条件 | 全身热舒适（实测值） | 全身热舒适（预测值） |
|---|---|---|
| 1. 全身热感觉值在-3左右（5组数据） | -2.8 | -2.75 |
| 2. 全身热感觉值在2~3（10组数据） | -1.4 | -1.65 |
| 3. 全身热感觉值在-1左右 | -0.1 | -0.05 |
| 4. 全身热感觉值在1左右 | -0.4 | -0.44 |

规则2用于预测暂态时和受试者自行调控的汽车试验数据。

汽车试验中受试者经历了一系列相当复杂的热感觉和热舒适。身体各部位经受舒适和不舒适状态，冷或热都可能造成不舒适。例如，背部由于热感到不舒适，胸部由于凉感到稍舒适或不舒适的。结果表明，热舒适模型预测精度较好。

UCB和汽车试验的目的不是探讨人在可控热环境下和不可控热环境下的热舒适状态的差异，也不是探讨人在暂态热环境和稳态热环境下的热舒适状态的差异。可喜的是，全身热舒适模型的预测值与受试者和汽车试验的观察值吻合。

这是首次尝试深入探讨和以局部热舒适为基础建立全身热舒适模型，还有很多方面需要完善，尤其是需要收集更多的试验数据。该模型还需要在规则2规定的两种条件（暂态和用户可控热环境）和其他环境条件下进一步得到验证。

### 4.5.4 热愉悦理论

#### 1. 概念

在4.5.3节中介绍的人体局部-整体热舒适理论分析了身体各部位对于整体热舒适的作用特性，并建立了相关模型。但局部-整体热舒适理论没有具体回答形成热舒适的深层次原因。因此，探寻实现人体热舒适的内在机理成为热舒适理论的新问题。

法国著名心理学家Michel Cabanac于1968年提出愉悦感（Alliesthesia）理论。愉悦感的定义为当外部刺激对人体作用时人产生的心理愉悦感或不适感，其中由热环境引起的愉悦感称为热愉悦（Thermic Alliesthesia）。在热愉悦理论中，心理愉悦感不仅与外部刺激有关，也与人体内部有关：外部环境的刺激可以改善人体内部热状态时人体产生愉悦感，反之则产生不适感。同时，热愉悦理论表明高愉悦感是在人体本身有某种热需求，而这种需求在外部热刺激的作用下得到满足时才会产生；并且对人体作用的热刺激必须在满足人体热需求合理的范围内，否则无法产生愉悦感，甚至产生不适感。例如，在Cabanac针对人体不同状态下对手部加热或冷却的试验中（图4-42），人体处于较热的状态时，对人的手部施加刺激，愉悦感在刺激温度从50℃开始下降时呈现上升的趋势，并在手部刺激温度达到25℃左右时达到顶峰，随后随着刺激温度的继续下降而迅速下降；而在人体处于较冷状态时加热手部也有类似的结果：对手部加热的温度必须在43℃左右才能产生非常愉悦的感觉，过高或过低的加热温度都不能产生愉悦感，甚至产生不适感。这一发现也暗示着在非中性环境中施加局部热刺激可使人产生非常愉悦的感觉。

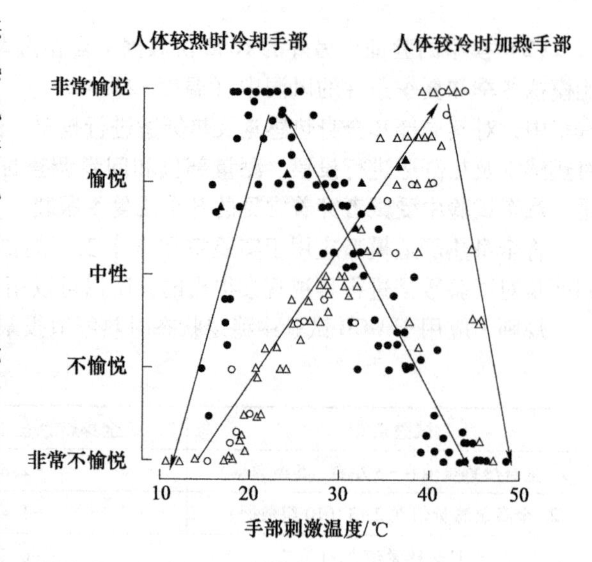


图 4-42 Cabanac 手部加热/冷却的热愉悦试验结果

2. 与建筑环境相关的热愉悦研究

美国加州大学伯克利分校的 Hui Zhang 和 Edward Arens 教授最早开始研究接近实际环境的热愉悦现象。他们在基于汽车环境的研究表明：在偏冷或偏热的环境中，对人体局部加热或冷却，能使主观感知（包括热感觉和热舒适）产生“超越”现象（Overshoot），即在加入局部加热或冷却的瞬间，主观反应能产生突变，但很快主观反应的突变迅速消失。例如，如图 4-43 所示，在偏冷环境里对人体脸部、背部和胸部分别进行局部加热，在局部加热最初作用的几分钟，主观热感觉出现瞬间提高的变化（超越现象，图中圆圈），并且远高于随后稳定状态的主观热感觉；但主观热感觉很快下降（突变消失）并降低到接近无局部加热状态时的水平。这种由于突然引入外部刺激而产生的短时间的主观反应的超越现象称为动态热愉悦。

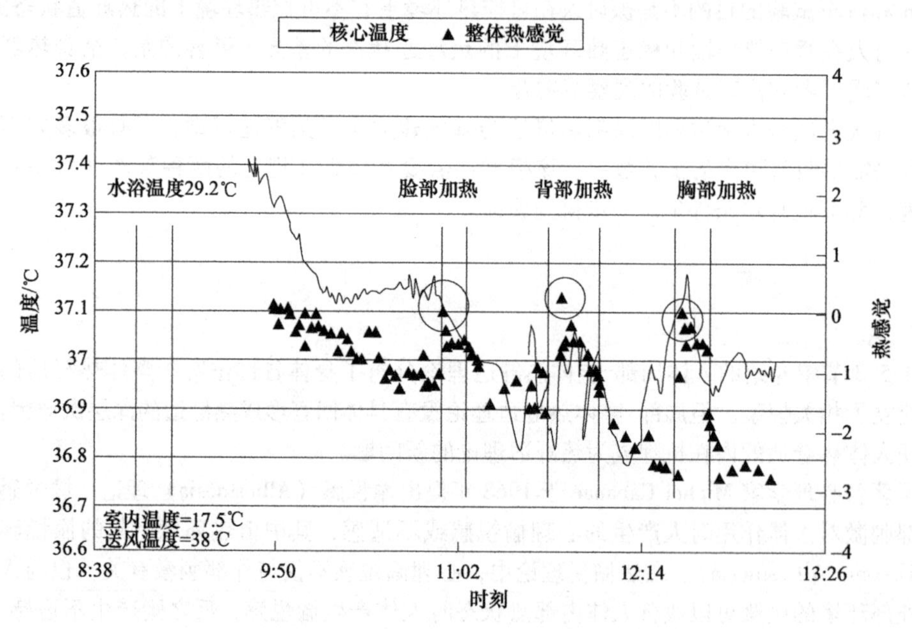


图 4-43 偏冷环境局部加热作用下动态热感觉变化

基于热愉悦的思想，Hui Zhang 和 Edward Arens 所在团队研发了一系列用于局部加热和冷却的个人舒适系统（关于个人舒适系统及相关研究的介绍见本章 4.6.4 节），试图通过在非中性环境中对人体进行局部加热和冷却，以证明非中性的非均匀环境中人体能产生比中性均匀环境中更高的舒适性，且能稳定存在（稳态热愉悦），但其试验结果未能充分证明这一观点。

悉尼大学 Richard de Dear 教授团队随后也针对愉悦感开展了相关研究。在其对动态愉悦感的试验研究中，采用“愉悦感”（Pleasantness）代替“舒适感”（Comfort），当受试者从冷或热的工况进入中性或者相反的工况，会出现愉悦感“超越”的现象；而从中性工况进入非中性工况，出现不适感的“超越”现象；前后两种工况差异越大，“超越”现象越明显。而在对稳态愉悦感的研究中，又加入了局部的愉悦感；在局部加热的情况下，不同的人愉悦感变化情况不同，局部加热提高愉悦感的效果仅对部分人有效。

3. 热愉悦理论的不足及未来的发展方向

作为人体热舒适领域的新内容，建筑环境中的热愉悦理论尚处于起步研究的状态。加州大学伯克利分校和悉尼大学的研究表明，更高的舒适性是存在的，并可通过加热/冷却身体局部产生。但现有的试验中愉悦感出现的时间太短，不具备足够的工程应用价值；采用对人群分组分析热愉悦的方法不能充分保证局部加热/冷却产生的愉悦感在重复试验或工程应用中可以出现。因此，在未来针对热愉悦理论的研究将注重以下两点：

1）产生稳定的高愉悦感和高舒适性的作用机理及模型。

2）实际应用中可行的实现高舒适性的方法。

## 4.6 服装的热湿特性及对人的热舒适影响

### 4.6.1 服装热湿特性

1. 服装的热特性

（1）布料的热特性

1）纤维的导热系数和布料的热阻。服装一般是由布料制作而成，而布料通常由纤维构成。因此，布料的热特性主要取决于纤维的热特性和纤维组织内部和纤维之间的空隙中所含空气的热特性。表4-20所示为一些纤维的导热系数。另外，纤维的导热系数具有方向性，从人体表面通过服装向外传递的热流方向与纤维组织主要呈垂直方向。一般纤维的导热系数为0.111~0.344W/(m·℃)，比静止空气的导热系数约大4~10倍。设空气导热系数为$k_a$，纤维导热系数（垂直方向）为$k_T$，由该纤维织成的布料的导热系数为$k_e$，该布料的纤维体积率（体积分数）为$V$(%)，则可得到如图4-44所示的$V$与$k_e/k_a$的关系。图中曲线$A$的$k_e/k_a$为4.3；曲线$B$的$k_e/k_a$为13.5。另外，从图中看出，当$V$较小时，两者的$k_e/k_a$值差别不大。

表4-20 一些纤维的导热系数

| 纤维种类 | 导热系数/[W/(m·℃)] | | $k_L/k_T$ |
|---|---|---|---|
| | 纤维轴向 $k_L$ | 与纤维轴向垂直 $k_T$ | |
| 碳纤维 | 7.948 | 0.662 | 12.00 |
| 棉 | 2.879 | 0.243 | 11.85 |
| 麻 | 2.831 | 0.344 | 8.23 |
| 玻璃纤维 | 2.250 | 0.509 | 4.42 |
| 人造丝 | 1.895 | — | — |
| 丝 绸 | 1.492 | 0.118 | 12.64 |

（续）

| 纤维种类 | 导热系数/[W/(m·℃)] | | $k_L/k_T$ |
|---|---|---|---|
| | 纤维轴向 $k_L$ | 与纤维轴向垂直 $k_T$ | |
| 尼龙 | 1.433 | 0.171 | 8.38 |
| 人造短纤维 | 1.414 | 0.237 | 5.97 |
| 聚酯丝 | 1.257 | 0.157 | 8.01 |
| 聚丙烯 | 1.241 | 0.111 | 11.18 |
| 聚酯短纤维 | 1.175 | 0.127 | 9.25 |
| 丙烯 | 1.020 | 0.172 | 5.93 |
| 羊毛 | 0.480 | 0.165 | 2.91 |

用来制作服装的布料的含纤维率通常不足50%，因而一般布料的导热系数的大小，纤维并非起决定性作用，而且布料的导热量与其本身的空隙率和厚度成反比。图4-45所示为各种布料厚度与导热量的关系。

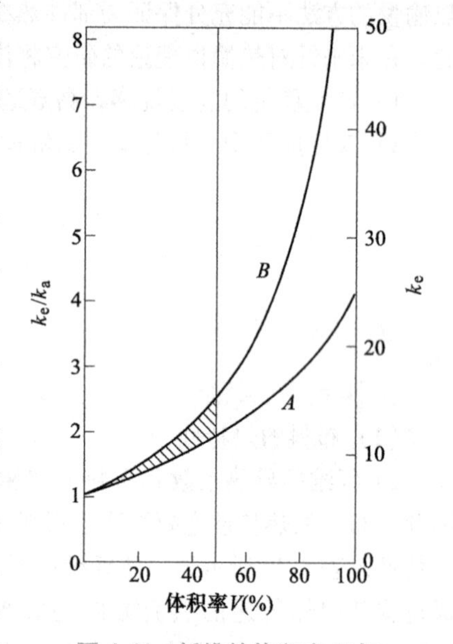


图4-44 纤维的体积率 $V$ 与 $k_e/k_a$ 的关系

另外，水的导热系数在20℃时为0.595W/(m·℃)，是空气的23倍左右。因此，当布料的含水率增加时，其有效导热系数将增加，从而使热阻降低。图4-46所示为布料的含水率与有效导热系数的关系。

另外，布料的热阻和保温率的测定方法通常有冷却法、恒温法和导热法等。

2）布料的接触冷热感。瞬间接触布料表面时的冷热感与布料表面短时间的传热特性有关。一般来讲，编织的布料的接触热感觉要好于纺织的布料。

3）布料对红外线的吸收、反射及透射作用。作为布料的热特性而言，布料对红外线的吸收、反射和透射是十分重要的。图4-47所示为不同颜色和染料制成的细棉纤维布料对太阳光的吸收率。从图中可知，不同波长所对应的吸收率是不相同的。在波长为0.5μm为可见光范围，银色的最小，白色的较小，黑色的最大。

另外，不同染料所对应的吸收率也不相同。但是对于波长为9μm的红外线而言，除了银色布料的吸收率较小以外，其他颜色的吸收率几乎不变。

（2）着装的热阻

1）着装的热阻特点。布料的热阻大小取决于布料内部和表面存在的空气量及其状态特性。同样，着装的热阻也随服装内部和服装之间及其表面存在的空气量及状态的不同而发生变化。影响着装热阻的主要原因除了布料的热阻之外，还与服装的有效面积系数（服装覆盖面积与人体表面积之比）、服装中的空气层、服装开口处的形状和大小以及服装的层数等因素有关。另外，即使是同一件服装，由于不同使用者的体形和动作以及周围环境气流等原因使之内部的空气分布和流动情况不一样，从而也会导致其热阻发生变化。着装的热阻单位为clo。1clo = 0.155℃·m²/W。

2）暖体假人（Thermal Manikin）。作为测定服装热阻值的方法，一般有用真人试验的生理性

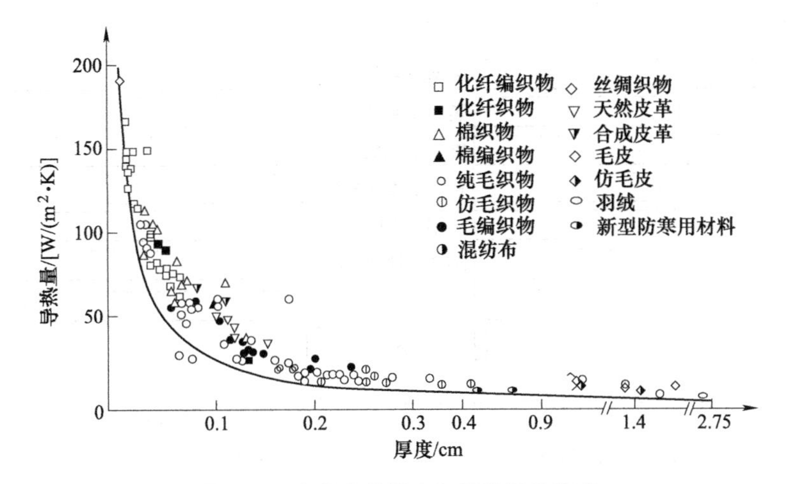


图 4-45　各种布料厚度与导热量的关系

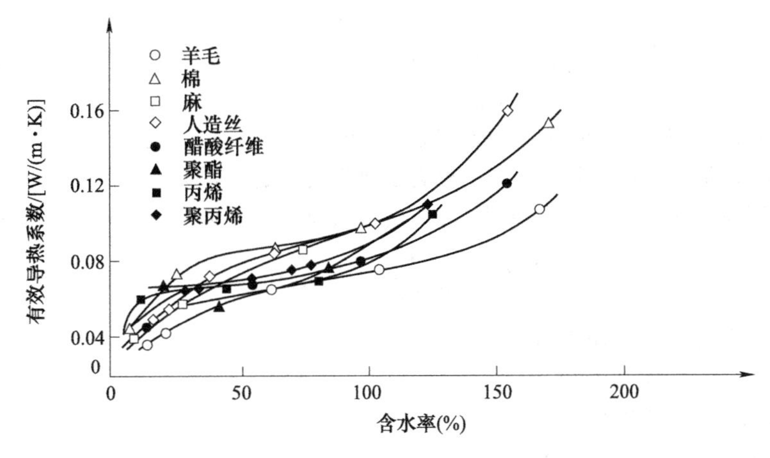


图 4-46　布料的含水率与有效导热系数的关系

测定法和利用暖体假人进行物理测定的两种方法。但前者所得出的结果误差大，因而近年来一般是采用后一种方法。

最初的暖体假人外壳用铜制作，因而也称为“铜人”。铜人的外形完全模拟真人，使服装穿上后能保持与真人一样的穿着情况。铜人一般分成若干个可以独立控制表面温度及测定相应加热量的部分。把铜人穿上所测服装置于环境实验室内，可以准确地知道铜人的散热量、皮肤表面温度、表面辐射率及环境温度等参数。现在可制作成各种各样的暖体假人，其材料除了铜以外，还有用合金铝和陶瓷等材料制作的。另外，随着科学技术的迅速发展，暖体假人的制作水平也越来越高，几乎能模拟出真人的各种热交换特性，为准确地研究着装的热特性提供了可靠的试验手段。

利用暖体假人进行试验时，一般有以下三种方法：

① 在一定空气温度条件下，通过控制和调节，使着装后的假人的表面温度与同样条件下真人处于舒适状态时的皮肤温度近似相同，从而测量出对应的供热量。

② 在一定空气温度条件下，通过控制和调节，使着装假人的各部分供热量与在同样条件下真人于舒适状态时人体的散热量大致相同，从而测出对应的皮肤温度分布。

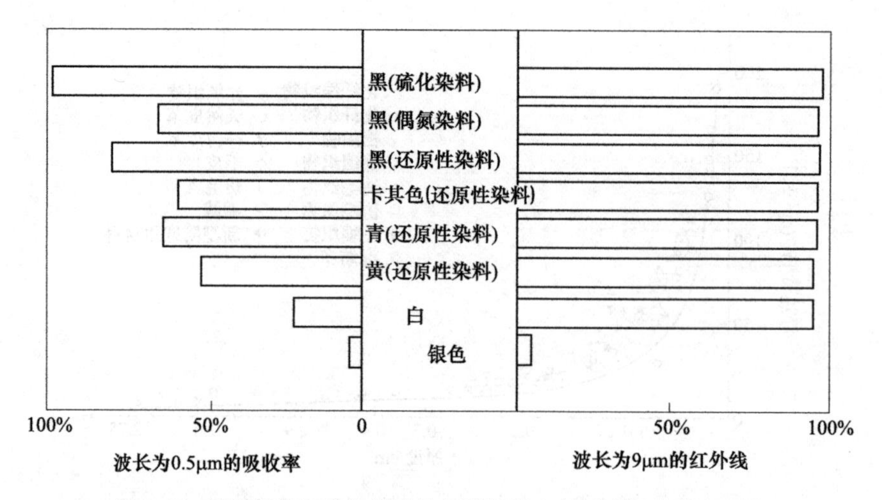


图 4-47 不同颜色和染料制成的细棉纤维布料对太阳光的吸收率

注：以硫化染料染成的黑色布料的吸收率为 100 作为对比。

③ 给假人供给与真人处于舒适状态时的散热量相同的热量，并通过控制和调节周围空气温度，使着装假人的表面温度与真人皮肤温度相等。

由于人工气候室的精度等原因，目前一般常用第 1 和第 2 种方法。

3）着装热阻的测定。利用暖体假人进行着装热阻的测定和评价，通常有以下三种：

① 有服装表面空气（边界层）热阻 $I_a$ 在内的服装总热阻（total insulation）$I_{total}$ 的方法：

$$I_{total}=\frac{A_n}{0.155Q}(t_s-t_a) \tag{4-59}$$

式中 $t_s$——假人的平均表面温度（℃）；

$t_a$——周围空气温度（℃）；

$Q$——供给着装假人的热量（W）；

$A_n$——裸体假人的表面积（m²）。

② 求有效服装热阻 $I_{cle}$（单层服装时为 $I_{clu}$）的方法：

$$I_{cle}=I_{total}-I_a \tag{4-60}$$

式中 $I_a$——裸体假人表面空气层热阻（clo）。

③ 考虑服装表面积系数 $f_{cl}$，求服装的基本热阻 $I_{cl}$（单层服装时为 $I_{cli}$）的方法：

$$I_{cl}=I_{total}-I_a/f_{cl},f_{cl}=A_{cl}/A_n \tag{4-61}$$

式中 $f_{cl}$——着装的面积系数；

$A_{cl}$——着装时假人的外表面积（m²）。

表 4-21 和表 4-22 所示分别为国外和我国的单件服装的热阻值。

表 4-21 国外单件服装的热阻值

| 编号 | 服装种类和厚薄情况 | $I_{cle}$/clo | $I_{cl}$/clo |
|---|---|---|---|
| | 衬衫 | | |
| 1 | 长衬衫（一般） | 0.25 | 0.33 |
| 2 | 长袖衬衫（厚） | 0.34 | 0.42 |
| 3 | 短袖衬衫（一般） | 0.19 | 0.25 |
| 4 | 3/4 长袖 | 0.23 | 0.31 |

（续）

| 编号 | 服装种类和厚薄情况 | $I_{cle}$/clo | $I_{cl}$/clo |
|---|---|---|---|
| | 无领衬衫（一般） | | |
| 5 | 无袖无领衬衫（一般） | 0.17 | 0.23 |
| 6 | 背心式衬衫（一般） | 0.13 | 0.18 |
| 7 | 长袖套式棉毛衫（一般） | 0.34 | 0.38 |
| | 毛线衣 | | |
| 8 | 长袖V字领羊毛衫（薄） | 0.25 | 0.28 |
| 9 | 长袖开式羊毛衫（薄） | 0.23 | 0.26 |
| 10 | 短袖V字领羊毛衫（薄） | 0.20 | 0.23 |
| 11 | 羊毛背心（薄） | 0.13 | 0.15 |
| 12 | 长袖圆领毛线衣（厚） | 0.36 | 0.40 |
| 13 | 长袖圆领毛线开衫（厚） | 0.31 | 0.35 |
| 14 | 毛线背心（厚） | 0.22 | 0.25 |
| 15 | 短袖圆领毛线衣（厚） | 0.28 | 0.31 |
| | 西服上装和马甲 | | |
| 16 | 单排纽扣西服上装（一般） | 0.36 | 0.44 |
| 17 | 单排纽扣西服上装（厚） | 0.44 | 0.52 |
| 18 | 双排西服上装（一般） | 0.42 | 0.50 |
| 19 | 双排西服上装（厚） | 0.48 | 0.56 |
| 20 | 马甲（一般） | 0.10 | 0.13 |
| 21 | 马甲（厚） | 0.17 | 0.20 |
| | 裤子和连衣连裤服 | | |
| 22 | 长的合身裤子（一般） | 0.15 | 0.21 |
| 23 | 长的合身裤子（厚） | 0.24 | 0.30 |
| 24 | 长的宽松裤子（一般） | 0.20 | 0.32 |
| 25 | 长的宽松裤子（厚） | 0.28 | 0.40 |
| 26 | 短裤（一般） | 0.08 | 0.12 |
| 27 | 短裤（厚） | 0.17 | 0.21 |
| 28 | 超短裤（一般） | 0.06 | 0.09 |
| 29 | 绒裤（一般） | 0.28 | 0.34 |
| 30 | 工作裤（一般） | 0.24 | 0.36 |
| 31 | 工装裤（一般） | 0.30 | 0.41 |
| 32 | 连衣连裤服（一般） | 0.49 | 0.61 |
| 33 | 连衣连裤服（厚） | 0.96 | 1.09 |
| | 裙子 | | |
| 34 | 长达踝关节的裙子（一般） | 0.23 | 0.41 |
| 35 | 长达踝关节的裙子（厚） | 0.28 | 0.46 |
| 36 | 长达膝盖以下15cm的裙子（一般） | 0.18 | 0.32 |
| 37 | 长达膝盖以下15cm的裙子（厚） | 0.25 | 0.39 |
| 38 | 长达膝盖以上15cm的裙子（一般） | 0.10 | 0.18 |
| 39 | 长达膝盖以上15cm的裙子（厚） | 0.19 | 0.27 |
| 40 | 长达膝盖的裙子（一般） | 0.14 | 0.25 |
| 41 | 长达膝盖的裙子（厚） | 0.23 | 0.34 |
| 42 | 长达膝盖的折裥裙（一般） | 0.14 | 0.25 |
| 43 | 长达膝盖的折裥裙（厚） | 0.22 | 0.33 |
| 44 | 长达膝盖的百褶裙（一般） | 0.16 | 0.27 |
| 45 | 长达膝盖的百褶裙（厚） | 0.26 | 0.37 |

（续）

| 编号 | 服装种类和厚薄情况 | $I_{cle}$/clo | $I_{cl}$/clo |
| --- | --- | --- | --- |
| | 连衣裙 | | |
| 46 | 长袖有领子有腰带的连衣裙（薄） | 0.35 | 0.46 |
| 47 | 长袖有领子有腰带的连衣裙（厚） | 0.48 | 0.59 |
| 48 | 短袖有领子有腰带的连衣裙（薄） | 0.29 | 0.38 |
| 49 | 无袖连衣裙（薄） | 0.23 | 0.34 |
| | 睡衣 | | |
| 50 | 长袖长裙（一般） | 0.29 | 0.52 |
| 51 | 长袖长裙（厚） | 0.40 | 0.69 |
| 52 | 长袖短裙（一般） | 0.24 | 0.38 |
| 53 | 短袖长裙（一般） | 0.25 | 0.47 |
| 54 | 短袖短裙（一般） | 0.21 | 0.33 |
| 55 | 无袖长裙（一般） | 0.20 | 0.41 |
| 56 | 无袖短裙（一般） | 0.18 | 0.29 |
| 57 | 长袖睡衣（一般） | 0.48 | 0.64 |
| 58 | 长袖睡衣（厚） | 0.57 | 0.73 |
| 59 | 短袖睡衣（一般） | 0.42 | 0.57 |
| 60 | 长的睡裤（一般） | 0.17 | 0.29 |
| | 衬衣 | | |
| 61 | 长袖长衬衣（薄） | 0.44 | 0.64 |
| 62 | 长袖长衬衣（一般） | 0.53 | 0.73 |
| 63 | 长袖长衬衣（厚） | 0.77 | 0.98 |
| 64 | 长袖短衬衣（薄） | 0.41 | 0.55 |
| 65 | 长袖短衬衣（一般） | 0.46 | 0.60 |
| 66 | 3/4长袖短衬衣（一般） | 0.43 | 0.55 |
| 67 | 长袖单排纽扣长衬衣（薄） | 0.43 | 0.66 |
| 68 | 长袖单排纽扣长衬衣（一般） | 0.49 | 0.72 |
| 69 | 长袖单排纽扣短衬衣（薄） | 0.40 | 0.57 |
| 70 | 长袖单排纽扣短衬衣（一般） | 0.45 | 0.63 |
| 71 | 短袖单排纽扣短衬衣（薄） | 0.34 | 0.50 |
| | 内衣和鞋 | | |
| 72 | 男衬裤（一般） | 0.04 | 0.05 |
| 73 | 女衬裤（一般） | 0.03 | 0.04 |
| 74 | 衬裙（一般） | 0.14 | 0.21 |
| 75 | 衬连衣裙（一般） | 0.16 | 0.24 |
| 76 | 乳罩 | 0.01 | 0.02 |
| 77 | 短袖汗衫（一般） | 0.08 | 0.10 |
| 78 | 棉毛衫 | 0.20 | 0.24 |
| 79 | 棉毛裤 | 0.15 | 0.19 |
| 80 | 女用连袜裤（薄） | 0.02 | 0.02 |
| 81 | 短袜（一般） | 0.03 | 0.04 |
| 82 | 长袜（厚） | 0.06 | 0.07 |
| 83 | 凉鞋 | 0.02 | 0.03 |
| 84 | 皮鞋 | 0.02 | 0.04 |
| 85 | 球鞋 | 0.02 | 0.04 |
| 86 | 室内厚拖鞋 | 0.03 | 0.06 |

表 4-22　我国单件服装的热阻值

| 服装 | $I_{cle}$/clo | $I_{cl}$/clo | 服装 | $I_{cle}$/clo | $I_{cl}$/clo |
|---|---|---|---|---|---|
| 长袖衬衫 | 0.27 | 0.34 | 一般外裤 | 0.21 | 0.28 |
| 棉毛裤 | 0.13 | 0.17 | 棉衣 | 0.84 | 0.95 |
| 厚秋衣 | 0.32 | 0.38 | 棉裤 | 0.61 | 0.71 |
| 厚秋裤 | 0.29 | 0.34 | 厚的棉袄罩衣 | 0.29 | 0.40 |
| 一般外套（上衣） | 0.24 | 0.32 | 厚的棉袄罩裤 | 0.21 | 0.30 |

（3）着装热阻的计算方法

1）单件服装的热阻计算。当不能用暖体假人进行服装热阻测定时，有必要对其进行理论估算。常用的方法是根据服装的质量进行估算和预测。图 4-48 所示为单件服装和总着装的质量与有效热阻和基础热阻的关系。但需要注意的是，单件服装的质量与热阻并不存在明显的对应关系。为此，Mclullough 等人考虑到服装对人体表面的覆盖率 BSAC 对热阻的影响，并给出了如图 4-49所示的单件服装的 BSAC 与服装热阻的关系，并且考虑到布料的厚度时，给出了以下的计算公式：

$$I_{clu} = 0.0043 \times \mathrm{BSAC} + 0.0014F_t \times \mathrm{BSAC} \tag{4-62}$$

式中　BSAC——服装对人体表面的覆盖率（%）；

$F_t$——布料厚度（mm）。

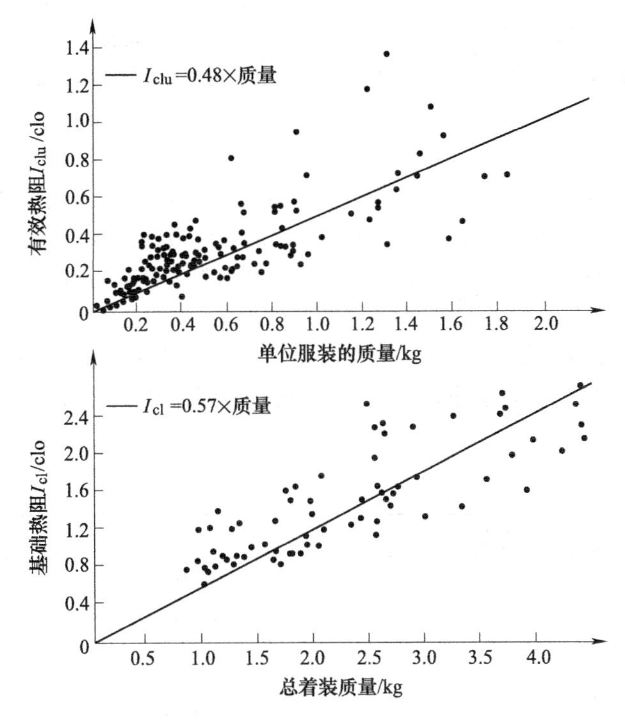


图 4-48　单件服装和总着装的质量与有效热阻和基础热阻的关系

2）组合服装的热阻计算。有了单件服装的热阻后，就可以计算组合服装的热阻，通常有以下三种方法：

① 根据已知的 $I_{clu}$，求 $I_{cle}$。

② 从提供的 $I_{clu}$ 表中选择最接近的数值，然后求总着装的热阻。

③ 根据服装总质量计算出总热阻。

（4）服装的透气特性　影响服装热阻的另一个因素就是它的透气性。特别是对在有风或无风时工作或运动的人来讲，服装的透气性就显得尤为重要。在分析服装的透气特性时，一般考虑的是布料的透气性和通过服装开口部位的换气特性。

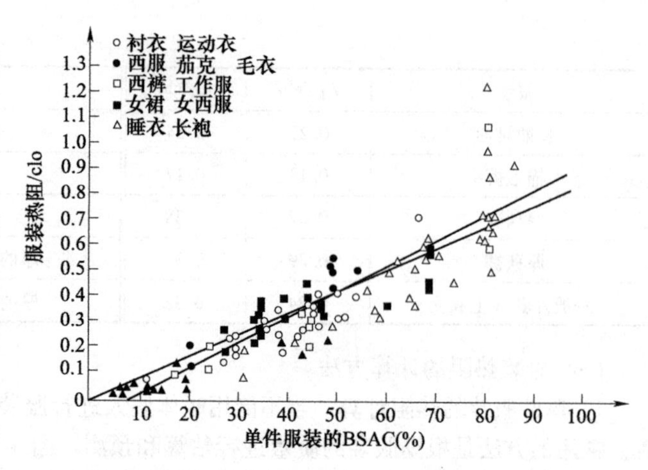


图 4-49　单件服装的 BSAC 与服装热阻的关系

1）布料的透气特性。空气易于流过的布料，其透气性就好。对布料的透气性进行测定的主要内容包括：

① 对单位面积的布料，测量在一定压力下通过单位体积空气量所需要的时间。

② 测量单位面积布料通过速度一定的空气时具有的压力差。

③ 测量单位面积布料通过一定压力下的空气量。

2）服装的开口与换气。一般将服装的领口、袖口、下摆等空气进出的地方称为服装的开口，相当于住宅的窗口。服装开口的大小和形状对服装内的热、水分及空气的流动影响很大。另外，服装的开口也分为向上开口、水平开口和向下开口三大类。当服装的向上开口和向下开口同时开启时，便会形成烟囱效果，从而使散热量最大。因此，如何合理设计服装的开口，对服装的换热性能影响很大。

## 2. 服装的透湿特性

服装对人的热舒适影响较大，特别是在夏季人体需要出汗时，服装的透湿性就显得非常重要。另外，根据人体蒸发出汗的特点，要求服装不仅能够对液体的水进行吸收和蒸发，还要能将气态的水蒸气排出去。此外对于室外环境条件，必须考虑服装具有防水、防雪等特点。

（1）布料的透湿性

1）布料的吸湿、透湿及吸水性。布料的吸湿性用吸湿率和吸湿速度表示。各种纤维在标准状态（$t_a=20℃$，$r_h=65\%$）的含水率见表 4-23。一般天然纤维比合成纤维的含水率高，而布料的结构则影响不大。

表 4-23　各种纤维在标准状态的含水率

| 纤维 | 含水率（%） | 纤维 | 含水率（%） |
|---|---|---|---|
| 棉 | 8.5 | 尼龙 | 4.5 |
| 麻 | 12.0 | 聚酯丝 | 0.4 |
| 羊毛 | 15.0 | 丙烯 | 2.0 |
| 丝绸 | 11.0 | 维尼纶 | 5.0 |
| 人造丝 | 11.0 | 聚乙烯 | 0 |
| 醋酯人造丝 | 6.5 | 聚氨酯 | 0.1 |
| 糖酯丝 | 3.5 | | |

布料的透湿是在纤维内部和纤维间隙之间进行的。在稳定状态下的透湿系数 $P$ 及非空气透湿阻力 $R$ 可由下式得出：

$$P=\frac{Ql}{\Delta CAt}$$

$$R=\frac{D\Delta CAt}{Q} \tag{4-63}$$

式中 $Q$——透湿量（g）；

$l$——布料厚度（cm）；

$\Delta C$——布料两侧水蒸气浓度差（$g/cm^2$）；

$A$——布料面积（$m^2$）；

$t$——时间（s）；

$D$——水蒸气扩散系数（$cm^2/s$），可由 $D=0.220+0.00147T$ 算出，其中 $T$ 为温度（℃）。

布料的吸水作用其实是一种纤维的毛细管现象。吸水性可用吸水率（保水率）和吸水速度表示。吸水速度可按下式计算：

$$\frac{dh}{dt}=\frac{r\gamma\cos\theta}{4\eta h}-\frac{r^2\rho g}{8\eta} \tag{4-64}$$

布料吸水达到平衡时：

$$h=\frac{2\gamma\cos\theta}{rg\rho}=\frac{K\cos\theta}{r} \tag{4-65}$$

式中 $r$——布料的平均毛细管半径（m）；

$\gamma$——水的表面张力（mN/m）；

$\theta$——相对于纤维的水的接触角（°）；

$\eta$——水的黏度（Pa·s）；

$\rho$——水的密度（$kg/m^3$）；

$g$——重力加速度（$m/s^2$）。

2）水分透过指数 $i_m$。Woodcock 等人在考虑热与水分的同时流动时，引入了水分透过指数 $i_m$（Permeability Index）。

假设人体的总散热量为 $H(W/m^2)$，其中干式散热量为 $H_d$、湿式散热量为 $H_e$，则有：

$$H=H_d+H_e \tag{4-66}$$

而

$$H_d=(t_s-t_a)/R_{cl}$$

$$H_e=(p_s-p_a)/R_e$$

因为

$$H=[(t_s-t_a)+R_{cl}/R_e(p_s-p_a)]/R_{cl} \tag{4-67}$$

设

$$(R_{cl}/R_e)/(R_{cl'}/R_{e'})=i_m, R_{cl'}/R_{e'}=S$$

则有：

$$i_m=(R_{cl}/R_e)/S, R_{cl}/R_e=i_mS \tag{4-68}$$

当不考虑周围辐射的影响时，$S$ 约为 0.196℃/kPa，于是：

$$H=[(t_s-t_a)+0.196i_m(p_s-p_a)]/R_{cl} \tag{4-69}$$

式中 $t_s$——湿润发热体的表面温度（℃）；

$t_a$——布料的表面温度（℃）；

$R_{cl}$——布料的热阻（℃·$m^2$/W）；

$p_s$——湿润发热体表面的水蒸气压力（kPa）；

$R_e$——布料的水蒸气扩散阻力（kPa·m²/W）；

$R_{cl'}$、$R_{e'}$——空气的热扩散阻力和空气中水蒸气扩散阻力。

如果将湿润发热体用热阻为$R_{cl}$的布料包裹住，并能测得平衡状态时的$t_s$、$t_a$、$p_s$、$p_a$及$H$等参数，则可求出$i_m$值。当$i_m$近似为1时，表示布料具有完全的透水性；当$i_m=0$时，表明布料不具有透水性。

（2）服装的透水特性

1）发汗式暖体假人。发汗式暖体假人（图4-50）的特点就是在假人表面穿上一层湿润的棉布（皮肤）服装，以测量蒸发热阻。为了保证棉布湿润状态的稳定性，一般在假人身上安装有液量调节装置，以保证假人表面一定的湿润状态，从而测量出可靠的蒸发热阻和蒸发率等参数。

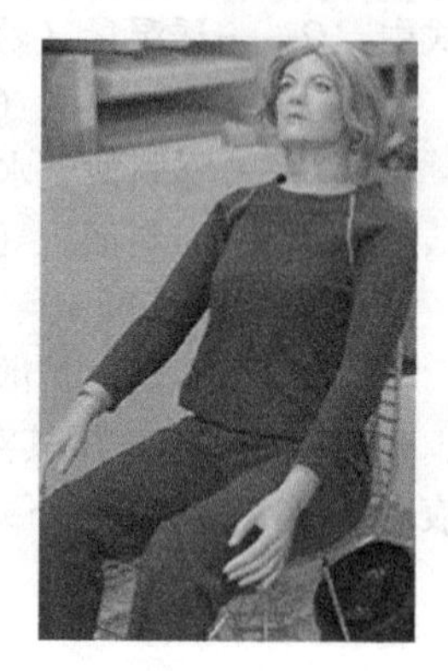

图4-50 某实验室中的湿式假人

2）服装的蒸发热阻的计算方法。服装的蒸发热阻$R_e$可由下式计算：

$$R_e=\frac{\omega(p_s^*-p_a)}{H_e} \tag{4-70}$$

式中 $p_s^*$——皮肤的饱和水蒸气压力（kPa）；

$p_a$——环境的水蒸气压力（kPa）。

实际测定时，一般将假人表面的$\omega=1.0$，并使假人的平均皮肤温度与周围空气温度相等（如33℃），或者通过准确测定出的供热量来分析和研究假人表面的水分蒸发量。

## 4.6.2 睡眠舒适与健康

人的一生约三分之一时间在睡眠中度过，良好的睡眠是身体健康的重要保障。对睡眠的研究已有近百年的历史，与此同时，对建筑热环境的关注也将近一个世纪，二者的交集出现在20世纪70年代。

### 1. 睡眠基本情况

（1）睡眠分期 按脑电图、眼动电图和下颌肌电图表现，睡眠分非快速眼动（Non-Rapid Eye Movement，NREM）睡眠和快速眼动（Rapid Eye Movement，REM）睡眠。前者表现为同步化慢波，伴随肌张力下降和意识活动减弱；后者表现为去同步化波，全身肌肉松弛，伴有做梦。按脑电图表现，NREM睡眠分S1~S4（或Ⅰ~Ⅳ）四期，后两期的唤醒阈值明显增强，睡眠程度较深，合称慢波睡眠（Slow Wave Sleep，SWS）。美国睡眠医学会（AASM）将NREM睡眠重新分为N1~N3三期，其中N3对应S3和S4期。人体的睡眠质量与SWS和REM睡眠密切相关，SWS有助于人体的体力恢复，REM睡眠有助于精神放松、记忆处理和学习行为。正常成年人一晚的睡眠由3~5个NREM/REM睡眠周期组成，每个周期从NREM睡眠开始，由浅入深，继而进入REM睡眠，共持续约90min。大部分SWS出现在前半夜，而REM睡眠在后半夜更长。正常情况下，S1、S2、SWS和REM睡眠占总睡眠时间的比例分别为5%~10%、50%~60%、15%~20%和20%。

年龄对睡眠的影响十分显著，随着年龄增长，总睡眠时间缩短，睡眠效率（总睡眠时间/在床时间）下降，入睡和觉醒时长增加，SWS和REM睡眠时长缩短。除年龄外，影响睡眠的因素还包括之前的睡眠状况、生物昼夜节律、药物、睡眠病理障碍以及睡眠环境等。睡眠环境包括声、光、热环境和空气品质等。

（2）睡眠热生理 人体体温存在与睡眠相关的昼夜节律变化。体核温度按24h节律周期变化，睡眠期间，人体体核温度持续降低，一般在04：00~06：00达到最低，而后升高。近端部位（指躯干、头部和大腿等）皮肤温度与体核温度接近，变化趋势相似。远端部位（指手和脚）皮肤温度在入睡初期上升，而后维持高位小幅波动，觉醒前下降。耗氧量和新陈代谢率一般在入睡后 1h 下降，觉醒前 2h 上升。睡眠期间的体温调节机能与清醒状态不同。从清醒到 NREM 睡眠和 REM 睡眠体温调节水平依次降低，部分体温调节（如毛细血管收缩和寒战）在 REM 睡眠中完全受到抑制。REM 睡眠对外界温度的变化比 NREM 睡眠敏感。

（3）睡眠质量评价　多导睡眠记录仪（Polysomnography，PSG）可连续记录脑电、眼动电和肌电，主要测试数据包括入睡时长、睡眠各期时长、觉醒次数和时长、睡眠总时间和睡眠效率等，是评价睡眠质量的“金标准”。除 PSG 外，睡眠日志和睡眠问卷等自评量表对评价睡眠质量有一定帮助。睡眠日志广泛用于临床，由受试者起床后填写，反映过去一晚的睡眠状况，内容包括上床时间、起床时间、入睡时长、觉醒次数和时长、睡眠时长等，与 PSG 等客观数据的相关度中等偏弱，一般建议连续使用两周以上，以查看某特定因素对睡眠质量的影响。睡眠问卷包含更多睡眠质量的总体评价，如睡眠行为、症状和态度等。匹兹堡睡眠质量指数（Pittsburgh Sleep Quality Index，PSQI）由 Buysse 等人提出，包括主观睡眠质量评价、入睡延时、睡眠时长、睡眠效率、睡眠障碍、睡眠用药和日间功能障碍 7 个方面 19 个问题，广泛用于评价近 1 个月的睡眠质量。研究显示，PSQI 用于我国受试者具有较好的信度、效度和内部一致性。

### 2. 睡眠热环境评价指标

（1）客观评价指标　睡眠质量常通过脑电图或包含脑电、心电、肌电和眼电的 PSG 来测量。尽管 PSG 被视为睡眠分期和睡眠呼吸事件诊断的金标准，但仅获得这些生物电的精确测量结果是不够的，准确的睡眠质量判定结果还需要具有丰富从业经验的技师对睡眠各阶段的生物电图谱进行分期之后才能获得。分期后可得到各睡眠期的睡眠时间指标包括睡眠潜伏期（Sleep Onset Latency，SOL），指从躺下到入睡所花时间）、浅睡期、深睡期、REM 期、觉醒时间和总睡眠时间，这些指标综合表征了睡眠质量的好坏（表 4-24）。

表 4-24　睡眠热舒适的主要客观评价指标

| 睡眠质量 | 热舒适 |
|---|---|
| 入睡后觉醒时间比例 | 心率及心率变异性 |
| 浅睡期时间比例 | 代谢率 |
| 深睡期时间比例 | 血氧饱和度 |
| 快速动眼期时间比例 | 皮肤温度 |
| 睡眠总时间 | 皮肤电阻 |
| 睡眠潜伏期 | 人体核心温度 |
| 睡眠效率 | 指尖血流量 |

一般 PSG 的测量仪器会配套有标准化的分析软件，但软件得到的自动分期结果往往和技师的手动分期结果差异较大，一般以手动分期结果为准。但手动分期结果必然受到人员主观性的影响，同一技师对某 PSG 在不同时段的分期结果以及不同技师对同一 PSG 的分期结果之间常常存在差异。体动仪（Actigraphy）作为一种通过体动次数和幅度来测量睡眠质量的设备，在某些情况下可以替代脑电或 PSG。研究表明，通过体动仪和 PSG 分析得到的一些睡眠质量参数，如睡眠潜伏期、睡眠总时间、入睡后觉醒时间和睡眠效率，具有 80%左右的高吻合度。美国睡眠协会（American Academy of Sleep Medicine，AASM）在 2003 年修订版的操作标准中声明：体动仪虽然无法用于测量失眠患者和呼吸暂停患者的睡眠质量，但在判别健康人群的睡眠质量上是可

靠而有效的。

热舒适程度可通过脑电、心电、血氧饱和度、出汗率、皮肤温度、人体核心温度、皮肤电阻和指尖血流量等生理参数来表征（表4-24）。这些生理参数可以表征人体在各方面的舒适程度，如果环境的单一变量是热环境参数，那么这些生理参数可以表征人体热舒适程度的差异，其中心率变异性和血氧饱和度更适合评价热湿环境对人体热舒适程度的影响。在热舒适研究中，脑电一般通过简易的两导联来测量；心电常常使用心电图仪测量，通过对心电图谱的频域或时域分析获得心率、心率变异性和代谢率等信息；血氧饱和度一般通过激光指套测量手指处血管内的含氧量来获得，目前市场上有一些便携的无线血氧饱和度测量指套，精度不明，但灵敏度很高，可用于对比试验；指尖血流量可通过多普勒血流仪测得，由于指尖血流量很容易受到手指行为的影响，手指稍稍一动，或者和血流仪探头贴片的黏合程度发生微小的变化，血流量就会产生巨大的波动，因此在对人体的热舒适研究中，指尖血流量的测量不太常见；出汗量一般通过高精度称重计对试验前后的人体进行称重来获得；皮肤电阻和皮肤温度一般通过高精度热电偶来测量，人体核心温度一般取自体温计测量得到的腋窝温度或口腔温度，有时也采用直肠温度来得到更接近人体核心温度的数值。近些年，部分学者开始采用无线温度贴片和无线温度胶囊来测量人体皮肤温度和核心温度，精度水平可达到±0.1℃。

对睡眠人体进行热舒适研究时，由于热舒适研究通常要求受试者身心健康，加上他们的睡眠质量数据不用于呼吸疾病诊断，因此体动仪一般足以满足热舒适研究中的睡眠质量测量精度的要求。另外，为了在试验过程中不引起人体强烈的应激反应，热舒适研究的试验环境设置不会过分偏离热中性，而在睡眠热舒适试验中，考虑到睡眠状态下人体热调节能力下降，试验环境的设置会更接近热中性。在这种情况下，若在睡眠热舒适试验中采用有线的、复杂的热舒适测量仪器，仪器的干扰很可能会掩盖热环境的变化对热舒适度产生的影响，因此若条件允许，睡眠热舒适研究最好采用异物感更少的无线设备。

（2）主观评价指标　睡眠质量还可通过自我报告（Self-report）来评估，自我报告的主要内容为睡眠量表（Sleep Quality Scale，SQS），量表测量结果通常用于验证客观测量结果的有效性。为满足不同的测量目的，研究者设计了各种类型的睡眠质量量表。根据适用年龄划分，量表主要可分为婴幼儿和儿童量表、青少年量表、成年人量表和老年人量表，其中针对青少年和成年人的睡眠量表发展最快，种类也最丰富。对于可能存在睡眠疾病的人群，需要能起到一定诊断作用的量表，这类量表包括：睡眠评定量表（Sleep Dysfunction Rating Scale，SDRC）和睡眠呼吸暂停生活质量指数量表（Sleep Apnea Quality of Life Index，SAQLI）。在睡眠热舒适研究中，全面的睡眠疾病诊断量表可用于筛选出身心健康的受试者，这类受试者是睡眠质量影响因素研究的理想对象。在试验操作中，一般的睡眠质量评价量表就足够了，这类测试主要包括询问受试者主观感受的定性项目，比如睡后清醒程度、是否做梦、情绪高低、梦境好坏和白天困倦程度等，也会包括一部分需要受试者回忆并估算的计量型项目，比如睡眠时长、觉醒次数、睡眠潜伏期等。对于一些对梦境作用感兴趣的研究小组，还设计了用于测量梦境对情绪影响的量表。有些著名的睡眠量表的信度和效度已被广泛证实，其中适用于睡眠热舒适研究的包括匹兹堡睡眠质量指数、圣玛丽医院睡眠问卷（St. Mary Hospital Sleep Questionnaire）、卡罗林斯卡睡眠日志（Karolinska Sleep Diary，KSD）以及爱普沃斯嗜睡量表（Epworth Sleepiness Scale，ESS）（表4-25）。

为了减少人们的回忆错误，多数研究者会要求人们在醒后马上填写量表，但主观投票依然存在一些不可避免的系统误差：人的睡眠记忆通常并不准确，比如人们对一晚上醒了几次一般是记不清楚的，而且也常常低估自己的睡眠时间。所以在设计量表时，放弃一些容易产生记忆偏差的条目反而可能获得更准确的结果。

表 4-25 适用于睡眠热舒适研究的睡眠量表

| | 调研内容 | 目标时段 |
|---|---|---|
| 匹兹堡睡眠质量指数 | 睡眠障碍（19 项个人回答题+5 项室友回答题） | 1~12 个月 |
| 圣玛丽医院睡眠问卷 | 与睡眠质量、睡眠潜伏期、睡眠持续性和睡眠满意度相关的 14 个项目 | 一晚 |
| 卡罗林斯卡睡眠日志 | 与睡眠质量、睡眠潜伏期、醒来难易程度和睡眠持续性相关的 12 个项目 | 一晚 |
| 爱普沃斯嗜睡量表 | 与困倦度水平相关的 9 个项目 | 任何时刻 |

热舒适相关的主观指标包括：热舒适投票（Thermal Comfort Vote，TCV），一般采用从很不舒适到舒适的 4 级连续标尺；热感觉投票（Thermal Sensation Vote，TSV），对应于 ASHRAE 七级热感觉标度（-3，冷；-2，凉；-1，稍凉；0，中性；1，稍暖；2，暖；3，热）；对环境的满意度水平则一般采用同时包含不满意度和满意度的断裂标尺。

（3）偏热环境对睡眠的影响　当人体处于偏热环境时，热生理参数往往很难达到中性时的水平：受到环境温度的影响，SKT 会接近环境温度，此时通过人体表皮的散热量有限，不足以把人体核心温度（Center Body Temperature，CBT）降下来；而当 CBT 的下降受阻时，人体又会强迫体内调节系统加大核心向表皮的供血量，并刺激汗腺使人体出汗，这个过程在一定程度上又会刺激人体代谢率 $M$ 上升，使得 CBT 也有一定程度的上升。因此，在偏热环境下，CBT 在入睡阶段会有较大波动，并且总体维持在比中性状态下更高的水平。如图 4-51 所示，睡眠时，人体的 CBT 随着环境温度的升高而升高，其中在较高的室温（25℃）水平下，CBT 在入睡后不久有一次短暂的骤升，随后降到某一温度水平便不再下降，然后开始回升，和其他温度工况相比（除了 13℃这样的偏冷工况），CBT 的最低点来得最早。鉴于体温节律和睡眠节律的一致性，当 CBT 无法在较低水平停留足够长的时间时，就意味着人体的深睡时间也被压缩，而且 CBT 没有足够的时间下降，自然也就没有足够的时间回升，则睡眠总时间变短，作为后半夜睡眠的主要组成部分，REM 期也相应变短。深睡和 REM 期的睡眠时间是评价睡眠质量的关键因素，如果这两个睡眠期的时间都不足，就可以判定其睡眠质量差。

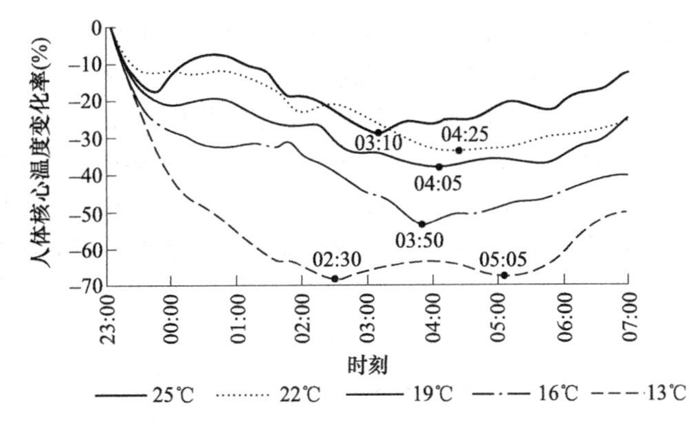

图 4-51 环境温度对人体核心温度的影响

另外，根据人体在不同睡眠阶段的热应激反应不难推测：偏热环境下，由于人体始终需要非常努力地进行体温调节来降低体内蓄热，睡眠结构从 NREM 期向 REM 期的切换会受到抑制，这不仅减少了 REM 期睡眠，使得大脑得不到足够的代谢和修整，某种程度上还改变了正常的睡眠结构。当睡眠结构偏离正常水平时，REM 期睡眠由于和昼夜节律更为相关，一旦缺失，需要定时定点补充回来，而 NREM 期睡眠的缺失则可以通过白天小睡得到补偿。可见，偏热环境不仅会妨碍人的入睡过程，还会对第二天的精力造成不可挽回的损失。

研究者进一步对人体在夏季的睡眠热中性温度进行了气候室研究，结果显示：人体在不盖被时，热中性温度在28~32℃；盖被时，由于各试验条件下的床褥系统差异较大，得到的热中性温度范围也较大，为20~27℃。有关被褥微气候的舒适温度研究结果则比较统一，为30℃左右。

可见，由于床褥系统的存在，人体对床褥外环境温度的调控需求存在很大差别。有关床褥系统的现场调查显示，人们对床褥的选择，更多的是基于喜好而不是基于必需，而且选择的床褥系统的热阻普遍过大：夏季空调用户为了快速入睡和避免中途热醒，习惯将空调温度设置得较低，且整晚开启，因此为了避免睡着后冻醒，人们会选择较厚的被子，导致不必要的能耗。在接近人体热中性的温度范围内，提高湿度对睡眠质量几乎没有影响，但当环境温度高于热中性温度时，高湿度的影响会变得显著。如图4-52所示，当温度为29℃时，相对湿度从50%上升到75%，睡眠质量的各参数没有显著改变；而当温度高达35℃时，相对湿度上升，睡眠质量显著下降，体现在觉醒时间变长，慢波（SWS）和快波睡眠（REM）时间减少，睡眠效率（SEI）降低，深睡时间减少。

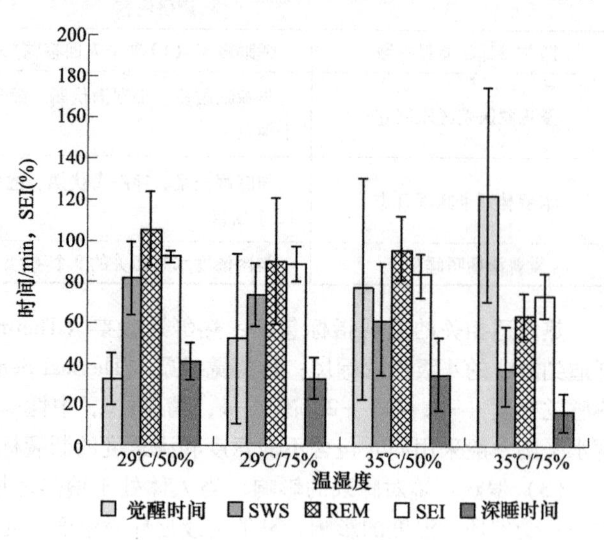


图4-52 相对湿度对睡眠质量的影响

为了探究人体在不同睡眠阶段处于偏热环境时睡眠质量的差异，Okamoto-Mizuno等人进行了一系列试验研究。如图4-53所示，26℃/50%代表热中性工况，32℃/80%代表偏热工况。研究发现，工况2的睡眠质量水平接近于工况4，且显著高于工况1和工况3。这表明，尽管人体在前半夜相对后半夜具有更强大的散热能力，但如果不把人体的蓄热在入睡阶段就顺利散掉，会影响整个睡眠过程。

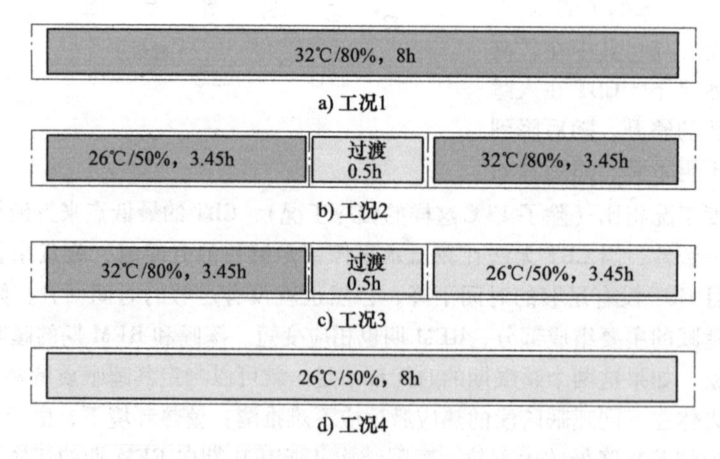


图4-53 4种温湿度工况下人体的睡眠质量

（4）睡眠风试验研究　随着空调的普及和室内舒适温度的确定，空调成为人们夏季主要的热调节手段，但建筑能耗也不断上升，同时由于存在不合理的空调系统设计，导致空调建筑中的病态建筑综合征频发。近年来，为了降低夏季空调能耗和减少其带来的健康问题，气流再次受到研究者的广泛重视，成为热舒适研究领域的重要方向。国内学者研发了一些床上送风设备作为传统空调的替代技术方案，Pan 等人提出了床侧送风系统，送风温度在 20~24℃，测试显示装置长时间运行的节能潜力较大，但其舒适性未在睡眠人体上进行过验证。之后，魏本钢等人提出了个性化床头、床侧和床背送风系统。在验证了其节能性的基础上，Lan 等人对其中的床头送风系统，在送风温度为 24℃左右的情况下进行了人体睡眠试验，结果表明，用户的睡眠质量和热舒适度与传统空调相比有了显著提升。也许是考虑到气流对睡眠人体有一定健康风险，上述两个研究中的送风装置送出的气流到达人体处的速度均处于无吹风感分区：前者的出风口气流速度不高于 0.25m/s，后者到达面部的气流速度为 0.15m/s。这些新型送风装置对卧室空间有一定要求，装置本身需要另外购买材料和安装，总投入比传统风扇高许多。

为了验证较大气流在人体睡眠状态下应用的可行性，Tsuzuki 等人通过对比 26℃/50%中性无风工况和 32℃/80%偏热有风工况下的人体睡眠质量参数，验证了偏热偏湿环境下气流对睡眠质量的提升作用，试验中有风工况下人体表面的气流速度为 1.7m/s。如表 4-26 所示，偏热无风湿热工况与中性无风工况相比，人体的觉醒时间显著变长，总睡眠时间显著变短，睡眠效率显著下降；偏热有风湿热工况与偏热无风湿热工况相比，觉醒时间、总睡眠时间以及睡眠效率均有显著差别，而与中性无风工况相比，均无显著差别。但该试验采用的气流发生装置为现在不太常见的风箱，也未说明其气流速度的设置依据，而且试验中气流速度整晚恒定不变，没有将人体睡眠节律对热环境需求的影响考虑进去。

表 4-26　气流在偏热偏湿环境下对睡眠的影响

| 环境 | 26℃/50%中性无风环境 | 32℃/80%无风湿热环境 | 32℃/80%有风湿热环境 |
| --- | --- | --- | --- |
| 觉醒时间/min | 32.1±16.3 | 104.4±86.1 | 22.7±14.0 |
| 睡眠总时间/min | 459.3±9.6 | 375.1±86.2 | 457.3±14.7 |
| 睡眠效率（%） | 95.5±2.0 | 78.1±17.9 | 95.1±2.9 |

（5）睡眠热舒适评价模型　人体在建筑环境中的热感觉受空气温度 $t_a$、环境长波辐射温度 $t_{mrt}$、风速 $v$、相对湿度 $\varphi$、着装量 $I_{cl}$、活动量 $M$ 等因素的综合影响，因此需要建立人体热感觉评价指标来描述环境参数对人体热感觉的综合作用。目前，被国际两大热舒适标准 ISO 7730 和 ASHRAE 55 采纳的用来对热环境进行预测和评价的是预计平均热感觉指数 PMV（Predicted Mean Vote）和标准有效温度 SET（Standard Effective Temperature）。PMV 是 Fanger 在人体热平衡方程的基础上提出的指标，而 SET 是 Gagge 等人在二节点模型基础上提出的单一温度指标。研究者在 PMV 和二节点模型的基础上，对睡眠状态下的相关参数进行了一定的假设和修正，提出了睡眠热舒适相关的计算模型。

1）基于 PMV 的睡眠热舒适模型。PMV 模型是在人体热平衡方程的基础上附加上人体热舒适条件获得人体蓄热水平，从大量清醒状态下的热舒适试验中回归得出预测公式，对应于 ASHRAE 七级热感觉标度，用于衡量空气温度 $t_a$、环境长波辐射温度 $t_{mrt}$、风速 $v$、相对湿度 $\varphi$、着装量 $I_{cl}$、活动量 $M$ 与人体热感觉的关系。使用 PMV 公式需要满足 3 个前提条件：①人体处于热平衡状态；②人体平均皮肤温度对应舒适条件；③人体保持舒适条件下的出汗散热水平。当人体处于正常睡眠状态下时，人体的热生理水平基本可以满足这 3 个前提条件。

Lin 等人在 PMV 的基础上提出了睡眠热舒适预测模型 SPMV（为了与 Fanger 提出的 PMV 区分，这里将该模型标记为 SPMV）。SPMV 基于人体热平衡方程，基本沿用了 PMV 中的散热量估算公式和参数设置，比如呼吸散热量、皮肤表面湿润度、平均皮肤温度、路易斯数以及 PMV 与人体热负荷之间的敏感系数。SPMV 模型将人体表面辐射传热系数 $h_r$ 确定为 4.7W/($m^2$·K)，代

谢率 $M$ 为 $40W/m^2$（约等于静坐状态下人体代谢率的 70%），对外做功 $W$ 为 $0W/m^2$，并给出了平躺人体表面对流传热系数 $h_c$ 的参考公式。其中，总热阻 $R_t$ 包含寝具各层材料的导热热阻和寝具或人体外表面的换热热阻，后者与表面对流和辐射传热系数有关，因此当空气温度和平均辐射温度一致时，风速在 SPMV 模型中的作用体现在 $R_t$ 上。

$$\mathrm{SPMV} = 0.0998 \times \left\{40 - \frac{1}{R_t}\left[\left(34.6 - \frac{4.7t_{mrt} + h_c t_a}{4.7 + h_c}\right) + 0.3762 \times (5.52 - p_a)\right]\right\} - 0.0998 \times [0.056(34 - t_a) + 0.692 \times (5.87 - p_a)] \tag{4-71}$$

$$\begin{cases} h_c = 2.7 + 8.7v^{0.67}, 0.15\mathrm{m/s} \leqslant v \leqslant 1.5\mathrm{m/s} \\ h_c = 5.1\mathrm{W/(m^2 \cdot K)}, v \geqslant 1.5\mathrm{m/s} \end{cases} \tag{4-72}$$

式中　$p_a$——空气中的水蒸气分压力（kPa）。

Pan 等人为了便于床褥热阻的估算，对床褥系统建立了新的传热物理模型，并基于人体热平衡方程提出了床褥热阻的预测计算模型，计算结果和 Lin 等人通过暖体假人实测得到的测量值接近。

2）基于二节点模型的睡眠热舒适模型。为了探索人体热舒适现象背后的生理机制，研究者提出了不同的人体体温调节模型，其中被广泛使用的是二节点计算模型。Pan 等人基于二节点模型为睡眠人体提出了四节点热生理反应预测模型。该四节点模型考虑了人体不同部分的覆盖情况，对床褥系统进行了拆分（图 4-54），并且在计算整晚的传热过程中加入了不同睡眠期（NREM/REM）的人体热反应假设。该模型在室温 29℃ 工况下的计算结果与 Okamoto-Mizuno 等人和 Haskell 等人的试验结果最接近。

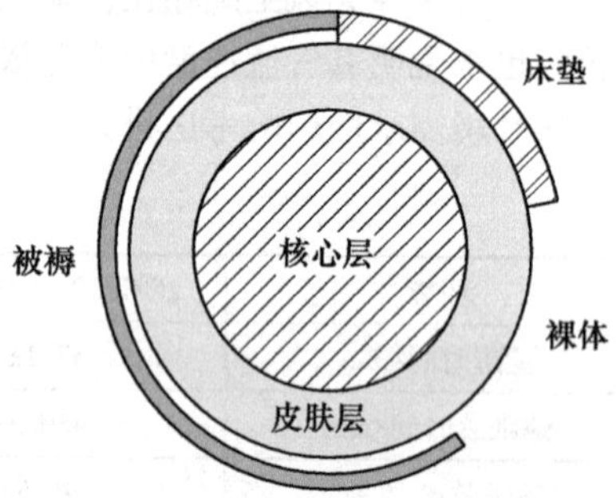

图 4-54　Pan 等人的四节点传热模型

然而，偏热环境下的人体睡眠结构与热中性环境下存在差异，四节点传热模型是基于人体正常睡眠结构和正常睡眠结构下不同睡眠期的人体对冷热刺激反应差异的假设上建立的，用于偏热环境时可能会有较大误差。加入气流作用后，气流方向对床褥总热阻会产生一定影响。随着吹风时间变长，人体热感觉的敏感度会有所降低，导致四节点传热模型在预测气流冷作用时准确性进一步降低。由于该模型的散热结果最终体现在人体核心温度和皮肤温度的数值上，如果将该模型作为人体达到热舒适时所需气流速度的确定依据，就会出现这样的情况：只要环境温湿度发生微小的变化，人体生理参数即发生响应，随即导致气流速度控制参数发生变化，容易出现“过度拟合”的问题。另外，人体在睡眠结构、床褥热阻以及对气流的偏好上存在不同程度的个体差异，即与总体平均值之间存在的误差大小不同，这些误差综合起来可能导致四节点模型计算得到的气流速度远远偏离人体需求，因此在设计以气流速度为控制目标的睡眠热反应模型时，宜采用对微小的睡眠结构改变、温湿度变化以及行为调节不太敏感的热生理参数作为睡眠过程的控制变量。

标准有效温度 SET 和 PMV 指标一样，可以直接用来预测人体的热感觉，而且在气流速度大于 0.2m/s 的情况下，SET 对热感觉的预测相比 PMV 更接近真实人体的热感觉，但目前还没有相关研究和标准提出 SET 在睡眠工况下应用的方法。

### 4.6.3　热环境与工作效率

从国内外大量的现场调研结果发现，热环境的水平影响人的劳动效率。其影响程度随劳动类型、紧张程度不同而不同。但现场调研的结果往往受实际环境中多种其他因素（如噪声、工作压力、颜色等）的影响。为深入分析热环境的独立影响，研究者不得不在实验室进行试验研究和分析。

### 1. 劳动效率与外部刺激的关系

激发（Arousal）的概念可以用来解释环境应力对劳动效率的影响。相同的环境应力可能会提高某些工作的劳动效率（Performance），但会降低另一些工作的劳动效率。某种工作的最高效率出现在中等激发水平上，因为在较低激发水平上，人尚未清醒到足以正常工作，而在较高激发水平上，由于过度激动，人不能全神贯注于手头的工作。因此效率和激发呈倒 U 字关系，如图 4-55a所示，其中最佳激发水平 $A_1$ 与工作的复杂程度有关。一项困难而复杂的工作本身会激起人的热情，因此在几乎没有外界刺激的情况下能把工作做得更好；如果来自外部原因的激发太强，外界刺激则会把身体总激发的水平移到偏离最佳激发水平 $A_1$ 点，致使劳动效率下降。而对于枯燥简单的工作，则往往需要有附加外界刺激的情况下劳动效率才能得到提高。

如图 4-55a 所示为热刺激与激发的关系示意。无论冷、热都是刺激。应该说，适中的温度对神经系统的感觉输入应该是最小的，但也有研究发现温暖也会减少激发，即微暖常使人有懒洋洋或浑身无力的感觉。所以图 4-55b 所示中最小激发温度 $T_0$ 对应的是热中性或略高于中性的温度。

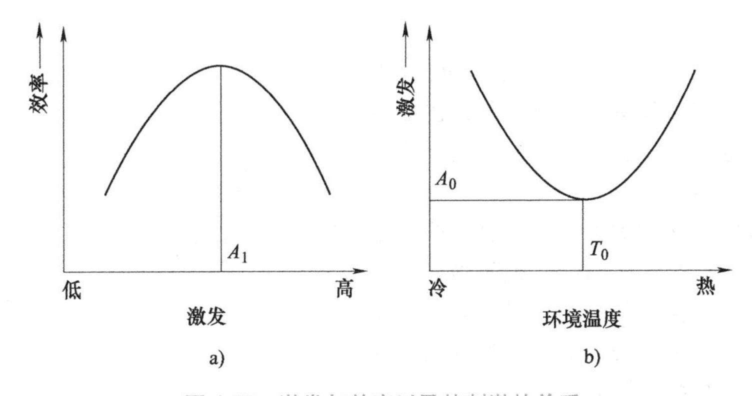


图 4-55 激发与效率以及热刺激的关系

图 4-56 所示为简单工作和复杂工作的环境温度与劳动效率之间的关系。可以看到，人们在从事复杂困难工作时，希望环境温度越接近热中性或最小激发温度 $T_0$ 越好；而当人们在从事简单枯燥的工作时，环境温度适当偏离最小激发温度 $T_0$ 反而能够获得更高的劳动效率。

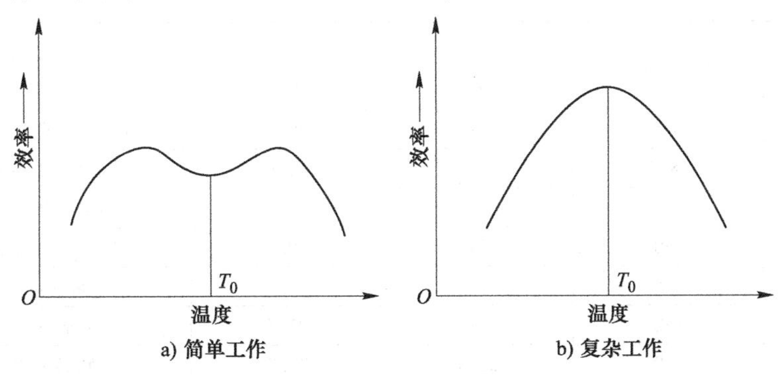


图 4-56 简单工作和复杂工作的环境温度与劳动效率之间的关系

2. 热环境对脑力劳动的影响

试验研究发现，做脑力工作的能力在标准有效温度高于33℃以上开始下降，也就是空气温度33℃、相对湿度50%、穿薄衣服的人的有效温度。有研究者对室内空气温度与脑力劳动者工作效率的关系做了大量的试验。图4-57所示为气温对工作效率与相对差错率的影响。在热环境中的暴露时间也会影响工作效率。Wing（1965）在研究热对脑力劳动工作效率的影响中总结出了降低脑力劳动工作效率的暴露时间，并将其表示为温度的函数。图4-58所示为不降低脑力劳动工作效率的温度与暴露时间的关系。虽然这些曲线都是在实验室条件下根据明显的变化趋势做出的一般结论，但在实际环境中这些结论也得到了证实。

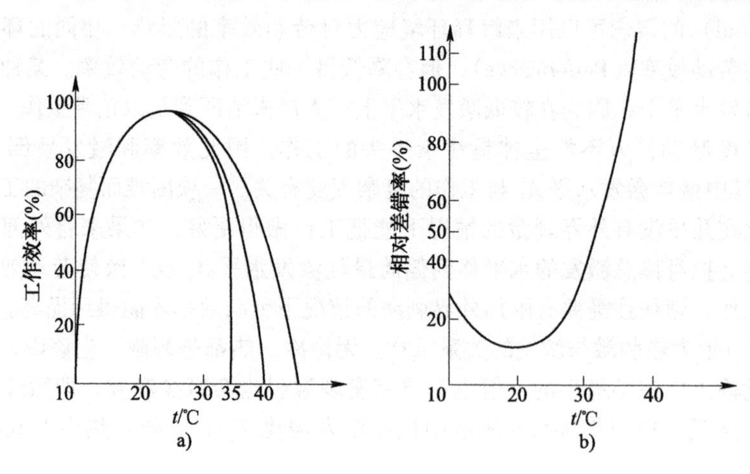


图4-57　气温对工作效率与相对差错率的影响

表4-27所示为不同研究者关于降低脑力劳动效率的暴露时间与温度的研究结果。

体温降低对简单的脑力劳动的影响比较轻微，但在有冷风的情况下会涣散人对工作的注意力。如果身体冷得厉害，人会变得过于激奋，从而影

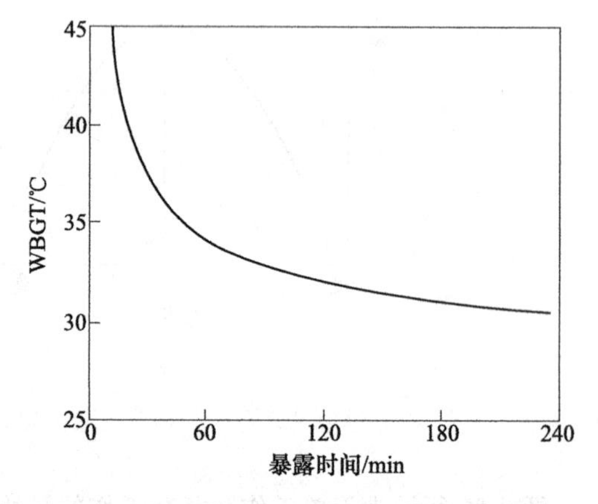


图4-58　不降低脑力劳动工作效率的温度与暴露时间的关系

表4-27　降低脑力劳动效率的暴露时间与温度的研究成果

| 工作类别 | 时间/min | 温度/℃ | | 研究者 |
|---|---|---|---|---|
| | | SET | ET | |
| 心算 | 6.5 | — | 45.5 | Blockley 和 Lyman（1950） |
| 心算 | 18.5 | — | 42.8 | Blockley 和 Lyman（1950） |
| 心算 | 46 | — | 33.1 | Blockley 和 Lyman（1950） |
| 心算 | 240 | 34 | 30.6 | Viteles 和 Smith（1965） |
| 记单词 | 60 | — | 35 | Wing 和 Touchstone（1965） |
| 解题 | 120 | — | 31.7 | Carpenter（1945） |
| 莫尔斯电码 | 180 | 33.3 | 30.8 | Mackworth（1972） |

响需要持续集中注意力和短期记忆力的脑力劳动的工作效率。例如，潜水员在10℃左右的水温中工作，对潜水员的智力能力提出较高的要求。

3. 热环境对体力劳动的影响

研究表明，在偏离舒适区域的环境温度下从事体力劳动，小事故和缺勤的发生概率增加，产量下降。当环境温度超过有效温度27℃时，需要运用神经操作、警戒性和决策技能的工作效率会明显降低。非熟练操作工的效率损失比熟练操作工的损失更大。

低温对人的工作效率的影响最敏感的是手指的精细操作。当手部皮肤温度降到15.5℃以下时，手部的操作灵活性会急剧下降，手的肌力和肌动感觉能力都会明显变差，从而导致劳动生产率的下降。

图4-59a所示为马口铁工厂相对产量的季节性变化。可以看到，在高温条件下，重体力劳动的效率会明显下降。图4-59b所示为军火工厂相对事故发生率与环境温度的关系，表明温度偏离舒适区将导致事故发生率的增加。

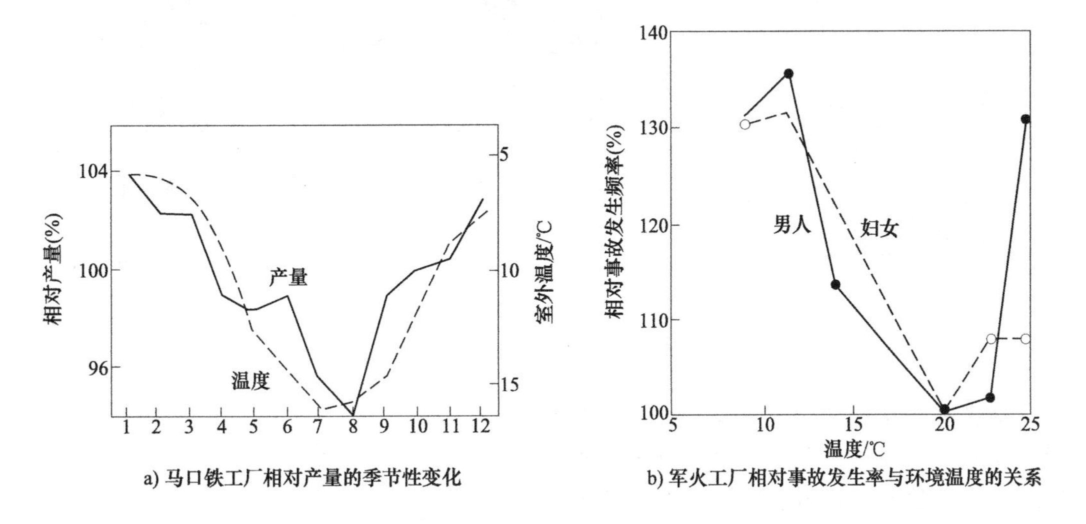

a) 马口铁工厂相对产量的季节性变化　b) 军火工厂相对事故发生率与环境温度的关系

图4-59　温度对劳动生产率和事故发生率的影响

## 4.6.4　个人舒适系统与建筑节能

1. 概念

个人舒适系统（Personal Comfort Systems，PCSs）指的是通过改善一个或多个身体部位的局部热状况来改善人类舒适度的系统或设备。个人舒适系统的概念由美国加州大学伯克利分校建筑环境研究中心（Center for the Built Environment，CBE）的Hui Zhang等人提出。个人舒适系统为使用者提供可以按照个人需求调整局部热环境的机会，因此满足不同人的需求。同时，由于个人舒适系统主要对人的身体局部进行加热或冷却，因此可以节省用于加热或冷却整个室内空间的能量。

个人舒适系统包括工位空调、风扇、电热座椅、暖脚器、暖手器等。加州大学伯克利分校建筑环境研究中心也研发了能实现供冷与供热的座椅（图4-60），并在多个建筑中试点推广。而现实生活中最常见的个人舒适系统为风扇，风扇被全世界各个地区的人们采用，尤其在亚洲地区拥有极高的使用率。风扇不仅能有效降低炎热环境中人体的热感，还能减少夏季空调的使用率，提高人们在炎热环境中的工作效率。

个人舒适系统并非近年才出现的新事物。在湖南省的西部，即湘西地区，有些农户仍采用沿袭数百年的火桶作为冬季个人采暖的设备（图4-61）。火桶外形为圆桶状的座椅，采用杉木作为主体框架材料，以缓慢燃烧的木炭作为热源，内置一个金属盆（火盆）用于盛放木炭及炭灰，其中炭灰用于隔热，避免木炭烧毁火桶底部；火桶正面有个大开口，用于加热人体腿部，同时火桶顶部有若干小孔，可保证上升的热气流加热人体臀部和背部。在冬季，每次仅需加入200g左右的木炭即可实现3~4h的有效取暖。而在湖南的城镇建筑中，特别是住宅建筑中，人们更普遍地使用电热火箱（图4-62）。

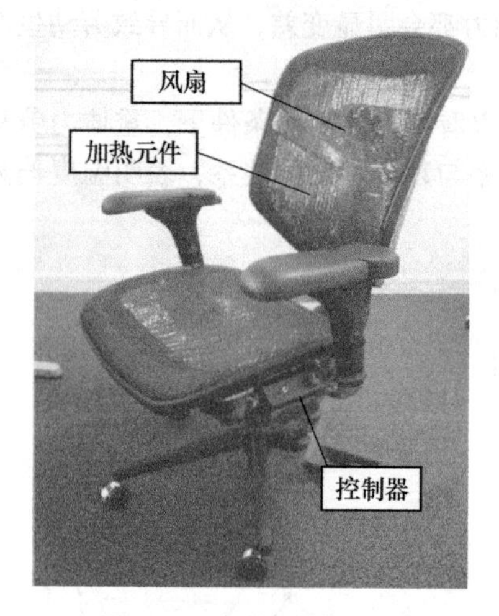


图4-60 加热/冷却座椅
（加州大学伯克利分校研发）

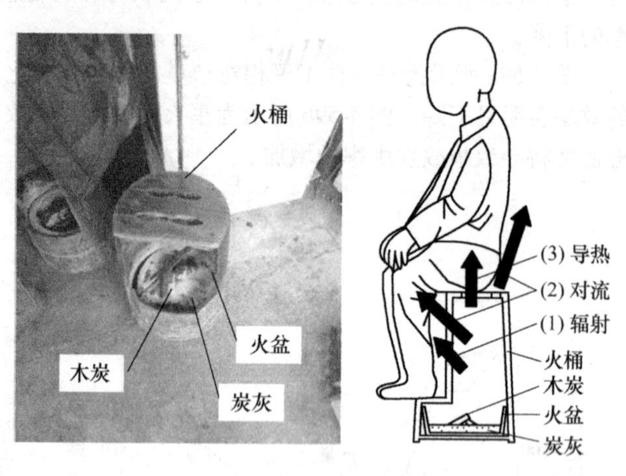


图4-61 湘西地区农村用于取暖的火桶

火箱外形为顶部开口的木箱；相比传统的火桶，火箱主要加热人体的足部和腿部，更加方便、清洁，适合在室内使用，为冬季家庭成员共同取暖提供便利。

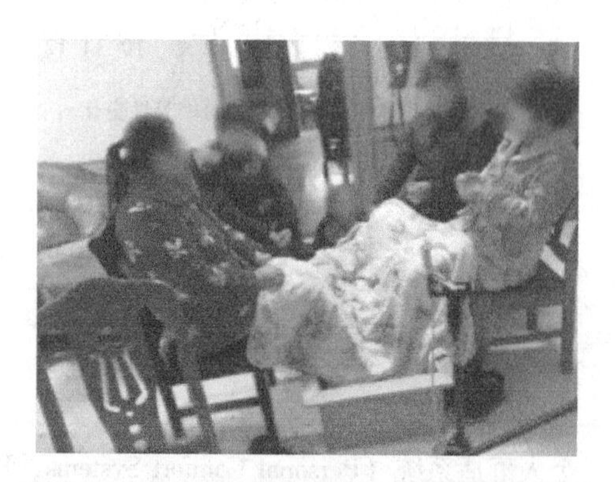

图4-62 湖南地区常见冬季采暖用的电热火箱

### 2. 个人舒适系统对提高人体热舒适的作用

根据Hui Zhang等人的总结，供冷型的个人舒适系统可将夏季空调系统室内设定温度由25℃提升至28℃，甚至30℃，而供热型的个人舒适系统可将冬季空调系统室内设定温度由20℃下降至16℃（图4-63）。而图4-61和图4-62所示的火桶和火箱则能将冬季舒适温度扩展至10℃。

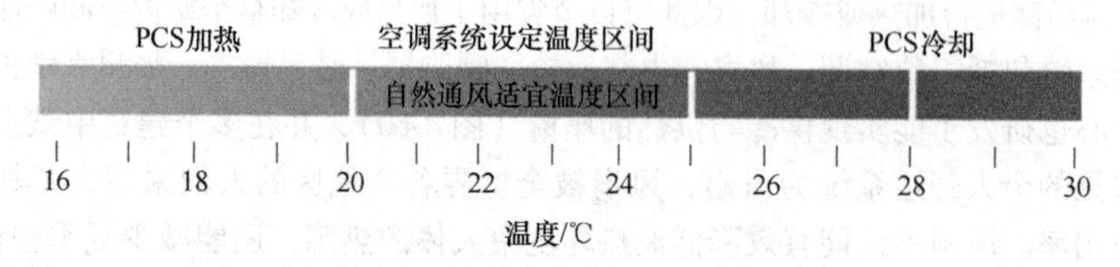


图4-63 偏冷环境局部加热作用下动态热感觉变化

### 3. 个人舒适系统对建筑节能的作用

个人舒适系统对建筑节能的作用体现在两个方面：

（1）扩展室内空调设定温度区间　个人舒适系统能在更大的环境温度区间满足人体的热舒适需求，因此对于使用个人舒适系统的建筑室内人员，相应的空调系统设定温度区间也会更大。Hoyt等人通过模拟研究了美国多个气候区建筑采取不同室内设定温度而产生的节能效果。他们发现每提高或降低1℃舒适温度或可接受温度区间时，建筑空调系统可节约5%～10%的能耗(图4-64)。

李念平等人的研究则表明：如果在冬季采用局部地面供暖，可将冬季室内温度下降至最低14℃。如果在广州、成都、上海、长沙等地采用局部地面供暖，并将冬季室内采暖温度下降至18℃、16℃及14℃，预计将分别实现空调系统节能10%、30%及50%（图4-65）。

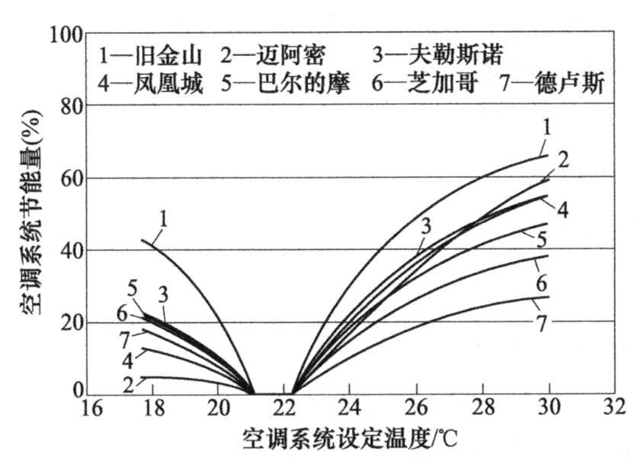


图4-64　空调系统节能量与空调系统设定温度的关系（Hoyt等研究结果）

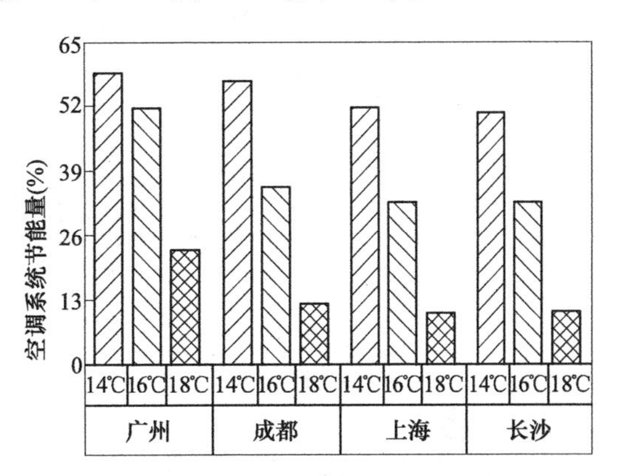


图4-65　空调系统节能量与空调系统设定温度的关系（李念平等研究结果）

（2）减少室内人员使用空调的行为　在可以控制空调系统时，室内人员通常会尽可能使用空调系统消除自身的不适感。个人舒适系统能充分或部分满足人员舒适需求，则人员对空调的使用行为会消除或减少，进而表现为使用个人舒适系统的人员选择在非中性环境中不使用空调或减少用空调改变室内温度的幅度（图4-66）。

李念平等人对个人舒适系统减少室内人员使用空调行为的作用机理进行了总结，具体如下：

1）个人舒适系统在人员开始采取使用室内空调系统行为之前减少了初始非中性环境中人员的主观冷感或热感。

2）对环境有忍耐力的人员（耐热与耐冷人员）相比忍耐力弱的人员（不耐热与不耐冷人员）有更接近中性的热感觉，进而有更小的变温行为。因此有忍耐力的人员在偏热环境中选择更高的温度，在偏冷环境中选择更低的温度；但忍耐力强的人员和忍耐力弱的人员最终达到的舒适水平一致，即中性的热感觉。

3）由于“让步”现象，在公共空间内有可调节的空调温控器时，室内温度由忍耐力弱的人员控制，忍耐力强的人员本可选择更大的温度范围，但由于“让步”现象，这部分的节能潜力全部损失。

4）尽管“让步”现象存在，在公用建筑空间中，个人舒适系统最终仍能扩展建筑人员选择的温度，以此实现空调系统节能。而实现这一点的关键在于使用个人舒适系统，尽可能地满足忍耐力弱的人员的舒适需求。

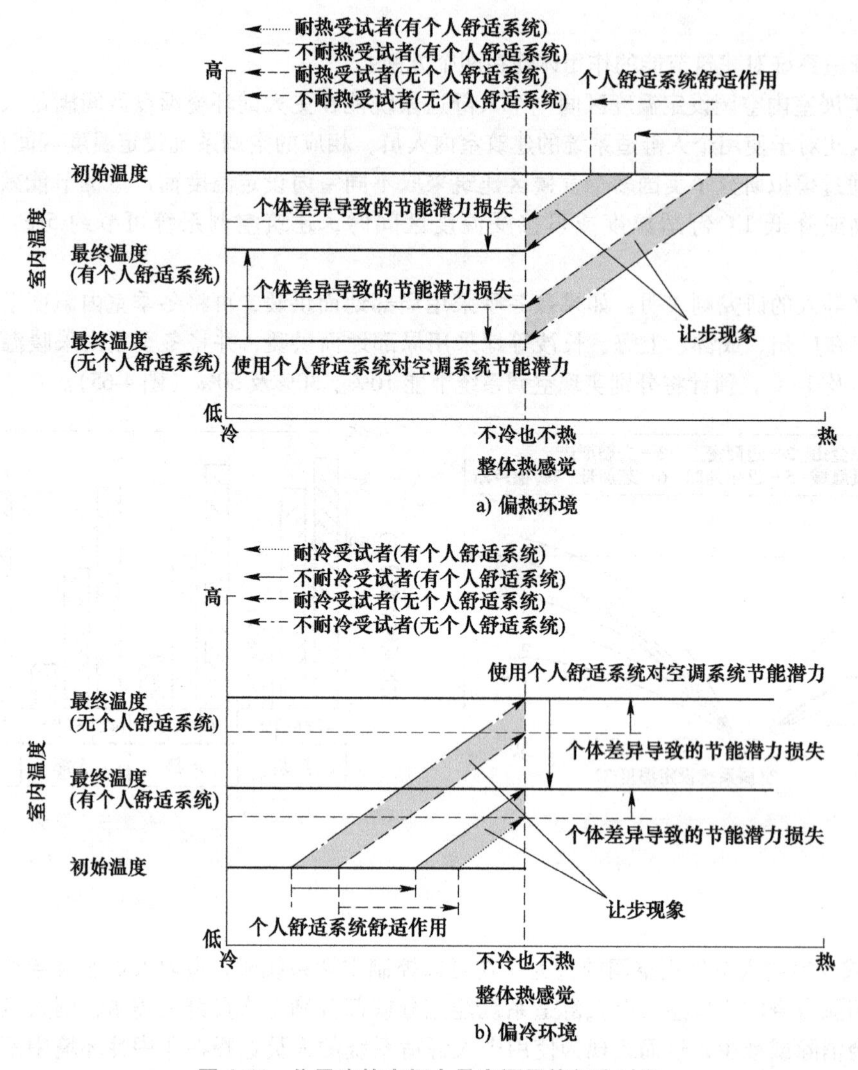


图 4-66　公用建筑空间人员空调用能行为过程

## 复习思考题

1. 人体与周围环境换热受哪些因素影响？哪些因素由环境决定？哪些因素由人体本身决定？

2. 热感觉和热舒适的定义是什么？为什么要区分热感觉和热舒适？

3. 非极端和极端热环境的评价方法有哪些？

4. 室内温度为 28℃、相对湿度为 80%时，如果需要在此时使人体达到室内温度 25℃、相对湿度 60%时的热感觉，可以采取哪些方法？

5. 主要的人体热舒适理论有哪些？代表学者分别是谁？

6. PMV-PPD 理论适用的条件是什么？有什么缺陷？

7. 在适应热舒适理论中，人体对热环境适应的三种主要途径是什么？各自有哪些具体方法或措施？

8. 局部-整体热舒适理论的主要结论是什么？其与热愉悦理论存在怎样的关系？

9. 个人舒适系统提高舒适度、减少能耗的原因是什么？在现实生活中你使用过哪些个人舒适系统？感觉如何？

# 参 考 文 献

[1] 李念平．建筑环境学 [M]．北京：化学工业出版社，2010.
[2] 朱颖心．建筑环境学 [M]．4版．北京：中国建筑工业出版社，2016.
[3] 柳孝图．建筑物理 [M]．2版．北京：北京建筑工业出版社，2000.
[4] 黄晨．建筑环境学 [M]．2版．北京：机械工业出版社，2015.
[5] MCMULLAN R. 建筑环境学 [M]．5版．张振南，李溯，译．北京：机械工业出版社，2003.
[6] 李先庭，石文星．人工环境学 [M]．北京：中国建筑工业出版社，2006.
[7] 李铌，何德文，李亮．环境工程概论 [M]．北京：中国建筑工业出版社，2008.
[8] 李百战，郑洁，姚润明，等．室内热环境与人体热舒适 [M]．重庆：重庆大学出版社，2012.
[9] 黄建华，张慧．人与热环境 [M]．北京：科学出版社，2011.
[10] 张宇峰．热环境对睡眠的影响 [J]．暖通空调，2016，46 (6)：55-64.
[11] KRYGER M H，ROTH T，DEMENT W C. 睡眠医学：理论与实践 [M]．4版．张秀华，韩芳，张悦，等译．北京：人民卫生出版社，2010.
[12] URLAUB S，GRUN G，FOLDBJERG P，et al. The influence of the indoor environment on sleep quality [C]. Healthy Buildings 2015 Europe. Eindhoven：Fraunhofer，2015.
[13] 朱旻琳，欧阳沁，朱颖心，等．偏热环境下睡眠热舒适研究综述 [J]．暖通空调，2017，47 (10)：35-44.
[14] Standards of Practice Committee of the American Academy of Sleep Medicine. Practice parameters for the role of actigraphy in the study of sleep and circadian rhythms：an update for 2002 [J]. Sleep，2003，26 (3)：337-341.
[15] CABANAC M，MINAIRE Y，ADAIR E. Influence of internal factors on the pleasantness of a gustative sweet sensation [J]. Communications in Behavioral Biology，1968，1：77-82.
[16] CABANAC M. Physiological role of pleasure [J]. Science，1971，173 (4002)：1103-1107.
[17] CABANAC M，DUCLAUX R. Specificity of internal signals in producing satiety for taste stimuli [J]. Nature，1970，227 (5261)：966.
[18] ZHANG H. Human thermal sensation and comfort in transient and non-uniform thermal environments [D]. Berkeley：University of California，2003.
[19] ARENS E，ZHANG H，HUIZENGA C. Partial and whole-body thermal sensation and comfort：Part I Uniform environmental conditions [J]. Journal of thermal biology，2006，31 (1)：53-59.
[20] ARENS E，ZHANG H，HUIZENGA C. Partial and whole-body thermal sensation and comfort-Part II Non-uniform environmental conditions [J]. Journal of thermal biology，2006，31 (1)：60-66.
[21] ZHANG H，ARENS E，KIM D，et al. Comfort，perceived air quality，and work performance in a low-power task-ambient conditioning system [J]. Building and Environment，2009，45 (1)：29-39.
[22] PASUT W，ZHANG H，ARENS E，et al. Effect of a heated and cooled office chair on thermal comfort [J]. HVAC and Research，2013，19 (5)：574-583.
[23] ZHAI Y，ZHANG H，ZHANG Y，et al. Comfort under personally controlled air movement in warm and humid environments [J]. Building and Environment，2013 (65)：109-117.
[24] PASUT W，ARENS E，ZHANG H，et al. Enabling energy-efficient approaches to thermal comfort using room air motion [J]. Building and Environment，2014 (79)：13-19.
[25] PASUT W，ZHANG H，ARENS E，et al. Energy-efficient comfort with a heated/cooled chair：Results from human subject tests [J]. Building and Environment，2015 (84)：10-21.
[26] ZHAI Y，ZHANG Y，ZHANG H，et al. Human comfort and perceived air quality in warm and humid environments with ceiling fans [J]. Building and Environment，2015 (90)：178-185.
[27] PARKINSON T，DE DEAR R. Thermal pleasure in built environments：physiology of alliesthesia [J]. Building Research and Information，2015，43 (3)：288-301.
[28] PARKINSON T，DE DEAR R. Thermal pleasure in built environments：spatial alliesthesia from contact heating [J]. Building

Research and Information, 2016, 44 (3): 248-262.

[29] PARKINSON T, DE DEAR R, CANDIDO C. Thermal pleasure in built environments: alliesthesia in different thermoregulatory zones [J]. Building Research and Information, 2016, 44 (1): 20-33.

[30] ZHANG H, ARENS E, ZHAI Y. A review of the corrective power of personal comfort systems in non-neutral ambient environments [J]. Building and Environment, 2015 (91): 15-41.

[31] HE Y, CHEN W, WANG Z, et al. Review of fan-use rates in field studies and their effects on thermal comfort, energy conservation, and human productivity [J]. Energy and Buildings, 2019 (194): 140-162.

[32] HE Y, LI N, ZHANG W, et al. Thermal comfort of sellers with a kind of traditional personal heating device (Huotong) in marketplace in winter [J]. Building and Environment, 2016 (106): 219-228.

[33] ZHOU L, LI N, HE Y, et al. A field survey on thermal comfort and energy consumption of traditional electric heating devices (Huo Xiang) for residents in regions without central heating systems in China [J]. Energy and Buildings, 2019 (196): 134-144.

[34] HOYT T, ARENS E, ZHANG H. Extending air temperature setpoints: Simulated energy savings and design considerations for new and retrofit buildings [J]. Building and Environment, 2015 (88): 89-96.

[35] 谭畅，李念平，何颖东，等．南方地区局部地面供暖舒适性及节能性研究 [J]. 大连理工大学学报，2018, 58 (3): 277-284.

[36] 何颖东．个人舒适系统作用下的热舒适及用能行为特性研究 [D]. 长沙：湖南大学，2019.

# 第 5 章

# 室内空气环境

室内空气环境（Indoor Air）是建筑环境中的重要组成部分。随着生活水平的不断提高，人们对建筑室内环境的舒适性、美观性等要求越来越高，但随之而来的是室内空气污染问题也日趋严重。新型建筑材料、装饰材料、新型涂料及黏结剂的大量采用，清洁剂、杀虫剂、除臭剂的广泛使用，使得室内空气中出现了成千上万种污染物，严重威胁着人们的身体健康。室内空气污染问题已成为许多国家极为关注的环境问题之一，室内空气质量的研究已成为当前建筑环境领域内的研究热点。

## 5.1　室内空气污染的原因及防治对策

### 5.1.1　室内空气污染的研究特点与现状

#### 1. 室内空气质量（IAQ）的定义

室内空气质量（IAQ）的定义经历了许多变化。最初，人们把 IAQ 几乎等价为一系列污染物浓度的指标。后来，人们认识到纯客观的定义并不能完全涵盖 IAQ 的内容。因此，对 IAQ 定义进行了新的诠释。在 1989 年国际 IAQ 讨论会上，丹麦哥本哈根大学的 Fanger 教授提出：空气质量反映了人们的满意程度。如果人们对空气满意，就是高质量；反之，就是低质量。英国特许建筑设备工程师学会（Chartered Institution of Building Services Engineers，CIBSE）认为：如果少于50%的室内人员感觉有异味，少于 20%的人感觉不舒服，少于 10%的人感觉到黏膜刺激，并且少于 5%的人在不到 2%的时间内感到烦躁，则可认为此时的 IAQ 是可接受的。该定义与舒适度有关，并未考虑对人体健康有潜在危害却无异味的物质，如氡等。

以上两种定义的共同点是将 IAQ 完全变成了人们的主观感受。

1996 年，美国供暖、制冷与空调工程师学会（ASHRAE）在新的通风标准 ASHRAE 62—1989R 中，提出了“可接受的 IAQ”和“感受到的可接受 IAQ”等概念。其中，“可接受的 IAQ”定义为：空调房间中绝大多数人没有人对室内空气表示不满意，并且空气中已知污染物没有达到了可能对人体健康产生严重威胁的浓度。“感受到的可接受 IAQ”定义为：空调空间中绝大多数人没有因为气味或刺激性而表示不满。它是达到可接受的 IAQ 的必要而非充分条件。ASHRAE 标准中对 IAQ 的定义，最明显的变化是它包括客观指标和人的主观感受两方面的内容，比较科学和全面。

#### 2. 室内空气污染

由于室内引入能释放有害物质的污染源或室内环境通风不佳而导致室内空气中有害物质在数量和种类上不断增加，并引起人的一系列不适症状，称为室内空气受到了污染。

室内空气污染具有累积性、长期性和多样性等特征。

室内空气污染物的来源既有室外污染源，又有室内污染源。

室内空气污染对社会产生的危害主要有以下两方面。

（1）危害人身体健康　国外大量研究结果表明，室内空气污染会引起“病态建筑综合症（或征）”（Sick Building Syndrome，SBS），症状包括头痛、眼、鼻和喉部不适，干咳，皮肤干燥发痒，注意力难以集中和对气味敏感等。产生这些症状的具体原因不详，但大多数患者在离开建筑物不久症状即行缓解。

（2）影响人们的工作效率　较差的室内空气质量会降低人们的工作效率。研究者发现，高品质的室内空气环境会极大提高人们的工作效率并能减少病态建筑综合征的产生。采用现行最低标准的规定建立的室内空气环境中，人们的工作效率会降低大约5%～10%，这样的损失应包括在今后的建筑全生命周期分析中。由于工作效率降低所造成的损失大大超过了商业建筑运行的其他费用，为保证较高的室内空气品质所需的投资比采用现行最低标准拥有较高的回收率，而且不需要额外消耗更多的能源。

**3. 室内空气污染研究的现状及特点**

20世纪80年代，为改善城镇居民居住条件，我国各地大规模建造单元式居民楼，空调开始成为每家每户的必备家电。在居住条件大幅度改善的同时，室内空气品质却不断恶化。目前，引起居室内空气污染最主要原因是不良装修，即在装修过程中使用了含有大量有害物质如甲醛、挥发性有机物等一些装饰材料。而传统的室内污染物，如$SO_2$、CO、$CO_2$、$NO_x$等由于抽油烟机的广泛采用和燃料结构的变化，对室内空气的污染程度已大大降低。

目前国内室内空气污染研究包括以下几个方面。

（1）制定全面科学的室内空气质量标准　全面、科学地制定标准需要进行大量的现场调研以确定室内污染物的种类、发生率及平均的污染水平，了解暴露-效应关系，确定可接受的效应水平，以确定适合我国国情的室内空气质量标准。我国关于室内空气污染物中甲醛、细菌总数、二氧化碳、可吸入颗粒物、氮氧化物、二氧化硫、苯并［a］芘的卫生标准见表5-1。

表5-1　我国已制定的室内空气质量标准

| 序号 | 污染物名称 | 标准值 | 标准号 |
|---|---|---|---|
| 1 | 细菌 | ≤4000cfu/m³ | GB/T 17093—1997 |
| 2 | 二氧化碳 | ≤0.10%（2000mg/m³） | GB/T 17094—1997 |
| 3 | 可吸入颗粒物 | 日平均最高允许浓度为0.15mg/m³ | GB/T 17095—1997 |
| 4 | 氮氧化物 | 日平均最高允许浓度为0.10mg/m³ | GB/T 17096—1997 |
| 5 | 二氧化硫 | 日平均最高允许浓度为0.15mg/m³ | GB/T 17097—1997 |
| 6 | 氡（住房内） | 新建建筑室内年均浓度≤100Bq/m³<br>已建建筑室内年均浓度≤300Bq/m³ | GB/T 16146—2015 |
| 7 | 苯并［a］芘 | 日平均最高允许浓度为0.1μg/100m³ | |
| 8 | 甲醛 | 0.08mg/m³ | GB/T 16127—1995 |

对于$PM_{2.5}$，《环境空气质量标准》（GB 3095—2012）中对于居住区环境空气中$PM_{2.5}$的二级浓度标准设定为：年平均35μg/m³；24h平均：75μg/m³。

（2）污染源控制　研究表明，引起室内空气污染的最主要原因是装修过程中各种各样不良建材的大量使用，这些建材成为污染室内空气的污染源。消除污染的根本方法是消灭污染源。对于目前问题较为严重的建筑材料和室内装修材料，一方面，要通过立法在生产过程中尽量控制这些建筑材料的污染物含量，使得有害物质含量低的产品进入市场；另一方面，需要对室内究竟有哪些污染源、这些污染源可能产生什么样的污染物以及这些污染物的释放特征进行研究，以便在装修过程中对有可能造成室内空气污染的污染源进行控制。随着人们对室内空气污染现象的日益关注，政府对室内空气污染问题的日益重视，国家技术监督局于2001年12月起颁布并更新了包括人造板、涂料、壁纸等一系列室内装饰装修材料有害物质限量的标准（见表5-2）。这些国家标准的出台为规范室内装饰材料市场提供了技术依据，对于促进产品质量不断提高，将室内污染物危害降到最低限度，保证人体健康和人身安全具有重要意义，同时对室内装饰材料有害物质监控和规范装饰装修市场正常秩序起到重要作用。

表5-2 室内装饰装修材料有害物质限量标准

| 标准号 | 标准名称 | 涉及有害物质种类 |
|---|---|---|
| GB 18580—2017 | 《室内装饰装修材料——人造板材及其制品中甲醛释放限量》 | 甲醛 |
| GB 18581—2020 | 《木器涂料中有害物质限量》 | 挥发性有机化合物、苯、甲苯、重金属、二甲苯、游离甲苯二异氰酸酯 |
| GB 18582—2020 | 《建筑用墙面涂料中有害物质限量》 | 游离甲醛、重金属挥发性有机化合物 |
| GB 18583—2008 | 《室内装饰装修材料——胶粘剂中有害物质限量》 | 游离甲醛、苯、甲苯、二甲苯、甲苯二异氰酸酯总挥发性有机物 |
| GB 18584—2001 | 《室内装饰装修材料——木家具中有害物质限量》 | 甲醛、重金属含量 |
| GB 18585—2001 | 《室内装饰装修材料——壁纸中有害物质限量》 | 甲醛、氯乙烯单体、重金属元素 |
| GB 18586—2001 | 《室内装饰装修材料——聚氯乙烯卷材地板中有害物质限量》 | 氯乙烯、可溶重金属、挥发物 |
| GB 18587—2001 | 《室内装饰装修材料——地毯、地毯衬垫及地毯用胶粘剂中有害物质释放限量》 | 总挥发性有机化合物、甲醛、苯乙烯、2-乙基己醇、4-苯基环己烯 |
| GB 18588—2001 | 《混凝土外加剂中释放氨的限量》 | 氨气 |
| GB 6566—2010 | 《建筑材料放射性核素限量》 | 放射性核素 |

（3）室内各种污染物的监测方法　国内目前的检测技术条件可以满足常见的污染物如$NO_x$、$CO_2$、$SO_2$、HCHO、细菌总数等的监测要求。对于可挥发性有机化合物的定性、定量主要采用仪器法，如色谱仪或更高级如色谱质谱联用仪，以及以传感器技术为基础的各种测定仪，但这些仪器存在操作复杂、检测过程较烦琐、检测数据误差较大等问题。

（4）室内空气质量评价　大多采用主观评价和客观评价相结合的方法。

客观评价一般先认定评价指标，再进行试验分析测定。对所取得的大量实验测定数据进行数理统计，求得具有科学性和代表性的统计值。

主观评价法有培养专人进行感官分析，也有采用对大量人群进行调查的方法。调查表采用选择法对各种感觉程度进行量化，为提高置信度有时还对被调查人背景资料进行调查以排除影响因素，一般调查结果用百分法进行统计归纳得出规律性。

最后，将主观评价与客观评价的结果相结合得出室内空气质量的评价结论。

（5）建筑物综合征　建筑物综合征主要出现在高层办公写字楼等使用中央空调系统，人口密集，长期封闭的环境中，其产生的重要原因是建筑物新风量供给严重不足，从而造成室内空气不新鲜，引起人体不适感。对于有空调的居室，当伴有充足的室外空气进入后，70%的循环使用空气对人群不会造成不良的健康影响。许多空调室内的污染物，如氮氧化物、一氧化碳、二氧化碳以及甲醛等都可通过改善通风而降低。即对新风首先有量的要求，同时还要有质的要求，使用低污染的新风。

（6）空气净化技术研究　常用的空气净化技术有机械过滤、静电除尘和吸附剂等。活性炭是常用的吸附剂，其寿命由室内环境中气体浓度、空气流速、活性炭量及吸附效率等决定。一旦吸附饱和，就需更新或解吸处理，但判断吸附饱和在实际工作中是较困难的。此外，吸附剂对不同气体吸附能力的差异也使决定更换和维护吸附剂的时间难以确定。

光催化氧化是在光的照射下（如365nm的紫外线），在催化剂（如二氧化钛）表面将有机物氧化为二氧化碳和水，其有效性已为许多试验所证实。

（7）污染物对健康的影响

1）生物标示物的研究。人们对室内空气质量的感知与许多因素有关，个人身体状况、心理因素、经历等使得结果差异很大。生物标示物将更准确有效地反映有关人员的暴露水平，可以更科学地评价污染物的危害。

常规的方法包括选取一些典型环境，如复印室、计算机房等，对已有明显症状的工作人员进行问卷调查，采集他们的血液、尿液等进行分析，确定合适的生物标示物，建立科学的预警系统。

2）协同效应研究　随着分析手段的进步，目前在有些环境可检测出的物质已有数百种，它们浓度不同，对人体的毒性各异。研究工作包括两个方面：一是对于引起明显病症的空间，确定主要的污染物；二是在检测出污染物浓度和种类后，建立对人体危害的预测模式。将各类污染物的毒性简单相加是最常用的处理方式，但各类污染物之间的协同效应也时有发生，因此，还必须对这一现象做深入探讨。

（8）放射性污染　目前室内环境中放射性污染评价指标主要为氡气及其子体。

氡广泛存在于人类生活和工作环境中，它在机体内具有转移和损伤两大特点。自从氡导致人类肺癌和其他肿瘤的观点被人们接受之后，许多国家开展了对环境氡特别是室内氡的来源、水平、转移规律、危害程度和防治措施的研究，逐步形成了“氡热”。

根据初步调查，我国居室中氡浓度稍低于世界平均值，主要原因可能是我国处于温带和亚热带，大部分房屋通风较好。但有些居室中氡浓度较高，如地下室、窑洞和用煤渣砖及其他工业废渣建材建造的建筑物等。随着生活水平的提高，空调的大量使用也可能导致居室中氡浓度明显增高。

由于氡是一种无色无味的气体，人们不易感觉到它的存在，当人感到不适的时候，此时机体内可能已经受到了损伤。因此，快速、准确地确定环境中的氡浓度水平具有重要的意义。我国也陆续发布了关于氡及子体控制的部分标准，如《室内氡及其子体控制要求》（GB/T 16146—2015）等。

### 5.1.2　室内空气污染物的来源

室内空气污染物的来源非常广泛，而且同一种污染物有多种来源，同一种污染源也可产生多种污染物。只有准确了解各种污染物的来源、产生原因以及进入室内的各种渠道，才能更有针对性、更有效地采取相应措施，切断接触途径，真正达到预防污染，保护人体健康的目的。

#### 1. 室内污染源的分类

按其来源的性质可分为三类：

（1）化学性污染源　挥发性有机化合物（VOCs）：醛类、苯类、烯类等300多种，主要来自建筑装修装饰材料、复合木建材及其制品（如家具）。

无机化合物：$NH_3$、CO、$CO_2$、$O_3$、$NO_x$、$SO_x$ 等，主要来源于燃烧产物及化学品、人为排放。

半挥发性有机化合物（SVOCs）：邻苯二甲酸酯类、多环芳烃、二噁英类等，主要来源于室内塑料制品的降解与挥发、燃烧产物等。

（2）物理性污染源　①放射性氡（Rn）：主要来自地基、井水、建材、砖、混凝土、水泥等；②噪声与振动；③电磁污染：家用电器、照明设备。

（3）生物性污染源　①垃圾、湿霉墙体产生细菌，真菌类孢子花粉、藻类植物呼吸放出的$CO_2$；②人为活动、烹饪、吸烟、宠物、代谢产物（皮屑碎毛发、口鼻分泌物、排泄物）。

按其性状分为两类：

1）悬浮固体污染物。灰尘、可吸入颗粒物、细颗粒物（$PM_{2.5}$）、微生物细胞（细菌、病毒、霉菌、尘螨等）、植物花粉、烟雾。

2）气体污染物。$SO_2$、$NO_x$、$O_3$、$NH_3$、VOCs（甲醛、苯系物）、氡气、γ射线等。

根据污染物的形成原因和进入室内的不同渠道，室内污染物主要来源于两方面：一是来源于室内本身污染，二是受室外污染影响（如位于临近工厂或交通道口的居民受到外界工厂、交通污染等的影响），见表5-3。

表5-3　室内空气污染来源

| | 污染源 | 产生的污染物 | 危害 |
|---|---|---|---|
| 室内 | 建筑材料，砖瓦，混凝土，板材，石材，保温材料，涂料，黏结剂 | 氨、甲醛、氡、放射性核素，石棉纤维，有机物 | 头昏、病变，尘肺，诱发冠心病、肺水肿及致癌 |
| | 清洁剂，除臭剂，杀虫剂，化妆品 | 苯及同系物，醇，氯仿，脂肪烃类，多种挥发有机物 | 致癌 |
| | 燃料燃烧 | CO、TP、$NO_2$、$SO_2$、$PM_{2.5}$ | 呼吸道强烈刺激，鼻、咽等疾病 |
| | 吸烟 | CO、$CO_2$、$NO_x$、烷、烯烃、尼古丁、焦油、芳香烃等 | 呼吸系统疾病，癌症 |
| | 呼吸，皮肤、汗腺代谢活动 | $CO_2$、$NH_3$、CO、甲醇、乙醇、醚 | 头昏、头痛、神经系统疾病 |
| | 室内微生物（来源人体病原微生物及宠物） | 结核杆菌，白喉杆菌，霉菌，螨虫，溶血性链球菌，金黄色葡萄球菌 | 各种传染疾病 |
| | 复印机、空调、家电 | $O_3$、有机物 | 刺激眼睛、头痛、致癌 |
| 室外 | 工业污染物 | $SO_2$、$NO_x$、TSP、HF、$PM_{2.5}$ | 呼吸道、心肺病、氟骨病 |
| | 交通污染物 | CO、HC、$PM_{2.5}$ | 脑血管病 |
| | 光化学反应 | $O_3$ | 破坏深部呼吸道 |
| | 植物 | 花粉、孢子、萜类化合物 | 哮喘、皮疹、皮炎、过敏反应 |
| | 环境中微生物真菌，酵母菌 | | 各类皮肤传染病 |
| | 地基房 | Rn | 呼吸系统病、肺癌 |
| | 人为带入室内（工作服） | 苯、Pb、石棉等 | 各污染物相关疾病 |

### 2. 室内建材、装饰材料产生的污染物

人们生活水平的提高，使居所从简陋走向舒适、美观，殊不知在进行不合理的装修和大量使用不明品质的各类石材、涂料、板材等的同时，将污染引进了室内。

不合格的建材中释放甲醛、苯、氨气、氡气，挥发性有机物等多种污染物。

（1）建筑材料和装饰材料　建筑材料是建筑工程中所使用的各种材料及其制品的总称。其种类繁多，有金属材料，如钢铁、铝材、铜材；非金属材料，如砂石、砖瓦、陶瓷制品、石灰、水泥、混凝土制品、玻璃、矿物棉；植物材料，如木材、竹材；合成高分子材料，如塑料、涂料、胶合剂等。另外，还有许多复合材料。

装饰材料是指用于建筑物表面（墙面、柱面、地面及顶棚等）起装饰效果的材料，也称饰面材料。一般它是在建筑主体工程（结构工程和管线安装等）完成后，在装饰阶段所使用的材料。用于装饰的材料很多，例如地板砖、地板革、地毯、壁纸、挂毯等。随着建筑业的发展以及人们审美观的提高，各种新型的建筑材料和装饰材料不断涌现。人们的居住环境是由建筑材料和装饰材料所围成的与外环境隔开的微小环境，这些材料中的某些成分对室内环境质量有很大影响。很多有机合成材料可向室内空气中释放挥发性有机物。这些物质的浓度有时虽不是很高，但在长期综合作用下，可使居住的人群出现不良建筑物综合征、建筑物相关疾患等疾病。尤其是在装有空调系统的建筑物内，由于室内污染物得不到及时清除，就更容易使人出现这些不良反应及疾病。

建筑材料和装饰材料都含有种类不同、数量不等的各种污染物。其中大多数是具有挥发性的，可造成较为严重的室内空气污染，通过呼吸道、皮肤、眼睛等对室内人员的健康产生危害。另有一些不具挥发性的重金属，如铅、铬等有害物质。当建筑材料受损剥落成粉尘后也可通过呼吸道进入人体。随着科技水平和人民生活水平的进一步提高，还将出现更多的建筑材料和室内装饰材料，会出现更多新的问题，应引起充分的重视。

（2）建材与室内主要污染物　不同建材排放的污染物　见表 5-4。

表 5-4　不同建材排放的污染物

| 室内污染物 | 建材名称 |
|---|---|
| 甲醛 | 酚醛树脂、脲醛树脂、三聚氨胺树脂、涂料（含醛类消毒、防腐剂水性涂料）、复合木材（纤维板、刨花板、大芯板、榉木、曲柳等各种贴面板、密度板）<br>壁纸、壁布、家具、人造地毯、泡沫塑料、胶黏剂、市售的 903 胶 107 胶 |
| VOCs | 涂料中的溶剂、稀释剂、胶黏剂、防水材料、壁纸和其他装饰品 |
| 氨 | 高碱混凝土膨胀剂——水泥加快强度剂（含尿素混凝土防冻剂） |
| 氡气 | 土壤岩石中铀、钍、镭、钾的衰变产物，花岗岩、砖石、水泥、建筑陶瓷、卫生洁具 |

涂料的填料中不同成分的 VOCs 有 74 种，详见表 5-5。

表 5-5　涂料填料中 VOCs 种类

| VOCs 种类 | 烷烃 | 烯烃 | 芳香烃 | 醇 | 醚 | 醛酮 | 脂肪烃 |
|---|---|---|---|---|---|---|---|
| 数量 | 14 | 11 | 17 | 7 | 5 | 13 | 7 |

装饰材料散发气体污染物种类及发生量见表 5-6。

表 5-6　装饰材料散发气体污染物种类及发生量　(单位：μg/m³)

| 污染物 | 黏合剂 | 胶水 | 油毡 | 地毯 | 涂料 | 油漆 | 稀释剂 |
|---|---|---|---|---|---|---|---|
| 烷烃 | 1200 | | | | | | |
| 丁醇 | 7300 | | | | | | 760 |
| 葵烷 | 6800 | | | | | | |
| 甲醛 | | | 44 | 150 | | | |
| 甲苯 | 250 | 750 | 110 | 160 | 150 | | 310 |
| 苯乙烯 | 20 | | | | | | |
| 三甲苯 | 7300 | 120 | | | | | |
| 十一烷 | | | | | | 280 | |
| 二甲苯 | 28 | | | | | | 310 |

### 3. 日用化学品污染

随着人们生活水平的提高，众多的日用化学品走进家庭，方便了生活的同时，劣质的产品也带来了室内污染，使人体健康受到威胁。家庭常用的某些物品和材料中会释放出各种有机化合物如，苯、三氯乙烯、甲苯、氯仿和苯乙烯等，或者其本身含有害有毒物质，如铅、汞、砷等，对健康带来危害。

（1）化妆品　化妆品所含原料多达2500种，合成香料中有醛类系列产品，对皮肤刺激性大。一些劣质化妆品中含Pb、Hg等重金属、色素、防腐剂。各种化学物质造成对皮肤的损害是迟发型变态反应，原料中的香精、防腐剂会引起皮炎，香精中的茉莉花油、羟基香草素、依兰油、重金属均会引起皮肤病。其挥发出的各类有机物，污染室内空气。各种化妆品的组成及对人体健康的影响见表5-7。

表 5-7　化妆品的组成及对人体健康的影响

| 化妆品名称 | 组　成 | 影　响 |
|---|---|---|
| 唇膏 | 羊毛脂、蜡质、染料、酸性曙红染料<br>含醛基结构煤焦油为原料的合成香料 | 对细胞产生变异使生物细胞受损<br>对细胞损伤更大 |
| 染发剂 | 染发剂是氧化染料，含对位苯二胺，对位邻苯二胺等与 $H_2O_2$ 混合物。染料进入毛发，形成大分子聚合物使头发变黑。对位苯二胺与头发中蛋白质起反应形成抗质 | 使皮肤过敏 |
| 乌发乳 | 含Pb、Ag盐、少数Cu盐、醋酸铅、柠檬酸、$AgNO_3$ 重金属盐类 | 对皮肤潜在毒性 |
| 烫发剂 | 可达致突变剂量，染发剂、冷烫精含偶氮染料，亚硝基染料，硝基色素 | 侵害皮肤，并存潜在毒性 |
| 护肤品 | 滑石粉、高岭土、皂土、蛋白质、多元醇及营养物 | 易被细菌感染<br>利于细菌生长，繁殖 |
| 香水 | 乙醇、香精、色素 | 刺激皮肤 |

（2）其他日用化学品　室内使用的清洁剂、洗涤剂、杀虫剂、除臭剂，主要是含挥发性有机物对人体造成伤害。一些化学品的组成见表5-8。

表 5-8 一些化学品的组成

| 化学品名称 | 组 成 |
|---|---|
| 液体清洁剂 | 磷酸盐、VOCs、芳香烃（甲苯、对二甲苯、二氯苯） |
| 固体清洁剂 | 卤代烃、醇、酮、酯 |
| 杀虫剂 | 硫、氧化钙、VOCs、脂肪烃、二甲苯、芳香烃、对二氯苯 |
| 杀真菌剂 | 硫、磷化合物、VOCs |
| 除臭剂 | 丙烯基乙二醇、乙醇 |

### 4. 厨房产生的污染

厨房是烹饪的重要作业场所，燃料燃烧会产生一些烟气和一些有害气体。烟气是燃烧的主要产物，水蒸气和 $CO_2$ 是其主要成分。水蒸气和 $CO_2$ 通常对人体没有显著影响，但 $CO_2$ 浓度长期过高会使人精神萎靡，工作效率变低，尤其是发生火灾时，大量的 $CO_2$ 会使人窒息。在低浓度下对人体健康会产生损害的燃烧产物主要有 CO、$NO_x$ 和 $SO_x$。

在单元楼房燃烧液化石油气、煤气时，室内和厨房污染物浓度见表 5-9。

表 5-9 室内和厨房污染物浓度

| 污染物 | 液化石油气 | | 煤气 | |
|---|---|---|---|---|
| | 室内 | 厨房 | 室内 | 厨房 |
| CO/(mg/$m^3$) | 6.3 | 20.2 | 5.0 | 22.2 |
| IP/(μg/$m^3$) | 200 | 520 | 160 | 500 |
| $NO_2$/(μg/$m^3$) | 110 | 850 | 80 | 1110 |
| $SO_2$/(μg/$m^3$) | 30 | 100 | 40 | 200 |

注：IP 即飘尘。

（1）室内燃料燃烧产生的污染 目前我国常用的生活燃料有以下几种：固体燃料主要是原煤、蜂窝煤和煤球，用于炊事和取暖；气体燃料主要有天然气、煤制气和液化石油气，是我国城市居民的主要家用燃料。少数农村地区还使用生物燃料作为家庭取暖和做饭的燃料。

煤的燃烧伴有各种复杂的化学反应，如热裂解、热合成、脱氢、环化及缩合等反应，产生不同的化学物质。煤制气的主要燃烧产物是 CO 和 $CO_2$，还会产生 $NO_x$ 和颗粒物。如果在制气过程中脱硫不充分，则燃烧产物中会有一定量的 $SO_2$。此外，煤气本身就是有毒的，煤气管道渗漏会给家庭和个人的安全带来隐患。液化石油气的燃烧颗粒物是燃烧不完全产物，其中可吸入颗粒物占 93%以上，而且颗粒物中还含有大量的直接和间接的致突变物质，潜在的致癌性更强。天然气燃烧比较完全，污染很轻，但也会有 CO 和 $NO_2$ 产生。来自煤层的天然气往往含有一定的硫化物，故燃烧物中仍有一定量的 $SO_2$ 产生。生物燃料燃烧的主要污染物有悬浮颗粒物、碳氢化合物和 CO 等。气体燃烧的种类不同，其主要成分和燃烧产物也不相同。但总的说来气体燃烧的污染较轻，对健康产生危害的燃烧产生物主要是 CO、$NO_x$、甲醛和颗粒物。

（2）烹调油烟产生的污染物 炒菜温度在 250℃以上时，油中的物质会发生氧化、水解、聚合、裂解等反应。随沸腾的油挥发出来的烹调油烟是一组混合性污染物，约有 200 余种成分。烹调油烟中含有多种致突变性物质，主要来源于油脂中不饱和脂肪酸和高温氧化和聚合反应。我国居民习惯上采用高温油烹调，而且随着生活水平的提高，食用油的消耗量不断上升，所以，烹调油烟的危害不可忽视。

### 5. 家用电器污染

如今，电视、空调、热水器、电冰箱、洗衣机、微波炉、计算机等已成为每个家庭不可缺少的物品。家电在给家庭带来方便、快捷和乐趣的同时，也对室内环境产生了不良影响。长期接触会患家电综合症。

1）电视机、计算机显示屏产生电磁辐射，长时间看显示屏可使视力降低、视网膜感光功能失调、眼睛干涩、引起视神经疲劳，造成头痛、失眠。

屏幕表面和周围空气由于电子束存在而产生静电，使灰尘、细菌聚集附着于人的皮肤表面而造成疾病。

电视机、计算机显示屏在高温作用下可产生一种叫溴化二苯并呋喃的有毒气体，这种气体具有致癌的作用。

2）电锅、烤箱、微波炉等烹饪家电，都是较强辐射源，能使电视显示屏图像受到干扰，部分微波炉密闭不严，会有微波泄漏出来，对人体造成伤害，且离微波炉越近，微波强度就越高，危害也就越大。微波对人危害主要表现在神经衰弱综合症、头昏、头痛、乏力、记忆力减退。

3）各种家用电器在使用时均产生噪声，冰箱为30~40dB，电吹风80dB，洗衣机40~80dB，电视65dB。这些噪声值全部超过人的接受能力，长期使用会使人情绪低、易烦躁，精神受到损伤。

4）洗衣机使用时发出次声波，即<20Hz的声波，有较强的穿透能力，当次声波的振荡频率与人的大脑、心脏节律相近而引起共振时，能强烈刺激大脑，轻者恐惧、重者昏厥。

5）使用空调可调节室内的温度、湿度、气流，但在使用时关闭了门窗，为了节能而很少或根本不引进新风，故因人员的活动及室内装修产生的污染及致病的微生物等不能及时清除，而逐渐在室内聚集，造成污染，致使人感到烦闷、乏力、嗜睡、肌肉痛、感冒发生率高、工作效率低、健康状况明显下降。

6）燃气热水器造成室内CO、$CO_2$的污染，在燃烧时还能产生$NO_x$、$SO_2$等污染物。热水器在安装不当、质量不过关时，可造成室内严重污染以致人死亡。

7）加湿器中的细菌可随水气散发到室内空气中；空调系统中的冷却水潜藏着军团菌可随空气传播；洗衣机中的细菌可污染被洗的衣物。故应定期清除家电中的灰尘、微生物，尤其在细菌容易滋生的地方。

### 6. 室内人员活动产生的污染

由人体的新陈代谢产生的污染、吸烟导致的烟雾、饲养宠物、湿霉的墙体、不清洁的居室及烹饪，取暖、使用化学日用品等造成的污染都属人为污染。

（1）吸烟　吸烟是室内污染物的重要来源之一。烟雾成分复杂，有上千种的化合物以气态、气溶胶状态存在，其中气态物质占90%以上。烟雾中很多物质可致癌、致畸、致突变(表5-10)。烟雾中主要含有无机气体（$CO_2$、CO、$NO_x$）、金属（Fe、Cu、Cr、Cd、Zn等）颗粒物、放射性污染物、VOCs。其中VOCs包括多环芳烃、杂环化合物、醌、酚、醛类、酮、酸，它们可通过酶代谢产生更大量的超氧阴离子，在体内形成更多的加合物。另外，脂肪类有机物具有自氧化作用，不需任何生物活性系统，也不需通过酶的代谢，就可产生大量活性自由基，并在金属作催化剂下，产生加合物造成其他形式损伤。气溶胶状态物质主要成分是焦油和烟碱（尼古丁），每支香烟可产生0.5~3.5mg尼古丁。焦油中含有大量的致癌物质，如多环芳烃（3~8环）、砷、镉、镍等。

表 5-10 香烟散发的气溶胶及气体污染物种类及发生量 (单位：μg/支)

| 污染物 | 发生量 | 污染物 | 发生量 | 污染物 | 发生量 |
|---|---|---|---|---|---|
| 二氧化碳 | 10~60 | 丙烷 | 0.05~0.3 | 氨 | 0.01~0.15 |
| 一氧化碳 | 1.8~17 | 甲苯 | 0.02~0.2 | 焦油 | 0.5~35 |
| 氮氧化物 | 0.01~0.6 | 苯 | 0.015~0.1 | 尼古丁 | 0.05~2.5 |
| 甲烷 | 0.2~1 | 甲醛 | 0.015~0.05 | 乙醛 | 0.01~0.05 |
| 乙烷 | 0.2~0.6 | 丙烯醛 | 0.02~0.15 | | |

(2) 人体代谢 人体在新陈代谢过程中所产生的各种废物也是室内污染源之一。这些新陈代谢的废物主要通过呼吸、大小便、汗液、皮肤代谢等排出体外。

人在室内活动，会使室内温度升高，并促使细菌、病毒等微生物大量繁殖。人体在新陈代谢过程中产生很多化学物质，共计500余种，其中从呼吸道排出的有149种，如二氧化碳、氨等。让一个人在门窗紧闭的10m$^2$的房间看书，3h后检测发现，二氧化碳浓度增加了3倍，氨浓度增加了2倍。故紧闭门窗的时间越长，室内二氧化碳浓度越高。而高浓度的二氧化碳会使人头昏脑涨、疲乏无力、恶心、胸闷，工作（学习）效率下降。

1）人体呼吸作用。在空气流通的场所中，人体代谢废物一般会迅速消散，故人们感觉不出有任何异常。但在人多拥挤的影剧、百货商场、集贸市场里，当不通风或通风不畅时，人体代谢废物就会逐渐积聚弥漫，令人难受。

2）皮肤代谢作用。皮肤是人体器官中最大的污染源，经它排泄的废物多达271种，汗液151种，这些物质包括二氧化碳、一氧化碳、丙酮、苯、甲烷等。人体散发气体污染物种类及发生量见表5-11。

表 5-11 人体散发气体污染物种类及发生量 [单位:(μg/m$^3$)·人数]

| 污染物 | 发生量 | 污染物 | 发生量 | 污染物 | 发生量 |
|---|---|---|---|---|---|
| 乙醛 | 35 | 一氧化碳 | 10000 | 三氯乙烯 | 1 |
| 丙酮 | 475 | 二氧化碳 | 0.4 | 四氯乙烷 | 1.4 |
| 氨 | 15600 | 三氯甲烷 | 3 | 甲苯 | 23 |
| 苯 | 16 | 硫化氢 | 15 | 氯乙烯 | 4 |
| 丁酮 | 9700 | 甲烷 | 1710 | 三氯乙烷 | 42 |
| 二氧化碳 | 32000000 | 甲醇 | 6 | 二甲苯 | 0.003 |
| 氯化甲基蓝 | 88 | 丙烷 | 1.3 | | |

(3) 饲养宠物 宠物的代谢产物、毛屑及其身上的寄生虫，都含有真菌、病原体，不仅能直接传染疾病，且污染环境，人体会直接吸入体内成为病源而致病。

### 7. 公共场所中的有害污染物

公共场所是指人们公共聚集之地，包括购物、休息、娱乐、体育锻炼、求医等场所，其功能多样，服务对象不尽相同，且流动性大。各不同功能的场所，存在着不同的污染因素，其通过空气、水、用具、传播疾病和污染室内环境，危及人体健康。不同公共场所产生的污染物见表5-12。

表 5-12 不同公共场所产生的污染物

| 公共场所名称 | 产生污染物种类 |
| --- | --- |
| 旅馆<br>（宾馆、饭店、招待所） | 空气传播病原体：流感病毒、肺炎球菌、结核杆菌、溶血性链球菌、金黄葡萄球菌<br>吸烟：烟雾污染<br>新装修住所的甲醛、氨、VOCs 等污染<br>室内小气候，不通新空气的细菌、霉菌、螨虫、$CO_2$ 污染 |
| 歌舞厅<br>（活动较激烈、人血流快、肺活量大、呼吸量大需要高质量的空气） | 震耳的摇滚乐曲对经受不住的人来说是噪声<br>照明过强、闪烁速度变换大的灯光使人目眩，眼受刺激<br>装修污染 |
| 美容美发厅 | 不清洁用具接触感染<br>劣质的化妆品引起皮肤病<br>烫发剂、染发剂、化妆品释放有害气体 VOCs 和 $NH_3$ 等 |
| 浴室 | 浴盆、洗澡水污染、浴巾、拖鞋污染，洗澡水中已检出蛔虫卵、伤寒杆菌、沙门氏杆菌等病原体 |
| 人工游泳池 | 不清洁人体带入池内引起水污染，致使人患结膜炎、咽炎、中耳炎、皮肤感染甚至传染肠炎、痢疾、肝炎等 |
| 饭店、食堂餐厅 | 油烟污染<br>不清洁碗筷及炊事用具<br>食物腐烂变质 |
| 医院、诊疗所<br>（体弱人群、免疫力差） | 医院装饰、装修、使用中央空调<br>新增加的电器设备和检测仪器<br>病菌、病毒感染 |
| 影剧院（包括录像室） | 微小气候环境差，室内 $CO_2$ 浓度高<br>场内空气中 TSP、细菌总数超标多，还可检出些病菌<br>空气中负离子浓度降低，阳离子浓度上升 |
| 商场、候车室 | 气温、气湿随客流增加停留时间延长而增高<br>细菌总数、可吸尘浓度高，CO、$SO_2$ 污染<br>噪声污染 |

### 5.1.3 室内主要污染物及其对人体健康的影响

据统计，人类有70%的病症与室内环境有关，中国每年有 12 万人死于室内污染，90%以上的幼儿白血病患者都是住进新装修房一年内患病的。因而认识室内主要污染物及其对人体健康的影响，并积极采取预防措施，保障人体健康是当前不可怠慢的问题。

#### 1. 室内主要污染物

按照污染源散发污染物及典型室内空气调查结果归纳出室内主要污染物有：甲醛，氨，氡及其衰变子体，挥发性有机化合物（VOCs），颗粒物（$PM_{10}$、$PM_{2.5}$），CO 和 $CO_2$，$NO_x$、$SO_x$ 及 $O_3$。

### 2. 室内主要污染物的特性

（1）甲醛　甲醛（HCHO）是一种具有强烈刺激性的挥发性有机化合物，对人体健康影响表现在刺激眼睛和呼吸道、造成肺、肝、免疫功能异常。1995年，甲醛被国际癌症研究机构（IARC）确定为可疑致癌物。

1）甲醛的理化特征。甲醛易聚合成多聚甲醛，其受热易发生解聚作用，并在室温下可缓慢释放甲醛。甲醛的嗅阈值为0.06~1.2mg/m$^3$，眼刺激阈值为0.01~1.9mg/m$^3$。

2）甲醛的来源。自然界中的甲醛是甲烷循环中的一个中间产物。背景值低，一般小于0.03mg/m$^3$，城市空气中甲醛年均浓度为0.005~0.01mg/m$^3$。

3）甲醛对人体健康的危害。甲醛对人体健康的危害主要有以下几个方面：

刺激作用：主要表现为对皮肤黏膜的刺激作用，甲醛是原浆毒物质，能与蛋白质结合，高浓度吸入时出现呼吸道严重的刺激和水肿，眼刺激，头痛。

致敏作用：皮肤直接接触甲醛可引起过敏性皮炎、色斑、坏死，吸入高浓度甲醛时可诱发支气管哮喘。

致突变作用：高浓度甲醛还是一种基因毒性物质。实验动物在实验室高浓度吸入的情况下，可引起鼻咽肿瘤。目前一般认为，非工业性室内环境甲醛浓度水平还不至于导致人体的肿瘤和癌症。

4）甲醛污染控制。室内装修采用低甲醛含量和不含甲醛的装修装饰材料，选用符合国家标准、高质量的健康环保建材。

使用人造板的锯口处，应涂以涂料，使其充分固化，便可形成稳定的保护层，以防止板材内的甲醛散发。

室内装修材料中甲醛的释放与室内温度、湿度、通风程度及材料的使用年限、装载度有关，高温、高湿、负压会加快甲醛的散发力度，加强通风频率有利于甲醛的散发和排出。

室内种植吊兰、芦荟等植物能降低室内有害气体浓度。

（2）氨　氨（$NH_3$）是人们所关注的室内主要污染物之一，其特性、来源及对人体的影响如下。

1）氨的性质。氨为无色而有强烈刺激气味的气体。极易溶于水、乙醇和乙醚。可燃，燃烧时，其火焰稍带绿色；与空气混合氨含量在16.5%~26.8%（体积分数）时，能形成爆炸性气体。在高温时会分解成氮和氢，有还原作用。有催化剂存在时可被氧化成一氧化碳。

2）氨的存在与用途。氨以游离态或以其盐的形式存在于大气中。大气中氨主要来源于自然界或人为的分解过程，氨是含氮有机物质腐败分解的最后产物，一般情况下，氨和硫化氢共存。氨是化学工业的主要原料，应用于化肥、炼焦、塑料、石油精炼、制药等行业中。氨还广泛用于合成尿素、合成纤维、燃料、塑料等。

3）氨的室内来源。在建筑施工中，为了加快混凝土的凝固速度和冬季施工防冻，在混凝土中加入了高碱混凝土膨胀剂和含尿素与氨水和混凝土防冻剂等外加剂，这类含有大量氨类物质的外加剂在墙体中随着温度、湿度等环境因素的变化还原成氨气从墙体中缓慢释放出来，造成室内空气中氨的浓度大量增加，尤其是夏季气温较高，氨从墙体中释放速度较快，造成室内空气中氨浓度严重超标。

室内空气中的氨来自于木制板材。家具使用的加工木制板材在加压成型过程中使用了大量黏合剂，此黏合剂主要是甲醛和尿素加工聚合而成，它们在室温下易释放出气态甲醛和氨，造成室内空气中氨的污染。

室内空气中的氨也可来自室内装饰材料，例如家具涂饰时所用的添加剂和增白剂大部分都是氨水，氨水已成为建材市场中必备的商品，它们在室温下易释放出气态氨，造成室内空气中氨的污染。但是，这种污染释放速度比较快，不会在空气中长期大量积存，对人体的危害相对小一些。

4）氨对人体的健康效应。人对氨的嗅阈为 0.5～1.0mg/m$^3$，对口、鼻黏膜及上呼吸道有很强的刺激作用，其症状根据氨的浓度，吸入时间以及个人感受性等而有轻重。轻度中毒表现为鼻炎、咽炎、气管炎、支气管炎。

氨是一种碱性物质，对接触的皮肤组织都有腐蚀和刺激作用。

氨被吸入肺后容易通过肺泡进入血液，与血红蛋白结合，破坏运氧功能。短期内吸入大量氨气后可出现流泪、咽痛、声音嘶哑、咳嗽、痰带血丝、胸闷、呼吸困难，可伴有头晕、头痛、恶心、呕吐、乏力等，严重者可发生肺水肿、成人呼吸窘迫综合症，同时可能发生呼吸道刺激症状。

5）氨污染的防治。为减少室内氨污染对健康的影响，应采取以下措施：

冬季建筑施工时，应严格限制使用含尿素的防冻剂。装修时应减少采用人工合成板型材，如胶合板、纤维板等，选用无害化材料，特别是涂料，如油漆、墙面涂料、黏合剂应选择低毒型材料。使用装饰材料时，尽量少用或不用含添加剂和增白剂的涂料。

氨气是从墙体中释放出来的，室内主体墙的面积会影响室内氨的含量，居住者应根据房间污染情况合理安排使用功能。如污染严重的房间尽量不要用做卧室，或者尽量不要让儿童、病人和老人居住。

多开窗通风换气，尽量减少室内空气的污染程度。

采用光催化技术净化室内空气，消除包括氨在内的多种有害气体成分。

6）氨在空气中的浓度限值。我国理发店、美容店卫生标准规定，空气中氨的浓度≤0.5mg/m$^3$，在《室内空气质量标准》（GB/T 18883—2022）中规定空气中氨的浓度限值为 0.2mg/m$^3$。

（3）氡 氡（Rn）气是世界卫生组织确认的主要环境致癌物之一。氡是天然存在的无色无味、不可挥发的放射性惰性气体，不易被觉察地存在于人们的生活和工作的环境空气中。

1）Rn 污染的来源。室内氡浓度水平的高低主要取决于房屋地基地质结构和建筑、装修材料中氡含量的高低、房屋的密封性、室内外空气的交换率，气象条件等有关。

图 5-1 室内氡的来源

（图片资料来源美国环保局）

1—从底层土壤中析出的氡

2—由于通风从户外空气中进入室内的氡

3、4—从建材中析出的氡

5、6、7—从供水及用于取暖和厨房设备的天然气中释放出的氡

室内氡的来源见图 5-1，室内空气中不同来源的氡的预计平均值和正常变化范围见表 5-13，室内不同氡源的相对重要性见表 5-14。

表 5-13 氡的预计平均值和正常变化范围（不包括极值）

| 来源 | 比进入速率/[Bq/(m³·h)] | | 室内浓度/(Bq/m³) | |
|---|---|---|---|---|
| | 平均值 | 范围 | 平均值 | 范围 |
| 砖和混凝土房屋 | 2~20 | 1~50 | 3~30 | 0.7~100 |
| 木制房屋 | <1 | 0.05~1 | ≤1 | 0.03~2 |
| 土壤 | 1~40 | 0.5~200 | 2~60 | 0.5~500 |
| 室外空气 | 2~5 | 0.3~15 | 3~7 | 1~10 |
| 其他来源（水、天然气） | ≤0.1 | 0.01~10 | ≤0.1 | 0.01~10 |
| 所有来源 | 6~60 | 2~200 | 10~100 | 2~50 |

注：室内浓度指平均通风率 0.7 次/h（正常范围为 0.3~1.5 次/h）。

表 5-14 室内不同氡源的相对重要性

| 来源 | 氡通量/(Bq/d) | 注 释 |
|---|---|---|
| 建筑材料 | $70\times10^3$ | 发射率 $2\times10^{-2}$Bq/(m²·s) |
| 水 | $4\times10^3$ | 4kBq/m³ 100%释放 |
| 室外空气 | $9\times10^3$ | 户外氡浓度 0.0004kBq/m³ 通风率为 0.5/h |
| 天然气 | $3\times10^3$ | |
| 液化石油气 | $0.2\times10^3$ | |

2）氡对人体健康的影响。由于氡的半衰期为 3.825d 之长，且在体内停留的时间较短，例如在高氡工作场所测试时，经过半小时，人体吸入的氡与呼出的氡达到平衡，体内含氡不再增加，且离开现场 1h 后，人体内氡含量可被排除 90%，故在呼吸道内氡的剂量很小，危害会相对小些。然而氡的子体——金属离子（同位素 Pb、Bi、Po）却不然，氡及其子体随呼吸进入人体后，氡子体会沉积在气管、支气管部位，部分深入到人体肺部，氡子体就在这些部位不断累积，并继续快速衰变产生很强的内照射。氡子体在衰变的同时，放射出能量高的粒子，产生电离和激发杀死、杀伤人体细胞组织，被杀死的细胞可通过新陈代谢再生，但被杀伤的细胞就有可能发生变异，成为癌细胞，使人患癌症。

由于氡的危害是长期积累的，且不易被察觉，因此，必须引起高度重视。

（4）二氧化碳 二氧化碳（$CO_2$）是评价室内和公共场所环境空气卫生质量的一项重要指标。

1）室内 $CO_2$ 来源及 $CO_2$ 平衡。居室中的污染之一是人自身排出的 $CO_2$。一个人每天夜里按 10h 计算，要排出 $CO_2$200~300L，一夜之后室内的 $CO_2$ 是室外的 3~7 倍，若是多人房间则更为严重，加之室内通风不良，有助于细菌的滋生及空气中负离子的减少，人往往会感到疲倦与烦躁。

重污染可能性最大的地方是烧火做饭的厨房。在通风不良的情况下，煤、柴、油、气体燃料燃烧时释放出的 CO 和 $CO_2$ 有时会超过空气污染严重的工业地区。

每吸一支烟就有 130mg 的 $CO_2$ 产生。

在潮湿的环境中，生物秸秆等废弃物在微生物的作用下均能释放 $CO_2$。植物呼吸放出 $CO_2$，但植物的光合作用会吸收 $CO_2$，故大自然中的 $CO_2$ 含量基本保持平衡。近来由于生态环境的恶化，$CO_2$ 含量有缓慢上升趋势，大气中过多的 $CO_2$ 会阻止地面热量向空中散发，致使地球表面温度上升，称为温度效应。其结果引起气候异常，灾害连生、海平面升高，使地球沙漠化面积继续扩大。

2）$CO_2$ 对人体健康的影响。$CO_2$ 属呼吸中枢兴奋剂，为生理所需，室内 $CO_2$ 受人群、容积、通风状况、人群活动的影响，$CO_2$ 含量超出一定范围后会对人体产生危害，且存在协同作用，$CO_2$ 含量增加与室内细菌总数、CO、甲醛含量呈正相关，使室内空气污染更加严重。

室内 $CO_2$ 体积分数在0.07%以下时属于清洁空气，此时人体感觉良好；当 $CO_2$ 体积分数在0.07%~0.1%时属于普通空气，个别敏感者会感觉有不良气味；当 $CO_2$ 体积分数在0.1%~0.15%时属于临界空气，室内空气的其他性状开始恶化，人们开始有不舒适感；含量在0.3%~0.4%时人呼吸加深，出现头痛、耳鸣、脉搏滞缓、血压增加。$CO_2$ 是判断室内空气的综合性间接指标，如含量增高，可使儿童感到恶心、头疼等不适。

3）$CO_2$ 污染控制。节能：减少矿物燃料的消耗，以减少 $CO_2$ 排放。

加强室内通风量。

增加绿化面积，充分利用植物的光合作用。

（5）一氧化碳　一氧化碳（CO）是一种无色、无味、无嗅、无刺激性的有害气体。几乎不溶于水，在空气中不易与其他物质产生化学反应，因而能在大气中停留2~3年之久。

1）CO的来源。CO为炼焦、炼钢、炼铁、炼油、汽车尾气及家庭用煤的不完全燃烧产物。城市交通车辆增多，汽油在汽车发动机中燃烧时排放出大量的CO，空挡排气时废气中CO体积分数高达12%。在交通路口车辆频繁场所，空气中CO浓度有时高达62.5mg/$m^3$。冬季采暖锅炉和家庭炉灶，不仅污染室内空气，也增加了城市的大气污染。大气对流层中的CO背景浓度为0.1~2mg/$m^3$，这种低浓度对人体无害。

室内空气中CO来源于家庭烹饪中燃料的燃烧、吸烟等人为活动，同时也来源于室外空气进入室内而产生的污染，尤其是居住在繁忙交通道路两侧的居民。

CO是燃料不完全燃烧产生的污染物，若没有室内燃烧污染源，室内CO浓度与室外是相同的。室内使用燃气灶或小型煤油加热器，其释放CO量是 $NO_2$ 的10倍。厨房使用燃气灶10~30min CO浓度在12.5~50.0mg/$m^3$。由于CO在空气中很稳定，如果室内通风较差，CO就会长时间滞留在室内。

2）CO对人体健康的影响。

① 对人体的影响。对心血管系统有影响。当血液中COHb在8%时，静脉血氧张力降低，冠状动脉血流量增加，从而引起心肌摄取氧量减少，并促使某些细胞内的氧化酶系统停止活动。

对神经系统的影响。脑是人体耗氧量最多的器官，也是对缺氧最敏感的器官。当CO进入人体时，大脑皮层和苍白球受害最严重，出现头痛、头晕、记忆力降低等神经衰弱症状，并有心前区紧迫感和针刺样疼痛。

对后代的影响。通过对吸烟与非吸烟孕妇的观察，吸烟孕妇生出的胎儿有出生时体重低和智力发育迟缓的趋向。

② CO中毒的分级。CO的毒作用在于它与血红蛋白的亲和力，比氧大240倍，可把血液中氧血红蛋白中的排挤出来。CO中毒有三级。

轻度中毒：表现为头痛、眩晕、耳鸣，还有恶心、呕吐、四肢无力等。吸新鲜空气症状可消失。

中度中毒：除上述症状外，初期多汗，烦躁、口唇黏膜呈樱桃红，出现意识模糊，昏迷或虚脱。及时抢救可较快苏醒，数日内恢复，无后遗症。

重度中毒：短时吸入高浓度CO，组织严重缺氧，患者深度昏迷，伴有高热，多脑水肿、也可有肺水肿、心肌损害、心律失常或传到阻滞。清醒后经数日可再次昏迷，个别患者可有神经衰弱综合征，精神阻碍、锥体外系症状。

③ CO使人体中毒的机理。CO中毒时，使红细胞的血红蛋白不能与氧结合，妨碍了机体各组织的输氧功能，造成缺氧症。当CO浓度为12.5mg/m$^3$时，无自觉症状，50.0mg/m$^3$时会出现头痛、疲倦、恶心、头晕等感觉，750mg/m$^3$时发生心悸亢进，并伴随有虚脱危险，1250mg/m$^3$出现昏睡，痉挛而造成死亡。

CO进入机体后经肺泡进入血液循环，与血液中血红蛋白（Hb）肌肉中的肌红蛋白和含二价铁的细胞呼吸醛等形成可逆性的结合（如 $CO+Hb \rightleftharpoons COHb$）。CO与Hb的亲和力比氧与Hb的亲和力大240倍，因此当CO进入人体后，就会把血液中氧合血红蛋白（$HbO_2$）中的氧排挤出去，形成COHb。COHb的解离速度很慢，只有$HbO_2$的1/3600，从而使毒作用加剧。CO是一种非蓄积性毒物，它的吸收与排出取决于空气中CO的分压和血液中COHb的饱和度（Hb总量中被CO结合的百分比）。其次与接触时间和肺通气量有关。在不同CO浓度下达到吸收与排出的平衡状态（即CO的吸收量和排出量相等）时，血液中COHb的百分比见表5-15。

表5-15 空气中CO浓度、接触时间与血液中COHb的关系

| 空气中CO浓度 | | COHb（%） | | |
|---|---|---|---|---|
| mg/m$^3$ | ppm① | 1h | 8h | 到达平衡状态时 |
| 115 | 100 | 3.6 | 12.9 | 16.0 |
| 70 | 60 | 2.5 | 8.7 | 10.0 |
| 35 | 30 | 1.3 | 4.0 | 5.0 |
| 23 | 20 | 0.8 | 2.8 | 3.3 |
| 12 | 10 | 0.4 | 1.4 | 1.7 |

① ppm = $10^{-6}$。

血液中COHb在平衡状态的饱和度，以及达到饱和度的速度，主要取决于空气中CO的浓度；浓度越高，COHb的饱和度越高，到达该饱和浓度的时间越短。

当周围空气中CO浓度低于血液中平衡状态时的CO浓度时，则CO的排出多于吸收。例如，空气中CO体积分数为10ppm，一个COHb高于50%的吸烟者，接触该浓度的CO时，就不能再吸收空气中的CO来提高其血液中COHb的含量。相反，如果他停止了吸烟，其血液中的COHb就会解离，释放出CO，直到达到该浓度下的平衡状态为止（即血液中COHb含量为1.7%）。反之，空气中CO浓度越高，机体吸收的CO量也越高，血液中COHb%也随之升高。如吸入体积分数为0.5%的CO时，只要20~30min，血液中的COHb就可达到70%左右。受害者会出现脉弱，呼吸变慢，最后衰竭致死。这种急性CO中毒常发生在车间事故和冬季家庭取暖时。

（6）颗粒物　颗粒物是空气污染物中固相的代表物，以其多形、多孔和具有吸附性而成为多种物质的载体，成为一种成分复杂、较长时间悬浮于空气中能行至几千米至几十千米的主要污染物。

1）颗粒物的形态。颗粒物分为液、固两态，同时存在于空气中（图5-2），其存在形态、化学成分、密度各异且具有重要的生物学作用。

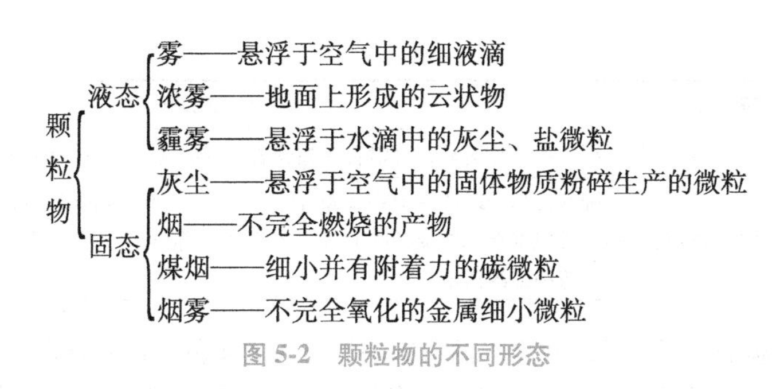


图 5-2 颗粒物的不同形态

2）颗粒物的分类。按颗粒物粒径的大小，对颗粒物分类，见表 5-16。

表 5-16 颗粒物的分类

| 粒径/μm | 名称 | 单位 | 特点 |
|---|---|---|---|
| >100 | 降尘 | t/（月·$km^2$） | 靠自身质量而沉降 |
| 10~100 | 总悬浮颗粒物（TSP） | $mg/m^3$ | |
| <10 | 飘尘（IP）<br>可吸入颗粒物，$PM_{10}$ | $mg/m^3$<br>$\mu g/m^3$ | 长期飘浮于大气中，主要由有机物、硫酸盐、硝酸盐及地壳类元素组成 |
| <2.5 | 细微粒，$PM_{2.5}$ | $mg/m^3$<br>$\mu g/m^3$ | 室内主要污染物之一，对人体危害最大 |

3）气溶胶。在环境受到污染的领域，人们呼吸时吸入的不是纯净的空气而是气溶胶。气溶胶对人体的危害程度主要与其成分、浓度、来源和粒径有关。气溶胶浓度和暴露时间决定了吸入剂量，有害颗粒物浓度越高、持续时间越长、危害就越大。气溶胶粒径与其在呼吸道内沉积、滞留和清除有关。气溶胶的来源可能是短期的、季节性的或连续性的，其粒径为 0.001~10μm，对人体健康的危害很大。

4）来源。颗粒物来源于燃烧、工业排放、机动车、水泥生产及建筑工地和地面扬尘。室内的污染主要来自室外，还与人为活动有关。

室内的炊事活动、人皮肤排泄、吸烟时的烟雾等，属典型的 $PM_{2.5}$颗粒物，每支烟产生的苯并［a］芘［简写为 B(a)P］达数百纳克（ng），［B(a)P 最低致癌剂量为 40~200ng］，并使室内空气中细粒子浓度增加，如果许多人同时抽烟室内飘尘浓度为 6.45$mg/m^3$ 时，即使按 30$m^3/h$ 的新风量考虑，室内飘尘浓度仍为 1.99$mg/m^3$ 的高浓度状。

5）颗粒物污染的危害。室内空调的使用及住宅气密性的提高，空气交换量减少，致使颗粒物污染产生。世界范围流行病学调查发现，各类呼吸系统疾病大量增加，尤其是婴幼儿，其病源为室内粒子长时间高浓度的存在。

① 人呼吸系统的防御作用。人每天吸入 10~15$m^3$ 空气，肺是人体与外界接触面积最大的器官，呼吸系统有良好的过滤和清除作用，以防止将颗粒物吸入肺内部。

颗粒物由鼻吸入后至肺。颗粒物在人体中的沉积及防御见表 5-17。

表 5-17 颗粒物在人体中的沉积及防御

| 粒径/μm | 沉积部位 | 防御作用 |
|---|---|---|
| 10~50 | 鼻腔 | 人体第一道防线，鼻黏膜对吸入气体进行温、湿度调节，使吸入粒子湿化，增大，以沉积在鼻腔 |

（续）

| 粒径/μm | 沉积部位 | 防御作用 |
|---|---|---|
| 5~10 | 气管、气管 | 纤毛的机械运动，将附着在黏膜表面异物随黏液一般在 24h 内排出体外 |
| <5 | 深部呼吸道肺泡 | 肺泡内每小时产生 100~500 个巨噬细胞（20~40μm），可将细菌、尘粒、细胞碎片等包围吞噬并随细胞液进入支气管，靠气管中纤毛运动，随黏液排出体外，以保持肺部的清洁 |

② 呼吸系统的病变。呼吸系统对尘埃的防御功能与人的年龄、健康状况、环境温湿度有关，当可吸入尘浓度较低<5 万粒/L，人体可以靠自身能力将粒子排出体外，当尘埃浓度高时，人体还会自动调节增加巨噬细胞，增加分泌系统功能来调节防御能力，但这种能力是有限的，当长期、高浓度的吸收有毒粒子并部分在呼吸系统内沉积时，易使人患肺炎、肺气肿、肺癌、尘肺、矽肺等病变。毒性粒子还会穿透肺泡组织进入血液随血流至肝、肾、脑，进入骨内，以至危害神经系统，引发人体机能性变化，易患过敏性皮炎及白血病等。

③ $PM_{2.5}$富集了数百至数千倍的有害元素时（Hg、As、Se、Cd、Cr、Pb 等）对人体的危害为：

Hg——使肾功能衰竭，使神经系统受损害。

As——使细胞代谢障碍，致癌。

Se——诱发癌症。

Cd——氧化物毒性大，使肾功能产生障碍。

Cr——铬化合物可致肺癌。

Pb——以人体各种组织产生危害。

④ 细颗粒物可降低大气的能见度，同时降低地面的太阳紫外线辐射强度，可间接引起两岁以内儿童佝偻病的发病率升高，不利于儿童生长发育。

6）颗粒物污染控制。颗粒物作为首要污染在空气质量报告中占大多数，加强控制尤为重要。主要做到消烟除尘、集中供暖、发展天然气燃料、减少汽车尾气排放。重点在柴油车，如柴油车使用排污少的代用燃料。建筑工地强化管理防止扬尘。硬化路面，减少扬尘，铺设高质量路面，以尽量减少车轮与路面摩擦而产生的细微尘，开发高效除细粒子的除尘技术以减少工业生产中细粒子向大气排放，加强绿化，减少裸土地，以清新空气减少扬尘。清洁室内要进行湿式操作。避免吸烟、点蚊香等人为活动。

（7）多环芳烃　多环芳烃（PAH）是指分子中含 2 个或 2 个以上苯环的化合物。现已发现 2000 多种，根据苯环的连接方式可分为联苯类、多苯代脂肪烃和稠环芳香烃三类。多环芳烃是一类惰性较强的碳氢化合物，具稳定性较好，能广泛地存在于环境中，特别是大气飘尘中，对环境和人体健康危害很大。

1）来源。

① 煤的气化、液化过程及石油裂解。B(a)P 主要来源于含碳燃料及有机物热解过程中的产物。在人们的生活和生产活动中，各种燃料都会产生一定量的多环芳烃［包括 B(a)P］，B(a)P 进入空气中大多被吸附在烟、尘等固体微粒上，有的也以气态形式存在于空气中，工厂烟气中悬浮颗粒物上吸附有 B(a)P，散布在大气中，一部分降解到水面和陆地上，从而污染水源和土壤。B(a)P 是一切含碳的燃料和有机物在热解过程中的产物。当煤、石油等含碳燃料在 800~1200℃ 时，如果氧气供给不足，则因燃烧不完全所产生的 B(a)P 最多。煤气厂、火电站厂空气中 B(a)P 浓度最高可达 73μg/$m^3$。

② 交通污染。飞机发动机排放 B(a)P 为 8~10mg/min，汽车每行驶 1km 排放 B(a)P

2.5~33.5μg。

③ 香烟烟雾。每100支香烟烟雾含B(a)P量为0.2~12.2μg。

④ 食品在烟熏、烧烤等加工过程中，直接接触燃料燃烧释放的多环芳烃而被污染。

⑤ 沥青路的铺轧过程及晒在沥青路面上的粮食受到沥青中B(a)P的污染。

⑥ 大气、水、土壤中的多环芳烃可使粮食、水果、蔬菜受到污染。

室内多环芳烃化合物为不完全燃烧的产物，燃烧过程中产生各种碳氢游离基经环化聚合而成，燃煤（气）燃烧、厨房烹调和烟草烟气是室内空气中多环芳烃的主要来源。此外，其他日用品如卫生球、各种杀虫剂、某些塑料用品等，都可能释放多环芳烃。

2）危害。有致癌性的这类物质有：苯并［a］芘、二苯并［ah］蒽等10余种组分，这些物质可诱发肺癌、喉癌、口腔癌等多种癌症及心血管疾病。其中苯并［a］芘在空气中存在较为普遍，致癌能力也更强。

3）污染控制。使燃料充分燃烧；厨房加强通风。

（8）挥发性有机物　挥发性有机物（VOCs）是指室温下饱和蒸气压超过70.91Pa或沸点<260℃的有机物，是室内重要的污染物之一。

1）分类。VOCs的主要成分为芳香烃、卤代烃、氧烃、脂肪烃、氮烃等达900种之多，具体分类见表5-18，在工业生产中有189种污染物被列为是有毒污染物，其中大部分为VOCs。

表5-18　室内空气中常见VOCs的浓度范围

| VOCs | | 浓度范围/($\mu g/m^3$) | VOCs | | 浓度范围/($\mu g/m^3$) |
|---|---|---|---|---|---|
| 脂肪烃 | 环己烷 | 5~230 | 卤代烃 | 三氯氟甲烷 | 1~230 |
| | 甲基环戊烷 | 0.1~139 | | 二氯甲烷 | 20~5000 |
| | 己烷 | 100~269 | | 氯仿 | 10~50 |
| | 庚烷 | 50~500 | | 四氯化碳 | 200~1100 |
| | 辛烷 | 50~550 | | 1，1，1三氯乙烷 | 10~8300 |
| | 壬烷 | 10~400 | | 三氯乙烯 | 1~50 |
| | 癸烷 | 10~1100 | | 四氯乙烷 | 1~617 |
| | 十一烷 | 5~950 | | 氯苯 | 1~500 |
| | 十二烷 | 10~220 | | 1，4二氯苯 | 1~250 |
| | 2甲基戊烷 | 10~200 | 醇 | 甲醇 | 0~280 |
| | 2甲基己烷 | 5~278 | | 乙醇 | 0~15 |
| 芳香烃 | 甲苯 | 50~2300 | | 2丙醇 | 0~10 |
| | 乙苯 | 5~380 | 醛 | 甲醛 | 0.02~1.5 |
| | 正丙基苯 | 1~6 | | 乙醛 | 10~500 |
| | 1，2，4三甲基苯 | 10~400 | | 己醛 | 1~10 |
| | 联苯 | 0.1~5 | 酮 | 2丙酮 | 5~50 |
| | 间/对二甲苯 | 25~300 | | 2丁酮 | 10~600 |
| | 苯 | 10~500 | 酯 | 乙酸乙酯 | 1~240 |
| 萜烯 | α蒎烯 | 1~605 | | 正醋酸丁酯 | 2~12 |
| | 莱烯 | 20~50 | | | |

2）来源。室外空气中 VOCs 来源于石油化工等工业排放、燃料燃烧及汽车尾气的排放。

室内 VOCs 来源不仅受室外空气污染的影响，还主要与复杂的室内装修材料、室内污染源排放，人为活动等密切相关。详见表 5-19。

表 5-19 室内 VOCs 污染物来源

| 来源 | | 排放说明 |
|---|---|---|
| 室外 | 汽车污染 | 室外污染空气扩散到室内<br>汽车尾气排放占室内芳香烃、烷烃的 50%以上 |
| 室内 | 取暖、烹饪<br>吸烟 | 燃烧煤、天然气、液化石油气产物、烹饪油烟<br>吸烟烟雾与室内萜烯类有良好相关性<br>室内接触苯的 15%来自烟雾且尼古丁污染严重 |
| | 装修材料、家具<br>生活用品 | 涂料、人造板、壁纸、木材防腐剂、地毯<br>家用电器、日用化学剂（清洁、消毒、杀虫）、打印机等、干燥剂、胶水、织物、化妆品 |

3）危害与控制。

① 危害。VOCs 对人体健康影响主要是刺激眼睛和呼吸道，使人皮肤过敏、头痛、咽痛与乏力。VOCs 中的苯、氯乙烯、多环芳烃等为致癌物。

总挥发性有机物（TVOCs）小于 0.2mg/m$^3$ 时，对人体不产生影响，暴露于 0.025mg/m$^3$ 的 22 种 VOCs 会使人产生头痛、疲倦和瞌睡，浓度在 0.188mg/m$^3$ 时导致晕眩和昏睡，而当浓度超过 35mg/m$^3$ 时可能会导致昏迷、抽筋、甚至死亡。即使室内空气中单个 VOCs 含量远远低于其限制浓度，但由于多种 VOCs 的混合存在及其相互作用，使危害强度增大，整体暴露后对人体健康的危害仍相当严重。

VOCs 的健康效应的研究远不及甲醛清楚。主要由于 VOCs 并非单一的化合物，各化合物之间的协同作用（相加、相乘、拮抗和独立作用）关系较难了解；各国、各地、不同时间地点所测的 VOCs 的组分也是不相同的。这些问题给 VOCs 健康效应的研究带来了一系列的困难。丹麦学者 Lars Molhave 等根据他们所进行的控制暴露人体实验结果和各国的流行病研究资料，暂订出 VOCs 的剂量反应关系（表 5-20）。一般认为，正常的、非工业性的室内环境 VOCs 浓度水平还不至于导致人体的肿瘤和癌症。

② 控制。室内 VOCs 的控制可采用烘烤法，因高温可加速 VOCs 的挥发，加强通风和使用空气净化器可有效去除 VOCs，由测试数据看出室内装修四个月后可除去约 80%的 VOCs。另外，使用活性炭吸附 VOCs 能取得较好效果。活性炭对浓度在 100mg/m$^3$ 左右的 VOCs 有较好的净化效果，其使用周期在 1000h 以上。另外，光催化技术控制室内的 VOCs 已取得较大进展。

表 5-20 TVOCs 暴露与健康效应

| TVOCs/(mg/m$^3$) | 健康效应 | 分类 |
|---|---|---|
| $<0.2$ | 无刺激、无不适 | 舒适 |
| 0.2~3.0 | 与其他因素联合作用时，可能出现刺激和不适 | 多因协同作用 |
| 3.0~25 | 刺激和不适：与其他因素联合作用时，可能出现头痛 | 不适 |
| $>25$ | 除头痛外，可能出现其他的神经毒性作用 | 中毒 |

4）浓度限值。德国学者 Bernd Seifert 于 1990 年推荐了一套室内空气 VOCs 浓度指标限值，

TVOCs 为 300μg/m³（表 5-21）。

表 5-21　Seifert 推荐的室内空气 VOCs 浓度指导限值（1990 年）[①]

| VOCs 的化学分类 | 推荐限值（质量浓度）/（μg/m³） | VOCs 的化学分类 | 推荐限值（质量浓度）/（μg/m³） |
|---|---|---|---|
| 烷烃 | 100 | 酯类 | 20 |
| 芳烃 | 50 | 醛和酮[②] | 20 |
| 萜烯 | 50 | 其他化合物 | 50 |
| 卤代烃 | 30 | TVOCs | 300 |

① 单个化合物的质量浓度不超过所属分类的 50%，也不超过 TVOCs 的 10%；不适用于致癌性化合物的评价。
② 不包括甲醛。

瑞典学者 Uif Rengholt 于 1993 年提出了另一种分类的推荐限值：

1 类空气质量 TVOCs≤0.2mg/m³；2 类空气质量 TVOCs≤0.5mg/m³。

我国《室内空气质量标准》（GB/T 18883—2022）规定，室内空气中 TVOCs 浓度限值（8h 均值）为 600μg/m³。

（9）苯（$C_6H_6$）及同系物　甲苯、二甲苯　苯、甲苯、二甲苯是室内主要污染物之一，其中苯已被国际癌症研究机构确认为有毒致癌物质。

1）用途与来源。苯能从煤焦油、石油中提取出来，可以做燃料、香料等，是有机合成的重要原料，可作为脂肪、油墨、涂料及橡胶溶剂，在印刷、皮革工业中作为溶剂。苯可用于制造洗涤剂、杀虫剂、消毒剂。用于精密光学仪器、电子工业的溶剂和清洗剂，在建筑装修材料及人造板家具、沙发中用作黏合剂、溶剂和添加剂。上述物质的使用过程都会挥发出笨，装修中室内苯主要来源于溶剂型木器涂料。

2）苯的危害。苯属芳香烃类，使人不易警觉其毒性。人在短时间内吸入高浓度的甲苯、二甲苯时，可出现中枢神经系统麻醉作用，轻者有头晕、头痛、恶心、胸闷、乏力、意识模糊，严重者可致昏迷以致呼吸、循环衰竭而死亡。如果长期接触一定浓度的甲苯、二甲苯会引起慢性中毒，可出现头痛、失眠、精神萎靡、记忆力减退等神经衰弱症。甲苯、二甲苯对生殖功能也有一定影响，并导致胎儿先天性缺陷（即畸形）。对皮肤和黏膜刺激性大，对神经系统损伤比二甲苯强，长期接触有引起膀胱癌的可能。

3）苯污染控制。室内装修时购买合格的木器涂料；当苯溅入眼睛、皮肤，立即用水冲洗受伤部位；注意室内通风、换气，新装修后房屋不能立即入住，最好等到无异味，且检测合格后入住。

（10）微生物　大气微生物种类繁多。已知存在于大气中的细菌及放线菌有 1200 种，真菌有 40000 种。空气中的细菌是呼吸道传染病的重要致病原。

1）室内微生物的分类。

① 非致病性腐生微生物：包括芽孢杆菌属、无色杆菌属、细球菌属、放线菌、酵母菌等。

② 来自人体的病原微生物：包括结核杆菌、白喉杆菌、溶血性链球菌、金黄色葡萄球菌、脑膜炎球菌、感冒和麻疹病毒。

2）尘螨。成虫体长 0.3mm，以人、动物皮屑、面粉碎屑为食，在温度 20～30℃、相对湿度 75%～85%的阴暗、潮湿、不透风处生活。

3）真菌。真菌在自然界分布广泛。据报道，由真菌引起的呼吸道疾病在不断增加，20%～50%的现代家庭存在着真菌污染问题。通风差的空调房间及潮湿、温暖的室内条件是室内主要的污染源。室内常见的气传真菌种类及所占份额见表 5-22。

表 5-22 气传真菌种类及所占份额

| 真菌种类 | 所占份额（%） | 共计份额（%） |
|---|---|---|
| 芽枝菌属 | 39.4 | 74.1 |
| 曲霉菌属 | 16.2 | |
| 交链孢霉 | 12.1 | |
| 青霉菌 | 6.4 | |

4）微生物来源。细菌、真菌、病毒、螨虫来源于死的或活的有机体，在家庭的地毯、家具、窗帘、卧具和室内潮湿、阴暗角落能快速繁殖。加湿器带来多种细菌、真菌、孢子。

人鼻呼出物为微生物存活及有机粉尘的溶解提供了所需水分。口鼻分泌物、排泄物、皮屑大多带菌。

5）微生物危害。微生物存在可引起肺炎、鼻炎、呼吸道或皮肤过敏，螨虫可使人患过敏性鼻炎，伴有头疼、流泪，过敏性湿疹及过敏性哮喘。

① 外源性变应性肺泡炎。一般是在室内环境吸入被污染的加湿器水中的变应原引起的加湿器热易感，个体接触变应原数小时后即会急性发作，症状与流感相似，数日至数周消失，但有时会致死。慢性期会发生肺纤维化，并导致永久性肺功能受损。

② 变应性鼻炎。特点是打喷嚏和炎症、流鼻涕、流眼泪。这种变应性反应与枯草热相似，往往与接触室内尘螨和霉菌孢子有关。

③ 哮喘。哮喘是一种主气道发炎、狭窄引起的胸闷气短和喘息的疾病。引起哮喘的一般变应原是尘螨粪和真菌孢子中的蛋白酶，宠物的皮屑、唾液和尿液以及各种职业接触也会引起哮喘。

哮喘发病率尤其儿童的哮喘发病率一直上升，是当今重大公共卫生难题之一。随着居住条件的改善，室内冬暖夏凉，湿度比较恒定，为室内尘螨的生长繁殖提供了理想的条件，无疑哮喘危险增加与室内有大量尘螨有关。

④ 水痘、麻疹和流感。其是通过感染者打喷嚏产生的飞沫散布空气传播病毒进行传播的。

（11）臭氧

1）臭氧的性质。臭氧（$O_3$）是氧的同素异性体，相对分子质量 48。臭氧为无色气体，有特殊臭味。沸点-112℃；熔点-251℃；相对密度 1.65。在常温、常压下 1L 臭氧重 2.1445g。液态臭氧容易爆炸。在常温下分解缓慢，在高温下分解迅速，形成氧气。臭氧是已知的最强的氧化剂之一，它在酸性溶液中的氧化还原电位是 2.01V。臭氧可以把二氧化硫氧化成三氧化硫或硫酸，把二氧化氮氧化成五氧化二氮或硝酸。但因大气中臭氧浓度很低，反应进行得很慢。臭氧在水中的溶解度比较高，是一种广谱高效消毒剂，可作为生活饮用水和空气的消毒剂。

2）$O_3$ 的来源。

① 自然界中来源。正常大气中含有极微量的臭氧，电击时可生成一些臭氧，夏天雷阵雨后，田野中可嗅到一种特殊的气味就是臭氧。在生产中，高压电器放电过程，强度大的紫外灯照射、炭精棒电弧、电火花、光谱分析发光、高频无声放电、焊接切割等过程均可产生在一定的臭氧。

15~25km 的高空大气中，氧在太阳紫外线作用下形成臭氧层，故臭氧是高空大气的正常组分。近年来因大气污染（如碳氟化合物）造成地球两极臭氧层遭破坏。由于空气的流动，在地球表层空气中也可测到 0.04~0.1mg/m$^3$ 的臭氧，一般在晴朗的中午浓度较高。近年来已证实大城市的大气污染物“烟雾”，在紫外线的作用下，臭氧参与烃类和氮氧化物的光化学反应，形成具有强烈刺激作用的有机化合物——光化学烟雾。

② 室内来源室内的电视机、复印机、激光印刷机、负离子发生器、紫外灯、电子消毒柜等在使用过程中也都能产生臭氧。室内的臭氧可以氧化空气中的其他化合物而自身还原成氧气；还可被室内多种物体所吸附而衰减，如橡胶制品、纺织品、塑料制品等。臭氧是室内空气中最常见的一种氧化污染物。

③ 室内与室外 $O_3$ 浓度的关系在室内不存在发生源的情况下，室内臭氧主要来源于室外。研究表明，办公室和家庭室内臭氧的分解速率由于活性界面的存在而较室外高，且当室内温度和湿度增加时更可促进臭氧的分解。因此，室内空气臭氧浓度较室外低。而对家庭、办公室、图书馆等的研究表明室内与室外臭氧的I/O值在0.05~0.84。这主要取决于室内与室外空气的交换率及过滤系统的使用情况。在密闭的高效建筑中I/O值为0.05，而在高通风效率且无空调时可达0.84。室内臭氧浓度即使是在高空气交换率的情况下也低于室外，且室内臭氧浓度与室外呈正相关关系，其日变化曲线也与室外相符，即早晚低、午后高。

3）$O_3$ 的危害。臭氧具有强烈的刺激性，主要刺激和损害深部呼吸道，并可损害中枢神经系统，对眼睛有也轻度的刺激作用。当大气中臭氧浓度为 $0.1mg/m^3$ 时，可引起鼻和喉头黏膜的刺激；臭氧浓度在 $0.1 \sim 0.2mg/m^3$ 时，引起哮喘发作，导致上呼吸道疾病恶化，同时刺激眼睛，使视觉敏感度和视力降低。臭氧浓度在 $2mg/m^3$ 以上时可引起头痛、胸痛、思维能力下降，严重时可导致肺气肿和肺水肿。此外，臭氧还能阻碍血液输氧功能，造成组织缺氧；使甲状腺功能受损、骨骼钙化，还可引起潜在的全身影响，如诱发淋巴细胞染色体畸变，损害某些酶的活性和产生溶血反应。

臭氧超过一定浓度，除对人体有一定毒害外，对某些植物生长也有一定危害。臭氧还可以使橡胶制品变脆和产生裂纹。

4）$O_3$ 的限值。美国规定室内臭氧浓度不得大于 $0.1mg/m^3$。我国公共场所卫生标准规定臭氧浓度不得大于 $0.1mg/m^3$。我国《室内空气中臭氧卫生标准》（GB/T 18202—2000）规定，1h平均最高允许浓度为 $0.1mg/m^3$。

（12）氮氧化物　氮氧化物通常指一氧化氮（NO）和二氧化氮（$NO_2$）的混合物。含氮的氧化物有NO、$NO_2$、$N_2O$、$N_2O_3$、$N_2O_4$、$N_2O_5$等，这些氮氧化物的化学特性及与大气污染的关系见表5-23，从大气污染的角度来看，主要的污染物为NO和$NO_2$。

表5-23　$NO_x$ 的化学特性及与大气污染的关系

| 名称 | 分子式（相对分子质量） | 颜色 | 化学特性 | 与大气污染的关系 | 说明 |
|---|---|---|---|---|---|
| 一氧化氮 | NO<br>(30.01) | 无色（气）<br>绿色<br>（液、固） | 有恒磁性，在空气中易氧化<br>$2NO+O_2 \rightarrow 2NO_2$ | 1. 正常空气中只含微量<br>2. 燃烧的主要生成物<br>3. 与 $O_2$ 缓慢反应为 $NO_2$<br>4. 与 $O_3$ 急速反应为 $NO_2$ | 主要大气污染物 |
| 二氧化氮 | $NO_2$<br>(46.01) | 红褐色（气）<br>黄色（液） | 1. 较稳定<br>$2NO_2 \rightleftharpoons N_2O_4$<br>（无色）（无色）<br>2. 刺鼻气体 | 1. 正常空气中含 $0.002mg/m^3$<br>2. 由NO氧化而成 | 主要大气污染物 |

（续）

| 名称 | 分子式（相对分子质量） | 颜色 | 化学特性 | 与大气污染的关系 | 说明 |
|---|---|---|---|---|---|
| 一氧化二氮（笑气） | $N_2O$ (44.02) | 无色 | 1. 室温下可溶于水<br>2. 喷雾器用的气体<br>3. 略有香甜味 | 1. 正常空气中含有 $0.5mg/m^3$<br>2. 活性较差<br>3. 不易燃烧的生成物 | 环境中少量存在 |
| 三氧化二氮（亚硝酐） | $N_2O_3$ (76.02) | 褐色（气）<br>绿色（液） | 1. 室温以下不稳定<br>2. 与 $H_2O$ 反应生成 $HNO_2$<br>3. 易分解 $N_2O_3 \rightleftharpoons NO+NO_2$ 溶于水生成亚硝酸<br>4. 五氧化二氮遇光分解成三氧化二氮和二氧化二氮 | 因不稳定，容易分解为 NO 和 $NO_2$ | 可忽略不计 |
| 四氧化二氮 | $N_2O_4$ (92.02) | | $N_2O_4$（固）$\rightleftharpoons 2NO_2$（气）<br>（白色晶体）（褐色） | 不稳定，容易分解为 $NO_2$ | |
| 五氧化二氮（硝酐） | $N_2O_5$ (108.02) | 无色（气）<br>白色（固） | 1. 室温下分解<br>$2N_2O_5 = O_2 + 4NO_2$<br>2. 与 $H_2O$ 反应生成硝酸 | 因不稳定，容易分解为 $NO_2$ | |

1）来源。

① 大气中的 $NO_x$ 主要来自自然界的氮循环过程，该过程每年向大气释放 NO 约 $430\times10^6$t，占总排放量的90%左右，而人类活动排放的 NO 仅占 10%。大气中 NO 的背景浓度为 $0.5\sim12\mu g/m^3$。$NO_2$ 主要由 NO 氧化而来，每年产生约 $568\times10^6$t。人类活动排放的 $NO_x$ 主要来自各种燃烧过程，其中以工业窑炉和汽车排放为最多。据 1970 年估计，全世界每年由于人类活动向大气排放的 $NO_x$ 约为 5300 万 t。这些含氮的氧化物系由有机氮化物燃烧所生成，或是在高温下，由空气中的氮和氧化合而成。大气污染主要是由硝酸和硫酸制造工业、氮肥工厂、硝化工艺、硝酸处理或溶解金属、硝酸盐的熔炼等工艺过程的排放和城市汽车排气、石油化工的各种烧油装置燃烧等造成的。还应指出，大量的 NO 还来自于汽油和柴油发动机。当机器燃烧完全，并处于高速运转时，废气中含有高达 $5360mg/m^3$ 的 NO。燃煤的热电站，大型燃气锅炉排放的废气中含有大量的 $NO_x$。

② 室内来源。烹调或取暖所用燃料在空气中燃烧时可以生成氮氧化物。在一些经常使用复印机的地方，$NO_x$ 浓度较高，这主要是由于复印室内有大量强氧化性的臭氧，空气中的氮被氧化而造成的。此外，香烟烟气以及进入室内的车辆废气中都含有氮氧化物。

燃煤和液化气排放的污染物主要是氮氧化物，哈尔滨、沈阳的室内空气监测结果表明，冬季使用原煤的住宅室内 $NO_x$ 日平均浓度为 $0.03\sim0.15mg/m^3$，使用煤气和液化气的日平均浓度为 $0.06\sim0.2mg/m^3$。夏季使用三种类型燃料的室内 $NO_x$ 日平均浓度为 $0.01\sim0.8mg/m^3$。

2）$NO_x$ 的危害。

① 对人体健康的影响。$NO_x$ 对人的呼吸道具有很强的刺激性，主要症状是咽喉干燥、咳嗽、头晕、视力减退等，严重者可导致中毒性水肿和神经系统方面的病变。

$NO_x$ 中 $NO_2$ 毒性最大，其毒性比 NO 高 4~5 倍。$NO_2$ 主要对呼吸器官有刺激作用。一般情况下，当污染物以 $NO_2$ 为主时，肺的损害比较明显；当以 NO 为主时，高铁血红蛋白症和中枢神经损伤比较明显。低浓度 $NO_2$ 在肺泡内的作用首先是引起肺泡表面活性物质（脂蛋白等）的过氧化，然后再损害肺泡的细胞。慢性毒作用主要表现为神经衰弱症候群，个别严重者导致肺部纤维化。$NO_2$ 与支气管哮喘的发病也有一定关系，它对心、肝、肾以及造血组织等均有影响。对健康人，$NO_2$ 体积分数大约在 $16\times10^{-6}$，10min 期间，肺气流阻力有明显上升。如大气中的 $NO_2$ 体积分数达到 $5\times10^{-6}$，就会对哮喘病患者有影响；若在 $(100\sim150)\times10^{-6}$ 的高含量下连续呼吸 30～60min，就会使人陷入危险状态。对儿童来说，$NO_x$ 可能会造成肺部发育受损。研究表明，长期吸入 $NO_x$ 可能会导致肺部构造改变。

② $NO_x$ 对人体各种危害的阈值。$NO_x$ 对机体产生各种危害作用的阈浓度见表5-24。$NO_x$ 长期作用于人体产生某种损害作用的最低值为 $0.2mg/m^3$，故将我国室内空气中 $NO_x$ 的日平均最高允许浓度的建议值定为小于 $0.2mg/m^3$。

表5-24 $NO_x$ 对机体产生各种危害作用的阈浓度

| 损伤作用的类型 | 阈浓度/($mg/m^3$) |
|---|---|
| 嗅觉 | 0.4 |
| 呼吸道上皮受损，产生病理学改变 | 0.8～1 |
| 肺对有害因子抵抗力下降 | 1 |
| 短期暴露使成人肺功能改变 | 2～4 |
| 短期暴露使敏感人群肺功能改变 | 0.3～0.6 |
| 对肺生化功能产生不良影响 | 0.6 |
| 使接触人群呼吸系统患病率增加 | 0.2 |
| WHO 建议对机体产生损伤作用 | 0.94 |

③ 室外 $NO_x$。在室外，NO 与 HC 共存于大气中，经紫外线照射，发生光化学反应，生成含有 $O_3$、醛类、PAN（过氧乙酰硝酸酯）的对人类更有害的二次污染物——光化学烟雾。

3）$NO_x$ 的控制。$NO_x$ 污染主要与采用矿物燃料作为能源有关，尤其是汽车排放的 $NO_x$ 已成为世界各国大城市主要大气污染物之一。因此，改进燃烧过程和设备或采用催化还原、吸收、吸附等排烟脱氮方法，控制、回收、利用废气中 $NO_x$ 都是减少 $NO_x$ 污染的可行措施。

在室内，要控制 $NO_x$ 的发生源，同时 $NO_x$ 浓度、扩散和稀释取决于通风量。通风量越大，$NO_x$ 稀释扩散越快，浓度下降越明显。

4）$NO_x$ 的浓度限值。我国《环境空气质量标准》（GB 3095—2012）规定，居住区 $NO_x$ 日平均最大浓度限值为 $0.10mg/m^3$，1h 平均浓度限值为 $0.15mg/m^3$。

（13）二氧化硫

1）性质。二氧化硫（$SO_2$）为有强烈辛辣刺激气味的无色气体。在20℃、0.1MPa 下能液化，溶于水，弱溶于醇及醚。在水中的溶解度为8.5%（25℃），易溶于甲醇和乙醇，可溶于硫酸、醋酸、氯仿和乙醚。

2）来源。环境中的 $SO_2$ 主要来源于含硫燃料（煤、石油）的燃烧，含硫矿石的冶炼、化工、炼油和硫酸厂等的生产过程。到20世纪60年代末，全世界 $SO_2$ 年排放量已达1.5亿t左右。在城市大气中 $SO_2$ 的年平均体积分数已高达 $(0.1\sim0.15)\times10^{-6}$。

我国大多数居民以烧原煤、煤饼、煤球以及蜂窝煤的小煤炉做饭取暖，由于炉灶结构不合理，有的甚至无烟囱，因此，煤不完全燃烧时排放出大量污染物，其中 $SO_2$ 是主要污染物。室内烟草不完全燃烧也是室内 $SO_2$ 的重要来源。

3）$SO_2$ 对人体健康的影响。

① $SO_2$ 对结膜和上呼吸道黏膜具有强烈刺激性，其浓度在 $0.9mg/m^3$ 或大于此浓度就能被大

多数人嗅到。吸入后主要对呼吸器官有损伤，可致支气管炎、肺炎，严重者可致肺水肿和呼吸麻痹。当$SO_2$通过鼻腔、气管、支气管时，能被管腔内膜的水分吸收，变为亚硫酸、硫酸，其刺激作用增强。上呼吸道对$SO_2$的这种阻留作用，在一定程度上可减轻$SO_2$对肺部的刺激，但进入血液的$SO_2$，仍可通过血液循环抵达肺部，产生刺激作用。当$SO_2$体积分数为$(10 \sim 15) \times 10^{-6}$时，呼吸道的纤毛运动和黏膜的分泌功能皆受到抑制。体积分数达$20 \times 10^{-6}$时，刺激作用明显增强，引起咳嗽，眼睛难受，即使习惯于低浓度$SO_2$的人也会感到不适。体积分数为$25 \times 10^{-6}$时，气管内的纤毛运动将有65%~70%受到障碍。如果$SO_2$和飘尘一起进入人体，其危害更大。因为飘尘能吸附$SO_2$，并把它带到肺部，使毒性增加3~4倍。

② 有促癌作用。实验证明，在$SO_2$和苯并［a］芘的联合作用下，动物肺癌的发病率高于苯并［a］芘单独的致癌作用。

③ 其他作用。在正常情况下，维生素$B_1$和维生素C能形成结合性维生素C，使之不易被氧化，满足身体的需要。当$SO_2$侵入人体后，便与血液中的维生素$B_1$结合，使体内维生素C的平衡失调，从而影响了新陈代谢。$SO_2$还能抑制和破坏或激活某些酶的活性，使糖和蛋白质的代谢发生紊乱，从而影响机体生长和发育。

4）$SO_2$室内空气质量标准。文献报道，大鼠暴露于$SO_2$浓度为$0.1mg/m^3$、$0.5mg/m^3$和$1.5mg/m^3$环境中96d，组织学检查发现$0.5mg/m^3$和$1.5mg/m^3$组均出现间质性肺炎、支气管炎、气管炎。

世界卫生组织（WHO）推荐保护公众健康的指导限值（24h平均值）为$0.1 \sim 0.15mg/m^3$。

我国《室内空气质量标准》（GB/T 18883—2022）规定室内空气中$SO_2$的1h均值为$0.50mg/m^3$。

5）$SO_2$的控制。预防$SO_2$污染的根本措施是减少或消除污染源。如改进燃烧方法，安装净化和除尘装置，开展综合利用回收废气$SO_2$等，严格执行环境卫生标准和排放标准。我国《工业企业设计卫生标准》（GBZ 1—2010）规定，居住区大气中$SO_2$一次最高允许浓度为$0.5mg/m^3$，日平均最高允许浓度为$0.15mg/m^3$。

（14）二异氰酸甲苯酯　甲苯二异氰酸酯（TDI）是二异氰酸酯类化合物中毒性最大的一种，有特殊气味，挥发性大，它不溶于水，易溶于丙酮、醋酸乙酯、甲苯等有机溶剂。

1）室内TDI的来源。

① TDI主要用于生产聚氨酯树脂和聚氨酯泡沫塑料，且具有挥发性，一些新购置的含此类物质的家具、沙发、床垫、椅子、地板，会释放出TDI。

② 一些家装材料会释放出TDI，如一些用作墙面绝缘材料的含有聚氨酯的硬质板材，用于密封地板、卫生间等处的聚氨酯密封膏，一些含有聚氨酯的防水涂料。

2）TDI对人体健康的影响。TDI的刺激性很强，特别是对呼吸道、眼睛、皮肤的刺激，可能引起哮喘性气管炎或支气管哮喘。表现为眼睛刺激、眼结膜充血、视力模糊、喉咙干燥，长期低剂量接触时可能引起肺功能下降，长期接触可引起支气管炎、过敏性哮喘、肺炎、肺水肿，有时可能引起皮肤炎症。

这些途径释放的TDI都会通过呼吸道进入人体，尽管浓度不高，但是往往释放期是比较长的，故对人体是长期低剂量的危害。

3）TDI的限值。国际上对于在漆料内聚氨酯含量的标准是小于0.3%，而我国生产的漆料一般是5%或更高，即超出国际标准几十倍。

（15）重金属离子　铅、镉、铬、汞、砷等是常见的有毒污染物，其可溶物对人体有明显危害。皮肤长期接触铬化合物可引起接触性皮炎或湿疹。过量的铅、镉、汞、砷对人体神经、内脏系统造成危害，特别是对儿童生长发育和智力发育影响较大。因此，应注意这些有毒污染物误入口中。下面以铅为例具体说明。

1）铅的化学性质及对人体的危害。铅是一种银灰色的软金属，它及其化合物在常温下不易氧化，耐腐蚀。环境中的铅由于不能被生物代谢所分解，因此它在环境中属于持久性污染物。铅通过呼吸道进入人体的沉积率大约在40%，当它侵入人体后，有90%~95%会形成难溶性物质沉积于骨骼中。铅对于人体内的大多数系统均有危害，特别是损伤骨髓造血系统、神经系统和肾脏。血液铅含量达到较高水平时（大约80μg/dL）可以引起痉挛、昏迷甚至死亡。红细胞和血红蛋白过少性贫血是慢性低水平铅接触的主要临床表现。慢性铅中毒还可引起高血压和肾脏损伤。

2）室内重金属离子（铅）的来源。

① 内墙涂料的助剂、水性涂料须加入一定量的防腐剂和防霉剂。含有汞、铜、铅、锡、砷等金属有机化合物的防腐防霉剂具有较强的杀菌力，虽然其含量比较少，但其中有许多是半挥发性物质，其毒性不亚于挥发性有机物，有的毒性可能更大，其挥发速度慢，对居室有长期慢性的作用，对人体也有较大的毒害。

② 被污染的饮用水。

③ 由室外污染源，如被污染的土壤，携污染物的灰尘带入室内。

3）有关铅的一些标准。我国居住区大气最高允许浓度日平均值0.7mg/m$^3$；俄罗斯居住区大气最高允许浓度日平均值0.7mg/m$^3$；我国饮用水铅含量标准为≤0.05mg/L；美国饮用水铅含量标准为≤0.05mg/L。

（16）酚类物质

1）酚类物质在家装建材中的主要应用。由于一些酚具有可挥发性，所以室内空气中的酚污染主要是由家装建材释放。由于其可以起到防腐、消毒的作用，所以常作为涂料或板材的添加剂；另外，在家具和地板的亮光剂中也有应用。

2）室内酚类物质的化学性质及对人体危害。酚类物质种类很多，均有特殊气味，易被氧化，易溶于水、乙醇、氯仿等物质，分为可挥发性酚和不可挥发性酚两大类。酚及其化合物是中等毒性物质。

这些物质可以通过皮肤、呼吸道黏膜、口腔等多种途径进入人体，由于渗透性强，可以深入到人体内部组织，侵犯神经中枢，刺激骨髓，严重时可导致全身中毒。它虽然不是致突变性物质，但是它却是一种促癌剂。居住环境中多为低浓度和局部性的酚，长期接触这类酚会出现皮肤瘙痒、皮疹、贫血、记忆力减退等症状。

### 5.1.4 室内污染的控制方法

#### 1. 污染源的控制

消除或减少室内污染源是改善室内空气品质，提高舒适性的最经济、最有效的途径。减少室内吸烟和对室内的燃烧过程进行燃具改造，减少气雾剂、化妆品的使用，更重要的是控制可能给环境带来污染的材料、家具进入室内；而源头控制的策略，主要是选择和开发绿色建筑装饰材料。

（1）避免引入污染源　新建造楼或改造旧楼时不使用某些建筑材料和陈设。在铺地板，安装墙壁装饰板、保温板、隔音板，购买或制作室内家具时，不宜用刨花板、硬木胶合板、中强度纤维板等含有甲醛的材料或陈设。可以使用甲醛释放量较少的或不含甲醛的原木木材、软木胶合板、装饰板等。停止使用产生甲醛的脲醛泡沫塑料和产生石棉粉尘的石棉板。

减少燃料燃烧副产物的污染，不使用不带通风系统的煤油炉或明火煤气炉以限制烟尘。在办公室和公用建筑物内，良好的建筑设计可以阻止汽车车辆废气的进入。

正确勘查选择建筑物的基地可以避免氡污染。沙土透气性太强有利于氡的进入。不透气性泥土利于防止氡污染，住宅建在泥土上为宜。

正确选择涂料及家具可以避免或减少各种脂肪族、芳香族及烃的污染。

（2）污染源的处理　由于存在多种交叉污染，首先必须找准主要污染源。在有霉类污染的建筑物中，应清除霉变的建筑材料和家具陈设。室内空气污染物的来源可以靠降低污染物的扩散直接得到纠正。要控制石棉，严密封闭即可，使用各种密封胶喷在其表面即可封闭易碎石棉。刨花板和硬木胶合板这类散发大量甲醛的木制品不适宜采用清除法，必须采用相应处理措施。新材料应使用甲醛吸收层，材料老化后，可使用虫胶漆，其涂层可有效阻止水分进入树脂，水分可以帮助树脂释放游离态甲醛。甲酸和乙烯地板料也可以阻止甲醛从厨房顶或库房地板中散发出来。

向室内施放高浓度氨气，可以降低长期存留的甲醛含量的50%~80%。在地面贴砖层下安置除水器，便可减少氡进入住处内部如地下室石料的裂缝、地板和上下水管路的孔穴。

（3）绿色建材　建筑材料已成为一种很严重的污染源，众多挥发性有机物普遍存在于室内建筑材料中。同时，由于现代化空气调节设备的大量使用，导致室内的空气交换量大大减少，建筑材料所释放的挥发性有机化合物被大幅度浓缩，造成更严重的空气污染。

大量研究表明，室内空气的污染主要来自于室内墙体表面材料的散发。材料的散发特性主要表现在两方面，即散发率和散发时间。材料散发的污染物表现形态可以是无机颗粒也可能是蒸汽相有机物，典型的有机气相物的浓度范围可以从每立方米几十毫克至几千毫克，而测出的有机化合物从数十种至数百种。

随着人类物质文化生活水平的提高，人们对居住环境的健康、安全要求越来越高。早在20世纪70年代末，科学家们就开始着手研究建筑材料所释放的气体对室内空气的影响及其对人体健康的危害程度。1992年，国际学术界明确提出绿色材料的定义：绿色材料指在原料采取、产品制造、使用或者再循环以及废料处理等环节对地球负荷最小和利于人类健康的材料，也称之为“环境调和材料”。

## 2. 室内通风换气

加强通风换气，用室外新鲜空气来稀释室内空气污染物，使浓度降低，是改善室内空气质量最方便快捷的方法。依据污染物发生源的大小、污染物种类及其量多少，决定采用全面通风还是局部通风，以及通风量大小。

（1）开窗、通风换气的作用　开窗通风可以始终保持室内具有良好的空气品质，是改善住宅室内空气品质的关键。Sundell教授对瑞典160幢建筑进行研究，发现新风量越大，发生病态建筑综合征的风险就越小（图5-3）。即使在较寒冷的冬季，也最好能开一些窗户，使室外的新鲜空气能进入室内。

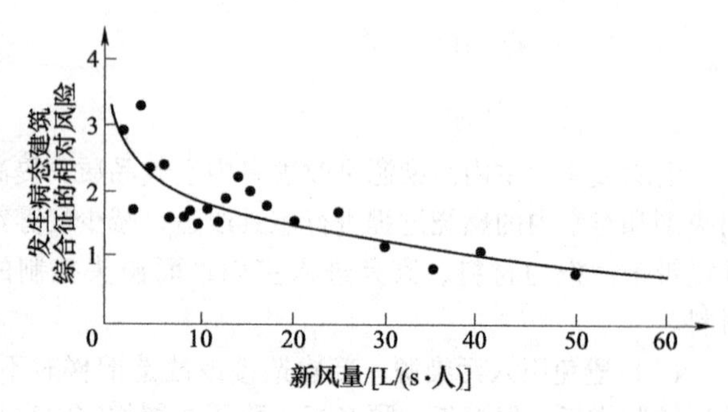


图5-3　新风量与建筑综合征间的关系

（2）通风形式　多数建筑物都是透气

的，建筑框架有许多进气和出气的渠道，如窗户、门、电线出入口、楼基等孔洞。外部空气的进入受建筑物保温外壳的密封度及风速和内外温差等环境因素的影响。通常在寒冷和刮风天换气程度最高。当在无风、温和天气，温差较小时，不管保护外壳密封度如何，换气程度都大大降低。

室内外温差产生的压差在建筑物底部吸入空气而使空气在楼顶压出，这就是烟囱效应。烟囱效应在高楼中尤为明显。

自然通风与门窗的开闭程度有关。敞开的门窗对换气有明显影响，其影响程度取决于开、闭幅度、频率和持续时间及风速和室外温差。没有长年温度控制的居民楼在非夏季主要靠此法通风。

需全年控制温度的大型办公楼要靠机械系统通风。机械通风系统被用来控制楼内温度、相对湿度、造成室内外压差、提供防火安全的气流、使气流流动以改进保暖条件。

（3）存在问题　通风占加热和制冷费用的50%，若能减少用于通风的室外空气就能节省能量。因此大楼设计师常设法减少用于通风的室外空气。在许多情况下，供暖、通风和空调系统100%靠再循环空气，没有室外空气进入这些系统。

提供的空气混合不当。在大多数供暖、通风、空调系统中进入和返回的入口和出口往往在顶棚，每个孔之间隔约1m。这就造成进气和下部空气的层差。根据最近的研究，进入的空气有50%形成层差而且未经过与室内空气充分混合而被排出。如果房间有入气口没有回气口，气体就不能充分混合，进入的气体明显减少。

（4）通风标准　美国供暖、制冷与空调工程师学会制定的通风标准建议在无人吸烟的建筑物中最小通风速率是每分钟每人0.14$m^3$，而在有人吸烟时每分钟每人0.57$m^3$。实践中，不论有无吸烟都为每分钟每人0.14$m^3$。

（5）发挥新风效应　发挥新风效应，既要注重新风的量，更要注重新风的质。引入低污染的新风，同时减少或者消除新风处理、传递和扩散过程中的污染。为此要做到以下几点：

1）合理选择新风取风口的位置。

2）加强新风过滤，改变通常只做粗效过滤的观念。

3）提供新风直接入室，缩短新风龄，减少途径污染。入室新风龄越小，途径污染越少，新风品质越好，对人的越有益。

（6）局限性　通风可明显降低室内污染浓度，对间断性污染，如吸烟、使用煤气炉尤为有效。但是，对于连续产生的污染问题就不一样了。对甲醛污染源而言，其释放率是挥发压梯度或空气空间中的甲醛值的函数。通风使该值降低，而释放量却增加了。增加的释放速度部分抵消了稀释和清除的降低值。因此，其效率大大低于污染为间歇性的、释放量恒定的情况。所以，通风有其局限性。特别是污染源很强，或因成本限制而通风速率一定时（如活动房间和大工厂厂房），其局限性更明显。

### 3. 合理使用空调

（1）单独使用空调的弊端　在密闭性强的室内，当新风量不足时使用空调，会造成室内空气质量下降。对某地15个空调场所检测，在温度、湿度、风速相同的情况下，其$CO_2$、细菌总数、绿色链球菌分别超标40%、100%、55%，明显高于无空调房间。

在另一项调查中，显示同样的结果，见表5-25。

（2）合理使用空调　合理控制室内的温度、湿度。室内外的温差不宜太大，夏季一般温差维持在6~7℃比较合适，有利于人体进行自我调节；冬天，空气较干燥，最好能配备加湿设备，使空气保持湿润。

表 5-25 不同室内状况下的舒适感

| 室内状况 | 室内负离子数/(个/$m^3$) | 单极多数 | 清洁度 | 舒适感 |
|---|---|---|---|---|
| 空调+负离子发生器 | 444 | 0.6 | 允许清洁级（C） | 舒适 |
| 无空调 | 405 | 1.2 | 允许清洁级（D） | 舒适 |
| 只装空调机 | 308 | 2.8 | 临界值级（E）不清洁级 | 不舒适 |

现在住宅多使用分体式空调，空气基本上在室内循环，因此，最好能适度开窗引入新鲜空气。

过滤器要经常进行清洗，既可清除过滤器上的脏物，又能保证盘管的风量。

（3）选用室内空气处理设备配合空调使用　如去湿机、加湿机、过滤器、负离子发生器等。去湿机、加湿机能保持室内适当的湿度。活性炭或 HEPA 高效过滤器，能有效过滤室内的 $CO_2$、CO、VOCs、颗粒物等污染物，保持室内具有较好的空气品质。负离子对人体的健康有益。

（4）辩证看待现有空调的一些附加功能　所谓空调的附加功能，如负离子发生器、冷触媒、高效过滤等功能，对改善室内空气品质有一定的作用，但所起的作用很有限，不能完全依赖。更何况某些附加功能随着时间的推移，效果会越来越差，有的甚至不起作用，因此，开窗通风换气还是改善室内空气品质的重要手段。

（5）室内小气候控制　小气候控制能降低空气污染程度，尤其是甲醛与霉的问题。温度和湿度直接影响甲醛的游离。温度降到 25~30℃可降低甲醛 50%，相对湿度降低 30%~70%，甲醛量降低 40%，温度和湿度效应降低室内甲醛量主要是靠降低污染源的扩散。湿度高是发霉的主要原因，如果使相对湿度保持在 76%以下，可明显降低霉的危害。

但仍有些问题没有解决，控制小气候降低扩散时要封闭，而这种封闭是否会造成污染物的沉积？如果常年进行小气候控制，温度低虽然降低了污染物的扩散，也降低了室内空气的流通量。

（6）关于节能作用　人们普遍认为节能措施造成室内空气污染。许多办公楼及公用建筑物内爆发的疾病正好与国家和个人节能巧合。新建筑物的保温外层比 10 年前的建筑物保温外层密封度强得多。无论新楼或旧楼内的通风系统都千方百计地节能，即在大楼使用高峰时间，空调系统以较少的补充空气进行运转，而在夜间或周末，大楼无人时，则更明显地减少空气的进入。

限定空气的进入会增加某些污染物，特别在吸烟、使用煤气炉及没有排烟系统的敞式炉时，燃烧的副产品增多，更是如此，对这些污染物，通风速度和进入空气量减少一半，污染物的浓度就要翻一番，空调空气的调节量由 0.8 空气变换值/h（ACH）降为 0.2ACH，污染物浓度就会增加 4 倍。

尽管大楼密封度影响空气互换，但其仅仅是若干因素之一。其他因素有风速、温度差等环境因素。当温差小，无风天气时，空气互换量小，此时节能对污染浓度的影响可忽略不计。由于环境因素对空气互换的影响，往往是节能对污染物的高峰浓度没有多大影响，但是可以增加室内污染物浓度的平均值。

污染物的浓度还受现有稀释空气量的影响。污染物来源的性质决定减少的程度，例如，对于使用尿素-甲醛树脂产品的连续污染源，其释放速率是通风速率的函数。通风速率的增加，加大了甲醛的释放速率，抵消了与通风有关的污染物的减少量。因此，对污染物的减少达不到预期效果，这主要是因为蒸发压梯度所致，其梯度增大了扩散。因此，依靠通风降低甲醛这种污染物释放量的效果明显低于降低 $NO_2$ 这种间歇产生的污染物的效果。

节能问题不足以解释所有的病态建筑综合征。为了节能增用了许多含有大量化学挥发性不稳定黏结剂的化合材料。是否因建筑材料和家具陈设向室内环境引入了有毒物质？或因通风不良，外界或某些产品中释放出的有毒物质无法有效散发至室外？这些都无法确定。

#### 4. 室内污染的治理技术

用于室内空气的净化方法，按作用原理可分为：吸收、吸附、催化氧化、生物学方法和遮盖法。室内污染的去除方法可分为物理法、化学法、生物法和遮盖法：

物理法：活性炭、硅胶、分子筛的吸附、通风换气。

化学法：氧化、还原、中和、离子交换、光催化。

生物法：杀菌、生物氧化。

遮盖法：用芳香遮盖恶臭。

（1）室内污染的治理技术　室内空气污染来源广、危害大，主要是挥发性有机气体，其成分复杂、治理难度大，对于VOCs，一般的治理方法有炭吸附法、冷凝法、膜分离法及新技术光催化法及组合法。

1）炭吸附法。对于低浓度的VOCs、$CO_2$、$SO_x$和$NO_x$，吸附技术是一种比较有效且简便易行的方法。该法是目前最广泛使用的VOCs回收法。商业化的吸附剂有粒状活性炭和活性炭纤维两种，其吸附原理和工艺流程完全相同。其他的吸附剂，如沸石、分子筛等，均已在工业中得到应用，但因费用较高而限制了它们的广泛使用。

原理：吸附剂所具有的较大的比表面积对废气中所含的VOCs发生吸附，此吸附多为物理吸附，过程可逆；吸附达饱和后，用水蒸气脱附，再生的活性炭循环使用。

运用条件：当VOCs浓度$\leqslant 0.5mg/m^3$时，宜采用炭吸附法，吸附饱和后的炭用蒸汽脱附。炭吸附法的费用，取决于含VOCs物流的流量和浓度。是否回收炭所吸附的VOCs，主要由经济因素决定，对流量大和含有有价值VOCs的物流，则应考虑回收。对流量大的物流，需在现场设置脱附单元；对流量小（小于$600m^3/h$）的物流，吸附后的炭可运送到集中脱附装置进行处理，但运输过程中被吸附的VOCs容易逸出而造成二次污染。上述脱附方法产生的废液不易循环使用，可能造成污染，需进行处理。

采用炭吸附法和膜分离法可以回收有机废气中的大部分VOCs。目前，我国粒状活性炭法和活性炭纤维法已经实现了工业化。

使用限制：能与活性炭发生反应的VOCs、会发生聚合反应的VOCs和大分子高沸点的有机物，不宜用该法回收。该法对进气中VOCs的浓度也有限制。一般不超过$0.5mg/m^3$。

2）冷凝法。原理：通过将操作温度控制在VOCs的沸点以下而将VOCs冷凝下来，从而达到回收VOCs的目的。

冷凝法主要用于回收高沸点（即低挥发性）和高浓度的VOCs，一般用在各种回收方法之前。

采用该法回收VOCs，要获得高的回收率，系统就需要较高的压力和较低的温度，故常将冷凝系统与压缩系统结合使用，设备费用和操作费用较高，适用于高沸点和高浓度VOCs的回收。该法一般不单独使用，常与其他方法（如吸附、吸收、膜分离法等）联合使用，这里不做详细介绍。

冷凝法对高沸点VOCs的回收效果较好，对中等和高挥发性VOCs的回收效果不好。该法适用于VOCs浓度大于5%的情况，并需低温和高压，设备费用和操作费用高，且回收率不高，故很少单独使用。

3）膜分离法。膜分离装置的中心部分为膜元件，常用的膜元件有平板膜、中空纤维膜和卷式膜，又可分为气体分离膜和液体分离膜等。

以气体膜分离技术为例，其原理是：利用有机蒸汽与空气透过膜的能力不同，使二者分开。其过程分两步：首先压缩和冷凝有机废气，而后进行膜蒸汽分离。

适用范围：膜分离法在物流流量和VOCs浓度方面适应范围较宽，弥补了炭吸附法和冷凝法的不足，扩大了VOCs回收的种类，为各行业有机废气中VOCs的回收提供了一种切实有效的方法。

膜分离法最适合处理VOCs浓度较高（≥0.1mg/$m^3$）的物流，运转费用与物流流速成正比，与浓度关系不大。对大多数间歇过程，因温度、压力、流量和VOCs浓度会在一定范围内变化，所以要求回收设备有较强的适应性，膜系统正能满足这一要求。

应用：用该法可回收的VOCs有脂肪族和芳香族碳氢化合物、氯代烃、酮、醛、腈、酚、醇、胺、酸、氯氟烃等，如丁烷、辛烷、三氯乙烯、二氯乙烯、苯乙烯、丙酮、乙醛、乙腈、甲基溴、甲基氯、甲基异丁基酮、二氯甲烷、氯仿、四氯化碳、甲醇、环氧乙烷、环氧丙烷、CFC-11、CFC-12、CFC-13、HCFC-12等。

4）光催化氧化法。半导体光催化法对室内有害气体，尤其是较难控制的有机气体能有效地进行光催化反应除毒，生成无机小分子物质（$H_2O$、$CO_2$），最终消除其对环境的污染。

光催化净化 的反应体系在光的催化下将吸收的光能直接转变为化学能，因而使许多通常情况下难以实现的反应在常温、常压的条件下能够顺利进行。利用紫外光源，将$TiO_2$光催化剂对室内的有害气体及异味气体等通过光催化反应不可逆地彻底分解为无臭、无害的产物（一些有机物甚至能最终被分解成$CO_2$和$H_2O$）。另外，光催化剂使用紫外光激发的同时可杀灭空气中的细菌、病毒。

5）组合技术。由于活性炭的吸附有一定的使用期限，需定期更换，并且对小分子VOCs的吸附能力较差，而这部分VOCs对人体健康有着重要影响。光催化技术也存在着催化剂失活及催化剂固定化后催化效率降低等问题。活性炭吸附与光催化氧化技术组合应用，活性炭的吸附能力使$VOC_3$聚集到一特定环境，从而提高了光催化氧化反应速率，而且可以吸附中间副产物使其进一步被催化氧化，达到完全净化。另外，由于被吸附的污染物在光催化剂的作用下参与了氧化反应，使活性炭经光催化氧化而去除吸附的污染物得以再生，从而延长使用周期。

6）低温等离子技术。随着环境污染问题的日益严重，研究减少抑制环境污染物的排放，或采用新的方法吸附、回收这些排放物，或将其分解为无毒的化合物已成为环境保护工作的迫切任务。等离子化学是集物理学、化学、生物学和环境科学于一体的全新技术，有可能作为一种高效率、低能耗的手段来处理环境中的有毒物质及难降解物质。

研究认为，低温等离子体作用机理是粒子非弹性碰撞的结果。低温等离子体内部富含电子、离子、自由基和激发态分子，其中高能电子与气体分子（原子）发生非弹性碰撞，将能量转换成基态分子（原子）的内能，发生激发、离解和电离等一系列过程，使气体处于活化状态。一方面打开了气体分子键，生成一些单原子分子和固体微粒，另一方面，又产生OH、$H_2O_2$等自由基和氧化性极强的$O_3$，在这一过程中高能电子起决定性作用，离子的热运动只有负作用。常压下，气体放电产生的高度非平衡等离子体中电子温度（数万℃）远高于气体温度（室温至100℃左右）。

在非平衡等离子体中可能发生各种类型的化学反应，主要取定于电子的平均能量、电子密度、气体温度、有害气体分子浓度和共存的其他气体成分。这为一些需要很大活化能的反应，如大气中难降解污染的去除提供了理想途径。另外，也可以对低浓度、高流速、大风量的含挥发性有机污染物和含硫类污染物等工业废气进行处理。

低温等离子体主要是由气体放电产生的。根据放电产生的机理、气体的压强范围、电源性质以及电极的几何形状，气体放电等离子体主要分为电晕放电、介质阻挡放电、辉光放电、射频放电、微波放电。

（2）室内空气净化器 室内空气净化器能够吸附、分解或转化各种空气污染物（一般包括粉尘、花粉、异味、甲醛之类的装修污染、细菌、过敏原等），有效提高空气清洁度，是改善室内空气质量、创造健康舒适的办公环境和住宅环境十分有效的方法。

尽管目前市面上的空气净化器的名称、种类、功能不尽相同，但追根溯源，从其工作原理来看，主要有以下两种：

一种是被动吸附过滤式的空气净化原理。被动式的空气净化，是用风机将空气抽入机器，通过内置的滤网过滤空气，主要能够起到过滤粉尘、异味、消毒等作用。这种滤网式空气净化器多采用HEPA滤网+活性炭滤网+光触媒（冷触媒、多远触媒）+紫外线杀菌消毒+静电吸附滤网等方法来处理空气。其中HEPA滤网有过滤粉尘颗粒物的作用，其他活性炭等主要是吸附异味的作用。

另一种是主动式的空气净化原理。主动式空气净化器摆脱了风机与滤网的限制，不是被动等待室内空气被抽入净化器内进行过滤净化之后再通过风机排出，而是有效、主动地向空气中释放净化灭菌因子，通过空气弥漫性的特点，到达室内的各个角落对空气进行无死角净化。在技术上比较成熟的主动净化技术主要是利用负氧离子作为净化因子处理空气和利用臭氧作为净化因子处理空气两种。

### 5. 植物净化

绿色植物也是净化室内空气的一种有效途径。室内绿化，狭义上说就是将植物以盆栽的形式布置在室内，比如盆栽、盆景、插花等，作为室内的陈设艺术；广义上说就是将植物、山、水等自然景观引入室内，既可美化室内环境，又可观赏在其中，给人们美的感受。室内绿化不仅有小中见大的效果，还兼有多种功能，并可实时监测室内空气质量。

（1）大气污染物对植物有害的浓度 植物的参与使环境污染的生态影响更为复杂。一方面，植物需要不断地从环境中吸收所需要的水分和矿物质；与大气进行大量的气体交换，以吸收二氧化碳和放出氧气与蒸腾出水分。另一方面，存在于大气中的污染物通过干、湿沉降于植物表面，气态物可在植物产生气体交换时扩散入植物体内，在细胞表面溶解而被吸收。沉降到植物体表面的可溶性化合物（可溶性气态和固态污染物）通过渗透、扩散被植物细胞所吸收。污染物可在植物体内发生积累，当达到一定浓度后将对植物产生有害影响，甚至引起植物死亡。植物对污染物的富集作用使污染物进入动物食物链的浓度大大提高，对人类和动物产生更大的危害，从而使大气污染物的生态影响更为复杂。

外界任何因子，包括有害气体的变化都会对植物产生影响，这些影响会在植物各个部位以各种形式反映出来，而且植物对某些因子的反映比人更敏锐。表5-26为一些主要大气污染物对植物可能产生有害影响的浓度。人们根据植物的反应或污染的累积情况就能发现有何种污染物存在，甚至还能估测出污染物的数量和污染范围。

表5-26 主要大气污染物对植物可能产生有害影响的浓度

| 污染物 | 对植物有害的浓度/(ppm/h) | 污染物 | 对植物有害的浓度/(ppm/h) |
|---|---|---|---|
| 臭氧 | 0.04~0.7 | 二氧化硫 | 0.1~0.5 |
| 过氧乙酰基硝酸酯 | 0.004~0.01 | 氟化物 | 0.0001 |
| 氮氧化物 | 0.21~1.00 | | |

（2）植物中毒的症状 植物中毒的可见症状，由于不同污染物危害的机理不同，可以出现不同的典型症状，因而可以根据症状来鉴别污染物的种类。

#### 6. 优化设计

1）加强室内相对湿度的控制，从而实现微生物污染的控制。湿度是影响霉菌在建筑中生长的主要因素，减少空调系统的潮湿面积，控制细菌的生长繁殖。空调系统的某些潮湿表面是细菌繁殖的温床，特别是冷却塔、加湿器、水箱、盘管表面、集水盘、喷淋室、过滤器和消声器等表面，容易细菌繁殖并被带入室内。在这种情况下，依靠加大新风量和加强过滤来降低细菌浓度是不合理的。设备选择和管道设计与安装重点在于尽量减少尘埃污染和微生物污染。

2）建筑设计遵循生态环境的设计原理。考虑建筑总平面合理规划、城市微气候的改善、建筑材料满足室内空气质量标准，尽可能利用自然能源或用最少的能源来达到人们生活、工作所需的舒适环境。当今世界建筑中有不少建筑就是利用当地的自然生态环境，运用生态学、建筑技术科学的基本原理、现代科学技术手段等合理地安排并协调建筑与其他相关因素之间的关系，使建筑与环境之间形成良好的室内外气候条件和较强的生物气候调节能力，使人、建筑与自然环境形成一个良性循环的生态环境系统，从而也保证了建筑具有良好的室内空气质量。

#### 7. 合理装修

采用环保型的材料对房屋进行装饰装修，使用有助于环境保护的材料，把对环境造成的危害降低到最小。装修后的房屋室内能够符合国家的标准，比如某种气体含量等，确保装修后的房屋不会对人体健康产生危害。

## 5.2 室内空气品质的评价

室内空气品质（IAQ）的评价是认识室内环境的一种科学方法，是随着人们对室内环境重要性认识的不断加深所提出的新概念。室内空气品质涉及多学科的知识，它的评价应由建筑技术、建筑设备工程、医学、环境监测、卫生学、社会心理学等多学科的研究人员来共同完成。

室内空气评价的目的在于：①掌握室内空气品质状况，以预测室内空气品质的变化趋势；②评价室内空气污染对人体健康的影响以及室内人员的接受程度，为制定室内空气品质标准提供依据；③了解污染源与室内空气品质状况的关系，为建筑设计、卫生防疫和污染控制提供依据。人类要确定室内空气对生存和发展的适宜性，就必须进行室内空气品质的评价。

### 5.2.1 室内空气品质的评价方法

如何评价长期低浓度污染一直是困惑人们的大问题。首先是定性问题，即确定污染物的特性，或者说是对人体损伤、损坏或干扰的特性。其可分为短期性和长期性。短期性后果比较容易观察，因此定性也比较容易。确定长期性损坏的定性就困难得多，尤其像对人这样复杂的生物系统来说，由于太多的因素在系统中不断地运转，很难明确把因果关系分离出来。污染物对人的干扰（如敏感、反感、烦恼和厌恶等）往往会对人的心理和精神造成影响，导致植物神经紊乱、免疫功能减退，甚至引起病理反应，实质上造成的损坏很难估计。污染物的定量问题是指确定相应的污染物浓度，对于长期低浓度的污染，如果只局限于对人们健康的影响就很难定量。有人曾对数栋建筑进行测定，尽管室内人员抱怨频繁，室内污染物浓度几乎没有一种超标的。因此，有必要确定一种新概念，加大主观评价的力度，即所谓的社会认可度。既然室内污染物远远低于健康上的要求，应该同时采用主观评价和客观评价两种方法对典型室内空气品质进行评价。主观评价的重复能力并非必然低于生理反应的重复能力。在许多情况下，特别是涉及建筑内部环境时，主观反应往往较某些客观的评价更具有重要意义。

现将国内外评价室内空气品质一些较为成熟的综合和单项评价方法以及评价指标做简要

介绍。

### 1. 主观评价与客观评价相结合的综合评价方法

客观评价是指通过直接测量室内污染物浓度来客观了解、评价室内空气品质，即选择具有代表性的污染物作为评价指标，全面、公正地反映室内空气品质的状况。由于各国的国情不同，室内污染特点也不一样。人种、文化传统与民族特性的不同，造成对室内环境的反应和接受程度上的差异，选取的评价指标理应有所不同。此外，要求这些作为评价指标的污染物长期存在且稳定，容易测到，且测试成本低廉。

国际上通常选用二氧化碳、一氧化碳、甲醛、可吸入颗粒物（IP）、细颗粒物、氮氧化物、二氧化硫、室内细菌总数、温度、相对湿度、风速、照度以及噪声等指标来定量地反映室内环境质量。这些指标可以根据具体对象适当增减。

直接用室内污染物指标来评价室内空气品质，即选择具有代表性的污染物作为评价指标，全面、公正地反映室内空气品质的状况。通常选用IP、氮氧化物、二氧化硫、室内细菌总数，再加上温度、相对湿度、风速、照度以及噪声等指标来定量地反映室内环境质量。客观评价需要测定背景指标，这是为了排除热环境、视觉环境、听觉环境以及人体工效活动环境因素的干扰。

主观评价是指利用人体的感觉器官对环境进行描述与评判，主要通过对室内人员的询问及问卷调查得到。主观评价有两方面的工作，一是表达对环境因素的感觉，二是表达环境对人体健康的影响。室内人员对室内环境接受的程度属于评判性评价，对室内空气品质感受的程度属于描述性评价。主观评价一般引用国际通用的主观评价调查表并结合个人背景资料，主要包括：在室者和来访者对室内空气不接受率、对不舒适空气的感受程度、在室者受环境影响而出现的症状及其程度。

最后根据主、客观评价结果，综合分析并做出结论。根据要求，提出仲裁、咨询或整改对策。

### 2. IAQ等级的模糊综合评价

室内空气品质目标是一个模糊概念，至今尚无统一的、权威性的定义。因此，有人尝试用模糊数学的方法加以研究，由于该方法考虑到了室内空气品质等级的分级界限的内在模糊性，评价结果可显示出对不同等级的隶属程度，故更符合人们的思维习惯，这是现有的指数评价方法所不能及的。该方法的关键是建立IAQ等级评价的模糊数学模型，确定各类健康影响因素对可能出现的评判结果的隶属度。

### 3. 基于灰色系统理论的室内空气品质的评价

灰色系统理论可用来解决信息不完全、不确定的问题。室内空气品质问题存在有很多不确定性的条件，具有灰色系统的一般特征。国内有学者已率先运用灰色系统理论开展了对IAQ等问题的研究，并取得了初步成果。

### 4. 应用计算流体力学（CFD）技术对室内空气品质进行评估

近几十年来，CFD（Computational Fluid Dynamics）技术已应用于建筑通风空调设计领域。该方法利用室内空气流动的质量、动量和能量守恒原理，采用合适的湍流模型，给出适当的边界条件和初始条件，用CFD的方法求出室内各点的气流速度、温度和相对湿度；并根据室内各点的发热量及壁面的边界条件，考虑墙面间的相互辐射及空气间的对流换热，得到室内各点的辐射温度，综合人体的衣着和活动量，利用Fanger等人的研究成果，求得室内各点的热舒适指标PMV（Predicted Mean Vote）。同时利用室内空气的流动形式和扩散特性，得到室内各点的空气龄，从而判断送风到达室内各点的时间长短，评估室内空气的新鲜度。

### 5. 通风效率和换气效率评价指标

这两个指标是从发挥通风空调设备和系统的效应，进行有效通风，提高室内空气品质出发提出来的。利用室外新风稀释与排除室内有害气体或气味，仍是保证室内空气品质的基本措施，有效通风是提高室内空气品质的关键。近年来，国外学者对通风评价方法进行了大量的研究，提出了通风系统的评价指标。换气效率定义为室内空气的实际滞留时间与理论上的最短滞留时间的比值。它是衡量换气效果优劣的一个指标，与气流组织分布有关。通风效率，定义为排风口处污染物浓度与室内污染物平均浓度之比。它表示室内有害物被排除的快慢程度。

### 6. 空气耗氧量（COD）

通过化学反应的方法测定室内 VOC 被氧化时消耗的氧气量称为空气耗氧量，它用来表征室内 VOC 的总浓度。其原理是基于空气污染物中的有机物可被重铬酸钾——硫酸液完全氧化，根据有机物被氧化时消耗的氧气量推算出空气耗氧量。1998 年国家技术监督局和卫生部颁布的《人防工程平时使用环境卫生标准》中，用空气耗氧量作为地下旅馆、影剧院、舞厅、餐厅环境卫生标准的一个指标。COD 与室内空气品质的其他指标如二氧化碳、一氧化碳、空气负离子、甲醛浓度、微生物等具有显著的相关性，说明它是综合性较强的室内空气污染指示指标。

### 7. 国外现有评价方法

（1）美国供暖、制冷与空调工程师学会评价法　美国供暖、制冷和空调工程师学会新修订的标准 ASHRAE62-1989，对合格的室内空气质量的定义为：室内空气中已知的污染物浓度没有达到公认权威机构所确定的有害浓度指标，并处于该环境中绝大多数人没有表示不满意。这一定义体现了把客观评价和主观评价相结合的评价标准。该标准还对主观评价做了具体规定，要求有一组至少包括 20 位未经训练的评述者，在有代表性的环境下有 80%的人认为室内空气完全可以接受，这种空气才被认为是合格的。

（2）olf-decipol 定量空气污染指标　丹麦哥本哈根大学 Fanger 教授提出用感官法定量描述污染程度。该方法定义：1 olf 表示一个“标准人”的污染物散发量，其他污染源也可用它来定量；1 dceipol 表示用 10 L/s 未污染的空气稀释 1 olf 污染后所获得的室内空气质量。即 olf 是污染源强度的单位，decipol 是污染程度的单位。同时，Fanger 教授又提出：室内空气质量是人们满意程度的反应。这一定义进一步突出了主观评价的重要性。

（3）线性可视模拟比例尺　线性可视模拟比例尺（Linear Visual Analogous Rating Scales，LVARS）是一类定量测量人体感觉器官对外界环境因素反应强度的测量手段或方法，近几年来常被国际学者用于评价室内装饰材料产生的甲醛及挥发性有机物（VOCs）污染，是一类较为灵敏的人体健康指标。

（4）用 decibel 概念评价室内空气质量　捷克布拉格技术大学 Jokl 提出采用 decibel 概念来评价室内空气质量。分贝是声音强度单位，将人对声音的感觉与刺激强度之间的定量关系用对数函数来表达，这同样可用于对建筑物室内空气质量中异味强度和感觉的评价方法。Jokl 用一种新的 dB（odor）单位，衡量对室内总挥发性有机物（TVOC）的浓度改变引起的人体感觉的变化。

### 8. 达标评价方法

达标评价方法是一套针对室内空气品质的评价方法，采用的是单因子评价方法，实际上它是客观评价法的一种。达到一级标准，即要求所有监测项目均符合一级标准的极限值；达到二级标准，要求除物理指标以外，其他监测项目均符合二级标准的极限值；达到三级标准，要求除了物理指标、化学指标中的一氧化碳、二氧化碳、二氧化硫、二氧化氮外，所有其他监测项目均符合三级标准的极限值。

9. 符合国际通用模式及国情的评价方法

由上海同济大学沈晋明教授建立的一套依据国际通风模式和我国国情的室内空气品质评价系统，该系统实施评价主要进行客观评价、主观评价和个人背景资料调研等方面的工作，具体的评价方法流程见图5-4。

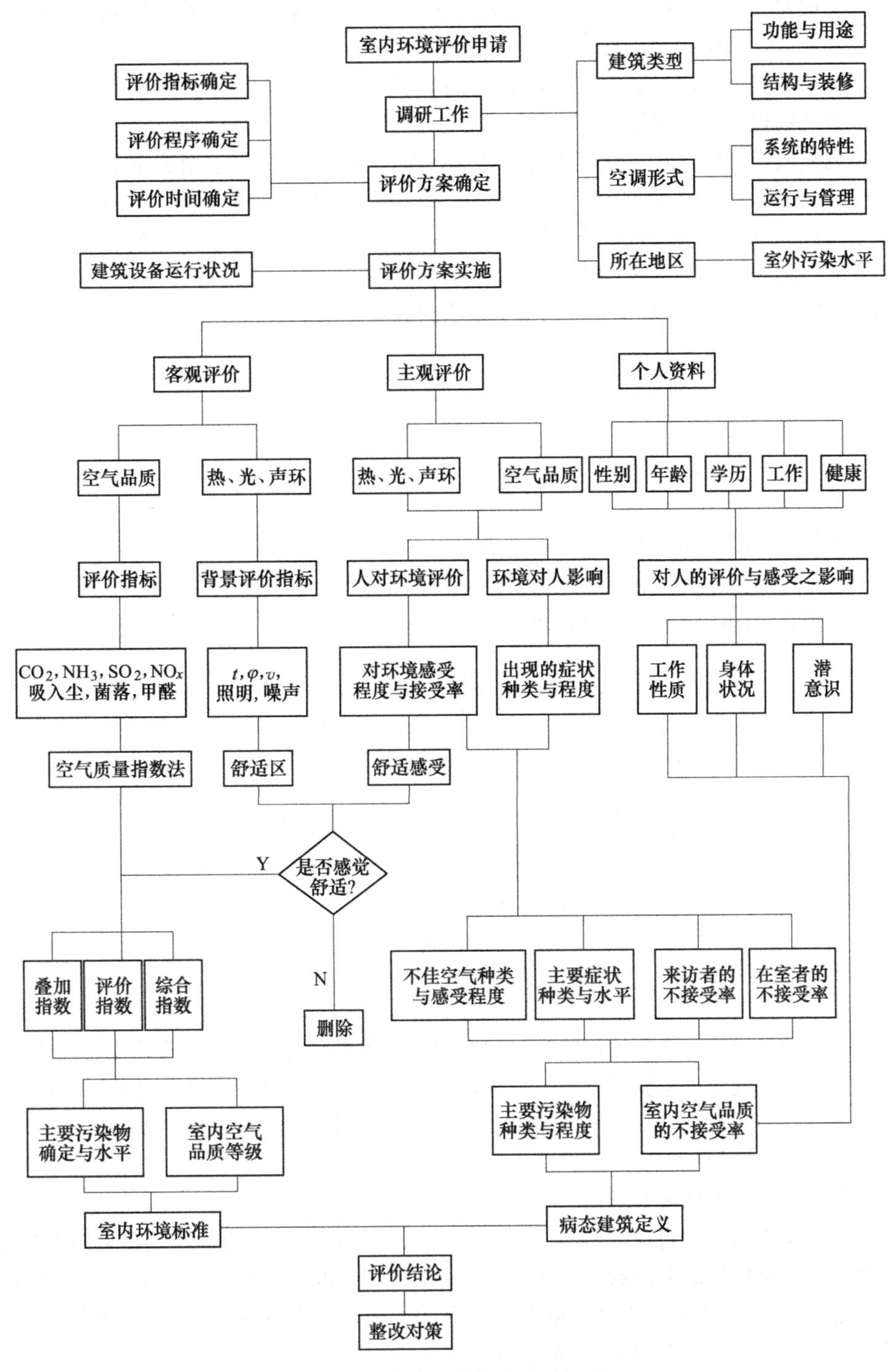


图5-4　室内环境评价方法流程

(1) 客观评价　客观评价是直接用室内环境质量评价标准、室内空气中污染物浓度限值来评价室内空气品质的方法。

1) 评价因子的选择。评价因子应全面定量地反映室内空气质量。在做室内空气质量评价时，选择对人体健康危害大、相对稳定、易检测到且能代表室内的污染、通风状况的污染物作为评价因子；一般选为甲醛、氨、挥发性有机物、苯、氡气、γ射线、可吸入颗粒物 $PM_{10}$、细菌、二氧化碳、臭氧、一氧化碳、二氧化硫、氮氧化物等。

另外，室内的人员密度、活动强度均影响室内的空气品质，因而评价因子为考虑到室内空气处于适宜状态的物理指标，即温度、湿度、风速、新风量、照度、噪声等。

进行室内空气质量评价时，视具体情况可重点选择评价因子。对于刚装修完的房屋，选择甲醛、氨、VOCs、苯、氡为评价因子；对于地下室及用石材较多的房间应重点选择氡为评价因子；对于禁烟且有计算机、复印机的办公室选择 $CO_2$、甲醛、$O_3$、$PM_{10}$、细菌为评价因子；而对于学生上课的教室一般选 $CO_2$、细菌、$PM_{10}$、$PM_{2.5}$为评价因子。

2) 评价指数——空气质量指数。由分指数有机组合而成的评价指数能综合反应室内空气品质的优劣。

$$\text{分指数} = \frac{C_i}{S_i} \tag{5-1}$$

式中　$C_i$——污染物浓度；

$S_i$——评价标准值。

评价指数公式。用算术平均指数及综合指数作为主要评价指数，算术叠加指数做辅助评价指数（只有在同一次评价中，采用相同的评价指标时才使用）。现将评价指数介绍如下。

算术平均指数 $Q$：代表各个分指数的算术平均值。

$$Q = \frac{1}{n}\sum \frac{C_i}{S_i} \tag{5-2}$$

综合指数 $I$：适当兼顾最高分指数和平均分指数。

$$I = \sqrt{\left(\max\left|\frac{C_1}{S_1},\frac{C_2}{S_2},\cdots,\frac{C_n}{S_n}\right|\right)\left(\frac{1}{n}\sum \frac{C_i}{S_i}\right)} \tag{5-3}$$

算术叠加指数 $P$：表示各个分指数的叠加值。

$$P = \sum \frac{C_i}{S_i} \tag{5-4}$$

以上各分指数可以较为全面地反映室内的平均污染水平和各种污染物在污染程度上的差异，并可据此确定室内空气中的主要污染物。三项指数能够明确地反映各建筑室内空气品质的差异。

3) 室内空气品质等级。室内空气质量评价与室内污染程度及对人体健康的影响相关，故应考虑到环境质量的等级划分。

环境质量的分级基准见表 5-27。

由于室内环境中的污染物浓度很低，短期内对人体健康不会有明显作用。从空气质量指数来说，一般认为分指数及综合指数在 0.5 以下是清洁环境，可获得室内人员最大的接受率。如达到 1 可认为是轻污染，达到 2 及以上则判为重污染，室内空气品质等级按综合指数可分为 5 级（表 5-28），由此可判断出室内空气品质的等级。

表 5-27　环境质量分级基准

| 分级 | 特点 |
| --- | --- |
| 清洁 | 适宜于人类生活 |
| 未污染 | 各环境要素的污染物均不超标，人类生活正常 |
| 轻污染 | 至少有一个环境要素的污染物超标，除了敏感者外，一般不会发生急慢性中毒 |
| 中污染 | 一般有 2~3 个环境要素的污染物超标，人群健康明显受害，敏感者受害严重 |
| 重污染 | 一般有 3~4 个环境要素的污染物超标，人群健康受害严重，敏感者可能死亡 |

表 5-28　室内空气品质等级

| 综合指数 | 室内空气品质等级 | 等级评语 |
| --- | --- | --- |
| ≤0.49 | Ⅰ | 清洁 |
| 0.50~0.99 | Ⅱ | 未污染 |
| 1.00~1.49 | Ⅲ | 轻污染 |
| 1.50~1.99 | Ⅳ | 中污染 |
| ≥2.00 | Ⅴ | 重污染 |

（2）主观评价（背景调研）　主观评价直接采用人群资料。利用人自身的感觉器官来感受、评判室内的环境质量。

1）主观评价的工作内容。主观评价工作内容见图 5-5 所示。

主观评价
- 定群调研：说明对污染的觉察与感觉
  （在室内人员—在室者）　表述出环境对健康的影响
- 对比调研：要求 20 位调研员进入大楼典型房间
  （室外进入室内调研员　普通判定者）　做到：①15s 内做出室内空气品质可接受性判断
  ②对室内污染空气感受程度
  ③对室内人员详细讲解，协助其正确填表，公正评价
- 背景调研：个人资料调研：姓名、性别、年龄、健康状况
  排他性调研：单纯由室内污染引起而排除照明噪声等因素而产生的不适症状

图 5-5　主观评价的工作内容

2）主观评价结果。人对环境的评价表现为在室者和来访者对室内空气不接受率，以及对不舒适空气的感受程度。

环境对人的影响表现为在室者出现的症状及其程度。这种评价首先表达了室内人员对出现的症状种类的确认。将没有出现某种症状定为 1，频繁出现某种症状定为 5，其加权平均值称为症状水平。这是所有的室内人员对这种症状的平均反应程度，当所感受到的这些症状普遍；并且症状水平处于较显著的程度（SL≥2）时才有意义。

对环境的评价，首先要感受出不佳空气种类及其程度，由此可推断出室内主要污染物是否与客观评价保持同一性，然后判断室内空气品质的状况。美国供暖、制冷与空调工程师学会标准 ASHRAE62-89，强调的是来访者对室内空气的不接受率（≤20%），依此判断室内空气是否可接受。世界卫生组织则强调在室者的症状程度（≥20%），依此证实是否存在病态建筑物综合征。

最后综合主、客观评价，得出结论。根据要求，提出仲裁、咨询或整改对策。

## 5.2.2 室内空气品质评价的指标及标准

### 1. 室内空气品质评价目的

1）掌握室内空气质量变化状态、趋势。

2）评价室内空气对人体健康的影响。

3）为制定室内空气质量标准、空气污染控制提供科学依据。

### 2. 室内空气品质评价污染物种类

室内空气品质评价有多种污染物，即评价因子，详见表5-29。

表5-29 室内空气品质评价污染物种类

| 项目 | 污染物种类 |
| --- | --- |
| 燃烧产物 | CO、$PM_{2.5}$、$SO_2$、$NO_x$、苯并［a］芘 |
| 人呼出气体 | $CO_2$ |
| 空气微生物 | 溶血性链球菌、白喉杆菌、肺炎球菌、金黄色葡萄球菌、流感病毒 |
| 建筑材料释放物 | 甲醛、氡气、石棉、氨、VOCs |
| 光化学烟雾、复印机等 | $O_3$ |

### 3. 评价标准

《民用建筑工程室内环境污染控制标准》（GB 50325—2020）中规定，民用建筑工程验收时，必须进行室内环境污染物浓度检测。检测结果应符合表5-30的规定。

表5-30 民用建筑工程室内环境污染物浓度限量

| 污染物 | Ⅰ类民用建筑工程 | Ⅱ类民用建筑工程 |
| --- | --- | --- |
| 氡/（$Bq/m^3$） | ≤150 | ≤150 |
| 甲醛/（$mg/m^3$） | ≤0.07 | ≤0.08 |
| 氨/（$mg/m^3$） | ≤0.15 | ≤0.20 |
| 苯/（$mg/m^3$） | ≤0.06 | ≤0.09 |
| 甲苯/（$mg/m^3$） | ≤0.15 | ≤0.20 |
| 二甲苯/（$mg/m^3$） | ≤0.20 | ≤0.20 |
| TVOCs/（$mg/m^3$） | ≤0.45 | ≤0.50 |

注：表中污染物浓度限量，除氡外均指室内污染物测量值扣除室外上风向空气中污染物浓度测量值（本底值）后的测量值。

《室内空气质量标准》（GB/T 18883—2022）中的相关规定见表5-31、表5-32、表5-33。

表5-31 室内空气中污染物浓度限值

| 污染物名称 | | 单位 | 浓度 | 备注 |
| --- | --- | --- | --- | --- |
| 二氧化硫 | $SO_2$ | $mg/m^3$ | 0.5 | 1h均值 |
| 二氧化氮 | $NO_2$ | $mg/m^3$ | 0.24 | 1h均值 |
| 一氧化碳 | CO | $mg/m^3$ | 10 | 1h均值 |
| 二氧化碳 | $CO_2$ | % | 0.10 | 日平均 |

（续）

| 污染物名称 | | 单位 | 浓度 | 备注 |
|---|---|---|---|---|
| 氨 | $NH_3$ | $mg/m^3$ | 0.20 | 1h 均值 |
| 臭氧 | $O_3$ | $mg/m^3$ | 0.16 | 1h 均值 |
| 甲醛 | HCHO | $mg/m^3$ | 0.10 | 1h 均值 |
| 苯 | $C_6H_6$ | $\mu g/m^3$ | 0.11 | 1h 均值 |
| 苯并［a］芘 | B(a)P | $ng/100m^3$ | 1.0 | 日平均值 |
| 可吸入颗粒 | $PM_{10}$ | $mg/m^3$ | 0.15 | 日平均值 |
| 总挥发性有机物 | TVOC | $mg/m^3$ | 0.60 | 8h 均值 |
| 细菌总数 | | $cfu/m^3$ | 2500 | |

注：1h 平均浓度指任何一小时的平均浓度，每小时至少有 45min 以上的测量数。

表 5-32　室内空气中氡及其子体浓度参考值平衡当量浓度（年平均）

| 建筑物类型 | 住房 | 地下建筑 |
|---|---|---|
| 浓度/($Bq/m^3$) | 200 | 400 |

表 5-33　室内空调采暖热环境参数

| | | |
|---|---|---|
| 温度/℃ | 冬季 | 16~24 |
| | 夏季 | 22~28 |
| 相对湿度[①](%) | 冬季 | 30~60 |
| | 夏季 | 40~80 |
| 空气流速/(m/s) | 冬季 | 0.2 |
| | 夏季 | 0.3 |

① 对非集中空调的场所湿度可不受本表的限制。

公共场所空气污染评价标准如下：

1）公共设施室内空气质量要求。公共设施如商场、影剧院、旅店客流量大，人群排污量大，致使空气污浊、影响人体健康，故对各公共设施的空气质量提出不同的要求，以保证人们在购物、娱乐、休息时有舒适环境。表 5-34、表 5-35、表 5-36 分别列出了商场、影剧院、旅店空气质量的卫生要求。

表 5-34　商场空气质量的卫生要求

| 项目 | 空气质量卫生要求 |
|---|---|
| 气温 | >13℃（冬），<30℃（夏） |
| 相对湿度 | 30%~60%（冬），30%~80%（夏） |
| 通风 | 自然通风 $15m^3/(人·h)$，机械通风（$>800m^2$） |
| 场内气流 | 0.1~0.5m/s |
| $CO_2$ | <0.2% |
| CO | $<100mg/m^3$，$15mg/m^3$（交通道口） |
| TSP | $<0.3mg/m^3$ |
| 细菌总数 | <4000 个/$m^3$，<6000 个/$m^3$（冬） |
| 售建材、化纤织品柜台 | 甲醛浓度 $<0.1mg/m^3$ |

表 5-35 影剧院空气质量卫生标准

| 项目 | 空气质量卫生要求 |
| --- | --- |
| 气温 | >10℃（冬），<30℃（夏） |
| 相对湿度 | 30%~80% |
| 通风 | 机械通风（>800座位），风量 $40m^3/(人 \cdot h)$ |
| 场内气流 | 0.1~0.5m/s |
| TSP | $<0.15mg/m^3$ |
| 细菌总数 | 4500个/$m^3$（冬、春），3500个/$m^3$（夏、秋） |
| 人均面积 | $>0.8m^2$ |
| 空场时间 | >10min |
| 观众厅消毒 | 1次/月 |

表 5-36 不同规格旅店业空气质量卫生要求

| 项目 | 宾馆 | 普通旅馆、招待所 | 人防、个体旅馆 |
| --- | --- | --- | --- |
| 温度 | 冬 20~22℃ | ≥16℃（采暖地区） | ≥16℃（采暖地区） |
| | 夏 26~28℃ | <30℃ | <32℃ |
| 风速 | 0.1~0.3m/s | 0.1~0.3m/s | 0.1~0.3m/s |
| 相对湿度 | 40%~60% | 30%~70% | 30%~80% |
| 床位面积 | ≥$7m^2$/人 | ≥$5m^2$/人 | ≥$4m^2$/人 |
| 机械通风 | $40m^3/(人 \cdot h)$ | $40m^3/(人 \cdot h)$ | ≥$40m^3/(人 \cdot h)$ |
| $CO_2$ | <0.1% | <0.2% | |
| 细菌总数 | <2000个/$m^3$ | <3000个/$m^3$ | |
| TSP | $<0.15mg/m^3$ | $<0.15mg/m^3$ | |
| CO | $<10mg/m^3$ | $<10mg/m^3$ | |

2）空气中微生物评价标准。许多致病微生物在温度高、灰尘多、通风不良和日光不足的情况下，存活和致病性时间较长（表5-37）。目前因技术条件限制，不能以病原体作为直接评价指标，而推荐细菌总数和链球菌总数为室内空气细菌学的评价指标。我国无统一的标准，仅以苏联和日本的指标作为参考。苏联评价居室空气微生物的卫生标准见表5-38。

表 5-37 病原体在室内空气中生存的时间

| 病原体 | 生存时间 | 生存条件 |
| --- | --- | --- |
| 溶血性链球菌 | 70~240d | 室内悬浮颗粒物 |
| 白喉杆菌 | 120~150d | 室内悬浮颗粒物 |
| 肺炎球菌 | 120~150d | 室内悬浮颗粒物 |
| 金黄色葡萄球菌 | 72h | 室内悬浮颗粒物 |
| 流感病毒 | 4.5h | 室内悬浮颗粒物 |

表 5-38 居室空气微生物的卫生评价参考标准

| 空气评价 | 夏季标准 | | 冬季标准 | |
|---|---|---|---|---|
| | 细菌总数/(个/$m^3$) | 绿色和溶血性链球菌/(个/$m^3$) | 细菌总数/(个/$m^3$) | 绿色和溶血性链球菌/(个/$m^3$) |
| 清洁空气 | <1500 | <16 | <4500 | <24 |
| 污染空气 | >2500 | >36 | >7000 | >36 |

另外，一般在直径为9cm平皿中盛普通琼脂培养基，暴露于室内空气5~10min后，再在36~37℃下培养48h，计算菌落数，按表5-39判断空气的清洁程度。

表 5-39 菌落数和空气清洁度关系

| 空气清洁程度 | 菌落数/(个/9cm平皿) | 空气清洁程度 | 菌落数/(个/9cm平皿) |
|---|---|---|---|
| 最清洁的空气(空调设备) | 1~2 | 界限 | 150 |
| 清洁的空气 | <30 | 轻度污染 | <300 |
| 普通的空气 | 31~75 | 严重污染 | >301 |

3）燃烧产物的空气污染物质量标准。表5-40列出了燃烧产物的空气污染物质量标准。

表 5-40 燃烧产物的空气污染物质量标准

| 污染物名称 | 我国居住区大气卫生标准/(mg/$m^3$) | | 参考标准 |
|---|---|---|---|
| | 一次最高允许浓度 | 日平均最高允许浓度 | |
| 一氧化碳(CO) | 3.00 | 1.00 | 厨房最高允许浓度15mg/$m^3$，室外13mg/$m^3$（中国建筑技术发展中心），室内10mg/$m^3$（日本） |
| 可吸入颗粒(IP) | 0.50 | 0.15 | 日平均最高允许浓度0.10~0.20mg/$m^3$（中国预防医学科学院环境卫生与卫生工程研究所）<br>日平均最高允许浓度0.15mg/$m^3$（日本建筑环境卫生管理标准）（日本） |
| 二氧化硫($SO_2$) | 0.50 | 0.15 | |
| 氮氧化物($NO_x$) | 0.15 | | 厨房一次最高允许浓度0.30mg/$m^3$<br>室外0.15mg/$m^3$（中国建筑技术发展中心） |
| 苯并[a]芘[B(a)P] | | | 苏联居住区大气卫生标准0.1μg/100$m^3$ |

## 5.2.3 室内空气污染对人的健康危险度评估

从空气污染对人类健康影响角度来看，室内空气污染要比室外大气污染更为严重，这与新建办公大楼、高级建筑物、住宅楼等普遍增加了建筑物的隔热性、密闭性，减少了通风量，同时大量使用新建筑材料及人们每天大约有80%~90%的时间在室内度过有关。

### 1. 评价方法

采用国际上通用的危险度定量评价方法进行大气污染健康危险度评价，其内容如下：

（1）危害认定

1）明确室内污染物的主要来源。室内空气污染主要来源于房屋地基及周围土壤、燃煤、燃气、室内建筑材料、装修材料、家用电器、人为活动等释放出的有毒有害气体和氡及其子体等。

2）室内的主要污染物及其危害。

3）健康效应终点。针对室内的主要污染物（甲醛、氨、苯、VOCs、氡等）进行室内污染对健康危险度评价时采用的健康效应终点应包括：①呼吸道、心血管、脑血管疾病的死亡率；②内科、呼吸科、皮肤科、儿科门诊人次及急诊人次的增多；③呼吸系统疾病及肺功能的改变。

（2）剂量-反应关系　如果忽视建筑物的通风和使用不合格的建筑、装修材料，可致使室内污染加重，致使人群中患呼吸道疾病、肺部疾病、皮肤等人数增加。人体吸入污染物的量与污染物的浓度、人体暴露时间及呼吸速率存在一定的关系，即剂量-反应关系。

1）剂量。即人体吸入污染物的量，计算式为

$$D = CVt \tag{5-5}$$

式中　$D$——人体吸入污染物的量（mg）；

$C$——污染物的浓度（$mg/m^3$）；

$V$——呼吸速率（$m^3/h$），随年龄、活动方式、所处环境不同而有差异，见表 5-41 和表 5-42；

$t$——暴露时间（h）。

表 5-41　成人/儿童在各类环境中的呼吸速率及在不同环境中的停留时间

| 环境 | 呼吸速率/($m^3$/h) | 环境 | 呼吸速率/($m^3$/h) | 各类环境停留时间/h | 占全天时间(%) |
|---|---|---|---|---|---|
| 成人　家中 | 0.5 | 儿童　家中 | 0.4 | 13 | 54 |
| 办公室 | 1.0 | 学校 | 1.0 | 6 | 25 |
| 途中 | 1.6 | 途中 | 1.2 | 1 | 4 |
| 其他 | 1.6 | 其他 | 1.2 | 4 | 17 |

其他常用的剂量概念还有：

有效剂量（Applied Dose）：接触初次吸收界面（如皮肤、肺、胃肠道）并被吸收的化学品的量。

内部剂量（Internal/Absorbed Dose）：经物理或生物过程穿透吸收屏障或交换界面的化学品的量。

送达剂量（Delivered Dose）：与特定器官或细胞作用的化学品的量。

2）人群对污染的反应。健康人群对大气污染的反应是相近的。

高危人群；老人，儿童，呼吸道、心脑血管疾病患者对污染的承受能力低。

（3）暴露评价　污染物进入人体分为暴露、吸收两步。

1）暴露。暴露是指污染物与人体外界面（如皮肤、鼻、口）的接触。暴露评价是指对接触的定性和定量评价，它描述接触的强度、频率和持续时间，并评价化学品透过界面的速率、途径以及最终透过量和吸收量。暴露量的计算公式为

表 5-42　不同年龄人群、不同活动方式的呼吸速率

| 长期暴露 | | | 短期暴露 | | |
|---|---|---|---|---|---|
| 人群 | | 平均/($m^3$/d) | 人群 | | 平均/($m^3$/d) |
| 婴儿 | <1 岁 | 4.5 | 成人 | 休息 | 0.4 |
| 儿童 | 1~2 岁 | 6.8 | 成人 | 坐 | 0.5 |
| 儿童 | 3~5 岁 | 8.3 | 成人 | 轻微活动 | 1.0 |
| 儿童 | 6~8 岁 | 10 | 成人 | 中等活动 | 1.6 |
| 儿童 | 9~11 岁男性 | 14 | 成人 | 重活动 | 3.2 |
| 儿童 | 9~11 岁女性 | 13 | 儿童 | 休息 | 0.3 |
| 儿童 | 12~14 岁男性 | 15 | 儿童 | 坐 | 0.4 |
| 儿童 | 12~14 岁女性 | 12 | 儿童 | 轻微活动 | 1.0 |
| 儿童 | 15~18 岁男性 | 17 | 儿童 | 中等活动 | 1.2 |
| 儿童 | 15~18 岁女性 | 12 | 儿童 | 重活动 | 1.9 |
| 成人 | 19~65 岁以上男性 | 15.2 | 室外工人 | 小时平均 | 1.3（高限 3.3） |
| 成人 | 19~65 岁以上女性 | 11.3 | 室外工人 | 慢活动 | 1.1 |
| | | | 室外工人 | 中等活动 | 1.5 |
| | | | 室外工人 | 重活动 | 2.5 |

$$E = Ct \tag{5-6}$$

式中　$E$——暴露量[$mg/(m^3 \cdot h)$]；

$C$——暴露浓度（$mg/m^3$）；

$t$——暴露时间（h）。

定量暴露的方法有以下几种。

个体暴露量法。直接测量人体与环境交界面上某点的化学品浓度，得到浓度-时间曲线，从而定量估算暴露量。将检测装置佩戴在人的上衣口袋或衣领处，跟随人的活动，连续采样，测定个体接触空气污染物的时间加权平均浓度。该方法优点是可以直接测量暴露浓度并给出一段时间内精确的暴露量，缺点是花费昂贵，不能用于精确测定所有化学品，不针对某一特定源，并需要对短期测量与长期暴露之间的关系做一定的假设。

方案评价法（Scenario Evaluation Approach）。测量或选取化学品在介质中的浓度，结合个人或人群接触时间来评价暴露。对每一种暴露情况的假设为一个暴露方案。在设计暴露方案时，通常需要分别估算暴露浓度和接触时间。暴露浓度一般通过测量、模型或已有数据来间接估算，通常不直接测量接触点的浓度。暴露频率和持续时间一般是利用人口统计数据、设计统计、行为观察、日常活动、行为模型等来间接估算，在缺乏实际数据时，也可做出相应的假设。该方法的优点是花费最少，适合分析假想行为的风险的后果，而且可以在数据很少甚至没有的情况进行评价。在明确假设的恰当性、有效性和不确定性的基础上，该方法为一种很有效的方法。

内部剂量反推法（Reconstruction of Internal Dose）。过去某一段时间的平均暴露量也可以用通

过总剂量、摄入速率和吸收速率来估算。其中总剂量可用暴露、摄入、吸收发生后的体内指标（如生物标记物、人体负荷等）反推得到。暴露的生物标记物是指外来化学品、或其代谢产物、或其与异型生物质化学品和某些靶分子靶细胞的反应产物。人体负荷是指某一时间贮存在人体内的某一特定化学品的量，尤其是指暴露后在人体内的某一潜在化学毒物。该方法的优点是能反映过去某段时间内化学品的暴露和吸收，缺点是由于化学品的干扰或反应特性而并非对任何化学品都有用，目前对于很多化学品还未建立相应的分析方法，需要建立内部剂量与暴露的关系。

2）吸收。吸收包括以下 2 个过程。

摄入：污染物通过空气、食物、水、呼吸、吞食、饮入穿过人体的外界面进入人体。

$$摄入速率 = 暴露浓度 \times 吞咽(呼吸)速率 \tag{5-7}$$

摄入速率的单位是 mg/h；暴露浓度的单位是 $mg/m^3$；吞咽（呼吸）速率的单位是 $m^3/h$。

吸收：污染物透过皮肤、眼睛、肺泡、胃肠道等组织而进入体内。污染物的吸收速率是指单位时间内被吸收的污染物的量。

3）暴露与剂量的关系。根据暴露评价的目的，需要估算各类形式的暴露与剂量。对于有些污染物而言，室内浓度高于室外浓度；对有些污染物而言，室外浓度高于室内浓度。暴露反映的是暴露浓度与时间的关系，而潜在剂量还需要考虑呼吸速率。人在不同的状态下，呼吸速率相差可达几倍。而且，一般来说，人在室外活动时，其呼吸速率经常会高于在室内的呼吸速率。因此，一个人在室内、室外的暴露量大小的顺序很可能与潜在剂量大小顺序不同。在一些特殊的室内场所如健身房，由于做健身运动的人员的呼吸速率明显大于在家庭中生活和在办公室工作时的呼吸速率，用潜在剂量代替暴露量，更能反映和说明特殊场所的空气污染对健康的危害。这些特殊场所包括重体力劳动和运动场所。

（4）大气质量指导值的选定　评价大气质量对公众健康的影响，主要是将该地的大气质量与大气质量指导值进行比较。世界卫生组织主持颁布的大气质量指导值（World Health Organization/Air Quality Guidelines，WHO/AQC），其主要目的是保护公众健康免受大气污染的危害，并为消除或最大限度地减少对人体健康有害的污染物提供科学依据。由于 WHO/AQG 完全以大气污染对健康的影响为基础，故进行大气污染健康危险度评价时以世界卫生组织的大气质量指导值与当地大气污染物水平进行比较。

**2. 患病、死亡数的估算方法**

1）由于室内污染造成的超患病、死亡数可用下式计算：

$$x = x_0 \times [1 + R_L(或 R_U)] \tag{5-8}$$

式中　$x$——某地区总患病或死亡数；

$x_0$——某地区无污染时正常的死亡、患病数；

$R_L$或$R_U$——在一定污染暴露水平下，死亡、患病率增加的下限或上限。

2）在某时间段内，超死亡、患病数计算：

$$\begin{aligned} 超死亡、患病数 &= x - x_0 \\ &= (该时间内总死亡率或患病率 \times 暴露人口数) - x_0 \end{aligned} \tag{5-9}$$

## 5.2.4 室内装修中环境空气质量的预评价

室内环境空气质量预评价是根据室内装饰装修工程设计方案的内容，运用科学的评价方法，分析、预测该室内装饰装修工程完成后存在的危害室内环境空气质量的因素和危害程度，以及室内环境空气质量产生的化学性和生物性影响变化情况，提出科学、合理、可行的技术对策措施和装饰材料的有毒有害气体特性参数，作为该工程项目改善设计方案和项目建筑材料供应的主要依据，供进行绿色健康监理时作为参考。

室内环境空气质量预评价技术可广泛应用在各种室内装饰装修工程中，如应用于住宅装修工程、公共建筑装修工程和家具等室内装饰物品。

室内环境空气质量预评价程序主要包括：工程分析、物料计算、建筑材料有毒有害气体释放量的测定、有毒有害气体的定量计算、对策措施建议、评价结论。如果业主已确定了建筑材料，还应进行建筑材料评价与测试。

（1）工程分析　室内环境空气质量预评价的主要依据是室内装饰装修工程设计方案，因此做好工程分析是保证评价结构科学、合理的基础。

在工程分析中，根据工程设计方案，分析工程的室内微小气候条件、主要危害因素，确定主要污染物，合理划分评价单元。

1）室内微小气候条件分析。室内微小气候包括温度、相对湿度、气流风速等，它们除了直接作用于机体外，还作用于人体周围的生活环境，影响室内环境空气质量。因此，进行建筑物的室内微小气候条件分析，是保证良好的室内环境空气质量的重要一环。

通常情况下，室内工程设计中易忽视湿度问题和通风问题。尤其是在装备中央空调系统的公共建筑的设计中，其空调系统中的加湿装置无法满足干燥天气情况下的湿度要求，因此必须对室内环境的湿度进行评价；另外，通风也是室内装饰工程设计时经常遇到的问题，而通风不畅且无空气净化装置很容易造成室内环境空气污染，因此必须对室内通风系统进行评价。

2）主要危害因素分析。通常在建筑物背景浓度不形成室内空气污染情况下，造成室内环境空气污染的因素是室内装饰材料释放出有毒有害气体。因此，依据工程设计方案，确定使用的各种建筑材料，即可确定该工程中的主要危害因素。

3）评价单元的划分。随着节能技术在建筑中的不断应用，建筑的密封性日益提高，室内与外界的自然空气交换水平显著降低，室内环境成为一个相对独立的环境系统，受外界空气的干扰影响变得很小，因此可以认为室内环境是一个独立的封闭系统。将这一封闭系统作为一个独立的环境系统去考虑，是一个评价系统。

在这一封闭系统中，为了较方便地进行评价工作，可将整个系统划分为相对独立的评价单元进行评价和计算。通常，以每一个相对封闭的房间作为一个评价单元，可将整个系统划分成若干个评价单元，简化了评价工作。由于每个房间关闭门窗后均是一个封闭系统，其空气交换量很小，可忽略不计，因此可将每个房间作为一个评价单元独立评价。

如果房间中设有相对封闭的空间，应将该空间的封闭状态作为一个评价单元进行评价，并应对其开放状态对其他评价单元的影响进行评价。

（2）物料计算　根据工程设计方案，按照已划分的评价单元，对工程所用的建筑材料使用量进行统计计算，其结果是该评价单元中的各种建筑材料的使用量：机拼细木工板面积（$m^2$）、三合板面积（$m^2$）、复合木地板面积（$m^2$）、内墙涂料质量（kg）、油漆质量（kg）、黏合剂质量（kg）、石材面积（$m^2$）。

（3）建筑材料有毒有害气体释放量的测定　测定建筑材料的有毒有害气体释放量是测定单位面积（单位质量）的建筑材料在极端情况和正常情况下自然释放出的各种有毒有害气体的质量。一般情况下，以面积为计量单位的建筑材料（如机拼细木工板、三合板、复合木地板、石材等）的有毒有害气体释放量单位是 $mg/m^2$；以质量为计量单位的建筑材料（如内墙涂料、油漆、黏合剂等）的有毒有害气体释放量单位是 mg/kg。

建筑材料有毒有害气体释放量的测定方法一般采用“人工环境模拟实验箱”方法，即在将所需测试的建筑材料按照一定的使用量放入人工环境模拟实验箱中，保持恒定的环境条件，当箱内有毒有害气体达到平衡浓度时所测定出的有毒有害气体浓度值换算为质量，再除以其使用量即为该建筑材料在该环境条件下的该种有毒有害气体释放量。

（4）有毒有害气体定量计算

1）建筑材料使用量的定量计算。当室内装饰装修工程依据工程设计方案已经确定使用建筑材料的种类时，首先测定所使用的建筑材料的有毒有害气体释放量，再根据工程物料计算结果的建筑材料使用量计算出评价单元中有毒有害气体浓度，与标准浓度值比较，即可得到计算结果 $K'$。

2）有毒有害气体总量控制的定量计算。当室内装饰装修工程需依据工程设计方案确定所使用的建筑材料的种类时，首先进行评价单元的总量控制计算。总量控制计算即依据工程设计方案计算出有毒有害气体最高允许释放量，利用最优化理论进行线形约束方程计算（也可将各种性能与价格因素一同进行优化计算），其结果即为该评价单元中应使用的各种建筑材料的有毒有害气体释放量。其次，根据计算出的各种建筑材料的有毒有害气体释放量确定使用品种，再根据工程物料计算结果的建筑材料使用量计算出评价单元中有毒有害气体浓度，与标准浓度值比较，即可得到计算结果 $K'$。

3）定量计算的评价结果。根据定量计算结果 $K'$，当 $K' \leqslant 1$ 时，表明该种建筑材料选择合理，能够保证使用后室内环境中有毒有害气体浓度符合标准要求；当 $K'>1$ 时，表明该种建筑材料选择不合理，不能保证使用后室内环境中有毒有害气体浓度符合标准要求。

（5）对策、措施与建议　根据上述评价结果，针对该室内装饰装修工程设计方案存在的不合理性提出建设性意见，改善设计方案，以保证工程建成后具有良好的室内环境空气质量。

对策、措施与建议内容包括以下几方面：

1）室内微小气候条件。一般应完善室内通风系统，合理安排送风口、回风口位置，避免造成通风死角；加强自然通风；中央空调系统应注意生物污染问题；北方干旱地区应设计足够的加湿系统；空调系统应保持合理的补充新风量等。

2）建筑装饰材料的选择。选择建筑装饰材料的依据是该种材料的有毒有害气体释放量符合定量计算的结果，每个评价单元实施“总量控制”，保证评价范围内的室内环境空气质量符合标准。如果材料释放量不能满足计算结果要求，应改变工程设计方案。

3）工程设计方案的完善。当不能找到可满足评价结果的建筑装饰材料时，为了保证良好的室内环境空气质量，应考虑改变设计方案。一个方法是减少材料的使用量，以达到减少有毒有害气体释放量的目的；另一个方法是采用空气净化措施消除空气污染，以达到减少有毒有害气体浓度的目的。

## 5.3 室内空气环境污染物的监测方法

### 5.3.1 采样方法

采集室内空气的气体样品是测定室内空气中污染物的第一步，它直接关系到测定结果的可靠性。经验证明，如果采样方法不正确，即使分析方法再精确，操作者再细心，也不会得出准确的测定结果。

根据气体污染物的存在状态、浓度、物理化学性质及监测方法不同，要求选用不同的采样方法和仪器。

### 1. 采样方法及原理

根据被测物质在空气中的存在状态和浓度以及所用分析方法的灵敏度，可用不同的采样方法。采集气体样品的方法有直接采样法和浓缩采样法两大类。

（1）直接采样法 当室内空气中被测组分浓度较高，或者所用分析方法很灵敏时，直接采取少量样品就可满足分析需要。这种方法测定的结果是瞬时浓度或短时间内的平均浓度。

常用的采样容器有注射器、塑料袋、真空瓶等。

1）注射器采样。常用100mL注射器采集有机蒸气样品。采样时，先用现场气体抽气2~3次，然后抽取100mL，密封进气口，带回实验室分析。样品存放时间不宜长，一般应当天分析完。

2）塑料袋采样。应选择既不与样气中污染组分发生化学反应，也不吸附、不渗透的塑料袋。常用的有聚四氟乙烯袋、聚乙烯袋及聚酯袋等。为减少对被测组分的吸附，可在袋的内壁衬银、铝等金属膜。采样时，先用二联球打进现场气体冲洗2~3次，再充满样气，夹封进气口，带回尽快分析。

3）采气管采样。采气管是两端具有旋塞的管式玻璃容器，其容积为100~500mL，如图5-6所示。采样时，打开两端旋塞，将二联球或抽气泵接在管的一端，迅速抽进比采气管大6~10倍的欲采气体，使采气管中原有气体被完全置换出，关上两端旋塞，采气体积即为采气管的容积。

4）真空瓶采样。真空瓶是一种用耐压玻璃制成的固定容器，容器为500~1000mL，如图5-7所示。采样前，先用抽气真空装置将采气瓶内抽至剩余压力达1.33kPa左右，如瓶内预先装入吸收液，可抽至溶液冒泡为止，关闭旋塞。采样时，打开旋塞，被采空气即入瓶内，关闭旋塞，则采样体积为真空采样瓶的容积，如图5-8所示。如果采气瓶内真空达不到1.33kPa，实际采样体积应根据剩余压力进行计算。

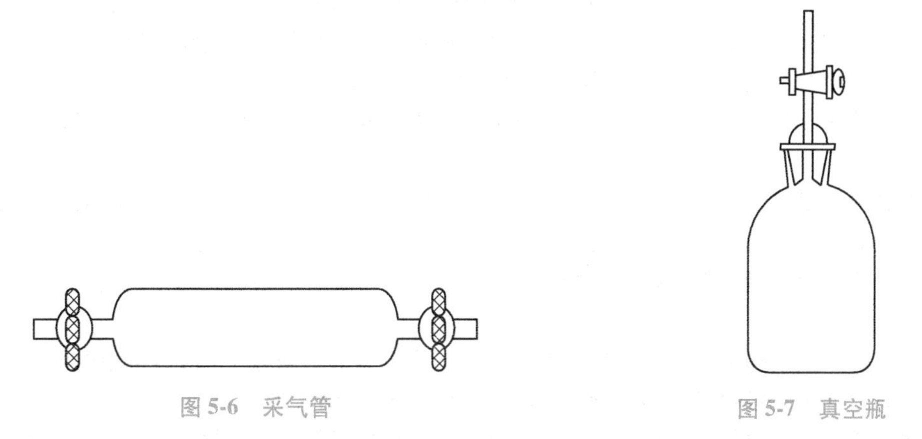

图5-6 采气管

图5-7 真空瓶

当用闭口压力计测量剩余压力时，现场状态下的采样体积按下式计算：

$$V = V_0(p - p_B)/p \tag{5-10}$$

式中 $V$——现场状态下的采样体积（L）；

$V_0$——真空采气瓶的容积（L）；

$p$——大气压力（kPa）；

$p_B$——闭管压力计读数（kPa）。

当用开管压力计测量采气瓶内的剩余压力时，现场状态下的采样体积按下式计算：

$$V = V_0 p_k / p \tag{5-11}$$

式中　$p_k$——开管压力计读数（kPa）。

（2）浓缩采样法　室内空气中的污染物质浓度一般比较低，虽然目前的测试技术有很大的进展，出现了许多高灵敏度的自动测定仪器，但是对许多污染物质来说，直接采样法远远不能满足分析的要求，故需要用富集采样法对室内空气中的污染物进行浓缩，使之满足分析方法灵敏度的要求。另一方面，富集采样时间一般比较长，测得结果代表采样时段的平均浓度，更能反映室内空气污染的真实情况。这种采样方法有液体吸收法、固体吸附法、滤料采样法。

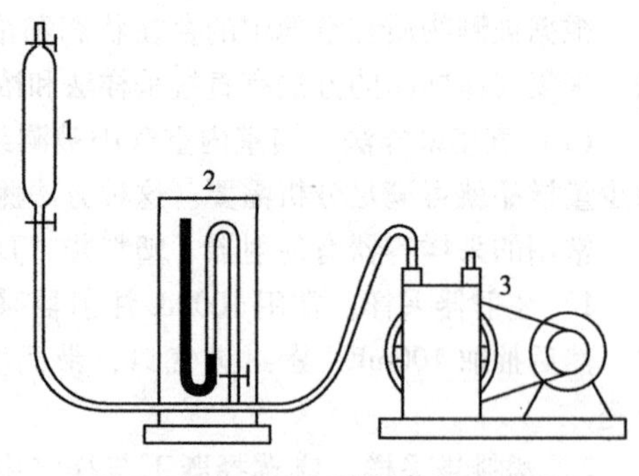

图 5-8　真空采气瓶的抽真空装置

1—真空采气瓶　2—闭管压力计　3—真空泵

1）液体吸收法。用一个气体吸收管，内装吸收液，后面接有抽气装置，以一定的气体流量，通过吸收管抽入空气样品。当空气通过吸收液时，在气泡和液体的界面上，被测组分的分子被吸收在溶液中，取样结束后倒出吸收液，分析吸收液中被测物的含量，根据采样体积和含量计算室内空气中污染物的浓度，这种方法是气态污染物分析中最常用的样品浓缩方法，它主要用于采集气态和蒸气态的污染物。

气体吸收原理。当空气通过吸收液时，在气泡和液体的界面上，被测组分的分子由于溶解作用或化学反应很快进入吸收液中。同时气泡中间的气体分子因存在浓度梯度和运动速度极快，能迅速扩散到气-液界面上。因此，整个气泡中被测气体分子很快被溶液吸收。

溶液吸收法的吸收效率主要取决于吸收速度和样气与吸收液的接触面积。

欲提高吸收速度，必须根据被吸收污染物的性质选择效能好的吸收液。常用的吸收液有水、水溶液和有机溶剂等。按照它们的吸收原理可分为两种类型：一种是气体分子溶解于溶液中的物理作用，如用水吸收大气中的氯化氢、甲醛等；另一种吸收原理是基于发生化学反应，如用氢氧化钠溶液吸收大气中的硫化氢。理论和实践证明，伴有化学反应的吸收液吸收速度比单靠溶解作用的吸收液吸收速度快得多。因此，除采集溶解度非常大的气态物质外，一般都选用伴有化学反应的吸收液。

吸收液的选择原则是：①与被采样的物质发生化学反应快或对其溶解度大；②污染物质被吸收液吸收后，要有足够的稳定时间，以满足分析测定所需时间的要求；③污染物质被吸收后，应有利于下一步分析测定，最好能直接用于测定；④吸收液毒性小、价格低、易于购买，且尽可能回收利用。

增大被采气体与吸收液接触面积的有效措施是选用结构适宜的吸收管（瓶）。常用的气体吸收管有气泡吸收管、冲击式吸收管、多孔筛板吸收瓶，如图 5-9 所示。气泡吸收管适用于采集气态和蒸气态物质，不适合采集气溶胶物质；冲击式吸收管适宜采集气溶胶态物质，不适合采集气态和蒸气态物质；多孔筛板吸收瓶，当气体通过吸收瓶的筛板后，被分散成很小的气泡，且滞留时间长，大大增加了气液接触面积，从而提高了吸收效果，除适合采集气态和蒸气态外，也能采集气溶胶态物质。

2）固体吸附法。固体吸附法又称填充柱采样法。用一根长 6~10cm、内径 3~5cm 的玻璃管或塑料管，内装颗粒状填充剂制成。填充剂可以用吸附剂或在颗粒状的单体上涂以某种化学试剂。采样时，让气体以一定流速通过填充柱，被测组分因吸附、溶解或化学反应等作用被滞留在填充剂上，达到浓缩采样的目的。采样后，通过解析或溶剂洗脱，使被测组分从填充剂上释放出来进行测定。根据填充剂阻留作用的原理，可分为吸附型、分配型和反应型 3 种类型。

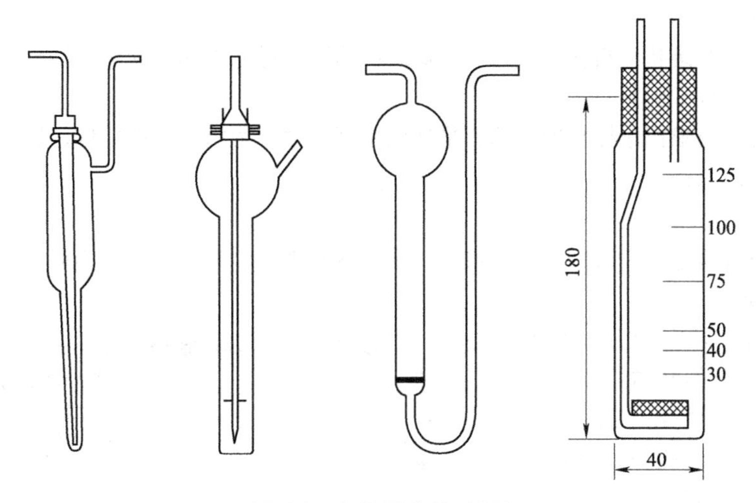


图 5-9 气体吸收管（瓶）

吸附型填充剂：吸附型填充剂是颗粒状固体吸附剂，如活性炭、硅胶、分子筛、高分子多孔微球等。它们都是多孔物质，比表面积大，对气体和蒸气有较强的吸附能力。有两种表面吸附作用，一种是由于分子间引力引起的物理吸附，吸附力较弱；另一种是由于剩余价键力引起的化学吸附，吸附力较强。极性吸附剂如硅胶等，对极性化合物有较强的吸附能力；非极性吸附剂如活性炭等，对非极性化合物有较强的吸附能力。一般说来，吸附能力越强，采样效率越高，但这往往会给解析带来困难。因此，在选择吸附剂时，既要考虑吸附效率，又要考虑易于解吸。

分配型填充柱：这种填充柱的填充剂是表面涂高沸点的有机溶剂（如异十三烷）的惰性多孔颗粒物（如硅藻土），类似于气液色谱柱中的固定相，只是有机溶剂的用量比色谱固定相大。当被采集气样通过填充柱时，在有机溶剂中分配系数大的组分保留在填充剂上而被富集。

反应型填充柱：这种填充柱是由惰性多孔颗粒物（如石英砂、玻璃微球）或纤维状物（如滤纸、玻璃棉）表面涂有能与被测组分发生化学反应的试剂制成。也可以用能和被测组分发生化学反应的纯金属丝毛或细粒做填充剂。气样通过填充柱时，被测组分在填充剂表面因发生化学反应而被阻留，采样后，将反应产物用适宜溶剂洗脱或加热吹气解析下来进行分析。

3）滤料采样法。该方法是将过滤材料如滤膜放在采样夹上，用抽气装置抽气，则空气中的颗粒物被阻留在过滤材料上，称量过滤材料上富集的颗粒物质量，根据采样体积，即可计算出空气中颗粒物的浓度。颗粒物采样夹如图 5-10 所示。

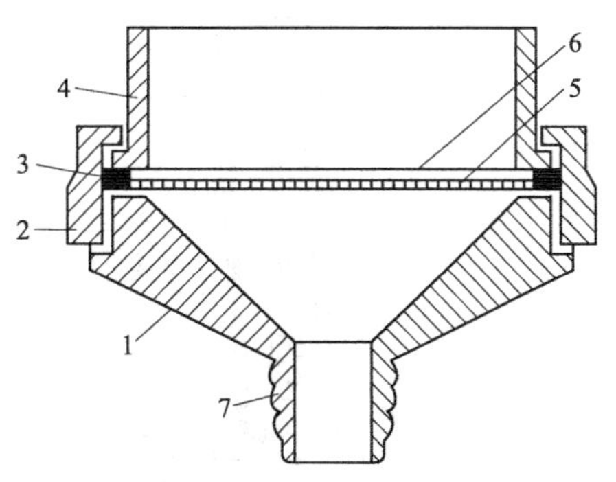


图 5-10 颗粒物采样夹

1—底座 2—紧固圈 3—密封圈 4—接座圈 5—支撑网 6—滤膜 7—抽气接口

滤料通过直接阻截、惯性碰撞、扩散沉降、静电引力和重力沉降等作用采集空气中气溶胶颗粒物。滤料的采集效率除与自身性质有关外，还与采样速度、颗粒物的大小等因素有关。低速采样，以扩散沉降为主，对细小颗粒物的采集效率高；高速采样，以惯性碰撞作用为主，对较大颗粒物的采集效率高。空气中的大小颗粒物是同时并存的，当采样速度一定时，就可能使一部分粒径小的颗粒物采集效率偏低。此外，在采样过程中，还可能发生颗粒物从滤料上弹回或吹走现象。

常用的滤料有纤维状滤料，如滤纸、玻璃纤维滤膜、过滤乙烯滤膜等，筛孔状滤料，如微孔滤膜、核孔滤膜、银薄膜等。

选择滤膜时，应根据采样目的，选择采样效率高、性能稳定、空白值低、易于处理和采样后易于分析测定的滤膜。

2. 采样设备

用于室内空气质量检测所用的采样设备主要包括收集器、流量计、采样动力三部分。采样器组成如图 5-11 所示。

（1）收集器　收集器是捕集室内空气中被测物质的装置，主要有吸收瓶、填充柱、滤料采样夹等。应根据被捕集物质的状态、理化性质等选用适宜的收集器。

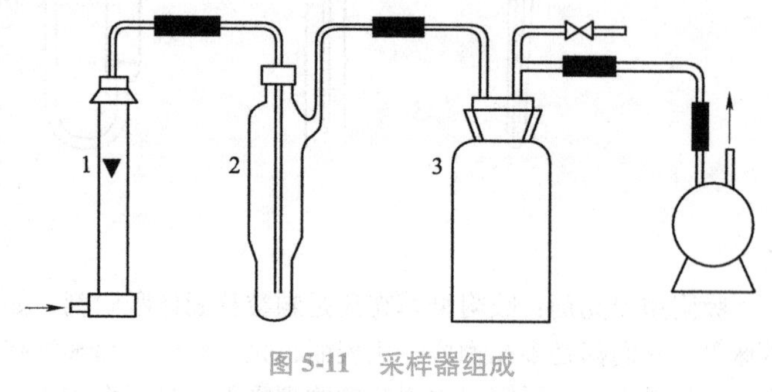


图 5-11　采样器组成

1—流量计　2—收集器　3—缓冲瓶

（2）流量计　流量计是测定气体流量的仪器，流量是计算采集气体体积必知的参数。常用的流量计有孔口流量计、转子流量计和精密限流孔等。

孔口流量计有隔板式和毛细管式两种，当气体通过隔板或毛细管小孔时，因阻力而产生压力差；气体流量越大，阻力越大，产生的压力差也越大，由下部的 U 形管两侧的液柱差，可直接读出气体的流量，如图 5-12 所示。

转子流量计是由一个上粗下细的锥形玻璃管和一个金属制转子组成，如图 5-13 所示。当气体由玻璃管下端进入时，由于转子下端的环形孔隙截面积大于转子上端的环形孔隙截面积，所以转子下端气体的流速小于上端的流速，下端的压力大于上端的压力，使转子上升，直到上、下两端的压力差与转子的重力相等，转子停止不动。气体流量越大，转子升得越高，可直接从转子上沿位置读出流量。当空气湿度大时，需在进气口前连接一个干燥管，否则，转子吸附水分后重量增加，影响测量结果。

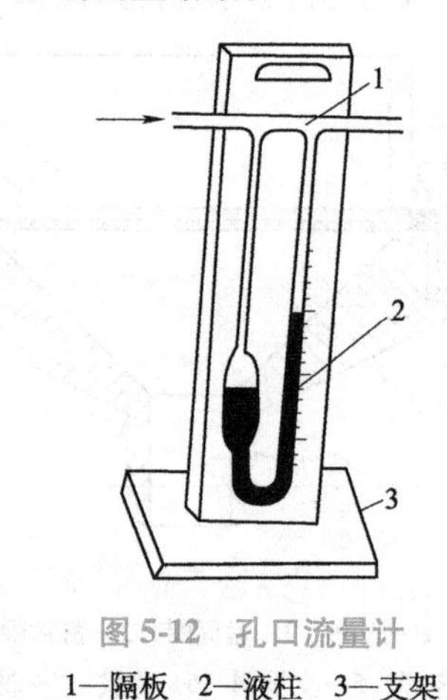


图 5-12　孔口流量计

1—隔板　2—液柱　3—支架

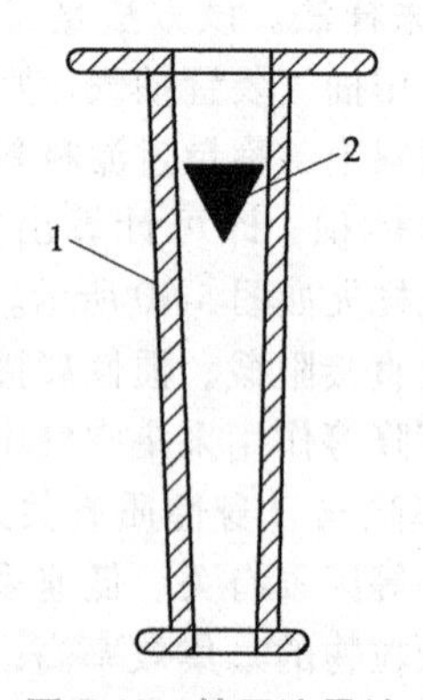


图 5-13　转子流量计

1—锥形玻璃管　2—转子

限流孔实际上是一根长度一定的毛细管，如果两端维持足够的压力差，则通过限流孔的气流就能维持恒定，此时的流量称临界状态下的流量，其大小取决于毛细管孔径的大小。使用不同孔径的毛细管，可获得不同的流量。这种流量计使用方便，价格便宜，被广泛用于大气采样器和自动监测仪器上控制流量。限流孔可以用注射器针头代替。使用中要防止限流孔被堵塞。

流量计在使用前应进行校准，以保证刻度值的准确性。校正方法是将皂膜流量计串接在采样系统中，以皂膜流量计或标准流量计的读数标定被校流量计。

（3）采样动力　采样动力应根据所需采样流量、采样体积、所用收集器及采样点的条件进行选择。一般应选择质量轻、体积小、抽气动力大、流量稳定、连续运行能力强及噪声小的采样动力。

1）玻璃注射器。选用100mL磨口医用玻璃注射器，使用前需检查是否严密不漏气。一般用于采集空气中有机气体。

2）双连球。双连球是一种带有单向进气阀的橡胶二联球，它适合采集空气中惰性气体，如一氧化碳等。

3）电动抽气泵。常用于采样速度较大，采样时间较长的场合。电动采样泵主要有薄膜泵和电磁泵两大类。

（4）个体采样品　在评估空气污染物对人体健康影响的研究中，需要掌握个体对污染物的接触量。为此，近年来出现了一系列个体监测装置，其中能用于现场即时显示污染物时间加权水平的称为个体监测器或剂量器；用于采集样品的称为个体采样器。

个体采样器按其工作原理，可分为主动式与被动式两类。

1）主动式个体采样器。主动式个体采样器是一种随身携带的微型采样装置，由样品收集器、流量计量装置、抽气泵与电源组成。样品收集器一般采用固体吸附柱、活性炭管、滤膜夹及滤膜。抽气泵多用耗电量小、性能稳定的微型薄膜泵或电磁泵，电源常用可反复充电的镍镉电池，可供连续8h采样。

主动式个体采样器的技术要求如下。

质量：不大于550g，某些产品小于350g。

尺寸：长度不超过150mm，宽度小于75mm，厚度不超过50mm。

采样时间：连续工作不少于8h。

流量：采样系统阻力为305mm $H_2O$ 时可达2.8L/min。

功率损失少于20%。

电池：工作温度为30~600℃，密封型，最好可反复充电使用。

抽气泵：恒速，耐腐蚀、耐有机蒸气的影响。

携带或佩戴方便。

2）被动式个体采样器。被动式个体采样器又称无动力采样器，污染物通过扩散或渗透作用与采样器中的吸收介质反应，以达到采样的目的，因此被动式个体采样器分为扩散式与渗透式两种。这种采样器体积小、质量轻、结构简单、使用方便、价格低廉，是一种新型的采样工具，适用于气态和蒸气态的污染物采样。

扩散式个体采样器：其基本结构包括外壳、扩散层、收集剂三部分，有圆盒形、方盒形、圆筒形等，壳体一面或两面有许多通气孔，污染物通过扩散作用，经通气孔通过扩散层，被收集剂吸收或吸附。常用的吸附剂有活性炭、硅胶、多孔树脂、浸渍滤纸、浸渍的金属筛网。

渗透式个体采样器：基本结构包括外壳、渗透膜和收集剂三部分，与扩散式类似，只是以渗透膜取代扩散层。这种采样器是利用气态污染物分子的渗透作用来完成采样。污染物分子经渗透膜进入收集剂，收集剂可以是固体的吸附剂（活性炭、硅胶等），也可以是液体的吸收液，可按各种污染物的不同要求进行选择。渗透膜一般是有机合成的薄膜，如二甲基硅酮、硅酮聚碳酸酯、硅酮酯纤维膜、聚乙烯氟化物等，厚度为0.025~0.25mm。

### 3. 采样条件

（1）采样环境　由于室内空气污染物的特殊性，采样环境对于污染物的浓度有很大的影响。主要影响因素如下。

1）温度、湿度、大气压。对于大多数气体污染物而言，当温度较高、湿度低的时候更容易挥发，造成室内该项污染物浓度升高。大气压力会影响气体的体积，从而影响其浓度。

2）室外空气的质量。室内空气污染不仅来源于室内，也会由室外渗入。因此当室外环境中存在污染源时，室内相应污染物的浓度有可能较高。

3）门、窗的开关。在室外空气质量较好的情况下，如果室内长期处于封闭状态，没有与外界进行空气流通，那么一些室内空气污染物的浓度会较高；反之，则会偏低。

（2）采样点布置　采样点的布置同样会影响室内污染物检测的准确性。如果采样点布置不科学，所得的监测数据并不能科学地反映室内空气质量。

1）布点原则。采样点的选择应遵循下列原则：

① 样代表性。应根据检测目的与对象，以不同的目的来选择各自典型的代表，如可按居住类型分类、燃料结构分类、净化措施分类。

② 可比型。为了便于对检测结果进行比较，各个采样点的各种条件应尽可能选择相似的；所用的采样器及采样方法，应做具体规定，采样点一旦选定后，一般不要轻易改动。

③ 可行性。由于采样的器材较多，需占用一定的场地，故选点时，应尽量选有一定空间可供利用的地方，切忌影响居住者的日常生活。因此，应选用低噪声、有足够的电源的小型采样器材。

2）布点方法。应根据检测目的与对象进行布点。布点数量视人力、物力和财力情况，量力而行。

① 采样点的数量。根据检测对象的面积大小来决定，公共场所可按100m$^2$设2~3个点；居室面积小于10m$^2$的设一个点，10~25m$^2$设2个点，25~50m$^2$设3~4个点。两点之间相距5m左右。为避免室壁的吸附作用或逸出干扰，采样点与墙距离应不少于1m。

② 采样点的分布。除特殊目的外，一般采样点分布应均匀，并离开门窗一定的距离，以免局部微小气候造成影响。在做污染源逸散水平监测时，可以污染源为中心，在与之不同的距离（2cm、5cm、10cm）处设定。

③ 采样点的高度。与人的呼吸带高度一致，一般距地面1.5m或0.75~1.5m。

室外对照采样点的设置。在进行室内污染监测的同时，为了掌握室内外污染的关系，或以室外的污染浓度为对照，应在同一区域的室外设置1~2个对照点。也可用原来的室外固定大气监测点做对比，这时室内采样点的分布，应在固定监测点的半径500m范围内才较合适。

3）采样时间和采样频率。采样时间是指每次采样从开始到结束所经历的时间，也称采样时段。采样频率是指在一定时间范围内的采样次数。这两个参数要根据检测目的、污染物分布特征及人力、物力等因素决定。

采样时间短，试样缺乏代表性，检测结果不能反映污染物浓度随时间的变化，仅适用于事故性污染、初步调查等情况的应急检测。增加采样时间的方法有两种，一种是增加采样频率，即每隔一定时间采样测定1次，取多个试样测定结果的平均值为代表值。另一种是使用自动采样仪器进行连续自动采样，若再配用污染组分连续或间歇自动检测仪器，其检测结果能很好地反映污染物浓度的变化，得到任何一段时间的代表值。

长期累计浓度的监测。这种监测多用于对人体健康影响的研究。一般采样需24h以上，甚至连续几天进行累计性的采样，以得出一定时间内的平均浓度。由于是累计式的采样，故样品分析方法的灵敏度要求就较低，缺点是对样品和监测仪器的稳定性要求较高。另外，样品的本地与空白的变异，对结果的评价会带来一定的困难，更不能反映浓度的波动情况和日变化曲线。

短期浓度的监测。为了了解瞬时或短时间内室内污染物浓度的变化，可采用短时间的采样方法，间歇式或抽样检验的方法，采样时间为几分钟至1h。短期浓度监测可反映瞬时的浓度变化，按小时浓度变化绘制浓度的日变化曲线，主要用于公共场所及室内污染的研究，只是该法对仪器及测定方法的灵敏度要求较高，并受日变化及局部污染源变化的影响。

4）采样流量。采样流量是否准确，直接关系到检测结果的可靠程度。空气中污染物的浓度是以 $mg/m^3$ 为单位表示，其中质量是由校正过的天平经称量而获得的准确结果；体积是由流量乘采样时间得到的，时间可用秒表或石英钟测量。由此看出，采样流量是影响体积测量准确度的主要因素。影响采样流量准确度的主要因素有采样过程中电压的变化、滤料上污染物的增加而造成阻力的增加、温度及大气压力的变化等。

① 恒流采样。所谓恒流采样是指在采样器上安装一种能保持流量恒定的装置，如在一定温度和负压下的临界限流孔或电路反馈装置，这样在采样过程中，温度、压力、阻力及电压变化时仍能保持采样流量的稳定。

② 流量校准。流量易受外界环境因素的影响而变化，因此对采样流量必须进行校准。流量校准的方法有两种：用皂膜流量计校准和用标准流量计校准。

③ 用皂膜流量计校准。皂膜流量计由一根标有体积刻度的玻璃管和橡胶球组成，玻璃管下端有一支管，相比球内装满肥皂水，当用手挤压橡胶球时，肥皂水液面上升，并在玻璃管内徐徐上升，用秒表准确记录通过一定体积时所需时间，如图5-14所示。由于皂膜本身质量轻，当其在沿管壁移动时摩擦力较小，并有很好的气密性，再加上体积和时间可以精确测量，所以皂膜流量计是一种测量气体流量较为精确的量具。

④ 用标准流量计校准。用标准流量计校准位置流量计的方法最简便。将两个流量计串联，通过不同流量气体的体积，以标准流量计的读数标定被校流量计，标准流量计放置在被校流量计前后读数稍有差异，因此读数应取前后两次数值的平均值。

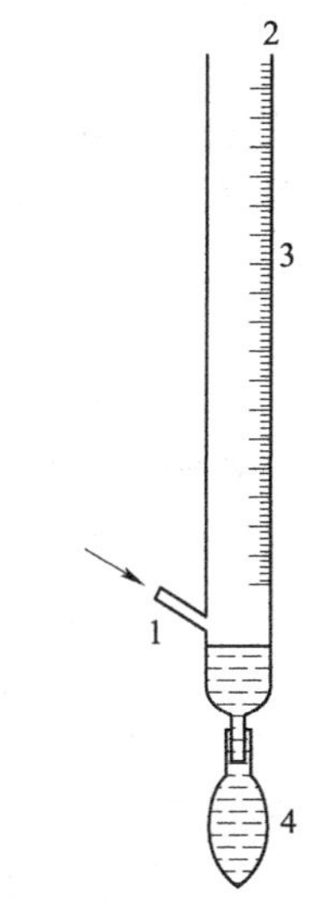

图5-14 用于吹气系统的皂膜流量计

1—进气口 2—出气口

3—带刻度的玻璃管 4—橡胶球囊

（3）采样记录 采样记录与实验室分析测定记录同等重要。在实际工作中，不重视采样记录，往往会导致由于采样记录不完整而使大量监测数据无法统计而报废。因此，必须给予高度重视。采样记录是要对现场情况、各种污染物以及采样表格中采样日期、时间、地点、数量、布点方式、大气压力、气温、相对湿度、风速以及采样者签字等做出详细记录，随样品一同报送实验室。现场采样和分析记录见表5-43。

#### 4. 效率及其评价

（1）采样效率的评价方法 一个采样方法的采样效率是指在规定的采样条件（如采样流量、气体浓度、采样时间等）下所采集到的量占总量的百分数。采样效率评价方法一般与污染物在大气中存在状态有很大关系，不同的存在状态有不同的评价方法。

表 5-43 现场采样和分析记录

现场采样记录表

采样地点：
采样方法：
污染物名称：

| 采样日期 | 样品号 | 采样时间 | | 温度/℃ | 湿度(%) | 大气压/kPa | 流量/(L/min) | 采样 | | | 采样人 |
|---|---|---|---|---|---|---|---|---|---|---|---|
| | | 开始 | 结束 | | | | | 时间/min | 体积/L | 标准体积/L | |
| | | | | | | | | | | | |
| | | | | | | | | | | | |
| | | | | | | | | | | | |

1）评价采集气态和蒸气态的污染物的方法。采集气态和蒸气态的污染物常用溶液吸收法和填充柱采样法。评价这些采样方法的效率有绝对比较法和相对比较法两种。

① 绝对比较法。精确配置一个已知浓度的标准气体，然后用所选用的采样方法采集标准气体，测定其浓度，比较实测浓度 $C_1$ 和配气浓度 $C_0$，采样效率 $K$ 为

$$K = C_1/C_0 \times 100\% \tag{5-12}$$

用这种方法评价采样效率虽然比较理想，但是，由于配置已知浓度标准气体有一定困难，往往在实际应用时受到限制。

② 相对比较法。配制一个恒定浓度的气体，其浓度不一定要求已知。然后用 2 个或 3 个采样管串联起来采样，分别分析各管的含量，计算第一管含量占各管总量的百分数，采样效率 $K$ 为

$$K = C_1/(C_1 + C_2 + C_3) \times 100\% \tag{5-13}$$

式中 $C_1$、$C_2$、$C_3$——第 1 管、第 2 管和第 3 管中分析测得的浓度。

用此法计算采样效率时，要求第 2 管和第 3 管的含量与第 1 管比较是极小的，这样 3 个管含量相加之和就近似于所配制的气体浓度。有时还需串联更多的吸收管采样，以期与所配制的气体浓度更加接近。用这种方法评价采样效率也只是用于一定浓度范围的气体，如果气体浓度太低，由于分析方法灵敏度所限，则测定结果误差较大，采样效率只是一个估计值。

2）评价采集气溶胶的方法。采集气溶胶常用滤料和填充柱采样法。采集气溶胶的效率有两种表示方法。一种是颗粒采样效率，即所采集到的气溶胶颗粒数目占总的颗粒数目的百分数。另一种是质量采样效率，即所采集到的气溶胶质量数占总的质量的百分数。只有当气溶胶全部颗粒大小完全相同时，这两种表示方法才能一致起来。但是实际上这种情况是不存在的。微米以下的极小颗粒在颗粒数上总是占绝大多数，而按质量计算却占很小的部分，即一个大的颗粒质量可以相当于成千上万个小的颗粒。所以质量采样效率总是大于颗粒采样效率。由于 1μm 以下的颗粒对人体健康影响较大，所以颗粒采样效率有卫生学上的意义。当要了解大气中气溶胶质量浓度或气溶胶中某成分的质量浓度时，质量采样效率是有用的。目前在大气测量中，评价采集气溶胶的方法的采样效率，一般以质量采样效率表示，只在有特殊目的时，采用颗粒采样效率表示。

评价采集气溶胶方法的效率与评价气态和蒸气态的采样方法有很大的不同。一方面是由于配制已知浓度标准气溶胶在技术上比配制标准气体要复杂得多，而且气溶胶粒度范围也很大，所以很难在实验室模拟现场存在的气溶胶的各种状态。另一方面用滤料采样像滤筛一样，能漏

过第一张滤纸或滤膜的更小的颗粒物质，也有可能会漏过第二张或第三张滤纸或滤膜，所以用相对比较法评价气溶胶的采样效率就有困难了。评价滤纸和滤膜的采样效率要用另一个已知采样效率高的方法同时采样，或串联在后面进行比较得出。颗粒采样效率常用一个灵敏度很高的颗粒计数器进入滤料前和通过滤料后的空气中的颗粒数来计算。

3）评价采集气态和气溶胶共存状态的物质的方法。对于气态和气溶胶共存的物质的采样更为复杂，评价其采样效率时，这两种状态都应加以考虑，以求其总的采样效率。

（2）影响采样效率的主要因素　一般认为采样效率 90%以上为宜。采样效率太低的方法和仪器不能选用。下面简要归纳几条影响采样效率的因素，以便正确选择采样方法和仪器。

1）根据污染物存在状态选择合适的采样方法和仪器。每种采样方法和仪器都是针对污染物的一个特定状态而选定的。例如以气态和蒸气态存在的污染物是以分子状态分散于空气中，用滤纸和滤膜采集效率很低。而用液体吸收管或填充柱采样，则可获得较高的采样效率。以气溶胶形式存在的污染物，不易被气泡吸收管中的吸收液吸收，宜用滤料或填充柱采样。例如，用装有稀硝酸的气泡吸收管采集铅烟，采样效率很低，而选用滤纸采样，则可得到较好的采样效率。对于气溶胶和蒸气态共存的污染物，要应用对于两种状态都有效的采样方法，如浸渍试剂的滤料或填充柱采样法。因此，在选择采样方法和仪器之前，首先要对污染物做具体分析．分析其在大气中以什么状态存在，根据存在状态选择合适的采样方法和仪器。

2）根据污染物的理化性质选择吸收液、填充剂、各种滤料或溶液吸收法采样时，要选用对污染物溶解度大或者与污染物能迅速起化学反应的作为吸收液。用填充柱或滤料采样时，要选用阻留率大并容易解吸下来的填充剂或滤料。在选择吸收液、填充剂或滤料时，还必须考虑采样后应用的分析方法。

3）确定合适的抽气速度。每一种采样方法和仪器都要求有一定的抽气速度，超过规定的速度，采样效率将不理想。各种气体吸收管和填充柱的抽气速度一般不宜过大，而滤料采样则可在较高抽气速度下进行。

4）确定适当的采气量和采样时间。每个采样方法都有一定采样量限制。如果现场浓度高于采样方法和仪器的最大承受量时，采样效率就不太理想。如吸收液和填充剂都有饱和吸收量，达到饱和后吸收效率立即降低。滤料上的沉积物太多，阻力显著增加，无法维持原有的采样速度，此时，应适当减少采气量或缩短采样时间。反之，如果现场浓度太低，要达到分析方法灵敏度要求，则要适当增加采气量或延长采样时间。采样时间的延长也会伴随着其他不利因素发生，而影响采样效率。例如长时间采样，吸收液中水分蒸发，造成吸收液成分和体积变化。长时间采样，大气中水分和二氧化碳的量也会被大量采集，影响填充剂的性能。长时间采样，其他干扰成分也会大量被浓缩，影响以后的分析结果。此外，长时间采样，滤料的力学性能减弱，有时还会破裂等。因此，应在保证足够的采样效率前提下，适当地增加采气量或延长采样时间。如果现场浓度不清楚时，采气量或采样时间应根据卫生标准规定的最高允许浓度和分析方法的灵敏度来确定。最小的采气量是保证能够测出最高允许浓度范围所需的采样体积，这个最小采气量用下式初步估算。

$$V = 2a/A \tag{5-14}$$

式中　$V$——最小采气体积（L）；

$a$——分析方法的灵敏度（μg）；

$A$——被测物质的最高允许浓度（$mg/m^3$）。

采样方法和仪器选定后，正确地掌握和使用才能最有效地发挥其作用。因此，严格按照操作规程采样，是保证有较高采样效率的重要条件。

### 5.3.2 室内检测质量的控制

#### 1. 实验室质量保证

为了保证质量，对实验室的技术人员、实验室的管理工作、样品的质量保证、测试数据的质量保证等均有严格的要求。

(1) 技术人员要求 经过良好训练且操作正确、熟练的分析人员。

对本专业有足够的技术知识，弄懂、搞通所用测试方法的原理及给定的所有操作条件。

应懂得简单的统计技术，正确使用有效数字和统计方法，能基本掌握分析测试结果的表达和统计推断的有关知识。

一个良好的分析人员，对所得到的每一个数据往往不放过任何可疑点，包括从采样开始到得到结果的每一个步骤都必须一清二楚。

(2) 实验室的管理 实验室要配备具有经验丰富、能精通本专业业务的技术人员作为实验室的管理人员，为实验室的其他技术人员提供技术指导。对实验室管理的要求如下：

1）仪器设备的要求。计量仪器，如天平的砝码及各种量具，刻度必须使用国家计量部门鉴定后或经过有关部门的标准仪器校正后方可使用。

要具备一套用于经常校正的校准设备（包括天平的标准砝码、标准计量仪表和容量刻度以及校正分光光度的波长和气体流量等设备），以对其他相应仪器进行校正。

各种精密计量仪器仪表应有专人保管和使用，并定期检查和校正。仪器的设置地点应考虑防震、防潮、防腐蚀、防尘。

2）试剂与标准品。所用试剂必须符合测试方法所规定的条件，对标准物质除必须使用分析试剂（A、R）来配制外，有的还要求用更纯净的标准品，如色谱纯、光谱纯或特殊要求的试剂等。

对所用蒸馏水或去离子水以及所贮存这些纯水的容器要求不含任何杂质，至少对所有最灵敏的方法无任何干扰影响，所有玻璃容器（包括器皿）要严格按规定处理并作为专用。对高纯水（双蒸馏水或高纯去离子水电阻值应为300MΩ以上）的贮存容器不宜用玻璃制容器，应贮存在已证明无任何杂质的石英容器或塑料容器内。

3）方法的选择和验证。实验室内部要经常对所选定方法的灵敏度、精密度、准确度几个方面进行验证。只有这样才能确定所选定的方法是否可靠。管理者应参加审理有关数据和所报的结果是否有意义及可信范围。

4）实验室内的质量控制。实验室内的质量控制应定期进行。当每批试剂或标准物更换时，或到一定时期，均要建立新的质量控制图。

5）建立数据的处理程序和核算制度。

(3) 样品的质量保证 为了获得精确可靠的数据，除了实验室管理以外，对于所测定的对象（样品）也应有严格的质量要求。

1）采样技术。采样是否合理直接关系到监测数据的质量。采样时应明确规定采样时间和地点、采样周期和频率以及采样方法和仪器；还应取得采样时的气象参数或与气象部门提供有关气象资料。这样才能保证所分析气样具有代表性、均匀性和稳定性。

2）样品的保存。包括运输过程和贮存的容器及条件，若保存不当可能被污染或被测组分会损失和变质等。

样品处理方法。包括取样的方法和稀释样品的操作技术以及样品前处理过程中的浓缩、分离与提取等。

实验室仪器、实验环境、实验条件、测定程序和实验记录都要有明确的规定和要求，分析人员不得随意更换。

（4）测试数据的质量保证 为了达到所要求的准确度，应根据以下几个步骤进行工作。

1）室内控制。采用国内统一的、推荐的分析方法或选择合适的分析方法。对已确定的方法的每个操作步骤和条件必须正确运用。校正标准溶液、试剂和仪器，并做平行标准样品（一般累计做20次），评价准确度和精密度。设计控制图，可按谢沃特（Shewhart）的 $x$-$R$ 图绘制。做平行样品的精密度试验，一般平行6次可做评价。

2）室外控制。室外的质量控制是对各实验室测定结果的误差评价。要取得各实验室分析结果的可比性，就要取决于各实验室的自行控制。室内控制要采用统一的分析方法或选择合适的分析方法和正确的操作。这几点又是互相关联的。

（5）分析数据的准确性 在收集数据中，分析结果的准确性是非常重要的。

样本要在来自总体的基础上提供数据，它应该能够反映当时气样的情况，而不是由于实验室内分析造成误差。

要从许多实验室数据得到满意的准确度，必须采用可靠的分析方法，对已制定的标准方法或参考方法必须正确操作。

### 2. 测试方法的选定

方法选择不当，将会使全部分析测试工作无用。尤其是对推荐的统一方法或标准方法更要采取慎重态度。推荐的统一方法或标准方法首先是确定其方法的准确度，应有国家权威机构和各实验室、专家与有经验的分析工作者密切合作进行研究。研究的过程往往需要反复进行。产生一个统一的推荐方法或标准方法有时要花几年的时间。

（1）选定方法的程序

1）由一个专家委员会根据需要选择方法，确定准确度指标。

2）专家委员会制定一个任务组。一般是指定有关的中央实验室任务组负责设计试验方案，编写详细的试验程序，制备和分配试验样品及标准物质。

3）任务组负责选定6~10个标准实验室（参加者）参加。参加者的任务是熟悉任务组提供的试验步骤和样品，并按任务组的指令进行测定，将测定结果写出报告，交给任务组。

4）任务组收到各参加者的报告后，进行数据分析，写出综合报告，上交专家委员会。专家委员会审定后，由权威机构出版发布。如果综合报告达不到预定指标，需要修改试验方案，重做试验，直到达到预定指标为止。

（2）选定方法的要求

1）对某一测试指标各实验室应使用相同的分析方法，这种方法必须达到国际有关环境卫生标准所要求的准确度和规定的最高允许浓度，这种分析方法同样包括采样和样品处理等操作的统一。

2）方法必须能够达到系统误差和随机误差最小的结果。

3）应考虑方法的检出限和影响结果偏差的因素，例如取样方法和样品代表性问题，气样采集后的稳定性问题，各种干扰因素问题，所选择的方法对被测物在各种形式中测定的效果问题，校正曲线、空白值（本底测定）等。

4）为了减小误差，对所制备样品和分析步骤必须与处理空白和做校正曲线的方法相同，条件完全一致。

5）一旦确定方法后，必须对该方法的每个操作步骤做全面的（包括分析结果的计算等）并且很明确的详细说明或注解。以便使没有经验的人员也能按照所规定的条件和步骤得到满意的结果。

（3）新方法的提出 如果实验室为了提高操作效率，当已确定的原分析方法需要变换时，应与原确定的方法进行比较，而且要有连续的可比性，绝不是指偶然次数。同时要达到以下的试验要求。

1）精密度检验。通常测量精密度的方法是标准差，要进行多日的分析，从而计算结果的标准差。进行多日分析的目的在于所得结果随时间变化的重现性，这样才能真正有代表性。在质量控制中精密度检验的目的是核对所有测定值的精密度。如果样品和标准对新方法分析的精密度近似原确定方法的精密度，就可进一步相信这个方法。

新方法与原确定方法进行比较时，不仅在实验室要对标准样品进行比较，而且还要用现场气样进行比较。每一样品至少进行平行分析，分析样品的数量根据具体情况而定。同时还应了解新方法可能遇到的干扰。具体测定精密度的方法可按以下步骤进行。

将已知量的某特定组分加到一定浓度的实际样品中，在这浓度范围测定方法的精密度应该是满意的。例如加一定量组分到低浓度的样品中，使样品的浓度为原浓度的2倍，再加另一已知量特定组分到中等浓度的样品中，使得样品最后的浓度为所用方法的上限浓度的75%。

每个浓度应重复测定7次，计算标准差。

2）准确度的检验。添加各个浓度的标准样品到实际样品中后，测定百分回收率。每个浓度的百分回收率取重复7次测定结果的平均值。测定回收率的方法可以检验分析方法的准确程度，估计干扰物质是否存在及其影响情况，并可同时求出精密度，所以回收率测定是常用的方法。但是，测定回收率并不能使分析结果加上一个校正系数，而是评价某个分析方法是否适合提供实验依据。

对某一方法测定样品时，对它的可靠性有怀疑时才测定回收率，因此，测定回收率的方法可以看成是消除怀疑的一种手段。

回收率样品具体做法是将已知量的被测物加到几份样品中，每份样品的量应该相当于分析时所取样品的量（条件一致），加入已知量的被测物要足以克服分析方法的误差极限，不能太少，也不能太多，即估计加入已知量的被测物和原样品中被测物的总量不能超出标准系列的范围为准。

回收率结果的计算是先从每个测定值中减去试剂空白，校正测定结果。用下式计算回收率

$$\text{回收率}(\%)=\frac{\text{加入标准物质的样品测得量}-\text{样品原有含量}}{\text{加入标准物质量}}\times 100\% \tag{5-15}$$

回收率常用于比色、火焰光度、原子吸收、紫外分光、荧光分析以及电化学分析法，也能用于其他类型的分析。

回收率的评价到目前为止尚没有一个标准尺度。在一个方法的灵敏度范围内，物质的回收率可能高，也可能很低。一般情况下，若分析方法的步骤多，又是微量分析，则得到的回收率可能很低，回收率比较低则反映出样品中存在着干扰物，或者分析方法还不够完善。

3）其他条件。要有足够的灵敏度。可与原确定方法或公认的标准方法进行比较。

**3. 标准参考物质**

（1）标准参考物质的条件　标准参考物质在质量控制中起着重要作用，它好像一把尺子（标准），用来校准测量装置或验证测量方法是否正确。因此，必须具备如下条件的物质才能起这种标准的作用。

1）经公认的权威机构鉴定，并给予证书。

2）具有良好特性，即均匀性和稳定性等。

3）具有测量标准的准确度水平，它的准确度至少要高于实际测量的3倍。

（2）标准参考物质的作用

1）作参考对照物质。标准物质与被测样品同时进行分析测定，当标准物质得到的分析结果与证书给定值在规定限度内一致时，则可认为被测样品得到的结果是可靠的。

2）作校准物。所有分析仪器都是间接地相对测量，必须用标准物质进行校准或标定，才能测定未知样品。在可能的条件下尽量用两种以上的标准物质绘制校准曲线，这样才能比较准确地确定未知样品的数值。

3）作为已知样品来验证新的分析方法。

4）用于质量控制与质量评价。

（3）标准参考物质的使用　使用标准物质一定要注意或考虑以下问题。

1）需要哪种准确度等级的标准物质，选择的原则是：标准物质给定值的不准确度所带来的误差应不大于测量结果误差的 1/3。

2）基体效应。大多数分析方法都有基体效应，所以应尽可能地选用与被测样品基体组成类似的标准物质。

3）有时还需要考虑物理因素，如用 X 射线荧光光谱分析测定时，若标准物质与未知样品表面状态不同，就会带来测量误差。

## 5.4　室内气流与换气效率

### 5.4.1　瞬时均匀扩散流

当室内某一污染源发生污染物时，若在瞬间污染物即充满整个空间，而且各处浓度相等，则称为均匀扩散。实际上一般难以出现均匀扩散，而是需经过一定时间后，才能达到浓度分布均匀。只是在对室内平均污染物浓度进行预测时，为了计算方便而假定为均匀扩散。图 5-15 所示为某一室内污染物流动示意图。考虑到浓度平衡，则可得到时间 d$t$ 内室内污染物浓度平衡方程：

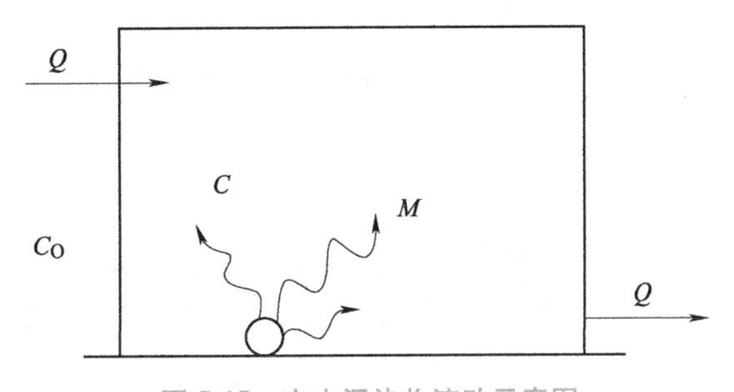

图 5-15　室内污染物流动示意图

$$C_0Q\mathrm{d}t + M\mathrm{d}t - CQ\mathrm{d}t = V\mathrm{d}C \tag{5-16}$$

式中　$C$——室内污染物浓度（mg/m$^3$）；

$C_0$——室外污染物浓度（mg/m$^3$）；

$M$——室内污染物发生量（mg/h）；

$V$——室内空间容积（m$^3$）；

$Q$——换气量（m$^3$/h）。

将上式整理可得

$$\frac{V}{Q}\frac{\mathrm{d}C}{\mathrm{d}t} = C_0 - C + \frac{M}{Q} \tag{5-17}$$

设初期条件为

$t=0$ 时，$C=C_s$，$C_s$为室内初始浓度。

则

$$C = C_0 + (C_s - C_0)\mathrm{e}^{-\frac{Q}{V}t} + \frac{M}{Q}(1 - \mathrm{e}^{-\frac{Q}{V}t}) \tag{5-18}$$

从式（5-18）可以看出，右边的第1项为室外污染物浓度，第2项为初始浓度的衰减程度，第3项为因室内产生污染物而使室内浓度的增加程度。图5-16为室内污染物浓度随时间变化曲线。图中的①、②和③与式（5-18）中右边的第1、2和第3项相对应。另外当$t \to \infty$时，式（5-18）可写为

$$C = C_0 + \frac{M}{Q} \tag{5-19}$$

图5-17所示为$M$一定时，不同$Q$时室内污染物浓度随时间的变化曲线；图5-18所示为室内污染物浓度随时间的变化曲线（不同换气次数）。

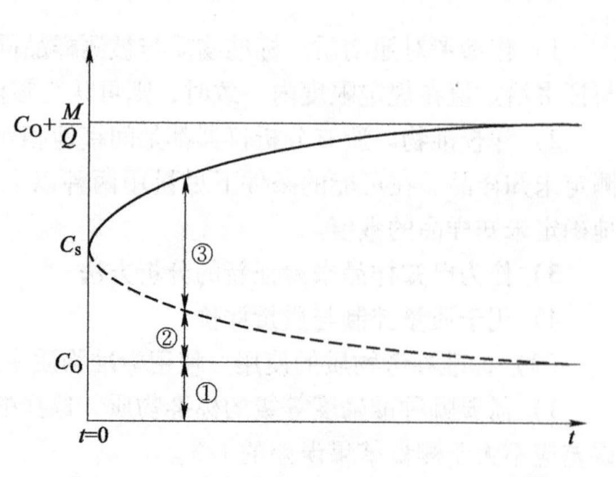


图5-16 室内污染物浓度随时间变化曲线

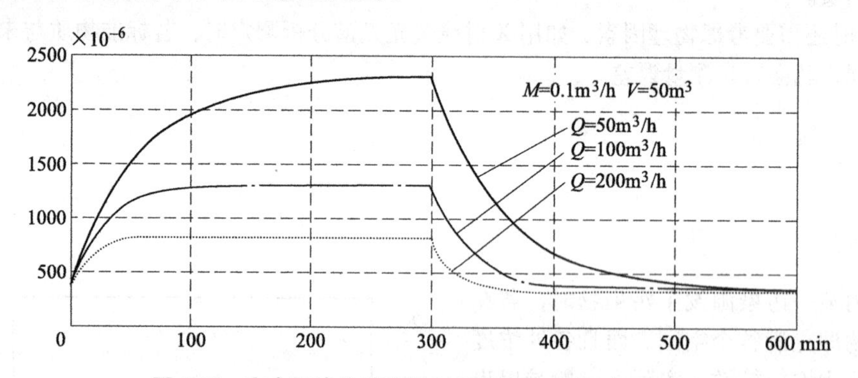


图5-17 室内污染物浓度随时间的变化曲线（$M$一定）

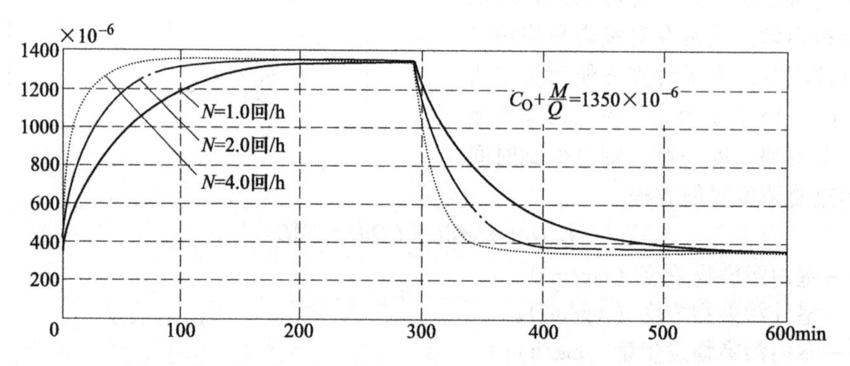


图5-18 室内污染物浓度随时间的变化曲线（不同换气次数）

## 5.4.2 室内气流分布性能的评价方法

### 1. 建筑物的构造对室内气流的影响

（1）房间开口尺寸 房间开口尺寸的大小，直接影响风速及进风量。开口大，则流场较大；缩小开口面积，流速虽相对增加，但流场缩小，如图5-19a、b所示。因此，开口大小与通风效率之间并不存在正比关系。据测定，当开口宽度为开间宽度的1/3~2/3，开口的大小为地板总面积的15%~25%时，通风效率最佳。图5-19c所示为进风口面积大于出风口，结果加大了排出室外的风速；要想加大室内风速，应加大排气口面积，如图5-19d所示。

开口的相对位置直接影响气流路线，应根据房间的使用功能设置。通常在相对两墙面上开进、出风口，若进、出风口正对风向，则主导气流就由进风口笔直流向出风口，除了在出风口侧两个墙角会引起局部流动外，对室内其他地点的影响很小，沿着两侧墙的气流微弱，特别是在进风口一边的两个墙角处。此时，若错开进、出风口的位置，或使进、出风口分设在相邻的两个墙面上，利用气流的惯性作用，使气流的室内改变方向，可能会获得较好的室内通风条件。图5-19e所示为室内气流流场。

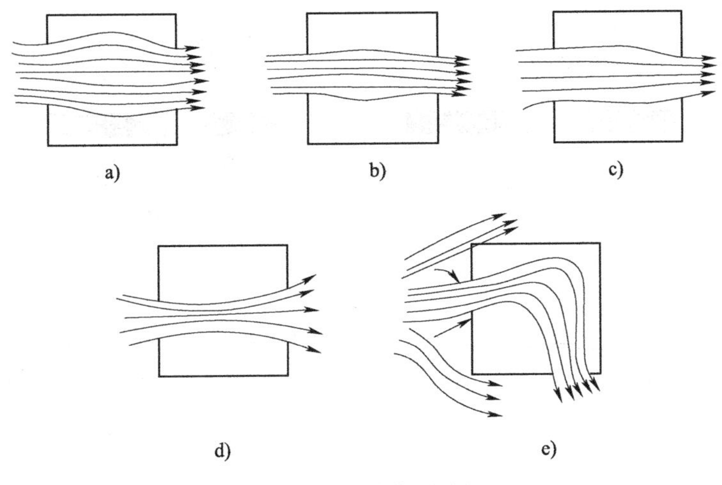


图5-19　室内气流流场

（2）建筑物构造　在建筑剖面上，开口高低与气流路线也有密切关系。图5-20a、b所示为进气口中心在房间高度的离地面1/2以上的气流分布示意图。图5-20c、d所示为进气口中心在房间高度的1/2以下的气流分布示意图。由图可知，出口在上部时室内各点的气流速度均比出口在下部时各相应点的气流速度要小些。

遮阳设施也在一定程度上影响室内气流分布的形态。图5-21所示为遮挡45°太阳高度角的各种水平遮阳板对室内气流分布的影响。

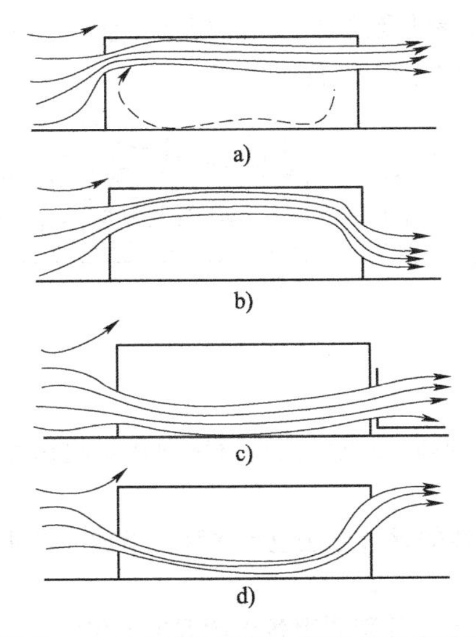


图5-20　开口高低对室内气流分布的影响

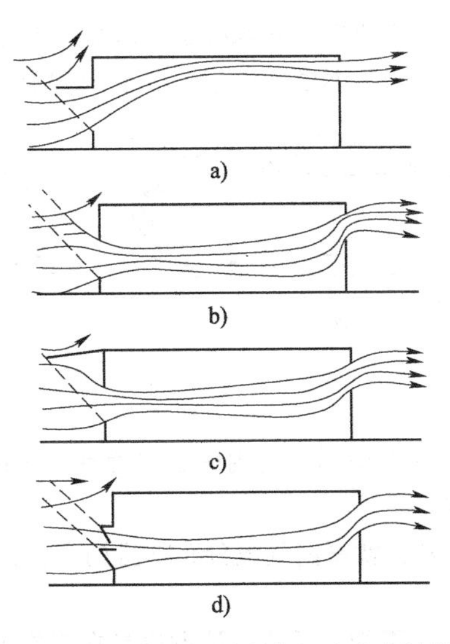


图5-21　水平遮阳板对室内气流分布的影响

门窗装置的方法对室内自然通风的影响很大。窗扇的开启有挡风或导风作用，装置得宜，则能增加通风效果。一般房屋建筑中的窗扇常向外开启成90°角。这种开启方法，当风向入射角较大时，使风受到很大的阻挡（图5-22a），如增大开启角度，则可改善室内的通风效果（图5-22b）。中轴旋转窗扇的开启角度可以任意调节，必要时还可以拿掉，导风效果好，可以使进气量增加。百叶窗、上悬窗及可部分开启的卷帘等不同窗户形式对室内气流分布的影响如图5-23所示。

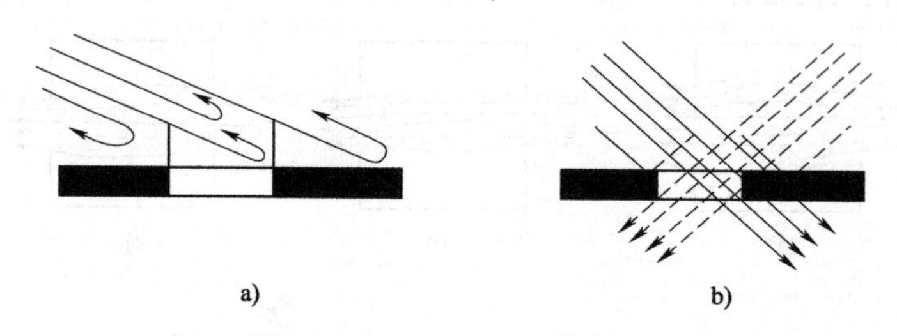


图5-22 窗扇对气流流动的影响

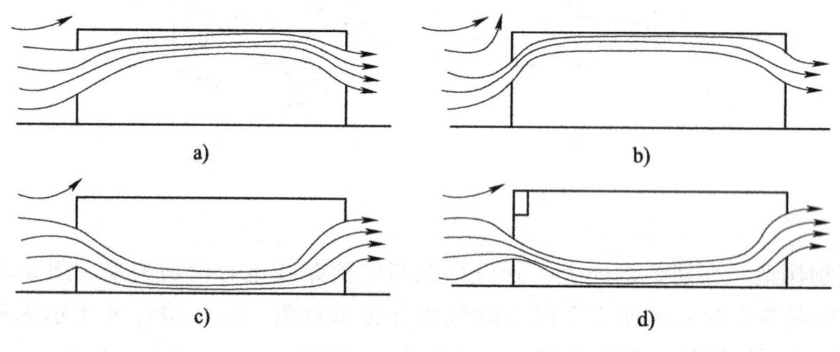


图5-23 窗户形式对室内气流分布的影响

## 2. 评价方法

如上所述，不同的气流分布方式将影响整个房间的通风有效性。通风有效性主要是指换气效率和通风效率，它取决于气流分布特性、污染源散布特性及二者之间的相互关系。图5-24所示为不同送风温度和风速（阿基米德数 $Ar$）时室内气流的分布示意图。

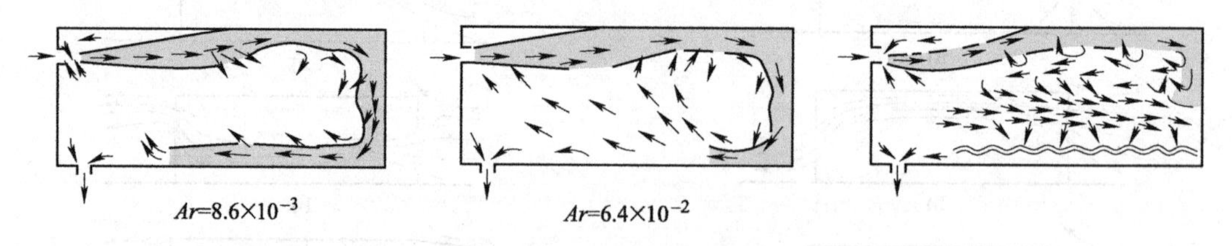


图5-24 不同送风温度和风速对室内气流分布的影响

图5-25所示为室内中心位置有一扩散的污染源时，不同回风口位置对室内污染物浓度分布的影响。

另外，就室内气流分布本身而言，其均匀性和有效性的评价方法也有多种，下面介绍主要的几种。

（1）不均匀系数　该方法是在工作区内选择几个测点，分别测得各点的温度 $t_i$ 和风速 $v_i$，求其算术平均值：

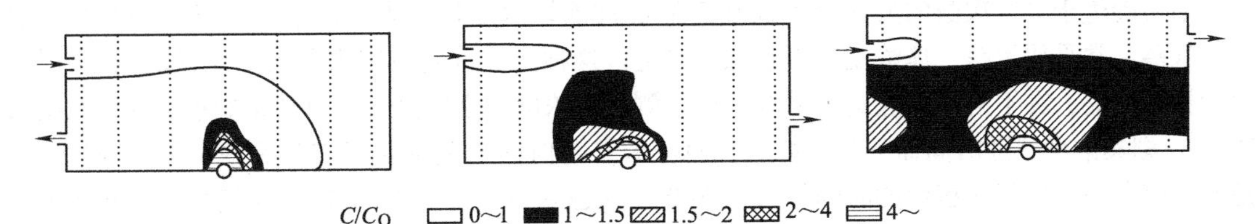


图 5-25　不同回风口位置对室内污染物浓度分布的影响

$$
\begin{cases} \bar{t} = \dfrac{\sum t_i}{n} \\ \bar{v} = \dfrac{\sum v_i}{n} \end{cases} \tag{5-20}
$$

均方根偏差为

$$
\sigma_t = \sqrt{\frac{\sum (t_i - \bar{t})^2}{n}} \qquad \sigma_v = \sqrt{\frac{\sum (v_i - \bar{v})^2}{n}} \tag{5-21}
$$

不均匀系数为

$$
k_t = \frac{\sigma_t}{\bar{t}} \qquad k_v = \frac{\sigma_v}{\bar{v}} \tag{5-22}
$$

显然，$k_t$、$k_v$ 越小，则气流分布的均匀性越好。

（2）空气龄与换气效率

1）空气龄。人在室内的活动范围一般为距离各内壁面 0.6m、地面 1.8m 的区域。因此，应该首先满足这一区域的空气质量。

如图 5-26 所示，尽管送入室内的空气是新鲜的，但长时间处于回风口位置的人，也会感到室内空气质量不好。对此，空气的新鲜状况可以用房间的换气次数来描述。对于某一微元体空气而言，也可以用这个微元体空气的换气次数来衡量。但换气次数并不能表达真正意义上的空气新鲜程度。而空气龄概念恰好能反映这一点。所谓空气龄，从表面意义上讲是空气在室内被测点上的停留时间，而实际意义是指旧空气被新空气所代替的速度。空气龄分为房间平均的空气龄和局部的（某一测点上的）空气龄。最新鲜的空气应该是在送风口的入口处，如图 5-27 所示，空气刚进入室内时，空气龄为零。此处空气停留时间最短（趋近于零），陈旧空气被新鲜空气取代的速度最快。而最“陈旧”的空气有可能在室内的任何位置，这要视室内气流分布的情况而定。最“陈旧”的空气应该出现在气流的“死角”。此处空气停留时间最长，“陈旧”空气被新鲜空气取代的速度最慢。

图 5-26　新鲜空气与污染空气

空气龄优于换气次数的另一个方面在于能够被确切地测量出来。对于室内气流分布情况以及空气龄，常采用示踪气体浓度自然衰减法测定。这种测量首先在室内释放一定量的示踪气体，然后根据需要，在不同的地点进行采样检测，测量其浓度的衰减过程。以初始的示踪气体浓度为100%，则其浓度将随时间而下降。浓度（百分数）与时间的关系曲线与坐标轴所围的面积，就是反映该点的空气新鲜程度的时间值（图 5-28）。故其一测点 $A$（图 5-27）空气龄的定义式为曲线下面积与初始浓度之比，其表达式为

$$\tau_A = \frac{\int_0^\infty C(\tau)\,\mathrm{d}\tau}{C_0} \tag{5-23}$$

式中 $C_0$——$A$ 点的初始浓度；

$C(\tau)$——瞬时浓度。

室内空气平均空气龄为

$$\bar{\tau} = \frac{\int_0^\infty \tau C_P(\tau)\,\mathrm{d}\tau}{\int_0^\infty C_P(\tau)\,\mathrm{d}\tau} \tag{5-24}$$

式中 $C_P$——排出空气浓度。

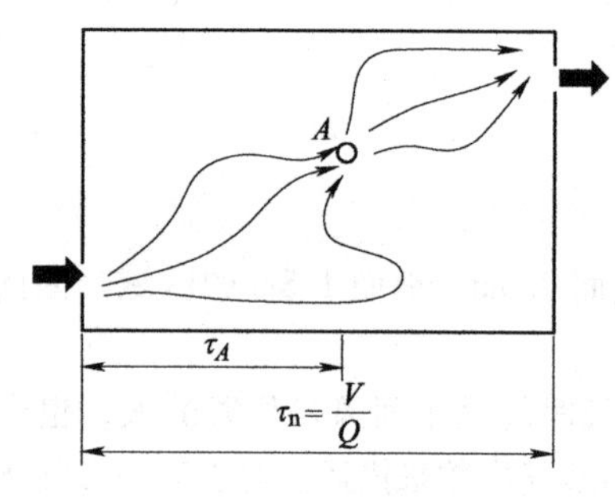


图 5-27 空气龄示意图

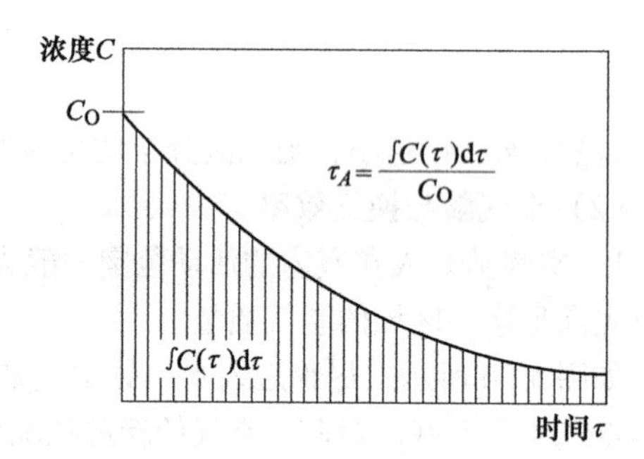


图 5-28 浓度衰减曲线

置换室内全部现存空气的时间 $\tau_\gamma$（即换气时间）是室内平均空气龄的 2 倍，即

$$\tau_\gamma = 2\bar{\tau} \tag{5-25}$$

空气通过房间所需最短时间是房间容积 $V$ 与单位时间换气量 $G$ 之比，该时间定义为名义时间常数 $\tau_n$：

$$\tau_n = \frac{V}{G} \tag{5-26}$$

需要说明的是，房间的送风和气流组织有三种典型的方式。一种是所谓的活塞流（单向流），空气入口处的空气最新鲜，出口处最为陈旧，这种方式的房间平均空气龄为出口处的 1/2（图 5-29）；另一种是完全混合流，此时室内平均浓度就等于排风口处的浓度。这两种情况都是极端的。而介于这两种情况之间是非完全混合流，这种流动的空气入口处的空气也最为新鲜，而出口处的空气龄要高于房间平均的空气龄，在气流的死角处，空气最为陈旧。只有如图 5-29 所示的单向流送风时，其换气时间 $\tau_\gamma = \tau_n$，其他情况都是 $\tau_\gamma > \tau_n$。

2）换气效率。理论上最短的换气时间 $\tau_n$ 与实际换气时间 $\tau_\gamma$ 之比定义为换气效率 $\varepsilon$。即

$$\varepsilon = \frac{\tau_n}{\tau_\gamma} = \frac{\tau_n}{2\bar{\tau}} \tag{5-27}$$

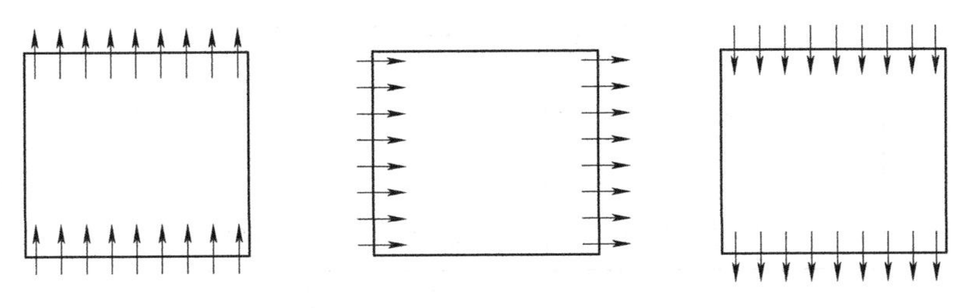

图 5-29　单向流通风示意图

显然换气效率随换气时间 $\tau_\gamma$ 之增长而降低。一般混合通风 $\varepsilon=50\%$，而置换通风 $\varepsilon=50\%\sim100\%$。换气效率 $\varepsilon=100\%$ 只有在理想的活塞流时才有可能（图 5-30）。

（3）通风效率　通风效率 $E$ 为排风口处污染物浓度 $C_P$ 与室内平均浓度 $\overline{C}$ 之比，其物理意义是指移出室内污染物的迅速程度。

$$E=\frac{C_P}{\overline{C}} \tag{5-28}$$

上式是以进风浓度 $C_0=0$ 为条件，否则应为

$$E=\frac{C_P-C_0}{\overline{C}-C_0} \tag{5-29}$$

进一步分析，通风效率也可用空气龄和污染气流排出时间来表示，可以列出下面恒等式：

$$\overline{C}V=\overline{\tau}_p^c M_c \tag{5-30}$$

式中　$\overline{C}$——室内平均浓度；

$V$——房间容积；

$\overline{\tau}_p^c$——排出时间（周转时间）；

$M_c$——污染物单位时间发生量。

用换气量除以式（5-30），并注意到 $\frac{M_c}{G}=C_P$ 的关系，可得：

$$E=\frac{C_P}{\overline{C}}=\frac{\tau_n}{\tau_P^c} \tag{5-31}$$

当污染物直接流向排出口时，则排出时间 $\overline{\tau}_p^c$ 最短。因此，比较接近活塞流的置换通风的 $\overline{\tau}_p^c$ 值往往远低于 $\tau_n$ 值，故其通风效率较高，实验表明 $E=1\sim4$。而混合通风 $E\approx1$。以上的 $E$ 均指平均效率。

（4）能量利用系数　考察气流分布方式的能量利用有效性，可用能量利用系数 $\eta$ 来表达，即

$$\eta=\frac{t_p-t_0}{t_n-t_0} \tag{5-32}$$

式中　$t_p$、$t_n$、$t_0$——排风温度、工作区空气平均温度和送风温度。

按式（5-32）当 $t_p>t_n$ 时，$\eta>1$；$t_p<t_n$ 时，$\eta<1$。不同送风方式的 $\varepsilon$、$\eta$ 值的大致范围如图 5-30 所示。

值得指出的是，下送风、上排风送风方式的 $\eta$ 值大于 1，且具有较高的通风效率，这是该种通风方式受到重视并在一些国家应用的主要原因。

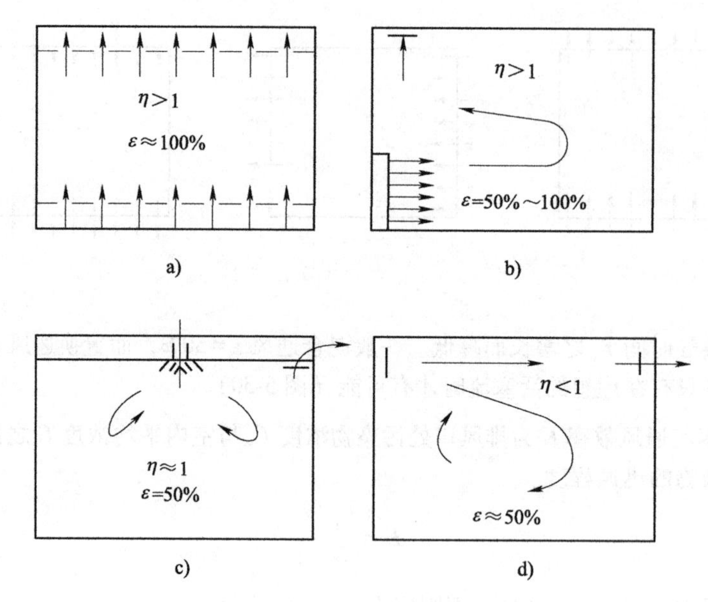


图 5-30 不同送风方式的 $\varepsilon$、$\eta$ 值

# 5.5 建筑物的气密性与烟囱效果

## 5.5.1 建筑物的气密性

### 1. 气密性

建筑物的气密性是指建筑物通过门、窗等缝隙进行室内外空气交换的程度，是衡量建筑外围护空气渗透能力的指标。在建筑节能、防霾侵害和隔声防噪等多项目标中，气密性能是建筑节能控制的重要目标。气密性越好，空气渗透围护结构的能力就越弱，对保障室内温湿度舒适性和节能降耗具有非常重要的作用。良好的气密性除了能够防止室内外热交换之外，也能防止室外污染物进入室内。

建筑物的气密性能可以通过试验方法测定。建筑物气密性能的试验概图如图 5-31 所示，通过送排风系统可以测量出室内外之间的压差和换气量。

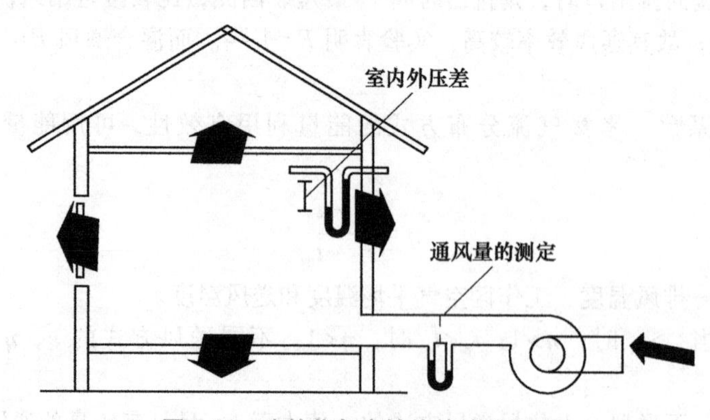


图 5-31 建筑物气密性能的试验概图

### 2. 气密性能的表示法

气密性能一般由试验方法测量的室内外压差和换气量表示。

$$Q = Q_0 (\Delta p)^{1/n} \tag{5-33}$$

式中　$Q$——换气量（$m^3/h$）；

$Q_0$——$\Delta p = 1Pa$ 时的换气量（$m^3/h$）；

$\Delta p$——室内外压差（Pa）；

$n$——缝隙特性值，当层流时 $n=1$；湍流时 $n=2$。

## 5.5.2　室外气流及室内外温度差形成的压力

### 1. 室外气流的作用

图 5-32 所示为在建筑物四周因空气流动作用时，形成的不同压力分布。在迎风面，来流的动压变成静压，使压力增加；在屋面和背风面则因气流与建筑物壁面的分离作用，而形成循环区域，并使之压力降低。

建筑物四周因气流流动而产生的压力 $p_w$ 按下式计算

$$p_w = C\left(\frac{\rho v_r^2}{2}\right) \tag{5-34}$$

式中　$C$——风压系数，在迎风面为正；在屋顶、背风面为负；

$v_r$——来流平均风速（m/s）。

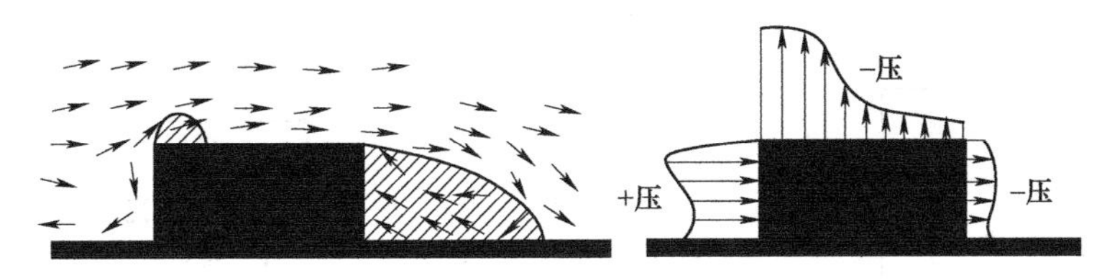


图 5-32　建筑物周围的压力和气流分布

### 2. 室内外温度差形成的压力

图 5-33 所示为当周围空气静止时，因室内外温度差而成的室内外压力分布。

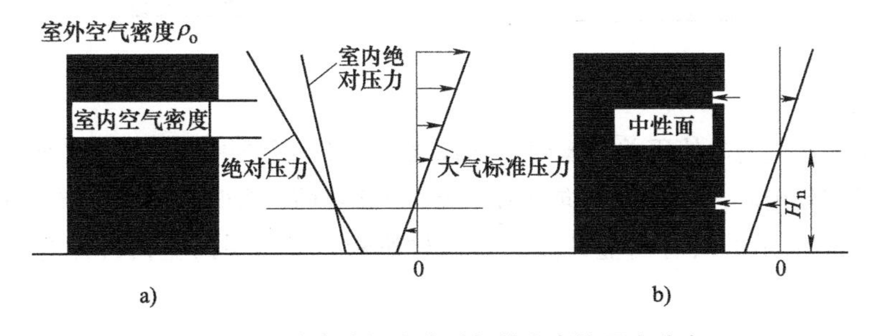


图 5-33　室内外温度差引起的室内外压力分布

室内空气密度为 $\rho_1$、室外为 $\rho_o$，且 $\rho_1 < \rho_o$。当只有下部开口时，会形成图 5-33a 所示的压力分布；而当上、下均开口时，则会形成图 5-33b 所示的压力分布。

### 5.5.3 高层建筑与烟囱效应

**1. 烟囱效果**

烟囱效应（stack effect），是指户内空气沿着有垂直坡度的空间向上升或下降，造成空气加强对流的现象。在有共享中庭、竖向通风（排烟）风道、楼梯间等具有类似烟囱特征，即从底部到顶部具有通畅的流通空间的建筑物、构筑物（如水塔）中，空气（包括烟气）靠密度差的作用，沿着通道很快进行扩散或排出建筑物的现象，即为烟囱效应。烟囱效应可以是逆向的。当户内的温度较户外为低（例如夏天使用空调时），气流可以在烟囱内向下流动，将户外空气从烟囱抽入室内。

对于高层建筑而言，在严寒的冬季因室内外的温差，而使整个建筑就像烟囱一样。当在建筑物下部的入口有一定开启度时，室外冷空气会迅速进入室内，并流入建筑物上部逐渐被加热，最后通过缝隙渗透等方式排出室外（图 5-34）。这种现象主要是由室内温度差引起的。与外墙的缝隙多少并无直接关系。因此，为了保证室内一定的温度和气温分布，必须认真考虑高层建筑的烟囱效果。

**2. 浮力**

设建筑物高度为 $H$，室内外空气的温度沿高度方向一致，分别为 $\theta_i$ 和 $\theta_o$，对应的密度分别为 $\rho_i$ 和 $\rho_o$，则浮力 $p$ 可由下式计算：

$$p = (\rho_o - \rho_i)gH \tag{5-35}$$

如图 5-35 所示，若建筑物上部的压差为 $\Delta p_u$，底层的压差为 $\Delta p_d$，则 $p$ 为

$$p = \Delta p_u - \Delta p_d \tag{5-36}$$

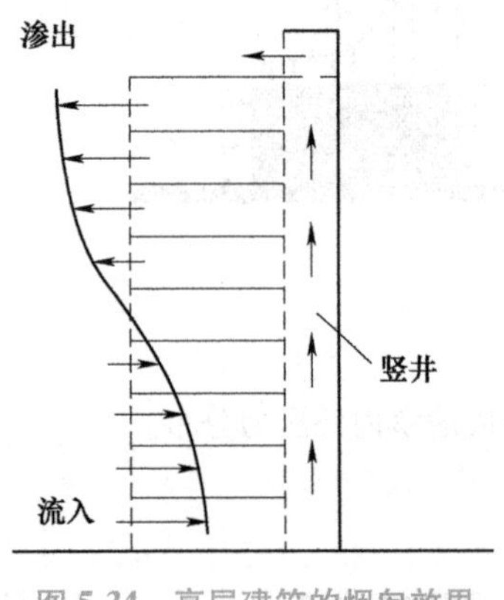

图 5-34　高层建筑的烟囱效果

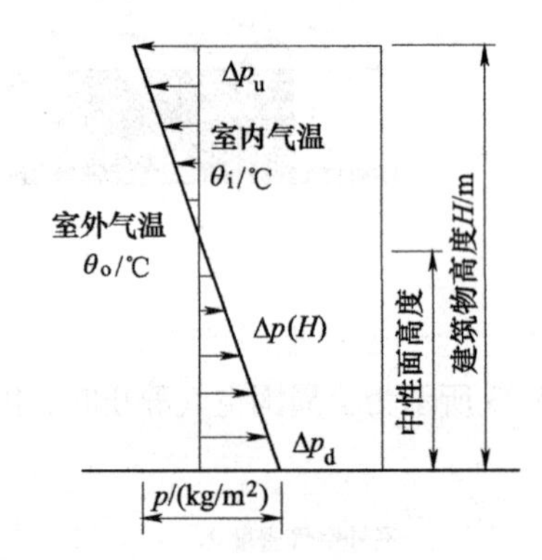

图 5-35　浮力与内外压力差的关系

当建筑物某一高度的内外压差为零时，则称该高度 $H_n$ 所处平面为中性平面。一般情况下，当建筑物下部开口集中时，$H_n$ 位置会向下移；而当上部缝隙较多时，$H_n$ 位置会向上移。

对于如图 5-36 所示的具有内竖井或天井的建筑物，某一层的室内外压差 $\Delta p_i$ 为 $\Delta p_{SR,i}$ 与 $\Delta p_{RO,i}$ 之和，即

$$\left.\begin{aligned} \Delta p_i &= \Delta p_{SR,i} + \Delta p_{RO,i} \\ \Delta p_{SR,i} &= p_{Si} - p_{Ri} \\ \Delta p_{RO,i} &= p_{Ri} - p_{Oi} \end{aligned}\right\} \tag{5-37}$$

式中　$\Delta p_{SR,i}$——天井（竖井）与室内之间的压力差（Pa）；

$\Delta p_{\mathrm{RO,i}}$——室内或走廊与室外之间的压力差（Pa）；

$p_{\mathrm{Si}}$——天井（竖井）内的绝对压力（Pa）；

$p_{\mathrm{Ri}}$——室内或走廊内的绝对压力（Pa）；

$p_{\mathrm{oi}}$——室外空气的绝对压力（Pa）。

若令

$$K = \Delta p_{\mathrm{RO,i}} / \Delta p \tag{5-38}$$

则称 $K$ 为外墙的压力负荷率。当 $K$ 值较大时，在气密性较好的楼层将不会受到风压的干扰，而 $K$ 值较小时，则易出现风压的干扰现象。

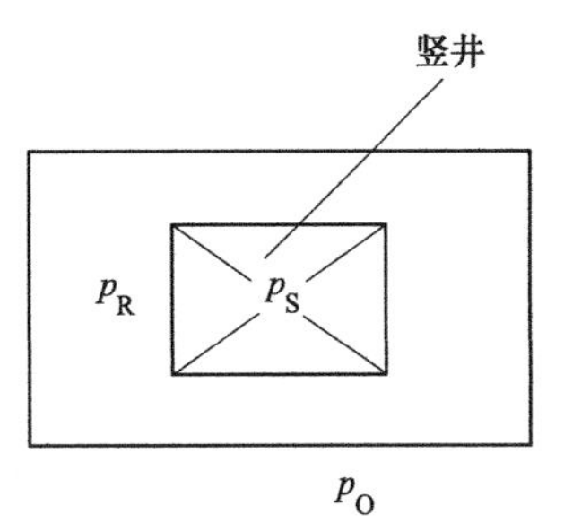


图 5-36　具有内天井的建筑物

## 复习思考题

1. 为什么人们感觉到研究室内空气环境的必要性与紧迫性？
2. 什么是阈值？什么是加权平均阈值？
3. 什么是室内环境品质，它与室内空气品质的关系是什么？
4. 试阐述室内空气品质的评价方法。
5. 室内空气污染的来源都有哪些？
6. 室内主要的气体污染物有哪些？来源、危害及防治措施各是什么？
7. 自然通风有哪些特点？
8. 什么是热压、余压和风压？
9. 从建筑的朝向、间距、平面布置等方面分析，如何更好地组织自然通风？举例说明。
10. 如何根据卫生标准确定换气量？
11. 气流分布性能的评价指标有哪些？
12. 什么是空气龄、换气效率、通风效率？
13. 试对比换气次数与空气龄的概念。
14. 举例说明目前建筑环境与能源应用工程专业的新的发展趋势，就其中的一个做详细说明。

## 参考文献

[1] 柳孝图．建筑物理 [M]．3 版．北京：中国建筑工业出版社，2010.

[2] 李念平．建筑环境学 [M]．北京：化学工业出版社，2010.

[3] 朱颖心．建筑环境学 [M]．4 版．北京：中国建筑工业出版社，2016.

[4] 黄晨．建筑环境学 [M]．2 版．北京：机械工业出版社，2016.

[5] 李念平，朱赤晖，文伟．室内空气品质的灰色评价 [J]．湖南大学学报：自然科学版，2002 (4)：85-91.

[6] 文伟，李念平，朱赤晖．室内空气品质主观评价与室内空气污染物的灰色系统关联度分析 [J]．建筑热能通风空调，2001 (6)：28-31.

[7] 沈晋明．室内空气品质的评价 [J]．暖通空调，1997，27 (4)：22-25.

[8] 徐科峰，钱城，王军英．建筑环境学 [M]．北京：机械工业出版社，2003.

[9] 吕阳，卢振．室内空气污染传播与控制 [M]．北京：机械工业出版社，2014.

[10] 宋广生．中国室内环境污染控制理论与实务 [M]．北京：化学工业出版社，2006

# 第 6 章 建筑光环境

为营造健康舒适的建筑环境，除考虑室内的热、湿环境外，建筑光环境也占有重要的地位。随着现代建筑的发展，人们对室内光环境的要求从只要求“亮”逐渐发展到有合理的照度和亮度分布、宜人的光色、正确的投光方向等，以满足人们的视觉和心理需要。本章主要讨论光与颜色、视觉与光环境、天然光照明、人工照明的基本理论，着重介绍天然光照明和人工照明的基本知识和设计方法，并简要介绍光环境的测量仪器和测量方法。

## 6.1 光与颜色的基本概念

### 6.1.1 光的基本量和单位及相互关系

光是以电磁波形式传播的辐射能。波长为 380~760nm 的辐射才可引起光视觉，称之为可见光。其中，波长小于 380nm 的是紫外线、X 射线、γ 射线、宇宙线；波长大于 760nm 的是红外线、无线电波等，这些光人眼是看不见的，但如果辐射强度足够，人们会感觉到皮肤发热。紫外线、可见光、红外线统称为光辐射。

1. 光通量

光源向周围辐射电磁波能量，其表面上微小面积 $ds$ 在单位时间内向所有方向辐射的能量称为该微小面积的辐射通量，辐射通量具有功率的量纲，单位为瓦（W）。相应的辐射通量中被人眼感觉为光的那部分能量称为光通量。

人眼对不同波长单色光的视觉亮度感受性不一样。对不同波长光的视觉效应引用视见函数 $V(\lambda)$ 表示，它等于光通量与辐射量之比。视见函数与外界照度条件有关，在白天照度较大时，$V(\lambda)$ 的峰值波长为 570nm，中等照度时 $V(\lambda)$ 的峰值波长为 555nm。在光亮的环境中（适应亮度 >3cd/m$^2$），辐射功率相等的单色光看起来以波长 555nm 的黄绿光最明亮。在较暗的环境中（适应亮度<0.03cd/m$^2$ 时），人的视觉感受性将发生变化，以 $\lambda$=510nm 的蓝绿光最为敏感。对于可见光以外的辐射能，$V(\lambda)$ = 0，即无论其辐射功率有多大，也不能引起人眼的光刺激，故称为不可见光。图 6-1 所示为中等照度下视见函数曲线。

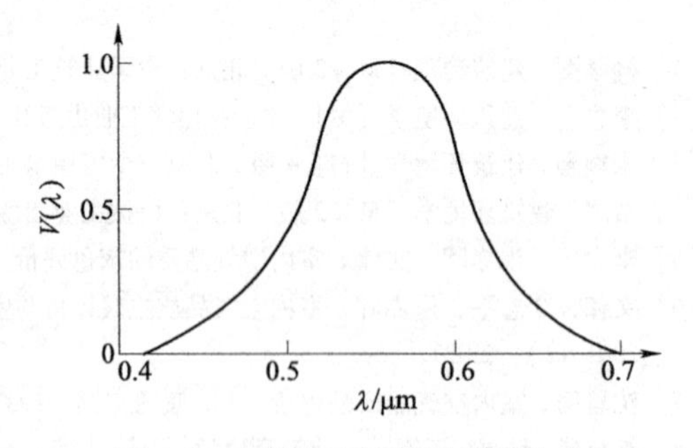

图 6-1 中等照度下视见函数曲线

根据辐射通量定义，光通量可由辐射量及 $V(\lambda)$ 函数导出，单位为流明（lm），见式（6-1）：

$$\varphi = K_m \int \varphi_{e,\lambda} V(\lambda)\,d\lambda \tag{6-1}$$

式中　$\varphi$——光通量（lm）；

$\varphi_{e,\lambda}$——波长为 $\lambda$ 的单色辐射能通量（W/nm）；

$V(\lambda)$——CIE 标准光度观测者明视觉光谱效率；

$K_m$——最大光谱光视效能（lm/W）。

光视效能 $K$ 是描述光和辐射之间关系的量，它是与单位辐射通量相当的光通量（$K = \varphi_n/\varphi_e$）。但是，$K$ 值是随光的波长而变化的，$K(\lambda)$ 的最大值 $K_m$ 在 $\lambda = 555\text{nm}$ 处。根据一些国家权威实验室的测量结果，1977 年，国际计量委员会决定采用 $K_m = 683$ lm/W。

光通量的单位是流明，符号是 lm。在国际单位制和我国规定的计量单位中，它是一个导出单位。1cm 是发光强度为 1cd 的均匀点光源在 1sr 发出的光通量。

在照明工程中，光通量是表示光源发光能力的基本量。例如，一只 40W 白炽灯的光通量为 350 lm；一只 40W 荧光灯发射的光通量为 2100 lm，比白炽灯多 5 倍。

### 2. 照度

照度是受照平面上接受的光通量的密度，符号为 $E$。若照射到表面一点面元上的光通量为 $\mathrm{d}\varphi$，该面元的面积为 $\mathrm{d}s$，则

$$E = \frac{\mathrm{d}\varphi}{\mathrm{d}s} \tag{6-2}$$

照度的单位是勒克斯，符号 lx，1 lx 相当于 1 lm 的光通量均匀分布在 $1\text{m}^2$ 表面上的照度。夏季中午日光下，地平面上照度可达 $10^5$ lx；在装有 40W 白炽灯的书写台灯下看书，桌面照度为 200~300 lx；月光下的照度只有几个勒克斯。

照度可直接相加，几个光源同时照射被照面时，其上的照度为单个光源分别存在时形成的照度的代数和。

### 3. 发光强度

光通量只说明了光源的发光能力，但表示不了光通量在空间的分布情况。因此，将点光源在单位立体角内光通量称为发光强度，符号为 $I$。

$$I = \frac{\mathrm{d}\varphi}{\mathrm{d}\Omega} \tag{6-3}$$

式中　$\Omega$——立体角（sr）。

如图 6-2 所示，以一锥体顶点 $O$ 为球心，以任意长度 $r$ 为半径作一个球面，被锥体截取的一部分球面面积为 $S$，则此锥体限定的立体角 $\Omega$ 为

$$\Omega = \frac{S}{r^2} \tag{6-4}$$

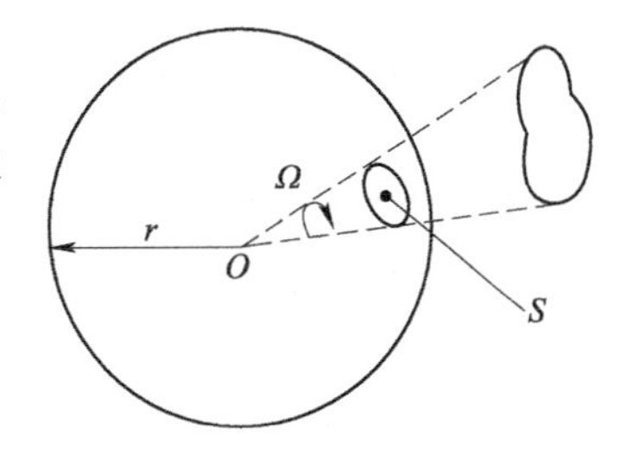

图 6-2　立体角定义

发光强度的单位为坎德拉（Candela），符号 cd。1cd = 1lm/sr。

发光强度常用于说明光源和照明灯具发出的光通量在空间各方向或在选定方向上的分布密度。例如，一只 40W 白炽灯发出 350lm 光通量，它的平均光强度为 $350/(4\pi) = 28\text{cd}$。例如，在裸灯泡上面装一盏白色搪瓷平盘灯罩，灯的正下方发光强度能提高到 70~80cd；若配一个聚焦合适的镜面反射罩，则灯下的发光强度可高达数百坎德拉。在后两种情况下，灯泡发出的光通量并没有变化，只是光通量在空间的分布更为集中了。

### 4. 光亮度

发光强度表示了点光源时的辐射特性，当光源是一有限面积时，其辐射特性在不同的方向

上是不一样的。所以，将某一单元表面在某一方向上的发光强度与此面积在这个方向上的投影面积之比称为光亮度（图 6-3），简称亮度，以符号 $L_\theta$ 表示，单位为 $cd/m^2$。

$$L_\theta = \frac{dI_\theta}{dS\cos\theta} \tag{6-5}$$

上式亮度是一物理亮度。它与主观亮度还有一定区别。例如，在白天和夜间看同一盏交通信号灯时，感觉夜晚灯的亮度高得多。这是因为眼睛适应了晚间相当低的环境亮度的缘故。将直观看去一个物体表面发光的属性称为“视亮度”（Brightness 或 Luminosity）这是一个心理量。

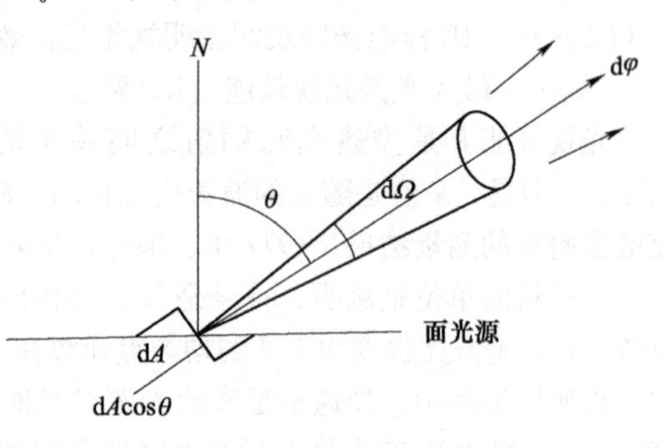

图 6-3 光亮度的概念

太阳的亮度高达 $2\times10^9 cd/m^2$，白炽灯约为 $(3\sim5)\times10^6 cd/m^2$，而普通荧光灯的亮度只有 $(6\sim8)\times10^3 cd/m^2$。

综上所述，4 个基本光的量的定义与单位见表 6-1。

表 6-1 光的量的定义与单位

| 名称 | 符号 | 定义公式 | 单位符号 | 名称 | 符号 | 定义公式 | 单位符号 |
|---|---|---|---|---|---|---|---|
| 光通量 | $\varphi$ | $\varphi = K_m\int\varphi_{e,\lambda}V(\lambda)d\lambda$ | lm | 发光强度 | $I$ | $I=\frac{d\varphi}{d\Omega}$ | cd |
| 照度 | $E$ | $E=\frac{d\varphi}{ds}$ | lx | 亮度 | $L_\theta$ | $L_\theta=\frac{dI_\theta}{dS\cos\theta}$ | $cd/m^2$ |

## 6.1.2 光的反射和透射

借助于材料表面反射的光或材料透过的光，人眼才能看见周围环境中的人和物。也可以说，光环境就是由各种反射与透射光的材料构成的。

光在均匀介质中沿直线传播，它在空气中的传播速度接近 $3\times10^8 m/s$（30 万 km/s），在不同的介质中，光速与折射指数见表 6-2。

表 6-2 光速与折射指数

| 介质的种类 | 光速/(m/s) | 折射指数 |
|---|---|---|
| 真空 | $2.99792\times10^8$ | 1.000000 |
| 空气 | $2.99704\times10^8$ | 1.000293 |
| 水 | $2.4900\times10^8$ | 1.333000 |
| 玻璃 | $1.98210\times10^8$ | 1.512500 |

光在传播过程中遇到新的介质时，会发生反射、透射与吸收现象。若入射光通量为 $\varphi_i$，反射光通量为 $\varphi_\rho$，透射为 $\varphi_\tau$，吸收为 $\varphi_\alpha$，则根据能量守恒定律三者存在下述关系：

$$\varphi_i = \varphi_\rho + \varphi_\tau + \varphi_\alpha \tag{6-6}$$

将反射、透射、吸收的光通量与入射光通量之比，得出反射率 $\rho$、穿透率 $\tau$、吸收率 $\alpha$，即三者相加为 1。

光通量的反射、透射与吸收如图 6-4 所示。

从照明的角度来看，反射比或透射比高的材料才有使用价值。附录中表 B-1 和表 B-2 列出了照明工程常用的反射比和透射比值，仅供参考。

1. 反射

当辐射由一个表面返回时，组成辐射的单色分量的频率没有变化，这种现象叫作反射。反射光的强弱分布取决于材料表面的性质和入射方向。例如，垂直入射到透明玻璃板上的光线约有8%的反射比；加大入射角度，反射比也随之增大，最后会产生全反射。

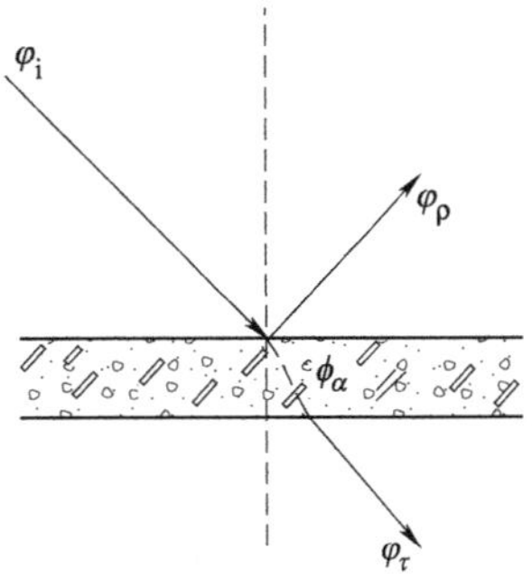

反射光分布形式有规则反射与扩散反射两大类，扩散反射又可分为定向扩散反射、漫反射、混合反射。

图6-4 光通量的反射、透射与吸收

(1) 规则反射　规则反射也叫镜面反射，其特征是光线经过反射之后，仍按一定的方向传播，立体角没有变化如图6-5a所示。光滑密度的表面，如玻璃镜面、磨光金属表面，都形成规律反射。

(2) 定向扩散反射　扩散反射保留了规律反射的某些特性，即在产生规则反射的方向上，反射光最强，但反射光束被“扩散”到较亮的范围（图6-5b），经过冲砂、酸洗或锤击处理的毛糙金属表面具有定向扩散反射的特性。

(3) 漫反射　漫反射的特点是反射光的分布与入射光方向无关，在宏观上无规则反射。

若反射光的光强度分布正好是正切于入射光线与反射表面交点的一个圆球，这种漫反射称为均匀漫反射，如图6-5c所示。其反射光强度有以下关系：

$$I_\theta = I_0\cos\theta \tag{6-7}$$

式中　$I_\theta$——反射光与表面法线夹角为$\theta$方向的光强（cd）；

$I_0$——反射光在反射表面法线方向的最大光强（cd）。

上式为朗伯余弦定律。符合朗伯余弦定律的材料叫朗伯体。这类材料无论反射光的方向如何，其表面各方向上的亮度都相等。氧化镁、硫酸钡、石膏等具有这种特性。而粉刷涂料、乳胶漆、无光塑料墙纸、陶板面砖，可近似看作均匀漫反射材料。

按照朗伯余弦定律可导出，由照度计算均匀漫反射材料表面亮度的简便公式如下：

$$L = \frac{\rho E}{\pi} \tag{6-8}$$

对均匀漫透射材料有

$$L = \frac{\tau E}{\pi} \tag{6-9}$$

式中符号同前。

【例6-1】　某房间墙壁用乳胶漆饰面，其反射比$\rho=0.20$，已知墙面平均照度为50 lx，求墙面平均亮度。

【解】　按式计算

$$L = \frac{\rho E}{\pi} = \left(\frac{0.20\times 50}{3.14}\right)\text{cd/m}^2 = 11.15\text{cd/m}^2$$

(4) 混合反射　多数的材料表面兼有规则反射和漫反射的特性，这称为混合反射，如图6-5d所示。光亮的搪瓷表面呈现混合反射的特性。如在漫反射表面涂一层薄的透明清漆，当光入射角很小时，近似漫反射；入射角加大，约有5%~15%的入射光为镜面反射；入射角很大时，则完

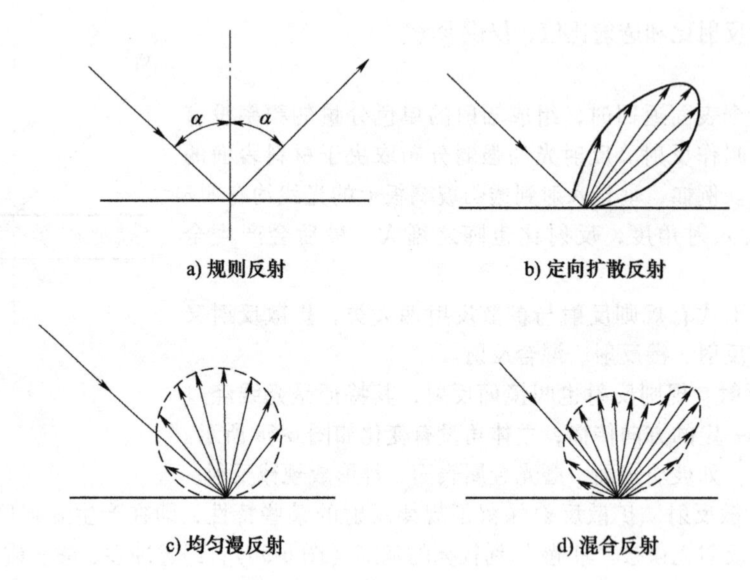


图 6-5 反射光的分布形式

全是镜面反射。

2. 透射

光线通过介质，组成光线的单色分量频率不变，这种现象称为透射。玻璃、晶体、某些塑料、纺织品、水等，都是透光材料，能透过大部分入射光。材料的透光性能不仅取决于它的分子结构，还同它的厚度有关。非常厚的玻璃或水将是不透明的，而一张极薄的金属膜或许是透光的，至少可以是半透光的。

材料透射光的分布形式可分为规则透射、定向扩散透射、均匀漫透射和混合透射四种，如图 6-6 所示。透射材料的透射形式为规则透射，在入射光的背侧，光源与物象清晰可见。磨砂玻璃的透射形式为定向扩散透射，在背光的一侧仅看到光源的模糊影像。乳白玻璃具有均匀漫透

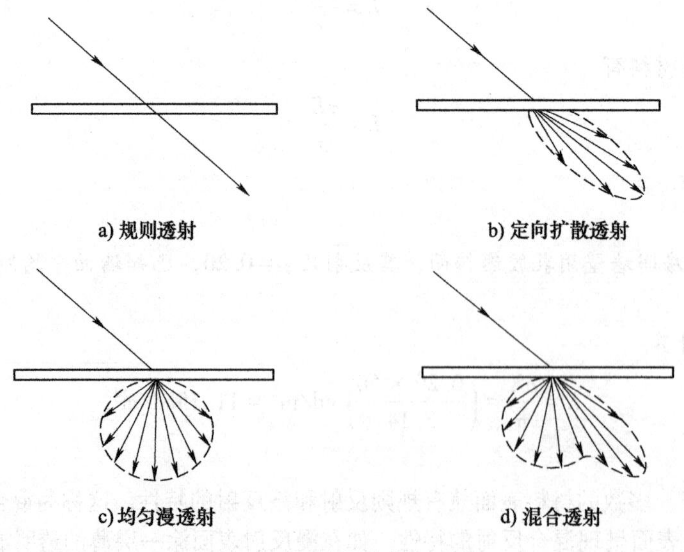


图 6-6 透射光的分布形式

射特性，整个透光面亮度均匀，完全看不见背侧的光源和物象。在透明玻璃上均匀地喷上一层薄漆，其透光性近似于混合透射。如果将白炽灯泡放在这种玻璃的一侧，由另一侧看去，表面亮度相当均匀，同时灯丝的像也很清楚。

3. 折射

光在透明介质中传播，当从密度小的介质进入密度大的介质时，光速减慢；反之，光速加快。这种由于光速的变化而造成光线方向的改变现象，称为光的折射，如图6-7所示。光的折射满足下面关系：

$$\frac{\sin i}{\sin\gamma}=\frac{n_2}{n_1} \tag{6-10}$$

式中 $n_1$、$n_2$——第1、2种介质的折射率；

$i$、$\gamma$——入射角、折射角。

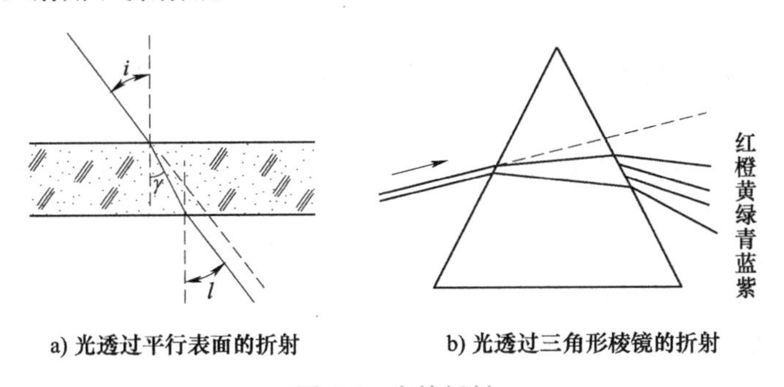


图6-7 光的折射

利用折射性改变光线方向的原理，可制成折光玻璃、各种棱镜灯罩，能精确地控制光分布。

## 6.2 视觉与光环境

### 6.2.1 眼睛与视觉特征

1. 眼的构造

眼睛大体是一个直径25mm的球体，主要由角膜、虹膜、瞳孔、前房、水晶体、玻璃体、视网膜、脉络膜、中央凹、盲点、视神经和视轴组成。人眼剖面图如图6-8所示。

位于眼球前方的部分是透明的角膜，角膜后是虹膜。虹膜是一个不透明的“光圈”，中央有一个洞叫瞳孔，光线经过瞳孔进入眼睛。瞳孔的大小可根据视野的亮度改变。亮度大，瞳孔变小，亮度小，瞳孔放大。瞳孔直径的变化范围为2~8mm。虹膜后面的水晶体起调焦成像作用，能自动改变焦距，保证在远眺或近视时都能在视网膜上形成清晰的像，这个过程称为调视。

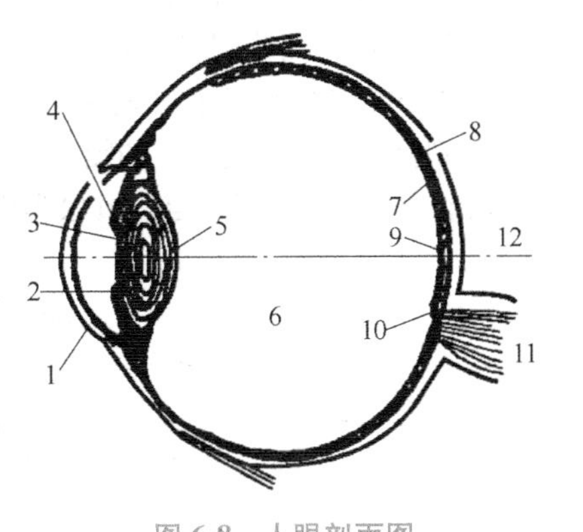


图6-8 人眼剖面图

1—角膜 2—虹膜 3—瞳孔 4—前房 5—水晶体 6—玻璃体 7—视网膜 8—脉络膜 9—中央凹 10—盲点 11—视神经 12—视轴

眼球的内壁约2/3的面积为视网膜。视网膜是眼睛的感光部分，感光细胞有锥体细胞和杆体细胞两种。锥体细胞密集地分布在视网膜中心与视轴焦点的中央凹点附近，有辨认细节和分辨颜色的能力，这种能力随亮度的增加而增加。锥体细胞对于光不甚敏感，当亮度高于 3cd/m² 时，锥体细胞才充分发挥作用，这时称为明视觉。所有的室内照明，都是按明视觉条件设计的。杆体细胞极少在视轴近旁，广泛分布在视轴以外部分。杆体细胞对光非常敏感，但不能分辨颜色，在眼睛能够感光的亮度阈限（约为 $10^{-6}$~0.03cd/m²）的亮度水平，主要是杆状细胞起作用，称为暗视觉。当亮度在 0.03~3cd/m² 时，眼睛处于明视觉和暗视觉的中间状态，称为中间视觉。一般道路照明的亮度水平就相当于中间视觉的条件。

当外界目标在光源照射下，产生颜色、明暗和形体差异的信号，进入人眼瞳孔，并借助眼球调视在视网膜上成像。视网膜上接受的光刺激（即物象）变为脉冲信号，经视神经传给大脑，并通过大脑的解释、分析、判断而产生视觉。因此，视觉的形成依赖于眼睛的生理机能和大脑积累的视觉经验，又和照明状况密切相关。

### 2. 视觉特征

视觉是一个极为复杂的系统，它具有自调能力，能对传递的信息自行调节到最佳清晰度，其具有以下几种特征。

（1）亮度阈限　对于在眼中长时间出现的大目标，其视觉阈限值遵守里科定律，即亮度×面积=常数；也遵守邦森-罗斯科定律，即亮度×时间=常数。这就是说，目标越小或呈现时间越短，越需更高的亮度才能引起视知觉。视觉可忍受的亮度上限约为 $10^6$cd/m²，超过这个数值，视网膜会因为辐射过强而受到伤害。

（2）视觉敏锐度　视觉敏锐度是视觉辨认外界物体细节特征的能力，医学上称为视力。通常用可辨视角的倒数表示：

$$V = \frac{1}{\alpha_{\min}} \tag{6-11}$$

视角即物体的大小对眼睛所形成的张角，如图 6-9 所示，视角的大小 $\alpha$ 为

$$\alpha = \arctan\frac{d}{l} \tag{6-12}$$

式中　$\alpha$——视角（°）；

$d$——目标大小（m）；

$l$——眼睛角膜到目标的距离（m）。

眼睛分辨细节能力主要是中心视野的功能，这一能力因人而异。医学上用兰道尔环，或“E”形视标检验人的视力，如图 6-10 所示。用此方法测定视觉的敏锐度，不仅可反映视觉的明度辨别能力，还表明了一定的解象和定位能力。

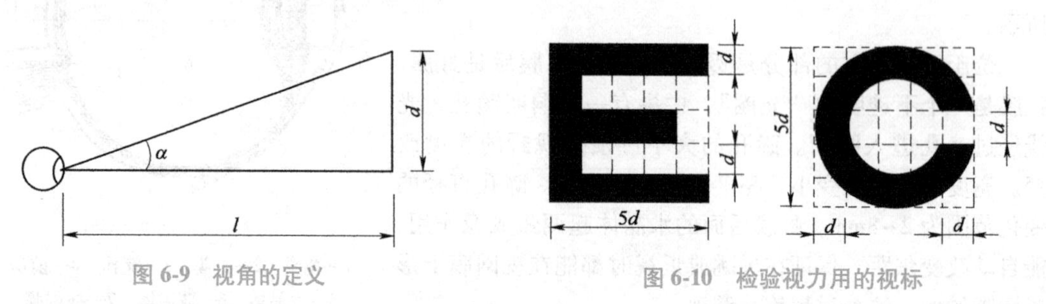


图 6-9　视角的定义　　图 6-10　检验视力用的视标

（3）对比忍受性　任何视觉目标都有它的背景，如看书时白纸是黑字的背景，而桌子又是书本的背景。目标和背景之间在亮度或颜色上的差异，是人们视觉上能认知世界万物的基本条

件。前者为亮度对比，后者为颜色对比。亮度对比是视野中目标（或背景）的亮度与背景（或目标）亮度之比，用符号 $C$ 表示。

$$C=\frac{|L_{o}-L_{b}|}{L_{b}} \tag{6-13}$$

对均匀照明的无光源的背景和目标，亮度比可用下式表示：

$$C=\frac{|\rho_{o}-\rho_{b}|}{\rho_{b}} \tag{6-14}$$

式中 $L_o$——目标亮度（$cd/m^2$）；

$L_b$——背景亮度（$cd/m^2$）；

$\rho_o$——目标反射比；

$\rho_b$——背景反射比。

人眼刚刚能够知觉的最小亮度对比，称为阈限对比，记作 $\overline{C}$，其倒数表示人眼的对比感受性，称为对比敏感度，用符号 $S_C$ 表示。

$$S_C=\frac{1}{\overline{C}}=\frac{1}{\Delta L} \tag{6-15}$$

$S_C$ 随照明条件而变化，并同观察目标的大小和呈现的时间有关。在理想条件下，视力好的人能够分辨 0.01 的亮度对比。即对比感受性最大可达 100。

图 6-11 所示为一组以 20~30 岁青年做的试验获得的对感受性与背景亮度曲线。

（4）人眼对间断光的响应　视觉器官对间断光刺激的时间辨别主要表现为对稳定刺激和不同频率的闪光刺激的分辨能力。人们观察周期性波动光刺激时，对波动频率较低的光，可明显感到光亮闪动；频率增高，产生的闪烁越强，进一步增高频率，闪烁光消失。周期性波动光在主观下不引起闪烁光时的最低频率叫作临界闪烁频率。临界闪烁频率与波动光的亮度、波形以及振幅有关，在亮度较低时，还与颜色有关。图 6-12 所示是以全对比的矩形波动光为例，得出的临界闪烁频率与波动光亮度关系曲线。

从图中可看出，不同的波长色光对临界闪烁频率的主要影响主要发生在较低的网膜照度水平处，当照度大于 $1.2\times10^2$ lx，临界闪烁频率与颜色无关。人眼最大临界闪烁频率≤50Hz。

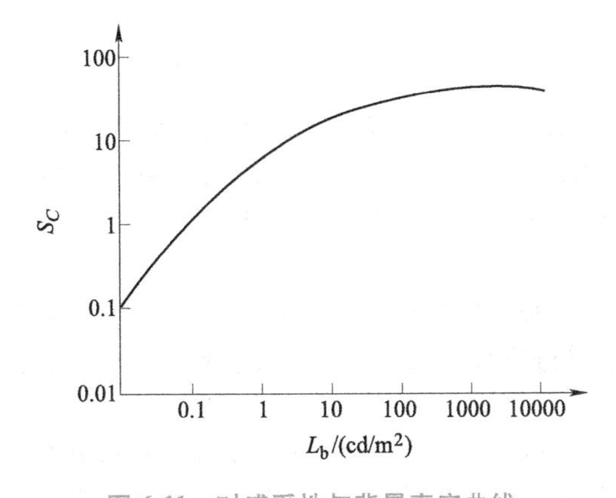


图 6-11　对感受性与背景亮度曲线

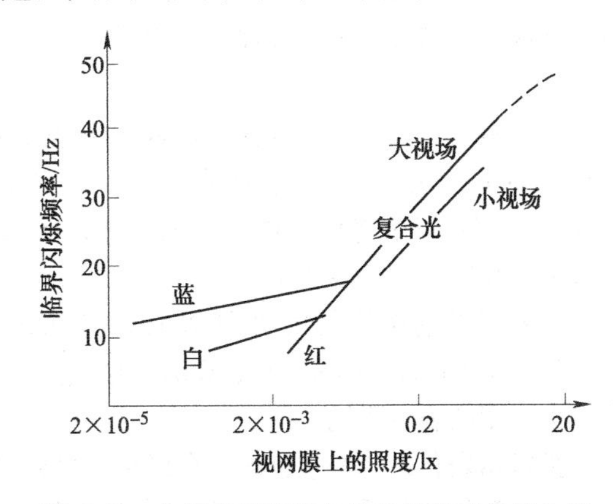


图 6-12　临界闪烁频率与波动光亮度关系曲线

（5）视觉速度　从发现物体到形成知觉需要一定的时间。将物体出现到形成视知觉所需要的时间倒数称为视觉速度（$1/t$）。试验表明，在照度很低的情况下，视觉速度很慢，随照度的增加（100~1000 lx）视觉速度上升很快；但达到 1000 lx 以上，视觉速度的变化就不明显了。

（6）视觉能力的个人差异　视觉能力取决于眼睛光学系统各种部件的形状和透明度、眼睛的调视、对光能力及视网膜的光谱灵敏度等因素。视觉能力因人而异。一般人到中年以后，视觉能力随年龄的增长而衰退，而 60 岁老人的视力只有 20~30 岁年轻人的 1/3。

### 6.2.2　颜色对视觉环境的影响

颜色同光一样，是构成光环境的要素。颜色设计需要物理学、心理学及美学等各方面的知识。

#### 1. 颜色的分类及特点

（1）颜色的分类　可见光包含的不同波长的单色辐射，其在视觉上反映出不同的颜色。表 6-3 是光谱颜色波长及范围，在两个相邻颜色范围的过渡区，人眼还能看到各种中间颜色。

表 6-3　光谱颜色波长及范围　（单位：nm）

| 颜色 | 波长 | 范围 | 颜色 | 波长 | 范围 |
|---|---|---|---|---|---|
| 红 | 700 | 640~750 | 绿 | 510 | 480~550 |
| 橙 | 620 | 600~640 | 蓝 | 470 | 450~480 |
| 黄 | 580 | 550~600 | 紫 | 420 | 400~450 |

颜色可分为彩色和无彩色两大类。任何一种彩色的表现颜色都可以用色调、明度、彩度 3 个主观属性来描述。色调是各彩色彼此区别的特性，是各种单色光在白色背景上的呈现，如红、橙、黄、绿、蓝等。明度是指颜色相对明暗特性。彩色光亮度越高，人眼越感觉明度高，反之，则明度低。彩度是指彩色的纯洁性。可见光谱中各种单色光彩度最高，光谱色掺入白光成分越多，彩度越低。非彩色指白色、黑色和中间深浅不同的灰色。它们只有明度的变化，没有色调和彩度的区别。

（2）颜色的混合　人眼能够感知和辨认的每一种颜色都能用待定波长的红、绿、蓝三种颜色匹配出来，在色度学中将红、绿、蓝称为三原色。颜色的混合，可以是颜色光的混合，也可以是物体（颜料）的混合。前一种混合，是一种相加的混合，后一种混合为相减的混合。而颜色的相加混合，应用在不同类型的混光照明、舞台照明、彩色电视的颜色合成等方面。光的混合如黄和蓝混合为白色，称此两种颜色为互补色。

#### 2. 颜色的度量

定量地表示颜色称为表色（Color Specification），表示颜色的数值称为表色值（Color Specification Value）。把为了表色而采用的一系列规定和定义所形成的体系称为表色系统（Color System），目前已有多种形式的表色系统，常见的有孟塞尔表色系统、CIE 1931 标准色度系统，本节主要介绍孟塞尔表色系统。

孟塞尔表色系统是由美国画家 A. H. Munsell 于 1905 年提出的。1930 年末，美国光学学会（Optical Society of America，OSA）色度委员会将其进行尺度修正后形成表色系统。它是目前国际上通用的表色系统。

孟塞尔表色系统按颜色的 3 个属性：色调（$H$）、明度（$V$）和彩度（$C$）对颜色进行分类与标定。孟塞尔表色系统可用一个立体图说明（图 6-13），中央轴代表无彩色（中性色）明色等级，从下理想黑度 0，到上理想白色 10，共有 11 个等级。颜色样品离开中央轴的水平距离，代表彩度的变化。中央轴彩度为 0，与中央轴的距离越大，彩度越大。

颜色立体水平剖面各个方向表示 10 种孟塞尔色调，其中红（R）、黄（Y）、绿（G）、

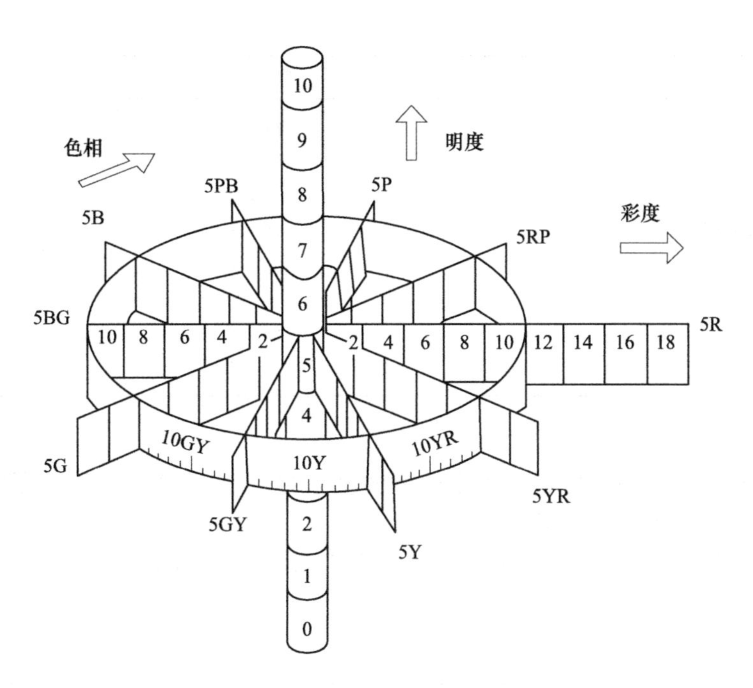


图 6-13 孟塞尔颜色立体图

蓝（B）、紫（P）5种色调和黄红（YR）、绿黄（GY）、蓝绿（BG）、紫蓝（PB）、和红紫（RP）5种中间色调，每种色调又分为10个等级，主色调与中间色调的等级都定为5。

孟塞尔表色系统的表示方法为：$HV/C$=色调×明度/彩度

例如：标号为10Y8/12的颜色，其色调是黄与绿黄的中间色，明度值为8，彩度为12。

无彩色用N表示，即N$V$/=中性，明度值。

例如：N7/表示明度值为7的中性值。

### 3. 光源的颜色的质量

在光环境设计实践中，照明光源的颜色质量常用两个性质不同的术语来表示：①光源的色表，即灯光的表现颜色；②光源的显色性，指灯光对它照射的物体颜色的影响作用。

（1）光源的色表　在照明应用领域里，常用色温定量描述光源的色表。当一个光源的颜色与全辐射体（黑体）在某一温度时发出的光色相同时，全辐射体的温度就叫作光源的色温，用符号 $T_0$表示，单位是K（绝对温度）。

热辐射光源，如白炽灯，其光谱分布与全辐射体（黑体）辐射光谱非常相近，都是连续光谱。因此，用色温来描述它的色表很恰当。而非辐射光源、荧光灯、高压钠灯的光谱功率分布形式与全辐射体辐射相差甚大，此时不能用色温来描述这类光源的色表，但允许用与某一温度辐射最接近的颜色来近似地确定这类光源的色温，称为相关色温，以符号 $T_{cp}$表示。

（2）光源的显色性　物体颜色随不同照明条件而变化，将物体在待定光源下的颜色同它在参照光源下的颜色相比的符合程度定义为待测光源的显色性（Color Rendering Property）。一般公认中午的日光是理想的参照光源。虽然，日光光谱在一天中有很大变化，但人眼已习惯了变化，因此当两者的色温相近时，将日光作为评定热工光源显色性的参照光源是合理的。

显色指数（$R_a$）的最大值定为100。一般认为 $R_a$=80～100，显色优良；$R_a$=50～79，显色一般；$R_a$<50时显色性一般较差。表6-4所示为光源的一般显色性。

表 6-4 光源的一般显色性

| 光源名称 | 一般显色指数 | 相关色温/K |
| --- | --- | --- |
| 白炽灯（500W） | 95 以上 | 2900 |
| 碘钨灯（500W） | 95 以上 | 2700 |
| 溴钨灯（500W） | 95 以上 | 3400 |
| 荧光灯（日光色 400W） | 70~80 | 6600 |
| 外镇高压汞灯（400W） | 30~40 | 5500 |
| 内镇高压汞灯（450W） | 30~40 | 4400 |
| 镝灯（1000W） | 85~95 | 4300 |
| 高压钠灯（400W） | 20~25 | 1900 |

#### 4. 颜色心理效果

颜色对人们的视觉影响是物理—生理—心理过程。对色觉的判断，不仅只是眼睛的作用，还有听觉、嗅觉、味觉、触觉等作用的综合影响。

在色觉的心理上，不同经历、个性、年龄、教养、民族、性别的人对色觉的感受是不同的，表 6-5 所示为色感共通性。

表 6-5 色感共通性

| 心理感受 | 左趋势 | 积极色 | | | | 中性色 | | 消极色 | | | 右趋势 |
| --- | --- | --- | --- | --- | --- | --- | --- | --- | --- | --- | --- |
| 明暗感 | 明亮 | 白 | 黄 | 橙 | 绿、红 | 灰 | 灰 | 青 | 紫 | 黑 | 黑暗 |
| 冷热感 | 温暖 | | 橙 | 红 | 黄 | 灰 | 绿 | 青 | 紫 | 白 | 凉爽 |
| 胀缩感 | 膨胀 | | 红 | 橙 | 黄 | 灰 | 绿 | 青 | 紫 | | 收缩 |
| 距离感 | 近 | | 黄 | 橙 | 红 | | 绿 | 青 | 紫 | | 远 |
| 重量感 | 轻盈 | 白 | 黄 | 橙 | 红 | 灰 | 绿 | 青 | 紫 | 黑 | 沉重 |
| 兴奋感 | 兴奋 | 白 | 红 | 橙红 | 黄、绿<br>红、紫 | 灰 | 绿 | 青<br>绿 | 紫<br>绿 | 黑 | 沉静 |

### 6.2.3 视觉的功效与舒适光环境要素

#### 1. 视觉功效

人借助视觉器官去完成视觉作业的效能称视觉功效（Visual Performance），它取决于作业大小、形状、位置和所成的光环境，即除去个人因素外，主要与视角、照度、亮度对比系数和识别时间有关。作业可见度是作业时可以被看清的难易程度，主要影响因素为作业的细节、大小、对比、呈现时间与亮度。

识别概率是一种视觉生理阈限的量度，即正确识别次数与识别总次数的比率。图 6-14 所示是对男女各 10 名，年龄 20~30 岁的青年工人进行的视觉功效的试验数据。其中，图 6-14a 为 50%的辨认概率，相当于阈限可见度水平；图 6-14b 为 95%的辨认概率，接近于辨认完全正确的水平。由这些曲线反映的视角、对比、照度和视觉功效的关系，可以总结出以下规律：

1）在不同照度下，达到 95%辨认精度（较高的视觉功效）所需的亮度对比高于 50%的辨认精度所需的亮度对比（阈限对比），两者的比值是一个常数。

2）在相同照度下，视角和亮度对比可以互相补偿，即加大亮度对比，能使辨认的视角减

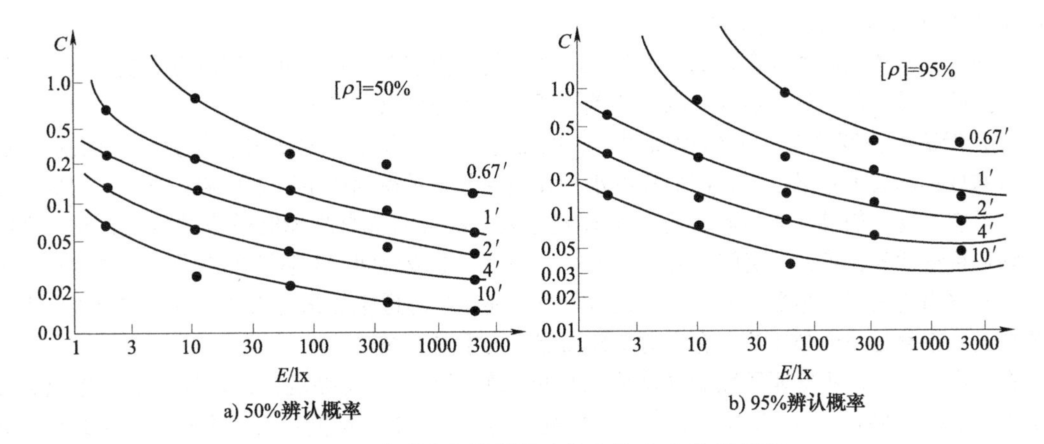


a) 50%辨认概率　　b) 95%辨认概率

图 6-14 中国青年的视觉功效曲线 [ρ]-辨认概率

小；视角增大，需要的亮度对比可以降低。

3）亮度对比一定，分辨的视角越小，需要的照度越高。

4）视角不变，减小亮度对比，则达到一定辨认水平所需的照度增高。亮度对比越小，同等亮度对比变化率所需要的照度增量越大。

### 2. 舒适光环境要素

评价光环境的质量，除了用户的感觉外，还应在生理和心理上提出具体的物理指标作为设计依据。世界各国的科学工作者都进行了大量的研究工作，通过大量视觉功效的心理物理试验，找出了评价光环境质量的客观标准。舒适光环境要素主要包括以下几个方面。

（1）适当的照度或亮度水平　人眼对外界环境明亮差异的知觉，取决于外界景物的亮度。确定照度水平要综合考虑视觉功效，舒适感与经济、节能等因素。表 6-6 列出了国际照明组织（CIE）对不同作业和活动推荐的照度。

表 6-6 CIE 对不同作业和活动推荐的照度

| 照度范围/lx | 作业或活动的类型 |
|---|---|
| 20~50 | 室外入口区域 |
| 50~100 | 交通区，简单地判别方位或短暂逗留 |
| 100~200 | 非连续工作的房间，例如工业生产监视，贮藏，衣帽间、门厅 |
| 200~500 | 有简单视觉要求的作业，如粗加工、讲堂 |
| 300~750 | 有中等视觉要求的作业，如普通机加工、办公室、控制室 |
| 500~1000 | 有较高视觉要求的作业，如缝纫、检验和试验、绘图室 |
| 750~1500 | 难度很高的视觉作业，如精密加工和装配、颜色辨别 |
| 1000~2000 | 有特殊视觉要求的作业，如手工雕刻、很精细的工件试验 |
| 72000 | 极精细的视觉作业，如微电子装配、外科手术 |

从表中看出，不同性质的场所对照度值的要求不同，适宜的照度应当是在某具体工作条件下，大多数人都感觉比较满意且保证工作效率和精度均匀较高的照度值。

（2）合理的照度分布　规定照度的平面称为参考面，通常以假想的水平工作面照度作为设计标准。对于站立工作人员，水平面工作距地面 0.9m；对于坐着的人是 0.75~0.8m。对一般照明，还应考虑照度均匀度的要求，照度均匀度以工作面上的最低照度与平均照度之比表示，一般不小于0.7，CIE建议数值为0.8。

在交通区、休息区和大多数的公共建筑，适当的垂直照明比水平面的照度更为重要，一般认为空间内照度最大值、最小值与平均值相差不超过1/6是可以接受的。

（3）舒适的亮度分布　人的视野很广，在工作房间里除工作对象外，作业区、顶棚、墙、人、窗和灯具都会进入眼帘，它们的亮度水平和亮度分布对视觉产生重要影响：第一，构成周围视野的适应亮度，如果它与中心视野亮度相差过大，就会加重眼睛瞬时适应的负担，或产生眩光，降低视觉功效；第二，房间主要表面的平均亮度，形成房间明亮程度的总印象，亮度分布使人产生对室内空间形象感受。所以，无论从可见度还是从舒适感的角度来说，室内主要表面有合理的亮度分布都是完全必要的，它是对工作面照度的重要补充。

在工作房间，作业近邻环境的亮度应当尽可能低于作业本身亮度，但最好不低于作业亮度的1/3，而周围视野（包括顶棚、墙、窗等）的平均亮度，应尽可能不低于作业亮度的1/10。灯和白天的窗亮度则应控制在作业亮度的40倍以内。要实现这个目标，最好统筹考虑照度和反射比这两个因素，因为亮度与二者的乘积成正比。

墙壁的反射比最好在0.3~0.7，其照度为作业照度的1/2为宜。照度水平高的房间要选低一点的反射比。地板空间的反射比应在0.1~0.3，这个数值是考虑了工作面以下的地面受家具遮挡的影响后提出来的，多半要用浅色的家具设备（反射比为0.25~0.50），浅色的地面才能达到要求。

非工作房间，特别是装修水准高的公共建筑大厅的亮度分布，往往根据建筑创作的意图来决定。其目的是突出空间或结构的形象，渲染特定的气氛或强调某种室内装饰效果。这类光环境亮度水平的选择和亮度分布的设计也应考虑视觉舒适感，但不受上述亮度比的限制。

（4）宜人的光色　在人类漫长的进化过程中，由于对太阳光线物理特性的适应，人类形成了视觉器官的特殊结构，以适应光线强度的变化。太阳的辐射光是连续光谱，在日出前或日落后，色温较低，约2000~4500K，在中午及阴天时色温较高，约5000~7000K。在夜晚，人们常常利用火光照明，先是用火把，后来发明了蜡烛与油灯，火光是色温较低的连续光谱。总之，人类在历史进程中特别习惯于日光与火光，对这两种光色形成特殊的偏好。人对光色的爱好同照度水平有相应的关系，1941年，Kruithoff根据他的试验，定量地提出了光色舒适区的范围，如图6-15所示。

（5）避免眩光干扰　当视野内出现高亮度或过大的亮度比时，会引起视觉上的不舒适、烦恼或视觉疲劳，这种高亮度或亮度对比称为眩光。它是评价光环境舒适性的一个重要指标。当这种高亮度或大亮度对比被人眼直接看到时，称为“直接眩光”；若是从视野内的光滑表面反射到眼睛，则称为“反射眩光”或“间接眩光”。眩光效应与光源的亮度与面积成正比，并随着光源对视线的偏角减小而减弱。

根据眩光对视觉的影响程度，可分为“失能眩光”和“不舒适眩光”。“失能眩光”的出现会导致视力下降，甚至丧失视力。“不舒适眩光”的存在使人感到不舒服，影响注意力的集中，时间长会增加视觉疲劳，但不会影响视力。对室内光环境来说，遇到的基本上都是不舒适眩光。发光体角度与眩光的关系如图6-16所示。

（6）光的方向性　在光的照射下，室内空间结构特征、人和物都能清晰而自然地显示出来，这样的光环境给人生动的感受。一般来说，照明光线的方向性不能太强，否则会出现生硬的阴影，令人心情不愉快；但光线也不能过分漫射，以致被照物体没有立体感，平淡无奇。

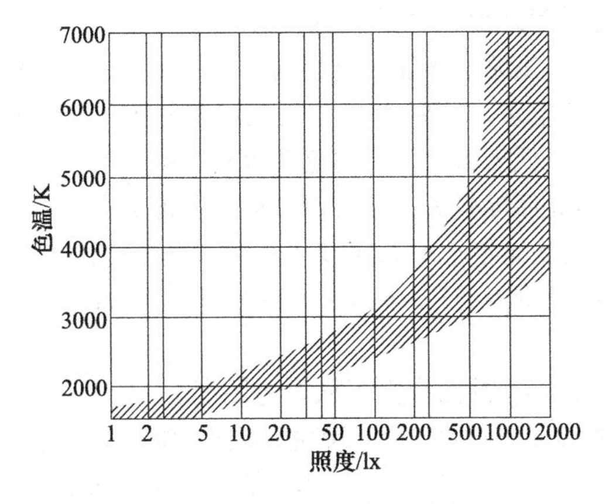


图 6-15　照度水平与舒适光色温

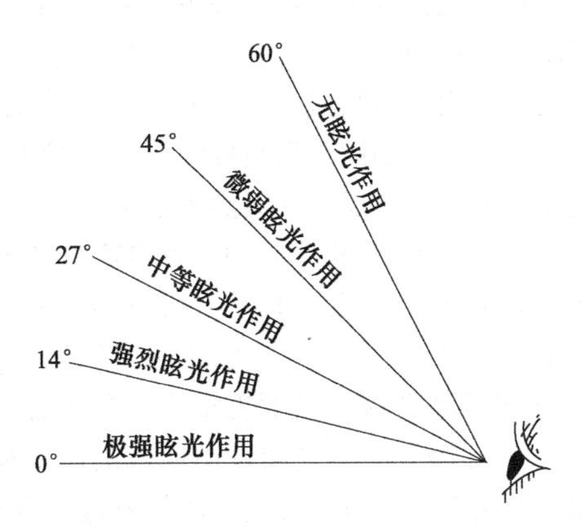


图 6-16　发光体角度与眩光的关系

# 6.3　天然光照明

## 6.3.1　光气候与采光标准

天然光照明是利用太阳光源来满足建筑室内光环境的。随着现代建筑的发展，室内光环境对人工光源的依赖性逐渐增加，造成建筑照明的能耗增大。近年来的研究表明，太阳的全光谱辐射是人们在生理和心理上长期感到舒适、满意的关键因素之一。将适当的昼光引进室内照明，并且让人能透过窗户看见室外的景物，是提高工作效率、保证人们身心舒适的重要条件。所以，建筑物充分利用昼光照明的意义不仅在于获得较高的视觉功效、节约能源和费用，还是一项长远的保护人体健康的措施，而且多变的天然光又是表现建筑艺术造型、材料质感，渲染室内环境气氛的重要手段。

### 1. 光气候

（1）昼光组成　太阳是昼光（Daylight）的光源。日光（Sunlight）在通过地球大气时，部分被空气中的尘埃和气体分子扩散，于是白天的天空呈现出一定的亮度，这就是天空光（Skylight）。昼光是太阳的直射光和天空光的总和。

在采光设计中，昼光（天然光）往往指的是天空光。直射日光强度极高，变化快，由于房间常需遮蔽日光，因此在采光计算中一般不考虑直射日光。地面照度来源于日光和天空光，其比例随太阳高度与天气变化而变化。通常，按照天空中云的覆盖面积将天气分为3类：

1）晴天：云覆盖天空的面积占0~3/10。

2）多云天：云覆盖天空的面积占4/10~7/10。

3）全阴天：云覆盖天空的面积占8/10~1。

晴天时，地面照度主要来自直射日光，随着太阳高度角的增大，直射日光照度在总照度中占的比例也加大。全阴天则几乎完全是天空扩散光照明；多云天介于二者之间，太阳时隐时现，照度很不稳定。

（2）光气候　影响天然光变化或变动的一些气象因素称为光气候。例如，太阳高度角、云量、云状、大气透明度等都属于光气候的范围。

天气是指阴晴的瞬间状态。气候是指某个地区较长时间的阴晴等状态。气象是指大气中的现象，主要是阴晴、风雨、雪雹等。

日照率是指太阳实际出现的时间和可能出现的时间之比，也是光气候的主要内容。我国地域辽阔，从日照率来看，由北、西北往东南逐渐减弱；东北、华北、新疆高，华中居中，东南沿海次之，四川、贵州低；从云量来看，由北向南逐渐增多，新疆南部、华北、东北少，华中较多，华南最多，四川、贵州极多；从云状来看，南方以低云为主，向北逐渐以高、中云为主。根据这些气象因素考虑，在天然光照度中，南方的散射光照度较大，北方以直射光照度为主。

《建筑采光设计标准》（GB 50033—2013）按照天然光年平均总照度 $E_q$，将全国光气候划分为5个分区（Ⅰ区 $E_q \geqslant 45$klx；Ⅱ区 40klx $\leqslant E_q <$ 45klx；Ⅲ区 35klx $\leqslant E_q <$ 40klx；Ⅳ区 30klx $\leqslant E_q <$ 35klx；Ⅴ区 $E_q <$ 30klx）。全国总照度的分布特点如下：

1）全国各地夏季总照度最大，冬季总照度最小，春季总照度大于秋季总照度。

2）春、秋、冬和全年的总照度的高值和低值中心位于北纬25°~30°的地带，高值中心位于青藏高原南部，低值中心位于四川盆地。夏季总照度值增大，高值中心出现在青藏高原东北部，低值中心出现在四川盆地和贵州东部。

3）全国东部北纬40°以北地区，春、秋、冬和全年总照度值从东北往西南呈递增趋势；夏季由于受多云天和水汽的影响，总照度值从东往西呈径向增大趋势。

4）新疆地区各季和全年的总照度值从北往南随纬度减少而递增，夏、秋季总照度在北疆和南疆分别出现闭合低值中心；在南疆的低值中心明显，在北疆的低值中心则不明显。

（3）昼光利用小时数　一个地区全年室外照度的水平和一年中能达到某一有效照度水平的小时数，是预测采光质量和节能效益的依据。

#### 2. 采光标准

采光设计标准是评价天然光环境质量的准则，也是进行采光设计的主要依据。在建筑采光设计中，为了贯彻国家的法律法规和技术经济政策，充分利用天然光，创造良好的光环境、节约能源、保护环境和构建绿色建筑，就必须使采光设计符合建筑采光设计标准要求。我国于2013年5月1日起施行《建筑采光设计标准》（GB 50033—2013），用于指导新建、改建及扩建的民用建筑和工业建筑天然采光的设计和利用，该标准是采光设计的依据。

人眼对不同情况的视看对象有不同的照度要求，而照度在一定范围内是越高越好，照度越高，工作效率越高。但照度高意味着投资大，故照度的确定必须既要考虑到视觉工作的需要，又要照顾到经济上的可能性和技术上的合理性。天然光强度高、变化快，不易控制，这些特点使天然光环境的质量评价方法和评价标准有许多不同于人工照明的地方。下面讨论有关天然光照明质量评价的几个主要内容。

（1）室外临界照度　室外临界照度是全部利用天然光进行照明时的室外最低照度。采光设计的基本原则是：对无遮挡情况，室外照度的最低值是能在室内得到的需要的最小照度。但是，确定室外照度的最低值是很不容易的，这要根据地区、季节、时刻、国民经济情况及节能要求等因素来确定。在国外，认为室外照度最低值在4000~6000 lx为适当。我国采光设计标准确定室外临界照度为5000 lx，这样就保证了我国大多数地区每天平均可利用天然光工作10h左右。在重庆及其附近室外照度特别低的地区，临界照度可降低为4000 lx。

（2）采光系数　在采光设计中，采光量的评价指标是采光系数。

采光系数是指室内某一点直接或间接接受天空光所形成的照度与同一时间不受遮挡的该天空半球在室外水平面上产生的照度之比。两个照度值均不包括直射日光作用。

$$C = \frac{E_n}{E_w} \times 100\% \tag{6-16}$$

式中　$C$——采光系数（%）；

$E_n$——室内某点的天然光照度（lx）；

$E_w$——与 $E_n$ 同时间，室外无遮挡的天空水平面上产生的照度（lx）。

在给定的天空亮度分布下，计算点和窗的相对位置、窗的几何尺寸确定以后，无论室外照度如何变化，计算点的采光系数总保持不变。如果想知道某一采光系数在室内达到多高的照度，只要把采光系数乘以当时的室外天空漫射光照度即可。

应当指出，在晴天或多云天气，在不同方位上的天空亮度有差别。因此，按照上述简化的采光系数概念计算的结果与实测采光系数值会有一定的偏差。

（3）工业企业采光系数标准　我国工业企业视觉作业场所工作面上的采光系数标准值见表6-7。其他光气候分区的光气候系数 *K* 应按表6-8选用。所在地区的采光系数标准值按表6-7选取后，应乘以相应地区的光气候系数 *K*。

表 6-7　我国工业企业视觉作业场所工作面上的采光系数标准值

| 采光等级 | 视觉作业分类 | | 侧面采光 | | 顶部采光 | |
|---|---|---|---|---|---|---|
| | 作业精确度 | 识别对象的最小尺寸 $d$/mm | 室内天然光照度/lx | 采光系数最低值 $C_{min}$（%） | 室内天然光照度/lx | 采光系数 $C_{min}$（%） |
| Ⅰ | 特别精细 | $d \leqslant 0.15$ | 250 | 5 | 350 | 7 |
| Ⅱ | 很精细 | $0.15<d \leqslant 0.3$ | 150 | 3 | 225 | 4.5 |
| Ⅲ | 精细 | $0.3<d \leqslant 1.0$ | 100 | 2 | 150 | 3 |
| Ⅳ | 一般 | $1.0<d \leqslant 5.0$ | 50 | 1 | 75 | 1.5 |
| Ⅴ | 粗糙 | $d>5.0$ | 25 | 0.5 | 35 | 0.7 |

注：表中所列的采光系数值适合我国Ⅲ类气候区，采光系数值是根据室外临界照度为5000 lx 制定的。亮度对比小的Ⅱ、Ⅲ级视觉作业，其采光等级可提高一级采用。

表 6-8　光气候系数 *K*

| 光气候区 | Ⅰ | Ⅱ | Ⅲ | Ⅳ | Ⅴ |
|---|---|---|---|---|---|
| *K* 值 | 0.85 | 0.90 | 1.00 | 1.10 | 1.20 |
| 室外临界照度值/lx | 6000 | 5500 | 5000 | 4500 | 4000 |

## 6.3.2　采光口对室内光环境的影响

采光口是建筑的主要采光设备。它的功能一是引进天然光，二是沟通室内外的视线联系。由于采光口处常设置窗户，因此在确定采光口的位置、大小，选择窗的形式和材料时，不仅要考虑采光的需求，还应考虑隔热保温、通风和隔声等因素。

按照窗子所处的位置，可将窗户分为侧窗和天窗两大类。以下就窗户的样式，对室内的采光效能、采光量、光的分布，眩光等光特性进行分析讨论。

### 1. 单侧窗采光

在进深不大，仅有一面外墙的房间，普遍利用单侧窗采光。它的主要优点是光线自一侧投射，光流有显著的方向性，使人的容貌和立体物件形成良好的光影造型。此外，通过侧窗还能直接看到室外景物，窗的构造简单，维修方便，价格也便宜。

依据窗台距离房间地面的高度，侧窗分为普通侧窗、低侧窗及高侧窗。窗台高度在0.9~1.0m的侧窗为普通侧窗；窗台高度低于0.9m的侧窗为低侧窗；窗台高度高于2m的侧窗为高侧窗。高侧窗通常用于展览建筑、厂房及仓库，以提高室内深度处的照度，增加展出墙面及储存空间。

图 6-17 所示为几种不同形式的侧窗光线分布。高而窄的侧窗与低而宽的侧窗相比，在面积相等的条件下，前者有较大的照射进深，如图 6-17a、b 所示。但是，如果有一排侧窗被实墙分开，而且窗间墙比较宽，那么，在窗间墙背后就会出阴影区，平行于窗墙方向（纵向）的昼光分布不均匀，窗之间的地板和墙面也会显得昏暗，如图 6-17c 所示。

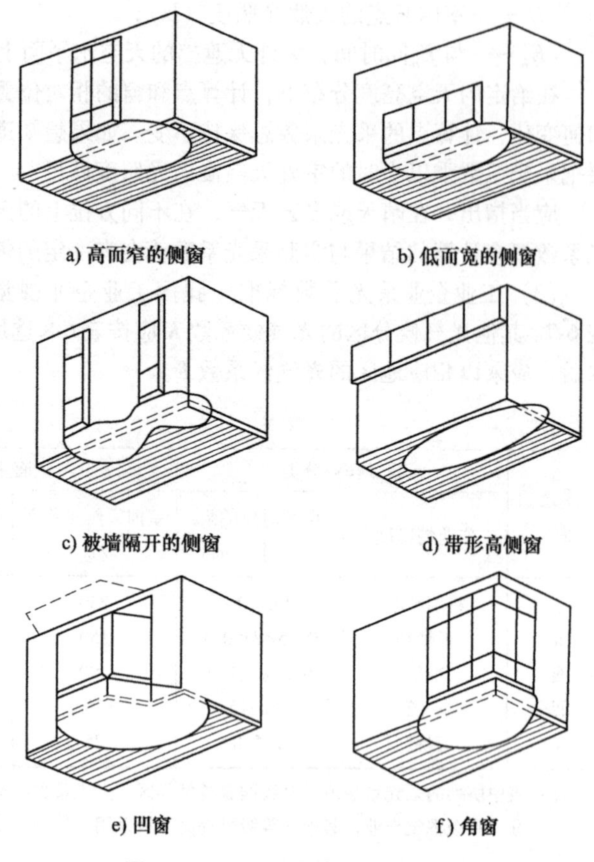

图 6-17 不同形式的侧窗光线分布

长向带形窗与面积相同的高而窄的窗相比较，其照射进深小，但视域开阔，昼光等照度曲线是长轴与窗墙相平行的椭圆。提高窗上槛的高度增加进深，这种称为带形高侧窗，如图 6-17d 所示。如果仅在一面墙上设高侧窗，窗下墙区域通常会相对较暗，因此可能会同窗外的天空形成不舒适的亮度对比。

在凸窗附近有充足的昼光，而且视野开阔；但是凸窗的顶板遮住了一部分天空，使照射进深比普通的侧窗减小，如图 6-17e 所示。这种窗适用于旅馆客房、住宅起居室等窗前区域活动多的场合。角窗让光线沿侧墙射进房间，把角窗邻近的侧墙照得很亮，使室内空间的边界轮廓更为清晰。一般来说，角窗要与其他形式的侧窗配合使用，否则采光质量是不理想的，如图 6-17f 所示。侧墙对昼光的反射形成一个由明到暗的过渡带，缓和了窗与墙面的亮度对比。但是在某些情况下，单用角窗能得到特殊的采光效果。

窗台高度对室内采光也有很大的影响。在窗的上沿高度不变的情况下，下沿窗台高度越低，近窗墙处照度越大，并沿纵度方向变小，且趋势一致。窗下沿高度变化对室内采光的影响如图 6-18 所示。在窗的下沿高度不变的情况下，上沿窗台高度越高，近窗处照度越大，并沿纵度方向变小，且趋势一致。窗上沿高度变化对室内采光的影响如图 6-19 所示。

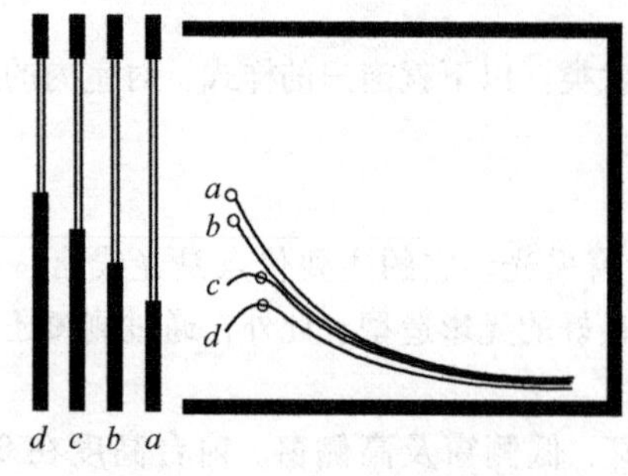

图 6-18 窗下沿高度变化对室内采光的影响

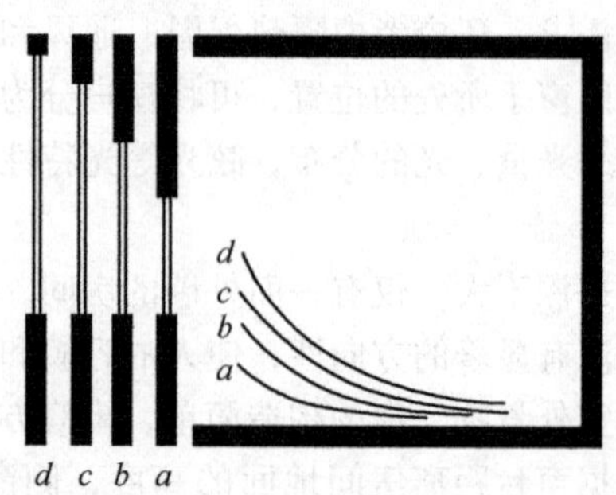

图 6-19 窗上沿高度变化对室内采光的影响

不同类型的透光材料对室内照度分布也有重要影响。采用扩散透光材料如乳白玻璃、玻璃砖，或将光折射到顶棚的定向折光玻璃，都有助于使室内的照度均匀化。图 6-20 所示为不同类型的透光材料对室内照度分布的影响。

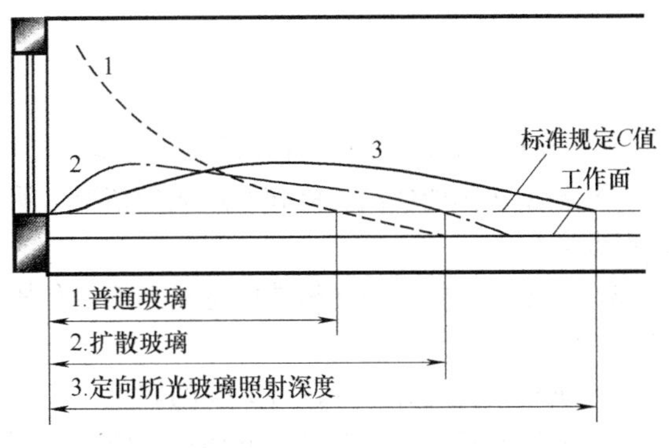


图 6-20　不同类型的透光材料对室内照度分布的影响

2. 顶部采光

顶部采光方式用在单层工业厂房中，有矩形天窗、平天窗、锯齿形天窗和下沉式天窗，如图 6-21 所示。

锯齿形天窗实质上相当于提高位置的高侧窗。在各类天窗中，它的采光效率（进光量与窗洞面积的比）最低，但眩光小，便于自然通风。矩形天窗的采光效率取决于窗户与房间剖面尺寸，如天窗跨度、天窗位置的高低、天窗间距、窗的倾斜度。

锯齿形天窗的特点是屋顶倾斜，可以充分利用顶棚的反射光，采光效率比矩形天窗约高 15%~20%。当窗口朝北布置时，完全接受北向天空漫射光，光线稳定，直射日光不会照进室内，因此减小了室内温、湿度的波动及眩光。根据这些特点，锯齿形天窗非常适于在纺织车间、美术馆等建筑使用。大面积的轧钢车间、轻型机加工车间、超级市场及体育馆也有利用锯齿形天窗采光的实例。

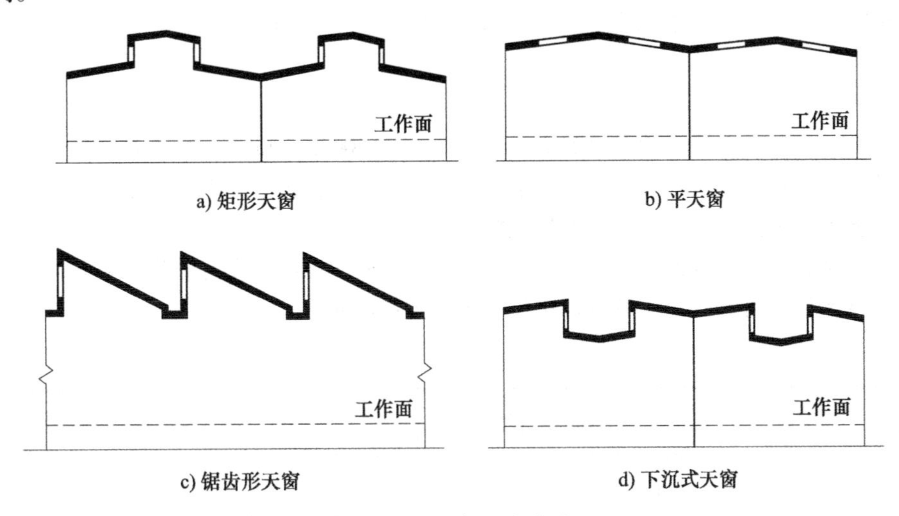


图 6-21　顶部采光方式

平天窗的形式很多，其共同点是采光口位于水平面或接近水平面，因此它们比所有其他类型的窗采光效率都高得多，约为矩形天窗的 2~2.5 倍。小型采光罩布置灵活，构造简单，防水可靠，近年来在民用建筑中应用越来越多。平天窗采用透明的窗玻璃材料时，日光很容易长时间照进室内，不仅产生眩光，而且夏季强烈的热辐射会造成室内过热。所以，热带地区使用平天窗一定要采取措施遮蔽直射日光，加强通风降温。下沉式天窗介于降低位置的高侧窗和加了遮蔽的平天窗之间的天窗。横向和纵向下沉式天窗在天棚形成横向、纵向光带，可避免直射日光，还可在需要位置处设置天井式天窗。因此，下沉式天窗有良好的通风、采光效果。

### 6.3.3 天然光照明设计

#### 1. 设计内容

天然光环境设计是以建筑方案设计为基础进行的。天然光照明设计内容可考虑以下项目：

1）根据房间的使用功能和使用人的情况，明确视觉工作的类别、工作环境的要求及室外环境的影响。

2）根据光气候、采光标准确定采光窗的位置、形式、大小、构造、材料，从而保证室内的空间、表面、色彩效果。

3）进行采光计算，并进行必要的修正。

4）采取避免眩光、遮光、增加辅助照明、隔热等措施。

5）运用光的处理技法，创造天然光的环境艺术。

6）进行经济分析比较，取得节能效益。

#### 2. 确定采光口

采光口的确定对室内光环境的优劣起着决定性的作用，采光口的确定主要包含以下内容：

1）选择采光口的形式。根据用户要求、房间大小、朝向、周围环境及生产情况等条件决定采用侧窗或顶部采光。

2）确定采光口的位置。侧窗常置于南北侧墙之上，具有建造简便、造价低廉、维护方便及经济实用等优点，宜尽量多开。天窗常作为侧窗采光不足时的补充。

3）估算采光口的尺寸。采光口的面积主要根据房间的视觉工作分级和相应的窗地比来确定。

4）布置采光口。采光口的布置宜根据采光、通风、泄爆、日照、美观及维护方便等因素综合考虑。

#### 3. 采光计算

采光计算的任务是按照《建筑采光设计标准》（GB 50033—2013）的要求与初步拟定的建筑条件，估算开窗面积。待技术设计后，窗子的位置、尺寸和构造已经大体确定，这时需通过详细的计算来检验室内天然光水平是否达到规定标准。

在建筑方案设计时，对Ⅲ类光气候区的采光，窗地面积比和采光有效进深可按表 6-9 进行估算，其他光气候区的窗地面积比应乘以相应的光气候系数 $K$。

表 6-9 窗地面积比和采光有效进深

| 采光等级 | 侧面采光 | | 顶部采光 |
|---|---|---|---|
| | 窗地面积比 $A_c/A_d$ | 采光有效进深 $b/h_s$ | 窗地面积比 $A_c/A_d$ |
| Ⅰ | 1/3 | 1.8 | 1/6 |
| Ⅱ | 1/4 | 2.0 | 1/8 |
| Ⅲ | 1/5 | 2.5 | 1/10 |
| Ⅳ | 1/6 | 3.0 | 1/13 |
| Ⅴ | 1/10 | 4.0 | 1/23 |

注：1. 窗地面积比计算条件：窗的总透射比 $\tau$ 取 0.6；室内各表面材料反射比的加权平均值：Ⅰ~Ⅲ级取 $\rho_j=0.5$；Ⅳ级取 $\rho_j=0.4$；Ⅴ级取 $\rho_j=0.3$。

2. 顶部采光指平天窗采光，锯齿形天窗和矩形天窗可分别按平天窗的 1.5 倍和 2 倍窗地面积比进行估算。

（1）侧面采光　采光设计时，应进行采光计算。采光计算可按下列方法进行。

侧面采光（图 6-22）采光系数平均值可按下列公式进行计算：

$$C_{av} = \frac{A_c \tau \theta}{A_z (1 - \rho_j^2)} \tag{6-17}$$

$$\tau = \tau_o \tau_c \tau_w \tag{6-18}$$

$$\rho_j = \frac{\sum \rho_i A_i}{\sum A_i} = \frac{\sum \rho_i A_i}{\sum A_z} \tag{6-19}$$

式中　$\tau$——窗的总透射比；

$A_c$——窗洞口面积（$m^2$）；

$A_z$——室内表面总面积（$m^2$）；

$\rho_j$——室内各表面反射比的加权平均值；

$\theta$——从窗中心点计算的垂直可见天空的角度值，无室外遮挡为 90°；

$\tau_o$——采光材料的透射比，可按附录 B 表 B-1 和表 B-2 取值；

$\tau_c$——窗结构的挡光折减系数，可按附录 B 表 B-5 取值；

$\tau_w$——窗玻璃的污染折减系数，可按附录 B 表 B-6 取值；

$\rho_i$——顶棚、墙面、地面饰面材料和普通玻璃窗的反射比，可按附录 B 表 B-4 取值；

$A_i$——与 $\rho_i$ 对应的各表面面积（$m^2$）。

$$\theta = \arctan\left(\frac{D_d}{H_d}\right) \tag{6-20}$$

$$A_c = \frac{C_{av} A_z (1 - \rho_j^2)}{\tau \theta} \tag{6-21}$$

式中　$D_d$——窗对面遮挡物与窗的距离（m）；

$H_d$——窗对面遮挡物距窗中心的平均高度（m）。

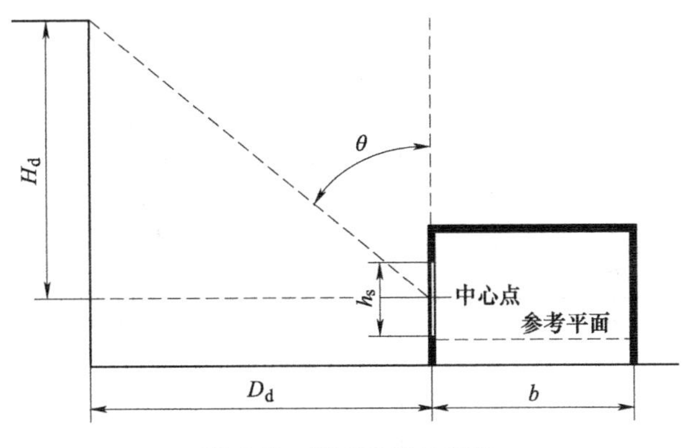


图 6-22　侧面采光示意图

（2）顶部采光　顶部采光（图 6-23）计算可按下列方法进行：

1）采光系数平均值可按下式计算：

$$C_{av} = \tau \cdot CU \cdot A_c / A_d \tag{6-22}$$

式中　$C_{av}$——采光系数平均值（%）；

$\tau$——窗的总透射比，可按式（6-18）计算；

CU——利用系数，可按表6-10取值；

$A_c/A_d$——窗地面积比。

2）顶部采光的利用系数可按表6-10确定。

3）室空间比RCR可按下式计算：

$$RCR = \frac{5h_x(l+b)}{lb} \tag{6-23}$$

式中 $h_x$——窗下沿距参考平面的高度（m）；

$l$——房间长度（m）；

$b$——房间进深（m）。

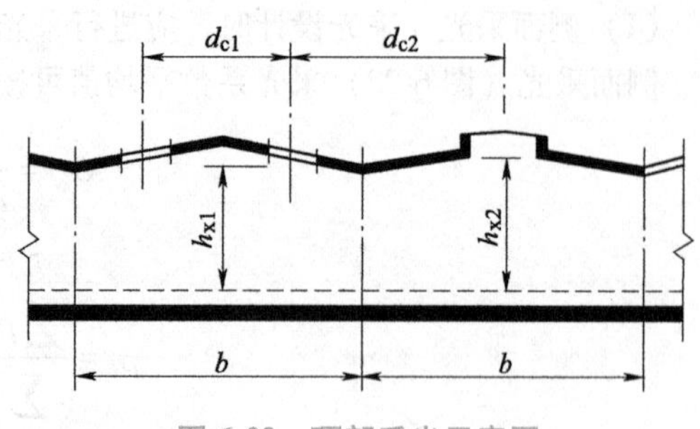


图6-23 顶部采光示意图

4）当求窗洞口面积 $A_c$ 时可按下式计算：

$$A_c = C_{av}\frac{A'_c}{C'}\cdot\frac{0.6}{\tau} \tag{6-24}$$

式中 $C'$——典型条件下的平均采光系数，取值为1%；

$A'_c$——典型条件下的开窗面积，可按附录A图A-1和图A-2取值。

注：1. 当需要考虑室内构件遮挡时，室内构件的挡光折减系数可按附录B中表B-7取值。

2. 当用采光罩采光时，应考虑采光罩井壁挡光折减系数（$K_j$），可按附录B中图B-1和表B-8取值。

表6-10 利用系数（CU）

| 顶棚反射比（%） | 室空间比 RCR | 墙面反射比（%） | | |
|---|---|---|---|---|
| | | 50 | 30 | 10 |
| 80 | 0 | 1.19 | 1.19 | 1.19 |
| | 1 | 1.05 | 1.00 | 0.97 |
| | 2 | 0.93 | 0.86 | 0.81 |
| | 3 | 0.83 | 0.76 | 0.70 |
| | 4 | 0.76 | 0.67 | 0.60 |
| | 5 | 0.67 | 0.59 | 0.53 |
| | 6 | 0.62 | 0.53 | 0.47 |
| | 7 | 0.57 | 0.49 | 0.43 |
| | 8 | 0.54 | 0.47 | 0.41 |
| | 9 | 0.53 | 0.46 | 0.41 |
| | 10 | 0.52 | 0.45 | 0.40 |
| 50 | 0 | 1.11 | 1.11 | 1.11 |
| | 1 | 0.98 | 0.95 | 0.92 |
| | 2 | 0.87 | 0.83 | 0.78 |
| | 3 | 0.79 | 0.73 | 0.68 |
| | 4 | 0.71 | 0.64 | 0.59 |
| | 5 | 0.64 | 0.57 | 0.52 |
| | 6 | 0.59 | 0.52 | 0.47 |
| | 7 | 0.55 | 0.48 | 0.43 |
| | 8 | 0.52 | 0.46 | 0.41 |
| | 9 | 0.51 | 0.45 | 0.40 |
| | 10 | 0.50 | 0.44 | 0.40 |

（续）

| 顶棚反射比（%） | 室空间比 RCR | 墙面反射比（%） | | |
|---|---|---|---|---|
| | | 50 | 30 | 10 |
| 20 | 0 | 1.04 | 1.04 | 1.04 |
| | 1 | 0.92 | 0.90 | 0.88 |
| | 2 | 0.83 | 0.79 | 0.75 |
| | 3 | 0.75 | 0.70 | 0.66 |
| | 4 | 0.68 | 0.62 | 0.58 |
| | 5 | 0.61 | 0.56 | 0.51 |
| | 6 | 0.57 | 0.51 | 0.46 |
| | 7 | 0.53 | 0.47 | 0.43 |
| | 8 | 0.51 | 0.45 | 0.41 |
| | 9 | 0.50 | 0.44 | 0.40 |
| | 10 | 0.49 | 0.44 | 0.40 |
| 地面反射比为20% | | | | |

（3）导光管系统采光设计　导光管系统采光设计时，宜按下列公式进行天然光照度计算：

$$E_{av}=\frac{n\cdot\Phi_u\cdot\mathrm{CU}\cdot\mathrm{MF}}{lb} \tag{6-25}$$

$$\Phi_u=E_sA_t\eta \tag{6-26}$$

式中　$E_{av}$——平均水平照度（lx）；

$n$——拟采用的导光管采光系统数量；

MF——维护系数，导光管采光系统在使用一定周期后，在规定表面上的平均照度或平均亮度与该装置在相同条件下新装时在同一表面上所得到的平均照度或平均亮度之比；

$\Phi_u$——导光管采光系统漫射器的设计输出光通量（lm）；

$E_s$——室外天然光设计照度值（lx）；

$A_t$——导光管的有效采光面积（$m^2$）；

$\eta$——导光管采光系统的效率（%）。

对采光形式复杂的建筑，应利用计算机模拟软件或缩尺模型进行采光计算分析。

## 6.4　人工照明

### 6.4.1　光源与灯具

天然光具有很多优点，但它受时间、地点的限制。因此，在夜间或白天，当天然光达不到要求时，往往使用人工照明，而常说的人工照明的光源主要为电光源。

#### 1. 人工光源

现代照明用的电光源可以分为两大类，即热辐射光源与气体放电光源。热辐射光源发出的光是电流通过灯丝，将灯丝加热到高温而产生的；气体放电光源是借助两极之间的气体激发而发光。目前，建筑照明光源通用的电灯名称、代号（轻工部标准）及所属类别见表 6-11。

表 6-11 建筑照明光源通用的电灯名称、代号及所属类别

| 光源类别 | 灯的名称 | | 代　号 |
|---|---|---|---|
| 热辐射光源 | 普通白炽灯<br>卤钨灯 | | PZ<br>LZ |
| 气体放电光源 | 高压 | 高压汞灯<br>荧光高压汞灯<br>金属卤化物灯<br>高压钠灯 | GG<br>GGY<br>NTY、DD……<br>NG |
| | 低压 | 荧光灯<br>低压钠灯 | YZ、YU……<br>— |

电灯应达到的性能指标有以下几种：

1）光通量表征电灯的发光能力，单位为 1 lm 能否达到额定光通量是考核电灯质量的首要评判标准。

2）光效（光视效能）表征电灯发出的光通量与它消耗的电功率之比，单位为 lm/W。

3）电灯的寿命以 h 计，通常有有效寿命和平均寿命两种指标。

电灯从开始使用至光通量衰减到初始额定光通量的某一百分比（通常是 70%～80%）所经过的点燃时数为有效寿命。超过有效寿命的灯继续使用就不经济了，其中白炽灯、荧光灯多采用有效寿命指标。

试验样灯从点燃到有 50%灯失效（50%保持完好）所经历的时间，称为这批灯的寿命。高强放电灯常用平均寿命指标。

4）灯的发光体的平均亮度以 $cd/m^2$为单位表示。

5）灯的色表指灯光颜色给人的直观感受，有冷、暖与中间之分，常以色温或相关色温为数量指标。

6）显色指数是显色性能的定量指标。

7）灯的点燃与再点燃时间。

8）电特性指电源电压波动对其他参数的影响。

以上基本特性是评判电灯质量与确定电灯合理使用范围的依据。

## 2. 各种灯的性能及特点

（1）白炽灯　白炽灯的发光是由于电流通过钨丝时，灯丝热至白炽化而发光的，当温度达 500℃左右，开始出现可见光谱并发出红光，随着温度的增加由红色变为橙黄色，最后发出光谱连续的白色光。白炽灯一般是由玻壳、灯丝、支架和灯头等组成，如图 6-24 所示。白炽灯泡的功率在 10～1000W 范围内的有 12 种，有效寿命 1000h 左右。目前，40W 以下的普通照明用白炽灯都是真空灯。把玻壳抽成真空，是为了防止钨丝氧化燃烧，增加灯的寿命。但钨丝在真空环境易蒸发变细，如在玻壳中充入惰性气体，可抑制钨的蒸发，提高光效，但成本高，一般只在大功率白炽灯中充入惰性气体。

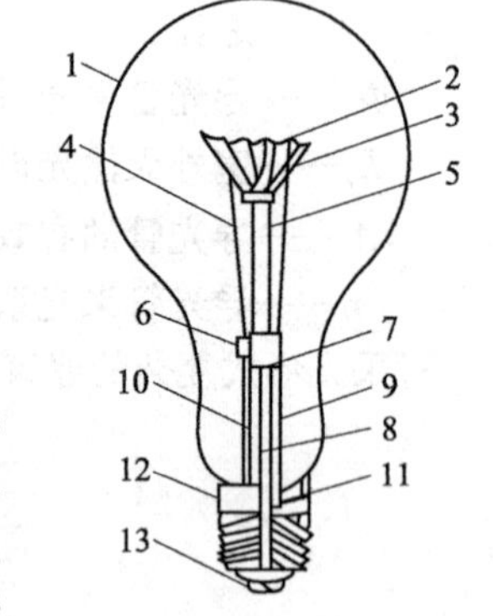

图 6-24　普通白炽灯结构
1—玻壳　2—灯丝　3—钼丝钩　4—内导丝　5—实心玻梗　6—封接丝　7—排气孔　8—排气管　9—喇叭管　10—外导丝　11—焊泥　12—灯头　13—焊锡

白炽灯的特点是：有高度的集光性，便于控光，适于频繁开关，

点灭对性能寿命影响小，辐射光谱连续，显色性好，价格便宜，使用方便。其缺点是光效较低，约为9~12lm/W。高色温（约3200K）灯主要用于摄影、舞台和电视照明以及电影放映光源等。一般照明用白炽灯色温较低，为2700~2900K。白炽灯适用于家庭、旅馆、饭店以及艺术照明、投光照明等。白炽灯可直接接在标准电路上，有良好的调光性能，常被作为剧场舞台布景照明。白炽灯灯丝温度随着电压变化而变化。当外接电压高于额定值时，灯泡的寿命显著降低，而光通量、功率及发光效率均有所增加；当外接电压低于额定值时，情况相反。为了使白炽灯正常使用，必须使灯泡的工作电压接近额定值。

（2）发光二极管　发光二极管（Light Emitting Diode，LED）是一种半导体固体发光器材，利用固体半导体芯片作为发光材料，当两端加上正向电压后，半导体内的少数截流子和多数截流子发生复合，释放能量引起光子发射，从而发出不同颜色的光。

发光二极管（LED）的核心部件为由P型半导体和N型半导体组成的晶片，在P型半导体与N型半导体间存在PN结作为过渡层。与白炽灯比较，发光二极管具有工作电压低、电流小、节能，抗冲击、抗振性能好，寿命长，发光强弱方便调控等特点。发光二极管被称为第四代光源，可广泛应用于各种指示、显示、装饰、照明等场所。

（3）卤钨灯　白炽灯的钨丝在高温时蒸发使灯丝变细，灯泡变黑，到灯丝细到一定程度就会熔断。泡内充气只是减慢蒸发速度，并不能抑制钨的蒸发。而卤钨灯是卤族元素（氟、氯、碘）充到石英灯管中，有效改善了普通白炽灯泡的变黑现象。它与白炽灯的发光原理相同。

卤钨灯按充入卤素的不同，可分为碘钨灯和溴钨灯，最先使用的是碘钨灯。在耐高温的石英玻璃或高硅酸玻璃制成的灯管内，充入氮气、氩气和少量碘的化合物，利用灯管中的高温分解，碘与从灯丝蒸发出来的钨化合成碘氧化钨并在灯管内扩散，在灯丝周围形成一层钨蒸气云，使钨重新落回灯丝上。有效地防止了灯泡的黑化，使灯泡在整个寿命期间保持良好的透明度，减少光通量的降低。溴钨灯的原理与碘钨灯基本相同，也是利用卤钨循环来防止灯泡黑化。

为了使泡壁附近生成的卤化物处于气态，泡壁的温度比普通白炽灯高得多（如碘钨灯玻壳温度不能低于25℃，溴钨灯壳温度不能低于200℃），因此在齿钨灯工作时，切不可用手触及灯泡，并不准在玻壳边放易燃物质。

卤钨灯整个寿命期光通输出稳定，寿终时光通量仍可达初值的95%以上（普通白炽灯寿终时光通量通常衰减到初始值的50%），光效达20~30 lm/W，最高寿命可达2000h，平均寿命为1500h，是白炽灯的1.5倍。灯丝亮度较高，显色性也好，卤钨灯与一般白炽灯比较，玻壳小而坚固，效率高，功率集中，被广泛应用于大面积照明与定向照明上。

卤钨灯品种十分丰富，有管状的，有泡型的，有聚光的，有泛光的，在强光照明，电视、电影、摄影照明，舞台照明以及工业照明中被广泛采用。

（4）荧光灯　荧光灯是一种低压汞放电灯。它的灯管两端各有一个密封的电极，管内充有低压汞蒸汽及少量帮助启燃的氩气。灯管内壁涂有一层荧光粉，当灯管的两个电极上通电后加热灯丝，达到一定温度就发射电子，电子在电场作用下逐渐达到高速，冲击汞原子，使其电离而产生紫外线，紫外线射到管壁上的荧光物质，刺激其发出可见光。

荧光粉的成分决定荧光灯的光效和颜色。使用宽频带卤磷酸盐荧光粉的普通荧光灯，光效平均为60lm/W，比白炽灯高5倍，其色表与显色性也有更多的选择。目前，我国规定的荧光粉颜色有日光色（6500K）、冷白色（4300K）、暖白色（2900K）等几种。

由于荧光灯是低压汞放电灯，因此其光谱变化与日光相差较远。荧光灯光谱分布如图6-25所示。荧光灯与其他光源相比，具有以下特点：发光效率高，光线柔和，光色好，灯管表面温度低。在每隔3h开关一次的标准条件下，荧光灯的寿命一般为5000h，如连续点燃寿命可延长2~

3倍，相反，如开关频繁，荧光灯会很快毁坏。荧光灯的显色性不如白炽灯，一般为77~90。而三基色直管荧光灯，将灯中荧光粉改为三基色荧光粉，光效可达90 lm/W，显色指数也在85以上，但价格较高。荧光灯受环境温度、电源电压变化的影响大，有频闪效应。

荧光灯不能直接接入标准电源，必须在荧光灯电路中串联一个镇流器，限制灯的电源，使灯稳定工作，因此，其造价高。

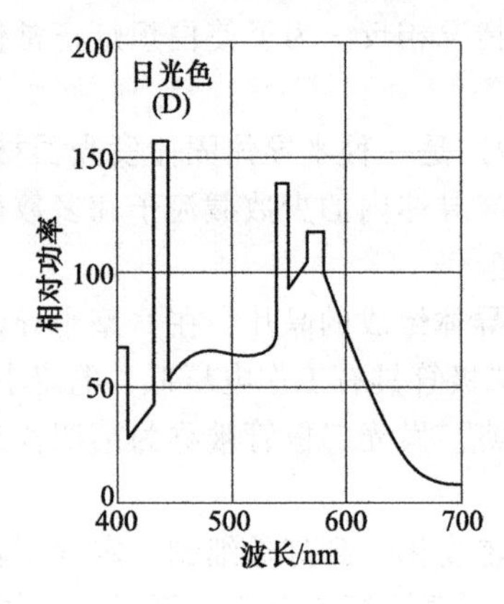


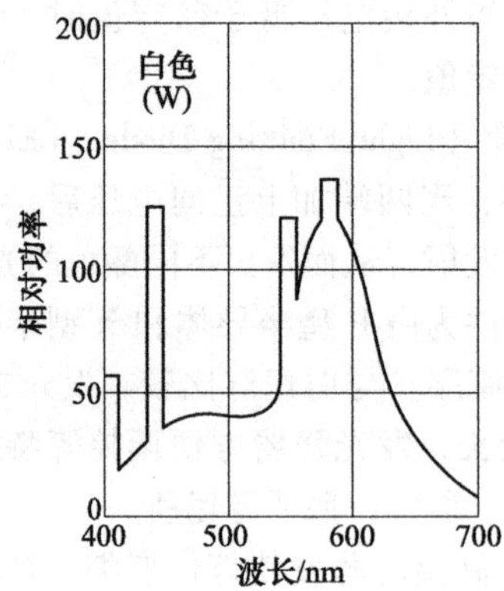


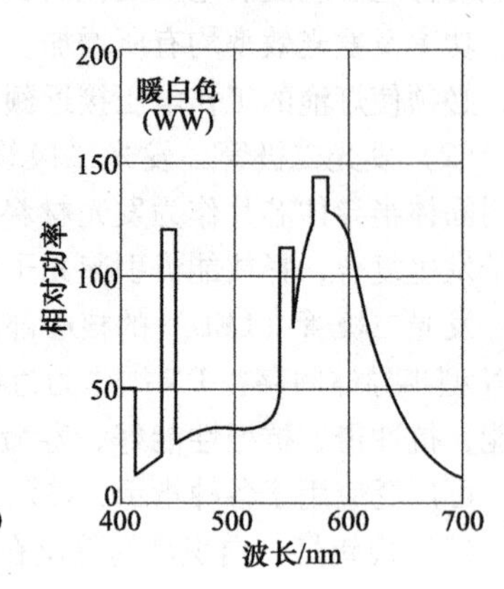


图 6-25 荧光灯光谱分布

为适应不同的照明用途，除直管荧光灯以外，尚有U形荧光灯、环形荧光灯、反射型荧光灯等异形产品，荧光灯广泛适用办公室、会议室、教室、住宅等场所。

（5）高压汞灯 高压汞灯又叫高压水银灯，是比较新型的电光源，它的发光原理与荧光灯相同。高压汞灯主要特点是发光强、省电、寿命长，所以在广场和道路上应用比较广泛。高压汞灯的构造如图6-26所示。它的内管为放电管，发出紫外线，刺激涂在玻璃外壳上的荧光物质而发出可见光。

高压汞灯具有以下特点：

高压汞灯发光效率高，一般可达50~60 lm/W。高压汞灯所发射的光谱包括线光谱和连续光谱，其光色为蓝绿色，缺乏红色成分。显色指数为20~30。自镇流荧光高汞灯，可直接接入220V、50Hz的交流电流，初始投资少。高压汞灯的寿命很长，国产灯为5000h。高压汞灯的玻璃外壳温度较高，必须配足够大的灯具，以便散热，否则影响其性能和寿命。由于高压汞灯的再启动时间长，一般需要5~10min，故其不能用于事故照明和要求迅速点亮的场所。

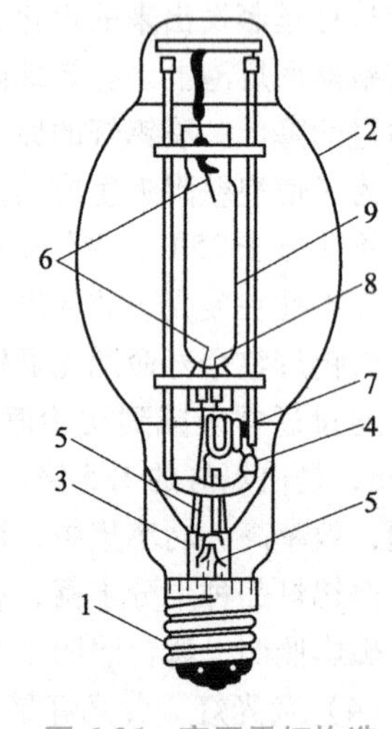

图 6-26 高压汞灯构造

1—灯头 2—玻壳 3—抽气管
4—支架 5—导线 6—主电线
7—启动电阻 8—启动电极
9—玻璃内管

高压汞灯是一种很理想的紫外线光源，因此也被广泛应用于医学理疗、老化试验、荧光探伤、光化学、复印等场所。

（6）钠灯 钠灯主要靠金属钠蒸气发光，分为低压钠灯和高压钠灯。高压钠灯的光色呈金黄色，色温为2100K左右，显色指数为30左右，光效为110~120lm/W，寿命约为20000h，主要用在广场、街道、码头的照明，此种灯的功率为250W、400W、1000W。

近来生产的小型高压钠灯（50W），显色指数可达80以上，色温2400~3000K，光效50~60 lm/W，可用在室内照明。

(7) 金属卤化物灯 金属卤化物灯构造和发光原理与荧光灯相似，由于在放电管中添加了金属卤化物，使其光效和显色性有很大改善。发光效率可达 80 lm/W 以上。

金属卤化物灯有较长时间的启动过程，在这个过程中灯的各个参数均发生变化。从启动到光电参数基本稳定，一般需 4～8min，而完全达到稳定需 15min，金属卤化物灯在关闭或熄灭后，须等待约 10min 左右才能再次启动。

金属卤化物灯由于尺寸小、功率小、光效高、光色好、所需启动电流小、抗电压波动稳定比较高，因而是一种比较理想的光源，常用于体育馆、高大厂房、繁华街道及车站、码头、立交桥的高杆照明。对于要求高照度、显色性好的室内照明，如美术馆、展览馆、饭店等也常采用，并且可以满足拍摄彩色电视的要求。

(8) 氙灯 氙灯为惰性气体放电弧光灯，其光色很好，用气体氙来制造光源。氙灯按电弧长短又分为长弧氙灯和短弧氙灯，其功率都较大，光色接近日光。金属蒸气灯启动时间均较长，而氙灯点燃瞬间就有 80%的光输出。长弧氙灯适用于广场、车站、港口、机场等大面积照明，光效高，被人们称为“人造小太阳”；短弧氙灯是超高压氙气放电灯，光谱比长弧氙灯更加连续，与太阳光谱很接近，称为标准白色高亮度光源，显色性好。

氙灯的光谱能量分布特性非常接近于日光，色温均为 5500～6000K，并且光谱分布不随电流的变化而改变，这也是氙灯的非常出色的特点之一。氙灯的寿命可达 1000h 以上，平均寿命为 1000h，发光效率达 11～50 lm/W。

氙灯的功率大、体积小，迄今为止它是世界上功率最大的光源，可制成几千瓦、几万瓦甚至几十万瓦，但相应的体积却比较小。一支 220V、2000W 的氙灯，体积相当于一支 40W 日光灯，而它的总光通量却是 40W 日光灯的 200 倍以上。

### 3. 灯具

灯具是光源、灯罩及附件的总称，可分为装饰灯具和功能灯具两大类。装饰灯具一般采用装饰部件围绕光源组合而成，它的主要作用是美化环境、烘托气氛，故将造型、色泽放在首位考虑，适当兼顾效率和限制眩光等要求。功能灯具则以提高光效、降低光影响，保护人眼不受损伤为目的，同时起到一定的装饰效果。

(1) 灯具的光特性 照明灯具的光特性，主要用发光强度的空间分布、灯具效率、亮度分布或灯具保护角三项技术数据来说明。

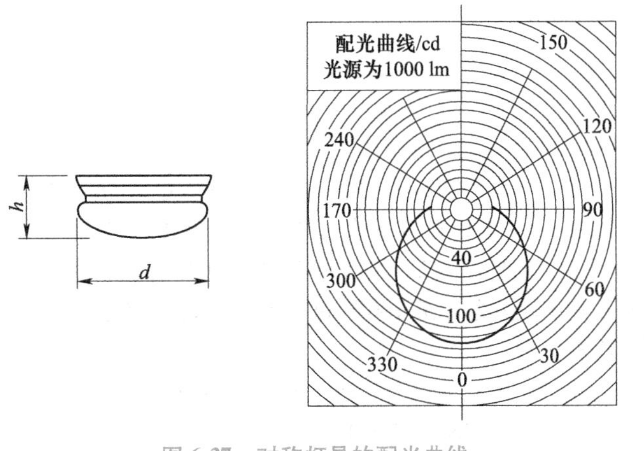

图 6-27 对称灯具的配光曲线

通常用灯具配光曲线和空间等照度曲线来表示照明灯的光强度分布。因大部分灯具的形状都是轴对称的，其发光强度在空间的分布也是与轴对称的（图 6-27）。而荧光灯在空间分布是非对称的，其光强度分布曲线如图 6-28 所示。

灯具效率是反映灯具的技术与经济效果的指标，其定义为

$$\eta = \frac{\varphi'}{\varphi} \tag{6-27}$$

式中 $\eta$——灯具的效率；

$\varphi$——光源发出的光通量（lm）；

$\varphi'$——灯具向空间投射的光通量（lm）。

灯具的配光情况还可用空间等照曲线间接地表示出来。图 6-29 所示是光源光通量为 1000 lm 的扁圆形顶棚灯空间等照曲线。只要知道灯的计算高度和计算点与灯具的水平距离 $d$，就可查出照度。可见，等照曲线为计算直接光的照度提供了更方便的手段（未考虑反射光）。

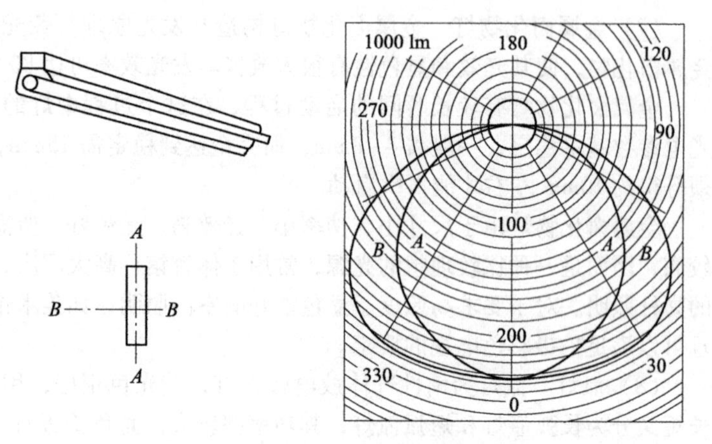


图 6-28 非对称灯具的光强度分布曲线

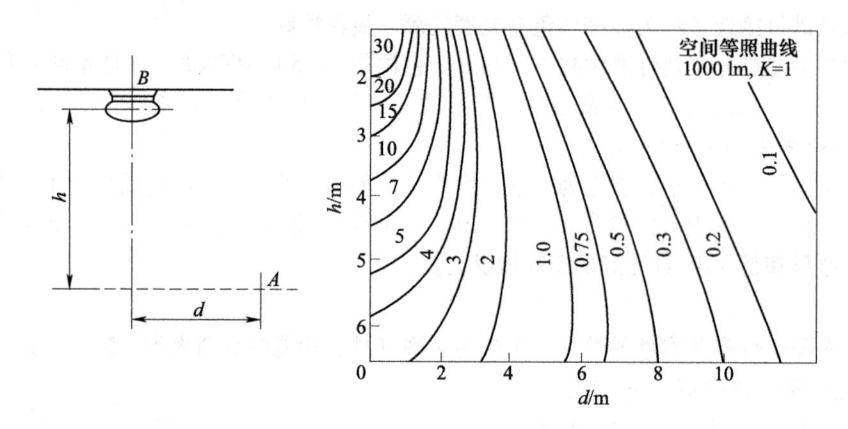


图 6-29 扁圆形顶棚灯空间等照曲线

【例 6-2】 有两个扁圆形顶棚灯距工作面 4m，两灯相距 5m。工作台布置在灯下和两灯之间，如图 6-30 所示。试用图 6-29 所示的空间等照曲线直接查出各点照度。若光源用 100W 白炽灯，则各点的实际照度是多少？

【解】 $P_1$点的照度：灯 1 至 $P_1$点的距离，$h$=4m，$d$=0m，查图 6-28 得 $E$=9.5 lx。灯 2 至 $P_1$点的距离 $h$=4m，$d$=5m，则 $E$=1.3 lx。所以，$P_1$点的照度为

$$9.5\ \text{lx} + 1.3\ \text{lx} = 10.8\ \text{lx}$$

$P_2$点的照度：灯 1、灯 2 至 $P_2$点的距离，$h$=4m，$d$=2.5m，查图 6-28 得 $P_2$点的照度为

$$3.5\ \text{lx} + 3.5\ \text{lx} = 7.0\ \text{lx}$$

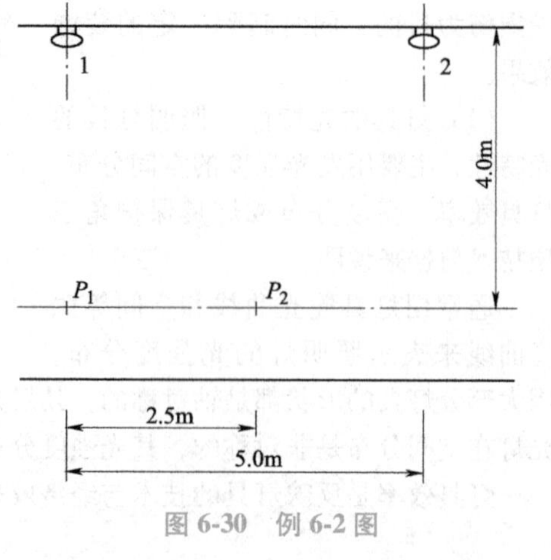


图 6-30 例 6-2 图

空间等照曲线是按 1000 lx 光源光通量的灯具绘制的，实际光源不是该值，应按实际情况进行修正。本例采用 100W 白炽灯发出 1250 lx 的光通量，

故得出照度值应乘以 1250/1000。最后得出：$P_1$点照度为 13.5 lx；$P_2$点的照度为 8.75 lx。

照明灯具的光强度分布是利用灯具的反射罩，透光棱镜、格栅或散光罩控制灯光实现的。光源的发光面越小（相对于控光面积而言），越容易控光，因此白炽灯比荧光灯控光效果好。

（2）灯具的分类　照明灯具习惯上以安装方式分类。如吊灯、吸顶灯、嵌入式暗灯、壁灯、台灯、落地灯等。这种分类方式不能反映出灯具的光分布特点，因此 CIE 推荐以照明灯具按上下空间的比例进行分类的方法，这种方法将室内灯具分为：直接型、半直接型、均匀漫射型、半间接型、间接型五类。

1）直接型灯具。直接型灯具 90%以上的光通量向下照射，因此光通量效率最高，工作环境照明应优先采用这种灯具。但直接型灯具上半部几乎没有光线，顶棚很暗，与明亮的灯容易形成对比暗光，而且它的光线集中，方向性较强，产生的阴影也较浓。直接型灯具如图 6-31 所示。

2）半直接型灯具。在室内空间为了亮度分布适宜，可以采用外包半透明灯罩的吊装灯具、下面敞口式半透明灯罩的灯具、上面留有较大空隙的灯具等，这些都是半直接型灯具。这类灯具能将较多的光线照射到工作面上，又能发出少量的光线照向顶棚，减少了灯具与顶棚间的强烈对比，使室内环境亮度更舒适。半直接型灯具如图 6-32 所示。

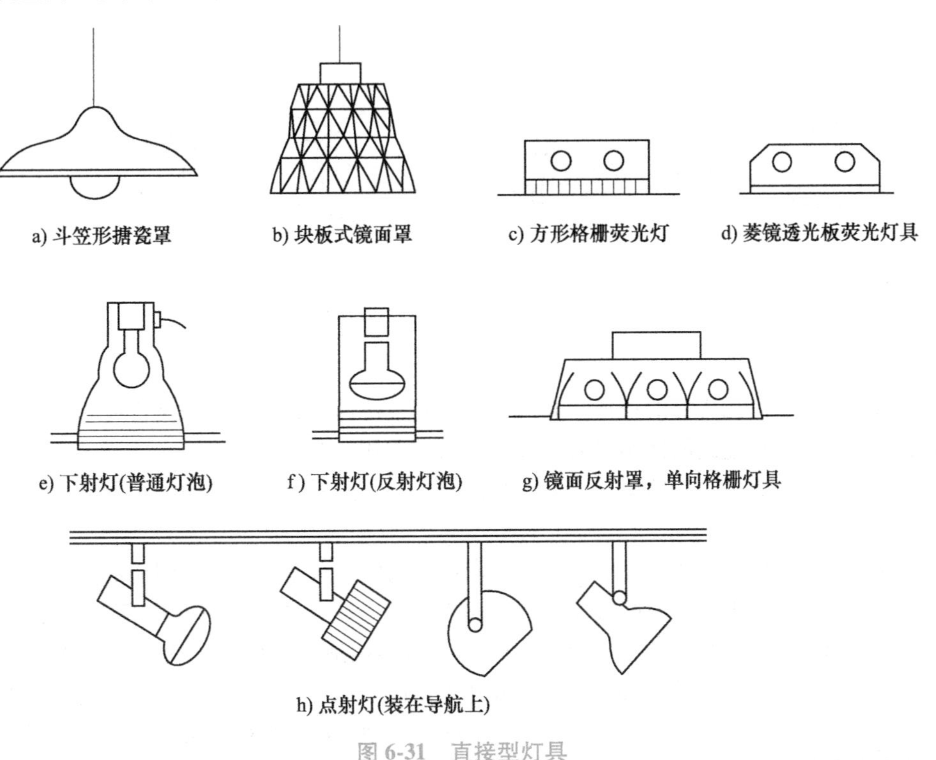


图 6-31　直接型灯具

3）均匀漫射型灯具。在室内空间要求光线均匀分布而没有浓重的阴影时，可以采用带有漫射透光密封式灯罩的灯具，或采用以不透光材料遮挡灯泡并且上下均敞口透光的灯具等。这些灯具将光线均匀漫射，配光投向各个方向，因此工作面上的光通量利用率是较低的，但可使室内亮

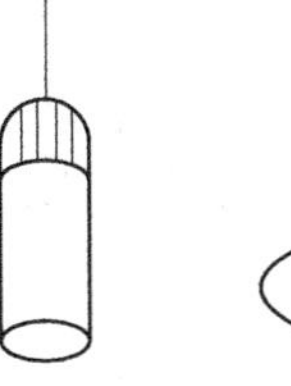

图 6-32　半直接型灯具

度分布均匀。均匀漫射灯具如图 6-33 所示。

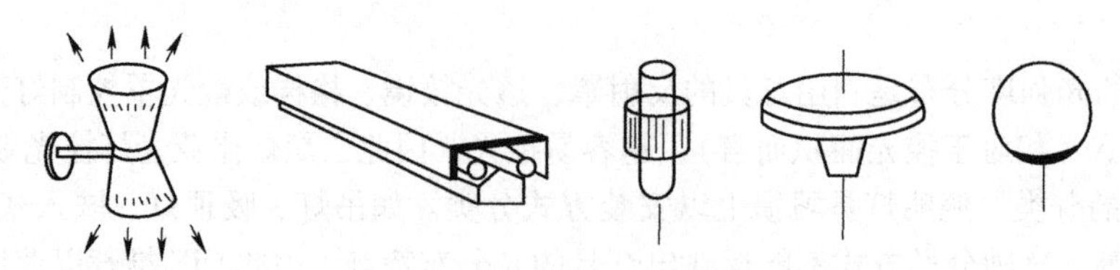

图 6-33 均匀漫射型灯具

4）半间接型灯具。在室内空间为了增加间接光，使室内光线更加柔和，可以采用上面敞口式半透明灯罩的灯具，这样可使大部分灯光投射到顶棚和墙面上部，获得气氛柔和的照明效果。这类灯具主要用于民用建筑的装饰照明。半间接型灯具如图 6-34 所示。

5）间接型灯具。在室内空间使灯光全部投射到顶棚，顶棚成为二次光源，光线通过反射扩散后照亮室内，可以避免阴影、光幕反射、直接眩光，但光通量损失较大，不经济。间接型灯具适用于剧场、美术馆和医院的一般照明，通常和其他类型的灯具配合使用。间接型灯具如图 6-35 所示。

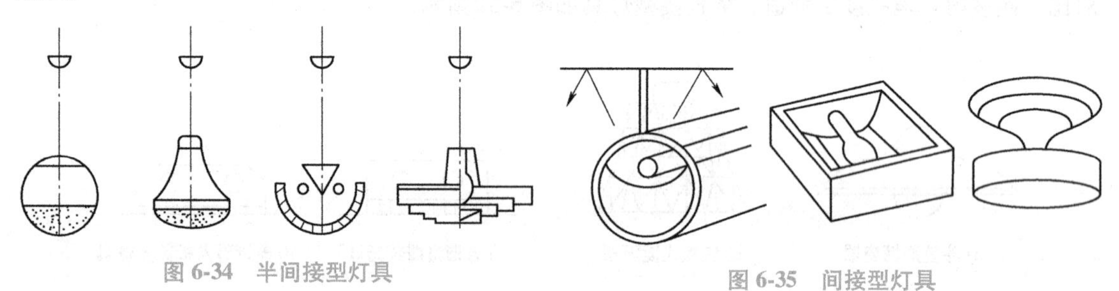

图 6-34 半间接型灯具

图 6-35 间接型灯具

## 6.4.2 照明方式

在照明设计中，照明方式的选择对光质量、照明经济性和建筑艺术风格都有重要的影响。合理的影响方式应当符合建筑的使用要求，又和建筑结构相协调。

照明方式一般分为：一般照明、分区一般照明、局部照明和混合照明。

### 1. 一般照明

在设计时，不考虑特殊的、局部的需要，而使室内整个区域具有平均照明的照明方式，此时灯具均匀分布在被照面上空。照度的均匀度（以工作面上的最低照度与平均照度之比表示），不应低于 0.7。CIE 建议照明均匀度不应小于 0.8。一般照明适合工作人员的视看对象频繁变换的场所，以及对光的投射方向没有特殊要求，或在工作面内没有特别需要提高视度的工作点。但当工作精度较高，要求的照度很高或房间高度较大时，单独采用一般照明会造成灯具过多、功率过大，导致投资和使用费太高。

### 2. 分区一般照明

在同一房间内由于使用功能不同，各功能区所需要的照度不同，因而先将房间进行分区，再对每一分区根据需要做一般照明。这种照明方式不仅满足了各个区域的功能需求，还达到了节能的目的。

### 3. 局部照明

为了实现某一指定点较小范围内的需要，保证非常精细的视觉工作的需要，在一般照明照射不到时，或需要从特定的方向加强照明时，应采取局部照明。但在一个工作场所内不能只装局部照明。

4. 混合照明

工作面上的照度由一般照明和局部照明合成的照明方式称混合照明。这种照明可克服局部照明工作面与周围环境的亮度对比过大，引起人眼的视觉疲劳的缺点。为了获得较好的视觉舒适性，在车间内，一般照明的照度占总照度的比例不小于10%，并不得小于20 lx；在办公室中，一般照明提供的照度占总照度的比例在35%~50%。图6-36所示为几种照明方式的示意图。

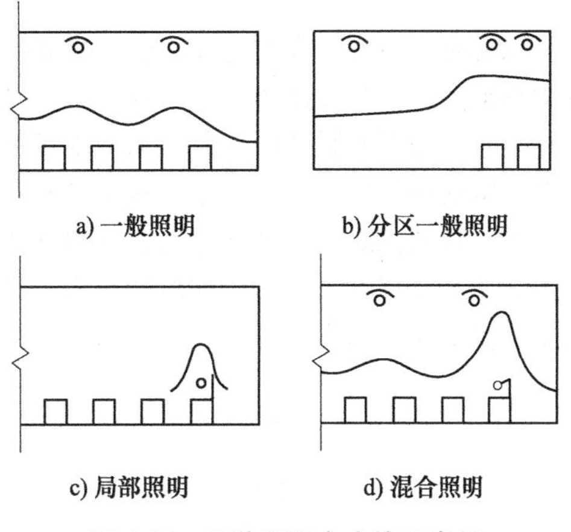


图6-36 几种照明方式的示意图

### 6.4.3 照明标准和制定原则

在进行照明设计时，必须确定室内照度，而照明标准的制定取决于两个因素：照明的需要，各国各时期的经济能力。我国根据国内实际情况出发，参照国际照明学会做法，制定了《建筑照明设计标准》(GB 50034—2013)。

按照《建筑照明设计标准》的规定，照度标准值应按0.5 lx、1 lx、2 lx、3 lx、5 lx、10 lx、15 lx、20 lx、30 lx、50 lx、75 lx、100 lx、150 lx、200 lx、300 lx、500 lx、750 lx、1000 lx、1500 lx、2000 lx、3000 lx、5000 lx分级。

### 6.4.4 照明质量与视觉效果

要创造良好的使人感到舒适的照明，除了达到一定的照度外，还需达到照度、亮度的均匀，限制眩光、光源颜色，反射比与照度比应达到一定的标准。

1. 照度和亮度的均匀

为使工作面上的照明分布均匀，局部照明与一般照明共用时，工作面上一般照明值宜为总照度值的1/5~1/3，不宜低于50lx。一般照明中最小照度值与平均照度之比规定在0.7以上。

由于人的视线不是固定的，如果室内亮度分布过大，就会引起视觉器官的疲劳和不快感。但是，在以气氛照明为主的环境中，亮度的分布方式可改变室内单调的气氛。例如，会议桌照度与周围相差很大时，可以形成“中心感”的效果。表6-12列出了美国照明工程学会（IES）规定的亮度对比最大值。

表6-12 亮度对比最大值

| 类别 | 办公室 | 车间 |
|---|---|---|
| 工作对象及其相邻的周围之间（如书或机器与周围之间） | 3 : 1 | 3 : 1 |
| 工作对象及其离开较远处之间（如书与地面） | 5 : 1 | 10 : 1 |
| 灯具或窗与其附近周围之间 | | 20 : 1 |
| 在视野中的任何值 | | 40 : 1 |

2. 眩光的限制

眩光对视力有很大的危害，严重的可使人晕眩，甚至造成事故；长时间的轻微眩光，也会使视力逐渐降低；当被视物体与背景亮度对比超过 1∶100 时，就容易引起眩光。眩光可由光源的高亮度直接照射到眼睛而造成，也可由镜面的强型反射而造成。控制眩光最常用的方法是使灯具有一定的保护角，并配合适当的安装位置和悬挂高度，或限制灯具的表面亮度。

为了限制视野内过高亮度或亮度对比引起的直接眩光，规定了直接型灯具的遮光角，其角度值参照 CIE 标准《室内工作场所照明》(S 008/E—2001) 的规定制定的。遮光角示意如图 6-37 所示，其中 $\gamma$ 为遮光角。

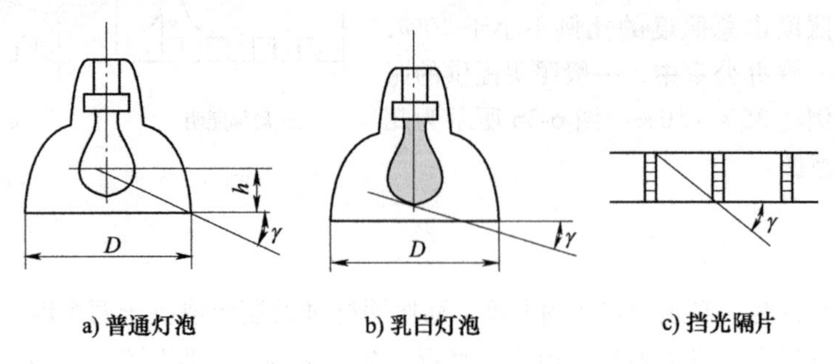


图 6-37 遮光角示意

由特定表面产生的反射而引起的眩光通常称为光幕反射和反射眩光。它会改变作业面的可见度，往往是有害的，可采取以下的措施来减少光幕反射和反射眩光。

1）从灯具和作业面的布置方面考虑，避免将灯具安装在易形成眩光的区域内。

2）从房间表面装饰方面考虑，采用低光泽度的表面装饰材料。

3）从限制眩光的方面考虑，应限制灯具表面亮度。

4）为了得到合适的室内亮度分布，同时避免因为过分考虑节能或使用 LED 照明系统而造成的室内亮度分布过于集中，对墙面和顶棚的平均照度有所要求。

长期工作或停留的房间或场所，选用的直接型灯具的遮光角不应小于表 6-13 所示的规定。

表 6-13 直接型灯具的遮光角

| 光源平均亮度/($kcd/m^2$) | 遮光角 $\gamma$/(°) |
|---|---|
| 1~20 | 10 |
| 20~50 | 15 |
| 50~500 | 20 |
| ≥500 | 30 |

有视觉显示终端的工作场所，在与灯具中垂线成 65°~90°范围内的灯具平均亮度限值应符合表 6-14 所示的规定。

表 6-14 灯具平均亮度限值 (单位：$cd/m^2$)

| 屏幕分类 | 灯具平均亮度限值 | |
|---|---|---|
| | 屏幕亮度大于 200$cd/m^2$ | 屏幕亮度小于等于 200$cd/m^2$ |
| 亮背景暗字体或图像 | 3000 | 1500 |
| 暗背景亮字体或图像 | 1500 | 1000 |

### 3. 光源的颜色

光源的颜色主要包括光源的色温和显色性。从建筑的功能或从真实显示装修色彩的艺术效果来说，光源的良好显色性具有重要作用。印染车间、彩色制版印刷、美术品陈列等要求精确辨色的场所自不待言；顾客在商店选择商品、医生察看病人的气色，也都需要真实地显色。此外，据研究表明，在办公室用显色性好（$R_a>90$）的灯，达到与显色性差的灯（$R_a<60$）同样满意的照明效果，照度可以减低 25%，节能效果显著。

室内照明光源的色表分为三组，见表 6-15。

表 6-15　光源的色表分组

| 色表分组 | 色表特征 | 相关色温/K | 适用场所举例 |
| --- | --- | --- | --- |
| Ⅰ | 暖 | <3300 | 客房、卧室等 |
| Ⅱ | 中间 | 3300~5300 | 办公室、图书馆等 |
| Ⅲ | 冷 | >5300 | 高照度水平或白天需补充自然光的房间 |

室内照明光源的显色指数分为四组，见表 6-16。

表 6-16　光源的显色指数

| 显色指数分布 | 一般显色指数 $R_a$ | 适用场所举例 |
| --- | --- | --- |
| Ⅰ | $R_a \geqslant 80$ | 客房、卧室、绘图等辨色要求很高的场所 |
| Ⅱ | $60 \leqslant R_a < 80$ | 办公室、休息室等辨色要求较高的场所 |
| Ⅲ | $40 \leqslant R_a < 60$ | 行李房等辨色要求一般的场所 |
| Ⅳ | $R_a < 40$ | 库房等辨色要求不高的场所 |

### 4. 反射比与照度比

如前所述，反射比为该表面反射光通量与入射光通量之比；照度比是指该表面的照度与工作面一般照明的照度之比。为了减弱灯具同其周围顶棚之间的对比，特别是采用嵌入式暗装灯具时，顶棚的反射比至少要在 0.6 以上；更高的顶棚反射比对增加反射光是有利的。同时，顶棚照度不宜低于作业照度的 1/10，以免顶棚显得太暗。在办公室、阅览室等长时间连续工作的房间，其表面反射比与照度比宜按表 6-17 选取。

表 6-17　工作房间表面反射比与照度比

| 表面名称 | 反射比 | 照度比 |
| --- | --- | --- |
| 顶棚 | 0.7~0.8 | 0.25~0.9 |
| 墙面、隔断 | 0.5~0.7 | 0.4~0.8 |
| 地面 | 0.2~0.4 | 0.7~1.0 |

### 5. 频闪效应

在交流电路中，气体放电发出的光通量随着电压的波动而变化，从而导致发光频率（颜色）或波长随之变化，为减轻这种频闪效应，应将相邻灯管（泡）或灯具分别接到不同的相位线路上。

## 6.4.5　人工照明的设计

### 1. 照明设计的主要内容

照明是指给周围各种对象以适宜的光分布。通过照明设计，可使人们的视觉功能发挥效力，同时可营造一种心情舒畅的气氛。

人工照明设计的主要内容如下：

1）确定照明方式、照明种类并选择照度值。

2）选择光源和灯具类型，并进行布置。

3）进行照度计算，确定光源的安装功率。

4）选择供电电压、电流。

5）选择照明匹配电网络的形式。

6）选择导线型号、截面和敷设方式。

7）选择和布置照明配电箱、开关、熔断器和其他电气设备。

8）绘制照明布置平面图，同时汇总安装容量，开列主要设备和材料清单。必要时需编制概（预）算，并进行经济分析。

### 2. 照明设计程序

现代光环境设计主张无论是对进行视觉作业的光环境，还是用于休息、社交和娱乐的光环境，都要从深入分析设计对象入手，在全面考虑对照明有影响的功能、形式、心理和经济因素的基础上制定设计方案。

人工照明的设计程序一般为九个步骤：明确照明设施的用途和目的；光环境构思及光通量的初步确定；照度、亮度要求的确定；照明方式的确定；光源的选择；灯具的选择；室内布灯数的确定；灯具的布置；对照明要求的检验。以下具体说明各步的内容。

（1）明确照明设施的用途与目的　照明设计必须首先确定建筑物的用途，如办公室、会堂、教室、餐厅、舞厅，如果是多功能房间，要把各种用途列出，以便确定满足要求的照明设备。这一点是进行建筑照明设计的基础。

（2）光环境构思及光通量分布的初步确定　在明确照明目的的基础上，确定光环境及光通量分布。如舞厅，要有刺激兴奋的气氛，要采用变幻的光、闪耀的照明；而教室，要有宁静舒适的气氛，要做到均匀的照度和合理的亮度，不能有眩光。

（3）照度、亮度的确定　照度值的确定需根据房间的用途和实际情况以及经济条件，按照国际标准或我国国家标准来确定房间照度值。亮度的确定可参见 6.4.4 的内容。

（4）照明方式的确定　照明方式分为一般照明、分区一般照明、局部照明。

一般来说，对整个房间总是采用一般照明方式，而对工作面或需要突出的物品采用局部照明。例如办公室往往用荧光灯具作一般照明，而在办公桌上置台灯作局部照明；又如展览馆中整个大厅是一般照明，而对展品用射灯作局部照明。

（5）光源的选择　各种光源在效率、光色、显色性及点灯特性等方面各有特长，可用在不同的建筑照明中。主要光源的特征和用途见表 6-18。

表 6-18　主要光源的特征和用途

| 灯名 | 种类 | 效率/(lm/W) | | 显色性 | 亮度 | 控制配光 | 寿命/h | 特　征 | 主要用途 |
|---|---|---|---|---|---|---|---|---|---|
| 白炽灯 | 普通型 | 10~15 | 低 | 优 | 高 | 容易 | 1000（短） | 一般用途，使用方便，适用于表现光泽与阴影 | 住宅、商店的一般照明 |
| | 反射型 | 10~15 | 低 | 优 | 高 | 容易 | 1000（短） | 控制配光非常好。光泽、阴影和材质感表现力大 | 显示灯、商店气氛照明 |

（续）

| 灯名 | 种类 | 效率/(lm/W) | | 显色性 | 亮度 | 控制配光 | 寿命/h | 特征 | 主要用途 |
|---|---|---|---|---|---|---|---|---|---|
| 卤钨灯 | 一般照明用（直管） | 约20 | 低、稍长 | 优 | 非常高 | 非常容易 | 2000（短，稍长） | 形状小，大功率易于控制配光 | 适用于投光灯体育馆的体育照明及广告照明等 |
| | 微型卤钨灯 | 15~20 | 低、稍良 | 优 | 非常高 | 非常容易 | 1500~2000（短，稍长） | 形状小。易于控制配光，用150~500W光通量也适当 | 适用于下射灯和投光灯 |
| 荧光灯 | | 30~80 | 高 | 从一般到高显色 | 稍低 | 比较困难 | 10000（非常长） | 效率高，显色性亦可，露出的亮度低，眩光较小。因可获得扩散光，故不易产生物体阴影。可做成各种光色和显色性的。但是由于灯的尺寸大，所以灯具也大，不能制成大功率灯 | 适合于一般房间、办公室、商店的一般照明 |
| 高压汞灯 | 透明型 | 35~55 | 稍高 | 不好（青蓝色） | 非常高 | 容易 | 12000（非常长） | 显色性不好，易控制配光，形状小，可得大光通量 | 作投光灯 |
| | 荧光型 | 40~60 | 高 | 稍差 | 高 | 稍易 | 12000（非常长） | 涂有荧光粉，颜色变化 | 工厂、体育馆、室外、道路照明等 |
| | 荧光型（显色改进型） | 40~60 | 高 | 稍好 | 高 | 稍易 | 12000（非常长） | 达到室内照明足够的显色性，种类多 | 银行、大厅、商店等，大功率用于高顶棚 |
| 金属卤化物灯 | | 70~90 | 高 | 好 | 非常高 | 容易 | 6000~90000（长） | 控制配光容易，显色性好 | 体育场、广场、工厂、商店 |
| 高压钠灯 | | 90~130 | 非常高 | 差 | 高 | 稍易 | 12000（非常长） | 光效高，省电 | 道路、体育场与工厂照明 |

（6）灯具的选择　在照明设计中选择灯具时，应综合考虑以下几点：灯具的光度特性、灯具效率、配光利用系数、表面亮度、眩光等；经济性（价格光通比、电消耗、维护费用）；灯具使用的环境条件（是否要防爆、防潮、防震等）；灯具的外形与建筑物是否协调等。

在高大厂房（6m以上）内，宜采用狭照型或特狭照型灯具，但对有垂直照度要求的场所不宜采用高度集中配光的灯具，而应考虑有一部分光能照到墙上和设备的垂直面上。而带有格栅的嵌入式灯具布置成的发光带，一般多用于长而大的办公室或大厅。光带的优点是光柔和，没有眩光；缺点是顶棚较暗，光带间距较大时，就更为突出。为了防止眩光，应选用带有保护角或有漫射玻璃的灯具。当要求垂直照度时，可采用宽配光灯具或倾斜安装灯具。

在考虑照明的经济性时，要进行全面的比较，主要考虑初投资、耗电费用及年维护费用。如果进行全面的经济比较则十分复杂，难以进行，可将在获得同一照度值情况下消耗功率最小的照明方案作为最经济的方案。

（7）室内布灯数的确定　根据已选择的灯具及房间大小、照度要求等因素可以计算室内布灯数。

（8）灯具的布置　灯具的布置应照明方式的不同而异。

1）一般照明的布灯方法。通常情况下，一般照明主要是以均匀照度为目标的。例如，办公室、教室、车间、阅览室等，均要求均匀照度。均匀照度的布灯要注意做到合理确定灯与灯的距离、灯与墙壁的距离、灯具与灯具的距离，可用公式计算：

$$L = h\lambda \tag{6-28}$$

式中　$L$——灯具安装间距（m）；

$h$——安装高度（m）；

$\lambda$——灯具距离比（灯具厂提供）。

鉴于直线照明型灯具的距离比经常使用，某些国家提出了直接照明型灯具距离比推荐值，见表 6-19。

表 6-19　某些国家直接照明型灯具距离比推荐值

| 国　名 | 灯具分类及名称 | 允许距高比范围 |
|---|---|---|
| 美国、日本（括号内为日本称呼法） | 高度集中（特狭照）型 | 0.5 以下 |
| | 集中（狭照）型 | 0.5~0.7 |
| | 中等散开（中照）型 | 0.7~1.0 |
| | 散开（广照）型 | 1.0~1.5 |
| | 广泛散开（特广照）型 | 1.5 以上 |
| 苏联 | 集中配光型 | 0.7~0.8 |
| | 深照配光型 | 0.9~1.1 |
| | 余弦配光型、半广照配光型 | 1.4~1.8 |
| | 均照配光型 | 2~2.5 |

灯具与墙的距离。灯具与墙的距离不宜太远，一般为灯具间距 $L$ 的 1/4~1/2，具体情况见表 6-20。

合理确定布灯的图案：要根据房间的特点来配置灯具。通常情况下，由于房间是矩形的，灯具的布置可以用单一的几何形状，如直线、交叉格子等，但如果房间形状变化，灯具布置也应随之而变，既满足照度均匀要求，也满足美的要求。

表 6-20　灯具离墙距离

| 灯具类别 | 墙边无工作台 | 墙边有工作台 | 灯具类别 | 墙边无工作台 | 墙边有工作台 |
|---|---|---|---|---|---|
| 点光源 | $L/2$ | $L/3$ | 线光源 | $L/2$ | $L/4$~$L/3$ |

注：1. 线光源离墙距指的是线光源离与线光源平行的墙的距离。
2. 表中 $L$ 为灯具间距。

2）分区照明方案。分区照明方案多用在商场。商场面积大，用均匀照明会显得呆板与一般化，不能刺激顾客的购买欲望，而分区照明能突出商品，吸引顾客。一般将商场分成若干个商品区，对各个商品区的照明可视商品的特性而异，可采用光色不同的光源，衬托出不同商品的特色，产生良好的效果。

3）局部照明的布灯法。局部照明的目的是照亮某个局部，如办公桌、展品、工作台等，一般采用装设工作台灯与小型射灯来达到目的，对一些面积稍大的局部照明采用荧光吊灯或投射式吊灯。

（9）对照明设计结果的检验 如果对照明设计检验结果需要修正，则要在重新选择光源与灯具之后再计算。

### 3. 住宅照明设计

在住宅照明设计中，需要改变光源的性质、位置、颜色和强度，并利用灯饰、家具等物件的搭配，使人工照明既有使用作用，又有装饰和观感方面的作用。

（1）住宅照明设计的基本要求

1）选择合适的照度。由于住宅中不同房间的功能各异，因此所对应的照度要求也有区别，一般住宅和其他居住建筑照明的照度标准值可参考表6-21与表6-22。

2）保持亮度的平衡。房间大小存在差别，需平衡主要房间与附属房间的亮度，住宅内避免照度的极明或极暗。

3）利用灯光创造空间和氛围。在室内灯光照明设计中，应合理选配灯具，达到创造良好学习、生活环境的同时，能起到装饰作用，营造舒适的视觉环境。

表6-21 一般住宅建筑照明的照度标准值

| 房间或场所 | | 参考平面及其高度 | 照度标准值/lx |
|---|---|---|---|
| 起居室 | 一般活动 | 0.75m水平面 | 100 |
| | 书写、阅读 | | 300① |
| 卧室 | 一般活动 | 0.75m水平面 | 75 |
| | 床头、阅读 | | 150① |
| 餐厅 | | 0.75m餐桌面 | 150 |
| 厨房 | 一般活动 | 0.75m水平面 | 100 |
| | 操作台 | 台面 | 150① |
| 卫生间 | | 0.75m水平面 | 100 |
| 电梯前厅 | | 地面 | 75 |
| 走道、楼梯间 | | 地面 | 50 |
| 车库 | | 地面 | 30 |

① 指混合照明照度。

表6-22 其他居住建筑照明的照度标准值

| 房间或场所 | | 参考平面及其高度 | 照度标准值/lx |
|---|---|---|---|
| 职工宿舍 | | 地面 | 100 |
| 老年人宿舍 | 一般活动 | 0.75m水平面 | 150 |
| | 床头、阅读 | | 300 |
| 老年人起居室 | 一般活动 | 0.75m水平面 | 200 |
| | 书写、阅读 | | 500 |
| 酒店公寓 | | 地面 | 150 |

（2）住宅照明设计的布灯方式 住宅照明有整体照明与局部照明之分。

1）整体照明。整体照明灯具主要安装在房间中央，安装位置较高，照明空间较大，采用功率较大的灯具。整体照明一般采用的布灯方式如下：

① 顶棚吊灯与吸顶灯。房间高度较低（<2.7m）时宜采用吸顶灯，较高时采用顶棚吊顶，此外，不宜选用全部向下反射的直射型灯具，保证上射的光来避免顶棚过于阴暗。

② 镶嵌式灯具。镶嵌式灯具与吸顶灯、壁灯结合使用，通过灯具组合，可实现多种功能的照明，使室内空间在视觉上更宽阔。

2）局部照明。局部照明直接装设在工作区附近，满足不同场所的专用照明需求，局部照明的布灯方式如下：

① 书桌照明。通常采用台灯、壁灯或其他任意调节方向的局部照明灯具，满足阅读、写作工作。

② 床头照明。灯具布置应在床头附近人手可直接接触到范围，且不会造成阴影遮挡工作区，并不影响他人休息区域。

③ 厨房照明。现代化厨房开始增加局部照明灯具，通常可将荧光灯管直接安装在厨案上方或橱柜下方，无须额外加灯罩。

④ 梳妆照明。一般在镜面上方安装漫射型乳白玻璃罩壁灯，以白炽灯或LED灯为宜。

⑤ 走廊和楼梯间照明。灯具需设置在方便维修的地方。

#### 4. 办公楼照明设计

办公楼作为人员的主要工作场所，在照明设计既需要考虑整个房间的视觉环境适合，还要保证工作面的照明充足。通常对办公场所视觉环境的舒适影响因素有照度、眩光、反射眩光、光色、显色性、室内亮度分布、光照方向和强度、房间的形状和色彩、窗户参数等。

（1）办公楼照明设计的基本要求

1）科学的照度要求。照度对于提高工作人员的工作效率有重要影响，在设计办公楼照明时，照度的标准值可参考表6-23。

2）减少光污染。会议室和接待室等主要使用间接光，可减少眩光的产生，使室内光环境较柔和。

3）混合照明的应用。采用带光照明以及不同装饰灯混合照明，为办公空间带来时尚感与现代感。

表6-23 办公楼建筑照明的照度标准值

| 房间或场所 | 参考平面及其高度 | 照度标准值/lx |
|---|---|---|
| 办公室、报告厅、会议室、接待室 | 0.75m水平面 | 200 |
| 有视觉、显示屏的作业 | 工作台水平面 | 300 |
| 设计室、绘图室、打字室 | 实际工作面 | 500 |
| 装订、复印、晒图、档案室 | 0.75m水平面 | 150 |
| 值班室 | 0.75m水平面 | 100 |
| 门厅 | 地面 | 75 |

（2）办公室工作照明方式　通常办公室的工作照明方式如图6-38所示，具体说明如下：

#### 5. 建筑物内部的应急照明设计

在人工照明的设计中，必须考虑应急照明，以保证正常照明因突发事件中断后室内人员的安全。应急照明按预定目的可分成三类。

（1）疏散照明　为了使居住人员在紧急情况下能安全地从室内撤离，在疏散走道、安全出

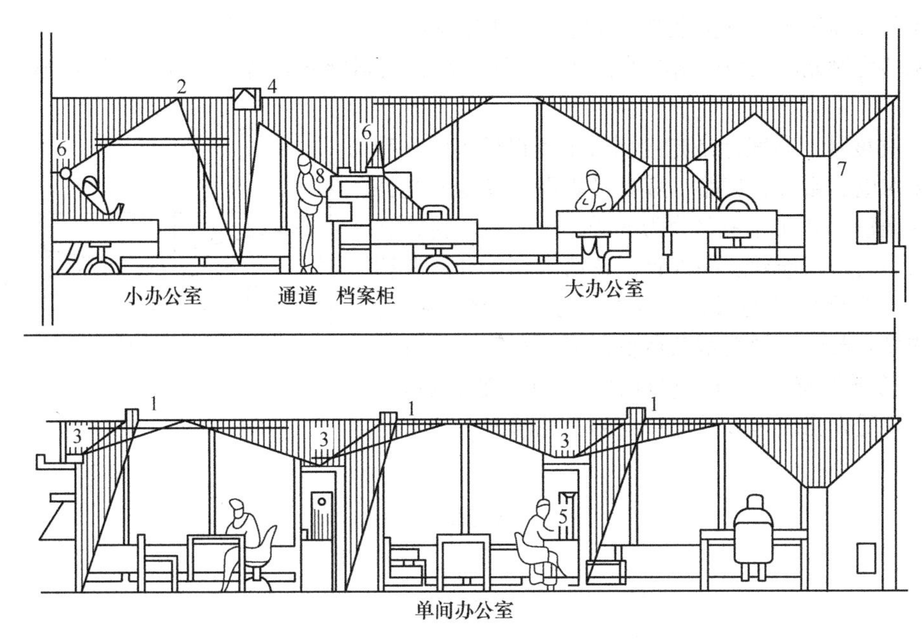


图 6-38　办公室的工作照明方式

1—墙面照明用暗装式照明器（空间主要照明方式）　2—墙面照明用吸顶式照明器（空间辅助照明方式）
3—隐蔽光源的顶棚面照明用暗装式照明器　4—墙面照明用顶棚暗装式照明器（空间主要照明方式）
5—个人房间用光源可移动的工作照明灯具　6—宽阔办公室用工作面照明（光源可动）
7—顶棚照明用可动照明器（稍暗的空间照明）　8—档案柜用照明

口、楼梯等位置都应设置疏散照明。我国规定走道疏散照明的水平照度不低于 0.5 lx。

（2）安全照明　凡正常照明发生故障会使人陷入危险之中的场所，需设置安全照明，如正在使用圆盘锯或处理炽热金属的场所、正在演出的剧场、正在使用的电梯等。安全照明度不应小于正常照明在同一区域提供的照度的 5%，对于危险的作业，相应提高到 10%，在正常电源发生故障后 0.5s 以内启动安全照明。

一般在设置安全照明处，必须有疏散照明装置。

（3）备用照明　根据安全以外的理由确定正常照明发生故障后，工作或活动仍继续进行的场所，应设置备用照明（如商店、机场等）。一般备用照明值不低于对有关活动推荐照度值的 10%；从正常照明转到备用照明间断时间不超过 15s。

## 6.4.6　光环境的测量方法

### 1. 测量仪器

（1）照度计　光环境测量常用的物理测光仪器是光电照度计，如硒光电池照度计，其原理图如图 6-39 所示。当光照射到光电池表面时，入射光透过金属薄膜达到硒半导体层和金属薄膜的分界面上，在界面上产生光电效应，并由输出电路输出电流信号。光电流的大小取决于入射光的强弱和回路中的电阻。

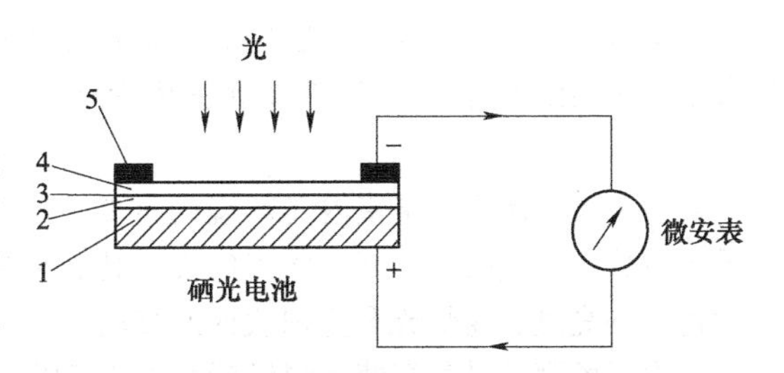


图 6-39　硒光电池照度计原理图

1—金属底版　2—硒层　3—分界面
4—金属薄板　5—集电环

照度计主要由光度探头、测量和转换线

路、显示仪表等组成。照度计按光电转换器件分为硒（硅）光电池和光电管照度计，目前常用的光探测器为硒光电池和硅光电池，硅光电池也称为太阳能光电池。照度值有数字显示和指针指示两种。

（2）亮度计　亮度计是光度测量中用得最多的一种仪器，如对电影银幕、道路、灯具等表面和其他发光器件的亮度测量。亮度计主要分为两类，一类是遮筒式亮度计，另一类是高准确度亮度计。遮筒式亮度计适合测量面积大，亮度较高的目标，其构造原理如图 6-40 所示。筒内设有若干光阑遮蔽杂散反射光。在筒一端有一面积为 $A$ 的圆形窗口，另一端设光电池 $C$。通过窗口，光电池可接受光亮度为 $L$ 的光源照射，此时光电池上产生的照度为

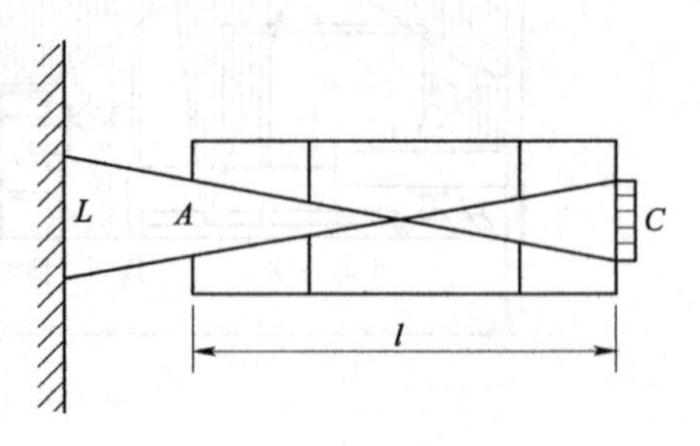

图 6-40　遮筒式亮度计构造原理

$$E=\frac{LA}{l^2} \tag{6-29}$$

且

$$L=\frac{El^2}{A} \tag{6-30}$$

式中　$E$——照度（lx）；

$L$——窗户的亮度（$cd/m^2$）；

$A$——窗户面积（$m^2$）；

$l$——遮筒长度（m）。

目前，高准确度亮度计带有目镜瞄准系统、视场立体角可变、测量结果数字显示等功能，其光路原理如图 6-41 所示。来自被测目标的光辐射经物镜 1 成像于带反射镜的视场光阑上，其中一部分光通过小孔到达光接收器 3 上，小孔四周的光线依次被带反射镜的视场光阑 2 和反射镜 4 反射，进入瞄准目镜 5。测试者可以通过目镜瞄准被测目标，调整物镜 1，使成像清晰。在物镜后设置有固定孔径光阑 6，它决定了亮度计的测量立体角。带反射镜的视场光阑 2 上的小孔大小决定了测定视场角，它与测量距离（物距）一起决定了被测目标上被测量的范围大小，只要改变小孔的大小，就能使视角在 0.1°~0.2°范围内变化。

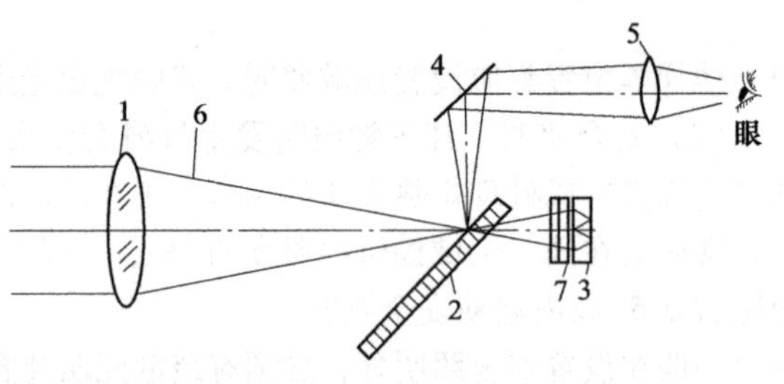

图 6-41　高准确度亮度计光路原理

1—物镜　2—带反射镜的视场光阑　3—光接收器　4—反射镜　5—瞄准目镜　6—孔径光阑　7—$V(\lambda)$ 修正器

### 2. 室内光环境的测量方法

光的测量是评价建筑室内光环境的重要手段，其主要内容有：①室内有关面上各点的照度和采光系数；②室内有关面上各点的反射比，玻璃长的透射比；③室内各表面（包括灯具、家具设备）的亮度；④灯光和室内表面的颜色。

室内现场测量时最好使用测量精度为 2 级以上的仪表，照度计宜用光电池照度计、亮度计宜用光电式亮度计。选择标准的测试条件，新建的照度设施要在灯点燃 15min（气体放电灯）和 5min（白炽灯）之后测量。

（1）照度测量

1）一般照明时测点的平面布置。预先在测定场所打好网格，作测点信号，一般室内或工作区为2～4m正方形网格。对于小面积的房间可取1m的正方形网格。走廊、通道、楼梯等处在长度方向的中心线上按1～2m的间隔布置测点。网格边线一般距房间各边为0.5～1m。

2）局部照明时测点布置。房间照明时，在需照明的地方测量，当测量场所狭窄时，选择其中有代表性的一点；当测量场所较广阔时，可布置测点（网格法）。

3）测量平面和测点高度。无特殊规定时，一般为距地0.8m的水平面；有规定时，按规定的平面和高度；对走廊和楼梯，规定为地面或距地面为15cm以内的水平面。

4）测量方法。测量时先用大量程档位，然后根据指示值大小逐步调节到适宜的档位范围，原则上不允许在最大量程的1/10范围内测定。测量时待指标值稳定后读数，防止人影和其他各种因素对接收器的影响。一个测点可取2～3次读数，然后取算术平均值。

5）平均照度。测量数据可用表格记录，也可标注在平面图上。照度测量数据在平面图上的表示方法如图6-42所示。

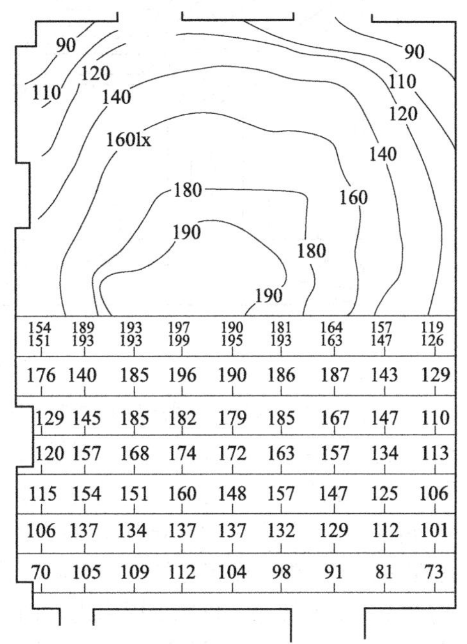


图6-42 照度测量数据在平面图上的表示方法

（2）亮度测量 照明中的亮度测量是指测量室内各表面的亮度，如墙面、地面、顶棚面、室内设施和工作面等的亮度。测量方法分为间接测量法和直接测量法。

间接测量法是通过测量照度值来确定表面亮度，对于漫射表面，可由下式决定：

$$L = E\rho/\pi \tag{6-31}$$

式中 $L$——表面亮度（cd/m$^2$）；

$E$——表面的照度（lx）；

$\rho$——表面的反射系数。

直接法是直接用亮度计测量亮度。

以上测量应测量人眼常注视的有代表性的表面亮度，亮度计位置高度以观察者的眼睛高度为准，通常站立时为150cm，坐时为120cm，特殊场合，按实际情况确定。光环境亮度测量数据的表示方法如图6-43所示。

（3）反射系数测量 反射系数分为直接法和间接法。直接法用反射系数仪直接测出。而间接法是通过被测表面的亮度和照度得出漫射面的反射系数。下面主要介绍用照度计测漫反射的反射系数方法。

将照度计的接收器紧贴被测表面的某一位置，测其入射照度 $E_R$，然后将接收器的感光面对准同一被测表面的原来位置，逐渐平移离开，待照度稳定后，读取反射照度 $E_f$（图6-44）。

反射系数，可用下式求得：

$$\xi = E_f/E_R \tag{6-32}$$

式中 $E_f$——反射照度（lx）；

$E_R$——入射照度（lx）。

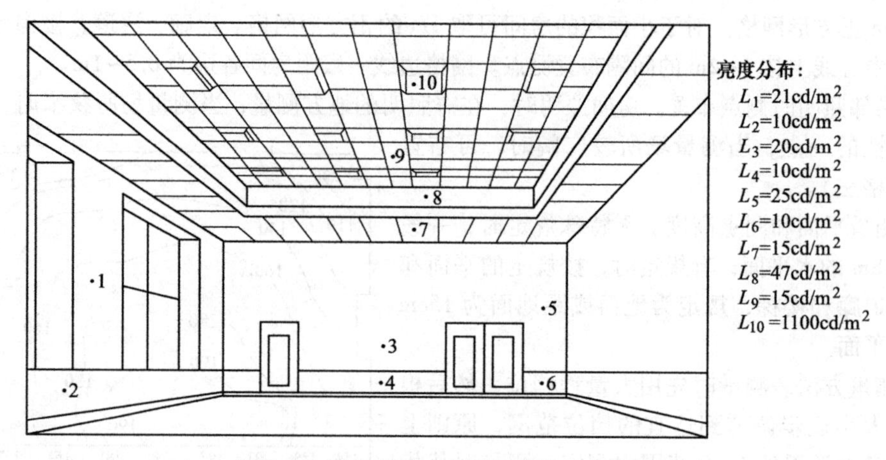


图 6-43 光环境亮度测量数据的表示方法

（4）采光系数测量 采光系数是同一时刻内照度与室外照度的比值。所以，测量采光系数需要两个照度计，一个测量室内照度，另一个测量室外照度。由于室内照度随室外照度而变化，最好在一天中室外照度相对稳定的时间，即上午10时至下午2时测量，以减少因室内外两个读数时差所造成的采光系数测量误差。若采用采光系数计进行测量，则可消除这一误差。这种仪器有两个光电池接入，一个放在室内测点位置，另一个放在室外，仪器内装有除法器，可以随时计算两个光电池产生的光电流比值，直接显示出采光系数。

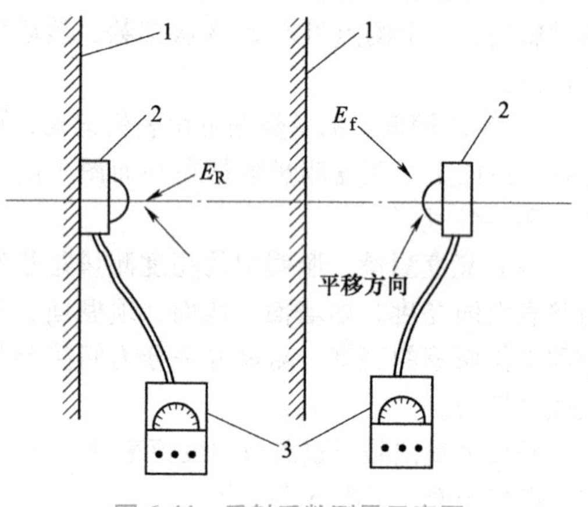


图 6-44 反射系数测量示意图

1—被测表面 2—接收器 3—照度

采光系数的测量最好在阴天进行。测室外照度的光电池应平放在周围无遮挡的空旷地段或屋顶上，离开遮挡物的距离 $L$ 至少在光电池平面以上是遮挡物高度的6倍，如果要在晴天时测量采光系数，须用一个无光泽的黑色圆板或圆球遮住照射到室外和室内光电池收的日光。它距光电池约500mm，直径以形成的日影刚好遮住光电池受光面为宜。在测量过程中，要即时移动遮光器的位置，避免有任何日光直射到光电池上。

采光测量的测点通常在建筑物典型剖面和0.8m高水平工作面的交线上选定，间距一般为2~4m，小房间取0.5~1.0m。典型剖面是指房间中间通过窗中心和通过窗间墙的剖面，也可以选择其他有代表性的剖面。测量窗亮度时，应对透过窗看到的天空和室外景物分别进行测量，并估算出它们所占的面积。

# 6.5 光污染

## 6.5.1 光污染基本概念

狭义的光污染是指干扰光的有害影响，其定义是：已形成的良好的照明环境，由于逸散光而产生被损害的状况，又由于这种损害的状况而产生的有害影响。逸散光是指从照明器具发出的，使本不应是照射目的的物体被照射到的光。干扰光是指在逸散光中，由于光量和光方向，使人的活动、生物等受到有害影响，即产生有害影响的逸散光。广义光污染是指由人工光源导致的违背人的生理与心理需求或者是对人体生理与心理健康有损害的现象，包括眩光污染、射线污染、光泛滥、视单调、视屏蔽、频闪等。因此广义光污染包括了狭义光污染的内容。广义光污染与狭义光污染的主要区别在于：狭义光污染的定义仅从视觉的生理反应来考虑照明的负面效应，而广义光污染则向更高和更低两个层次做了拓展。在高层次方面，包括了美学评价的内容，反映了人的心理需求；在低层次方面，包括了不可见光部分（红外光、紫外光等），反映了除人眼视觉之外，还有环境对照明的物理反应。

光污染属于物理性污染，具有2个特点：

1）光污染是局部的，会随距离的增加而迅速减弱。

2）在环境中不存在残余物，光源消失，污染即消失。国际上一般将光污染分成3类，即白亮污染、人工白昼和彩光污染。

白亮污染：阳光照射强烈时，城市里建筑物的玻璃幕墙、釉面砖墙、磨光大理石和各种涂料等装饰反射光线，明晃、白亮、炫目。

人工白昼：在夜间，商场、酒店的广告灯、霓虹灯闪烁夺目，令人眼花缭乱。有些强光束甚至直冲云霄，使得夜晚如同白天一样，即所谓人工白昼。

彩光污染：舞厅、夜总会安装的黑光灯、旋转灯、荧光灯以及闪烁的彩色光源构成了彩光污染。

除了上述光污染源外，太白的纸、光滑的粉墙、电视、计算机等也会对视力造成危害。汽车排出的HC和$NO_x$在紫外线作用下会产生光化学烟雾，造成更严重的污染。工业应用的紫外线辐射、红外线辐射等都是人工光污染源。核爆炸、熔炉等发出的强光辐射也有严重的光污染。

光污染还有另外一种说法，即噪光。噪光是指对人体心理和生理健康产生一定影响及危害的光线。噪光污染主要指白光污染和人工白昼。城市的夜间照明五光十色，但也由此带来严重的光污染问题。虽然城市夜间照明的主要功能是照明，但一味追求“越亮越好”的做法并不恰当，过亮的照明将会对人体造成严重的干扰和刺激。中国建筑科学院的李景色教授认为，夜景照明有利有弊，其负面影响包括两方面：光污染和光干扰；主要表现在：影响天文观测、干扰人们工作、生活和休息。在德国，约有2/3的人认为“人工白昼”会影响健康。有许多产生光污染和光干扰的夜景照明是由不科学的设计施工造成的。针对这一问题，在CIE 22届专题讨论会上，澳大利亚提出对于控制干扰光（光污染）的光度参数最大值的建议，得到了与会者赞同，该建议见表6-24。

### 6.5.2　玻璃幕墙形成的光污染

大面积采用玻璃幕墙的建筑随处可见，然而由此造成的白光污染却是人们始料未及的。根据光学专家的研究，镜面建筑物玻璃的反射光比阳光照射更加强烈，其反射系数高达82%～90%，这意味光几乎全被反射，大大超出人体所能承受的范围。研究者还发现，长时间在白色光亮污染环境下工作和生活的人，更容易产生视力下降、头晕目眩、食欲下降、头痛等类似神经衰弱的病症。

玻璃幕墙固然美，但由此带来的问题却不容忽视。例如，在交通繁忙的道路旁或十字路口，玻璃幕墙就像一面巨型的镜子，在太阳光下熠熠闪光，非常容易引发交通事故。因此，镜面玻璃不宜大面积地设在交叉路口。同时玻璃幕墙反射带来的投诉也逐渐增多，在酷热的夏天，太阳光被反射进居民的居室，不仅刺眼，还会造成室温骤升，严重影响人们正常的工作和生活。

表 6-24 对于控制干扰光（光污染）的光度参数最大值的建议

| 光度参数 | 使用、计算或测量的判据 | 建议的最大值 | | |
|---|---|---|---|---|
| | | 商业或混合居住区 | 居住区 | |
| | | | 亮的环境 | 暗的环境 |
| 垂直面照度 $E$ | 用在设施所用的场地的边缘，与有关边缘平行的垂直面上，建议的最大值为照度的直接分量 | 50 lx | 20 lx | 10 lx |
| 灯具发射的光强 $I$ | 邻近的住户或使用者造成麻烦，并不包括短时间或瞬间看到的 | 2500cd | 1000cd | 500cd |
| 阈值增量 TI | 计算只根据设施本身的影响，不包括在此区域内现有照明的影响，只适用于行经道路上看到的有关位置和方向 | 适应亮度为 $10cd/m^2$ 的 25% | 适应亮度为 $1cd/m^2$ 的 25% | 适应亮度为 $1cd/m^2$ 的 25% |

玻璃幕墙问题产生的原理：太阳光可以近似看作是平行光，当一束平行光入射到光滑的平面上时，发生镜面反射，反射光也是平行光。平行光只沿一个方向传播，在该方向上光强较强，看起来非常耀眼，形成反射眩光。玻璃幕墙由一块块大块玻璃构成，表面光滑，对太阳光进行镜面反射而形成的眩光射入人眼就会使人看不清东西，射到室内或者室外环境就会使周围温度升高。

因此，研究如何科学合理地利用玻璃幕墙以及开发低反射率的玻璃幕墙、改善光污染，并成功地将科学问题与工程应用相结合，成为当前国内外学者关心的热点问题。例如，上海大剧院选用了一种新颖的印刷净白玻璃，玻璃上面有细密的白色圆点，形成一种朦胧的半透明质感，不仅有效减少了光污染地问题，其外观也非常吻合大剧院的文化品位和高雅形象。

### 6.5.3 人工照明形成的光污染

在人工照明中，光线过强、过暗、过杂等，从心理学角度而言，均会造成刺激过度或刺激不足，从而引起心理、生理上的不舒适，形成不良光环境。

在舞厅中，绝大多数激光辐射强度都超过了极限值，长时间处于其中会有损视力，还可能引起心悸、失眠、神经衰弱等症状，属于刺激过度。有些剧场演出区亮度很大，而观众区过暗，形成过于强烈的亮度对比，影响视觉功能。在教室、图书阅览室中，若光线过暗，不但读书效率降低，而且令人昏昏欲睡，还容易导致近视。长时间逛商店，眼睛需要不断地调整，来适应各种光强度和光色彩，加之观看的商品品种繁多，长时间人们会有信息超载的感觉，产生疲乏感，严重的导致头痛，这是另一种刺激过度的表现。

## 复习思考题

1. 阐述几个基本光度单位及其相互关系。
2. 影响视觉的因素有哪些？
3. 舒适光环境的评价指标是什么？
4. 从舒适光环境的评价标准出发，综合考虑室内装修、采光口、窗间墙等因素来设计一个教室的光环境。
5. 对比天然光与人工光的各自特征。

6. 分析不同采光口的特征及使用范围。

7. 阐述采光口是如何选择的。

8. 阐述人工光源是如何布置的。

9. 光通量和发光强度、亮度与照度的关系与区别是什么？

10. 看电视时，房间是全黑暗好还是有一定对比亮度好？为什么？

11. 侧窗采光有何优、缺点？如何改进侧窗采光的均匀性？

12. 比较侧窗及天窗采光的特点，指出何种情况下用侧窗，何种情况下用天窗。

13. 电光源有几种？各有什么特点？

14. 灯具的选择与布置应注意哪些问题？

15. 室内照明分几类？各有什么特点？

## 参考文献

[1] 詹庆旋．建筑光环境［M］．北京：清华大学出版社，1998.

[2] 李念平．建筑环境学［M］．北京：化学工业出版社，2010.

[3] 朱颖心．建筑环境学［M］.4 版．北京：中国建筑工业出版社，2015.

[4] 贾衡．人与建筑环境［M］．北京：北京工业大学出版社，2001.

[5] 车念曾，阎达远．辐射度学和光度学［M］．北京：北京理工大学出版社，1990.

[6] 廖耀发．建筑物理［M］．武汉：武汉大学出版社，2003.

[7] 中华人民共和国住房和城乡建设部标准定额研究所．建筑采光设计标准：GB /T 50033—2013［S］．北京：中国建筑工业出版社，2012.

[8] 中华人民共和国住房和城乡建设部标准定额研究所．建筑照明设计标准：GB 50034—2013［S］．北京：中国建筑工业出版社，2013.

[9] 田鲁．光环境设计［M］．长沙：湖南大学出版社，2006.

[10] 杨春宇，刘炜，陈仲林．城市生态与光污染控制［J］．城市问题，2002（2）：53-55.

[11] 刘小晖，向东．广义光污染［J］．灯与照明，2002（6）：11-13.

[12] 吴静．浅谈城市环境中的光污染［J］．环境卫生工程，2003（2）：104-105.

[13] 李振福．城市光污染研究［J］．工业安全与环保，2002，28（10）：23-25.

# 第7章 建筑声环境

7

适宜的声环境是舒适空间功能要求的组成部分，人们对需要听的声音，要求听得清楚，对不需要听的声音，希望尽可能地降低干扰。本章主要从噪声的产生、传播等基本原理出发来讨论建筑声环境的控制，着重介绍隔振减噪、吸声降噪和围护结构隔声的原理与设计。

## 7.1 声环境的基本概念

### 7.1.1 基本声学参量

声音是一种机械波，是机械振动在弹性媒介中的传播，这里的弹性媒介即传递声能的介质，它可以是固体、液体，也可以是气体，但真空不能传声。

#### 1. 声源、声波、波阵面和声线

通常把受到外力作用而产生振动的物体即发声体称为声源，声源有点声源、线声源和面声源之分。声源具有方向性、频率性和时间性。

通常所讲的声音是指通过人耳获得的听觉，是由空气压力的波动而产生的机械波，又称为声波，在空气中传播的声波属于纵波。

在声波传播过程中，同一时刻到达的面称为波阵面，其示意图如图7-1所示。对于单个声源的尺度比所辐射的声波波长小得多的点声源，波阵面为球面波。对于线声源，可看作是由许多点声源排列而成，此时它的波阵面为柱面波。面声源一般为大的振动表面，可以看作许多点声源放置在一个平面上。它的波阵面是类似于发声源的面。

声波的传播途径用声线表示，在各向同性的介质中，声线与波阵面相互垂直。

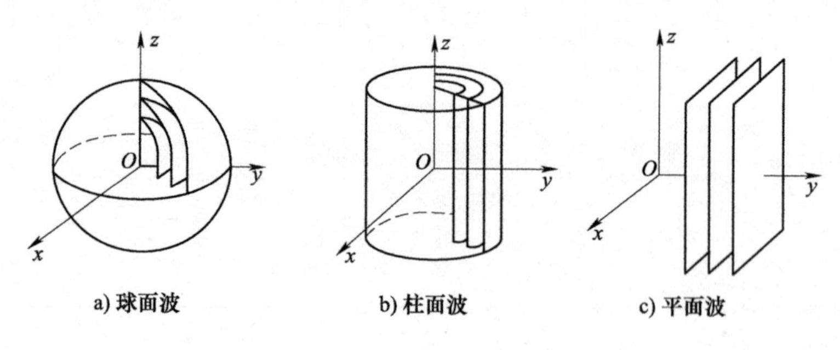


图7-1 波阵面示意图

#### 2. 频率、波长和声速

在声音的传播过程中，空气质点在1s内产生的位移或振动的次数称为频率$f$，单位为赫兹（Hz），完成一次振动的时间称为周期$T$，单位为秒（s），两相邻空气质点之间的距离称为波

长 $\lambda$，单位为米（m），声波在弹性媒介中的传播速度称为声速 $c$，单位为米每秒（m/s）。频率、波长和声速之间的关系为

$$c = \lambda f \tag{7-1}$$

式中　$c$——声波的传播速度（m/s）；

$\lambda$——声波的波长（m）；

$f$——声波的频率（Hz）。

声速与介质的弹性、密度以及温度有关。当温度为0℃时，声波在不同介质中传播速度 $c$ 为：松木 3320m/s，软木 500m/s，钢铁 5000m/s，水 1450m/s。

在空气中，声速 $c$ 与温度 $\theta$ 关系为

$$c = 331.4\sqrt{1 + \frac{\theta}{273}} \tag{7-2}$$

式中　$\theta$——空气温度（℃）。

在声学领域和日常生活中，声音通常按频率分类，根据频率高低可分为次声、可听声和超声。正常人耳能听到的声波频率范围约为 20～20000Hz，属于可听声；相应低于 20Hz 和高于 20000Hz 的称为次声和超声。可听声根据频率高低进一步分为三个频段，300Hz 以下称为低频声，300～1000Hz 称为中频声，1000Hz 以上称为高频声。可听声发声频率及发声体如图 7-2 所示。

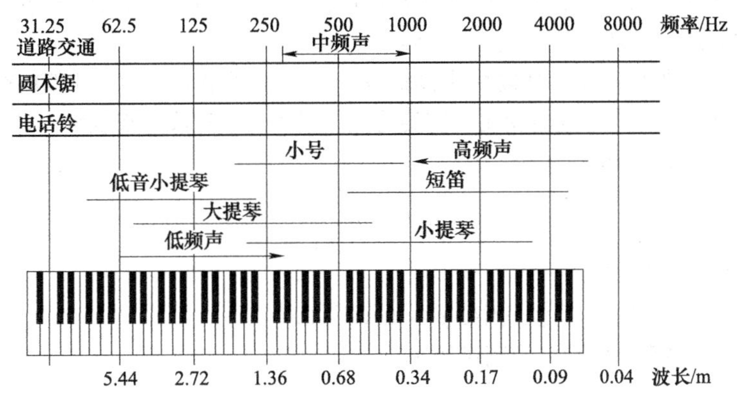


图 7-2　可听声发生频率及发声体

### 3. 声功率、声强和声压

（1）声功率 $W$　声源在单位时间内向外辐射的声能称为声功率 $W$，单位为瓦（W）或微瓦（μW）。当注明频率范围时，则表示声源在单位时间内向外辐射某一特定频率范围的声能，此时称之为频带声功率。在声环境设计中，常认为声功率是声源本身的一种特性，不因环境条件的不同而改变。

（2）声强 $I$　声强 $I$ 是衡量声波在传播过程中声音强弱的物理量，单位为瓦每平方米（$W/m^2$）。声场中某一点的声强是指在单位时间内通过该点垂直于声波传播方向的单位面积的声能。

$$I = \frac{W}{S} \tag{7-3}$$

式中　$S$——声音所通过的面积（$m^2$）。

点、线声源由于在传播方向上波振面面积变化，因而 $I$ 也发生变化，而面声源，由于波振面一样大小，所以 $I$ 不变。

在实际工作中，指定方向的声强难以测量，通常是测出声压，通过计算求出声强和声功率。

(3) 声压 $p$

介质中有声波传播时，介质中的压强相对于无声波时介质静压强的改变量称为声压 $p$，单位为帕（Pa）。任一点的声压都是随时间而不断改变的，每一瞬间的声压称为瞬时声压，某段时间内瞬时声压的均方根值称为有效声压。如未说明，通常所指的声压为有效声压。

在自由声场中，某处的声强与该处声压的二次方成正比，而与介质密度与声速的乘积成反比，即：

$$I = \frac{p^2}{\rho_0 c} \tag{7-4}$$

式中 $p$——有效声压（Pa）；

$\rho_0$——空气密度（$kg/m^3$），一般为 $1.225kg/m^3$；

$c$——声速（m/s）；

$\rho_0 c$——介质的特性阻抗，在 20℃时，其值为 $415N \cdot s/m^3$。

#### 4. 声级及其叠加

如前所述，正常人耳能听到的声波频率范围约为 20~20000Hz，人耳刚能感受到的声音称为闻阈声（或听阈声），常作为基准声，使人感到疼痛的声音为痛阈声。对于频率为 1000Hz 的声音，闻阈声的声强为 $10^{-12}$ $W/m^2$，其相应声压为 $2\times10^{-5}$Pa；而痛阈声的声强为 $1W/m^2$，其相应声压为 20Pa。可以看出，人耳所感受到的声强和声压范围较宽，而且人的听觉系统对声音强弱的响应接近于对数关系。所以，人们引入了“级”的概念。

(1) 声压级 $L_p$　如前所述，从闻阈声到痛阈声，声压的绝对值相差 1000000 倍，为了便于应用，人们便根据人耳对声音强弱变化响应的特性，引入一个对数量来表示声音的大小，这就是声压级 $L_p$，单位为分贝（dB）。

$$L_p = 20\lg \frac{p}{p_0} \tag{7-5}$$

式中 $p$——考察点声压（Pa）；

$p_0$——基准声压（Pa），在空气中，$p_0 = 2\times10^{-5}$(Pa)。

表 7-1 给出了一些常见的噪声及其声压级。

表 7-1　某些有代表性的噪声及其声压级

| 声音或噪声种类 | 声源与人的距离/m | 声压级/dB | 人的主观感觉 |
|---|---|---|---|
| 喷气式飞机起飞 | 100 | 130 | 震耳欲聋 |
| 铆接钢板 | 10 | 110 | |
| 冲击钻 | 10 | 100 | |
| 木加工用圆盘踞 | 10 | 80 | 令人烦躁 |
| 高压离心风机 | 5 | 75 | |
| 电话铃声 | 5 | 65 | 嘈杂 |
| 喧嚣的办公室 | 站在室内 | 70 | |
| 语言交谈声 | 5 | 50 | 轻松的声音 |
| 细声交谈 | 5 | 30 | |

(2) 声强级 $L_I$　如前所述，从闻阈声到痛阈声，声强的绝对值相差 $10^{12}$倍，为了便于应用，引入一个对数量来表示声音的强弱，这就是声强级 $L_I$，单位为分贝（dB）。

$$L_I = 10\lg \frac{I}{I_0} \tag{7-6}$$

式中 $I$——考察点声强（W/m²）；

$I_0$——基准声强（W/m²），在空气中，$I_0 = 1\times10^{-12}$W/m²。

在自由声场中，当空气的介质特性阻抗 $\rho_0 c$ 等于 400N · s/m³ 时，声压级与声强级在数值上相等。在常温下，空气的介质特性阻抗近似等于 400N · s/m³，因此通常可以认为二者数值上相等。

（3）声功率级 $L_W$　同理，引入声功率级 $L_W$，其表达式如下：

$$L_W = 10\lg \frac{W}{W_0} \tag{7-7}$$

式中 $W$——考察声源声功率（W）；

$W_0$——基准声功率（W），在空气中，$W_0 = 1\times10^{-12}$W。

（4）声级的叠加　当几个不同声源同时作用某一点时，若不考虑干涉效应，它们在某处形成的总声强是各个声强的代数和，即

$$I = I_1 + I_2 + \cdots + I_n \tag{7-8}$$

而它们的总声压级（有效声压）是各声压的均方根值，即

$$p = \sqrt{p_1^2 + p_2^2 + \cdots + p_n^2} \tag{7-9}$$

声强级、声压级叠加时，不能简单地进行算术相加，而要按对数运算规律进行。例如 $n$ 个在某点声压级均为 $L_{p_1}$ 的声音，它们的总声压为

$$L_p = 20\lg \frac{\sqrt{np_1^2}}{p_0} = L_{p_1} + 10\lg n \tag{7-10}$$

从式（7-10）可看出，两个数值相等的声压级叠加后，只比原来增加 3dB，而不是增加一倍。这一结论同样适用于声强级和声功率级的叠加。

两个声压级分别为 $L_{p_1}$ 和 $L_{p_2}$ 的声音（$L_{p_1}>L_{p_2}$），它们的总声压为：

$$L_p = L_{p_1} + 10\lg(1 + 10^{-\frac{L_{p_1}-L_{p_2}}{10}}) = L_{p_1} + \Delta L \tag{7-11}$$

式中修正量 $\Delta L$ 也可以根据 $L_{p_1}-L_{p_2}$ 查图 7-3 获得，将它加到较大的声压级 $L_{p_1}$ 上即可求得总声压级。如果两个声压级差超过 15dB，附加值很小，可以忽略不计。

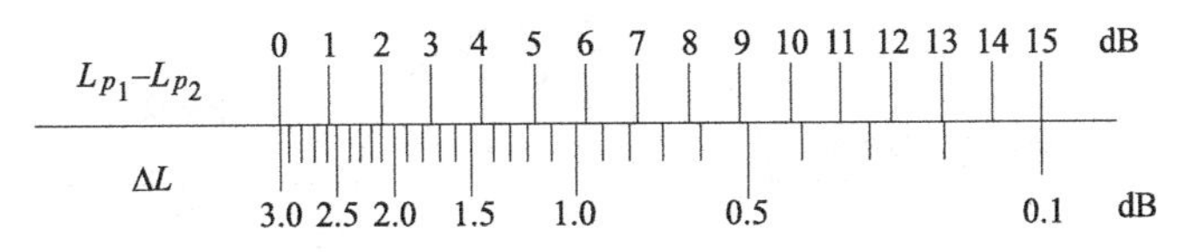


图 7-3　声压级叠加的修正量

【例 7-1】　测得某风机噪声声压级频谱如表 7-2 所示，试求 8 个倍频程的总声压级。

表 7-2　某风机噪声声压级频谱

| 倍频程中心频率/Hz | 63 | 125 | 250 | 500 | 1000 | 2000 | 4000 | 8000 |
|---|---|---|---|---|---|---|---|---|
| 声压级/dB | 90 | 95 | 100 | 93 | 82 | 75 | 70 | 70 |

【解】 声压级的大小依次为 100dB、95dB、93dB、90dB、82dB、75dB、70dB、70dB，将相邻两个声压级依据图 7-3 依次叠加，得

100 ┐
　　├ 101.2 ┐
95 ┘　　　├ 101.8 ┐
　　　93 ┘　　　├ 102.1 ≈ 102dB
　　　　　　90 ┘

上述三次叠加后再与其余未叠加的声压级的差值均超过 15dB，修正值很小，可见总声压级主要决定于前 4 个数值，其余的作用不大，可以不再计入。

## 7.1.2 声音的扩散与吸收

### 1. 声波的绕射、反射与扩散

当声波在传播途径中遇到障碍物时，不再是直线传播，而是能绕过障碍物的边缘，改变原来的传播方向，在障碍物的后面继续传播，这种现象称为绕射（衍射）。当声波遇到带有孔的障板时，同样能绕到障板的背后继续传播。具体绕射图如图 7-4 所示。

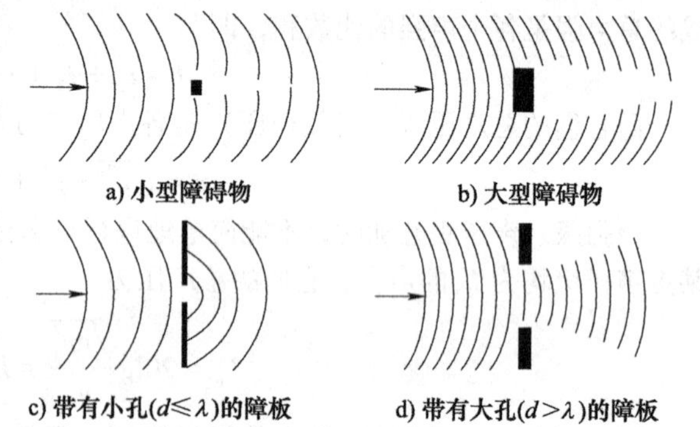


图 7-4 声波通过障碍物的绕射

当声波在传播过程中遇到一块尺寸比波长大得多的平面障板时，声波将被反射。该过程遵循反射定律，即

1）入射线、反射线和反射面的法线在同一平面内。

2）入射线和反射线分别在法线的两侧。

3）反射角等于入射角。

当声波入射到表面起伏不平的障碍物上，而且起伏的尺度和波长相近时，声波不会产生定向的几何反射，而是产生散射，声波的能量向各个方向反射。图 7-5 给出了室内声音反射的几种典型情况。

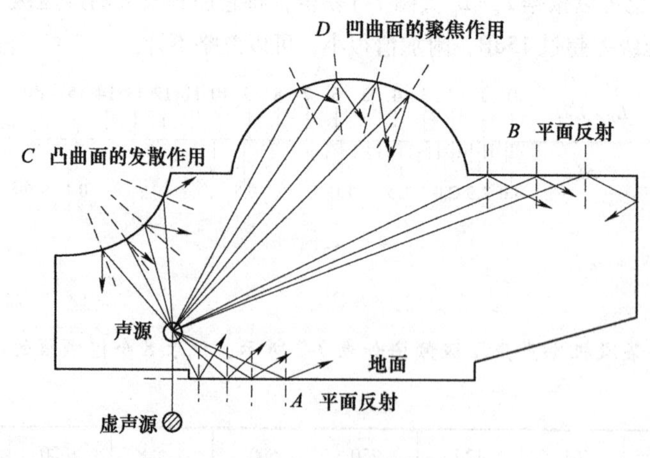


图 7-5 室内声音反射的几种典型情况

当声波在传播过程中遇到一些凸曲面，就会分解成许多较小的反射声，并且使传播的立面

体扩大，这种现象称为扩散。声扩散可使室内声场区域均匀，实现声扩散的方法有多种：

1）把厅堂内表面处理成不规则形或设置扩散体，如采用半露柱、外露梁、装饰天花板、雕刻的挑台栏杆和锯齿形墙面等。

2）在墙面上交替地做声反射和声吸收处理。

3）使各种吸声处理不规则地分布。

### 2. 声波的透射与吸收

当声波入射到建筑构件（墙、顶棚等）时，声能的一部分被反射，一部分透过构件传到另一侧空间去，强度上会有一定衰减，称为材料的透射，还有一部分由于构件的振动或声音在其内部传播时由于介质的摩擦或热传导而被损耗，称为材料的吸收。声能的反射、透射和吸收如图7-6所示。

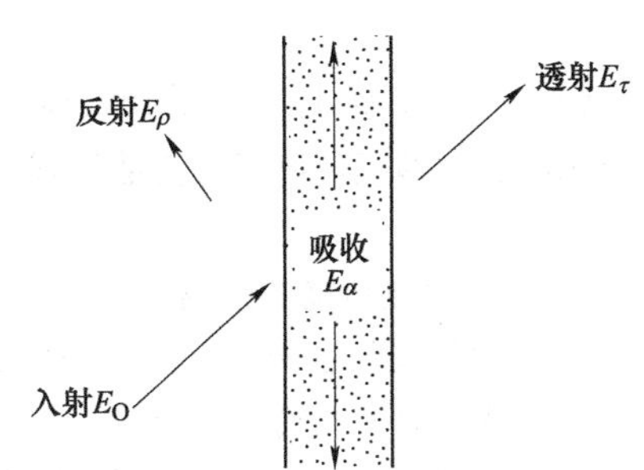


图7-6　声能的反射、透射和吸收

根据能量守恒定律，若单位时间内入射到构件上的总声能为$E_0$，反射的声能为$E_\rho$，构件吸收的声能为$E_\alpha$，透过构件的声能为$E_\tau$，则相互间有如下的关系：

$$E_0 = E_\rho + E_\alpha + E_\tau \tag{7-12}$$

透射声能与入射声能之比称为透射系数$\tau$，反射声能与入射声能之比称为反射系数$\rho$，即

$$\tau = \frac{E_\tau}{E_0} \tag{7-13}$$

$$\rho = \frac{E_\rho}{E_0} \tag{7-14}$$

人们常把$\tau$值小的材料称为隔声材料，把$\rho$值小的材料称为吸声材料。实际上构件吸收的声能只是$E_\alpha$，但从入射波与反射波所在的空间考虑问题，常把透过和吸收的即没有反射回来的声能都看成被吸收了，就可用下式来定义材料的吸声系数：

$$\alpha = 1 - \rho = \frac{E_0 - E_\rho}{E_0} \tag{7-15}$$

### 3. 声音在室内空间中的传播

（1）室内声场　如前所述，在某个区域内，能量密度一样，向各个方向的能量流逝概率相同的声音，称为扩散音。如果房间中有这样的声音，那么这样的声场就是室内扩散声场。

声波在一个被界面（墙、地板、顶棚等）围闭的空间中传播时，受到各个界面的反射与吸收，这时形成的声场要比无反射的自由场复杂得多。

在室内声场中，接收点处除了接收到声源辐射的“直达声”外，还接收到由房间界面反射而来的反射声，包括一次反射、二次反射和多次反射。室内声音传播示意图如图7-7所示。

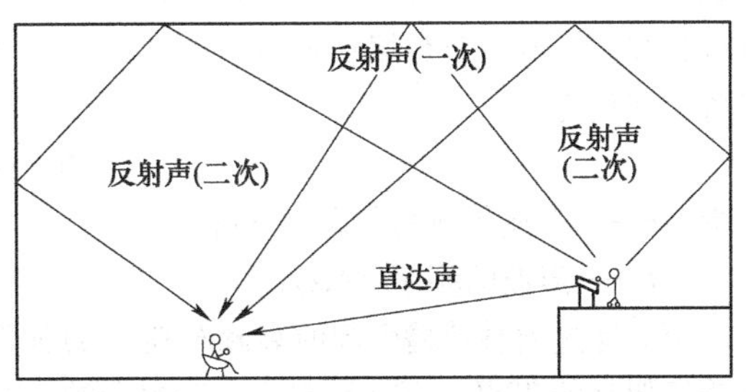


图7-7　室内声音传播示意图

由于反射声的存在，室内声场的显著特点如下：

1）与声源相同距离的接收点上，声强比在自由声场中要大，且不随距离的二次方衰减。

2）声源在停止发声以后，声场中还存在着来自各个界面的迟到的反射声，声场的能量有一个衰减过程，产生所谓“混响现象”。

（2）扩散声场的假定　从物理学上讲，室内声场是一个波动方程在三维空间和边界条件下的求解问题。因为房间形状和界面声学特性的复杂性，难以用数学物理方法求得解析解，于是就发展了统计处理的方法，对室内声场做出扩散声场的假定：

1）声能密度在室内均匀分布，即在室内任意一点上，声强都相等。

2）在室内任意一点上，声波向空间各个方向传播的概率是相同的。

### 7.1.3 声波的衰减

#### 1. 声波在传播过程的衰减

（1）发散衰减 $A_{div}$　声波在传播过程中随着传播距离的增加，能量散布的面积也在增加，声强越来越弱，即点声源声波传播过程中的发散衰减，单位为分贝（dB）。

$$A_{div}=20\lg r+11 \tag{7-16}$$

式中　$r$——声波传播的距离（m）。

（2）大气吸收衰减 $A_{atm}$　声波在大气中传播，除了发散衰减外，还会因为大气对声能的吸收而引起衰减，称为大气吸收衰减，单位为分贝（dB）。其与大气温度、湿度有关，也与声波的频率有关，高频声衰减大，低频声衰减小。

$$A_{atm}=\frac{\alpha_{atm}r}{100} \tag{7-17}$$

式中　$r$——声波传播的距离（m）；

$\alpha_{atm}$——倍频带噪声的大气吸收衰减系数（dB/100m），可通过表7-3查取。

表7-3　倍频带噪声的大气吸收衰减系数 $\alpha_{atm}$　（单位：dB/100m）

| 大气温度/℃ | 相对湿度（%） | 倍频带中心频率/Hz | | | | | | | |
|---|---|---|---|---|---|---|---|---|---|
| | | 63 | 125 | 250 | 500 | 1000 | 2000 | 4000 | 8000 |
| 10 | 70 | 0.01 | 0.04 | 0.10 | 0.19 | 0.37 | 0.97 | 3.28 | 11.7 |
| 20 | 70 | 0.01 | 0.03 | 0.11 | 0.28 | 0.50 | 0.90 | 2.29 | 7.66 |
| 30 | 70 | 0.01 | 0.03 | 0.10 | 0.31 | 0.74 | 1.27 | 2.31 | 5.93 |
| 15 | 20 | 0.03 | 0.6 | 0.12 | 0.27 | 0.82 | 2.82 | 8.88 | 20.2 |
| 15 | 50 | 0.01 | 0.5 | 0.12 | 0.22 | 0.42 | 1.08 | 3.62 | 12.9 |
| 14 | 80 | 0.01 | 0.3 | 0.11 | 0.24 | 0.41 | 0.83 | 2.37 | 8.28 |

（3）地面吸收衰减 $A_{grd}$　与大气吸收衰减类似，当声波沿着地面传播，因为地面吸收会对声波产生衰减，称为地面吸收衰减，单位为分贝（dB）。其与地面形态有关，如硬质地面的广场、草地、林地等对声波有不同的衰减，也和声波的频率有关。因为地面状态太复杂，所以地面吸收衰减只能用一些试验数据和经验公式来表示。例如，声波在厚的草地和低矮灌木丛上传播，可用经验公式估算：

$$A_{grd}=(0.18\lg f-0.13)r \tag{7-18}$$

式中　$r$——声波传播的距离（m）；

$f$——声波的频率（Hz）。

声波穿过树林传播引起的衰减与树木的种类、种植的疏密以及落叶与否有关，其数值可以从浓密树林的20dB/100m到只有稀疏树干的3dB/100m。

（4）其他衰减 $A_{oth}$　声波传播过程中，遇到障碍物，如屏障、建筑物、构筑物以及地形的变化等会发生反射、绕射和吸收，从而引起衰减。这些可以通过查找相关资料（大多数是数据和经验公式）做出附加衰减值的估算，计入 $A_{oth}$。

### 2. 声波在接收点的衰减

室内声场在声源激发下处于稳态，即声源单位时间辐射的声能与房间界面单位时间吸收的声能相等时，设声场的稳态声能密度为 $D_0$，单位为焦每立方米（$J/m^3$）。此时，让声源突然停止发声，声源不再提供声能，"直达声"消失，但反射声存在。反射声在传播过程中，每与房间界面碰撞一次，即被界面吸收一次。从统计平均来看，所有反射声每平均与界面碰撞一次，房间声能被吸收掉 $\overline{\alpha}$ 倍，声能密度衰减 $D_0(1-\overline{\alpha})$。

声波在房间中传播，在与界面发生一次反射后，到下一次反射所经过的距离的统计平均，即平均和界面碰撞一次所经历的传播路程，称为平均自由路程 $P$，单位为米（m）。在房间内，平均自由路程 $P=\dfrac{4V}{S}$，$V$ 为房间容积（$m^3$），$S$ 为房间界面总面积（$m^2$）。于是，在单位时间内，声波与房间界面的碰撞次数为 $n=\dfrac{c}{P}=\dfrac{cS}{4V}$，$c$ 为声音在空气中的传播速度，取 340m/s。

碰撞 $n$ 次，也就是单位时间内，房间声能密度衰减为

$$D_0(1-\overline{\alpha})^n = D_0(1-\overline{\alpha})^{(cS/4V)} \tag{7-19}$$

因此，房间声能密度随时间 $t$ 的衰减为

$$D_t = D_0(1-\overline{\alpha})^{(cS/4V)t} \tag{7-20}$$

声级随时间的衰减量为

$$\Delta L(t) = 10\lg\frac{D_0}{D_t} = -\frac{10cS}{4V}t\lg(1-\overline{\alpha}) \tag{7-21}$$

## 7.1.4 吸声与吸声材料

### 1. 吸声

吸声是声波入射到吸声材料表面被吸收，降低了反射声的现象，界面吸声对直达声起不到降低的作用。一般松散多孔的材料吸声系数较高，如玻璃棉。

（1）吸声系数　如前所述，吸声系数用以表征材料和结构的吸声能力，用 $\alpha$ 表示。对于完全反射材料，吸声系数 $\alpha=0$；完全吸收材料，吸声系数 $\alpha=1$；一般材料的吸声系数介于 0~1。但材料和结构的吸声特性和声波入射角度有关。声波垂直入射到材料和结构表面的吸声系数，称为垂直入射（或正入射）吸声系数，用 $\alpha_0$ 表示；当声波斜向入射时，入射角为 $\theta$ 时，这时的吸声系数称为斜入射吸声系数，用 $\alpha_\theta$ 表示。在建筑声环境中，出现上述两种声入射的情况是较少的，而普遍的情形是声波从各个方向同时入射到材料和结构的表面。

（2）吸声量　吸声系数反映了吸收声能所占入射声能的百分比，它可以用来比较在相同尺寸下不同材料和结构的吸声能力，但无法表达不同尺寸的材料和结构的实际吸声效果。用以表征某个具体吸声构件的实际吸声效果的量称为吸声量，用 $A$ 表示，单位为平方米（$m^2$）。它和吸声构件的面积有关：

$$A = \alpha S \tag{7-22}$$

式中　$A$——吸声量（$m^2$）；

$\alpha$——吸声系数；

$S$——吸声构件的围蔽面积（$m^2$）。

### 2. 吸声材料和吸声结构

所有建筑材料都有一定的吸声特性，工程上把吸声系数比较大的材料和结构（$\alpha>0.2$）称为吸声材料和吸声结构。吸声材料和吸声结构的主要用途是：

1）在音质设计中控制混响时间，消除回声、颤动回声、声聚焦等音质缺陷。

2）在噪声控制中用于室内吸声降噪以及通风空调系统和动力设备排气管中的管道消声。

主要吸声材料的种类，见表7-4。吸声结构按其吸声原理基本可分为多孔吸声材料、共振吸声结构以及特殊吸声结构。

表7-4 主要吸声材料的种类

| 名称 | 示意图 | 例子 | 主要吸声特性 |
| --- | --- | --- | --- |
| 多孔材料 | | 矿棉、玻璃棉、泡沫塑料、毛毡 | 本身具有良好的中高频吸收能力，背后留有空气层时还能吸收低频 |
| 板状材料 | | 胶合板、石棉水泥板、石膏板、硬质纤维板 | 吸收低频比较有效 |
| 穿孔板 | | 穿孔胶合板、穿孔石棉水泥板、穿孔石膏板、穿孔金属板 | 一般吸收中频，与多孔材料结合使用时吸收中高频，背后留大空腔还能吸收低频 |
| 成型天花吸声板 | | 矿棉吸声板、玻璃棉吸声板、软质纤维板 | 视板的质地而别，密实不透气的板吸声特性同硬质板状材料，透气的板同多孔材料 |
| 膜状材料 | | 塑料薄膜、帆布、人造革 | 视空气层的厚薄而吸收低中频 |
| 柔性材料 | | 海绵、乳胶块 | 内部气泡不连通，与多孔材料不同，主要靠共振有选择地吸收中频 |

（1）多孔吸声材料　多孔吸声材料是内部有大量的、互相贯通的、向外敞开的微孔的材料，当声波入射其中时，可引起微孔中空气振动，使相当一部分声能转化成热能而被损耗。多孔材料是主要的吸声材料，这类材料最初以麻、棉、毛等有机纤维为主，现在大部分由玻璃棉、岩棉等无机纤维材料代替；除了棉状的以外，还可以用适当的黏结剂制成板状或加工成毡，目前已经做到成品化。

在实际使用中，对多孔材料会做各种表面处理。为了尽可能地保持原来材料的吸声特性，饰面应具有良好的透气性。例如，用金属格网、塑料窗纱、玻璃丝布等罩面，对多孔材料的吸声性能影响不大；使用穿孔板作为面层时，低频吸声系数会有所提高；使用薄膜面层，中频吸声系数有所提高。所以多孔材料覆盖穿孔板、薄膜罩面，实际上是一种复合吸声结构。

市场上出售的多孔材料可分为三大类：预制吸声板、松散状吸声材料和吸声毡。地毯就是很好的吸声材料。在遭受噪声污染房间内墙面和地面悬挂和铺设地毯，无疑能创造宁静的气氛，而且能获得很理想的降噪效果，它也是控制心理噪声的一种较简便的方法。

（2）共振吸声结构

1）薄板和薄膜共振吸声结构。将不透气、有弹性的板状或膜状材料（如硬质纤维板、石膏板、胶合板、石棉水泥板、人造革、漆布、不透气的帆布等）周边固定在框架上，板后留有一定厚度的空气层，就成了薄板和薄膜共振吸声结构。当声波入射到薄板和薄膜上时，将激起面层振动，使板或膜发生弯曲变形。由于面层和固定支点之间的摩擦，以及面层本身的内损耗，一部分声能被转化为热能。

在选用薄膜（薄板）吸声结构时，还应当考虑以下几点：

① 比较薄的板，因为容易振动可提供较多的声吸收。

② 吸声系数的峰值一般都处在低于300Hz 的范围；同时随着薄板单位质量的增加以及在背后空气层里填放多孔材料，吸声系数的峰值向低频移动。

③ 在薄板背后的空气层里填放多孔材料，会使吸声系数的峰值有所增加。

④ 薄板表面的涂层对吸声性能没有影响。

⑤ 当使用预制的块状多孔吸声板与背后的空气层组合时，则兼有多孔材料和薄板共振结构吸声的特征。

2）空腔共振吸声结构。结构中封闭有一定的空腔，并通过有一定深度的小孔与声场空间连通形成空腔共振吸声结构。在各种穿孔板、狭缝板背后设置空气层以及专门制作的带孔颈的空心砖或空心砌块等形成的吸声结构，是对空腔共振吸声结构最常见的实际应用。穿孔板、狭缝板的主要材料有石膏板、石棉水泥板、胶合板、硬质纤维板、钢板、铝板等，它们通常兼具装饰作用，因此使用较为广泛。

空腔共振器可作为单个吸声体、穿孔板共振器或狭缝共振器使用。单个空腔共振器是规格不一的空的陶土容器。它们的有效吸声范围为100~400Hz，属于中低频吸声结构。用按级配搅拌的混凝土制造的带狭缝空腔的标准砌块，称为吸声砌块。它是一种新型的空腔共振器。其吸声量在低频时增大，高频时减少。在体育馆、游泳池、工业厂房、机械设备房间等场所采用它作为吸声材料是合适的。

穿孔板共振器是在刚性板上穿孔或穿缝，并与墙壁隔开一定距离安装，它实际上是利用了空腔共振器的吸声原理，以形成许多个空腔共振器。影响穿孔板吸声性能的因素是多方面的。在噪声控制工程中，通常把穿孔板共振吸声结构的穿孔率控制在1%~10%的范围内，最高不能超过20%，否则就起不到共振吸声的作用，而仅起到护面板的作用了。为了增大吸声系数与提高吸声带宽，可采取以下办法：

① 穿孔板孔径取偏小值，以提高孔内阻尼。

② 在穿孔板后紧实贴上薄膜或薄布材料，以增加孔径摩擦。

③ 在穿孔板后面的空腔中填放一层多孔吸声材料，增加孔颈附近的空气阻力，多孔材料应尽量靠近穿孔板。

④ 组合几种不同尺寸的共振吸声结构，分别吸收一小段频带，使总的频带变宽。

通过采取以上措施，可使吸声系数达到0.9以上，吸声带宽可达2~3个倍频程。

（3）特殊吸声结构

1）空间吸声体。常见的空间吸声体由骨架、护面层和吸声填料构成。几种如图7-8所示。材料的选择应视空间吸声体的大小、刚度和装修要求而定。骨架可采用木材、角钢、薄壁型钢等。护面层可采用塑料窗纱、塑料网、钢丝网和各种板材（如薄钢板、铝板、塑料板等）的穿孔板，其板厚可取0.5~1.0mm，孔径可取4~8mm，穿孔率应大于20%。吸声填料通常采用超细玻璃棉外包玻璃纤维布，其填充密度可取25~30kg/m，厚度应根据声源频谱特性在5~10cm范围内选定。一般吸声饰面只有一个面与声波接触，吸声系数均小于1，而对于悬挂在空间的吸声体，根据声波的反射和绕射原理，声波与它的两个或两个以上的面（包括边缘）接触，在投影相同的情况下，吸声体相应增加了有效吸声面积和边缘效应，大大提高了吸声效果，如果按照投影面积计算，吸声系数可大于1。

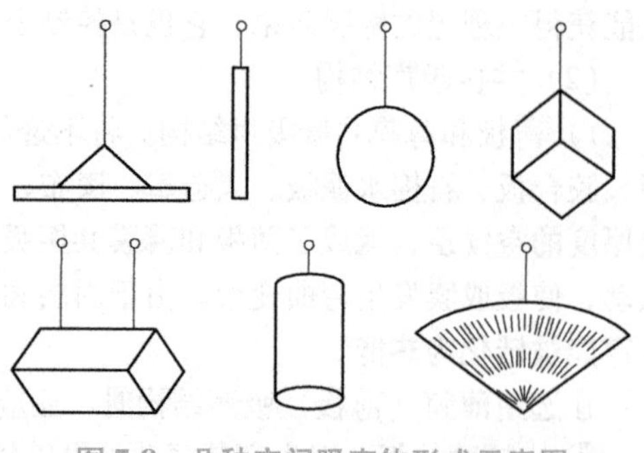

图7-8 几种空间吸声体形式示意图

2）强吸声结构。在消声室等特殊场合，需要房间界面对于在相当低的频率以上的声波都具有极高的吸声系数，有时达0.99以上，这时必须使用强吸声材料。吸声尖劈是消声室中常用的强吸声材料，其应用如图7-9所示。吸声尖劈用棉状和毡状多孔吸声材料，如超细玻璃棉、玻璃棉等填充在框架中，并蒙以玻璃丝布或塑料窗纱等罩面材料制成。强吸声结构中，除了吸声尖劈以外，还有在界面平铺多孔材料，只要厚度足够大，也可做到对宽频带声音的强吸收。这时，若从外表面到材料内部其表观密度从小逐渐增大，则可获得与吸声尖劈大致相同的吸声性能。

综上所述，多孔吸声材料的吸声结构对中、高频噪声有较高的吸声效果；共振吸声结构（如共振腔吸声结构和薄板共振吸声结构）对低频段的噪声有较好的吸声效果；而微穿孔板吸声结构具有吸声频带宽等优点。不同吸声材料的吸声特性如图7-10所示。

图7-9 吸声尖劈在消声室的应用

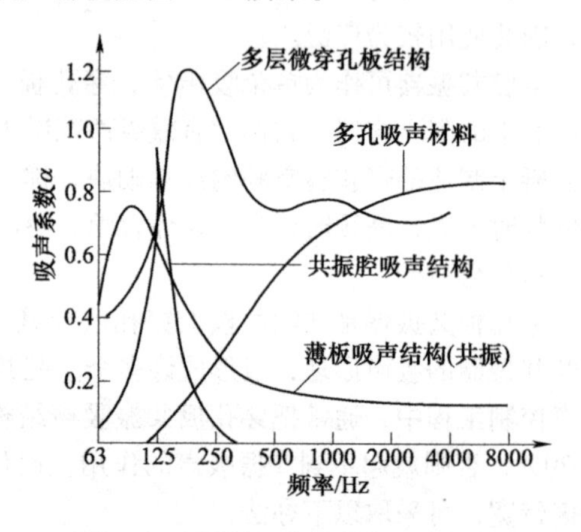


图7-10 不同吸声材料的吸声特性

## 7.1.5 隔声与隔声材料

### 1. 隔声

声波在空气中传播时，使声能在传播途径中受到阻挡从而不能直接通过的措施，称为隔声。隔声的具体形式有隔声墙或楼板、隔声罩、隔声间和声屏障等。

建筑的围护结构受到外部声场的作用或直接受到物体撞击而发生振动，会向建筑空间辐射声能，于是空间外部的声音会通过围护结构传到建筑空间中，这叫作传声。围护结构会隔绝一部分作用于它的声能，这叫作隔声。如果隔绝的是外部空间声场的声能，称为空气声隔绝；若是使撞击的能量辐射到建筑空间中的声能有所减少，称为固体声或撞击声隔绝。这和隔振概念不同，因为前者接受者接收到的是空气声，后者接受者感受到的是固体振动。

（1）透射系数 如前所述，透射系数 $\tau$ 值越小，材料和构件的隔声性能越好。空气声的透射方式一般包括两种：①由噪声源和听闻地点之间的墙壁（或屋顶）直接透射；②沿围护结构连接部件间接透射。

（2）隔声量 在工程上常用构件隔声量 $R$（单位：dB）或透射损失 TL 来表示构件对空气声的隔绝能力。它与透射系数 $\tau$ 的关系是：

$$R = 10\lg \frac{1}{\tau} \tag{7-23}$$

若一个构件透过的声能是入射声能的千分之一，即 $\tau = 0.001$，则 $R = 30\text{dB}$。一般说来，隔声量 $R$ 与声波的入射角有关。

同一结构对不同频率的入射声波有不同的隔声量。在工程应用中，常用中心频率为 125～4000Hz 的六个倍频带的隔声量来表示某一个构件的隔声性能。有时为了简化，也用单一数值表示构件的隔声性能。图 7-11 所示为部分构件的平均隔声量，也就是各频带隔声量的算术平均值。

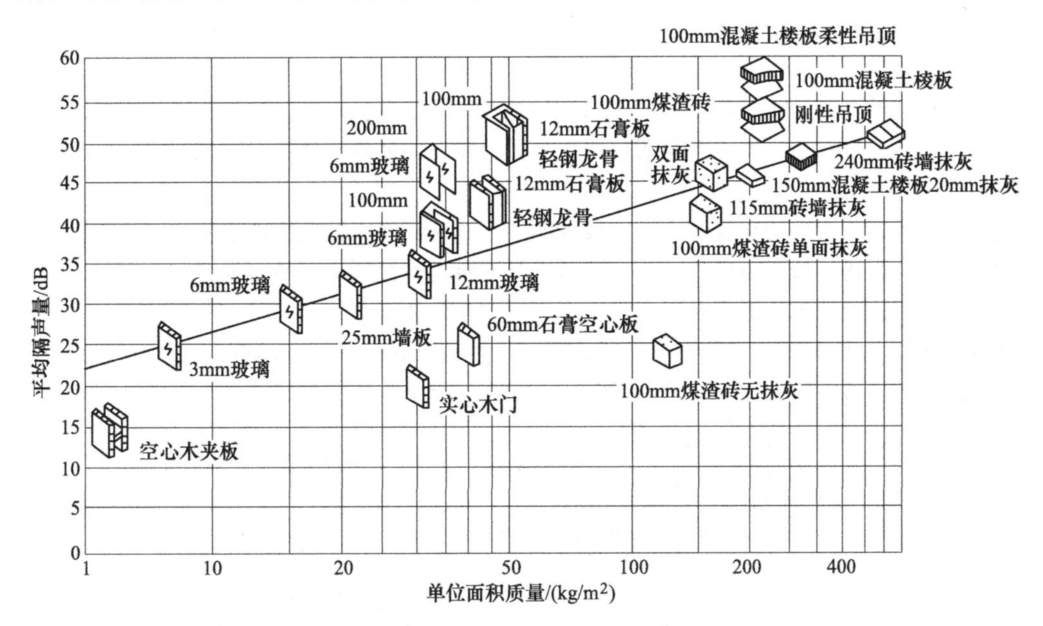


图 7-11 部分构件的平均隔声量

## 2. 单层匀质密实墙的空气声隔绝特性

单层匀质密实墙的隔声性能和入射声波的频率 $f$ 有关，还取决于墙本身的单位面积质量、刚度、材料的内阻尼以及墙的边界条件等。严格地从理论上研究单层匀质密实墙的隔声是相当复杂和困难的。如果忽略墙的刚度、阻尼和边界条件，只考虑质量效应，则在声波垂直入射时，可从理论上得到墙的隔声量 $R_0$ 的计算公式：

$$R_0 = 20\lg \frac{\pi m f}{\rho_0 c} = 20\lg m + 20\lg f - 43 \tag{7-24}$$

式中 $m$——墙体的单位面积质量，又称面密度（$\text{kg/m}^2$）；

$\rho_0$——空气的密度，取 $1.18\text{kg/m}^3$；

$c$——空气中的声速，取 $344\text{m/s}$。

如果声波是无规入射，则墙的隔声量 $R$ 大致比正入射时的隔声量低 5dB。

式（7-24）说明墙的单位面积质量越大，隔声效果越好，单位面积质量每增加一倍，隔声量增加 6dB，同时还可看出，入射声频率每增加一倍，隔声量也增加 6dB，上述规律通常称为“质量定律”。同时，理论公式是在一系列假设条件下导出的，一般来说实测值往往比理论值偏小。墙的单位面积质量每增加一倍，实测隔声量约增加 4～5dB；入射声频率每增加一倍，实测隔声量约增加 3～5dB。

### 3. 双层墙的空气声隔绝特性

从质量定律可知，单层墙质量增加一倍，实际隔声量增加却不到 6dB。显然，靠增加墙的厚度来提高隔声量是不经济的。如果把单层墙一分为二，做成双层墙，中间留有空气间层，空气间层可以看作是与两层墙板相连的“弹簧”，声波入射到第一层墙板时，使墙板发生振动，此振动通过空气间层传至第二层墙板，再由第二层墙板向邻室辐射声能。由于空气间层的弹性变形具有减振作用，传递给第二层墙体的振动大为减弱，从而提高了墙体总的隔声量。这样墙的总质量没有变，而隔声量却比单层墙有了显著提高。

在双层墙空气间层中填充多孔材料（如岩棉、玻璃棉等），可以在全频带上提高隔声量。

## 7.1.6 声环境的评价方法

人们对声音的要求是十分复杂的，不仅包括客观要求，而且包括复杂的主观要求，它与年龄、身体条件、心理状态等因素有着密切的关系，但最低的要求基本上是一致的。

### 1. 响度与响度级

通常声音越响，对人的干扰越大。实践证明，人耳对高频声较低频声敏感，同样声压级的声压，中、高频声显得比低频声更响一些，这是人耳的听觉特性所决定的。为此，人们提出响度级这一概念，用以定量地描述声音在人主观上引起的“响”的感觉。

响度级是以 1000Hz 的纯音作标准，使其和某个声音听起来一样响，那么此 1000Hz 纯音的声压级就定义为该声音的响度级 $L_N$，单位为方（phon）。

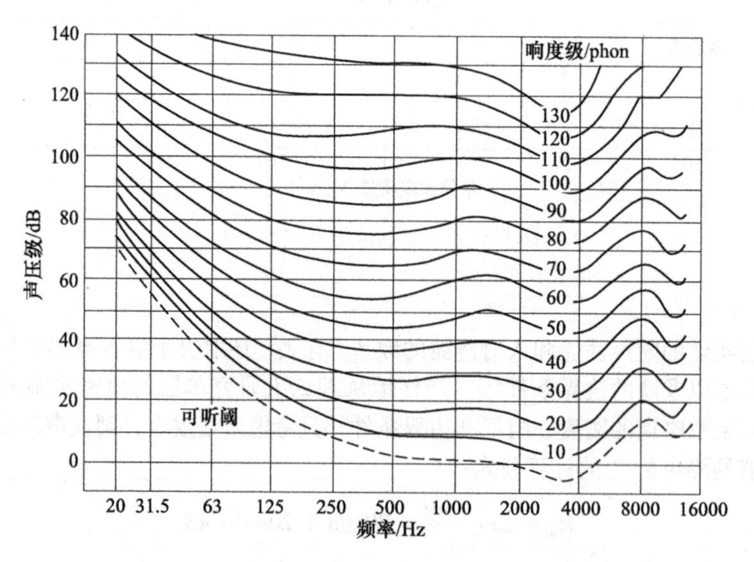


图 7-12 等响曲线

以连续纯音做试验，取 1000Hz 的某个声压级，如 40dB 作为参考标准，则听起来和它同样响的其他频率纯音的各自声压级就构成一条等响曲线，称为响度级为 40phon 的等响曲线。如图 7-12

所示为一组等响曲线，在任意一条曲线均可以看出，低频部分声压级高，高频部分声压级低，说明人耳对高频声敏感，对低频声不敏感。

与主观感觉的轻响程度成正比的参量称为响度 $N$，单位为宋（sone）。具体来说响度是正常听者判断一个声音为响度级是 40phon 的参考声强的倍数。以 40phon 声音产生的响度为标准，称为 1sone。响度和响度级之间的关系可用式（7-25）表示：

$$L_N = 40 + 10\log_2 N \tag{7-25}$$

式中 $N$——响度（sone）；

$L_N$——响度级（phon）。

### 2. 计权声级与计权网络

声压级只反映声音强度对人耳响度感觉的影响，不能反映声音频率对响度感觉的影响。响度级和响度解决了这个问题，但是用它们来反映人们对声音的主观感觉过于复杂，于是提出计权声级的概念。为了使声音的客观量度和人耳的听觉主观感受近似一致，通常对不同频率声音的声压级经某一特定的加权修正后，再叠加计算得到噪声的总声压级，此总声压级称为计权声级。

测量声音响度级与声压级使用的仪器称为“声级计”。在声级计中设有 A、B、C、D 四套计权网络。A 计权网络是参考 40phon 等响曲线，对 500Hz 以下的声音有较大的衰减，以模拟人耳对低频不敏感的特性。C 计权网络具有接近线性的较平坦的特性，在整个可听范围内几乎不衰减，以模拟人耳对 85phon 以上响度级的听觉响应，因此它可以代表总声压级。B 计权网络介于 A 与 C 之间，但很少使用。D 计权网络是用于测量航空噪声的。A、B、C、D 计权网络如图 7-13 所示。

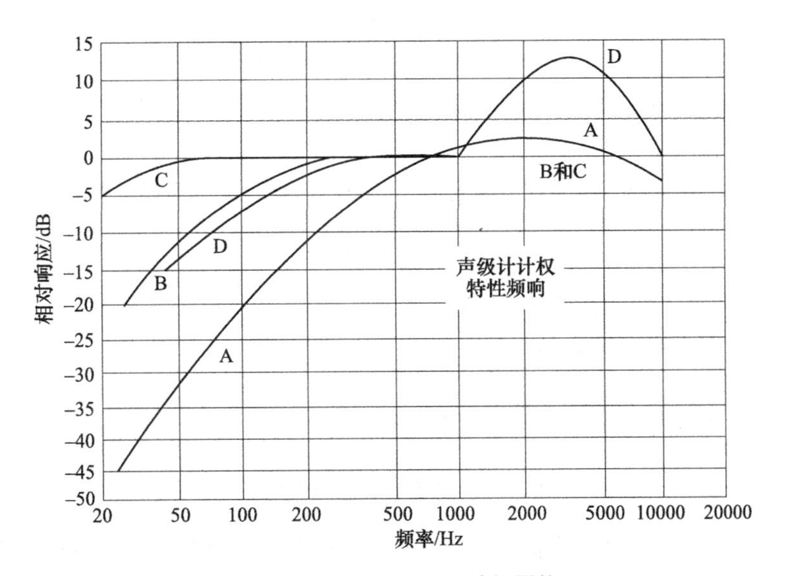


图 7-13 A、B、C、D 计权网络

用声级计的不同网络测得的声级，分别称为 A 声级、B 声级、C 声级、D 声级。单位分别为 dB(A)、dB(B)、dB(C)、dB(D)。通常人耳对不太强的声音的感觉特性与 40phon 的等响曲线很接近，因此在音频范围内进行测量时，多使用 A 计权网络。

### 3. A 声级 $L_A$（$L_{PA}$）

A 声级由声级计上的 A 计权网络直接读出，用 $L_A$ 或 $L_{PA}$ 表示，单位是 dB(A)。A 声级反映了人耳对不同频率声音响度的计权，此外A声级同噪声对人耳听力的损害程度也能对应得很好，因此它是目前国际上使用最广泛的环境噪声评价方法。对于稳态噪声，可以直接测量$L_A$来评价。

用式（7-26）可以将噪声的倍频带谱转换成A声级：

$$L_A = 10\lg\sum_{i=1}^{n} 10^{(L_i+A_i)/10} \tag{7-26}$$

式中 $L_i$——第$i$个倍频带声压级（dB）；

$A_i$——第$i$个倍频带中心频率对应的A响应特性修正值（dB），其值可通过表7-5查出。

表7-5 倍频带中心频率对应的A响应特性修正值

| 倍频带中心频率 | A响应修正值（对应于1000Hz） | 倍频带中心频率 | A响应修正值（对应于1000Hz） |
|---|---|---|---|
| 31.5 | −39.4 | 1000 | 0 |
| 63 | −26.2 | 2000 | +1.2 |
| 125 | −16.1 | 4000 | +1.0 |
| 250 | −8.6 | 8000 | +1.1 |
| 500 | −3.2 | | |

### 4. 等效连续A声级$L_{Aeq,T}$

对于声级随时间变化的噪声，其$L_A$是变化的，A声级不能用，因此人们提出了在一段时间内能量平均的等效声级方法，称为等效连续A声级，简称等效声级，用$L_{Aeq,T}$表示，其表达式如下：

$$L_{Aeq,T} = 10\lg\left[\frac{1}{t_2 - t_1}\int_{t_1}^{t_2} 10^{\frac{L_A(t)}{10}} dt\right] \tag{7-27}$$

式中 $L_A(t)$——随时间变化的A声级［dB(A)］；

$t$——时间（s）。

在实际测量时，多半是间隔读数，即离散采样的，因此，式（7-27）可改写为

$$L_{Aeq,T} = 10\lg\left[\sum_{i=1}^{n} T_i\, 10^{\frac{L_{A_i}}{10}} \Big/ \sum_{i=1}^{N} T_i\right] \tag{7-28}$$

式中 $L_{A_i}$——第$i$个A声级测量值［dB(A)］；

$T_i$——相应的时间间隔（s）；

$N$——样本数。

当读数间隔$T_i$相等时，式（7-28）可改写为

$$L_{Aeq,T} = 10\lg\frac{1}{N}\left[\sum_{i=1}^{n} 10^{\frac{L_{A_i}}{10}}\right] \tag{7-29}$$

建立在能量平均概念上的等效连续A声级，被广泛应用于各种噪声环境的评价，但它对偶发的短暂的高声级噪声不敏感。

【例7-2】 测得某工作车间一个工作日的噪声分布为：4h，90dB(A)；3h，100dB(A)；2h，110dB(A)。计算该车间此工作日的等效声级$L_{Aeq,T}$。

【解】 由式（7-28），得

$$L_{Aeq,T} = 10\lg\left[\sum_{i=1}^{n} T_i\, 10^{\frac{L_{A_i}}{10}} \Big/ \sum_{i=1}^{N} T_i\right]$$

$$= 10\lg\left[\frac{4\times 10^{\frac{90}{10}}+3\times 10^{\frac{100}{10}}+2\times 10^{\frac{110}{10}}}{4+3+2}\right]\text{dB(A)}$$

$$= 104.1\text{dB(A)}$$

【例7-3】 测得某操作工每班在70dB(A)的操作室工作4h，在机房内工作4h。如果噪声允许标准为80dB(A)，试问机房内所允许的最高噪声级是多少?

【解】 噪声总声压级为80dB(A)，其中 $L_{A_1}=70\text{dB(A)}$，$t_1=4\text{h}$。

由式（7-28），得

$$L_{\text{Aeq},T}=10\lg\left[\sum_{i=1}^{n}T_i\,10^{\frac{L_{A_i}}{10}}/\sum_{i=1}^{N}T_i\right]$$

$$L_{A_2}=10\lg\frac{\sum t_i\times 10^{\frac{L_{\text{Aeq},T}}{10}}-t_1\times 10^{L_{A_1}/10}}{\sum t_i-t_1}$$

$$=10\lg\frac{8\times 10^{80/10}-4\times 10^{70/10}}{8-4}\text{dB(A)}$$

$$=82.8\text{dB(A)}$$

### 5. 昼夜等效声级 $L_{\text{dn}}$

在晚上，人们一般对噪声比白天更敏感。根据研究结果表明，夜间噪声对人的干扰约比白天大10dB左右。因此，计算一天24h的等效声级时，夜间的噪声应加上10dB的计权，这样得到的等效声级称为昼夜等效声级。

$$L_{\text{dn}}=10\lg\left[\frac{1}{24}\left(15\times 10^{\frac{L_d}{10}}+9\times 10^{\frac{(L_n+10)}{10}}\right)\right] \tag{7-30}$$

式中 $L_d$——为白天（07：00~22：00）的等效声级［dB(A)］；

$L_n$——为夜间（22：00~7：00）的等效声级［dB(A)］。

### 6. 累积分布声级 $L_X$

实际的环境噪声并不都是稳态的。例如，城市交通噪声是一种随时间起伏的随机噪声。对这类噪声的评价，除了用 $L_{\text{Aeq},T}$外，常常用统计方法。累积分布声级就是用声级出现的累积概率来表示这类噪声的大小。累积分布声级 $L_X$表示 $X$%测量时间的噪声所超过的声级。例如 $L_{10}=70\text{dB}$，表示有10%的测量时间内声级超过70dB，而其他90%时间的噪声级低于70dB。通常在噪声评价中多用 $L_{10}$、$L_{50}$、$L_{90}$。$L_{10}$表示起伏噪声的峰值，$L_{50}$表示中值，$L_{90}$表示背景噪声。英、美等国以 $L_{10}$作为交通噪声的评价指标，而日本用 $L_{50}$，我国目前用 $L_{\text{Aeq},T}$。

当随机噪声的声级满足正态分布条件，等效连续A声级 $L_{\text{Aeq},T}$和累积分布声级 $L_{10}$、$L_{50}$、$L_{90}$有以下关系：

$$L_{\text{Aeq},T}=L_{50}+\frac{(L_{10}-L_{90})^2}{60} \tag{7-31}$$

### 7. 噪声评价曲线NR和NC、PNC曲线

尽管A声级能够较好地反映人对噪声的主观反应，但单值A声级不能反映噪声的频谱特性。A声级相同的声环境，频谱特性可能会很不同，有的可能高频偏多，有的可能低频偏多。因此，国际标准化组织ISO提出了噪声评价曲线（NR曲线），它的特点是强调了噪声的高频成分比低

频成分更为烦扰人这一特性，故成为一组倍频程声压级由低频向高频下降的倾斜线，每条曲线在 1000Hz 频带上的声压级叫作该曲线的噪声评价数。噪声评价曲线广泛用于评价公众对户外环境噪声反应评价，也用作工业噪声治理的限值（图 7-14）。图中每一条曲线用一个 NR 值表示，确定了 31.5～8000Hz 共 9 个倍频带声压级值 $L_p$。用 NR 曲线作为噪声允许标准的评价指标，确定了某条曲线作为限值曲线，就要求现场实测噪声的各个倍频带声压级值不得超过由该曲线所规定的声压级值。例如，剧场的噪声限值定为 NR25，则在空场条件下测量背景噪声（空调噪声、设备噪声、室外噪声的传入等），63Hz、125Hz、250Hz、500Hz、1000Hz、2000Hz、4000Hz 和 8000Hz 共 8 个倍频带声压级分别不得超过 55dB、43dB、35dB、29dB、25dB、21dB、19dB 和 18dB。NR 数与 A 声级有较好的相关性，它们之间有如下近似关系：$L_A$=NR+5dB。

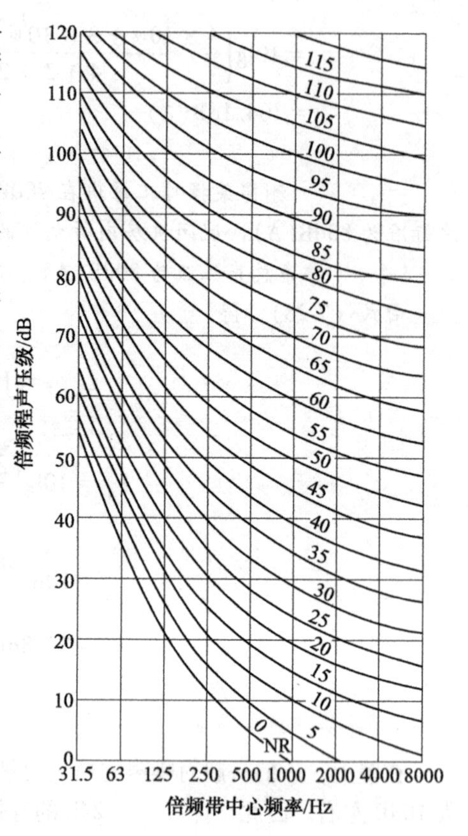

图 7-14 噪声评价 NR 曲线

NC 曲线是 Beranek 于 1957 年提出的，其于 1968 年开始实施，是 ISO 推荐使用的一种评价曲线，它对低频的要求比 NR 曲线苛刻。与 A 声级有以下近似关系：$L_A$=NC+10dB。

PNC 是对 NC 曲线进行的修正，对低频部分进一步进行了降低。与 NC 曲线有以下近似关系：PNC=NC+3.5。

NC 曲线以及 PNC 曲线适用于评价室内噪声对语音的干扰和噪声引起的烦恼。噪声评价 NC 曲线和噪声评价 PNC 曲线分别如图 7-15 和图 7-16 所示。

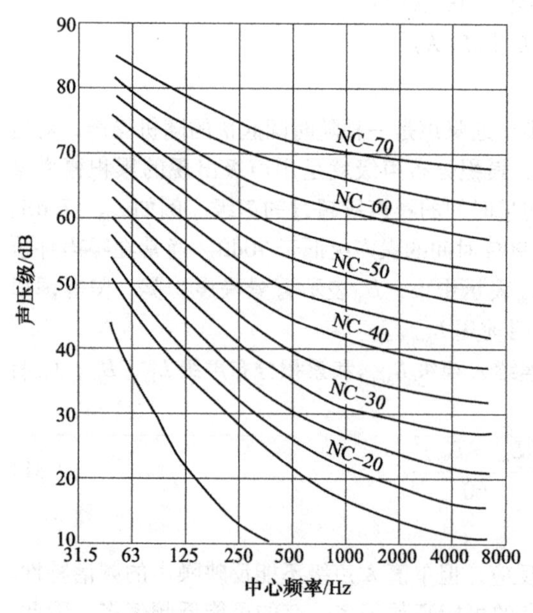

图 7-15 噪声评价 NC 曲线

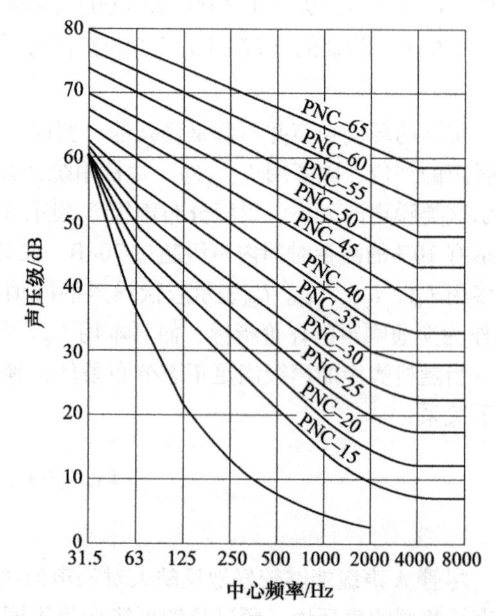

图 7-16 噪声评价 PNC 曲线

# 7.2　噪声的产生、传播与控制

## 7.2.1　噪声的标准

为了从宏观上控制噪声污染以及保证人们有适宜的声环境，国际标准组织ISO及许多国家都制定了控制噪声的标准、法规。我国于1979年发布了《环境保护法》（试行），其后于1989年发布了《中华人民共和国环境噪声污染防治条例》；1997年《中华人民共和国环境噪声污染防治法》颁布施行，并于2018年对其做出修改。此外，我国还发布了几种噪声控制的标准。

（1）保持听力的噪声允许标准　为了保护听力，我国规定，每天工作8h，允许连续噪声级为90dB(A)。在高噪声环境连续工作的时间减少一半，允许噪声级提高3dB(A)，依此类推。在任何情况下均不得超过115dB(A)。如果人们连续工作所处的噪声环境的A声级是起伏变化的，则应以等效声级评价。

（2）声环境质量标准　我国《声环境质量标准》（GB 3096—2008）对各类声环境功能区规定了环境噪声等效声级限值，见表7-6。

表7-6　环境噪声等效声级限值　（单位：dB）

| 声环境功能区类别 | 昼间 | 夜间 | 声环境功能区类别 | | 昼间 | 夜间 |
|---|---|---|---|---|---|---|
| 0类 | 50 | 40 | 3类 | | 65 | 55 |
| 1类 | 55 | 45 | 4类 | 4a类 | 70 | 55 |
| 2类 | 60 | 50 | | 4b类 | 70 | 60 |

注：表中4b类声环境功能区环境噪声限值，适用于2011年1月1日起环境影响评价文件通过审批的新建铁路（含新开廊道的增建铁路）干线建设项目两侧区域。

（3）住宅、学校、医院、旅馆、办公及商业建筑的有关标准　我国《民用建筑隔声设计规范》（GB 50118—2010）规定了住宅、学校、医院、旅馆、办公及商业建筑的室内允许噪声级和隔声标准。

## 7.2.2　噪声的来源与测量

### 1. 噪声的来源

室内噪声主要来源于户外的交通、工业与施工、室内外的社会生活等，在封闭建筑内，经常还有空调系统设备等引起的噪声。根据2003年《城市功能区声环境质量报告》统计，我国52个城市环境噪声构成中，交通噪声占23.5%，工业噪声占10.7%，施工噪声占3.5%，社会生活噪声占51.6%，其他噪声占10.7%。可见，社会生活噪声所占比例最大，其主要指从事文化娱乐、商业经营以及其他人为活动所产生的干扰周围生活环境的声音，如在居室内儿童哭闹、高声说话，家用电器设备、生活管道等的噪声；户外或街道人声喧哗、宣传等，是影响范围最广的噪声源，其次是交通噪声。

### 2. 噪声的测量

室内噪声级的测量应在昼间和夜间两个不同时间段进行，测量值采用等效声级$L_{\mathrm{Aeq},T}$，对不同特性噪声的测量值，应进行修正。具体内容参照《民用建筑隔声设计规范》(GB 50118—2010)附录A的相关规定。

如前所述，测量噪声最基本的仪器是声级计，一般由电容式传声器、前置放大器、衰减器、放大器、频率计权网络以及有效值指示表头等组成。通常人耳对不太强的声音的感觉特性与40phon的等响曲线很接近，因此在音频范围内进行测量时，多使用A计权网络。而A声级可由声级计上的A计权网络直接读出。

### 7.2.3 噪声的传播方式与控制方法

噪声按传播途径主要分为结构传声、空气传声与驻波，其中驻波危害最重。结构传声是指安装在大楼内的变压器、水泵、中央空调主机等设备通过居住大楼的基础结构大梁、承重梁将低频振动的声波传导到各家各户。空气传声是指低频噪声通过空气直接传播到小区住户。驻波是指低频噪声在传播过程中经过多次反射形成的，低频噪声在波腹中的振幅最强，对人的健康危害最重。

声音的从发生到接收涉及三个要素，即声源、传播途径和接收者。因此，噪声的防治主要是控制声源的输出和噪声的传播途径，以及对接收者进行保护。

（1）声源的噪声控制　降低声源噪声辐射是控制噪声最根本和最有效的措施。在声源处即使只是局部减弱了辐射强度，也可使控制中间传播途径中或接收处的噪声变得容易。可通过改进结构设计、改进加工工艺、提高加工精度等措施来降低噪声的辐射，还可以采取吸声、隔声、减振等措施，以及安装消声器等控制声源的噪声辐射。

（2）传声途径中的控制　如前所述，可以利用噪声在传播过程中的各种衰减，使生活区噪声降至最低，也可利用吸声材料和隔声材料吸收和阻挡噪声。

在建筑总图设计时应按照“闹静分开”的原则对噪声源的位置合理地布置，例如办公、酒店建筑将高噪声的空调机房和冷热源机房尽量放一起，同时与办公室、会议室、客房等分开，然后再采取局部的隔离措施。

另外，改变噪声传播的方向或途径也是很重要的控制方法。例如，对于辐射中高频噪声的大口径管道，将它的出口朝上或者朝外，这样通过改变传播方向降低噪声对生活区的影响。对车间内产生强烈噪声的小口径高速排气管道，则将其出口引至室外，并使高速空气向上排放，这样通过延长传播路径降低噪声对工作区的影响。

（3）接收点的噪声控制　当前两种噪声控制方法无法有效控制噪声或者只有少数人在噪声中工作时，可在接收点采用一些简单可行的措施，如佩戴护耳器，有耳塞、耳罩、防噪头盔等，同时可以尽量减少人员在噪声中暴露的时间。

合理的噪声控制措施是根据投入的费用、噪声允许标准、劳动生产效率等有关因素进行综合分析确定的。

### 7.2.4 消声器的应用

消声器是一种专门针对气流噪声的装置。气流噪声主要是气体被风机高速剪切、在管道中流动形成湍流、在管道出口处高速喷射以及气流流动使管道产生振动等而形成的。这种噪声在建筑内随处可见，例如空调处理设备传出来的气流噪声以及送风口产生的噪声。

对于消声器有三方面的基本要求：一是有较好的消声频率特性；二是空气阻力损失小；三是结构简单，使用寿命长，体积小，造价低。这三方面的要求相互影响、相互制约。例如，缩小通道面积，既能提高消声器的消声量，又能缩小消声器的总体积。但通道面积过小，气流阻力增加，将使气流速度加大，这时将产生再生噪声。

### 1. 消声量的表示方法

（1）插入损失　插入损失是指在声源与测点之间插入消声器前后，在某一固定点所测得的声压级之差。

用插入损失作为评价量的优点是比较直观实用，易于测量。它是现场测量消声器消声效果最常用的方法。插入损失值不仅取决于消声器本身的性能，而且与声源种类、末端负载以及系统总体装置的情况密切相关。因此，其适用于在现场测量中评价安装消声器前后的综合消声效果。

（2）传递损失　传递损失是指消声器进口端入射声的声功率级与消声器出口端透射声的声功率级之差。

由于声功率级不能直接测得，一般通过测量声压级值来计算声功率级，从而得到传递损失。传递损失反映了消声器自身的特性，与声源种类、末端负载等因素无关。因此，该量适用于理论分析计算和在实验室检验消声器自身的消声性能。

### 2. 消声器的原理与种类

消声器种类有很多，根据消声原理的不同大致可以分成阻性、抗性和阻抗复合式消声器。阻性消声器是利用装置在通风管道内壁的吸声材料和吸声结构，使沿管道传播的噪声随与声源距离的增加而衰减，从而降低了噪声级。抗性消声器是利用管道截面的突然扩张或收缩，或借助旁接共振管，使沿管道传播的噪声在突变处发生共振、反射、叠加、干涉等而达到消声目的。两者有不同的频率作用范围。

（1）阻性消声器　阻性消声器对中、高频噪声的消声效果好，按照气流通道的几何形状可分为直管式、片式、折板式、迷宫式、蜂窝式、声流式和弯头式等，如图 7-17 所示。

（2）抗性消声器　抗性消声器对中、低频噪声的消声效果好，常用的有扩张室消声器和共振腔消声器两大类，常用的形式有干涉式、膨胀式和共振式等，如图 7-17 所示。

（3）阻抗复合式消声器　在消声性能上，阻性消声器和抗性消声器有着明显的差异。前者适宜消除中、高频噪声，而后者适宜消除中、低频噪声。在实际应用中，宽频带噪声是很常见的，即低、中、高频的噪声都很高。为了在较宽的频率范围内获得较好的消声效果，通常采用宽频带的阻抗复合式消声器。它将阻性与抗性两种不同的消声原理，结合具体的噪声源特点，通过不同的结构复合方式恰当地进行组合，形成不同形式的复合消声器，如图 7-17 所示。

### 3. 消声器的应用

消声器在建筑中应用较为广泛，尤其在通风、空调工程中，如图 7-18 所示是几种类型的消声处理方案，它表示阻性消声器、抗性消声器、消声弯头在通风、空调管道中的应用。

## 7.2.5 掩蔽效应的应用

听觉中的掩蔽效应指人的耳朵只对最明显的声音反应敏感，而对于不明显的声音，则反应较为不敏感。掩蔽效应是指一个声音的闻阈值由于另一个声音的出现而提高的效应。前者称为掩蔽声，后者称为被掩蔽声。

在某些情况下，可以用某种设备产生背景噪声来掩蔽不受欢迎的噪声，这种人工制造的噪声通常被比喻为“声学香水”，用它可以抑制干扰人们宁静气氛的声音并提高工作效率。这种主动式控制噪声的方法对大型开敞式办公室是很有意义的。

适合的掩蔽背景声具有以下特点：无表达含义、响度不大、连续、无方位感。低响度的空调通风系统噪声、轻微的背景音乐、隐约的语言声往往是很好的掩蔽背景声。在开敞式办公室或设计有绿化景观的公共建筑的门厅里，也可以利用通风和空调系统或水景的流水产生的使人易于接受的背景噪声，以掩蔽电话、办公用设备或较响的谈话声等不希望听到的噪声，创造适宜的声

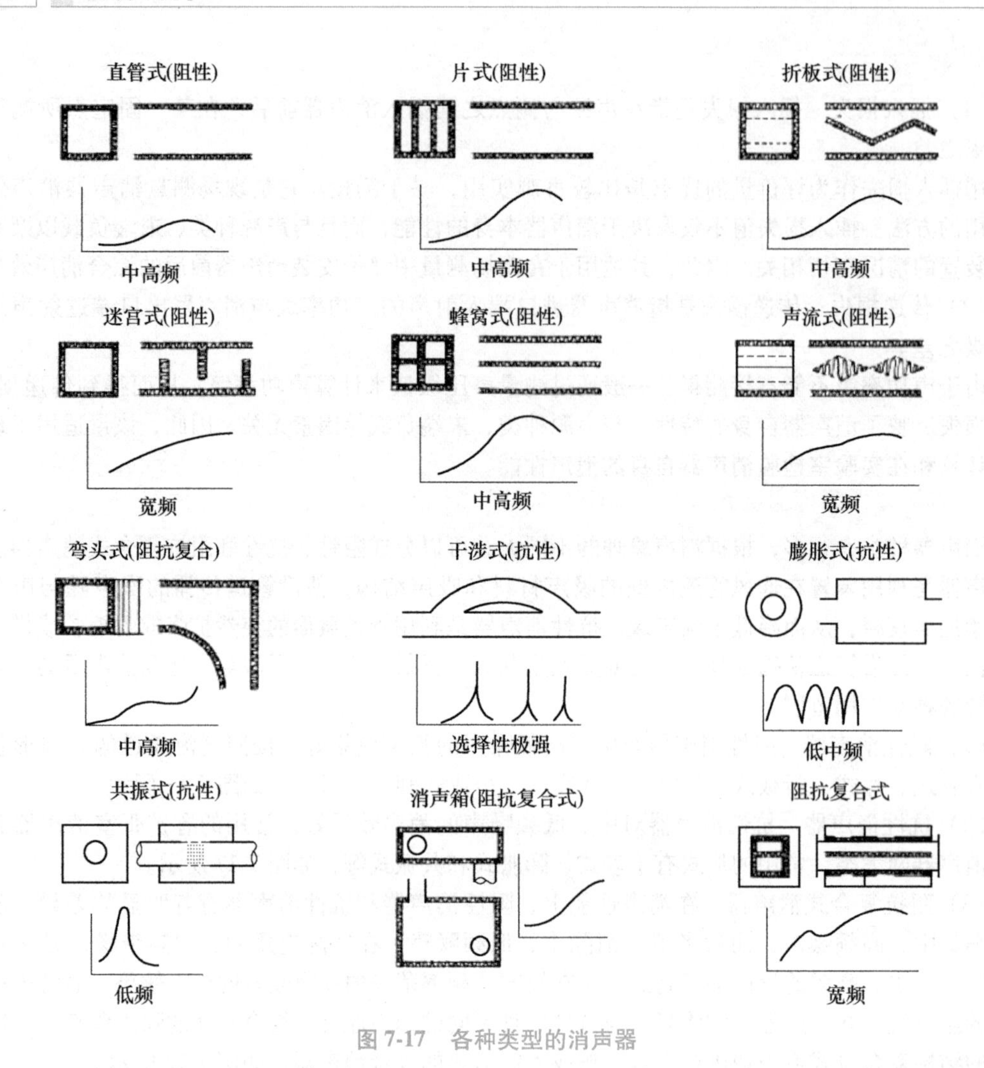


图 7-17　各种类型的消声器

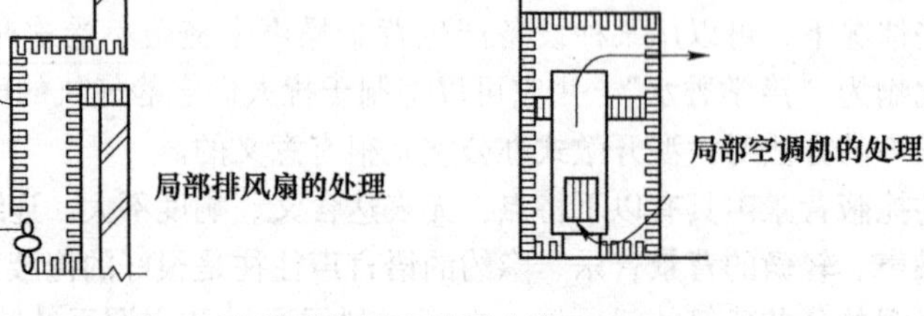


图 7-18　几种类型的消声处理方案

环境，也有助于提高谈话的私密性。

## 7.3 隔振减噪

振动的干扰对人体、建筑物和设备都会带来直接的危害，而且振动往往是撞击噪声的重要来源。

振动对人体的影响可分为全身振动和局部振动。全身振动是指人体直接位于振动物体上时所受到的振动。局部振动是指手持振动物体时引起的人体局部振动。人体所能感觉到的振动按频率可分为：低频振动（30Hz 以下）、中频振动（30~100Hz）和高频振动（100Hz 以上）。对于人体最有害的振动频率是与人体某些器官固有频率相近的频率。这些固有频率为：人体在 6Hz 附近，内脏器官在 8Hz 在附近，头部在 25Hz 附近，神经中枢在 250Hz 附近。同理，当振动频率与建筑物固有频率相近时，建筑物墙体会出现裂痕、发生不均匀沉降，甚至有倒塌的危险。

物体的振动除了向周围空间辐射声波外，还通过其基础或相连的固体结构传播声波，如果地面或工作台有振动，会传给工作台上的精密仪器而导致作业精密度下降。所以，在日常生活和工作中都要对振动加以控制。

对于振动的控制，除了对振动源进行改进，减弱振动强度外，还可以在振动传播途径上采取隔离措施，用阻尼材料消耗振动的能量并减弱振动向空间的辐射。

### 7.3.1 隔振原理

机器设备运转时，其振动一方面通过基础向四周传播，从而对人体和设备造成影响，另一方面，由于地面或桌子的振动传给精密仪器而导致工作精密度下降。隔振有两种方式：积极隔振，即隔离振动源（机器）的振动向基础的传递；消极隔振，即隔离基础的振动向仪器设备的传递。

隔振的主要措施是在设备上安装隔振器或隔振材料，使设备与基础之间的刚性连接变成弹性连接，从而避免振动造成的危害，图 7-19 所示为几种隔振基础的形式。隔振器主要包括金属弹簧、橡胶隔振器、空气弹簧等。隔振垫主要有橡胶隔振垫、软木、酚醛树脂玻璃纤维板和毛毡等。

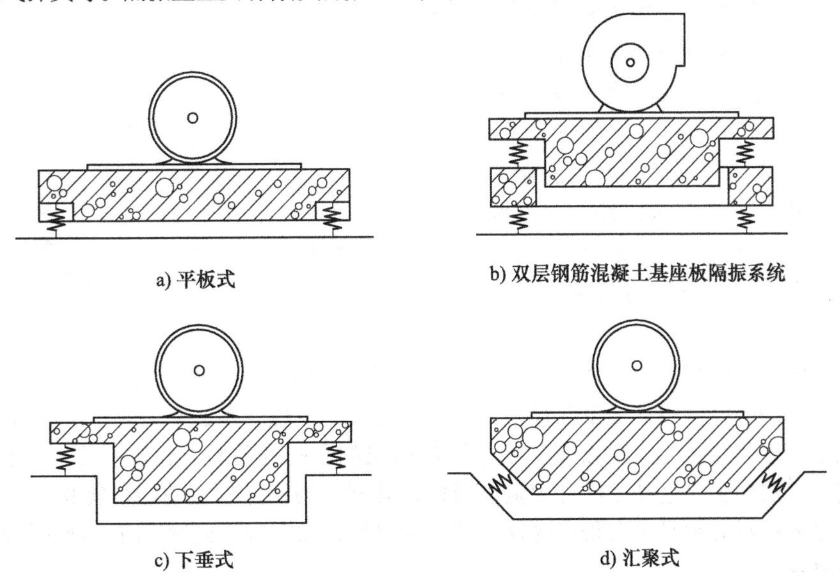


图 7-19 几种隔振基础的形式

如果某个产生振动的设备与一个固有频率$f_0$的构件相连，振源频率为$f$，则通过这个构件传导出去的振动动力占振源输入动力的百分比称为振动传递比$T$，其表达式如下：

$$T = \left| \frac{1}{(f/f_0)^2 - 1} \right| \quad (7\text{-}32)$$

式中 $f$——振源频率（Hz）；

$f_0$——隔振结构的固有频率（Hz）。

隔振结构的固有频率比振源频率越低，振动传递比就越小，隔振效果就越好。隔振结构固有频率与振源频率越接近，振动传递比就越大，两者相等时，振动传递比无穷大，出现共振。隔振器的隔振原理如图7-20所示。隔振器应选择其固有频率远远低于振源频率的材料或构件，如金属弹簧、橡胶隔振垫、软木等。除了为转动设备加隔振基础以外，在因转动而产生振动的风机、水泵的出口与管道连接处加软管连接，也是隔振的一种方式。

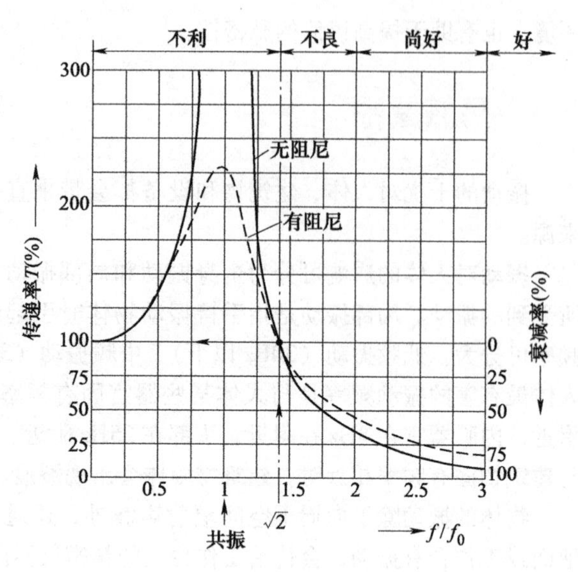


图7-20 隔振器的隔振原理

## 7.3.2 隔振减噪设计

### 1. 隔振器的应用

金属弹簧减振器广泛应用于允许振动较大的机械设备隔振，如内燃机、电动机、鼓风机、冷冻机、油泵等设备的隔振，隔振频率设计得较低，可达5Hz以下。

橡胶减振器使用也较为广泛，其主要特点是适合隔离高频振动。由于橡胶具有弹性，使用时必须留有空间任其自由膨胀变形，所以主要用于对隔振要求不高的场合，如用来支撑小型仪器仪表和设备的消极隔振，隔振频率一般为5~7Hz。

空气弹簧是在柔性密闭容器中加入压力空气，利用空气压缩的非线性恢复力来实现隔振和缓冲作用的一种非金属弹簧。其具有优良的非线性硬特性，因而能够有效限制振幅，避开共振，防止冲击，隔振频率可以设计得很低，可达1Hz以下。

图7-21所示为几种常见的减振器。

图7-21 几种常见的减振器

### 2. 阻尼器的应用

固体振动向空间辐射声波的强度，与振动的幅度、辐射体的面积和声波频率有关。各类输气管道、机器外罩的金属薄板本身阻尼很小，而声辐射效率很高。为了降低这种振动和噪声，普遍采用的方法是在金属板结构上喷涂或粘贴一层高内阻的黏弹性材料，让薄板振动的能量尽可能多地耗散到阻尼层中去，这种方法称为阻尼减振，其利用的就是将振动能量转化为热能的原理。用于阻尼减振的材料必须是具有很高的损耗因子的材料，如沥青、天然橡胶、合成橡胶、油漆和很多高分子材料。

在振动板件上附加阻尼的常用方法有自由阻尼层结构和约束阻尼层结构，自由阻尼层结构是将一定厚度的阻尼材料粘贴或喷涂在金属板的一面或两面形成的，当金属板受激发产生弯曲振动时，阻尼层随之产生周期性的压缩与拉伸，由阻尼层的高黏滞性内阻尼来损耗能量。阻尼层的厚度为金属板厚度的2~5倍。阻尼层除了减振作用外，还增加了薄板的单位面积质量，因而增大了传声损失。约束阻尼层结构是在基板和阻尼材料上附加一层弹性模量较高的起约束作用的金属板，当板受到振动而弯曲变形时，原金属与附加的约束层的弹性模量比阻尼层大得多，上、下两层的相应弯曲基本保持并行，从而使中间的阻尼层产生剪切形变，以消耗振动能量，提高阻尼效果。

## 7.4 吸声降噪

在内表面采用清水砖墙、抹灰墙面或水磨石地面等硬质材料的房间里，人听到的不只是由声源发出的直达声，还会听到经各个界面多次反射形成的混响声。例如，在室内吊顶或者墙面上布置吸声材料，可使混响声减弱，这时人们主要听到的是直达声，这将使被噪声包围的感觉明显减弱。这种利用吸声原理降低噪声的方法称为吸声降噪。

### 7.4.1 吸声原理

声波入射到任何物体的界面时，有部分声能进入该物体，并被吸收掉。当声波入射到一些多孔、透气或纤维性的材料时，进入材料的声波会引起材料狭缝中的空气和纤维发生振动。由于摩擦和黏滞阻力以及纤维的导热性能，一部分声能转化为热能而耗散掉。即使有一部分声能透过材料到达壁面，也会在反射时再次经过吸声材料，声能又一次被吸收，以此达到吸声降噪的作用。吸声降噪量可用式（7-33）计算：

$$\Delta L_p = 10\lg\frac{A_2}{A_1} \tag{7-33}$$

式中 $\Delta L_p$——吸声降噪量（dB）；

$A_1$——室内原有条件的总吸声量（$m^2$）；

$A_2$——室内增设吸声材料后的总吸声量（$m^2$）。

---

【例7-4】 设有15m×6m×3m的车间，其原有条件内表面吸声系数为0.03，机器与人的吸声量为7.2$m^2$。顶棚用吸声系数为0.7的材料处理后，混响声场区域的吸声降噪量为多少？

【解】 由式（7-22）得：

处理前，内表面的吸声量：$A_1' = \alpha_1 S = [0.03\times(15\times6+15\times3+6\times3)\times2]\,m^2 = 9.18m^2$

处理前，总吸声量：$A_1 = A_1' + A_{人机} = (9.18+7.2)\,m^2 = 16.38m^2$

处理后，总吸声量：$A_2 = A_1 + \Delta A = [16.38+(15\times6)\times(0.7-0.03)]\,m^2 = 76.68m^2$

由式（7-33），得 $\Delta L_p = 10\lg\frac{A_2}{A_1} = \left(10\lg\frac{76.68}{16.38}\right)dB = 6.7dB$

---

### 7.4.2 吸声降噪设计

#### 1. 吸声降噪的使用原则

1）吸声降噪只能降低混响声，不可能把房间内的噪声全吸收掉，靠吸声降噪很难把噪声降低至 10dB 以下。

2）吸声降噪在靠近声源、直达声占主导地位的条件下，发挥的作用很小。

3）在室内原来的平均吸声系数很小的时候，做吸声降噪处理的效果明显，否则效果不明显。

2. 吸声降噪的设计步骤

1）由噪声频谱特性，确定主要吸声频带。

2）调查或测量室内现有各频带吸声量的大小（或用开窗面积估计占总面积的比例），判断吸声降噪的可行性。

3）根据要求及室内状况，确定降噪量 $\Delta L_p$。

4）由原吸声系数、总面积与降噪量，求出处理后的总吸声量及需要增加吸声材料部位的吸声量。

5）根据可设置吸声材料的部位、面积、噪声峰值的频率，确定吸声材料所需最小的吸声系数（各频带）。

6）选择满足各频带最小吸声系数的吸声材料或吸声结构。

## 7.5 围护结构隔声

用围护结构将噪声源与接收者分开，隔离空气对噪声的传播，从而降低噪声污染的程度，这是建筑噪声控制的一项基本措施。例如，采用隔声性能良好的隔声墙、隔声楼板、门、窗等，使高噪声车间、高速公路、铁轨、轻轨等与周围办公室和住宅区等隔开，以避免噪声给人们的正常工作和生活带来干扰。

### 7.5.1 隔声基本原理

如前所述，隔声是用隔声构件如隔声墙等把声能屏蔽，从而降低噪声声辐射危害。隔声量是衡量构件对空气声的隔绝能力的，它相当于隔层为无限大面积时，取单位面积来考虑入射声压级与透射声压级的差值。但在实际中，隔层两侧的实际声压级差 $L_{p_1}-L_{p_2}$ 与隔声量 $R$ 有一定差别，两者之间的关系如下：

$$R = L_{p_1} - L_{p_2} + 10\lg \frac{S}{A} \tag{7-34}$$

式中 $S$——隔声构件的面积（$m^2$）；

$A$——受声一侧室内的总吸声量（$m^2$）。

### 7.5.2 小区噪声源隔离设计

现在的居民小区周围，普遍被交通线路包围，在噪声污染中，交通噪声污染程度最为严重。针对居住区的交通噪声防治，可以从小区的具体选址以及区内外道路与交通的合理组织着手，还可以通过绿化和建筑的合理布置来实现噪声的有效防治。

1. 优化总体规划设计

小区的总体布局要进行声环境模拟，确保噪声最小。通过地形、围墙的形式把小区包裹起来，同时在小区内实现人车分流，特别注意车道入口的降噪处理。

（1）地形设计　高起的山坡能隔声、隔噪，车辆噪声部分被土坡反射到空中或建筑群之外。部分声波被柔软草坡吸收，相对减弱。高出的山坡能抬高植物和围墙，提高遮挡的空间高度，增大遮挡面，实现更好的遮挡效果。

（2）围墙设计　围墙光滑的墙壁能直接将直线传播的噪声反射出去，通过部分围合来减少噪声污染，一般应采用较重的墙体材料。

2. 合理设置道路声屏障

在建筑物与干道间合理设置专门声屏障来阻挡交通噪声传播，使噪声得到明显削弱，如高架桥两侧透明材质的隔声屏障、小区和市政道路之间一定宽度的绿化隔离带。在声屏障的投影地带，其降噪效果与道路高度、宽度和车道数、声屏障的位置和高度、路边住宅的距离和高度等因素有关。

（1）隔声屏障　设置道路声屏障可改善交通道路周围建筑声环境，但对中高层建筑的隔声效果不明显，只对处在声影区的建筑有一定的降噪效果。而且声屏障对于频率在250Hz以下的低频声隔声衰减不明显，但是对中、高频声隔声衰减效果较好。

（2）绿化隔离带　对于振动摩擦产生的中低音，可以采用植被来消耗部分声音的能量以减弱它们对小区的影响。植物配置以自然群林的方式营造空间。在条件许可的情况下，可以在小区周围的最外层密植往上生长的椭圆形阔叶常绿乔木，如桉树、海南蒲桃等，第二层种植往上生长的塔形阔叶常绿乔木，如尖叶杜英、盆架子等，或配置横向生长的伞形乔木，第三层布置开花小乔木或半圆形阔叶、枝叶茂盛的常绿小乔木，如大叶紫薇、黄槐、刺桐、杨梅、垂榕、福木等，最内层用灌木和粗生的地被点缀。整条绿化带应有宽有窄，密林、草坡景观相映。随着群林树型的变化，绿化带的天际线也随之起伏。

## 7.5.3 建筑围护结构隔声设计

1. 组合墙隔声

（1）组合墙的隔声量　当隔墙的构造不是一种均匀结构，而是由两种以上的构件组成时，称为组合墙。如隔墙与其上的门以及门缝有不同的透射系数，则净隔声量可通过计算隔层的透射系数获得。设组成某隔墙的几种构件的面积分别为 $S_1$，$S_2$，…，$S_n$，相应的透射系数为 $\tau_1$，$\tau_2$，…，$\tau_n$，则平均透射系数 $\bar{\tau}$ 为

$$\bar{\tau} = \frac{S_1\tau_1 + S_2\tau_2 + \cdots + S_n\tau_n}{S_1 + S_2 + \cdots + S_n} \tag{7-35}$$

式中　$S_n\tau_n$——第 $n$ 个分构件的透射量（$m^2$）。

组合墙的净隔声量 $\bar{R}$ 为

$$\bar{R} = 10\lg\frac{1}{\bar{\tau}} \tag{7-36}$$

【例7-5】　某墙面积为 $20m^2$，墙上有一门，面积为 $2m^2$。墙体的隔声量为50dB，门的隔声量为20dB，求该组合墙的隔声量。

【解】　墙体 $R_1=50dB$，$S_1=18m^2$，门 $R_2=20dB$，$S_2=2m^2$。

由式（7-35）和式（7-36）得，

$$\bar{\tau} = \frac{S_1\tau_1+S_2\tau_2}{S_1+S_2} = \frac{S_1\times10^{-R_1/10}+S_2\times10^{-R_2/10}}{S_1+S_2} = \frac{18\times10^{-50/10}+2\times10^{-20/10}}{18+2} = 0.001009$$

$$\bar{R} = 10\lg\frac{1}{\bar{\tau}} = \left(10\lg\frac{1}{0.001009}\right)dB = 30dB$$

组合墙的隔声量只有 30dB，比墙体隔声量降低了 20dB。因此，组合隔声构件的设计通常采用等透射量原理，即使每个分构件的透射量 $S_n\tau_n$ 大致相等，以防止其中一个薄弱环节可能大大降低组合墙的隔声量。

（2）房间的噪声降低量　噪声通过墙体传至邻室后，其声压级为 $L_2$，而发声室的声压级为 $L_1$，两室的声压级差值为 $D=L_1-L_2$。$D$ 值是判断房间噪声降低的实际效果的最终指标。$D$ 值的大小首先决定于隔墙得隔声量 $R$，还与接收室的总吸声量 $A$ 以及隔墙的面积 $S$ 有关，其表达式如下：

$$D = R + 10\lg \frac{A}{S} \tag{7-37}$$

从式（7-37）中可以看出，对于同一隔墙，当房间的吸声量与隔墙面积不同时，房间噪声的降低值是不同的。因此，除了提高隔墙的隔声量外，增加房间的吸声量与缩小隔墙面积也是降低房间噪声的有效措施。利用式（7-37）可以检查在使用已知隔声量 $R$ 的隔墙，房间是否满足允许噪声标准要求；可以选择隔墙的隔声量 $R$，从而利用已有资料选出恰当的隔墙构造方案。

### 2. 门窗隔声

一般门窗结构轻薄，而且存在较大缝隙，因此门窗的隔声能力往往比墙体低得多，形成隔声的“薄弱环节”。若要提高门窗的隔声性能，一方面要改变轻、薄、单的门窗，另一方面要密封缝隙，减少缝隙透声。

对于隔声要求较高的门，其隔声做法有两种：一种是简单地采用厚重的门，如钢筋混凝土门；另一种是采用多层复合结构，用多层性质相差很大的材料（钢板、土板、阻尼材料如沥青、吸声材料如玻璃棉）相间而成。隔声门示意图如图 7-22 所示。各层材料的阻抗差别很大，使声波在各层边界上被反射，提高了隔声量。

如果单道门难以达到隔声要求，可以设置双道门。如同双层墙一样，因为两道门之间的空气间层有较大的附加隔声量。如果加大两道门之间的空间，扩大成为门斗，并在门斗内表面做吸声处理，则能进一步提高隔声效果。这种门斗又叫作声闸，如图 7-23 所示。

对于窗，因为采光和透过视线的要求，只能采用玻璃。对于隔声要求高的窗，可采用较厚的玻璃，采用双层或多层玻璃。在采用双层或多层玻璃时，若有可能，各层玻璃不要平行，各层玻璃厚度不要相同，玻璃之间的窗樘上可布置吸声材料，然后加强窗的密闭性。隔声窗示意图如图 7-24 所示。

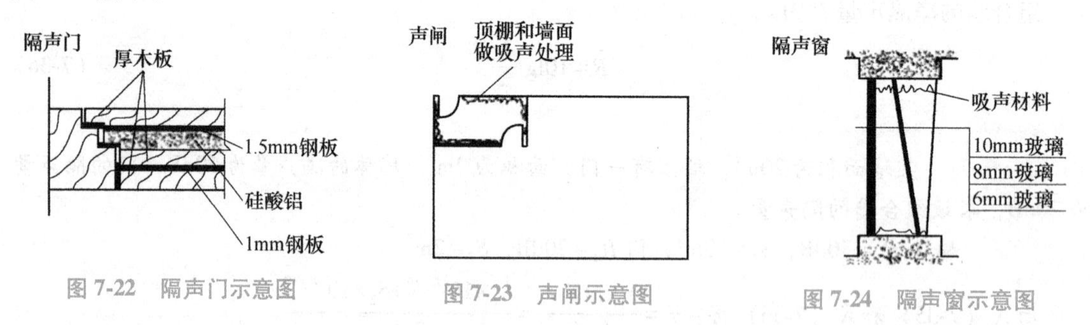


图 7-22　隔声门示意图　　图 7-23　声闸示意图　　图 7-24　隔声窗示意图

## 复习思考题

1. 简述声音的分类。
2. 声强和声压有什么关系？声强级和声压级是否相等？为什么？

3. 要求距离广场的扬声器40m远处的直达声声压级不小于80dB，如把扬声器看作点声源，它的声功率至少是多少？声功率级又是多少？

4. 某工厂内装有10台同样的风机。当只有1台风机开启时，室内平均噪声级是55dB，当有2台、4台及10台同时开启时，室内平均噪声级各为多少？

5. 在靠近某工厂的住宅区测得该厂10台同样机器运转时的噪声声压级为55dB，如果夜间允许最大噪声声压级为50dB，问夜间只能有几台机器同时运转（已知居民区的昼、夜背景噪声分别为：50dB、40dB）？

6. 简述不同吸声材料和建筑吸声结构的性能、作用。

7. 多孔吸声材料具有的吸声特性是什么？为什么微孔不连通的多孔材料吸声效果不好？

8. 已知一种墙体的透射系数 $\tau=10^{-5}$，求其隔声量。

9. 简述隔声材料与吸声材料的区别与联系。

10. 解释响度级。

11. 某车间的背景噪声测量值见表7-7。求：①该噪声的总声压级和A声级；②该噪声的噪声评价数。

表7-7 某车间的背景噪声测量值

| 倍频带中心频率/Hz | 125 | 250 | 500 | 1000 | 2000 | 4000 |
|---|---|---|---|---|---|---|
| 声压级/dB | 55 | 58 | 60 | 56 | 52 | 50 |

12. 某空压机房噪声声压级为90dBA，工人每班要进入机房内巡视2h，其余6h在操作间停留。试问工人在一班8h内接触到的等效连续A声级是多少？

13. 简述评价噪声的几个指标。

14. 等响曲线与NC、NR曲线有什么异同？

15. 建筑室内噪声有哪些？简述降低建筑室内环境噪声影响的措施。

16. 简述消声器的原理和种类。

17. 解释掩蔽效应。

# 参考文献

[1] 李念平. 建筑环境学 [M]. 北京：化学工业出版社，2010.

[2] 朱颖心. 建筑环境学 [M]. 4版. 北京：中国建筑工业出版社，2015.

[3] 环境保护部科技标准司. 声环境质量标准：GB 3096—2008 [S]. 北京：中国环境科学出版社，2008.

[4] 中华人民共和国住房和城乡建设部标准定额研究所. 民用建筑隔声设计规范：GB 50118—2010 [S]. 北京：中国建筑工业出版社，2010.

# 第 8 章 建筑环境模拟与仿真

## 8.1 建筑光环境模拟

人类认识世界获取的信息中80%来自光引起的视觉，光环境对人类的精神和心理感受都会产生影响。随着社会的发展，人们对建筑的光环境也有更多的考虑。本节将介绍应用于建筑采光的软件和模拟方法及相关应用实例，以便更好地满足建筑采光设计。

### 8.1.1 相关算法与模型

建筑光环境模拟是可持续建筑设计的重要技术手段，它主要是指采用计算机手段对建筑的室内外自然采光和人工照明情况进行模拟计算，然后根据模拟结果进行分析和评价。良好的光环境设计不仅可以营造出舒适高效的工作和学习环境，还可以大幅度减少空调和照明能耗。

本节主要介绍在进行建筑光环境模拟时所需要用到的模型参数及其选择，其中主要有天空模型、几何模型和光照模型。

1. 天空模型

天空模型是根据日期、时间、地理位置、大气质量和太阳辐射数据计算天球亮度分布的一种数学模型。其示意图如图 8-1 所示。

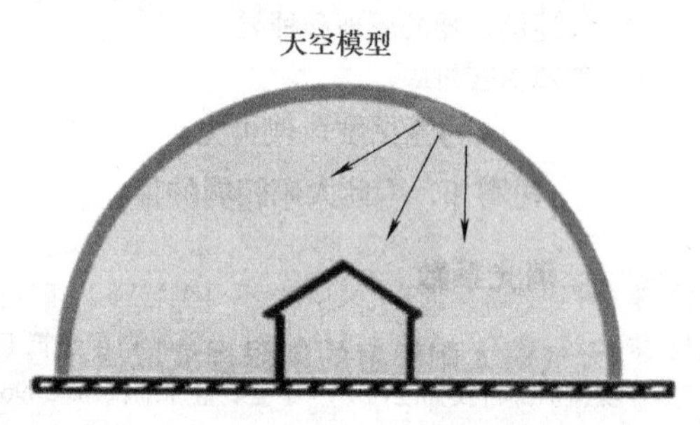

图 8-1　天空模型的示意图

(1) CIE 均匀天空（CIE Intermediate Sky）模型　均匀天空模型假设天空亮度分布各向同性，没有任何直射光，即天球中各处的亮度完全一样。主要用于手工简化计算，使用频率不高，通常对应于某些多雾的天气。

(2) CIE 全阴天（CIE Overcast Sky）模型　全阴天模型假设天空完全被云层所覆盖，看不到太阳，此时天空中的光线均为散射光。主要特点有：地平线附近的亮度是天顶亮度的1/3，同时旋转对称，也就是说与方向无关。

(3) CIE 晴天（CIE Clear Sky）模型　晴天模型用于天空中无云或者云量很少的情况，此时天空中的光线由太阳直射光和天空散射光两部分组成。此模型中天空亮度较为复杂，与太阳的位置和角度有着密切的关系。

几种常见的 CIE 天空模型如图 8-2 所示。

(4) CIE 通用天空和全气象条件下的 Perez 天空（Perez All Weather Sky）模型　标准的全阴天和晴天都属于比较极端的天气。日常生活中，还有很多介于上述二者之间的情况。为了获得适用范围更广的天空模型，20 世纪 90 年代中期，引入了 CIE 标准通用天空（图 8-3）和全气象条件下的 Perez 天空模型，用于根据日期、时间、地点和直射散射辐射强度计算特定天气条件下的

图 8-2　几种常见的 CIE 天空模型

天空亮度分布。

CIE 通用天空和全气象条件下的 Perez 天空模型依据相同的基本数学函数来描述任意天空元的亮度 $L_a$ 与天顶亮度 $L_z$ 的比值：

$$\frac{L_a}{L_z}=\frac{f(\chi)\varphi(Z)}{f(Z_s)\varphi(O)} \tag{8-1}$$

$$f(\chi)=1+c[e^{d\chi}-e^{d\frac{\pi}{2}}]+e\cos^2(\chi) \tag{8-2}$$

式中　$f(\chi)$——散射指标，它表征一个天空元的亮度随着它与太阳之间角距离的变化，主要用于计算太阳周边区域的亮度；

$\varphi(Z)$——亮度等级函数，它定义了从地平线到天顶的亮度变化，对于均匀天空，该函数保持一致（$a=0$）；

$a$、$b$、$c$、$d$、$e$——参数，用于映射晴天、过渡或者全阴天条件的天空亮度分布函数，具体的映射关系见表 8-1。

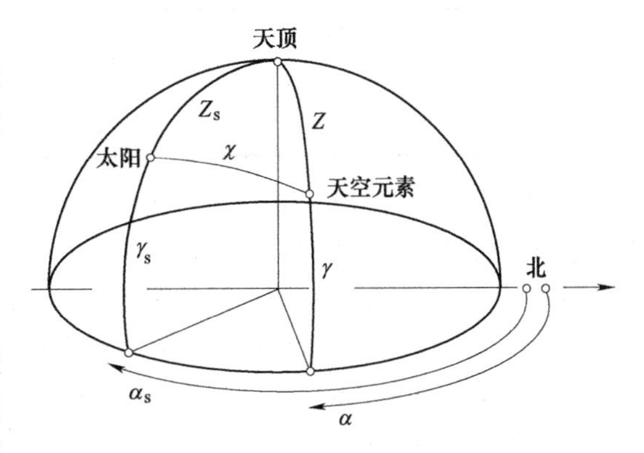


图 8-3　CIE 通用天空

$\gamma$—计算点的高度角　$\alpha$—计算点的方位角
$\gamma_s$—太阳的高度角　$\alpha_s$—太阳的方位角
$\chi$—天空与太阳之间的最短角距离　$Z$—计算点与天顶之间的角距离　$Z_s$—太阳于天顶之间的角距离

表 8-1　15 种标准一般天空模型

| 类型 | 系数 $a$ | 系数 $b$ | 系数 $c$ | 系数 $d$ | 系数 $e$ | 天空亮度分布 |
|---|---|---|---|---|---|---|
| 1 | 4.0 | −0.70 | 2 | −1.0 | 0 | CIE 标准全云（近似值），朝向天顶亮度发生急剧渐变，但各方位相同 |
| 2 | 4.0 | −0.8 | 0 | −1.5 | 0.15 | 全云天空的亮度发生急剧的渐变，朝向太阳的一侧稍亮 |
| 3 | 1.1 | −0.8 | 2 | −1.0 | 0 | 全云天空的亮度发生平缓的渐变，但各方位相同 |
| 4 | 1.1 | −1.0 | 0 | −1.5 | 0.15 | 全云天空的亮度发生平缓的渐变，朝向太阳的一侧稍亮 |
| 5 | 0 | −1.0 | 2 | −1.0 | 0 | 均匀天空 |
| 6 | 0 | −1.0 | 5 | −1.5 | 0.15 | 部分存在云的天空，朝向天顶无渐变 |
| 7 | 0 | −1.0 | 10 | −2.5 | 0.30 | 部分存在云的大空，太阳的周边较亮 |

（续）

| 类型 | 系数 $a$ | 系数 $b$ | 系数 $c$ | 系数 $d$ | 系数 $e$ | 天空亮度分布 |
|---|---|---|---|---|---|---|
| 8 | 0 | -1.0 | 2 | -3.0 | 0.45 | 部分存在云的天空，朝向天顶无渐变，但有明显的光环 |
| 9 | -1.0 | -1.0 | 5 | -1.5 | 0.15 | 部分存在云的天空，看不见太阳 |
| 10 | -1.0 | -0.55 | 10 | -2.5 | 0.30 | 部分存在云的天空，太阳的周边亮 |
| 11 | -1.0 | -0.55 | 10 | -3.0 | 0.45 | 白色晴天空，有明显的光环 |
| 12 | -1.0 | -0.32 | 10 | -3.0 | 0.45 | CIE 标准晴天空，清澄大气 |
| 13 | -1.0 | -0.32 | 16 | -3.0 | 0.30 | CIE 标准晴天空，浑浊大气 |
| 14 | -1.0 | -0.15 | 16 | -3.0 | 0.30 | 无云浑浊天空，大范围光环 |
| 15 | -1.0 | -0.15 | 24 | -2.8 | 0.15 | 白色混浊晴天空，大范围光环 |

CIE 给出的 15 种标准一般天空，为进行实际采光计算提供了理论依据。尽管实际的天空状态并不可能精确地与之相符合，可能会存在一定的偏差，但是 CIE 的 15 种标准一般天空是基于大量实际天空测试数据的统计得到的结果，非常接近实际天空状态，并且有相应天空下的亮度分布计算模型，因此以此进行实际的采光计算可以得到较为理想的结果。在实际采光计算中，如何准确快速地判断某一天空是属于哪一种标准一般天空就显得尤为重要，其结果在很大程度上将影响采光计算的效果。

CIE 通用天空与全气象条件下的 Perez 天空的区别是前者对变量 $a$ 到 $e$ 定义了 15 组离散的参数组，而后者通过直射和散射辐照度/照度的函数使这些参数进行连续的变化。两个模型都包括了前边 CIE 全阴天空模型和晴天模型，并在二者之间变化。与全气象条件下的 Perez 天空相同，CIE 通用天空需要对应建筑地点、日期、时间，来确定 15 种标准化通用天空中最符合给定日期、时间、地点和辐照度数据的特定天空条件。

（5）天空模型的选择　采用哪种天空模型主要取决于分析所在地的全年天气特点和评价指标的类型，以及采用何种模拟软件。如果执行静态自然光采光分析，可以选择 CIE 全阴天、晴天或者全气象条件下的 Perez 天空模型。若要执行动态自然采光模拟，则全气象条件下的 Perez 天空模型为最佳。对于阴天比较多的地方，可以采用全阴天模型，同时全阴天模型也可用于评估建筑在全年中最不利条件下的采光情况，我国的采光设计标准中就使用基于全阴天模型的采光系数作为基本的采光评价指标。

在使用计算机对光环境进行模拟时，首先要使用计算机绘制一幅具有连续色调的真实感图像，并使用数学方法构造三维场景的几何描述，然后根据光照模型计算物体投射到二维投影画面上的像素颜色并最终生成图形。在此过程中涉及两个重要的概念：几何模型和光照模型。

### 2. 几何模型

（1）多边形网格　通过使用大量多边形组成的网格来近似地表达物体，这是一种最基本、最简单的表示方法。在这种表示方法中，只需要给出顶点坐标就可以定义多边形网格，其表示精度与网格的数量有着密切的关系。几乎所有的光环境模拟软件在内部计算时都采用了多边形网格定义方法。Ecotect 中的多边形网格如图 8-4 所示。

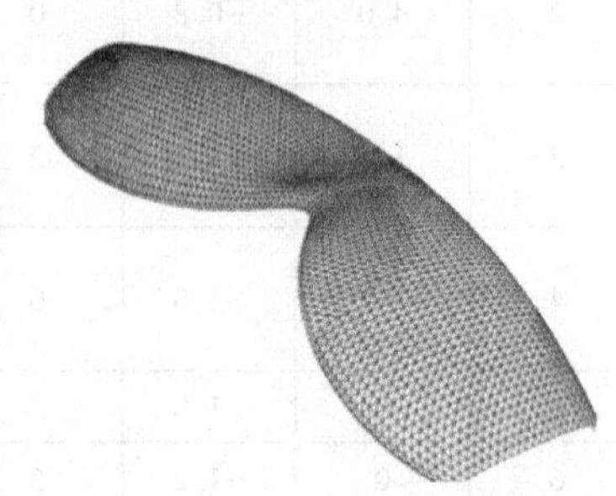

图 8-4　Ecotect 中的多边形网格

（2）构造几何实体　构造几何实体通过基本实体单元之间的逻辑布尔运算来定义物体的空间形状。基本实体单元通常是形状最简单的几何体，如立方体、圆柱体和棱柱等。虽然某些光环境模拟软件提供了对于构造几何实体的支持，但实际上在计算过程中还是要将构造及实体转化为多边形网格。

（3）空间细分　空间细分将物体空间细分为大量的基本立方体（体素），然后根据空间占有程度将每个体素标记为空或含有物体，最后整个场景转变为层次化的数据结构。图 8-5 所示为四叉树细分示意图，带有黑点标记的为包含有物体的体素。

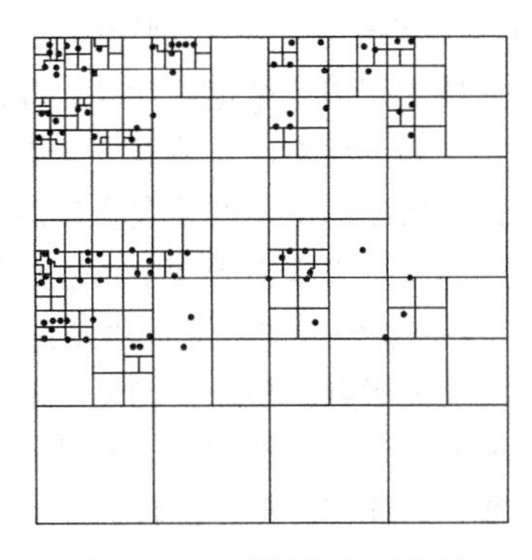

图 8-5　四叉树细分示意图

在建筑光环境模拟软件中，八叉树是一种应用比较多的空间细分方法，其根据精度要求和空间占有情况将物体持续地细分为大量的 1/8 立方体体素。大部分基于光线跟踪技术的软件都采用八叉树细分方法对场景进行简化，其可以有效地将光线与表面的求交计算简化为光线与立方体的求交判断。

（4）隐式定义　隐式定义是指完全使用函数来定义整个物体，现在建筑设计领域中比较热门的参数化设计技术基本上都是基于复合隐式定义方法的。

隐式定义占用的存储空间较小，没有精度损失，但一般只局限于某些较为特殊的形体。诸如 Radiance 一类的光环境模拟软件提供了某些规则几何物体的隐式定义方法，但计算前软件还是要将其转换为多边形网格。

### 3. 光照模型

光线照射物体时将与表面发生相应的交互作用。例如，光线可以被表面反射、透射和吸收，被物体吸收的光线将转化为热，反射和透射到人眼中的光线经过视网膜感光后产生视觉图像。在计算机图形学中，光照模型是模拟光线与物体表面之间交互行为的数学模型。光照模型是真实感图像生成技术的核心内容，其在很大程度上决定了图像生成的效率和图像本身的真实程度。

（1）光照模型的分类　光照模型可以分为局部照明模型和全局照明模型两种，它们的主要区别在于对环境光的不同处理方式。如图 8-6 所示为局部照明与全局照明的区别。

a) 局部照明

b) 全局照明

图 8-6　局部照明与全局照明的区别

1）局部照明模型。局部照明模型是指在照明计算时只考虑直接来自光源的光线所产生的影响，不考虑多次反射光线的影响。

最经典的局部照明模型是 BuiTuong Phong 于 1975 年在 Gouraud 模型的基础上提出的 Phong 模

型。在 Phong 模型中，来自一个表面的光线由环境光、漫反射光和镜面反射光组成。对于漫反射光，按照朗伯余弦定律计算，即用目标点法向与光源方向夹角的余弦乘以入射光强；对于镜面反射光，用观察方向与镜面方向夹角的余弦乘以入射光强，并通过一个系数来描述表面的镜面程度，最极端的情况就是完全镜面反射：环境光是使用一个固定的常数来近似模拟。上述三项叠加在一起就可以求出表面上指定点处的光强。

Phong 模型的缺点很明显：其镜面反射部分只与观察方向有关，而没有考虑到光源的不同入射角度的影响。另外，也是最重要的一点，Phong 模型对于环境光的描述过于简单，与真实的情况相差甚远。虽然有着这样或那样的不足，但 Phong 模型在计算成本和效果之间可以取得较好的平衡，因此其应用还是较为广泛的。例如，很多虚拟现实程序和三维游戏都采用了 Phong 局部照明模型，不过光环境模拟软件很少直接使用 Phong 模型。

2）全局照明模型。目前对建筑光环境模拟时多采用全局照明模型。全局照明模型在计算目标点光强时考虑了场景中到达该点的所有（或大部分）光线的影响。不同的全局照明模型其实可以看成是渲染方程的不同求解方式：光能传递模型基于有限元方法进行求解，光线跟踪模型基于从眼睛开始对光线进行跟踪的方法进行求解。

实际上，不同的照明模型之间的差别主要在于环境光（或者说是间接照明）部分的处理上，而对于直射光部分来说一般差别不大。但恰恰是环境光部分在促进图像真实感方面起着非常重要的作用，如果环境光计算不准确，人们往往会觉得图像不自然。因此，全局照明模型对于光环境模拟的重要性是不言而喻的。图 8-6 显示了局部照明和全局照明之间的差异，可以看到，在局部照明模型中，阴影区是全黑的，这主要是由于其不考虑光线的多次反射，与此形成鲜明对比的是，全局照明模型中的光线变化非常细腻真实。下面将具体讨论两种主流的全局照明模型：光线跟踪和光能传递，它们分别以不同的方式诠释了渲染方程。

渲染方程作为全局照明模型的基础，用数学的语言描述了光的传播，其可以表述为：某一点在某方向上的辐亮度是此点上的直射光和反射光的辐亮度总和（图 8-7）。渲染方程中的反射光可以由所有方向的入射光总和乘以表面反射率和入射角的余弦取得。与复杂的麦克斯韦方程组相比，渲染方程要简洁得多，这意味着其在求解上有着很大的灵活性和优势。从本质上来说，渲染方程只是麦克斯韦电磁波方程组在几何光学领域的一种近似的简化形式。

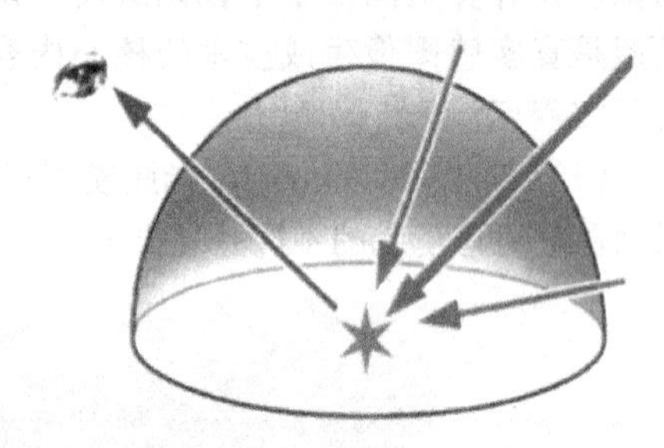

图 8-7 渲染方程的概念

（2）光线跟踪

1）Whitted 光线跟踪模型。如图 8-8 所示，Whitted 光线跟踪模型从眼睛向场景中发射光线，这些光线与虚拟画布的交点就是组成图像的像素。这些光线到达场景中的镜面表面后，将继续沿镜面方向反射。同样，这些被反射的光线到达下一个镜面表面后也将继续发生反射（如果光线遇到了透明物体，则发生标准的折射），这种递归镜面反射（或折射）跟踪将持续进行下去，直到其返回光源或者发生如下任意一种情形：

① 光线遇到完全漫反射表面。

② 光线所携带的能量低于预先设定的最小值。

③ 光线离开场景所在的空间。

在 Whitted 光线跟踪模型中，计算光线与场景交点的光强时，不考虑漫反射光，而来自光源的镜面反射光与 Phong 模型是类似的，但用镜面反射环境光和透射环境光替代了 Phong 模型中保持为常数的环境光。总体来说，Whitted 光线跟踪模型要比 Phong 模型更精确，前者考虑了镜面方向上的反射和透射环境光，而后者的环境光部分只是用一个不变的经验值估算。

Whitted 光线跟踪模型假设所有的反射光均为镜面反射光，这使得它能够较好地反映部分场景中的真实效果，但对于漫反射表面来说，其并不能正确地反映实际的情况。对真实感影响较大的环境光实际上主要是由漫反射光组成的，而这一部分在计算中恰恰被忽略了。因此，Whitted 光线跟踪模型是渲染方程的一个只考虑镜面反射的子集，不能算作真正意义上的全局照明模型，充其量只是一个准全局模型，Whitted 光线跟踪模型生成的图像与真实场景之间还是有着较为明显的差距。

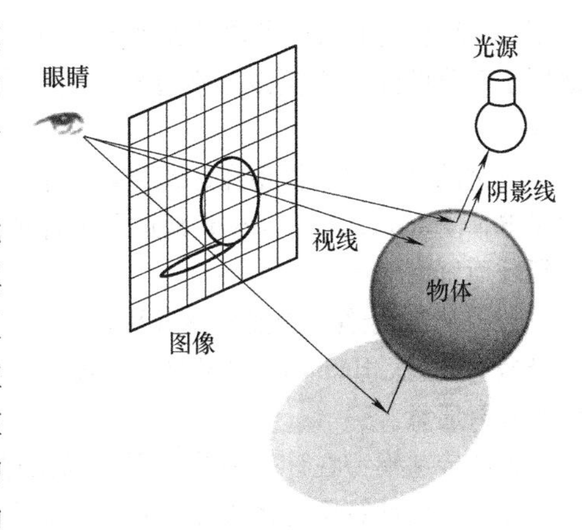

图 8-8　Whitted 光线跟踪模型示意图

2）改进的光线跟踪模型。由于 Whitted 光线跟踪模型存在着一些缺点和不足，于是有些学者针对不同的侧重点提出了改进的光线跟踪模型，这其中包括 Kajiya 光线跟踪、分布式光线跟踪、双向光线跟踪以及基于辐照度缓存的光线跟踪等。它们的基本原理与 Whitted 光线跟踪是类似的，只不过在算法上进行了一定的改进。

改进的光线跟踪模型的一个共同特点是，都应用了蒙特卡洛算法对各种反（透）射光进行采样。蒙特卡洛算法是以概率和统计理论为基础的一种计算方法，其将所求解的问题同一定的概率模型相联系，通过统计模拟或抽样以获得问题的近似解。更通俗地说，就是以随机计算所得的大量局部采样值来对整体值进行估算。对于渲染方程这样的积分问题来说，实际上没有解析解，而蒙特卡洛算法可以计算被积函数随机样本的值，然后根据这些来估算积分的结果。在 Kajiya 光线跟踪模型中，就是通过大量的随机采样光线来近似计算环境光的积分结果。

蒙特卡洛技术的优点在于简单，其可以直接求解一般性问题，而不需要进行简化处理和假设。Whitted 光线跟踪假设的是完全镜面反射，光能传递假设的是完全漫反射，实际上它们都只考虑了渲染方程中的一种极端情况，而蒙特卡洛技术则完全没有上述的假设限制。

Kajiya 光线跟踪模型的显著特点是随机采样。为了考虑环境光的影响，其从目标点向所在半球范围内发射大量的随机采样光线，这些采样光线遇到其他物体后将继续向半球内发射采样光线，直到光强低于预先设定的最小值。

分布式光线跟踪模型是 Cook 于 1986 年提出的，它与 Kajiya 模型基本类似，所不同的是，分布式光线跟踪模型在碰撞点上建立的是反射波束，而不是一条反射光线，这样就可以更好地再现不完全镜面的反射效果。

双向光线跟踪是 Arvo 于 1986 年提出的，其目的是为了在传统的光线跟踪中引入镜面反射到漫反射的双向传播机制，传统的从眼睛到光源的光线跟踪技术无法模拟光线的焦散现象（如阳光透过水杯后在桌面留下的光斑），而引入从光源开始的正向光线追踪则可以克服上述不足。

基于辐照度缓存的光线跟踪模型最早是由 Greg 应用于 Radiance 软件之中的，辐照度缓存技术将表面采样点的辐照度计算结果缓存于八叉树结构中，对于设定半径范围内的点，程序将根据周围点所缓存的辐照度进行高阶插值计算；对于设定半径范围外的点，程序将执行实际的计算。这一技术可以在保证计算精度的同时大幅度提高计算效率。V-Ray 和 Radiance 都使用了这一模型，因此它们的某些参数设置极为类似，但 V-Ray 在精度和速度上做了一定的妥协，因此其不适用于精确的光环境模拟。不过对于渲染来说，V-Ray 具有比 Radiance 更高的效率和更平滑的效果。

改进的光线跟踪模型在建筑光环境模拟中的应用非常广泛，同时很多著名的三维渲染软件，如 V-Ray、Mental-Ray、Brazil 都选用了各种改进的光线跟踪模型，而 Radiance 更是独霸光环境模拟领域而鲜有对手。

（3）光能传递　光能传递（Radiosity）的概念来源于热辐射计算，其侧重于从能量的角度来阐释渲染方程。Radiosity 本身是辐射度学中的一个物理量——辐射出射度，其是指单位表面所发出的辐射通量。

光能传递模型在计算前首先要对场景进行离散化，即将场景的所有表面都分成更小的多边形面片；之后计算所有多边形面片之间的角系数，角系数描述了面片间的几何关系；接下来从光源所在的多边形面片发射光线，这些光线到达场景中的多边形面片后会被其吸收部分能量，这时按照剩余能量的多少对所有的多边形面片进行排序，剩余能量最多的面片将作为下一个要发射能量的面片，这就是第一次迭代。依此类推，迭代将持续进行，直到光线剩余能量低于预定值时终止。图 8-9 简单示意了光能传递计算过程。

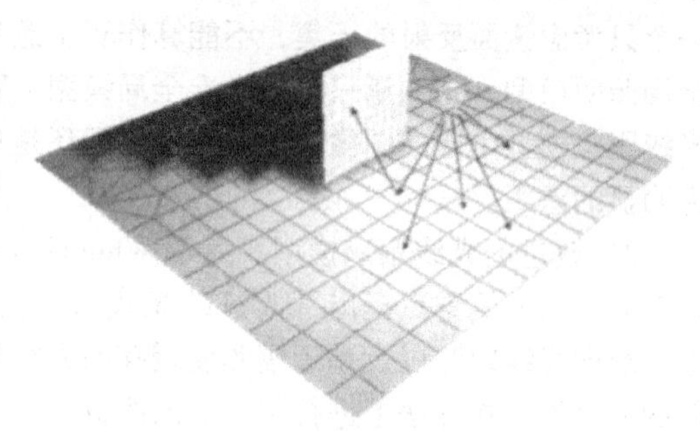

图 8-9　光能传递计算过程的示意图

在光能传递模型中，只考虑了面片到面片的漫反射作用，同时其结果是与观察位置无关的，因此这意味着还需有投影计算过程，而光线跟踪中是不需要进行投影计算的。光能传递的另外一个不足是要预先对模型进行离散处理，但在求解之前可能并不确定怎么对场景进行离散最合适。

光能传递只考虑了漫反射的影响，它与 Whitted 光线跟踪一样，只是渲染方程的一个子集，或者说是一种极端情况，纯光能传递模型是无法模拟镜面效果的，光能传递软件中必须通过混合光线跟踪算法才能实现对于镜面效果的模拟。

（4）光线跟踪与光能传递比较　光线跟踪和光能传递作为光环境模拟中使用较多的两种光照模型，它们各自有不同的特点。

光线跟踪在计算前要对模型进行空间细分以简化光线求交计算，同时光线跟踪需要借助蒙特卡洛算法进行大量的采样，这一方面减小了计算量，但另一方面也使图像中出现大量的亮斑和暗斑，虽然提高环境参数可以在一定程度上克服这一现象，但所付出的时间代价却相对较高。光线跟踪的计算精度受采样的影响非常大，因此其关键参数大部分与光线跟踪中的采样和插值计算相关。

光能传递在计算前要对表面进行细分，表面细分的情况将直接影响计算的时间和精度，这也是光能传递计算中的一个难点。光能传递模型中的关键参数多与表面细分程度和剩余能量有关。光能传递只考虑了漫反射光，对于具有镜面表面的场景来说，实际上还是要应用光线跟踪才能得到准确的结果。由于不包含采样过程，因此相对于光线跟踪来说，光能传递在图像质量上具有一定的优势。

总体来说，光线跟踪模型在建筑光环境模拟领域中的应用更为广泛和成熟，同时其兼容性更好。光能传递模型在这一领域中也有自己的优势，例如不依赖于视角、图像质量高等。实际上，对于一般性的应用来说，它们之间的差别并不大。

### 8.1.2 参考依据与标准规范

#### 1. 常用建筑采光术语

1）照度。表面一点的照度是入射在包含该点面元上的光通量除以该面元的面积。

2）参考平面。测量或规定照度的平面。

3）采光系数。在室内参考平面上的一点，由直接或间接地接收来自假定和已知天空亮度分布的天空漫射光而产生的照度与同一时刻该天空半球在室外无遮挡水平面上产生的天空漫射光照度之比。

4）采光系数标准值。在规定的室外天然光设计照度下，满足视觉功能要求时的采光系数值。

5）室外天然光设计照度。室内全部利用天然光时的室外天然光最低照度。

6）光气候。由太阳直射光、天空漫射光和地面反射光形成的天然光状况。

7）不舒适眩光。在视野中由于光亮度的分布不适宜，或在空间、时间上存在着极端的亮度对比，以致引起不舒适的视觉条件。建筑采光中的不舒适眩光特指由窗引起的不舒适眩光。

#### 2. 建筑采光模拟基本准则

在进行建筑采光模拟计算时，需要按照相关规范中的准则对建筑采光性能进行模拟计算。

1）采光标准的数量评价指标以采光系数 $C$ 表示。因为室外天然光受各种气象条件的影响，在一天中的变化很大，因而影响室内光线的变化，通常采用采光系数这一相对值来评价采光效果较为合适。目前国际上一般采用此系数来评价采光。

2）标准中统一采用采光系数平均值作为标准值。采用采光系数平均值，不仅能反映工作场所采光状况的平均水平，更方便理解和使用。国内外的研究成果也证明了采用采光系数平均值和平均照度值更加合理。

3）采光等级Ⅰ、Ⅱ、Ⅲ、Ⅳ、Ⅴ对应的采光系数平均值分别为5%、4%、3%、2%、1%，相当于模拟计算数值取整的结果。

4）美国提出替代采光系数的可利用天然光照度值：100~2000 lx 为合适照度，小于 100 lx 为不足照度，大于 2000 lx 为照度过高。考虑到夏天太阳辐射对室内产生的过热影响以及由此引起的不舒适眩光，规定了采光标准的上限值，即采光系数 7%。

5）我国地域广大，天然光状况相差甚远，若以相同的采光系数规定采光标准不尽合理，在室外取相同的临界照度时我国天然光丰富区与天然光不足区全年室外平均总照度相差约为50%。为了充分利用天然光资源，取得更多的利用时数，对不同的光气候区应取不同的室外设计照度，即在保证一定室内照度的情况下，各地区规定不同的采光系数。

6）根据我国建筑节能标准的规定，为了防止室内过热、能耗过大，对窗墙比均有详细的规定，所以Ⅰ、Ⅱ采光等级的房间一般来说只适用于对采光有特殊有要求的房间和区域，如对颜色有要求的精细检验、工艺品雕刻、刺绣、绘画等。

7）为了检验采光设计的实际效果，需要在工程竣工后，或在使用期内进行现场实测。在同一房间内，采用不同的实测方法或在不同的天空条件下进行采光系数测定，其结果差别很大。因此需统一实测方法，便于对实测数据进行分析比较。实测方法可按现行国家标准执行。

#### 3. 建筑采光计算方法和设计标准

为了在建筑采光设计中贯彻国家的法律法规和技术经济政策，充分利用天然光，创造良好的光环境，节约能源、保护环境和构建绿色建筑，就必须使采光设计符合建筑采光设计标准要求。我国于 2013 年 5 月实施《建筑采光设计标准》(GB 50033—2013)，用于指导新建、改建及扩建的民用建筑和工业建筑天然采光的设计和利用，该标准是采光设计的依据。

人眼对不同情况的视看对象有不同的照度要求，而照度在一定范围内是越高越好。照度越高，工作效率越高。但照度高意味着投资大，故照度的确定必须既要考虑到视觉工作的需要，又要照顾到经济上的可能性和技术上的合理性。采光标准综合考虑了视觉试验结果，通过对已建成建筑的采光现状进行的现场调查，结合窗洞口经济分析、我国光气候特征及我国国民经济发展等因素，将视觉工作划分为Ⅰ、Ⅱ、Ⅲ、Ⅳ、Ⅴ五级，并提出了视觉作业场所工作面上的采光系数标准值，见第6章表6-7。

### 8.1.3 建筑光环境模拟计算实例

1. 项目概况

某建筑位于北京市，是一座办公类建筑，由A、B、C、D四座组成，地上部分A座18层，B座10层，C座5层，D座2层，地下部分3层，总高度为78.35m，朝南而立，周围没有其他物体遮挡。该建筑属于Ⅲ级光气候区，光气候系数$K$值为1.00，室外天然光设计照度值$E_s$为15000 lx。建筑体形系数为0.13，总建筑面积为77550.41m$^2$，其中地上面积为50248.26m$^2$，地下面积为27302.15m$^2$。项目鸟瞰图如图8-10所示。

图8-10 项目鸟瞰图

该项目主要采用Ecotect可持续建筑设计及分析工具进行建模和室内采光计算，炫光部分的模拟计算通过调用Radiance软件完成。主要目的是分析判断室内主要功能空间的采光效果是否达到北京市《绿色建筑评价标准》（DB11/T 825—2015）和《建筑采光设计标准》（GB 50033—2013）的要求。

2. 模型绘制

根据项目CAD图，在Ecotect中建立了该项目的建筑模型，如图8-11所示。

3. 采光计算结果与分析（以A座为例）

（1）A座1层 A座1层办公区与非主要功能区整体采光效果如图8-12所示。A座1层采光系数百分数分布见表8-2。

（2）A座2层 A座2层整体采光效果如图8-13所示。A座2层采光系数百分数分布见表8-3。

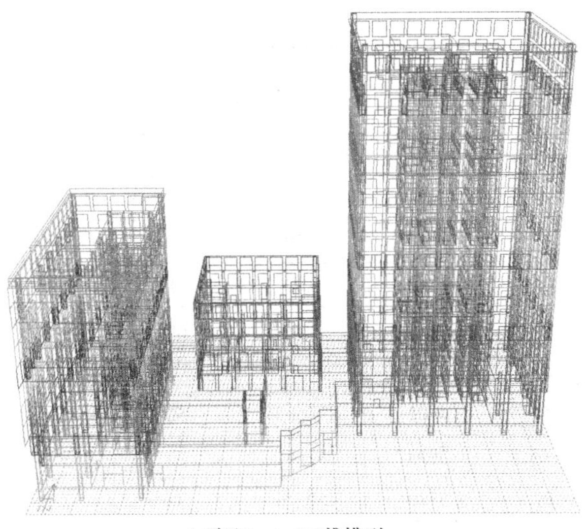

a) 项目Ecotect三维模型

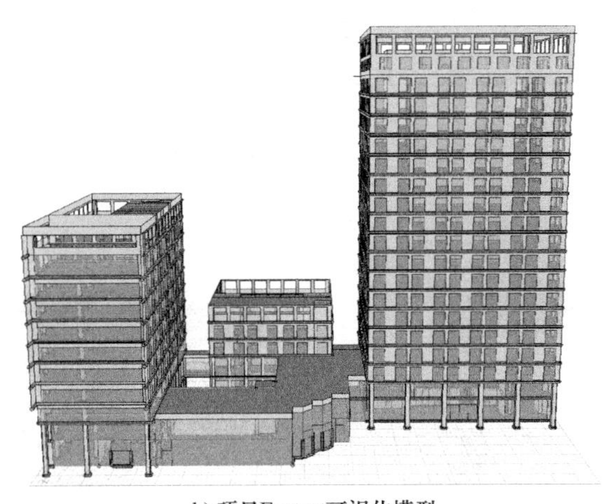

b) 项目Ecotect可视化模型

图 8-11　在 Ecotect 中建立的项目建筑模型

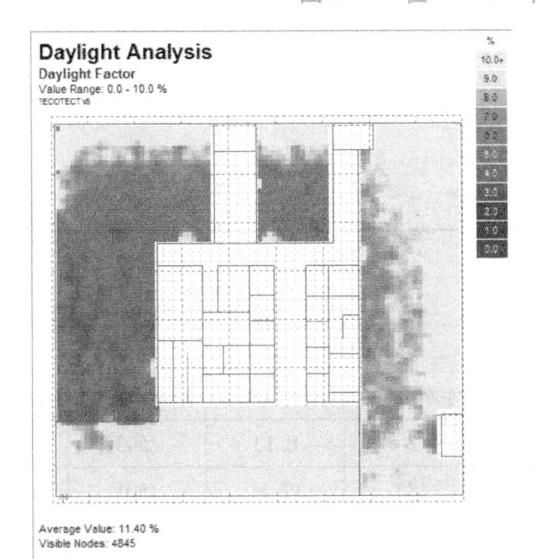


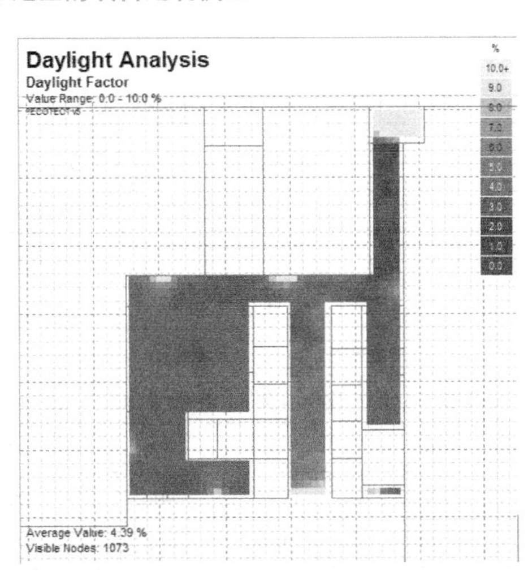


图 8-12　A 座 1 层办公区（左）与非主要功能区（右）整体采光效果

表 8-2 A 座 1 层采光系数百分数分布

| 采光系数范围 | 采光系数 | | | | | | | |
|---|---|---|---|---|---|---|---|---|
| | Ⅲ级采光区 | | | | Ⅴ级采光区 | | | |
| | 范围内 | | 不低于 | | 范围内 | | 不低于 | |
| | 网络节点数 | 比例（%） | 网络节点数 | 比例（%） | 网络节点数 | 比例（%） | 网络节点数 | 比例（%） |
| 0~1 | 0 | 0 | 4845 | 100 | 7 | 0.65 | 1073 | 100 |
| 1~2 | 2 | 0.04 | 4845 | 100 | 0 | 0 | 1066 | 99.35 |
| 2~3 | 13 | 0.27 | 4843 | 99.96 | 131 | 12.21 | 1066 | 99.35 |
| 3~4 | 428 | 8.83 | 4830 | 99.69 | 714 | 66.54 | 935 | 87.14 |
| 4~5 | 409 | 8.44 | 4402 | 90.86 | 50 | 4.66 | 221 | 20.6 |
| 5~6 | 613 | 12.65 | 3993 | 82.41 | 63 | 5.87 | 171 | 15.94 |
| 6~7 | 333 | 6.87 | 3380 | 69.76 | 32 | 2.98 | 108 | 10.07 |
| 7~8 | 319 | 6.58 | 3047 | 62.89 | 9 | 0.84 | 76 | 7.08 |
| 8~9 | 385 | 7.95 | 2728 | 56.31 | 8 | 0.75 | 67 | 6.24 |
| 9~10 | 317 | 6.54 | 2343 | 48.36 | 9 | 0.84 | 59 | 5.5 |

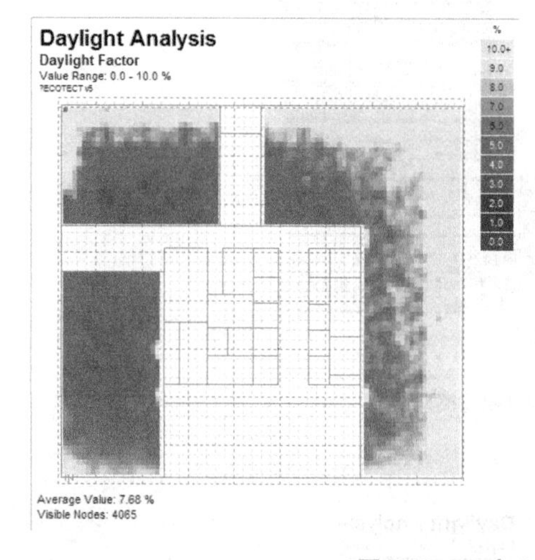


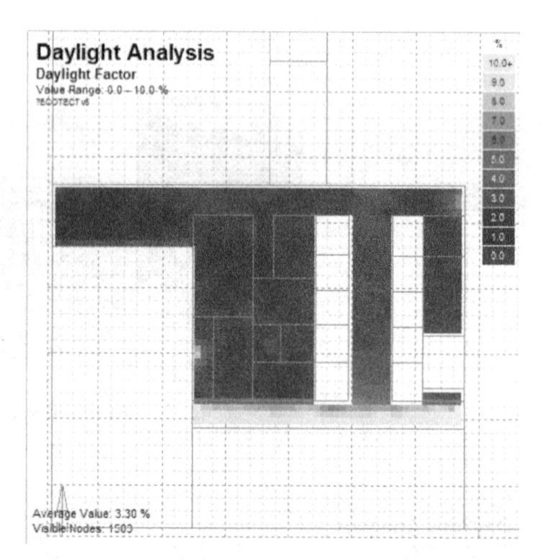


图 8-13 A 座 2 层整体采光效果

表 8-3 A 座 2 层采光系数百分数分布

| 采光系数范围 | 采光系数 | | | | | | | |
|---|---|---|---|---|---|---|---|---|
| | Ⅲ级采光区 | | | | Ⅴ级采光区 | | | |
| | 范围内 | | 不低于 | | 范围内 | | 不低于 | |
| | 网络节点数 | 比例（%） | 网络节点数 | 比例（%） | 网络节点数 | 比例（%） | 网络节点数 | 比例（%） |
| 0~1 | 0 | 0 | 4065 | 100 | 2 | 0.13 | 1503 | 100 |
| 1~2 | 0 | 0 | 4065 | 100 | 182 | 12.11 | 1501 | 99.87 |
| 2~3 | 49 | 1.21 | 4065 | 100 | 957 | 63.67 | 1319 | 87.76 |
| 3~4 | 534 | 13.14 | 4016 | 98.79 | 144 | 9.58 | 362 | 24.09 |

（续）

| 采光系数范围 | 采光系数 | | | | | | | |
|---|---|---|---|---|---|---|---|---|
| | Ⅲ级采光区 | | | | Ⅴ级采光区 | | | |
| | 范围内 | | 不低于 | | 范围内 | | 不低于 | |
| | 网络节点数 | 比例（%） | 网络节点数 | 比例（%） | 网络节点数 | 比例（%） | 网络节点数 | 比例（%） |
| 4~5 | 764 | 18.79 | 3482 | 85.66 | 26 | 1.73 | 218 | 14.5 |
| 5~6 | 492 | 12.1 | 2718 | 66.86 | 18 | 1.2 | 192 | 12.77 |
| 6~7 | 444 | 10.92 | 2226 | 54.76 | 26 | 1.73 | 174 | 11.58 |
| 7~8 | 378 | 9.3 | 1782 | 43.84 | 24 | 1.6 | 148 | 9.85 |
| 8~9 | 294 | 7.23 | 1404 | 34.54 | 25 | 1.66 | 124 | 8.25 |
| 9~10 | 209 | 5.14 | 1110 | 27.31 | 55 | 3.66 | 99 | 6.59 |

（3）A 座 3 层 A 座 3 层整体采光效果如图 8-14 所示。A 座 3 层采光系数百分数分布见表 8-4。

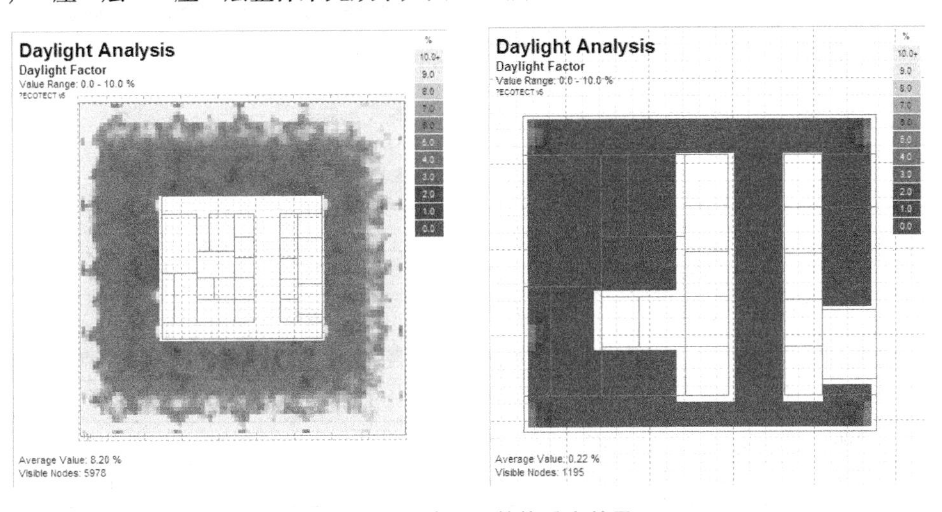


图 8-14 A 座 3 层整体采光效果

表 8-4 A 座 3 层采光系数百分数分布

| 采光系数范围 | 采光系数 | | | | | | | |
|---|---|---|---|---|---|---|---|---|
| | Ⅲ级采光区 | | | | Ⅴ级采光区 | | | |
| | 范围内 | | 不低于 | | 范围内 | | 不低于 | |
| | 网络节点数 | 比例（%） | 网络节点数 | 比例（%） | 网络节点数 | 比例（%） | 网络节点数 | 比例（%） |
| 0~1 | 0 | 0 | 5978 | 100 | 1140 | 95.4 | 1195 | 100 |
| 1~2 | 9 | 0.15 | 5978 | 100 | 9 | 0.75 | 55 | 4.6 |
| 2~3 | 244 | 4.08 | 5969 | 99.85 | 29 | 2.43 | 46 | 3.85 |
| 3~4 | 964 | 16.13 | 5725 | 95.77 | 1 | 0.08 | 17 | 1.42 |
| 4~5 | 1308 | 21.88 | 4761 | 79.64 | 1 | 0.08 | 16 | 1.34 |
| 5~6 | 676 | 11.31 | 3453 | 57.76 | 2 | 0.17 | 15 | 1.26 |
| 6~7 | 511 | 8.55 | 2777 | 46.45 | 3 | 0.25 | 13 | 1.09 |
| 7~8 | 535 | 8.95 | 2266 | 37.91 | 4 | 0.33 | 10 | 0.84 |
| 8~9 | 263 | 4.4 | 1731 | 28.96 | 6 | 0.5 | 6 | 0.5 |
| 9~10 | 217 | 3.63 | 1468 | 24.56 | 0 | 0 | 0 | 0 |

（4）A座4~18层（标准层） A座标准层整体采用效果如图8-15所示。A座标准层采光系数百分数分布见表8-5。

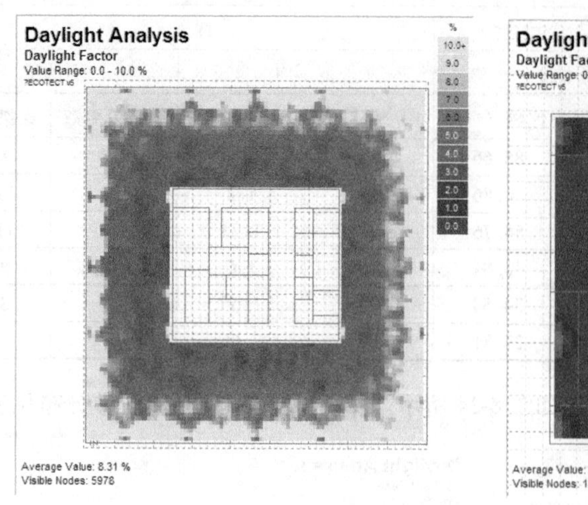


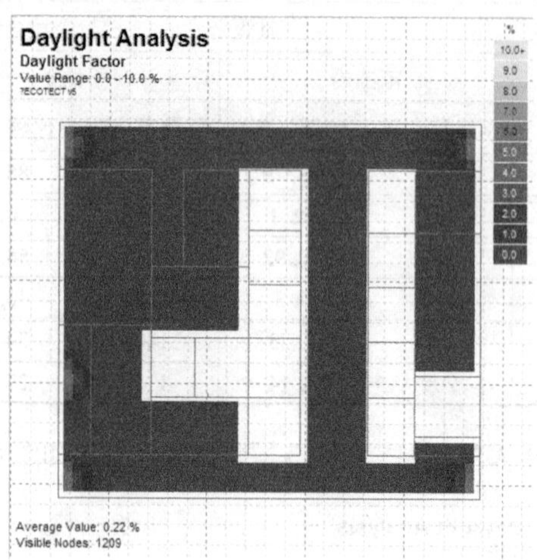


图8-15 A座标准层整体采光效果

表8-5 A座标准层采光系数百分数分布

| 采光系数范围 | 采光系数 | | | | | | | |
|---|---|---|---|---|---|---|---|---|
| | Ⅲ级采光区 | | | | Ⅴ级采光区 | | | |
| | 范围内 | | 不低于 | | 范围内 | | 不低于 | |
| | 网络节点数 | 比例（%） | 网络节点数 | 比例（%） | 网络节点数 | 比例（%） | 网络节点数 | 比例（%） |
| 0~1 | 2 | 0.08 | 2585 | 100 | 1153 | 95.37 | 1209 | 100 |
| 1~2 | 100 | 3.87 | 2583 | 99.92 | 12 | 0.99 | 56 | 4.63 |
| 2~3 | 195 | 7.54 | 2483 | 96.05 | 28 | 2.32 | 44 | 3.64 |
| 3~4 | 332 | 12.84 | 2288 | 88.51 | 1 | 0.08 | 16 | 1.32 |
| 4~5 | 392 | 15.16 | 1956 | 75.67 | 0 | 0 | 15 | 1.24 |
| 5~6 | 279 | 10.79 | 1564 | 60.5 | 2 | 0.17 | 15 | 1.24 |
| 6~7 | 249 | 9.63 | 1285 | 49.71 | 3 | 0.25 | 13 | 1.08 |
| 7~8 | 194 | 7.5 | 1036 | 40.08 | 4 | 0.33 | 10 | 0.83 |
| 8~9 | 162 | 6.27 | 842 | 32.57 | 6 | 0.5 | 6 | 0.5 |
| 9~10 | 124 | 4.8 | 680 | 26.31 | 0 | 0 | 0 | 0 |

对于整栋建筑，其外区采光模拟结果汇总见表8-6；内区采光模拟结果汇总见表8-7。

表8-6 外区采光模拟结果汇总

| 楼　层 | 节点总数（个） | 达标节点数（个） | 达标面积比例（%） |
|---|---|---|---|
| A座1层 | 5918 | 5896 | 99.6 |
| A座2层 | 5568 | 5517 | 99.1 |
| A座3层 | 7173 | 5780 | 80.6 |
| A座标准层（4~18层） | 7187 | 5779 | 80.4 |

（续）

| 楼　层 | 节点总数（个） | 达标节点数（个） | 达标面积比例（%） |
| --- | --- | --- | --- |
| B座1层 | 3826 | 3131 | 81.8 |
| B座2层 | 3686 | 3131 | 84.9 |
| B座3层 | 4422 | 4165 | 94.2 |
| B座标准层（4~9层） | 4474 | 3176 | 71.0 |
| B座10层 | 2229 | 1874 | 84.1 |
| C座1层 | 3731 | 3354 | 89.9 |
| C座2层 | 3731 | 3600 | 96.5 |
| C座3层 | 3716 | 2878 | 77.4 |
| D座 | 2863 | 2859 | 99.9 |
| 汇总 | 181512 | 147926 | 81.5 |

表8-7　内区采光模拟结果汇总

| 楼　层 | 节点总数（个） | 达标节点数（个） | 达标面积比例（%） |
| --- | --- | --- | --- |
| A座1层 | 3234 | 3210 | 99.3 |
| A座2层 | 3456 | 3405 | 98.5 |
| A座3层 | 4089 | 2696 | 65.9 |
| A座标准层（4~18层） | 4103 | 2695 | 65.7 |
| B座1层 | 1841 | 1311 | 71.2 |
| B座2层 | 1688 | 1248 | 73.9 |
| B座3层 | 2793 | 2536 | 90.8 |
| B座标准层（4~9层） | 1956 | 614 | 31.4 |
| B座10层 | 1091 | 811 | 74.3 |
| C座1层 | 1744 | 1623 | 93.1 |
| C座2层 | 1744 | 1633 | 93.6 |
| C座3层 | 1726 | 1514 | 87.7 |
| D座 | — | — | — |
| 汇总 | 96687 | 64096 | 66.3 |

4. 眩光计算结果与分析（以B座为例）

（1）东向　东向室内相机视角如图8-16所示。

（2）南向　南向室内相机视角如图8-17所示。

（3）西向　西向室内相机视角如图8-18所示。

对于整栋建筑，其外窗不舒适眩光模拟结果汇总见表8-8。

图8-16　东向室内相机视角

5. 结论

根据《绿色建筑评价标准》（DB11/T 825—2015）的有关规定。该项目绿色建筑室内光环境共计得分 19 分。该项目建筑室内光环境评价得分情况见表 8-9。

图 8-17 南向室内相机视角

图 8-18 西向室内相机视角

表 8-8 外窗不舒适眩光模拟结果汇总

| 户型 | 分析区域 | 采光等级 | DGI 模拟计算值 | DGI 标准限值 | 达标情况 |
| --- | --- | --- | --- | --- | --- |
| A 座 | 东向 | Ⅲ | 16.78 | 25.0 | √ |
| | 南向 | Ⅲ | 24.76 | 25.0 | √ |
| | 西向 | Ⅲ | 21.52 | 25.0 | √ |
| B 座 | 东向 | Ⅲ | 20.53 | 25.0 | √ |
| | 南向 | Ⅲ | 20.33 | 25.0 | √ |
| | 西向 | Ⅲ | 21.14 | 25.0 | √ |
| C 座 | 东向 | Ⅲ | 7.83 | 25.0 | √ |
| | 南向 | Ⅲ | 19.28 | 25.0 | √ |
| | 西向 | Ⅲ | 21.43 | 25.0 | √ |

表 8-9 该项目建筑室内光环境评价得分情况

| 规范条款 | 标准要求 | 本项目实际情况 | 是否满足 | 得分 |
| --- | --- | --- | --- | --- |
| 8.2.6 | 主要功能房间采光系数满足现行国家标准《建筑采光设计标准》（GB 50033）要求的面积比例 | 本项目主要功能空间采光系数达标面积比例：81.4% | 是 | 8 分 |
| 8.2.7 | 改善室内天然采光效果：<br>1. 主要功能房间有合理的控制眩光措施，得 6 分<br>2. 内区采光系数满足采光要求的面积比例达到 60%，得 4 分<br>3. 根据地下空间平均采光系数不小于 0.5% 的面积与首层地下室面积的比例评分，最高得 4 分 | 本项目主要功能空间眩光指数满足要求：满足 | 是 | 6 分 |
| | | 本项目内区采光系数达标面积比例：66.3% | 是 | 4 分 |
| | | 本项目地下空间达标面积比例 $R_A$：7.53% | 是 | 1 分 |
| 总得分 | | | | 19 分 |

## 8.2　与室内外空气流动相关模拟

在建筑环境营造过程中，涉及室内外空气流动的相关模拟主要包括：室外风环境、建筑通风与热环境、室内气流组织、污染物扩散与空气品质等方面，均涉及空气流动模拟仿真相关的基本理论与方法。

### 8.2.1　计算流体力学基础

流体流动的数值模拟即在计算机上离散求解空气流动遵循的流体动力学方程组，并将结果用计算机图形学技术形象直观地表示出来，这样的数值模拟技术就是计算流体动力学（Computational Fluid Dynamics，CFD）技术。1974 年以来，人们将 CFD 技术大量地应用于建筑环境的模拟研究工作。相比模型试验等手段而言，数值模拟具有成本低、周期短、资料完备、易模拟真实条件等优点。如今，CFD 技术已经在建筑环境和设备模拟仿真中得到了广泛的应用。

#### 1. 控制方程

（1）质量守恒方程　质量守恒方程可由 4 种方法得到，分别在拉格朗日法（L 法）下对有限体积和体积元应用质量守恒定律、在欧拉法（E 法）下对有限体积应用质量守恒定律及在直角坐标系中直接应用质量守恒定律。质量守恒方程可用式（8-3）表示：

$$\frac{\partial \rho}{\partial t} + \mathrm{div}(\rho v) = 0 \tag{8-3}$$

式中　$\rho$——密度；

$t$——时间。

（2）动量守恒方程　任取一个体积为 $\tau$ 的流体，它的边界为 $S$。根据动量定理，体积 $r$ 中流体动量的变化率等于作用在该体积上的质量力和面力（应力）之和。动量守恒方程可用式（8-4）表示：

$$\begin{cases} \dfrac{\partial(\rho u)}{\partial t} + \mathrm{div}(\rho u v) = \mathrm{div}(\mu \mathrm{grad} u) - \dfrac{\partial p}{\partial x} + S_u \\ \dfrac{\partial(\rho v)}{\partial t} + \mathrm{div}(\rho v v) = \mathrm{div}(\mu \mathrm{grad} v) - \dfrac{\partial p}{\partial y} + S_v \\ \dfrac{\partial(\rho w)}{\partial t} + \mathrm{div}(\rho w v) = \mathrm{div}(\mu \mathrm{grad} w) - \dfrac{\partial p}{\partial z} + S_w \end{cases} \tag{8-4}$$

式中　$p$——流体微元上的压力。

（3）能量守恒方程　由能量守恒定律知，体积内流体的动能和内能的变换率等于单位时间内质量力和表面力所做的功加上单位时间内给予体积的热量。能量守恒方程可用式（8-5）表示：

$$\frac{\partial(\rho T)}{\partial t} + \mathrm{div}\ (\rho v T) = \mathrm{div}\left(\frac{k}{c_p}\mathrm{grad}\ T\right) + \frac{S_T}{c_p} \tag{8-5}$$

式中　$c_p$——比热容；

$T$——温度；

$k$——流体的传热系数；

$S_T$——黏性耗散项。

#### 2. 湍流数值模拟

描述流体运动（层流）的流体力学基本方程组是封闭的，而描述湍流运动的方程组由于采用了某种平均（时间平均或网格平均等）而不封闭，必须对方程组中出现的新未知量采用模型而使其封闭，这就是 CFD 中的湍流模型。

湍流模型的主要作用是将新未知量和平均速度梯度联系起来。目前，工程应用中湍流的数值模拟主要分为三大类：直接数值模拟（DNS）、大涡模拟（LES）和基于雷诺平均 N-S 方程组（RANS）的模型。

（1）直接数值模拟（DNS） 直接数值模拟（DNS）方法直接求解湍流运动的 N-S 方程，得到湍流的瞬时流场，即各种尺度的随机运动，可以获得湍流的全部信息。

随着现代计算机技术的发展和先进数值方法的研究，DNS 方法已经成为解决湍流的一种实际的方法。但由于计算机条件的约束，目前只能限于一些低雷诺数的简单流动，不能用于处理工程中的复杂流动问题。

目前国际上正在做的湍流直接数值模拟还只限于较低的雷诺数（*Re* 约 200）和非常简单的流动外形，如平板边界层、完全发展的槽道流以及后台阶流动等。

（2）大涡模拟（LES） 大涡模拟（LES）方法即对湍流脉动部分的直接模拟，将 N-S 方程在一个小空间域内进行平均（或称之为滤波），以便从流场中去掉小尺度涡，导出大涡所满足的方程。小涡对大涡的影响会出现在大涡方程中，再通过建立模型（亚格子尺度模型）来模拟小涡的影响。

由于湍流的大涡结构强烈地依赖于流场的边界形状和边界条件，难以找出普遍的湍流模型来描述具有不同的边界特征的大涡结构，所以宜做直接模拟。

相反地，由于小尺度涡对边界条件不存在直接依赖关系，而且一般具有各向同性性质，所以亚格子尺度模型具有更大的普适性，比较容易构造，这是它比雷诺平均方法优越的地方。

LES 方法已经成为计算湍流的最强有力的工具之一，其应用的方向也在逐步扩展，但是仍然受计算机条件等的限制，其成为解决大量工程问题的成熟方法仍有很长的路要走。

（3）基于雷诺平均 N-S 方程组（RANS）的模型 目前能够用于工程计算的方法就是模式理论。湍流模式理论就是依据湍流的理论知识、试验数据或直接数值模拟结果，对雷诺应力做出各种假设，即假设各种经验的和半经验的本构关系，从而使湍流的平均雷诺方程封闭。

从对模式处理的出发点不同，可以将湍流模式理论分成两大类：一类称为二阶矩封闭模式（雷诺应力模式），另一类称为涡黏性封闭模式。

1）雷诺应力模式。雷诺应力模式即二阶矩封闭模式，是从雷诺应力满足的方程出发，将方程右端未知的项（生成项、扩散项、耗散项等）用平均流动的物理量和湍流的特征尺度表示出来。典型的平均流动的变量是平均速度和平均温度的空间导数。这种模式理论由于保留了雷诺应力所满足的方程，如果模拟得好，可以较好地反映雷诺应力随空间和时间的变化规律，因而可以较好地反映湍流运动规律。

因此，二阶矩封闭模式是一种较高级的模式，但是，由于保留了雷诺应力的方程，加上平均运动的方程，整个方程组总计 15 个方程，是一个庞大的方程组，应用这样一个庞大的方程组来解决实际工程问题，计算量很大，极大地限制了二阶矩封闭模式在工程问题中的应用。

2）涡黏性封闭模式。在工程湍流问题中得到广泛应用的模式是涡黏性封闭模式。这是由 Boussinesq 仿照分子黏性的思路提出的，即设雷诺应力为

$$\overline{u_i u_j} = -v_T\left(U_{i,j} + U_{j,i} + \frac{2}{3}U_{k,k}\delta_{ij}\right) + \frac{2}{3}k\delta_{ij} \tag{8-6}$$

式中 $k$——湍动能，$k=\frac{1}{2}\overline{\mu_i\mu_j}$；

$v_T$——涡黏性系数。

为了使控制方程封闭，引入多少个附加的湍流量，就要同时求解多少个附加的微分方程，根据求解的附加微分方程的数目，一般可将涡黏性模式划分为 4 类：零方程模式、半方程模型、一方程模式和两方程模式。

### 3. CFD 数值模拟方法

CFD 的数值解法有很多分支，这些方法之间的区别主要在于对控制方程的离散方式。

根据离散原理的不同，CFD 大体上可以分为有限差分法、有限元法和有限体积法。

（1）有限差分法　有限差分法（Finite Difference Method，FDM）是计算机数值模拟最早采用的方法，至今仍被广泛运用。该方法将求解域划分为差分网格，用有限个网格节点代替连续的求解域。

有限差分法以 Taylor 级数展开的方法，把控制方程中的导数用网格节点上的函数值的差商代替，从而创建以网格节点上的值为未知数的代数方程组。

该方法直接将微分问题变为代数问题，从而可以用近似数值解法求解，数学概念直观，表达简单，是发展较早且比较成熟的数值方法。

从有限差分格式的精度来划分，有一阶格式、二阶格式和高阶格式；从差分的空间形式来考虑，可分为中心格式和逆风格式；考虑时间因子的影响，差分格式还可分为显格式、隐格式、显隐交替格式等。

目前常见的差分格式主要是上述几种格式的组合，不同的组合构成不同的差分格式。差分方法主要适用于有结构网格，网格的步长一般根据实际情况和柯朗稳定条件决定。

（2）有限元法　有限元法（Finite Element Method，FEM）的基础是变分原理和加权余量法，其基本求解思想是把计算域划分为有限个互不重叠的单元，在每个单元内，选择一些合适的节点作为求解函数的插值点，将微分方程中的变量改写成由各变量或其导数的节点值与所选用的插值函数组成的线性表达式，借助于变分原理或加权余量法，将微分方程离散求解。

采用不同的权函数和插值函数形式，便于构成不同的有限元方法。有限元法最早应用于结构力学，后来随着计算机的发展逐渐用于流体力学的数值模拟。

在有限元法中，把计算域离散剖分为有限个互不重叠且相互连接的单元，在每个单元内选择基函数，用单元基函数的线性组合来逼近单元中的真解，整个计算域上总体的基函数可以看作由每个单元基函数组成，而整个计算域内的解可以看作由所有单元上的近似解构成。

有限元方法的基本思路和解题步骤可归纳如下：

1）建立积分方程。根据变分原理或方程余量与权函数正交化原理，建立与微分方程初边值问题等价的积分表达式，这是有限元法的出发点。

2）区域单元剖分。根据求解区域的形状及实际问题的物理特点，将区域剖分为若干相互连接、不重叠的单元。区域单元划分是采用有限元方法的前期准备工作，这部分工作量比较大，除了给计算单元和节点进行编号和确定相互关系之外，还要表示节点的位置坐标，并列出自然边界和本质边界的节点序号和相应的边界值。

3）确定单元基函数。根据单元中节点数目及对近似解精度的要求，选择满足一定插值条件的插值函数作为单元基函数。有限元方法中的基函数是在单元中选取的，由于各单元具有规则的几何形状，所以在选取基函数时可遵循一定的法则。

4）单元分析。将各个单元中的求解函数用单元基函数的线性组合表达式进行逼近；再将近似函数代入积分方程，并对单元区域进行积分，可获得含有待定系数（即单元中各节点的参数值）的代数方程组（称为单元有限元方程）。

5）总体合成。在得出单元有限元方程之后，将区域中所有单元有限元方程按一定法则进行累加，形成总体有限元方程。

6）边界条件的处理。一般边界条件有 3 种形式，分别为本质边界条件（狄里克雷边界条件）、自然边界条件（黎曼边界条件）、混合边界条件（柯西边界条件）。自然边界条件一般在积分表达式中可自动得到满足。对于本质边界条件和混合边界条件，需按一定法则对总体有限元方程进行修正满足。

7）解有限元方程。根据边界条件修正的总体有限元方程组，是含所有待定未知量的封闭方程组，采用适当的数值计算方法求解，可求得各节点的函数值。

（3）有限体积法　有限体积法（Finite Volume Method，FVM）又称为控制体积法。其基本思路是：将计算区域划分为一系列不重复的控制体积，并使每个网格点周围有一个控制体积；将待解的微分方程对每一个控制体积积分，便得出一组离散方程。

其中的未知数是网格点上的因变量的数值。为了求出控制体积的积分，必须假定值在网格点之间的变化规律，即假设值分段分布的剖面。

从积分区域的选取方法看来，有限体积法属于加权剩余法中的子区域法；从未知解的近似方法看来，有限体积法属于采用局部近似的离散方法。简而言之，子区域法属于有限体积法的基本方法。

有限体积法的基本思路易于理解，并能得出直接的物理解释。离散方程的物理意义就是因变量在有限大小的控制体积中的守恒原理，如同微分方程表示因变量在无限小的控制体积都得到满足，在整个计算区域，自然也就得到满足一样，这是有限体积法吸引人的优点。

某些离散方法，如有限差分法，仅当网格极其细密时，离散方程才满足积分守恒；而有限体积法即使在粗网格情况下，也显示出准确的积分守恒。

就离散方法而言，有限体积法可视为有限单元法和有限差分法的中间物，有限单元法必须假定值在网格点之间的变化规律（即插值函数），并将其作为近似解；有限差分法只考虑网格点上的数值而不考虑其在网格点之间如何变化；有限体积法只寻求节点值，这与有限差分法相类似，但有限体积法在寻求控制体积的积分时，必须假定值在网格点之间的分布，这又与有限单元法相类似。

在有限体积法中，插值函数只用于计算控制体积的积分，得出离散方程后，便可忘掉插值函数；如果需要的话，可以对微分方程中不同的项采取不同的插值函数。

#### 4. 网格生成技术

网格分布是流动控制方程数值离散的基础，因此网格生成技术是 CFD 成功实现数值模拟的关键前提之一，网格质量的好坏直接影响计算的敛散性及结果的精度。网格生成的实质是物理求解域与计算求解域的转换。一般而言，物理域与计算域间的转换应满足下述基本条件：

1）生成的网格使物理求解域上的计算节点与计算求解域上的计算节点一一对应，不至于出现物理对应关系不确定的多重映射节点。

2）生成的网格能够准确反映求解域的复杂几何边界形状变化，能够便于边界条件的处理。

3）物理求解域上的网格应连续光滑求导，保证控制方程离散过程中一阶甚至多阶偏导数的存在性、连续性。网格中出现的尖点、突跃点都将导致算法发散。

4）网格的疏密易于控制，能够在气动参数变化剧烈的位置，如击波面、壁面等处加密网格，而在气动参数变化平缓的位置拉疏网格。

结构化网格在拓扑结构上相当于矩形域内的均匀网格，其节点定义在每一层的网格线上，因此对于复杂外形物体要生成贴体的结构网格是比较困难的。而非结构化网格节点的空间分布完全是随意的，没有任何结构特性，适应性强，因而适合于处理复杂几何外形，并且由于非结构化网格在其生成过程中都要采用一定的准则进行优化判定，因而生成的网格质量较高。

Winslow 最早在 20 世纪 60 年代利用有限面积法用三角形网格对 Poisson 方程进行了数值求解；而 20 世纪 90 年代以后，国外学者 Dawes、Hah、Prekwas 等采用了非结构化网格进行流场的数值求解，国外的著名商业 CFD 软件，如 FLUENT、Star-CD 等在 20 世纪 90 年代后都将结构化网格计算方法推广到非结构化网格上。

近年来，国内学者也开始对非结构化网格进行深入的研究与探讨，由此可见，非结构化网格已成为目前计算流体力学学科中的一个重要方向。

非结构化网格的生成方法有很多，较常用到的有两种：Delaunay 三角化方法和推进阵面法（Advancing Front Method）。

1）Delaunay 三角化方法。Delaunay 三角化方法是按一定的方式在控制体内布置节点。定义一个凸多边形外壳，将所有的点包含进去，并在外壳上进行三角化的初始化。

将节点逐个加入已有的三角化结构中，根据优化准则破坏原有的三角化结构，并建立新的三角化结构，对有关数据结构进行更新后，继续加点，直到所有的节点都加入其中，三角化过程结束，所生成的三角形网格可以通过光顺技术进一步提高质量。

常用的一种网格光顺方法称为 Laplacian 光顺方法，它是通过将节点向这个节点周围的三角形所构成的多边形的形心的移动来实现的。

2）推进阵面法。推进阵面法是网格和节点同时生成的一种生成方法，它的基本方法为：根据网格密度控制的需要，在平面上布置一些控制点，给每一个控制点定义一个尺度。根据这些控制点将平面划分成大块的三角形背景网格。

每一个背景网格中的所有点的尺度都可以根据其 3 个顶点的尺度插值得到，因此其相当于布置了一个遍布整个平面的网格尺度函数。根据内边界定义初始阵面，按顺时针方向进行阵面初始化。初始化阵面上的每一条都称为活动边。

由初始阵面上的一条活动边开始推进，根据该活动边的中点所落入的背景网格插值确定该点的尺度，根据该点的尺度及有关的规则确定将要生成的节点位置。判定该节点是否应被接纳，并根据情况生成新的三角形单元，更新阵面，并沿阵面的方向继续推进生成三角形，直至遇到外边界，网格生成结束。

### 5. 流体流动的数值模拟

流动有两种状态：层流和湍流。当流体处于层流状态时，流体的质点间没有相互掺混；当流体处于湍流状态时，流层间的流体质点相互掺混。层流现象较为简单，流体流速较低及管道较细时，多表现为层流。

湍流会使得流体介质之间相互交换动力、能量和物质，并且变化是小尺度、高频率的，因此在实际工程计算中，直接模拟湍流对计算机性能的要求非常高，大多数情况下不能直接模拟。

实际上，瞬时控制方程可能在时间上、空间上是均匀的，或者可以人为地改变尺度，这样修正后的方程就会耗费较少的计算时间。但是修正后的方程会引入其他变量，其需要用已知变量来确定。计算湍流时，FLUENT 采用一些湍流模型，常用的有 Spalart-Allmaras 模型、标准 $k$-$\varepsilon$ 模型、RNG $k$-$\varepsilon$ 模型、标准 $k$-$\omega$ 模型等。

（1）Spalart-Allmaras 模型　湍流模型利用 Boussinesq 逼近，中心问题是如何计算漩涡黏度。这个模型由 Spalart 和 Allmaras 提出，用来解决因湍流动黏滞率而修改的数量方程。

Spalart-Allmaras 模型的变量是湍流动黏滞率，模型方程如下：

$$\frac{\partial}{\partial t}(\rho\tilde{v})+\frac{\partial}{\partial x_i}(\rho\tilde{v}u_i)=G_v+\frac{1}{\sigma_v}\left\{\frac{\partial}{\partial x_j}\left[(\mu+\rho\tilde{v})\frac{\partial\tilde{v}}{\partial x_j}\right]+c_{b2}\rho\left(\frac{\partial\tilde{v}}{\partial x_j}\right)^2\right\}-Y_v+S_v \tag{8-7}$$

式中 $u_i$——时均速度。

其中，$G_v$ 是湍流黏度生成的，$Y_v$ 是被湍流黏度消去的，发生在近壁区域，$S_v$ 是用户定义的。

（2）标准 $k$-$\varepsilon$ 模型 标准 $k$-$\varepsilon$ 模型是一个半经验公式，主要是基于湍流动能和扩散率。$k$ 方程是一个精确方程，$\varepsilon$ 方程是一个由经验公式导出的方程。

$k$-$\varepsilon$ 模型假定流场完全是湍流，分子之间的黏性可以忽略。标准 $k$-$\varepsilon$ 模型因而只对完全是湍流的流场有效，方程如下：

$$\frac{\partial}{\partial t}(\rho k)+\frac{\partial}{\partial x_i}(\rho k u_i)=\frac{\partial}{\partial x_j}\left[\left(\mu+\frac{\mu_t}{\sigma_k}\right)\frac{\partial k}{\partial x_j}\right]+G_k-Y_k+S_k \tag{8-8}$$

$$\frac{\partial}{\partial t}(\rho\varepsilon)+\frac{\partial}{\partial x_i}(\rho\varepsilon u_i)=\frac{\partial}{\partial x_j}\left[\left(\mu+\frac{\mu_t}{\sigma_\varepsilon}\right)\frac{\partial\varepsilon}{\partial x_j}\right]+c_{\varepsilon1}\frac{\varepsilon}{k}(G_k+c_{\varepsilon3}G_b)-c_{\varepsilon2}\rho\frac{\varepsilon^2}{k}+S_\varepsilon \tag{8-9}$$

式中 $G_k$——由层流速度梯度而产生的湍流动能；

$G_b$——由浮力产生的湍流动能；

$Y_k$——由于在可压缩湍流中过渡的扩散产生的波动；

$c_{\varepsilon1}$、$c_{\varepsilon2}$、$c_{\varepsilon3}$——常量；

$\sigma_k$、$\sigma_\varepsilon$——$k$ 方程和 $\varepsilon$ 方程的湍流 $Pr$ 数；

$S_k$、$S_\varepsilon$——用户定义的数值。

（3）RNG $k$-$\varepsilon$ 模型 RNG $k$-$\varepsilon$ 模型是从暂态 N-S 方程中推出的，使用了“Renormalization Group”数学方法。具体方程如下：

$$\frac{\partial}{\partial t}(\rho k)+\frac{\partial}{\partial x_i}(\rho k u_i)=\frac{\partial}{\partial x_j}(\alpha_k\mu_{\text{eff}}\frac{\partial k}{\partial x_j})+G_k+G_b-\rho\varepsilon-Y_M+S_k \tag{8-10}$$

$$\frac{\partial}{\partial t}(\rho\varepsilon)+\frac{\partial}{\partial x_i}(\rho\varepsilon u_i)=\frac{\partial}{\partial x_j}(\alpha_\varepsilon\mu_{\text{eff}}\frac{\partial\varepsilon}{\partial x_j})+c_{\varepsilon1}\frac{\varepsilon}{k}(G_k+c_{\varepsilon3}G_b)-c_{\varepsilon2}\rho\frac{\varepsilon^2}{k}-R_\varepsilon+S_\varepsilon \tag{8-11}$$

式中 $G_k$——由层流速度梯度而产生的湍流动能；

$G_b$——由浮力而产生的湍流动能；

$Y_M$——由于在可压缩湍流中过渡的扩散产生的波动；

$c_{\varepsilon1}$、$c_{\varepsilon2}$、$c_{\varepsilon3}$——常量；

$\alpha_k$、$\alpha_\varepsilon$——$k$ 方程和 $\varepsilon$ 方程的湍流 $Pr$ 数；

$S_k$、$S_\varepsilon$——用户定义的数值；

$R_\varepsilon$——对湍流耗散率的修正项。

（4）标准 $k$-$\omega$ 模型 标准 $k$-$\omega$ 模型是一种经验模型，基于湍流能量方程和扩散速率方程，公式如下：

$$\frac{\partial}{\partial t}(\rho k)+\frac{\partial}{\partial x_i}(\rho k u_i)=\frac{\partial}{\partial x_j}\left(\Gamma_k\frac{\partial k}{\partial x_j}\right)+G_k-Y_k+S_k \tag{8-12}$$

$$\frac{\partial}{\partial t}(\rho\omega)+\frac{\partial}{\partial x_i}(\rho\omega u_i)=\frac{\partial}{\partial x_j}\left(\Gamma_\omega\frac{\partial\omega}{\partial x_j}\right)+G_\omega-Y_\omega+S_\omega \tag{8-13}$$

式中 $G_k$——由层流速度梯度而产生的满流动能；

$G_\omega$——由 $\omega$ 方程产生的湍流功能；

$\Gamma_k$、$\Gamma_\omega$——$k$、$\omega$ 的扩散率；

$Y_k$、$Y_\omega$——由于扩散产生的湍流；

$S_k$、$S_\omega$——用户定义的。

实际问题复杂多变，任何一个湍流模型不可能适合所有的实际问题，因此在对实际问题进行数值求解时，先要进行简化分析，如流体是否可压、比热容和导热系数是否为常数，还有就是计算精度要求、计算机能力和计算时间的限制。

根据所要模拟的实际问题，选择相应的湍流模型，如 1eqn、2eqn 等，其他选项也要根据实际情况做出相应的选择。

### 6. CFD 求解过程

（1）建立控制方程　求解任何问题都必须建立控制方程。对于一般的流体流动，可直接写出其控制方程。假定没有热交换发生，则可直接将连续方程与动量方程作为控制方程使用。一般情况下，需要增加湍流方程。

（2）确定边界条件和初始条件　初始条件与边界条件是控制方程有确定解的前提，控制方程与相应的初始条件、边界条件的组合构成对一个物理过程完整的数学描述。

初始条件是指所研究对象在过程开始时刻各个求解变量的空间分布情况。对于瞬态问题，必须给定初始条件；对于稳态问题，不需要初始条件。

边界条件是指在求解区域的边界上所求解的变量或其导数随地点和时间的变化规律。对于任何问题，都需要给定边界条件。

（3）划分计算网格　采用数值方法求解控制方程时，须想办法将控制方程在空间区域上进行离散，然后求解得到离散方程组。要想在空间域上离散控制方程，必须使用网格。现已发展出多种对各种区域进行离散以生成网格的方法，这些方法统称为网格生成技术。不同的问题采用不同数值解法时，所需要的网格形式是有一定区别的，但生成网格的方法基本是一致的。目前，网格分为结构网格和非结构网格两大类。

简单地讲，结构网格在空间上比较规范，如对一个四边形区域，网格往往是成行成列分布的，行线和列线比较明显。而非结构网格在空间分布上没有明显的行线和列线。对于二维问题，常用的网格单元有三角形和四边形等形式；对于三维问题，常用的网格单元有四面体、六面体、三菱柱体等形式。在整个计算域上，网格通过节点联系在一起。

目前，各种 CFD 软件都配有专用的网格生成工具，如 FLUENT 使用 Gambit 作为前处理软件。多数 CFD 软件可接收采用其他 CAD 或 CFD/FEM 软件产生的网格模型。例如，FLUENT 可以接收 ANSYS 所生成的网格。

（4）建立离散方程　对于在求解域内所建立的偏微分方程，理论上是有真解（或称精确解或解析解）的。

但由于所处理问题自身的复杂性，一般很难获得方程的真解，因此就需要通过数值方法把计算域内有限数量位置（网格节点或网格中心点）上的因变量值当作基本未知量来处理，从而建立一组关于这些未知量的代数方程组，然后通过求解代数方程组来得到这些节点值，而计算域内其他位置上的值则根据节点位置上的值来确定。

由于所引入的应变量在节点之间的分数假设及推导离散化方程的方法不同，所以形成了有限差分法、有限元法、有限体积法等不同类型的离散化方法。

对于瞬态问题，除了在空间域上的离散外，还要涉及在时间域上的离散。离散后，将要涉及使用何种时间积分方案的问题。

（5）离散初始条件和边界条件　前面所给定的初始条件和边界条件是连续性的，如在静止壁面上速度为 0，现在需要针对所生成的网格，将连续型的初始条件和边界条件转化为特定节点上的值，如静止壁面上共有 90 个节点，则这些节点上的速度值应均设为 0。

商用CFD软件往往在前处理阶段完成网格划分后，直接在边界上指定初始条件和边界条件，然后由前处理软件自动将这些初始条件和边界条件按离散的方式分配到相应的节点上。

（6）给定求解控制参数　在离散空间上建立了离散化的代数方程组，并施加离散化的初始条件和边界条件后，还需要给定流体的物理参数和湍流模型的经验系数等。此外，要给定迭代计算的控制精度、瞬态问题的时间步长和输出频率等。

（7）求解离散方程　进行上述设置后，生成了具有定解条件的代数方程组。对于这些方程组，数学上已有相应的解法，如线性方程组可采用Gauss消去法或Gauss-Seidel迭代法求解，而对于非线性方程组，可采用Newton-Raphson方法。

商用CFD软件往往提供多种不同的解法，以适应不同类型的问题。这部分内容属于求解器设置的范畴。

（8）显示计算结果　通过上述求解过程得出了各计算节点上的解后，需要通过适当的手段将整个计算域上的结果表示出来，这时，可采用线值图、矢量图、等值线图、流线图、云图等方式来表示计算结果。

## 8.2.2　室外风环境与热环境模拟

社会的发展使人们在关注建筑室内环境舒适度之外，对建筑室外环境的舒适度逐渐重视。在建筑室外环境的舒适度中，建筑室外风环境是一个重要的影响因素，是判定小区建筑规划好坏的主要指标之一。建筑室外风环境是城市微热环境的重要组成部分，不仅具有一般城市风环境的复杂性，还具有自身的特殊性，其表现在：大气湍流引起的动量传输、污染物扩散、巷道风效应等。室外风环境的情况直接影响建筑能耗和居民的日常生活，若能够合理设计室外风环境，利于室内自然通风，可以充分降低建筑能耗、改善室内空气品质等。

自然地形与人工建成环境构成浑然一体的城市外部空间复合界面系统，成为气候意义上的复合下垫面和主导城市微气候变化的主要因素。城市高度密集化的建筑物，致使城市环境的大气组分、城市环流、湿热环境、下垫面的性质与结构等发生显著变化，进而使城市局部地区的气候出现热岛效应加剧的现象，以致产生不利于城市环境的气候。

同时，风是构成室外环境的重要因素之一，如果一个城市通风不佳，会导致城市中心热岛效应越来越明显，雾霾天气等现象出现。

目前可以用模型试验或者数值模拟的方法对城市气候环境进行预测。模型试验方法是用等比例缩小的模型在风洞中进行试验测试，具有试验周期长、价格昂贵等特点，不适合用于设计阶段的方案预测和分析；而数值模拟相当于在计算机上做试验，相比模型试验方法具有周期较短，价格低廉等特征，并且可以用较为形象和直观的方式将结果展示出来。

### 1. 室外风环境模拟标准化

（1）模拟目标　通过风环境模拟，可以指导建筑在规划设计时合理布局建筑群，优化场地的夏季自然通风，避开冬季主导风向的不利影响。实际工程中需采用可靠的计算机模拟程序，合理确定边界条件，基于典型的风向、风速进行建筑风环境模拟，并达到下列要求：

1）在建筑物周围行人区1.5m处风速小于5m/s。

2）冬季风速放大系数低于2。

（2）输入条件　参考欧洲科技研究领域合作组织（COST）和日本建筑学会（AIJ）风工程研究小组的研究成果进行模拟，以保证模拟结果的准确性。该标准中采用日本建筑学会风工程研究小组的模拟成果为保证模拟结果的准确性。具体要求如下：

1）计算区域：建筑覆盖区域小于整个计算域面积3%；以目标建筑为中心，半径$5H$范围内为水平计算域。建筑上方计算区域要大于 3H；H 为建筑主体高度。

2）模型再现区域：目标建筑边界 H 范围内应以最大的细节要求再现。

3）网格划分：建筑的每一边人行区 1.5m 或 2m 高度应划分 10 个网格或以上；重点观测区域要在地面以上第 3 个网格或更高的网格以内。

4）入口边界条件：给定入口风速的分布 U（梯度风）进行模拟计算，有可能的情况下入口的 $k$、$\varepsilon$ 也应采用分布参数进行定义：

$$U(z)=U_s\left(\frac{z}{z_s}\right)^{\alpha-1} \tag{8-14}$$

$$I(z)=\frac{\sigma_u(z)}{U(z)}=0.1\left(\frac{z}{z_G}\right)^{(-\alpha-0.05)} \tag{8-15}$$

$$\frac{\sigma_u^2(z)+\sigma_v^2(z)+\sigma_w^2(z)}{2}\cong\sigma_u^2(z)=[I(z)U(z)]^2 \tag{8-16}$$

$$\varepsilon(z)\cong Pk(z)\cong-\overline{uv}(z)\frac{\mathrm{d}U(z)}{\mathrm{d}z}\cong c_1^{\frac{1}{2}}k(z)\frac{\mathrm{d}U(z)}{\mathrm{d}z}=c_1^{\frac{1}{2}}k(z)\frac{U_s}{z_s}\alpha\left(\frac{z}{z_s}\right)^{(\alpha-1)} \tag{8-17}$$

式中　$P$——等效风载荷。

5）地面边界条件：对于未考虑粗糙度的情况，采用指数关系式修正粗糙度带来的影响；对于实际建筑的几何再现，应采用适应实际地面条件的边界条件；对于光滑壁面应采用对数定律。

6）计算规则与空间描述：注意在高层建筑的尾流区会出现周期性的非稳态波动。此波动本质不同于湍流，不可用稳态计算求解。

7）计算收敛性：计算要在求解充分收敛的情况下停止；确定指定观察点的值不再变化或均方根残差小于 $1\times10^{-4}$。

8）湍流模型：在计算精度不高且只关注 1.5m 高度流场可采用标准模型。计算建筑物表面风压系数避免采用标准 $k$-$\varepsilon$ 模型，最好能用各向异性湍流模型，如改进 $k$-$\varepsilon$ 模型等。

9）差分格式：避免采用一阶差分格式。

（3）输出结果

1）在建筑物周围行人区 1.5m 处风速。

2）冬季风速放大系数，要求风速放大系数不高于 2。

### 2. 室外热环境模拟标准化

（1）模拟目标　通过建筑室外热岛模拟，可了解建筑室外热环境分布状况，它是建筑室外微环境舒适程度的判断基础，并进一步指导建筑设计景观布局等，优化规划、建筑、景观方案，提高室外舒适程度并降低建筑能耗，减少建筑能耗碳排放。实际工程中需采用可靠的计算机模拟程序，合理确定边界条件，基于典型气象条件进行建筑室外热环境模拟，达到降低室外热岛强度的目的。

（2）输入条件　为保证模拟结果的准确性。具体要求如下：

1）气象条件：模拟气象条件可参照《中国建筑热环境分析专用气象数据集》选取，值得注意的是，气象条件需涵盖太阳辐射强度和天空云量等参数以供太阳辐射模拟计算使用。

2）风环境模拟：建筑室外热岛模拟建立在建筑室外风环境模拟的基础上，求解建筑室外各种热过程，从而实现建筑室外热岛强度计算。建筑室外风环境模拟结果直接影响热岛强度计算结果，建筑室外热岛模拟需满足建筑室外风环境模拟的要求，包括计算区域、模型再现区域、网格划分要求、入口边界条件、地面边界条件、计算规则与收敛性、差分格式、湍流模型等。

3）太阳辐射模拟：建筑室外热岛模拟中，建筑表面及下垫面太阳辐射模拟是重要模拟环节，也是室外热岛强度的重要影响因素。太阳辐射模拟需考虑太阳直射辐射、太阳散射辐射、各表面间多次反射辐射和长波辐射等。实际应用中需采用适当的模拟软件，若所采用软件中对多次反射部分的辐射计算或散射计算等因素未加以考虑，需对模拟结果进行修正，以满足模拟计算精度要求。

4）下垫面及建筑表面参数设定：对于建筑各表面和下垫面，需对材料物性和反射率、渗透率，蒸发率等参数进行设定，以准确计算太阳辐射和建筑表面积下垫面传热过程。

5）景观要素参数设定：建筑室外热环境中，植物水体等景观要素对模拟结果的影响重大，需要在模拟中进行相关设定。对于植物，可根据多孔介质理论模拟植物对风环境的影响作用，并根据植物热平衡计算，根据辐射计算结果和植物蒸发速率等数据，计算植物对热环境的影响作用，从而完整体现植物对建筑室外微环境的影响。对于水体，分静止水面和喷泉，应进行不同设定。工程应用中可对以上设定进行适当简化。

（3）输出结果　建筑室外热岛强度模拟，可得到建筑室外温度分布情况，从而给出建筑室外平均热岛强度计算结果，以了此辅助建筑景观设计。然而，为验证模拟准确性，应同时提供各表面的太阳辐射累计量模拟结果、建筑表面及下垫面的表面温度计算结果、建筑室外风环境模拟结果等。

## 8.2.3 室内通风与气流组织模拟

### 1. 通风对室内热环境的影响

建筑通风是保证室内热舒适和室内空气品质（IAQ）的重要途径。在设计和评价阶段都需要对通风进行预测，保证室内的环境质量健康和舒适。

在影响建筑热环境的众多因素中，室内外通风和空调送风对室内环境的影响是直接和瞬时的，因为它们带来的气流与室内空气混合，它们的热湿状况会立刻影响室内空气的状态。不论室内外通风，还是空调送风，本质都是与室内的空气交换，将外界环境与建筑的空气交换和建筑内部发生的空气交换统称为建筑通风。显然，建筑通风包括自然通风和渗透，也包括空调系统机械通风。

另外，通风有利于降低室内污染物及二氧化碳浓度，满足人们接触自然的心理需要，因此自然通风与机械辅助自然通风形式越来越多地被建筑师考虑并采纳。然而，由于自然通风问题的复杂性，目前人们对自然通风的认识多是定性分析。建筑设计人员无法像选择机械系统那样按照确定的风量和扬程来配置自然通风设备，因而也无法确定自然通风对建筑内环境的影响力。在设计不当的情况下，自然通风不但不利于保持适宜的建筑内部热环境，反而会引发很多问题，比如冬季的渗透过量、夏季的通风不足等。如何有效地处理自然通风问题，成为建筑设计的重要问题。自然通风与室内外空气压力分布状况密切相关，而室内的压力分布又由室内的热状况及机械通风、排风状况决定，因此，严格地讲，自然通风的计算要与热模拟和机械通风计算相耦合，因此也提高了建筑通风模拟与预测分析的要求。

### 2. 建筑通风的描述模型

在建筑通风的研究领域和工程设计中，人们往往习惯把建筑通风分为两种情况单独考虑：自然通风和渗透、空调的机械通风。这种习惯并不完全基于自然风和机械风的区别。实际上，由于驱动力受到自然条件限制，自然通风往往采用机械辅助的形式，建筑师利用风压和热压这样的自然动力驱动通风，通过合理的建筑结构以及机械辅助设施优化自然通风，从而达到舒适、生态、节能的效果。另外，任何空调通风系统都是在整个建筑既定的自然通风和渗透条件下运行的，自然与机械系统混合通风才是建筑通风的真实情况。从气流流动的机理来看，自然通风和渗透、空调的机械通风的本质是一样的，压力差的存在是空气流动的根本原因，只是在产生压力差的原因上，两者有所不同。自然通风和渗透最主要的动力是风压和热压，有时也借助机械设备产生的压头。空调的机械通风则主要靠风机产生的压头来推动气流运动。无论何种原因产生的气流，在建筑内部都将与室内空气混合，这些气流经过缝隙、开口、管道通达各处，相互影响同时受到外界的影响。因此，对建筑通风的模拟，应该采用自然通风和渗透、空调机械通风同时描述的统一的模型。

### 3. 自然通风的模拟现状

目前在自然通风与渗透计算问题上，应用最广泛的是多区域网络模型方法。

多区域网络模型是将建筑内部各个空间（或者一空间内各个区域）视为不同节点，在同一区域（节点）内部，假设空气充分混合，其空气参数一致；同时将门、窗等开口视为通风支路单元，从而由支路和节点组成流体网络。计算中，每一时间步长内各节点温度保持不变，空气流动满足定常流伯努利方程，各节点内空气满足质量守恒定律。

多区域网络模拟从宏观角度进行研究，把整个建筑物作为一个系统，把各房间作为控制体，用试验得出的经验公式反映房间之间支路的阻力特征，利用质量守恒、能量守恒等方程对整个建筑物的空气流动、压力分布进行研究。

多区域网络模型经过近 20 年的发展，在国外正得到日益广泛的应用。不同国家的学者已开发了多种此类软件，比较著名的有 COMIS、CONTAM 系列、NatVent、PASSPORT Plus 和 AIOLOS 等。所有这些软件都需要使用者预先输入气象参数、建筑表面风压系数、建筑内各开口位置及阻力函数。其中 COMIS、CONTAM 和 BREEZE 为单纯的通风计算软件，可以通过图形界面输入复杂的建筑通风网络，给定每个节点的空气温度，计算出各房间与外界或房间之间的通风量。计算中各节点空气温度保持不变。这三种软件不能直接用于计算室温变化或室温未知情况下建筑内的通风或渗透情况，也不能计算由通风造成的建筑能耗。NatVent 是专用于分析自然通风问题的软件，具有热模拟计算的功能。在给定气象条件后，它可以计算出房间温度、自然通风量以及自然通风的降温效果。但它只能用于特定结构 2 个房间的工况，不具有通用性。PASSPORT Plus 和 AIOLOS 都包括通风计算模型和热模拟模型，但两个模型之间无法实现耦合迭代计算。

### 4. 建筑自然通风模拟方法

自然通风模拟根据侧重点不同有两种模拟方法：一种为多区域网络模拟方法，其侧重点为建筑整体通风状况，为集总模型，可与建筑能耗模拟软件结合；另一种为 CFD 模拟方法，可以详细描述单一区域的自然通风特性。

（1）多区域网络模拟方法

1）模拟目标。在室外设计气象条件下（风速、风向），室内的自然通风换气次数。

2）输入条件。

① 建筑通风拓扑路径图，并据此建立模型。

② 通风洞口阻力模型及参数。

③ 洞口压力边界条件（可根据室外风环境得到）。

④ 如果计算热压通风需要室内外温度条件以及室内发热量及室外温度条件。

⑤ 室外压力条件。

⑥ 模型简化说明。

3）输出结果。建筑各房间通风次数。

（2）CFD 模拟方法

1）模拟边界条件。

① 室外气象参数选择。针对本模拟作为室内自然通风室内空气质量研究，选择具有代表性的室外模拟风速、温度，并按稳态进行模拟。

A. 门、窗压力取值。通过室外风环境模拟结果读取各个门窗的平均压力值。

B. 室外温度取值。室外温度采用室外计算温度。

C. 相对湿度。相对湿度对室内空气质量的影响仅表现在温度增高时，所以只作为热舒适判定条件而不作为模拟边界条件。

② 边界条件确定。同样，作为稳态处理，考虑人员散热量、组合窗、屋面、外墙朝向及其热工性能，边界条件的确定如下：

A. 屋面：屋面同时受到太阳辐射和室外空气温度的热作用。采用室外综合温度来引入太阳辐射产生的温升。室外综合温度计算见下式：

$$t_s = t_w + \frac{\rho J}{\alpha_w} \tag{8-18}$$

式中 $t_s$——室外综合温度（℃）；

$t_w$——室外空气计算温度（℃）；

$\rho$——围护结构外表面对太阳辐射的总吸收系数；

$J$——围护结构所在朝向的日间太阳总辐射强度（$W/m^2$）；

$\alpha_w$——围护结构外表面换热系数［$W/(m^2 \cdot K)$］，可取 $23W/(m^2 \cdot K)$。

B. 太阳光直射的墙：处理方法同屋面。

C. 非太阳直射的墙：由于没有阳光直接照射，因此忽略其辐射传热。墙壁按恒温设定，室外侧取室外模拟温度，室内侧取室内温度。

D. 顶棚：忽略顶棚内热源。

E. 地板或楼板：考虑太阳辐射时，透过窗户的太阳辐射会使部分地板吸热升温，处理地板温度时近似将太阳辐射按照地板面积平均。透过玻璃窗进入室内的日射得热见下式：

$$\mathrm{CLQ} = FC_sC_nD_{j,\max}C_{LQ} \tag{8-19}$$

式中 CLQ——透过玻璃窗进入室内的日射得热；

$F$——玻璃窗净有效面积（$m^2$），它等于窗口面积乘以有效面积系数 $C_\alpha$；

$D_{j,\max}$——日射得热因数最大值（$W/m^2$）；

$C_s$——玻璃窗遮挡系数；

$C_n$——窗内遮阳设施遮阳系数；

$C_{LQ}$——冷负荷系数。

F. 人员：宿舍内人员作为特殊的边界，其发热量按实际设计方案或参照《公共建筑节能设计标准》的规定取值。

G. 除设备等发热外的其他物体，按绝热边界处理。

2）模拟注意点。

① 模拟按照稳态进行分析。

② 如果室内热源的干扰远远大于墙体的传热，则可忽略墙体的导热部分的热量，但太阳辐射得热不能忽略。

3）输出结果。

① 建筑各房间通风次数。

② 房间平均流速。

③ 室内温度分布。

④ 室内空气龄分布。

### 8.2.4 污染物扩散与室内空气品质模拟

室内污染物的模拟计算是室内风环境模拟计算的重要一环，基本原理是在室内风环境的模拟中加入一个扩散源项。

#### 1. 室内污染物散发模型

室内污染物的散发模型一般分为两种，分别为基于模型试验的经验模型和基于传质理论的物理模型。

（1）基于模型试验的经验模型　基于模型试验的经验模型是通过具体试验数据拟合而得到的数学表达式，其意义在于在相同或者相似的条件下能用经验公式来预测其他室内污染物的浓度分布。常见的经验模型有双指数模型、一阶模型和二阶模型，基于模型试验的经验模型见表 8-10。

表 8-10　基于模型试验的经验模型

| 模型名称 | 公　式 | 适用范围 |
|---|---|---|
| 双指数模型 | $S(t) = S_1 e^{(-k_1 t)} + S_2 e^{(-k_2 t)}$ | 扩散和蒸发 |
| 一阶模型 | $S(t) = S_0 e^{(-kt)}$ | 蒸发 |
| 二阶模型 | $S(t) = \dfrac{S_0}{1+\left(\dfrac{k}{\lambda}\right) t S_0}$ | 扩散和蒸发 |

注：表中 $S_0$、$S_1$、$S_2$ 为初始散发率，$k$、$k_1$、$k_2$ 和 $\lambda$ 均为经验常数，$t$ 为时间。

（2）基于传质理论的物理模型　基于传质理论的物理模型中污染源的散发量由温度梯度、浓度梯度和压力梯度决定，而污染源表面污染物向室内扩散的顺序依次为蒸发、对流和扩散。其常见的物理模型有由污染材料散发的蒸汽压力及其表面的空气边界层所决定的 VB 模型、基于对油漆涂料散发挥发性有机化合物的规律研究的传质模型和基于组分质量守恒定律的通用散发模型。这些物理模型见表 8-11。

表 8-11　基于传质理论的物理模型

| 模型名称 | 公　式 | 适 用 范 围 |
|---|---|---|
| VB 模型 | $R = h_D \left(C_V \dfrac{M}{M_0} - C_\infty\right)$ | 认为“湿材料”在散发过程中，蒸发起主导作用，主要适用于涂料类材料的短期散发过程。计算较为简单，能很好地预测短期 TVOCs 的散发量，但对“干材料”散发量的评估误差较大 |
| 传质模型 | $\dfrac{\partial(\rho C_a)}{\partial t} + \dfrac{\partial(\rho u_j C_a)}{\partial x_j} = \dfrac{\partial}{\partial x_j}\left(\dfrac{\mu}{Sc}\dfrac{\partial C_a}{\partial x_j}\right) + \rho S_a$ | 此模型能较深入地阐述污染物的散发机理和传质过程，首先通过求解微分方程得出控制域的浓度、温度分布，然后再求出散发量。由于所求参数较多，计算量大，求解过程复杂，计算速度较慢，对计算机配置要求较高 |
| 通用散发模型 | $\dfrac{\partial(\rho C_p)}{\partial t} + \mathrm{div}(\rho U C_p) = \mathrm{div}\left(\dfrac{\mu}{\sigma_p} D_p \mathrm{grad}(\rho C_p)\right) + Sc$ | 在组分质量守恒的基础上，对污染源尺寸大小、位置和污染物的散发量进行了简化，能够很好地处理室内污染物浓度的挥发及分布问题 |

注：表中 $R$ 为散发率，$h_D$ 为对流传质系数，$M_0$、$M$ 为初始散发量和剩余散发量，$C_V$ 为初始蒸汽压；$\rho$ 为空气密度，$C_a$ 为污染物 a 的浓度，$u_j$ 为速度分量，$Sc$ 是无量纲的传质施密特（Schmidt）数，$\rho C_p$ 为该污染物的质量浓度，$D_p$ 为该污染物的扩散系数，$S_a$ 为以整个室内作为一个系统时该系统内污染物 a 的生产率。

2. 散发模型的比较及应用

经验模型是在特定条件下对试验数据的再现，其过于依赖试验测试的特定条件，不易广泛运用于实际问题；试验数据的单一性易导致非线性曲线的拟合结果的不确定性，各参数均由试验获得，没有明确的物理意义，不能合理解释污染物的散发机理。故目前对室内污染物浓度的研究多采用以传质理论为基础的物理模型。

对室内污染物扩散进行数值模拟研究时，需做出以下简化污染物扩散系数、材料表面处分离系数不随着浓度变化而变化，短时间内室内污染物浓度分布可作为 CFD 模型的边界条件进行模拟，可对污染源的外形进行简化且不考虑室内多种污染物的相互作用。

3. 污染源重要参数的确定

从扩散传质角度来看，影响建筑材料散发特性的关键参数有 3 个：建筑材料散发初始浓度 $C_0$、污染物在材料中的扩散系数 $D$ 和材料表面与空气的分离系数 $K$。常用的建材内部污染物的扩散系数测试方法主要有：直接试验法（包括两舱法、湿杯法和压汞法）、切片称重法和小杯试验法。常见污染物散发特性参数见表 8-12。

表 8-12　常见污染物散发特性参数

| 种类 | 扩散系数 $D/(m^2/s)$ | 分离系数 $K$ |
|---|---|---|
| 甲醛 | $4.14\times10^{-12}$ | $5.40\times10^{3}$ |
| TVOCs | $7.65\times10^{-11}$ | $4.20\times10^{3}$ |
| 己醛 | $7.65\times10^{-11}$ | $4.20\times10^{3}$ |
| 乙苯 | $4.30\times10^{-12}$ | $2.40\times10^{3}$ |
| CO | $0.13\times10^{-5}$ | — |
| $CO_2$ | $2.88\times10^{-5}$ | — |

## 8.3 建筑热环境模拟

建筑热环境模拟是一切建筑热环境及建筑环境控制系统模拟分析的基础。它的基本问题就是对于给定的建筑，给出在不同的气象条件和使用状况下（室内人员与设备、外窗开启状况等）以及环境控制系统（采暖空调系统）送入不同的冷热量的条件下，建筑物内温度的变化情况。在此基础上就可以分析预测不同的建筑设计与围护结构形式可能形成的室内温度状况，了解为了维持要求的建筑物热环境所需要消耗的冷热量，可进一步得到不同形式的采暖空调系统作用在这一建筑中的运行品质。

要解决建筑热环境模拟的基本问题，必须根据实际的建筑热环境建立准确的物理模型和数学模型。首先，应全面准确地归纳出影响建筑热环境的各种因素以及建筑传热过程满足的物理规律，并在此基础上建立相应的物理模型。然后，建立准确表述建筑传热过程的数学方程。

### 8.3.1 建筑热环境模拟的物理模型

对于建筑中的一个房间而言，其热过程主要包括四个方面：各种外扰通过围护结构的热传递过程、各种内扰的热传递过程、室内外通风和空调投入热量。

一个个孤立房间的外扰包括室外气象条件（如外温、辐射、风向风速等）和环境热状况（如周围环境表面的温度）。而对于一栋建筑中的某一个房间，其邻室的热状况也可看作一种外扰。这些扰量主要通过围护结构热传递影响房间内表面温度，并通过对流、辐射影响室内空气。但是，太阳辐射还可透过窗户直接影响房间内表面温度。

内扰对房间的热作用，包括潜热和显热两方面。人体和设备的散湿伴随着潜热散热，它们直接作用到室内空气，立刻影响室内空气的焓值。而照明、人体和设备的显热散热则以两种方式在室内进行热交换，一种是以对流方式直接传给室内空气，另一种则以辐射形式向周围各表面传递，之后再通过各表面和室内空气之间的对流换热，逐渐传递给室内空气。室内外通风直接与室内空气混合，因此它们的热量和湿量会立刻影响室内空气的热状态，改变室内空气的温度和湿度。

空调热量可能以直接送风的方式进入房间，这种情况与室内外通风类似。但随着各种新的空调方式（如辐射板）的出现，空调热量影响室内热环境的方式不再单一。

### 8.3.2　建筑热环境模拟的数学模型

大多数建筑都由大量的具有很大热惯性的钢筋混凝土或砖砌体组成。当外温或室内温度变化时，这些砌体内的温度也会相对缓慢变化，同时吸收或放出热量。因此，必须准确描述这一蓄热、放热的动态过程，才能准确模拟和预测建筑热过程。

对于一面由多层材料组成的墙体，通常其沿表面方向结构均匀，且厚度远小于表面长宽尺度，因此可以忽略其内部沿平行于表面方向的导热按一维过程分析其沿厚度方向的导热。

$$c_p\rho\frac{\partial t}{\partial \tau}=\frac{\partial t}{\partial x}\left(k\frac{\partial t}{\partial x}\right) \tag{8-20}$$

式中　$t$——壁体内的温度分布（℃）；

$c_p$——壁体材料的比热容［kJ/(kg·℃)］；

$\rho$——壁体材料的密度（$kg/m^3$）；

$\tau$——时间；

$k$——壁体材料的导热系数［W/(m·℃)］；

$x$——壁体的厚度方向。

在室内一侧，式（8-20）的边界条件为

$$-k\frac{\partial t}{\partial x}\Big|_{x=l}=h_{in}(t_n-t)+q_r+\sum_j hr_j(t_j-t)+q_{r,in} \tag{8-21}$$

式中　$h_{in}$——壁体内表面与空气的表面传热系数［$W/(m^2\cdot℃)$］；

$t_n$——房间室温（℃）；

$q_r$——壁体内表面吸收的透过窗户的太阳辐射热量（$W/m^2$）；

$q_{r,in}$——室内其他热源（人员、灯光、设备等）以辐射方式传至该表面的热量（$W/m^2$）；

$hr_j$——温度为 $t$ 的另一表面 $j$ 与该表面的长波辐射传热系数［$W/(m^2\cdot℃)$］；该系数的量纲与表面传热系数相同。

这种将长波辐射换热表示成与温差的线性关系，从而简化动态模拟方程求解的方法是热环境动态模拟中处理长波辐射问题的常用方法。

当壁体另一侧也是室内时（即壁体为内隔断或楼板），其边界条件同式（8-21），只是变为 $x=0$，且 $k$ 前面无负号。当壁体另一侧为室外时，则

$$k\frac{\partial t}{\partial x}|_{x=0}=h_{out}(t_o-t)+q_{r,o}+hr_{env}(t_{env}-t) \tag{8-22}$$

式中 $h_{out}$——壁体外表面与室外空气的表面传热系数［W/(m²·℃)］；

$t_o$——室外空气温度（℃）；

$q_{r,o}$——壁体外表面吸收的太阳辐射热量（W/m²）；

$hr_{env}$——壁体外表面与周围环境表面的长波辐射传热系数［W/(m²·℃)］；这里周围环境表面主要是指其他建筑表面、地面和天空，由于各个环境表面的温度不同，需要根据壁体外表面对环境表面的角系数确定长波辐射换热计算的几何关系，但是实际建筑的周围环境表面情况复杂，要全面准确地描述这种换热关系十分困难，因此将周围环境表面作为一个表面看待，这样壁体外表面与该表面的角系数总是等于1，$h$ 的确定则与壁体内表面辐射传热系数 $h$ 的确定方法类似；

$t_{env}$——周围环境表面的综合温度（℃）；

对建筑物内所有壁体（楼板、墙体、门窗）均可列出式（8-20）~式（8-22）的动态传热方程。这些围护结构在建筑物内围合成许多建筑空间，对每个建筑空间内的空气温度变化可列出如下方程：

$$c_{pa}\rho_a V_a\frac{\mathrm{d}t_a}{\mathrm{d}\tau}=\sum_{j=1}^{n}F_j h_{in}[t_j(\tau)-t_a(\tau)]+q_{cov}+q_f+q_{vent}+q_{hvac} \tag{8-23}$$

式中 $c_{pa}\rho_a V_a$——建筑空间内空气的热容（kJ/℃）；

$F_j$——建筑空间的壁体内表面 $j$ 的面积（m²）；

$t_j$——建筑空间的壁体内表面的温度（℃）；

$n$——建筑空间的壁体内表面个数；

$q_{cov}$——室内热源（人员、灯光、设备）以对流方式传给空气的热量（W）；

$q_f$——室内家具放出的热量（W）；

$q_{vent}$——由于室内外空气交换或与邻室的空气交换带入室内的热量（W）；

$q_{hvac}$——空调系统送入建筑空间的冷热量（W）。

由于壁体的蓄热放热作用不能忽视，导致建筑热过程的模拟必须求解式（8-20）的偏微分方程；而式（8-21）中 $\sum_j hr_j(t_j-t)$ 一项描述的各壁体内表面之间的长波辐射换热以及式（8-23）中给出的室内空气温度与各表面之间的热耦合关系，导致建筑热过程的分析求解必须同时考虑整个房间的各个部分，而不能简化地仅基于对外墙及屋顶的分析计算；另一方面，当壁体的另一侧也是室内时，壁体外表面与邻室空气温度的热耦合关系以及式（8-23）中 $q_{vent}$ 包含的与邻室的空气交换，要求建筑热过程的分析求解必须同时考虑建筑中的所有房间。这些问题构成了建筑热环境动态模拟的主要难点，因而也是各种模拟方法的主要不同所在。

### 8.3.3 建筑热环境模型比较

建立建筑热过程模型主要包括以下几方面：房间不透明围护传热的求解，对房间各围护内表面的长波互辐射以及与空气对流换热过程的处理方法，对建筑物各房间之间通过热传导和通风互相影响的处理方法。下面就这几方面比较不同建筑环境模拟软件热模型的不同。

#### 1. 求解房间不透明围护传热的方法比较

常用的求解房间不透明围护传热的方法有反应系数法、谐波反应法、有限差分法以及状态空间法。这里不透明围护的传热过程均近似为一维过程。

反应系数法用拉氏变换法直接求解不透明围护偏微分传热方程，然后通过反变换求根，得到反映一面不透明围护传热特性的反应系数，并在此基础上求解围护内外表面温度和热流。反应系数法求解不透明围护偏微分传热方程时，在时间和空间上均保持连续，尽管如此，由于只能取无穷项反应系数中的有限项，所以计算结果与理论解之间仍然存在一定的误差。反应系数法在反变换求根这一环节存在不少困难。采用反应系数法的模拟软件有 DOE-2 等。

谐波反应法求解不透明围护偏微分传热方程时，将边界简化为周期正弦波函数，从而将偏微分方程变为常微分方程，可直接得到解析解。谐波反应法在预先知道房间热扰数值和变化规律的情况下，有着计算简单、物理概念清晰的优势，适宜做初步分析。但是由于房间一些热扰（如空调冷热量、邻室温度等）的数值和变化规律无法预先得知，因此谐波反应法存在很大的局限性。

有限差分法求解不透明围护偏微分传热方程时，通过在空间上和时间上的离散，将偏微分传热方程转化为一系列以各离散节点的温度为变量的线性方程组，然后在每个时间步长通过求解线性方程组，得到各离散节点的温度。有限差分法在研究房间温度场的物理细节及处理非线性传热过程方面有很大优势，但由于它需要在每个时间步长上求解出房间的温度场，计算量非常大；而且计算结果的稳定性和误差与时间步长的取值有关。

状态空间法在空间上对不透明围护偏微分传热方程进行离散，而在时间上保持连续。从而将传热方程转化为一系列以离散节点温度为变量的常微分方程组，求解常微分方程组得到所研究系统的传热特性；所研究系统可以是一面墙，也可以是一个房间。在此基础上做房间室温和负荷的计算。状态空间法一次性求解传热特性系数，避免了系统传热特性的重复计算，计算结果的稳定性和误差不受时间步长影响，可直接求得积分形式的解，不必求解温度场。

### 2. 处理房间各围护内表面之间以及与空气热交换的方法比较

目前处理房间各围护内表面之间长波辐射换热及各围护内表面与空气对流换热的方法主要有三类：

第一类方法是不考虑各围护内表面的长波辐射换热，将其折合在围护内表面与空气的表面传热系数中；在考虑围护内表面与空气的表面传热时将空气温度设为固定值，求得自围护传入室内的热量，当空气温度改变后，不再重新计算。这类方法没有严格考虑房间的热平衡。

第二类方法是先求解单面围护的热特性，基于热特性系数得到其内外表面热流与内外表面温度的关系，然后在考虑围护内外表面的热平衡时，考虑各围护的内表面之间的长波互辐射换热以及与室内空气的对流换热，再结合房间空气的热平衡方程，得到以各面围护内外表面温度以及室内空气温度（或空调投入热量）为变量的线性方程组，求解此线性方程组，即可得到房间各围护内外表面的温度，以及房间不开空调时的房间温度或者房间开空调时需要投入的热量。这类方法细致地考虑了一个房间的热过程，严格保证了房间的热平衡。

第三类方法是先求解房间的热特性，在求解房间热特性的过程中考虑房间各围护内表面之间的长波互辐射以及与空气的对流换热，基于房间的热特性系数得到房间温度与作用在房间上的各种热扰（包括空调热量）之间的关系式，基于此关系式可得到房间不开空调时的房间温度或者房间开空调时需要投入的热量。这类方法细致地考虑了一个房间的热过程，严格保证了房间的热平衡。

### 3. 处理建筑物相邻房间之间热交换的方法比较

考虑邻室通过隔墙传热和通风对房间的影响时，应采用邻室当前时刻的温度进行计算。因此建筑物所有房间是互相影响的，需要建筑物所有的房间联立求解。但目前大多数软件的热模型由于考虑单个房间时计算过程已经比较复杂，因此在考虑邻室换热时采用了邻室上一时刻的温度进行计算，避免了房间之间的联立求解。由于邻室通风对房间的影响是瞬时的，采用邻室上一时刻温度的处理方法在某些情况下会导致邻室之间的热交换量计算误差较大。

#### 4. 导热模拟计算

导热是三种热量传递方式（导热、对流、辐射）中的一种，工程中的导热问题包括两种情况：稳态导热和非稳态导热。稳态导热是整个过程中物体中各点的温度不随时间变化，始终保持一个温度；非稳态导热是当设备处于变动工作条件下时，其内部温度场随时间变动，处于不稳定状态。

傅里叶定律揭示导热问题的基本规律：在导热现象中，单位时间内通过给定截面的热量，正比例于垂直该截面方向上的温度变化率和截面面积，而热量传递的方向与温度升高的方向相反。由傅里叶定律并结合能量守恒定律，建立了导热微分方程。

$$\rho c\frac{\partial t}{\partial \tau}=\frac{\partial t}{\partial x}\left(\lambda\frac{\partial t}{\partial x}\right)+\frac{\partial t}{\partial y}\left(\lambda\frac{\partial t}{\partial y}\right)+\frac{\partial t}{\partial z}\left(\lambda\frac{\partial t}{\partial z}\right)+\phi \tag{8-24}$$

等号左侧的项为非稳态项，等号右侧前三项为导热项，最后的一项为源项。

传统方法求解导热问题实际上就是对导热微分方程在定解条件下的积分求解，这种方法获得的解称为分析解。但工程技术中遇到的许多几何形状或者边界条件复杂的导热问题，由于数学上的困难而无法得到其分析解。

近几十年来，随着计算机技术的迅速发展，对物理问题进行离散求解的数值方法发展得十分迅速，并得到广泛应用。

数值解法的基本思想是：把原来在时间、空间坐标系中连续的物理量的场，用有限个离散点上的值的集合来代替，通过求解按一定方法建立起来的关于这些值的代数方程来获得离散点上被求物理量的值，这些离散点上被求物理量值的集合称为该物理量的数值解。

求解导热问题非常简单，因为导热过程只有热量的传递而没有流体的流动，只对温度场求解即可。求解导热问题首先要建立物理模型，其关键是边界条件的选择和设置，边界条件可归纳为以下三类：

1）第一类边界条件：规定了边界上的温度值。

2）第二类边界条件：规定了边界上的热流密度。

3）第三类边界条件：规定了边界上物体与周围流体的表面传热系数及周围流体的温度。

#### 5. 对流和辐射传热模拟计算

自然对流不依靠外界动力，它是由流体自身温度场的不均匀引起密度差，在重力的作用下形成的一种自发的流动。例如，电子元件散热、冰箱排热管散热、房间中的暖气片散热及冷库中冷却管的吸热等，都是自然对流换热的实例。

不均匀温度场造成不均匀密度场所产生的浮升力是运动的动力，一般情况下，不均匀温度场仅发生在靠近换热壁面的薄层，即边界层之内。自然对流边界层有其特点，即其速度分布具有两头小中间大的形式，在贴壁处，由于黏性作用速度为 0，在薄层外缘，因为已经没有温压，所以速度也为 0；在薄层的中间，速度有一个峰值。自然对流亦有层流和湍流之分。

自然界中各个物体都不停地向空间发出热辐射，同时不断地吸收其他物体发出的热辐射。辐射与吸收过程的综合结果就造成了以辐射方式进行的物体间的热量传递——辐射换热。当热辐射投射到物体表面时，会发生吸收、反射和穿透现象。吸收率为 1 的物体叫作全辐射体（黑体）；反射率为 1 的物体叫作镜体；穿透率为 1 的物体叫作透明体。

气体中的三原子气体、多原子气体以及不对称的双原子气体具有较大的辐射本领，气体辐射不同于固体和液体辐射，它具有两个突出的特点：一是气体辐射对波长有选择性；二是气体的辐射和吸收是在整个容积中进行的。

FLUENT 软件包含五种辐射模型，分别是离散换热辐射模型（DTRM）、P-1 辐射模型、Rosseland 辐射模型、离散坐标（DO）辐射模型和表面辐射（S2S）模型。

（1）DTRM　DTRM 的优点有：它是一个比较简单的模型，可以通过增加射线数量来提高计算精度，同时这个模型可以用于任何光学厚度。

DTRM 的局限性包括：该模型假设所有表面都是漫射表面，即所有入射的辐射射线没有固定的反射角，而是均匀地反射到各个方向；计算中没有考虑辐射的散射效应；计算中假定辐射是灰体辐射；如果采用大量射线进行计算的话，会给 CPU 增加很大的负担；DTRM 不能用于动网格或存在拼接网格界面的情况，也不能用于并行计算。

（2）P-1 辐射模型　P-1 模型的辐射换热方程是一个计算量相对较小的扩散方程，同时模型中包含了散射效应。在燃烧等光学厚度很大的计算问题中，P-1 模型的计算效果都比较好。P-1 模型还可以在采用曲线坐标系的情况下计算复杂几何形状的问题。

P-1 模型的局限性有：其也是假设所有表面都是漫射表面，即所有入射的辐射射线没有固定的反射角，而是均匀地反射到各个方向；P-1 模型计算中采用灰体假设；如果光学厚度比较小，则计算精度会受到几何形状复杂程度的影响；在计算局部热源/热汇的问题时，P-1 模型计算的辐射射流通常容易出现偏高的现象。

（3）Rosseland 辐射模型　Rosseland 模型的优点是不用像 P-1 模型那样计算额外的输运方程，因此计算速度更快，需要的内存更少。

Rosseland 模型的缺点是仅限用于光学厚度大于 3 的问题，同时计算中只能采用压力基本求解器进行计算。

（4）DO 辐射模型　DO 模型是使用范围最大的模型，它可以计算所有光学厚度的辐射问题，并且计算范围涵盖了从表面辐射、半透明介质辐射到燃烧问题中出现的参与性介质辐射在内的各种辐射问题。DO 模型采用灰带模型进行计算，因此既可以计算灰体辐射，也可以计算非灰体辐射。

（5）S2S 模型　表面辐射模型适用于计算在没有参与性介质的封闭空间内的辐射换热，如飞船散热系统、太阳能集热器、辐射式加热器和汽车机箱内冷却过程等。与 DTRM 和 DO 模型相比，虽然视角因子的计算需要占用较多的 CPU 时间，但 S2S 模型在每个迭代步中的计算速度都很快。

S2S 模型的局限性如下：

1）S2S 模型假定所有表面都是漫射表面。

2）S2S 模型采用灰体辐射模型进行计算。

内存等系统资源的要求随着辐射表面的增加而激增，计算中可以将辐射表面组成集群的方式来减少内存资源的占用。

3）S2S 模型不能计算有参与性辐射介质的问题。

4）S2S 模型不能用于带周期性边界条件或对称边界条件的计算，也不能用于二维轴对称问题的计算。

5）S2S 模型不能用于多重封闭区域的辐射计算。

6）S2S 模型只能用于单一封闭几何形状的计算。

7）S2S 模型也不适用于拼接网格界面、悬挂节点存在的情况和网格的自适应计算。

## 8.4 建筑声环境与噪声

### 8.4.1 声学基本方程及声学边界条件

#### 1. 声学方程

声学方程的任何一种形式都可以从流体的连续方程、运动方程、能量方程、物态方程推导而来。通过对流体方程进行线性化和不同的假设可以得到不同形式的声学方程。下面从流体欧拉方程进行线性化和假设来推导经典的声学波动方程。

欧拉方程组：

$$\begin{cases}\rho\left(\dfrac{\partial v}{\partial t}+v\cdot\nabla v\right)=-\nabla p+f & \text{连续方程}\\ \dfrac{\partial\rho}{\partial t}+v\cdot\nabla p+\rho\cdot\nabla v=\rho q & \text{运动方程}\\ \dfrac{\partial s}{\partial t}+v\cdot\nabla s=0, c^2=\left(\dfrac{\partial p}{\partial\rho}\right) & \text{物态方程}\end{cases} \tag{8-25}$$

式中 $\rho$——流体的密度；

$v$——流体的速度；

$p$——流体的压力；

$s$——流体的熵；

$f$——外部作用于流体的力；

$q$——外部作用于流体的质量源。

对于定常流动，即无任何形式的非定常扰动情况下，方程组将转化为以下形式：

$$\begin{cases}\rho_0 v_0\cdot\nabla v_0=-\nabla p_0\\ \nabla\cdot\rho_0 v_0=0\\ v_0\cdot\nabla s_0=0\\ v_0\cdot\nabla p_0=c_0^2 v_0\nabla\rho_0\end{cases} \tag{8-26}$$

式中 $\rho_0$——定常流动的密度；

$v_0$——定常流动的速度；

$p_0$——定常流动的压力；

$s_0$——定常流动的熵；

$c_0$——定常流动的声速。

假定流场的扰动量分别为 $\rho'=\rho-\rho_0$，$u=v-v_0$，$p'=p-p_0$，$s'=s-s_0$，$(c^2)'=c^2-c_0$，并满足 $|u|/c=1$，$p'/p_0=1$，$\rho'/\rho_0=1$，$|s'|/|s_0|=1$，$(c^2)'/c_0^2=1$，可以对以上的方程组进行线性化，得：

$$\begin{cases}\rho_0\left(\dfrac{\partial u}{\partial t}+v_0\cdot\nabla u+u\cdot\nabla v_0\right)+\rho' v_0\cdot\nabla v_0=-\nabla p'+f\\ \dfrac{\partial\rho'}{\partial t}+\nabla\cdot(\rho_0 u+\rho' v_0)=\rho_0 q\\ \dfrac{\partial s'}{\partial t}+v_0\cdot\nabla s'+u\cdot\nabla s_0=0\\ c_0\left(\dfrac{\partial\rho'}{\partial t}+v_0\cdot\nabla\rho'+u\cdot\nabla\rho_0\right)+(c^2)' v_0\cdot\nabla\rho_0=\dfrac{\partial p'}{\partial t}+v_0\cdot\nabla p'+u\cdot\nabla p_0\end{cases} \tag{8-27}$$

这是运动介质声学的基本方程。这个结果实际上与线性化空气动力学的基本方程是完全一致的。该方程是非线性的，在各种进一步的简化条件下，已经被广泛应用于各种声学问题。

假定 $\rho_0=\text{const}$，$v_0=0$，$p_0=\text{const}$，$s_0=\text{const}$，$\nabla f=0$，则方程可以进一步简化，得到在均匀流或者在剪切流中传播的基本声学方程：

$$\nabla^2 p' - \frac{1}{c_0^2}\frac{\partial^2 p'}{\partial t^2} = -\rho_0 \frac{\partial q}{\partial t} \tag{8-28}$$

这是古典声学的基本方程，也是静止流体介质中的声传播方程。

通常情况下，人们感兴趣的是在稳定的简谐激励下引起的稳定的声场，因为相当多的声源都是做简谐振动的；另外，根据傅里叶级数或者傅里叶变换，任意随时间的振动都可以看作多个简谐振动的叠加或积分。下面利用变量分离方法求解基本声学方程，以此介绍时域形式与频域的转化方法。设

$$p' = p(x,y,z)\cdot \mathrm{e}^{\mathrm{int}} \tag{8-29}$$

$$q = q_0(x,y,z)\cdot \mathrm{e}^{\mathrm{int}} \tag{8-30}$$

那么古典声学的基本方程的频域形式为：

$$\nabla^2 p(x,y,z) - k^2 p(x,y,z) = -j\rho_0 w q_0(x,y,z) \tag{8-31}$$

式中 $k$——波数，$k=w/c=2\pi f/c$；

$w$——角频率，$w=2\pi f$；

$f$——频率（Hz），对应的波长是 $\lambda=2\pi/k=2\pi c/w=c/f$。

### 2. 声学边界条件

前面主要讲述了声学方程的推导过程。如果要求解方程，还需要对方程的部分变量进行约束，形成封闭的方程组，才能确定方程的唯一解。这里的约束的变量就是声学边界条件。

避开声学求解的方法（有限元方法或者边界元方法），声学边界条件归结为以下三种：声质点速度边界条件、声压边界条件和混合边界条件（阻抗边界条件）。

（1）声质点速度边界条件　声质点速度边界条件的表现形式：

$$v_n = \bar{v}_n \tag{8-32}$$

在某些声学边界网格上给定声质点速度进行约束，比如用边界元方法求解一台柴油发动机的振动声辐射，那么可以将结构发动机表面结构振动速度映射到声学边界网格上，然后基于声学边界网格的声质点速度进行声场求解；在其他的声学问题中也可以给定声质点速度边界条件。

（2）声压边界条件　声压边界条件的表现形式：

$$p = \bar{p} \tag{8-33}$$

在某些声学边界网格上给定声压值进行约束，形成封闭的求解方程组。

（3）混合边界条件　混合边界条件又叫阻抗边界条件，其表现形式：

$$Ap + Bv_n = C \tag{8-34}$$

式中 $A$、$B$、$C$——表示已知值，通过某些声学边界网格上的声质点速度与声压关系来定义边界条件。

混合边界条件，可以通过试验或者一些经验公式得知，其物理意义主要表现为声学边界网格的吸声效果或者反射系数。

在声学问题求解方法中，以上三种边界条件是最基础的声学边界条件，但是为了满足不同的数值（有限元、边界元）方法求解不同的声学问题，由这三种边界条件又可推导出很多形式，其他推导的形式可参考声学书籍。

### 8.4.2 室内声学分析方法

室内声场的计算机模拟技术在室内音质设计、音质评价和噪声控制等工程实践中发挥着越来越重要的作用，模拟方法和手段也不断被改进和完善。室内声场的计算机模拟技术主要有两大类：基于几何声学的计算机模拟技术和基于波动声学的计算机模拟技术。前者是建立在声线以直线形式传播这一基本假设基础之上，忽略声波的干涉和衍射效应，而代之以能量的叠加，主要包括声线跟踪法和虚声源法以及两者结合的方法。

1. 声线跟踪法

声线跟踪法是将室内声源发出的球面波的一部分设想由一根声线代表，每条声线携带所代表的那部分波阵面所具有的能量，以直线形式并以声速遵循几何规律传播。遇到障碍物或墙体时，在经历反射的同时部分能量被吸收。如此下去，直到满足一定的判别条件，结束对该声线的跟踪。计算机在对所有声线的传播过程进行跟踪的基础上合成接收点处的声场。声线跟踪原理示意图如图 8-19 所示。

声线追踪法的主要优点是算法相对简单，容易在计算机中实现，算法的复杂度与房间壁面的数量成正比，同时可以将散射影响加以考虑；其缺点是精度不够理想，为了提高精度，就要产生大量声线，从而导致计算量大增，并且无法考虑干涉和衍射现象。

2. 虚声源法

虚声源法基于镜像反射的原理，根据几何声学的理论，将声音抽象为声线，则声线的传播遵守反射定律。如同几何光学中的虚像一样，反射会产生虚声像，即某一反射面的镜像反射路径可由该反射面的镜像声源和接收点的位置确定，实际上每次反射都会产生一个虚声像。用虚声源法计算时必须先确定声源点和接收点，其模拟对象是声场中的一个点，所以其在模拟声场中具体位置的声学特性方面更具优势。

如图 8-20 所示，$S'$和 $S''$分别是一阶和二阶虚声源。虚声源法的优点是准确度较高，可以很直观的确定任何反射阶次的所有镜像声源，缺点是计算工作量过大。对于有 $n$ 个表面的不规则房间，就可能有 $n$ 个一阶虚声源，而每个一阶虚声源又可能产生（$n-1$）个二阶虚声源。例如，一个有 30 个表面，容积为 15000m$^3$ 的房间，在 600ms 的时间内大约产生 13 次反射，可能出现的虚声源数目约是 2913≈1019。这时，算法的复杂度非常高，计算量极其巨大。但是，在确定的接收点位置，很多虚声源并不产生反射声，也就是说造成了相当一部分的浪费计算。上例中，只有 1019 中的 2500 个虚声源对于给定的接收点有意义。虚声源法只适用于平面较少的简单房间或是只考虑近次反射声的电声系统。

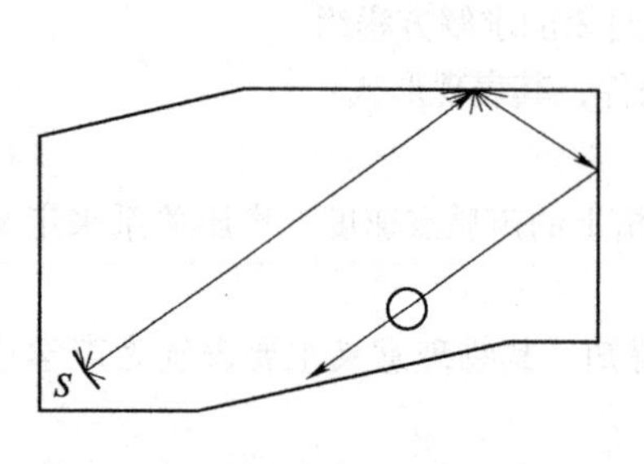


图 8-19 声线跟踪原理示意图

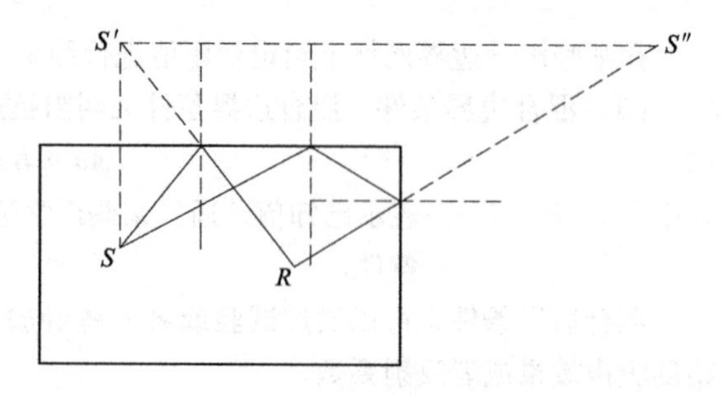


图 8-20 一阶和二阶虚声源

波动声学法主要有有限元法和边界元法两种方法。但是现阶段只有具有刚性墙的矩形房间才能利用声波动方程进行解析求解，得到精确的结果。而对一般房间来说，就无法使用解析的方法求解其波动方程。实际上，所有房间的声场都是遵从波动规律的，并存在其波动方程，因此可以使用数字化的方法来模拟和逼近房间的波动方程的解。首先把空间（和时间）细分为元（质点），然后，波动方程以一系列这些元的线性方程表达，迭代计算求数值解。这两种方法随着声音频率的增加，计算量和存储量都会变得越来越大，所以只适用于小封闭房间和低频段。

有限元和边界元法的优点是能够在需要的地方（如墙角等）产生密集网格，并且可以处理耦合空间；缺点是边界条件很难确定。这两种方法有共同的特点，那就是对于单一频率的结果很准确，但当具有带宽的倍频程时，结果经常出入较大，并且用以计算的初始数据（形状、尺寸、界面声学特性等）和实际情况的误差，就足以改变具体的计算结果的数值。所以，在实际应用中波动声学法还没有能够达到如几何声学一样的实用效果。

### 8.4.3 参考依据与标准规范

#### 1. 术语和定义

（1）声级（A-weighted Sound Pressure Level） 用A计权网络测得的声压级，用$L_A$表示，单位dB(A)。

（2）昼间等效声级（Day-time Equivalent Sound Level）、夜间等效声级（Night-time Equivalent Sound Level） 在昼间时段内测得的等效连续A声级称为昼间等效声级，用$L_d$表示，单位dB(A)。在夜间时段内测得的等效连续A声级称为夜间等效声级，用$L_a$表示，单位dB(A)。

（3）昼间（Day-time）、夜间（Night-time） 根据《中华人民共和国环境噪声污染防治法》，“昼间”是指6：00至22：00的时段；“夜间是指22：00至次日6：00的时段。县级以上人民政府为环境噪声污染防治的需要（如考虑时差、作息习惯差异等）而对昼间、夜间的划分另有规定的，应按其规定执行。

（4）最大声级（Maximum Sound Level） 在规定的测量时间段内或对某一独立噪声事件，测得的A声级最大值，用$L_{mx}$表示，单位dB(A)。

（5）用于评价测量时间段内噪声强度时间统计分布特征的指标 它是指占测量时间段一定比例的累积时间内声级的最小值，用$L_N$表示，单位为dB(A)。最常用的是$L_{10}$、$L_{50}$和$L_{90}$，其含义如下：

$L_{10}$——在测量时间内有10%的时间A声级超过的值，相当于噪声的平均峰值。

$L_{50}$——在测量时间内有50%的时间A声级超过的值，相当于噪声的平均中值。

$L_{90}$——在测量时间内有90%的时间A声级超过的值，相当于噪声的平均本底值。

#### 2. 声环境功能区分类

按区域的使用功能特点和环境质量要求，声环境功能区分为以下五种类型：

0类声环境功能区：指康复疗养区等特别需要安静的区域。

1类声环境功能区：指以居民住宅、医疗卫生、文化教育、科研设计、行政办公为主要功能，需要保持安静的区域。

2类声环境功能区：指以商业金融、集市贸易为主要功能，或者居住、商业、工业混杂，需要维护住宅安静的区域。

3类声环境功能区：指以工业生产、仓储物流为主要功能，需要防止工业噪声对周围环境产生严重影响的区域。

4类声环境功能区：指交通干线两侧一定距离之内，需要防止交通噪声对周围环境产生严重影响的区域，包括4a类和4b类两种类型。4a类为高速公路、一级公路、二级公路、城市快速路、城市主干路、城市次干路、城市轨道交通（地面段）、内河航道两侧区域；4b 类为铁路干线两侧区域。

3. 环境噪声限值

1）各类声环境功能区适用表 7-6 规定的环境噪声等效声级限值。

2）在下列情况下，铁路干线两侧区域不通过列车时的环境背景噪声限值，按昼间 70dB(A)、夜间 55dB(A) 执行：

① 穿越城区的既有铁路干线。

② 对穿越城区的既有铁路干线进行改建、扩建的铁路建设项目。

既有铁路是指 2010 年 12 月 31 日前已建成运营的铁路或环境影响评价文件已通过审批的铁路建设项目。

3）各类声环境功能区夜间突发噪声，其最大声级超过环境噪声限值的幅度不得高于 15dB(A)。

4. 声环境功能区的划分要求

1）城市声环境功能区的划分。城市区域应按照《声环境功能区划分技术规范》(GB/T 15190—2014）的规定划分声环境功能区，分别执行标准规定的 0、1、2、3、4 类声环境功能区环境噪声限值。

2）乡村声环境功能的确定。乡村区域一般不划分声环境功能区，根据环境管理的需要，县级以上人民政府环境保护行政主管部门可按以下要求确定乡村区域适用的声环境质量要求：

① 位于乡村的康复疗养区执行 0 类声环境功能区要求。

② 村庄原则上执行 1 类声环境功能区要求，工业活动较多的村庄以及有交通干线经过的村庄（指执行 4 类声环境功能区要求以外的地区）可局部或全部执行 2 类声环境功能区要求。

③ 集镇执行 2 类声环境功能区要求。

④ 独立于村庄、集镇之外的工业、仓储集中区执行 3 类声环境功能区要求。

⑤ 位于交通干线两侧一定距离（参考 GB/T 15190 第 83 条规定）内的噪声敏感建筑物执行 4 类声环境功能区要求。

5. 建筑防噪设计

1）许多国家的调查研究表明，城市噪声的 70%来自交通噪声（公路交通、铁路、飞机、航运）。

在我国，公路交通噪声是城市环境噪声的主要来源，对许多城市调查后绘出的城市噪声分布图证明最高噪声带都分布在交通线上，至少有 20%的城市居民受交通噪声的干扰而不得安眠。当前我国城镇建设方兴未艾，不断涌现新的居住小区，在新小区设计开始便贯彻防噪布局的原则，从外部防止交通噪声的入侵，内部处理好各种噪声源，则兴建完成的小区将是一个比较安静的小区。对噪声不敏感的建筑物是指防噪要求不高的建筑物，以及外围护结构有较好的防噪能力的建筑物。对噪声不敏感的建筑占着相当大的比例，例如商业建筑、饮食服务行业建筑、文化娱乐建筑、体育场地等，这些建筑本身要求方便群众，交通便利，均匀地分布在城市中，以减少城市交通的压力；旅馆虽为居住建筑，但也有交通便利的要求，并有较大的停车场地，因此只要有高隔声的门窗与空调设备，也属于对噪声不敏感建筑；医院的门诊部也要求临近交通线，以方便病人就医；某些低噪声的精密仪器工厂、进出货品繁忙的仓库、展览等公共建筑也可作为屏蔽建筑。

声屏障是降低地面运输噪声的有效措施之一。一般 3~6m 高的声屏障，其声影区内降噪效果在 5~12dB。

当噪声源发出的声波遇到声屏障时，它将沿三条路径传播：一部分越过声屏障顶端绕射到达受声点；一部分穿透声屏障到达受声点；一部分在声屏障壁面上产生反射。声屏障的插入损失（在保持噪声源、地形、地貌、地面和气象条件不变情况下安装声屏障前后在某特定位置上的声压级之差）主要取决于声源发出的声波沿这三条路径传播的声能分配。

2）锅炉、水泵、变压器、制冷机等强噪声源设在建筑内易产生固体声，且噪声敏感建筑对安静程度的要求较高，因而固体声的治理难度大、代价高。将锅炉房、水泵房、变压器室、制冷机房单独设置在噪声敏感建筑之外，可从根本上解决相关建筑设备的噪声干扰问题。

对于小区内部的噪声控制，在各类民用建筑设计时，应注意有噪声源的建筑附属设施（如锅炉房、水泵房等），不仅需要考虑防止对所属建筑的噪声干扰，还需考虑防止对邻近建筑的噪声干扰，而后者常被忽视而引起纠纷。采取相应的治理措施后，将能有效地降低小区内的噪声水平。

实践证明，噪声源设置在地下时，对噪声控制有较好的效果。但必须注意设置在建筑物内时，除隔离空气声外，对结构声的隔离十分重要，不然将对整个建筑物有严重干扰，过去已有教训。因此，当噪声源设在噪声敏感建筑内时必须采取有效的隔声、隔振措施。

冷却塔、热泵机组产生的噪声较大，一般可达65~85dB(A)。由于建筑的体量越来越大，需要的冷却塔、热泵机组也越来越多，常常可以见到一座建筑配数个乃至十几个冷却塔、热泵机组的情形，在这种情况下冷却塔、热泵机组产生的噪声就更大了。

对于无噪声屏蔽措施的情形，当冷却塔、热泵机组设在地面或裙房顶上时，一方面冷却塔、热泵机组产生的噪声直接辐射到其所属楼房的窗户上，对其所属楼房内的房间产生噪声干扰；另一方面冷却塔、热泵机组产生的噪声被地面、裙房顶面、冷却塔所属楼房的外墙面反射到空间中，使得噪声加大；当冷却塔、热泵机组设在楼顶时，冷却塔、热泵机组所属楼房的房间均在冷却塔、热泵机组的下方，楼顶面将冷却塔、热泵机组产生的噪声反射到天空中去，自然也屏蔽了冷却塔、热泵机组产生噪声直接对冷却塔、热泵机组所属楼房内房间的噪声干扰；由于在室外人们大多在地面活动，人们与设置在楼顶的冷却塔、热泵机组的距离要比设置在地面或裙房顶上的距离远得多，从而加大了声衰减。

此外，楼顶的通风散热条件也优于地面或裙房顶，因此对于高楼林立的城市，应尽可能将冷却塔、热泵机组设置在楼顶。

3）无论设计独立的建筑还是设计群体的建筑，都需要对环境与建筑物内外的噪声源进行调查测定，然后做防噪设计的综合考虑。加大距离固然是防噪的有效措施，根据《公路建设项目环境影响评价规范》（JTG B03—2006），当行车道上的交通量大于300辆/h，交通噪声的衰减为$10\lg(r_0/r)$（$r$代表距离，$r_0=7.5\text{m}$）；当行车道上的交通量小于300辆/h，交通噪声的衰减为$15\lg(r_0/r)$。即距离加倍，噪声衰减3~4.5dB。但在一定距离之外，由于距离增加而致使噪声衰减的效果将逐渐减少。因此，在城市用地紧张情况下，加大距离使噪声减低往往难以实现。

从建筑平面布置上将安静要求较低的房间安置在噪声高的一侧是很有效的，前后室的噪声衰减量可以为16dB，即使在前后室门打开有穿堂风的情况下，声衰减也可以达到9~10dB，但有时受到建筑物的朝向限制，因此必要时就需要采取建筑上的防噪措施。

4）在夏季，建筑需要开窗的时间较多，而且一般是将建筑迎风一侧的窗打开，以便让风吹进室内。将对安静要求较高的民用建筑设置于本区域主要噪声源夏季主导风向的上风侧，就可以使建筑在夏季开窗时，打开的窗子处于背向主要噪声源的状态，建筑自身就成为噪声屏蔽措施，起到减少噪声传入室内的作用。

### 8.4.4 建筑声环境模拟计算实例

本实例采用 Cadna/A 软件对某酒店中央空调系统外机位置对建筑周围声环境的影响进行模拟分析。

1. 项目概况

本项目为某五星级酒店，总建筑面积约 45000m²，各层主要为：1 层酒店大厅及附属设施；2~9 层为配套餐饮娱乐及会议办公用房；10~23 层为酒店客房。项目建筑功能区示意图如图 8-21 所示。

图 8-21 项目建筑功能区示意图

2. 标准依据

本项目主要参照资料如下：

1)《声环境质量标准》(GB 3096—2008)。

2)《绿色建筑评价标准》(GB/T 50378—2019)。

3)《绿色建筑评价技术细则》。

4)《环境影响评价技术导则 声环境》(HJ 2.4—2009)。

其中，《声环境质量标准》(GB 3096—2008) 规定了城市五类区域环境噪声等效声级限值，见表 7-6。

3. 模型绘制与方案设置

主要考虑集中式中央空调系统外机不同摆放位置产生的噪声对酒店客房的影响，其他影响暂不予考虑，根据建筑平面图建立室外声环境分析模型，如图 8-22 所示。

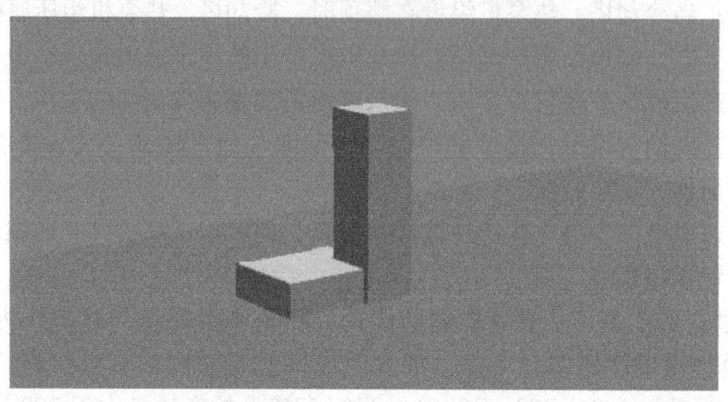

图 8-22 声环境分析模型

将空调设备分别放置在三个不同地方作为三种方案，分别对其进行模拟，分析其产生的噪声对酒店客房的影响，并对比得出设备噪声对酒店客房影响最小的一种方案。三个方案分别为：

方案一：室外距建筑 20~30m 某个位置。

方案二：4 楼裙楼一侧露台。

方案三：5 楼群楼顶。

本次模拟将方案一和方案三的空调机组简化为一个 7m×15m×2.5m 的长方体声源，方案二的空调机组简化为一个 3m×35m×2.5m 的长方体声源，频率设置为 50Hz，发生噪声值为 85dB。三种方案中体声源的布置位置分别如图 8-23 所示。

4. 模拟结果及分析

(1) 方案一模拟结果及分析　方案一模拟结果如图 8-24 所示。从图 8-24b 可见，客房所在

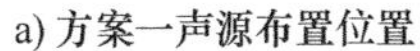
a) 方案一声源布置位置

b) 方案二声源布置位置

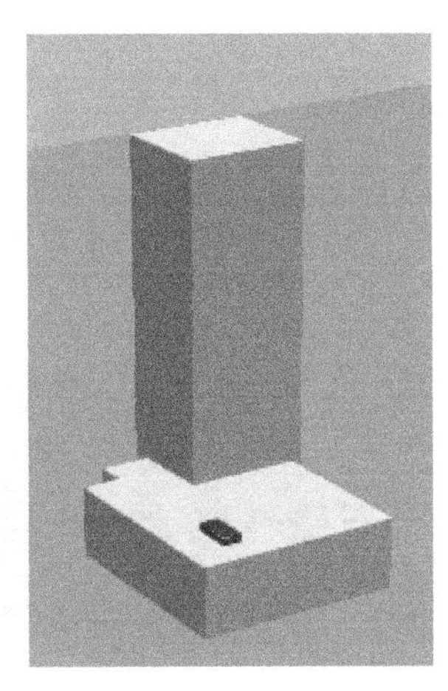
c) 方案三声源布置位置

图 8-23　中央空调系统外机三种方案中体声源的布置位置

的主楼的外部环境噪声值最高为 58dB，低于该类建筑对环境噪声要求的最高标准 60dB，高于该类建筑对环境噪声要求的最低标准 50dB。

从图 8-24c 可见，商场所在的裙楼的外部噪声值最高达到了 79dB，远远高于该类建筑对环境噪声要求的最高标准 60dB，虽然该裙楼部分主要功能区为商场，即使外部的环境噪声经过外墙的削减，能传导到室内的噪声值仍可在较高的水平。因此从方案一的模拟结果来看，当空调机组设置在室外距建筑 20~30m 的位置时，噪声对主楼客房区的影响较小，对裙楼商业区的影响很大，对裙楼外围护结构的隔声效果有较高的要求。

（2）方案二模拟结果及分析　方案二模拟结果如图 8-25 所示。从图 8-25b 可见，客房所在的主楼的外部环境噪声值最高也为 58dB，低于该类建筑对环境噪声要求的最高标准 60dB，高于该类建筑对环境噪声要求的最低标准 50dB。从图 8-25c 可见，商场所在的裙楼的外部噪声值最高为 62dB，比该类建筑对环境噪声要求的最高标准 60dB 高，但该噪声主要集中在声源所在的那一侧，其他区域的环境噪声就迅速衰减，最高才 56dB，略低于该类建筑对环境噪声要求的最高标准 60dB，而且裙楼外部的环境噪声大多数在 50dB 以下，低于该类建筑对环境噪声要求的最低标准 50dB。考虑到裙楼部分主要功能区为商场，再加上外部的环境噪声经过外墙的削减，其能传导到室内的噪声值在可接受范围内。因此，从方案二的模拟结果来看，当空调机组设置在 4 楼裙楼一侧露台时，噪声对主楼客房区的影响十分小，对裙楼商业区声源所在侧的一面影响较大，但影响范围较小。

（3）方案三模拟结果及分析　方案三模拟结果如图 8-26 所示。从图 8-26b 可见，客房所在的主楼的外部环境噪声值最高达到了 64dB，高于该类建筑对环境噪声要求的最高标准 60dB，而且由于该区域的主要功能区为客房，虽然考虑到外墙的隔声效果，噪声值在传导到客房室内前会再削减，但如果外墙的隔声效果不够强，则在靠近声源较近的客房可能会受到有空调机组的噪声影响。从图 8-26c 可见，商场所在的裙楼的外部噪声值最高为 57dB，接近该类建筑对环境噪声要求的最高标准 60dB，而且考虑到裙楼部分主要功能区为商场，再加上外部的环境噪声经过外墙的削减，其能传导到室内的噪声值对裙楼的商业区影响较小。因此从方案三的模拟结果来看，当空调机组设置在 5 楼裙楼顶时，其对主楼客房区，尤其是较低层的客房可能会造成一定的影响，对主楼客房的围护结构的隔声效果要求较高，此位置对裙楼商业区的环境噪声的影响较小。

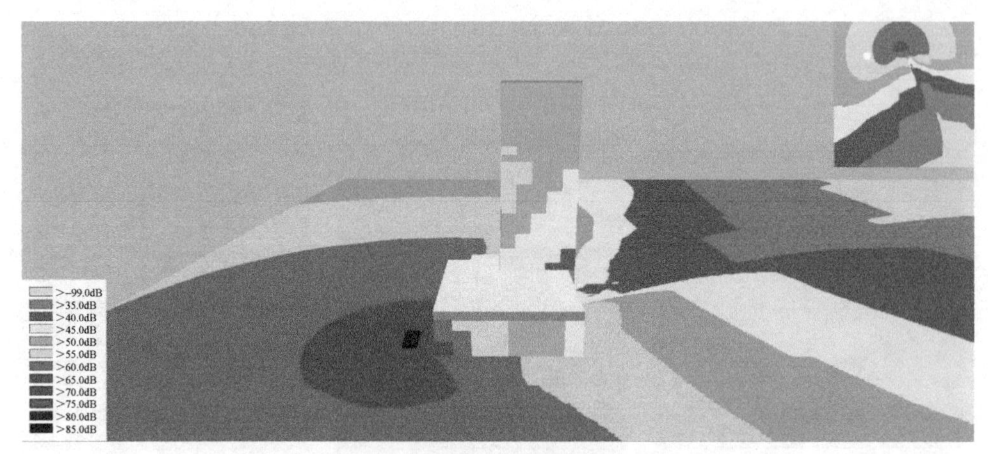


a) 方案一建筑整体噪声情况分布图

b) 方案一主楼噪声情况数值图

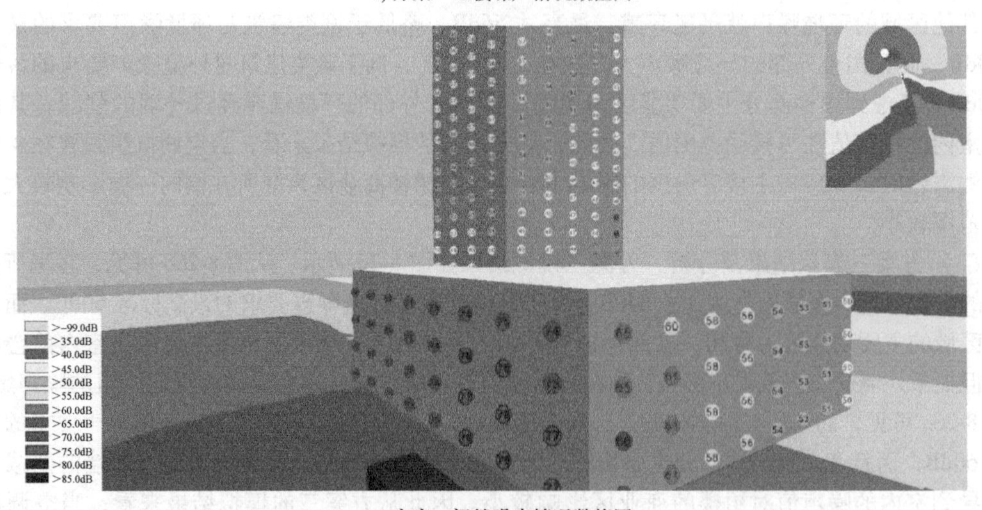


c) 方案一裙楼噪声情况数值图

图 8-24 方案一模拟结果

a) 方案二建筑

b) 方案二主楼噪声情况数值图

图 8-25　方案二模拟结果

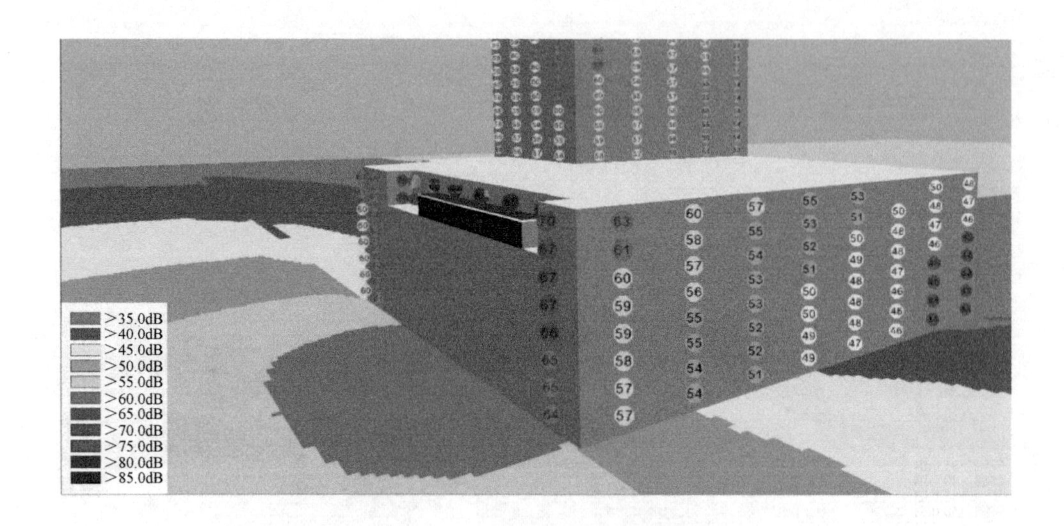


c) 方案二裙楼噪声情况数值图

图 8-25 方案二模拟结果（续）

a) 方案三建筑整体噪声情况分布图

图 8-26 方案三模拟结果

b) 方案三主楼噪声情况数值图

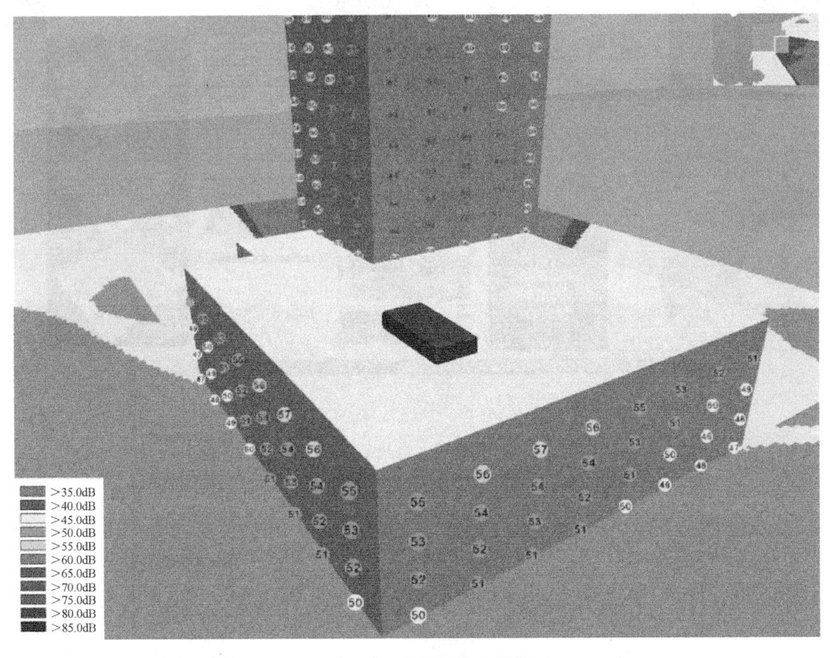


c) 方案三裙楼噪声情况数值图

图 8-26　方案三模拟结果（续）

### 5. 结论

从空调机组三个摆放位置方案对建筑周围环境噪声预测模拟情况来看，对主楼客房区环境噪声影响最大的为方案三；方案二和方案三对主楼客房区环境噪声影响均较小，但是由于方案二将空调机组设置在 4 楼露台，其对主楼方向的噪声有一定的削减作用，因此考虑到实际空间利用情况，方案二对主楼客房区的影响比方案一更小。

而对裙楼商业区环境噪声影响最大的为方案一，将空调机组设置在室外距建筑 20~30m 某个位置，这使得使得裙楼商业区环境噪声较大面积超过了 70dB，因此对裙楼商业区围护结构的隔声效果要求较高；对裙楼商业区环境噪声影响最小的为方案三。

综上所述，方案二中将空调机组设置在 4 楼露台对该建筑的环境噪声影响较小。

## 8.5 建筑环境模拟常用软件

### 8.5.1 Ecotect

Ecotect 是 Autodesk 公司研发的一款全面分析建筑热环境、光环境、声环境，以及经济环境影响、造价分析、气象数据等重要建筑环境的计算机模拟分析软件。其主要应用领域包括：建筑设计、城市规划设计、建筑环境等专业设计与教学、绿色建筑研究等。Ecotect 中内置了 Radiance 的输出和控制功能，这大大拓展了 Ecotect 的应用范围，并且为用户提供了更多的选择。Ecotect 软件界面如图 8-27 所示。

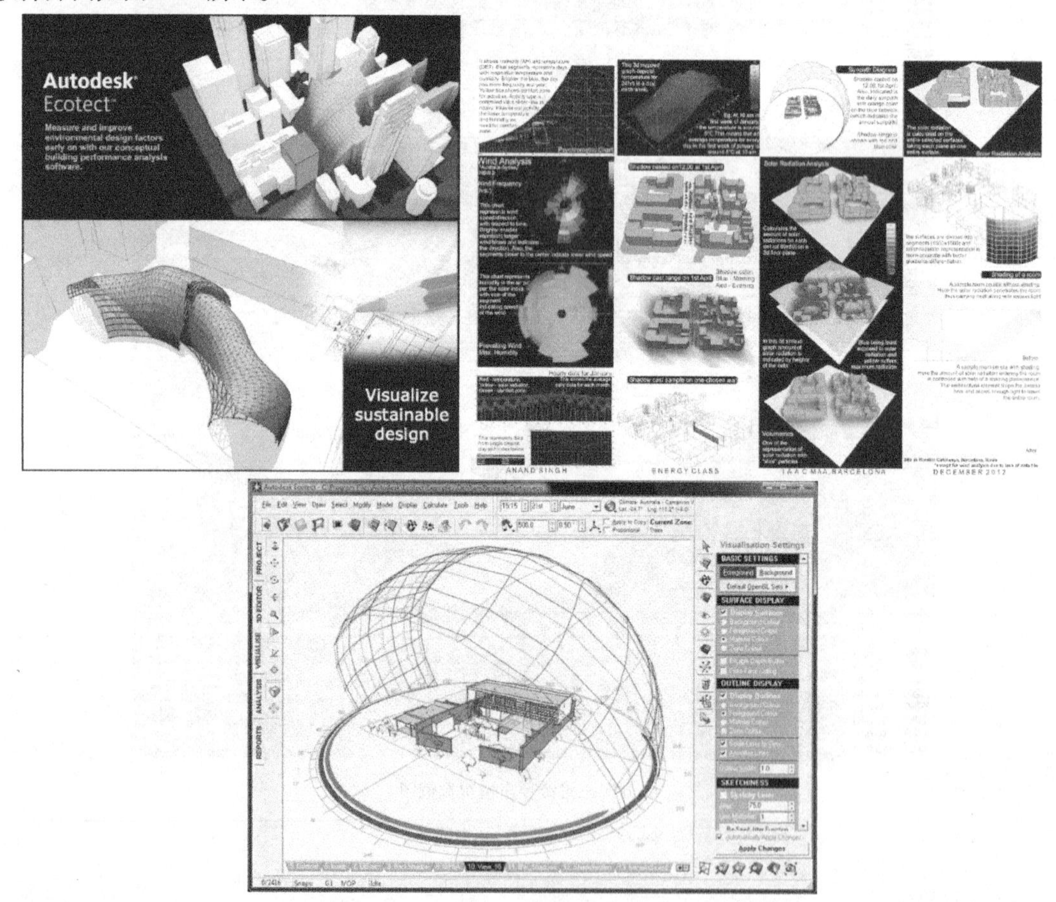


图 8-27 Ecotect 软件界面

它适用于建筑设计师、规划设计师在建筑概念规划设计早期和中期，通过计算机模拟分析进行方案比选，实现建筑设计方案的优化和提升，避免了建筑设计后期变更方案的尴尬，帮助建筑设计师从建筑设计早期就引入生态和节能理念，实现舒适度高而又生态节能的建筑方案设计。

### 1. Ecotect 功能简介

Ecotect 功能包括：

（1）日照分析

1）建筑窗体日照时间分析。

2）建筑群的光影变化情况。

3）建筑群之间的遮蔽情况分析等。

4）某段时间的平均太阳辐射、累积太阳辐射等。

（2）建筑光环境分析

1）建筑天然采光系数的空间分布分析。

2）建筑天然采光照度分析。

3）建筑人工照明照度分析。

4）能输出到专业光学分析软件中进行深度的光学渲染分析等。

（3）建筑的热环境分析

1）建筑区域的温度空间分布分析。

2）建筑区域舒适度指数分析。

3）建筑区域的逐时温度分析。

4）建筑区域的得热、失热途经分析。

5）建筑冷、热负荷分析。

6）建筑围护结构得热、失热分析。

7）通风得热、失热分析，直接太阳得热分析。

8）间接太阳得热、失热分析。

9）建筑采暖、制冷度日数分析等。

10）进行建筑能耗分析。

（4）建筑声学环境分析

1）建筑的混响时间分析。

2）建筑声源粒子的传播扩散模拟分析。

3）建筑声学的关联声波线分析。

（5）建筑经济与环境影响分析

1）建筑综合温室气体排放计算分析。

2）建筑综合造价分析。

3）建筑综合初始含能分析等。

（6）建筑可视度分析

1）建筑在特定区域的室外可视度分析。

2）建筑通过窗体可以获得室外视野的室内可视度分析。

（7）气象数据分析

1）逐时气象参数：温度、相对湿度、风向、风速、风频、太阳辐射等的分析。

2）能够进行最佳建筑朝向分析。

3）能够进行建筑被动式生态技术的策略分析等。

### 2. Ecotect 的特点

Ecotect 是一个全面的技术性能分析辅助设计软件。它提供了一种交互式的分析方法，只要输入一个简单的模型，就可以提供数字化的可视分析图。随着设计的深入，分析也越来越详细。Ecotect可提供许多即时性分析，比如改变地面材质，就可以比较房间里声音的反射、混响时间、室内照度和内部温度等的变化；加一扇窗户，立刻就可以看到它所引起的室内热效应、室内光环境等的变化，甚至可以分析整栋建筑的投资。它的操作界面友好，与建筑师常用的辅助设计软件Sketch Up、Archibald、3DMAX、AutoCAD有很好的兼容性，3DS、DXF格式的文件可以直接导入，而且软件自带功能强大的建模工具，可以快速建立直观、可视的三维模型。然后只需根据建筑的特定情况，输入经纬度、海拔，选择时区，确定建筑材料的技术参数，即可在该软件中完成对模型的太阳辐射、热学、光学、声学、建筑投资等综合的技术分析。计算、分析过程简单快捷，结果直观。模型最后还可以输出到渲染器Radiance中进行逼真的效果图渲染，还可以导出成为VRML动画，为人们提供三维动态的观赏途径。

Ecotect和Radiance、POV Ray、VRML、Energy Plus、HTB2热分析软件均有导入导出接口。它对于设计师的方案设计理念是一个重要的提升，是建筑节能设计的一个很好的体现。

Ecotect的另外一个特点是新颖的3D界面，它极大地简化了复杂几何体的创建过程，也极大地增加了它的可编辑性。

### 8.5.2 Radiance

Radiance最初作为研究光线跟踪原理的一项试验性工作于1986年在美国劳伦斯伯克利国家实验室（Lawrence Berkeley National Laboratory，LBNL）和瑞士洛桑联邦理工学院（École Polytechnique Fédérale de Lausanne，EPFL）同步展开的。初步的研究结果表明，光线跟踪在建筑光环境模拟领域中有很大的应用潜力，因此这一项目随后获得了来自美国能源部和瑞士联邦政府的资金支持。第一个正式的官方版本1.0于1989年1月发布，从那时起，Radiance开始步入茁壮成长期，其在研究和工程设计领域的用户不断增加。LBNL于2002年开放了Radiance的源代码，Radiance随之成为开源项目。虽然Radiance从来都不是商业软件，但其顽强的生命力和旺盛的活力是许多优秀的商业软件都无法企及的。

现在，Radiance已经广泛地应用于建筑光环境模拟领域中。例如，有关自然采光模拟的国际论文中至少有80%以上都是使用Radiance完成的，由此可见其在这一领域的霸主地位。除此以外，Radiance的应用还涉及太阳辐射、舞台美术设计以及高动态范围图像处理等多个相关领域。

Radiance的算法和特点如下：

（1）混合式光线跟踪　Radiance在每一个表面点上以递归方式使用光线跟踪模型求解Kajiya渲染方程。在此方程中，传统的两点之间的能量传输被代之以能量从一点沿指定方向的传输（这实际上就是辐亮度的物理定义）。

对于渲染方程来说，光线跟踪是一种非常适合的求解方法，它使用投影半球内的出射辐亮度代替了入射辐亮度。虽然使用均匀的随机采样（纯蒙特卡洛算法）来近似求解渲染方程在理论上是可行的，但这一方法在大多数情况下的收敛速度都非常慢，基本上没有实用的价值。例如，一个仅含有地面、一道砖墙和太阳的简单室外场景，使用纯蒙特卡洛算法计算可能会花费数小时的时间，这主要是由于太阳与天空的尺寸相差较大，要对来自于如此之小的光源的光线进行恰当的积分，每个像素上至少要有数千条采样光线。快速收敛的关键在于找出重点采样对象，在Radiance中，首先将能准确确定的对象（通常是光源和镜面对象）从积分中排除出去，然后评估剩余部分的重要性以便有效地提高光线跟踪计算的效率。

（2）辐照度缓存技术　经过多次漫反射的间接照明光一般来说较为均匀，Radiance根据这一特点通过在表面像素上散布间接照明计算点（即间接辐照度计算点）来获得相对平滑和精确的结果。其基本思路是，先使用 Kajiya 渲染方程对所需的间接照明计算点进行全面的计算，然后在表面上对计算所得的结果进行缓存和插值。这与光能传递计算中使用有限元方法将表面分成很多小面片是类似的，但 Radiance 中没有使用网格，并且可以随意调整计算点的密度以适应不同的照明环境。同时，由于光线跟踪计算与视角有关，因此其不需要均匀地计算场景中的所有表面。

为了计算场景中某一点处的辐照度，Radiance 将向投影半球上均匀地发射数百条采样光线。由于直射部分是单独计算的，因此碰到光源的光线将被过滤掉。这一采样过程将随着光线的反射而不断重复。由于系统将缓存间接漫反射数据，因此采样量不会以可怕的指数形式增加。半球上的采样数据不仅告诉我们总的间接漫反射照明信息，而且还给出了目标点处可见表面的位置和亮度信息，这一信息将被用于预测辐照度随位置和表面方向变化的规律，即辐照度的变化函数。

Radiance 所使用的基于辐照度缓存技术的混合式光线跟踪算法具有如下特点：①不需要对表面划分网格，只需通过八叉树结构自动对模型进行简化即可；②只需计算可见点处的辐照度，无须计算不可见点，这可以大幅度降低计算量；③辐照度计算的强度随着反射次数的增加而减小，不会呈几何级数增加；④可以根据辐照度的变化自动分布计算点的密度，这可以大幅提高计算的精度和效率。

综上所述，Radiance 的算法特点决定了其能以相对较小的计算成本取得精确的计算结果。因此，与同类软件相比，Radiance 非常适合于在建筑光环境模拟领域中应用。

### 8.5.3　DAYSIM

DAYSIM 是一款经过验证的、基于 Radiance 的采光分析软件，可对建筑物内和周围的日光量进行模拟。DAYSIM 允许用户模拟动态外墙系统，从标准百叶窗到最先进的光重定向元件，可切换的玻璃窗及其组合。用户可以进一步指定复杂的电气照明系统和控制，包括手动灯开关、占用传感器和光电管控制的调光。图 8-28 所示为 DAYSIM 软件针对室内采光分析结果。

图 8-28　DAYSIM 软件针对室内采光分析结果

DAYSIM 可解决的问题包括：建筑室内自然采光评价、炫光分析及由人工照明产生的能源使用情况计算等。可以以小时步长分析人工照明负荷大小和遮阳设备所处状态等，可以直接与 EnergyPlus，eQuest 和 TRNSYS 等软件相连，对建筑室内热环境进行联合模拟仿真。

DAYSIM 是由加拿大国家实验室和德国弗劳恩霍夫研究所太阳能研究中心共同研究开发的一款以 Radiance 的蒙特卡罗反向光线跟踪算法为基础的天然采光分析工具，可以在 Windows 和 Linux 两种系统下运行的免费软件。它本身并不提供建立模型的功能，但是它提供了接口以支持其他软件，例如 AutoCAD、Ecotect 等。

DAYSIM 软件采用了 Tregenza 提出的日光系数法（Daylight Coefficient Method），将整个天穹细分为 148 小块，其中 145 小块用来计算漫射光，另外 3 小块用来计算地面反射光，而对直射光的计算则选择了太阳全年轨迹中的 65 个典型位置进行计算。计算直射光、漫射光及地面反射光后将其进行叠加。日光系数法最大的优点就是能够运用尽量少的资源来描述复杂的年动态室外天然光环境。

DAYSIM 软件采用 Perez 天空模型，综合计算全年阴天、晴天和多云天等各种天空条件下直射光、漫射光及地面反射光对室内采光的影响。Perez 发光分布模型能够产生基于日期、时间、直射光和漫射光的天空亮度分布。这个模型由水平面黑暗和光明、水平面附近的发光角度、太阳区域的密度、太阳区域的宽度、地面反射光的密度五个参数组成。

国际上已经有部分研究人员和建筑工程师开始采用 DAYSIM 软件，在国内由于对天然采光重视的不足，以及 DAYSIM 软件有一定的复杂性，需要使用者掌握几种相关软件并且需要设定大量的参数，参数设定的错误会导致完全错误的模拟结果，这就对使用者有较高的要求，所以掌握起来有一些困难，使 DAYSIM 软件在国内的推广遇到一定的障碍。

### 8.5.4 PHOENICS

#### 1. PHOENICS 简介

PHOENICS 软件是英国 CHAM 公司开发的模拟传热、流动、化学反应、燃烧过程的通用 CFD 软件，已经有 30 多年的历史，是世界上第一套计算流体力学与计算传热学商用软件，其名字是 Parabolic Hyperbolic Or Elliptic Numerical Integration Code Series 几个字母的缩写。PHOENICS 提供了直角坐标系、柱坐标系和适体坐标系三套坐标系统，可用于求解一维、二维及三维空间的可压缩或不可压缩、单相或多相的稳态或瞬态流动。

#### 2. PHOENICS 的特点

除了通用计算流体、计算传热学软件应该拥有的功能外，PHOENICS 软件有自己独特的功能：

1）开放性：PHOENICS 最大限度地向用户开放了程序，用户可以根据需要任意修改添加用户程序、用户模型。PLANT 及 INFORM 功能的引入使用户不再需要编写 FORTRAN 源程序，GROUND 程序功能使用户修改添加模型更加任意、方便。

2）CAD 接口：PHOENICS 可以读入任何 CAD 软件的图形文件。

3）MOVOBJ：运动物体功能可以定义物体运动，避免了使用相对运动方法的局限性。

4）大量的模型选择：PHOENICS 中含有 20 多种湍流模型、多种多相流模型、多流体模型、燃烧模型和辐射模型。

5）它提供了欧拉算法，也提供了基于粒子运动轨迹的拉格朗日算法。

6）计算流动与传热时能同时计算浸入流体中的固体的机械力和热应力。

7）VR（虚拟现实）用户界面引入了崭新的 CFD 建模思路。

8）PARSOL（CUT CELL）：部分固体处理。

9）软件自带 1000 多个例题，附有完整的可读可改的原始输入文件。

10）PHOENICS 专用模块。

#### 3. PHOENICS 的基本结构

PHOENICS 软件由前处理模块、计算模块和后处理模块组成。

SATELLITE 为 PHOENICS 的前处理程序，主要功能是将用户关于某一特殊流动模拟的指令翻译成 EARTH 能够懂的语言，通过数据文件将信息传送给 EARTH。SATELLITE 含有子程序 SATLIT，由 FORTRAN 语言编写，供用 FORTRAN 语言编写输入文件的用户使用。使用 PHOENICS 进行流动模拟，需用户自己确定模型和公式，描述流动模拟的语句可以通过在快速输入文件 Q1 文件中使用 PHOENICS 输入语言 PIL 语句编写，或者在 SATLIT 和 GROUND 中使用 FORTRAN 语句编写。用户也可自己编写子程序，这些子程序由 SATILT 和 GROUND 调用。SATELLITE 可用多种方式接收数据，新版 PHOENICS 有四种前处理方式：VR（虚拟现实）窗口（VR-EDITOR）、菜单、命令、Fortran 程序。

EARTH 为 PHOENICS 的计算理模块，含了主要的流动模拟程序，是软件真正进行模拟的部分，它需要用户在 SATELLITE 中对程序发出指令。EARTH 包含一个随具体问题而定的部分即子程序 GROUND。当用户定义自己特殊的特性时，GROUND 含有在 EARTH 进行流动模拟时必须运行的那些与问题有关的程序，是用户扩展 EARTH 功能的必要工具。

为显示流体流动模拟生成结果而设计的后处理模块包含四种处理工具。其中，PHOTON 是交互式的图形程序，使用户可以创建图像以显示计算结果，完成各种不同求解区域的可视化作图；AUTOPLOT 也是 PHOENICS 的一种图形程序，主要用于计算结果的线型图形处理，便于模拟计算结果与试验结果或分析结果的比较分析；VR 图形界面系统也可用于显示计算结果，称为 VR-VIEW；此外，数值模拟结果也可生成 RESULT 文件，便于用户采用其他手段分析处理。

### 4. PHOENICS 基本理论

（1）通用形式的微分方程　该软件的数学基础与其他 CFD 软件相同，即描述流体流动的一组微分方程。它包含有热、质传递、流体流动、湍流等。

（2）计算区域与控制方程的离散　PHOENICS 采用有限容积法进行区域离散化，其方程离散通用的表达式为：

$$a_P\phi_P = a_N\phi_N + a_S\phi_S + a_E\phi_E + a_W\phi_W + a_H\phi_H + a_L\phi_L + a_T\phi_T + \text{sources}$$

其中

$$a_P = a_N + a_S + a_E + a_W + a_H + a_L + a_T \tag{8-35}$$

式中的下角标 N、S、E、W、H、L、T 分别代表北（North）、南（South）、东（East）、西（West）、高（High）、低（Low）、时间（Time）。

离散格式可选择一阶迎风、混合格式、QUICK 格式等。

（3）求解方法　PHOENICS 采用交错网格法进行控制方程的离散，进行流场计算采用压力与速度耦合的 SIMPLEST 算法，对两相流纳入了 IPSA 算法（适用于两种介质互相穿透时）及 PSI-CELL（粒子跟踪法）。代数方程组的求解可以采用点迭代（Point by Point）、块迭代（Slabwise）或整场求解法（Whole-field）。

### 5. PHOENICS 应用领域

暖通空调领域相关分析是 PHOENICS 软件一个十分重要的应用领域，该软件在此方面的应用已有十余年之久。它可用于通风、排烟分析，消防安全分析，可燃、毒性气体的泄漏分析，污染物扩散分析等方面。

同时，PHOENICS 应用于消防安全分析的有效性和准确性已被众多的试验所证实。并且已有很多应用实例，如英国伦敦温布利（Wembley）体育场、马德里 Xanadu 购物中心、美国 Memorial 隧道、英国国王十字地铁站等。

PHOENICS 软件的 FLAIR 模块中具有成型的火灾模块，可直接设置火源、风机、洒水喷头等。

利用 PHOENICS 进行消防安全分析有以下优点：

1）可以设置各种不同的热释放速率曲线。

2）可以模拟多种火灾参数，如能见度、有害气体浓度等。

3）具有多种成熟的实体模型，如火源、普通风机、射流风机、喷头等。

4）建模方便，可以直接从各种 CAD 软件中导入模型。因此，所建模型可以十分精细，能很好地反映实际情况。

5）具有丰富的湍流模型，比如各种 $k$-$\varepsilon$ 模型、prandtl 混合长度零方程模型等。

6）具有多种燃烧模型：如 3 gases mixing、7 gases 等模型，以及木材、油类等物质的燃烧模型。

7）具有多种辐射模型：如 immersol、6-flux 等模型。其中 immersol 模型经过多项工程应用验证，其在模拟火灾环境下的辐射传热时具有较高的准确性。

8）具有多种网格系统，包括：直角、圆柱、曲面（包括非正交和运动网格）、多重网格、精密网格等。因此，能够对各种不同形状的模型划分出有利于计算的网格。

## 8.5.5 ANSYS Fluent

### 1. Fluent 简介

Fluent 软件是当今世界 CFD 仿真领域最为全面的软件包之一，具有广泛的物理模型，以及能够快速准确地得到 CFD 分析结果。Fluent 是用于模拟具有复杂外形的流体流动以及热传导的计算机程序。它提供了完全的网格灵活性，用户可以使用非结构网格，例如二维三角形、四边形，三维四面体、六面体、金字塔形网格来解决具有复杂外形的流动，甚至可以使用混合型非结构网格。该软件还允许用户根据解的具体情况对网格进行修改（细化、粗化）。

Fluent 是用 C 语言写的，因此具有很大的灵活性与能力，如动态内存分配、高效数据结构、灵活解控制等。

### 2. Fluent 功能特点

（1）网格技术，数值技术，并行计算　计算网格是 CFD 计算的核心，它通常把计算域划分为几千甚至几百万个单元，在单元上计算并存储求解变量。Fluent 使用非结构化网格技术，这就意味着可以有各种各样的网格单元：二维的四边形和三角形单元，三维的四面体核心单元、六面体核心单元、棱柱和多面体单元。这些网格可以使用 Fluent 的前处理软件 GAMBIT 自动生成，也可以选择在 ICEM CFD 工具中生成。

在目前的 CFD 市场中，Fluent 以其在非结构网格的基础上提供丰富物理模型而著称，久经考验的数值算法和鲁棒性极好的求解器保证了其计算结果的精度，新的 NITA 算法大大减少了求解瞬态问题所需的时间，成熟的并行计算能力适用于 NT、Linux 或 UNIX 平台，而且既适用于单机的多处理器又适用于网络连接的多台机器。动态加载平衡功能自动监测并分析并行性能，通过调整各处理器间的网格分配平衡各 CPU 的计算负载。

（2）湍流和噪声模型　Fluent 的湍流模型一直处于商业 CFD 软件的前沿，它提供的丰富的湍流模型中有经常使用的湍流模型、针对强旋流和各相异性流的雷诺应力模型等。随着计算机能力的显著提高，Fluent 已经将大涡模拟（LES）纳入其标准模块，并且开发了更加高效的分离涡模型（DES），Fluent 提供的壁面函数和加强壁面处理的方法可以很好地处理壁面附近的流动问题。

气动声学在很多工业领域中倍受关注，模拟起来却相当困难。如今，使用 Fluent 可以有多种方法计算由非稳态压力脉动引起的噪声，瞬态大涡模拟（LES）预测的表面压力可以使用 Fluent 内嵌的快速傅里叶变换（FFT）工具转换成频谱。

Flow-Williams 和 Hawkings 声学模型可以用于模拟从非流线形实体到旋转风机叶片等各式各样的噪声源的传播，宽带噪声源模型允许在稳态结果的基础上进行模拟，这是一个快速评估设计是否需要改进的非常实用的工具。

（3）动态和移动网格　内燃机、阀门、弹体投放和火箭发射都是包含有运动部件的例子，Fluent 提供的动网格模型满足这些具有挑战性的应用需求。它提供几种网格重构方案，根据需要用于同一模型中的不同运动部件，仅需要定义初始网格和边界运动。

移动网格与 Fluent 提供的其他模型如雾化模型、燃烧模型、多相流模型、自由表面预测模型和可压缩流模型相兼容。搅拌槽、泵、涡轮机械中的移周期性运动可以使用 Fluent 中的移动网格模型（Moving Mesh）进行模拟，滑移网格和多参考坐标系模型被证实非常可靠，并和其他相关模型如 LES 模型、化学反应模型和多相流等有很好的兼容性。

（4）传热、相变、辐射模型　许多流体流动伴随传热现象，Fluent 提供一系列应用广泛的对流、热传导及辐射模型。对于热辐射，Pl 和 Rossland 模型适用于介质光学厚度较大的环境，基于角系数的 Surface to Surface 模型适用于介质不参与辐射的情况，DO 模型（Discrete Ordinates）适用于包括玻璃的任何介质，DTRM 模型（Discrete Ray Tracing Module）也同样适用。

太阳辐射模型使用光线追踪算法，包含了一个光照计算器，它允许光照和阴影面积的可视化，这使得气候控制的模拟更加有意义。

其他与传热紧密相关的模型有汽蚀模型、可压缩流体模型、热交换器模型、壳导热模型、真实气体模型和湿蒸汽模型。相变模型可以追踪分析流体的融化和凝固。离散相模型（DPM）可用于液滴和湿粒子的蒸发及煤的液化。易懂的附加源项和完备的热边界条件使得 Fluent 的传热模型成为满足各种模拟需要的成熟可靠的工具。

（5）化学反应模型　化学反应模型，尤其是湍流状态下的化学反应模型在 Fluent 软件中占据很重要的地位。多年来，Fluent 强大的化学反应模拟能力帮助工程师完成了对各种复杂燃烧过程的模拟。涡耗散概念、PDF 转换以及有限速率化学模型已经成为 Fluent 的主要模型之一：如涡耗散模型、均衡混合颗粒模型、小火焰模型以及模拟大量气体燃烧、煤燃烧、液体燃料燃烧的预混合模型。$NO_x$ 生成的模型也被广泛地应用与定制。

许多工业应用中涉及发生在固体表面的化学反应，Fluent 表面反应模型可以用来分析气体和表面组分之间的化学反应及不同表面组分之间的化学反应，以确保表面沉积和蚀刻现象被准确预测。对催化转化、气体重整、污染物控制装置及半导体制造等的模拟都受益于这一技术。Fluent 的化学反应模型可以和大涡模拟（DES）及分离涡（DES）湍流模型联合使用，将这些非稳态湍流模型耦合到化学反应模型中，才有可能预测火焰稳定性及燃尽特性。

（6）多相流模型　多相流混合物广泛应用于工业中，Fluent 软件在多相流建模方面可以帮助工程师洞察设备内难以探测的现象，Eulerian 多相流模型通过分别求解各相的流动方程分析相互渗透的各种流体或各相流体，对于颗粒相流体采用特殊的物理模型进行模拟。

很多情况下，占用资源较少的混合模型也用来模拟颗粒相与非颗粒相的混合。Fluent 可用来模拟三相混合流（液、颗粒、气），如泥浆气泡柱和喷淋床的模拟。可以模拟相间传热和相间传质的流动，使得对均相及非均相的模拟成为可能。

Fluent 标准模块中还包括许多其他的多相流模型，对于其他的一些多相流流动，如喷雾干燥器、煤粉高炉、液体燃料喷雾，可以使用离散相模型（DPM）。射入的粒子、泡沫及液滴与背景流之间进行热、质量及动量的交换。

VOF 模型（Volume of Fluid）可以用于自由表面流动，如海浪。汽蚀模型已被证实可以很好地应用到水翼艇、泵及燃料喷雾器的模拟。沸腾现象可以很容易地通过用户自定义函数实现。

（7）前处理和后处理 Fluent提供专门的工具用来生成几何模型及网格创建。GAMBIT允许用户使用基本的几何构建工具创建几何模型，也可导入CAD文件，然后修正几何模型以便于CFD分析，为了方便灵活地生成网格。Fluent还提供了TGrid，这是一种采用最新技术的体网格生成工具。

这两款软件都具有自动划分网格及通过边界层技术、非均匀网格尺寸函数及六面体为核心的网格技术快速生成混合网格的功能。对于涡轮机械，可以使用G/Turbo快速完成几何的创建及网格的划分。

Fluent的后处理可以生成有实际意义的图片、动画、报告，这使得CFD的结果非常容易地被转换成工程师和其他人员可以理解的图形，其表面渲染、迹线追踪等特征使Fluent的后处理功能独树一帜。Fluent的数据结果还可以导入第三方的图形处理软件或者CAE软件进行进一步的分析。

（8）定制工具 用户自定义函数很受欢迎。功能强大的资料库和大量的指南提供了全方位的技术支持。Fluent的全球咨询网络可以提供或帮助创建任何类型装备设施的平台，如旋风分离器、汽车HVAC系统等。另外，一些附加应用模块已经投入使用，如质子交换膜（PEM）、固体氧化物燃料电池、磁流体、连续光纤拉制等模块。

### 8.5.6 Airpak

Airpak是面向工程师、建筑师和室内设计师等专业人员的专业人工环境系统分析软件，特别是暖通空调领域。它可以精确地模拟所研究对象的空气流动、传热和污染等物理现象，准确地模拟通风系统的空气流动、空气品质、传热、污染和舒适度等问题，并依照ISO 7730标准提供舒适度、PMV、PPD等衡量室内空气质量（IAQ）的技术指标，从而减少设计成本，降低设计风险，缩短设计周期。

Airpak软件的应用领域包括：建筑、汽车、化学、环境、加工、采矿、造纸、石油、制药、电站、半导体、通信、运输等。

Airpak软件具有如下特点：

1）快速建模。Airpak具有面向对象的建模功能，还提供了扩展的CAD接口，可以输入IGES和DXF格式的几何，易于与其他机械工程CAD工具软件集成。

2）准确求解。Airpak能够建立形状复杂的几何模型。Airpak软件采用FLUENT这一强大的求解器，从而得到准确的结果。

3）易学易用。Airpak采用集成化的设计环境，建模方便快捷。Airpak的网格生成与解算都是自动进行的，不要求用户有专业的流体力学知识。

4）可视化后处理和数值报告。Airpak提供了强大的图形化后处理功能和完整的数值报告，还可以实时显示气流运动情况及整个求解区域内的流场分布状况。

5）性能评估。Airpak可以对建筑及产品相关性能进行专业的评估。

### 8.5.7 STAR-CD（CCM+）

STAR-CCM+（Computational Continuum Mechanics）是CD-adapco集团推出的新一代CFD软件（图8-29）。它采用先进的连续介质力学数值技术（Computational Continuum Mechanics Algorithms），并与现代软件工程技术结合在一起，拥有出色的性能和高可靠性，是热流体分析工程师强有力的工具。

STAR-CCM+界面非常友好，对表面准备［如包面（Surface Wrapper）、表面重构（Surface

Re-mesh）及体网格生成（多面体：Polyhedral、四面体：Tetrahedral、六面体核心网格：Trim）等］功能进行了拓展；且在并行计算（HPC）上有很大改进，不仅求解器可以并行计算，前后处理也能通过并行来实现，大大提高了分析效率。在计算过程中可以实时监控分析结果（如矢量、标量和结果统计图表等），同时实现了工程问题后处理数据方面的高度实用性、流体分析的高性能化、分析对象的复杂化、用户水平范围的扩大化。由于采用了连续介质力学数值技术，STAR-CCM+不仅可进行流体分析，还可进行结构等其他物理场的分析。目前，STAR-CCM+已应用于多达2亿网格的超大型计算问题上，如方程式赛车外流场空气动力分析等项目。

图 8-29 STAR-CD（CCM+）软件封面

## 8.5.8 SoundPLAN

SoundPLAN 软件自 1986 年由 Braunstein Berndt GmbH 软件设计师和咨询专家颁布以来，迅速成为德国户外声学软件的标准，并逐渐成为世界关于噪声预测、制图及评估的领先软件。

SoundPLAN 是包括墙体优化设计、成本核算、工厂内外噪声评估、空气污染评估等的集成软件。目前 SoundPLAN 的销售范围已覆盖超过 25 个国家，有 3500 多个用户，是噪声评估界使用最广泛的软件。

（1）SoundPLAN 应用范围

1）各种国际标准的道路、铁路、飞机噪声的预测、规划。

2）降噪方案优化，声屏障设计。

3）石油化工厂、炼铁厂、发电站、采矿厂、制造厂等项目根据噪声限值的规划。

4）OSHA［职业安全与卫生条例（美）］标准的鉴定、社区噪声控制、工人工作环境噪声控制等。

5）此软件还具有对空气污染物的扩散、传播的预测和分析功能。

（2）SoundPLAN 的特点

1）模块方式。人性化软件包、模块式结构，用户可根据需要购买所需要的模块。

2）合理的软件结构。清晰的数据结构定义、CAD 文件兼容、虚拟三维显示、详尽的工厂噪声数据库。

3）结果可靠。完全符合国际标准，计算速度快，可进行在线和批处理分布式计算。

4）品质保证。详尽的计算协议、深入的结果表述，可进行输入数据的校准，提供计算过程的日志。

（3）SoundPLAN 的技术指标

1）公路、铁路和工业噪声模拟预测、声屏障优化设计。大气污染扩散模型和预测各种国际标准的交通噪声的预测、计算和分析。

2）点声源、线声源、面声源和其他复杂声源的环境声传播的计算。厂区、小区和各功能区的噪声评估和预测。

3）飞机噪声和机场周围环境的预测、计算和分析功能，各种国际标准的火车噪声和周围环境的预测、计算和分析功能。

4）声屏障的计算方法和理论模型及优化。

5）声屏障降噪效果的计算和经济核算。

6）计算和预测的噪声量包括：$L_A$、$L_{eq}$、$L_{10}$、$L_{dn}$、NEF、EPNL 等。

7）显示噪声分布的等值分布图、噪声敏感点的噪声预测值和三维噪声分布。

8）强大的声源数据库，包括大型钢铁、石化、炼油等企业常用设备。

9）测量值对预测模型的修正功能。

10）软件的算法应根据国际标准，并考虑地面吸收、空气吸收、温度影响和风速影响。

11）预处理应能与通用的 CAD 软件相连，能输入复杂的地形，建筑物、公路、铁路、机场、工业园等。

12）此软件也应有对空气污染物的扩散、传播的预测和分析功能。

### 8.5.9 CADNA/A

Cadna/A（Computer Aided Noise Abatement）是一套用于计算、显示、评估及预测噪声暴露和空气污染影响的软件。Cadna/A 可用于工厂、商业街区、公路或铁路项目，甚至是整个城镇或市区的噪声情况模拟计算。

Cadna/A 软件中已经嵌入了重要的预测标准，所以对于各种噪声源的预测，如工业噪声源、公路、停车场、铁路等，不需要再增加其他的软件或额外的成本。

Cadna/A 功能全面、操作简单，使得 Cadna/A 成为环境噪声预测领域的领先软件。

Cadna/A 使用 C/C++语言开发，并较好地兼容了其他的 WindowsTM 应用程序，如文字处理程序、电子表格计算程序、CAD 程序和 GIS 数据库。

Cadna/A 软件特点如下：

1）对于模型的尺寸软件没有限制（每一个对象类型最多可以有 1600 万个对象）。

2）对于一个网络中任意台计算机，可进行由软件控制的、全自动的、并行的数据处理。

3）可计算一个城镇中所有的建筑物的正面声压级（所有的、最高或最低声级）。

4）严格依据欧盟环境噪声导则进行噪声统计。

5）对于输入数据的错误或不一致有强大的自动修正功能。

6）地形和建筑物正面噪声声级的彩色三维噪声分布图。

7）可对穿过城市模型的实时轨迹进行编辑。

8）计算和模拟小汽车、卡车、火车的通过声压级。

9）自动生成可应用于因特网的噪声图。

### 8.5.10 RAYNOISE 和 SYSNOISE

#### 1. RAYNOISE

（1）RAYNOISE 简介　RAYNOISE 是比利时声学设计公司 LMS 开发的一种大型声场模拟软件系统。其主要功能是对封闭空间或者敞开空间以及半闭空间的各种声学行为加以模拟。它能够较准确地模拟声传播的物理过程，包括：镜面反射、扩散反射、墙面和空气吸收、衍射和透射等现象，并能最终重造接收位置的听音效果。该系统可以广泛应用于厅堂音质设计、工业噪声预测和控制、录音设备设计、机场、地铁和车站等公共场所的语音系统设计以及公路、铁路和体育场的噪声估计等。

（2）RAYNOISE 系统基本原理 RAYNOISE 系统实质上也可以认为是一种音质可听化系统。它主要以几何声学为理论基础。几何声学假定声学环境中声波以声线的方式向四周传播，声线在与介质或界面（如墙壁）碰撞后能量会损失一部分，这样，在声场中不同位置声波的能量累积方式也有所不同。如果把一个声学环境当作线性系统，则只需知道该系统的脉冲响应就可由声源特性获得声学环境中任意位置的声学效果。因此，脉冲响应的获得是整个系统的关键。以往多采用模拟方法，即利用缩尺模型来获得脉冲响应。20 世纪 80 年代后期以来，随着计算机技术的高速发展，数字技术正逐渐占据主导地位。数字技术的核心就是利用多媒体计算机进行建模，并编程计算脉冲响应。该技术具有简便、快速以及精度可以不断改善的特点，这些是模拟技术所无法比拟的。计算脉冲响应有两种著名的方法：虚源法（Mirror Image Source Method，MISM）和声线跟踪法（Ray Tracing Method，RTM）。这两种方法各有利弊。后来，又产生了一些将它们相结合的方法，如圆锥束法（Conical Beam Mehtod，CBM）和三棱锥束法（Triangular Beam Method，TBM）。RAYNOISE 将这两种方法混合使用作为其计算声场脉冲响应的核心技术。

（3）RAYNOISE 系统的应用 RAYNOISE 可以广泛用于工业噪声预测和控制、环境声学、建筑声学以及模拟现实系统的设计等领域，但设计者的初衷还是在房间声学，即主要用于厅堂音质的计算机模拟。进行厅堂音质设计，首先要求准确快速地建立厅堂的三维模型，因为它直接关系到计算机模拟的精度。RAYNOISE 系统为计算机建模提供了友好的交互界面。用户既可以直接输入由 AutoCAD 或 HYPERMESH 等产生的三维模型，也可以由用户选择系统模型库中的模型并完成模型的定义。建模的主要步骤包括：①启动 RAYNOISE；②选择模型；③输入几何尺寸；④定义各面的材料及性质（包括吸声系数等）；⑤定义声源特性；⑥定义接收场；⑦其他说明或定义，如所考虑的声线根数、反射级数等。用户可以利用鼠标在屏幕上从各个不同角度来观看所定义的模型及其内部不同结构的特性（用颜色来区分）。然后就可以启动计算了。通过对计算结果进行处理，可以获得所关心的接收场中某点的声压级、A 声级、回声图和频率脉冲响应函数等声学参量。如果还想知道该点的听音效果，可以先将脉冲响应转化为双耳传输函数，并将其与事先在消声室录制好的干信号相卷积，便可以听到该点的听音效果。

### 2. SYSNOISE

SYSNOISE 是比利时公司 LMS 开发的一套用于进行振动——流体模型分析的软件，可以计算模型的声学响应，如声压、声强及声功率等。SYSNOISE 采用先进的有限元法和边界元法两种数值计算方法，可同时建立多个模型。SYSNOISE 能预测声波的辐射、散射、折射和传递，以及声载荷引起的升学响应。根据分析类型的不同可以建立流体模型，也可以建立结构模型和流体模型相互作用的耦合模型。建立的模型可以是封闭的，也可以是多质流体。SYSNOISE 还可以建立振动层状保温系统（Vibration of Layered Insulation Systems，VIOLINS）模型，该模型是由多层泡沫材料或吸收能量的材料组成的。

SYSNOISE 能在频率或时域计算振动——声行为，包括声载荷对结构的影响，结构振动对声的影响；可以计算声场中任意点的声压、声辐射功率、声强，结构对声场的辐射功率、能量密度，流体模型的模态；还可以与其他有限元软件（如 ANSYS、NASTRAN 等）结合，进行降噪优化分析。

SYSNOISE 目前已经整合到 LMS 公司的整体 CAE 仿真解决方案 Virtual. Lab 产品中。

SYSNOISE 有强大的前、后处理功能，可以对网格进行检查修正，可以将计算结果以云纹图、变形图或向量图的形式表达，绘制声场中任意点的响应函数曲线。

## 复习思考题

1. 建筑光环境模拟涉及哪些算法或模型？它们各有什么特点？如何选用？

2. 湍流模型有哪几种？各有什么特点？如何选用？

3. 在什么情况下需要先考虑辐射换热？辐射换热模型有哪几种？各有什么特点？如何选用？

4. 在对建筑室内外声环境进行模拟时，涉及哪些现行的标准规范？具体有哪些规定或要求？

5. 结合书中相关实例，请尝试采用其他具有相同功能的软件进行模拟计算，并对不同软件计算的结果进行比较分析。

## 参 考 文 献

[1] 钱翼稷．空气动力学［M］．北京：北京航空航天大学出版社，2004.
[2] 吴光中，宋婷婷，张毅．FLUENT 基础入门与案例精通［M］．北京：电子工业出版社，2012.
[3] 周力行．湍流两相流动与燃烧的数值模拟［M］．北京：清华大学出版社，1991.
[4] 周俊波，刘洋．FLUENT6. 3 流场分析从入门到精通［M］．北京：机械工业出版社，2012.
[5] 李进良，李承曦，胡仁喜，等．精通 FLUENT6. 3 流场分析［M］．北京：化学工业出版社，2009.
[6] 温正，石良臣，任毅如．FLUENT 流体计算应用教程［M］．北京：清华大学出版社，2009.
[7] 李鹏飞，徐敏义，王飞飞．精通 CFD 工程仿真与案例实战［M］．北京：人民邮电出版社，2011.
[8] 周俊杰，徐国权，张华俊．FLUENT 工程技术与实例分析［M］．北京：中国水利水电出版社，2010.
[9] 常欣．Fluent 船舶流体力学仿真计算工程应用基础［M］．哈尔滨：哈尔滨工程大学出版社，2011.
[10] 于勇．FLUENT 入门与进阶教程［M］．北京：北京理工大学出版社，2008.
[11] 江帆，黄鹏．Fluent 高级应用与实例分析［M］．北京：清华大学出版社，2008.
[12] 朱红钧，林元华，谢龙汉．FLUENT 流体分析及仿真实用教程［M］．北京：人民邮电出版社，2010.
[13] 刘鹤年．流体力学［M］. 3 版．北京：中国建筑工业出版社，2016.
[14] 王福军．计算流体动力学分析：CFD 软件原理与应用［M］．北京：清华大学出版社，2004.
[15] 韩占忠，王敬，兰小平．FLUENT：流体工程仿真计算实例与应用［M］．北京：北京理工大学出版社，2010.
[16] 章梓雄，董曾南．黏性流体力学［M］. 2 版．北京：清华大学出版社，2011.
[17] 陶文铨．数值传热学［M］. 2 版．西安：西安交通大学出版社，2001.
[18] 清华大学 DeST 开发组．建筑环境系统模拟分析方法：DeST［M］．北京：中国建筑工业出版社，2006.
[19] 李晓锋，林波荣．建筑外环境模拟技术与工程应用［M］．北京：中国建筑工业出版社，2014.
[20] 林波荣，等．绿色建筑性能模拟优化方法［M］．北京：中国建筑工业出版社，2016.
[21] 云朋．建筑光环境模拟［M］．北京：中国建筑工业出版社，2010.
[22] 何荥，袁磊．绿色建筑模拟技术应用：建筑采光［M］．北京：知识产权出版社有限责任公司，2019.
[23] 詹福良，徐俊伟．Virtual. Lab Acoustics 声学仿真计算从入门到精通［M］．西安：西北工业大学出版社，2013.
[24] 姜学思．教室声学环境分析的基本方法［D］．济南：山东大学，2010.
[25] 吴硕贤，赵越喆．室内声学与环境声学［M］．广州：广东科技出版社，2003.
[26] 刘民明．全年动态模拟软件 DAYSIM 在天然采光设计中的适用性研究［D］．南京：南京大学，2011.
[27] 郑力铭．ANSYS Fluent 15. 0 流体计算从入门到精通［M］．北京：电子工业出版社，2015.

# 第9章 绿色建筑环境评价

## 9.1 绿色建筑评价综述

自20世纪70年代石油危机以来，发达国家开始注重建筑节能的研究。随着对全球生态环境问题的普遍重视，20世纪80年代开始研究建筑环境问题。20世纪90年代可持续发展成为全球发展战略，绿色建筑由理念到实践，成为国际建筑研究发展的重点。近20余年来，欧、美等主要发达国家都在积极推进绿色建筑，把发展绿色建筑作为应对环境和经济双重挑战的良方，注重加强政策、机制层面的工作，加快推进绿色建筑评价标准体系和技术体系的建立。

国际常见绿色建筑评价标准包括美国的LEED-NC，英国的BREEAM、日本的CASBEE、德国的DGNB、新加坡的Green Mark以及我国的《绿色建筑评价标准》(GB/T 50378)(简称GBES)，本章针对国内外绿色建筑评价标准中涉及的建筑性能（能耗、室内外物理环境性能）的评价指标、评价方法、模拟计算要求和实例进行调研和总结。

表9-1是对国际常见绿色建筑评价标准在节能与室内外环境方面评价指标的梳理和对比。表9-2为不同国家绿色建筑相关规范对比。总体上可以看到，不同国家的评价标准基本上都涵盖了绿色建筑各方面性能指标的计算和评价要求，包括建筑节能，室外环境，室内声、光、热环境和空气品质等方面。同时，不同标准之间由于设定的评价目标和原则、框架和评价方法，以及应用范围等方面的差异，在性能评价方面也存在一定的差异。对各标准的要求异同总结如下：

1）在节能方面，GBES是将建筑负荷和系统能耗分别进行评价，同时对围护结构热工性能、机组能效、可再生能源利用等方面进行了相关规定和要求；LEED、BREEAM以及GREEN MARK则是对建筑整体能耗的降低幅度进行直接评价；CASBEE采用性能标准PAL值的降低率对建筑能耗进行评价；DGNB则是对建筑的全生命周期能耗指标进行评价。同时，在减排方面，2019年版的《绿色建筑评价标准》、CASBEE、DGNB、BREEAM都有针对全生命周期碳排放的评价。

2）在室外环境方面，GBES、LEED、CASBEE都有针对光污染的评价要求；GBES、LEED和BREEAM对场地内环境噪声有评价要求；GBES和CASBEE需要对场地的风环境进行评价。同时，各个标准对降低热岛效应都有对应的评价要求。

3）在室内声环境方面，各个标准都有对室内背景噪声的评价要求。GBES和DGNB对隔声性能做出了相关规定；GBES、LEED、CASBEE和DGNB需要对建筑的相关减振措施进行评价；GBES、LEED和DGNB需要对房间音质的相关指标进行评价，对特殊空间进行专项的声学设计。

4）在室内光环境方面，采光系数是各个标准都必须进行评价的指标。GBES、LEED、BREEAM和DGNB需要对视野以及照明控制等方面进行相关的评价。

5）在室内热湿环境方面，除了对室内基本的温湿度等环境参数的要求，各个标准对围护结构的性能参数也有不同的要求。此外，GBES需要对可调节遮阳以及末端的独立调节进行评价；BREEAM需要进行动态热模拟，对温度进行控制。

6）在室内空气品质方面，各个标准都有对室内新风量的规定，同时需要对室内污染物水平进行评价。GBES 和 LEED 还对监控系统有一定的要求；GBES、BREEAM 和 Green Mark 还需要对气流组织、通风区域等进行相关的评价。

表 9-1 国际常见绿色建筑评价标准节能与室内外环境评价指标对比

| 项目 | 中国 GB/T 50378 | 美国 LEED | 英国 BREEAM | 日本 CASBEE | 德国 DGNB | 新加坡 Green Mark |
|---|---|---|---|---|---|---|
| 节能 | 负荷、系统能耗降低幅度 | 建筑整体的能耗降低幅度 | 能源性能比率 | 性能标准 PAL 值的降低率 | 全生命周期能耗 | 能耗降低幅度 |
| | 围护结构热工性能指标 | 围护结构性能 | | 围护结构性能 | 围护结构质量 | 表皮的热性能 |
| | 机组能效、能量回收、蓄冷蓄热 | | | 设备系统高效化 | | 空调系统 |
| | 可再生能源利用 | 可再生能源生产 | | | | 可再生能源 |
| | $LCCO_2$评价 | 绿色电力和碳补偿 | 碳排放总量 | $LCCO_2$评价 | $LCCO_2$评价 | |
| 室外环境 | 光污染 | 降低光污染 | | | | |
| | 场地内风环境 | 空外噪声 | 外部噪声源 | 场地风环境 | | |
| | 降低热岛强度 | 降低热岛效应 | | 降低热岛效应 | LCA 环境分析 | 降低热岛效应 |
| 室内声环境 | 室内噪声级 | 背景噪声 | 房间背景噪声 | 背景噪声 | 室内噪声 | 室内噪声 |
| | 隔声性能 | | | | 隔声性能 | |
| | 减少噪声干扰 | 扩音和掩蔽系统 | | 振动 | 减振 | |
| | 专项声学设计 | 混响时间 | | | 混响时间 | |
| 室内光环境 | 采光系数 | 天然采光照度 | 天然采光 | 采光系数、照度 | 采光系数 | 照度水平 |
| | 户外视野 | 优良视野 | 视野 | | 室外可见性 | |
| | 改善室内天然采光 | 照明控制质量 | 眩光控制、内外部照明 | | 防眩光、照明控制 | 眩光照射 |
| 室内热湿环境 | 可调节遮阳 | 建筑外围护结构 | 动态热模拟 | 外围护结构性能 | 夏季热舒适 | 围护结构参数 |
| | 末端独立调节 | HVAC 系统 | 温度控制 | 温湿度控制、空调方式 | 冬季热舒适 | 热舒适度 |

（续）

| 项目 | 中国<br>GB/T 50378 | 美国<br>LEED | 英国<br>BREEAM | 日本<br>CASBEE | 德国<br>DGNB | 新加坡<br>Green Mark |
|---|---|---|---|---|---|---|
| 室内空气质量 | 自然通风 | 最小新风量 | 自然通风潜力 | 新风量、自然通风性能 | 通风率 | 自然通风 |
| | 室内污染物 | 低逸散材料、环境烟控 | 减少空气污染源 | 气味水平 | TVOC | 室内污染源 |
| | 监控系统 | 控制和监测 | | | | |
| | 气流组织 | | 通风区域 | | | 机械通风 |

表 9-2 不同国家绿色建筑相关规范对比

| 项目 | 中国<br>GB/T 50378 | 美国<br>LEED | 英国<br>BREEAM | 日本<br>CASBEE | 德国<br>DGNB | 新加坡<br>Green Mark |
|---|---|---|---|---|---|---|
| 初始颁布时间 | 2006 年 | 1998 年 | 1990 年 | 2003 年 | 2008 年 | 2005 年 |
| 颁布机构 | 住房和城乡建设部 | 美国绿色建筑委员会（USGBC） | 英国建筑研究院（BRE Global） | 日本可持续建筑协会（JSBC） | 德国可持续建筑委员会（German Sustainable Building Council） | 新加坡建筑建设局（Singapore BCA） |
| 机构性质 | 政府 | 民间 | 民间 | 政府+民间 | 民间 | 政府 |
| 参与性质 | 自愿+强制 | 自愿 | 自愿 | 自愿+强制 | 自愿 | 自愿+强制 |
| 标准意义 | 中国最权威的绿色建筑评价标准 | 世界上较受欢迎、应用较广的绿色建筑评价标准 | 世界上最早颁布的完整的绿色建筑评价标准 | 创新定义对建筑的绿色性进行评估 | 第二代绿色建筑评估标准体系 | 节能项所占权重较高，注重可再生资源利用的评估体系 |
| 推广手段 | 政策强制、领导考核内容、评奖门槛、奖金、低息贷款、税收优惠、消费者购房、贷款优惠、土地转让优惠、容积率奖励、建筑面积奖励、审批优先、资质加分 | 政策强制、税收减免、建筑密度奖励、退税政策、加速审批、减少审批收费、退还评价费 | 政策强制、税收减免、低息贷款、财政补贴、征收能源费作为参与门槛 | 政策强制、结果公示、低息贷款、成本补贴、财政补贴门槛、用户补助金、环保积分制、针对性宣传、学校课程体系、专门咨询服务 | 信息咨询、经济补贴、建筑能耗证书体系、低息贷款 | 政策强制、税收减免、激励政策资金、退税政策、评审机制公开透明 |
| 成员个数 | 1 | 5 | 4 | 4 | 11 | 3 |

（续）

| 项目 | 中国<br>GB/T 50378 | 美国<br>LEED | 英国<br>BREEAM | 日本<br>CASBEE | 德国<br>DGNB | 新加坡<br>Green Mark |
|---|---|---|---|---|---|---|
| 标准涵盖内容 | 绿色建筑评价标准 GB/T 50378—2019 | 建筑设计和建造、室内设计与装修、建筑运营与管理、社区发展、住宅设计与建造 | 社区、新建建筑、运行、改造 | 前期设计工具、新建建筑、既有建筑、建筑改造 | 新建办公、既有办公建筑、住宅建筑、公寓建筑、疗养建筑、教育设施、旅馆建筑、零售建筑、装配建筑、租住、街区 | 新建建筑、既有建筑、非建筑体系 |
| 评价阶段 | 建筑全生命周期 | 建筑全生命周期 | 设计—运行—改造 | 建筑全生命周期 | 建筑全生命周期 | 设计、施工、运营全过程 |
| 评估附加内容 | 提高与创新 | 创新地域优先 | 创新 | — | 选址质量 | 创新 |
| 等级指标 | 分值 | 分值 | %，得分比例 | 分值（BEE值） | %，得分比例 | 分值 |
| 认证等级 | 3 级 | 4 级 | 5 级 | 5 级 | 3 级 | 4 级 |
| 评价对象 | 住宅建筑、公共建筑 | 新建建筑、结构与表皮、零售建筑、学校类建筑、疗养类建筑、数据中心、物流仓储中心、酒店建筑、住宅建筑、既有建筑、社区 | 办公建筑、工业建筑、零售建筑、教育类建筑、疗养类建筑、监狱、法院、住宅机构 | 医院建筑、旅馆建筑、公寓建筑、办公建筑、学校建筑、零售建筑、饭店建筑、会堂建筑、工厂建筑 | 新建办公建筑、既有办公建筑、住宅建筑、公寓建筑、疗养建筑、教育设施、旅馆建筑、零售建筑、装配式建筑、工业建筑、租赁建筑、街区：城市街区、办公商业区、工业区、活动区 | 住宅建筑、办公建筑、零售建筑、超市建筑、餐厅、学校建筑、公园 |
| 条款项数（评分项+控制项）（包含附加板块） | 138 | 53 | 52 | 90 | 40 | 28 |
| 认证等级 | 三星级<br>二星级<br>一星级<br>基本级 | 铂金级<br>金级<br>银级<br>认证级 | 杰出<br>优秀<br>优良<br>良好<br>合格 | S 级<br>A 级<br>B+级<br>B-级<br>C 级 | 铂金级<br>金级<br>银级<br>铜级 | 白金级<br>金加级<br>金级<br>合格 |
| 评审认证 | 住建部 | 通过机构官方考试的资格人员 | 通过机构官方考试的资格人员 | 通过机构官方考试的资格人员 | DGNB 评审办公室 | 新加坡建设局 |

## 9.2 国内绿色建筑评价标准

### 9.2.1 国内绿色建筑发展历程

1992年，“联合国环境与发展大会”上可持续发展思想得到推广，绿色建筑逐渐成为发展方向，可持续发展和绿色建筑的概念引入我国。政府陆续颁布了若干相关纲要、导则和法规，大力推动绿色建筑的发展。2001年，建设部编制了《绿色生态住宅小区建设要点与技术导则》，对住宅生态环境建设和住宅产业化水平提出了更高的要求和相应的建议。2006年，建设部发布了第一部符合国情的《绿色建筑评价标准》(GB/T 50378—2006)，从民用建筑全生命周期出发，对绿色建筑进行综合性评价，对于明确绿色建筑设计方向、统一设计思想以及规范绿色建筑发展模式等，具有极其重要的意义。

我国在“十五”和“十一五”期间启动了有关绿色建筑方面的基础研究工作，“十二五”期间将绿色建筑研究作为主要领域并给予了支持。2017年，住建部发布《建筑节能与绿色建筑发展“十三五”规划》，旨在建设节能低碳、绿色生态、集约高效的建筑用能体系，推动住房城乡建设领域供给侧结构性改革。由此可见，绿色建筑是我国建筑发展的必然趋势。

### 9.2.2 国内绿色建筑相关标准

#### 1. 评价标准

(1)《绿色建筑评价标准》(GB/T 50378—2019) 该标准对绿色建筑和绿色性能有了新的明确的定义：绿色建筑是指在全生命周期内，节约资源、保护环境、减少污染，为人们提供健康、适用、高效的使用空间，最大限度地实现人与自然和谐共生的高质量建筑。

绿色建筑评价应在建筑工程竣工后进行，在建筑工程施工图设计完成后可以进行预评价。绿色建筑评价指标体系由安全耐久、健康舒适、生活便利、资源节约（节地、节能、节水、节材)、环境宜居5类指标组成，每类指标均包括控制项和评分项。评价指标体系还统一设置加分项。

绿色建筑评价分值设定应符合表9-3的规定。

表9-3 绿色建筑评价分值

| 项目 | 控制项基础分值 | 评价指标评分项满分值 | | | | | 提高与创新加分项满分值 |
|---|---|---|---|---|---|---|---|
| | | 安全耐久 | 健康舒适 | 生活便利 | 资源节约 | 环境宜居 | |
| 预评价分值 | 400 | 100 | 100 | 70 | 200 | 100 | 100 |
| 评价分值 | 400 | 100 | 100 | 100 | 200 | 100 | 100 |

绿色建筑评价的总得分计算公式如下：

$$Q=(Q_0+Q_1+Q_2+Q_3+Q_4+Q_5+Q_A)/10 \tag{9-1}$$

式中 $Q$——总得分；

$Q_0$——控制项基础分值，当满足所有控制项的要求时取400分；

$Q_1 \sim Q_5$——分别为评价指标体系5类指标（安全耐久、健康舒适、生活便利、资源节约、环境宜居）评分项得分；

$Q_A$——提高与创新加分项得分。

绿色建筑划分应为基本级、一星级、二星级、三星级4个等级。当满足全部控制项要求时，绿色建筑等级应为基本级。星级等级应按下列规定确定：

1）一星级、二星级、三星级3个等级的绿色建筑均应满足该标准全部控制项的要求，且每类指标的评分项得分不应小于其评分项满分值的30%。

2）一星级、二星级、三星级3个等级的绿色建筑均应进行全装修，全装修工程质量、选用材料及产品质量应符合国家现行有关标准的规定。

3）当总得分分别达到60分、70分、85分且应满足表9-4的要求时，绿色建筑等级分别为一星级、二星级、三星级。

表9-4 一星级、二星级、三星级绿色建筑的技术要求

| 项目 | 一星级 | 二星级 | 三星级 |
| --- | --- | --- | --- |
| 围护结构热工性能的提高比例，或建筑供暖空调负荷降低比例 | 围护结构提高5%，或负荷降低5% | 围护结构提高10%，或负荷降低10% | 围护结构提高20%，或负荷降低5% |
| 严寒和寒冷地区住宅建筑外窗传热系数降低比例 | 5% | 10% | 20% |
| 节水器具用水效率等级 | 3级 | 2级 | |
| 住宅建筑隔声性能 | — | 室外与卧室之间、分户墙（楼板）两侧卧室之间的空气声隔声性能以及卧室楼板的撞击声隔声性能达到低限标准限值和高要求标准限值的平均值 | 室外与卧室之间、分户墙（楼板）两侧卧室之间的空气声隔声性能以及卧室楼板的撞击声隔声性能达到高要求标准限值 |
| 室内主要空气污染物浓度降低比例 | 10% | 20% | |
| 外窗气密性能 | 符合国家现行相关节能设计标准的规定，且外窗洞口与外窗本体的结合部位应严密 | | |

注：1. 围护结构热工性能的提高基准、严寒和寒冷地区住宅建筑外窗传热系数降低基准均为国家现行相关建筑节能设计标准的要求。

2. 住宅建筑隔声性能对应的标准为现行国家标准《民用建筑隔声设计规范》（GB 50118）。

3. 室内主要空气污染物包括氨、甲醛、苯、总挥发性有机物、氡、可吸入颗粒物等，其浓度降低基准为现行国家标准《室内空气质量标准》（GB/T 18883）的有关要求。

（2）《建筑工程绿色施工评价标准》（GB/T 50640—2010） 绿色施工是指在保证质量、安全等基本要求的前提下，通过科学管理和技术进步，最大限度地节约资源，减少对环境负面影响，实现“四节一环保”（节能、节材、节水、节地和环境保护）的建筑工程施工活动。

绿色施工项目自评价次数每月不应少于1次，且每阶段不应少于1次。评价要素应由控制项、一般项、优选项三类评价指标组成。

1）控制项指标，必须全部满足；评价方法应符合表9-5的规定。

表 9-5 控制项评价方法

| 评分要求 | 结论 | 说明 |
|---|---|---|
| 措施到位，全部满足考评指标要求 | 符合要求 | 进入评分流程 |
| 措施不到位，不满足考评指标要求 | 不符合要求 | 一票否决，为非绿色施工项目 |

2）一般项指标，应根据实际发生项执行的情况计分，计分标准应符合表 9-6 的规定。

表 9-6 一般项计分标准

| 评分要求 | 评分 |
|---|---|
| 措施到位，全部满足考评指标要求 | 2 |
| 措施基本到位，部分满足考评指标要求 | 1 |
| 措施不到位，不满足考评指标要求 | 0 |

3）优选项指标，应根据实际发生项执行情况加分，加分标准应符合表 9-7 的规定。

表 9-7 优选项加分标准

| 评分要求 | 评分 |
|---|---|
| 措施到位，全部满足考评指标要求 | 1 |
| 措施基本到位，部分满足考评指标要求 | 0.5 |
| 措施不到位，不满足考评指标要求 | 0 |

（3）《既有建筑绿色改造评价标准》（GB/T 51141—2015） 绿色改造是指以节约能源资源、改善人居环境、提升使用功能等为目标，对既有建筑进行维护、更新、加固等活动。既有建筑绿色改造评价应分为设计评价和运行评价。设计评价应在既有建筑绿色改造工程施工图设计文件审查通过后进行，运行评价应在既有建筑绿色改造通过竣工验收并投入使用一年后进行。

既有建筑绿色改造评价指标体系应由规划与建筑、结构与材料、暖通空调、给水排水、电气、施工管理、运营管理 7 类指标组成，每类指标均包括控制项和评分项。评价指标体系还设置了加分项。设计评价时，不对施工管理和运营管理 2 类指标进行评价，但可预评相关条文；运行评价应对全部 7 类指标进行评价。

评价指标体系 7 类指标的总分均为 100 分。7 类指标各自的评分项得分 $Q_1$、$Q_2$、$Q_3$、$Q_4$、$Q_5$、$Q_6$、$Q_7$应按参评建筑该类指标的实际得分值除以适用于该建筑的评分项总分值再乘以 100 分计算。加分项的附加得分 $Q_8$应按该标准第 11 章的有关规定确定。

既有建筑绿色改造评价的总得分应按下列公式计算，其中评价指标体系 7 类指标评分项的权重 $w_1 \sim w_7$应按表 9-8 取值。

$$\sum Q = w_1Q_1 + w_2Q_2 + w_3Q_3 + w_4Q_4 + w_5Q_5 + w_6Q_6 + w_7Q_7 + Q_8 \tag{9-2}$$

既有建筑绿色改造的评价结果应分为一星级、二星级、三星级 3 个等级。3 个等级的绿色建筑均应满足该标准所有控制项的要求。当总得分分别达到 50 分、60 分、80 分时，绿色建筑等级应分别评为一星级、二星级、三星级。

### 2. 绿色建筑模拟计算要求

（1）声环境营造 声环境相关标准条文见表 9-9。

表 9-8 既有建筑绿色改造评价各类指标的权重

| 建筑类型<br>评价指标 | | 规划与建筑<br>$w_1$ | 结构与材料<br>$w_2$ | 暖通空调<br>$w_3$ | 给水排水<br>$w_4$ | 电气<br>$w_5$ | 施工管理<br>$w_6$ | 运营管理<br>$w_7$ |
|---|---|---|---|---|---|---|---|---|
| 设计评价 | 居住建筑 | 0.25 | 0.20 | 0.22 | 0.15 | 0.18 | — | — |
| | 公共建筑 | 0.21 | 0.19 | 0.27 | 0.13 | 0.20 | — | — |
| 运行评价 | 居住建筑 | 0.19 | 0.17 | 0.18 | 0.12 | 0.14 | 0.09 | 0.11 |
| | 公共建筑 | 0.17 | 0.15 | 0.22 | 0.10 | 0.16 | 0.08 | 0.12 |

注："—"表示施工管理和运行管理两类指标不参与设计评价。

表 9-9 声环境相关标准条文

| 标　准 | 条　文 |
|---|---|
| 《绿色建筑评价标准》(GB/T 50378—2019) | 5.1.4 主要功能房间的室内噪声级和隔声性能应符合下列规定：<br>1. 室内噪声级应满足现行国家标准《民用建筑隔声设计规范》(GB 50118) 中的低限要求<br>2. 外墙、隔墙、楼板和门窗的隔声性能应满足现行国家标准《民用建筑隔声设计规范》(GB 50118) 中的低限要求 |
| | 5.2.6 采取措施优化主要功能房间的室内声环境，评价总分值为 8 分。噪声级达到现行国家标准《民用建筑隔声设计规范》(GB 50118) 中的低限标准限值和高要求标准限值的平均值，得 4 分；达到高要求标准限值，得 8 分 |
| | 5.2.7 主要功能房间的隔声性能良好，评价总分值为 10 分，并按下列规则分别评分并累计：<br>1. 构件及相邻房间之间的空气声隔声性能达到现行国家标准《民用建筑隔声设计规范》(GB 50118) 中的低限标准限值和高要求标准限值的平均值，得 3 分；达到高要求标准限值的平均值，得 5 分<br>2. 楼板的撞击声隔声性能达到现行国家标准《民用建筑隔声设计规范》(GB 50118) 中的低限标准限值和高要求标准限值的平均值，得 3 分；达到高要求标准限值的平均值，得 5 分 |
| | 8.2.6 场地内的环境噪声优于现行国家标准《声环境质量标准》(GB 3096) 的要求，评价总分值为 10 分，并按下列规则评分：<br>1. 环境噪声值大于 2 类声环境功能区标准限值，且小于或等于 3 类声环境功能区标准限值，得 5 分<br>2. 环境噪声值小于或等于 2 类声环境功能区标准限值，得 10 分 |
| 《既有建筑绿色改造评价标准》(GB/T 51141) | 4.2.11 建筑主要功能房间的外墙、隔墙、楼板和门窗的隔声性能优于现行国家标准《民用建筑隔声设计规范》(GB 50118) 中的低限要求，评价总分值为 10 分，并按下列规则分别评分并累计：<br>1. 外墙和隔墙空气声隔声量达到低限标准限值和高要求标准限值的平均数值，得 3 分<br>2. 各类功能空间的门和外窗空气声隔声量达到低限标准限值和高要求标准限值的平均数值，得 3 分<br>3. 楼板空气声隔声量达到低限标准限值和高要求标准限值的平均数值，得 2 分<br>4. 楼板撞击声隔声性能达到低限标准限值和高要求标准限值的平均数值，得 2 分 |
| | 4.2.12 场地内无环境噪声污染，评价总分值为 5 分。场地内环境噪声符合现行国家标准《声环境质量标准》(GB 3096) 规定的限值，得 2 分；优于现行国家标准《声环境质量标准》(GB 3096) 规定的限值 5dB(A)，得 5 分 |
| | 4.2.15 主要功能房间的室内噪声级达到现行国家标准《民用建筑隔声设计规范》(GB 50118) 的相关要求，评价总分值为 5 分。噪声级达到该标准中的低限标准限值和高要求标准限值的平均值，得 3 分；达到高要求标准限值，得 5 分 |

（续）

| 标 准 | 条 文 |
| --- | --- |
| 《既有建筑绿色改造评价标准》（GB/T 51141） | 9.2.2 施工过程中采取有效的减振、降噪措施。在施工场地测量并记录噪声，其测定值符合现行国家标准《建筑施工场界环境噪声排放标准》（GB 12523）的有关规定，评价总分值为10分，并按下列规则分别评分并累计：<br>1. 使用低噪声、低振动的施工设备，得5分<br>2. 采取隔声、隔振等降噪技术措施，得5分 |
| 《建筑工程绿色施工评价标准》（GB/T 50640） | 5.2.8 噪声控制应符合下列规定：<br>1. 应采用先进机械、低噪声设备进行施工，机械、设备应定期保养维护<br>2. 产生噪声较大的机械设备，应尽量远离施工现场办公区、生活区和周边住宅区<br>3. 混凝土辅送泵、电锯房等应设有吸声降噪屏或其他降噪措施<br>4. 夜间施工噪声声强值应符合国家有关规定<br>5. 吊装作业指挥应使用对讲机传达指令 |
| | 5.3.1 施工作业面应设置隔声设施 |
| | 5.3.3 现场应设噪声监测点，并应实施动态监测 |

（2）光环境营造　光环境相关标准条文见表9-10。

表9-10　光环境相关标准条文

| 标 准 | 条 文 |
| --- | --- |
| 《绿色建筑评价标准》（GB/T 50378—2019） | 5.1.5 建筑照明应符合下列规定：<br>1. 照明数量和质量应符合现行国家标准《建筑照明设计标准》（GB 50034）的规定<br>2. 人员长期停留的场所应采用符合现行国家标准《灯和灯系统的光生物安全性》（GB/T 20145）规定的无危险类照明产品<br>3. 选用LED照明产品的光输出波形的波动深度应满足现行国家标准《LED室内照明应用技术要求》（GB/T 31831）的规定 |
| | 5.2.8 充分利用天然光，评价总分值为12分，并按下列规则分别评分并累计：<br>1. 住宅建筑室内主要功能空间至少60%面积比例区域，其采光照度值不低于300 lx的小时数平均不少于8h/d，得9分<br>2. 公共建筑按下列规则分别评分并累计：<br>1）内区采光系数满足采光要求的面积比例达到60%，得3分<br>2）地下空间平均采光系数不小于0.5%的面积与地下室首层面积的比例达到10%以上，得3分<br>3）室内主要功能空间至少60%面积比例区域的采光照度值不低于采光要求的小时数平均不少于4h/d，得3分<br>3. 主要功能房间有眩光控制措施，得3分 |
| | 7.1.4 主要功能房间的照明功率密度值不应高于现行国家标准《建筑照明设计标准》（GB 50034）规定的现行值；公共区域的照明系统应采用分区、定时、感应等节能控制；采光区域的照明控制应独立于其他区域的照明控制 |

（续）

| 标　准 | 条　文 |
|---|---|
| 《绿色建筑评价标准》（GB/T 50378—2019） | 7.2.7 采用节能型电气设备及节能控制措施，评价总分值为 10 分，并按下列规则分别评分并累计：<br>1. 主要功能房间的照明功率密度值达到现行国家标准《建筑照明设计标准》（GB 50034）规定的目标值，得 5 分<br>2. 采光区域的人工照明随天然光照度变化自动调节，得 2 分<br>3. 照明产品、三相配电变压器、水泵、风机等设备满足国家现行有关标准的节能评价值的要求，得 3 分 |
| | 8.1.1 建筑规划布局应满足日照标准，且不得降低周边建筑的日照标准 |
| | 8.2.7 建筑及照明设计避免产生光污染，评价总分值为 10 分，并按下列规则分别评分并累计：<br>1. 玻璃幕墙的可见光反射比及反射光对周边环境的影响符合《玻璃幕墙光热性能》（GB/T 18091）的规定，得 5 分<br>2. 室外夜景照明光污染的限制符合现行国家标准《室外照明干扰光限制规范》（GB/T 35626）和现行行业标准《城市夜景照明设计规范》（JGJ/T 163）的规定，得 5 分 |
| 《既有建筑绿色改造评价标准》（GB/T 51141） | 4.2.14 建筑及照明设计避免产生光污染，评价总分值为 4 分，并按下列规则分别评分并累计：<br>1. 玻璃幕墙可见光反射比不大于 0.3，或不采用玻璃幕墙，得 2 分<br>2. 室外夜景照明光污染的限制符合现行行业标准《城市夜景照明设计规范》（JGJ/T 163）的有关规定，得 2 分 |
| | 4.2.16 采用合理措施改善室内及地下空间的天然采光效果，评价总分值为 6 分，并按下列规则分别评分并累计：<br>1. 居住建筑中，起居室、卧室的窗地面积比达到 1/6，得 4 分；公共建筑中，主要功能房间 70%以上面积的采光系数满足现行国家标准《建筑采光设计标准》（GB 50033）的要求，得 4 分<br>2. 地下空间合理增设天然采光措施，得 2 分 |
| | 8.1.1 公共建筑主要功能房间和居住建筑公共空间的照度、照度均匀度、显色指数、眩光等指标应符合现行国家标准《建筑照明设计标准》（GB 50034）的有关规定 |
| | 8.1.2 公共建筑主要功能房间和居住建筑公共车库的照明功率密度值（LPD）不应高于现行国家标准《建筑照明设计标准》（GB 50034）规定的现行值 |
| | 8.1.6 夜景照明应设置平时、一般节日、重大节日三级照明控制模式 |
| | 8.2.6 不采用间接照明或漫射发光顶棚的照明方式，评价分值为 5 分 |
| | 8.2.7 走廊、楼梯间、门厅、大堂、车库等公共区域均采用发光二极管（LED）照明，评价分值为 10 分 |
| | 8.2.12 在照明质量符合现行国家标准《建筑照明设计标准》（GB 50034）的前提下，公共建筑主要功能房间或场所、居住建筑公共车库的照明功率密度值（LPD）低于现行国家标准《建筑照明设计标准》（GB 50034）规定的现行值，评价总分值为 15 分。照明功率密度值每降低 2%得 1 分，最高得 15 分 |

（续）

| 标　准 | 条　文 |
| --- | --- |
| 《既有建筑绿色改造评价标准》（GB/T 51141） | 8.2.13 在照度均匀度、显色指数、眩光、照明功率密度值等指标满足现行国家标准《建筑照明设计标准》（GB 50034）要求的前提下，照度不超过标准值的10%，评价分值为10分 |
| | 11.2.4 在满足采光标准值要求的基础上，主要功能房间的采光质量满足现行国家标准《建筑采光设计标准》（GB 50033）的有关要求，且采光效果改善后照明用电量减少20%以上，评价分值为1分 |
| 《建筑工程绿色施工评价标准》（GB/T 50640） | 5.2.7 光污染应符合下列规定：<br>1. 夜间焊接作业时，应采取挡光措施<br>2. 工地设置大型照明灯具时，应有防止强光线外泄的措施 |
| | 8.2.1 临时用电设施应符合下列规定：<br>1. 应采用节能型设施<br>2. 临时用电应设置合理，管理制度应齐全并应落实到位<br>3. 现场照明设计应符合国家现行标准《施工现场临时用电安全技术规范》（JGJ 46）的规定 |
| | 8.3.4 办公、生活和施工现场，采用节能照明灯具的数量应大于80% |
| 《绿色建筑运行维护技术规范》（JGJ/T 391） | 5.4.5 室内照度和照明时间宜结合建筑使用需求和自然采光状况进行调节 |

（3）风环境营造　风环境相关标准条文见表9-11。

表9-11　风环境相关标准条文

| 标　准 | 条　文 |
| --- | --- |
| 《绿色建筑评价标准》（GB/T 50378—2019） | 5.2.10 优化建筑空间和平面布局，改善自然通风效果，评价总分值为8分，并按下列规则评分：<br>1. 住宅建筑：通风开口面积与房间地板面积的比例在夏热冬暖地区达到12%，在夏热冬冷地区达到8%，在其他地区达到5%，得5分；每再增加2%，再得1分，最高得8分<br>2. 公共建筑：过渡季典型工况下主要功能房间平均自然通风换气次数不小于2次/h的面积比例达到70%，得5分；每再增加10%，再得1分，最高得8分 |
| | 8.2.8 场地内风环境有利于室外行走、活动舒适和建筑的自然通风，评价总分值为10分，并按下列规则分别评分并累计：<br>1. 在冬季典型风速和风向条件下，按下列规则分别评分并累计：<br>1）建筑物周围人行区距地高1.5m处风速小于5m/s，户外休息区、儿童娱乐区风速小于2m/s，且室外风速放大系数小于2，得3分<br>2）除迎风第一排建筑外，建筑迎风面与背风面表面风压差不大于5Pa，得2分<br>2. 过渡季、夏季典型风速和风向条件下，按下列规则分别评分并累计：<br>1）场地内人活动区不出现涡旋或无风区，得3分<br>2）50%以上可开启外窗室内外表面的风压差大于0.5Pa，得2分 |
| 《既有建筑绿色改造评价标准》（GB/T 51141） | 4.2.13 建筑场地经过场区功能重组、构筑物与景观的增设等措施，改善场区的风环境，评价总分值为5分，并按下列规则分别评分并累计：<br>1. 冬季典型风速和风向条件下，建筑物周围人行区风速低于5m/s，且室外风速放大系数小于2，得3分<br>2. 过渡季、夏季典型风速和风向条件下，场地内人活动区不出现涡旋或无风区，得2分 |

（4）热环境营造 热环境相关标准条文见表 9-12。

表 9-12 热环境相关标准条文

<table>
<tr><th>标 准</th><th>条 文</th></tr>
<tr><td rowspan="10">《绿色建筑评价标准》（GB/T 50378—2019）</td><td>5.1.6 应采取措施保障室内热环境。采用集中供暖空调系统的建筑，房间内的温度、湿度、新风量等设计参数应符合现行国家标准《民用建筑供暖通风与空气调节设计规范》（GB 50736）的有关规定；采用非集中供暖空调系统的建筑，应具有保障室内热环境的措施或预留条件</td></tr>
<tr><td>5.1.7 围护结构热工性能应符合下列规定：<br>1. 在室内设计温度、湿度条件下，建筑非透光围护结构内表面不得结露<br>2. 供暖建筑的屋面、外墙内部不应产生冷凝<br>3. 屋顶和外墙隔热性能应满足现行国家标准《民用建筑热工设计规范》（GB 50176）的要求</td></tr>
<tr><td>5.1.8 主要功能房间应具有现场独立控制的热环境调节装置。</td></tr>
<tr><td>5.2.9 具有良好的室内热湿环境，评价总分值为 8 分，并按下列规则评分：<br>1. 采用自然通风或复合通风的建筑，建筑主要功能房间室内热环境参数在适应性热舒适区域的时间比例，达到 30%，得 2 分；每再增加 10%，再得 1 分，最高得 8 分<br>2. 采用人工冷热源的建筑，主要功能房间达到现行国家标准《民用建筑室内热湿环境评价标准》（GB/T 50785）规定的室内人工冷热源热湿环境整体评价Ⅱ级的面积比例，达到 60%，得 5 分；每再增加 10%，再得 1 分，最高得 8 分</td></tr>
<tr><td>5.2.11 设置可调节遮阳设施，改善室内热舒适，评价总分值为 9 分，根据可调节遮阳设施的面积占外窗透明部分的比例按下表的规则评分<br><table><tr><th>可调节遮阳设施的面积占外窗透明部分比例 $S_Z$</th><th>得分</th></tr><tr><td>$25\% \leq S_Z < 35\%$</td><td>3</td></tr><tr><td>$35\% \leq S_Z < 45\%$</td><td>5</td></tr><tr><td>$45\% \leq S_Z < 55\%$</td><td>7</td></tr><tr><td>$S_Z \geq 55\%$</td><td>9</td></tr></table></td></tr>
<tr><td>7.1.3 应根据建筑空间功能设置分区温度，合理降低室内过渡区空间的温度设定标准</td></tr>
<tr><td>7.1.5 冷热源、输配系统和照明等各部分能耗应进行独立分项计量</td></tr>
<tr><td>7.2.4 优化建筑围护结构的热工性能，评价总分值为 15 分，并按下列规则评分：<br>1. 围护结构热工性能比国家现行相关建筑节能设计标准规定的提高幅度达到 5%，得 5 分；达到 10%，得 10 分；达到 15%，得 15 分<br>2. 建筑供暖空调负荷降低 5%，得 5 分；降低 10%，得 10 分；降低 15%，得 15 分</td></tr>
<tr><td>8.1.2 室外热环境应满足国家现行有关标准的要求</td></tr>
<tr><td>8.2.9 采取措施降低热岛强度，评价总分值为 10 分，按下列规则分别评分并累计：<br>1. 场地中处于建筑阴影区外的步道、游憩场、庭院、广场等室外活动场地设有乔木、花架等遮阴措施的面积比例，住宅建筑达到 30%，公共建筑达到 10%，得 2 分；住宅建筑达到 50%，公共建筑达到 20%，得 3 分<br>2. 场地中处于建筑阴影区外的机动车道，路面太阳辐射反射系数不小于 0.4 或设有遮阴面积较大的行道树的路段长度超过 70%，得 3 分<br>3. 屋顶的绿化面积、太阳能板水平投影面积以及太阳辐射反射系数不小于 0.4 的屋面面积合计达到 75%，得 4 分</td></tr>
</table>

（续）

| 标　准 | 条　文 |
| --- | --- |
| 《既有建筑绿色改造评价标准》（GB/T 51141） | 4.2.10 建筑围护结构具有良好的热工性能，评价总分值为15分，并按下列规则评分：<br>1. 建筑围护结构热工性能比原有围护结构提升幅度达到35%，得10分；达到45%，得15分<br>2. 由围护结构形成的供暖空调全年计算负荷比原有围护结构的降低幅度达到35%，得10分；达到45%，得15分<br>3. 围护结构热工性能达到国家现行有关建筑节能设计标准的规定，得12分；围护结构中屋面、外墙、外窗（含透光幕墙）部位的热工性能参数优于国家现行有关建筑节能设计标准规定值5%，各加1分，最多加3分<br>4. 由围护结构形成的供暖空调全年计算负荷不高于按国家现行有关建筑节能设计标准规定的计算值，得12分；降低5%，得15分 |
| | 6.1.3 不应采用电直接加热设备作为供暖热源和空气加湿热源 |
| | 6.1.4 设置集中供暖空调系统的建筑，房间内的温度、湿度、新风量等参数应符合现行国家标准《民用建筑供暖通风与空气调节设计规范》（GB 50736）的有关规定 |
| | 6.2.7 暖通空调系统的末端装置现场可独立调节，评价总分值为10分，并按下列规则评分：<br>1. 居住建筑的末端装置可独立调节的户数比例达到70%，得5分；达到90%，得10分<br>2. 公共建筑的末端装置可独立调节的主要功能房间面积比例达到70%，得5分；达到90%，得10分 |
| | 6.2.14 室内热湿环境满足现行国家标准《民用建筑室内热湿环境评价标准》（GB/T 50785）的要求，评价总分值为7分。热湿环境评价等级达到Ⅱ级，得4分；达到Ⅰ级，得7分 |
| | 11.2.1 建筑围护结构的热工性能优于国家现行有关建筑节能设计标准的规定，评价总分值为2分，并按下列规则评分：<br>1. 围护结构热工性能参数优于国家现行有关建筑节能设计标准的规定值10%，得1分；优于规定值15%，得2分<br>2. 由建筑围护结构形成的供暖空调全年计算负荷低于按国家现行有关建筑节能设计标准规定的计算值10%，得1分；低于15%，得2分 |
| 《绿色建筑运行维护技术规范》（JGJ/T 391） | 5.2.1 室内运行设定温度，冬季不得高于设计值2℃，夏季不得低于设计值2℃ |
| | 5.2.2 采用集中空调且人员密集的区域，运行过程中的新风量应根据实际室内人员需求进行调节，并应符合现行国家标准《民用建筑供暖通风与空气调节设计规范》（GB 50736）的有关规定 |
| | 5.2.3 制冷（制热）设备机组运行宜采取群控方式，并应根据系统负荷的变化合理调配机组运行台数 |
| | 5.2.4 制冷设备机组的出水温度宜根据室外气象参数和除湿负荷的变化进行设定 |
| | 5.2.5 技术经济合理时，空调系统在过渡季节宜根据室外气象参数实现全新风或可调新风比运行，宜根据新风和回风的焓值控制新风量和工况转换 |
| | 5.2.6 采用变频运行的水系统和风系统，变频设备的频率不宜低于30Hz |
| | 5.2.7 采用排风能量回收系统运行时，应根据实际应用情况制定合理的控制策略 |
| | 5.2.8 在满足室内空气参数控制要求时，冰蓄冷空调通风系统宜加大供回水温差 |
| | 5.2.9 暖通空调系统运行中应保证水力平衡和风量平衡 |
| | 5.2.10 冷却塔出水温度设定值宜根据室外空气湿球温度确定；冷却塔风机运行数量及转速宜根据冷却塔出水温度进行调节 |
| | 5.2.11 冷水机组冷凝器侧污垢热阻宜根据冷水机组的冷凝温度和冷却水出口温度差的变化进行监控 |
| | 5.2.12 建筑宜通过调节新风量和排风量，维持相对微正压运行 |
| | 5.2.13 建筑使用时宜根据气候条件和建筑负荷特性充分利用夜间预冷 |

（5）建筑能耗相关条文　建筑能耗相关标准条文见表9-13。

表9-13　建筑能耗相关标准条文

| 标　准 | 条　文 |
|---|---|
| 《绿色建筑评价标准》（GB/T 50378—2019） | 7.1.2 应采取措施降低部分负荷、部分空间使用下的供暖、空调系统能耗，并应符合下列规定：<br>1. 应区分房间的朝向细分供暖、空调区域，并应对系统进行分区控制<br>2. 空调冷源的部分负荷性能系数（IPLV）、电冷源综合制冷性能系数（SCOP）应符合现行国家标准《公共建筑节能设计标准》（GB 50189）的规定 |
| | 7.2.6 采取有效措施降低供暖空调系统的末端系统及输配系统的能耗，评价总分值为5分，并按以下规则分别评分并累计：<br>1. 通风空调系统风机的单位风量耗功率比现行国家标准《公共建筑节能设计标准》（GB 50189）的规定低20%，得2分<br>2. 集中供暖系统热水循环泵的耗电输热比、空调冷热水系统循环水泵的耗电输冷（热）比比现行国家标准《民用建筑供暖通风与空气调节设计规范》（GB 50736）规定值低20%，得3分 |
| | 7.2.8 采取措施降低建筑能耗，评价总分值为10分。建筑能耗相比国家现行有关建筑节能标准降低10%，得5分；降低20%，得10分 |
| | 9.2.1 采取措施进一步降低建筑供暖空调系统的能耗，评价总分值为30分。建筑供暖空调系统能耗相比国家现行有关建筑节能标准降低40%，得10分；每再降低10%，再得5分，最高得30分 |
| | 9.2.7 进行建筑碳排放计算分析，采取措施降低单位建筑面积碳排放强度，评价分值为12分 |
| 《既有建筑绿色改造评价标准》（GB/T 51141） | 4.2.9 合理采用被动式措施降低供暖或空调能耗，评价总分值为10分，并按下列规则分别评分并累计：<br>1. 严寒和寒冷地区，在建筑入口处设置门斗或挡风门廊，且居住建筑设置保温门或公共建筑设置自控门；夏热冬冷和夏热冬暖地区，合理采取外遮阳措施，得4分<br>2. 对于居住建筑，通风开口面积与房间地板面积的比例，夏热冬暖地区达到10%，夏热冬冷地区达到8%，其他地区达到5%，得2分；对于公共建筑，过渡季典型工况下主要功能房间的平均自然通风换气次数不小于2次/h的面积比例达到75%，得2分<br>3. 合理采用引导气流的措施，得2分<br>4. 合理采用被动式太阳能技术，得2分 |
| | 6.1.2 暖通空调系统进行改造时，应按现行国家标准《民用建筑供暖通风与空气调节设计规范》（GB 50736）对热负荷和逐时冷负荷进行详细计算，并应核对节能诊断报告 |
| | 6.2.3 采取措施降低部分负荷及部分空间使用下的暖通空调系统能耗，评价总分值为9分，并按下列规则分别评分并累计：<br>1. 区分房间的朝向，细分供暖、空调区域，对系统进行分区控制，得3分<br>2. 合理选配空调冷、热源机组台数与容量，制定实施根据负荷变化调节制冷（热）量的控制策略，且空调冷源的部分负荷性能符合现行国家标准《公共建筑节能设计标准》（GB 50189）的有关规定，得3分<br>3. 水系统、风系统采用变频技术，且采取相应的水力平衡措施，得3分 |
| | 6.2.12 合理选择和优化暖通空调系统，降低暖通空调系统能耗，评价总分值为10分。暖通空调系统能耗比改造前的降低幅度达到20%，得5分；达到25%，得7分；达到30%，得10分 |
| | 6.2.13 改造方案在实现系统节能的前提下具有较好的经济性，评价总分值为8分。暖通空调系统能耗比改造前的降低幅度达到20%，静态投资回收期不大于5年，得4分；不大于3年，得8分 |

（续）

| 标　准 | 条　文 |
|---|---|
| 《建筑工程绿色施工评价标准》（GB/T 50640） | 8.1.1 对施工现场的生产、生活、办公和主要耗能施工设备应设有节能的控制措施 |
| | 8.1.2 对主要耗能施工设备应定期进行耗能计量核算 |

### 9.2.3 各版《绿色建筑评价标准》对比

2006年，我国颁布第一版《绿色建筑评价标准》（GB/T 50378—2006），拉开了我国绿色建筑发展的序幕，有效指导了我国绿色建筑实践工作。2014年，我国修订发布《绿色建筑评价标准》（GB/T 50378—2014），扩展了标准适用范围，改进了评价指标体系和评价方法。随着建筑行业的发展，绿色建筑的需求不断提高，住建部于2019年发布第三版《绿色建筑评价标准》（GB/T 50378—2019），重新构建了绿色建筑评价技术指标体系，提高了绿色建筑性能要求。

2019年新标准主要分为总则、术语、基本规定、安全耐久、健康舒适、生活便利、资源节约、环境宜居、提高与创新9部分。与2014版标准对比，修订的主要技术内容是：①重新构建了绿色建筑评价技术指标体系；②调整了绿色建筑的评价时间节点；③增加了绿色建筑等级；④拓展了绿色建筑内涵；⑤提高了绿色建筑性能要求。新旧国标主要内容变化对比见表9-14。

表9-14 新旧国标主要内容变化对比

| 序号 | 区别 | GB/T 50378—2014 | GB 50378—2019 |
|---|---|---|---|
| 1 | 绿色建筑定义不同 | 在全寿命期内，最大限度地节约资源（节能、节地、节水、节材）、保护环境、减少污染，为人们提供健康、适用和高效的使用空间，与自然和谐共生的建筑 | 在全寿命期内，节约资源、保护环境、减少污染，为人们提供健康、适用、高效的使用空间，最大限度地实现人与自然和谐共生的高质量建筑 |
| 2 | 内涵不同 | “四节一环保” | 兼顾“四节一环保”，并融入健康建筑、绿色生活等内容 |
| 3 | 条文数量 | 140条 | 112条 |
| 4 | 评价阶段不同 | 设计阶段评价、运营阶段评价 | 预评价、评价 |
| 5 | 评价指标体系不同 | 7类指标 | 5类指标 |
| 6 | 分值及计算方法不同 | 各指标分值为100分，加权计算得总分 | 基础分+各指标分值，基础分与各指标得分值的平均分 |
| 7 | 划分等级不同 | 一、二、三星级 | 基础级、一、二、三星级 |
| 8 | 各类指标达标条件不同 | 控制项必须达标，且各类指标得分不小于40分 | 除基础级控制项全达标外，一、二、三星级绿色建筑要求全装修，各指标评分项不小于其评分项满分值的30%，还需满足节能、节水、隔声、空气质量及外窗气密性等要求 |
| 9 | 绿色金融 | — | 明确了申请绿色金融服务的建筑项目的要求 |

# 9.3 国外绿色建筑评价标准体系

## 9.3.1 LEED 简介

LEED 绿色建筑认证是目前国际上商业推广较为成功的绿色建筑分级评估体系，每天约有 170 万 $ft^2$（$1ft^2=0.093m^2$）的建筑通过 LEED 进行认证。建筑上的 LEED 标志意味着该建筑的质量和绿色建筑方面的成就。LEED 认证可为建筑或者社区开发中的绿色元素提供独立的验证方式，评估包括建筑的设计、施工、运营、维护、高能效、健康、成本效益等方面。LEED 注重的是行动、利民、共生三方面的平衡统一。LEED 认证意味着通过鼓励能源和资源的有效利用来获取更健康、更高产的建筑，同时降低对环境的压力，并能够从增加建筑价值、高出租率和低使用成本中获益。

### 1. LEED 起源和发展

1993 年，Rick Redrizzi、David Gottfried 和 Mike Italiano 创立了美国绿色建筑委员会（The U. S. Green Building Council，USGBC）。肩负着“在建筑设计和施工过程中推广可持续发展理念”的使命，同时本着“更好的建筑是我们留给未来的遗产”的愿景，USGBC 于 1994 年秋起草了绿色建筑分级评估体系“能源与环境设计先锋奖”（Leadership in Energy and Environmental Design，LEED)，并于 1998 年 8 月正式推出 LEED V1. 0 版本的试验性计划（Pilot Program)。1999 年在 LEED 1. 0 Pilot Program 成功的基础上，USGBC 召开了一次专家审议会，讨论形成了 LEED V2. 0 版本，经广泛、全面的修订后，于 2000 年 3 月正式发布。在经过两个版本的初步实践和测评后，USGBC 很快意识到推动可持续建筑发展的首要任务是建立一套科学合理的体系来定义和评估绿色建筑，并不断进行体系修订和补充。因此，USGBC 相继又推出了 LEED V2. 1、LEED V2. 2、LEED 2009 版本、LEED V4. 0 版本和 LEED V4. 1 版本。

目前最新推出的是 LEED V4. 1 版本。图 9-1 体现了 LEED 体系演变过程，2019 年，USGBC 通过 LEED 4. 1 提高了绿色建筑的标准，LEED 认证正式进入 LEED V4. 1 时代。

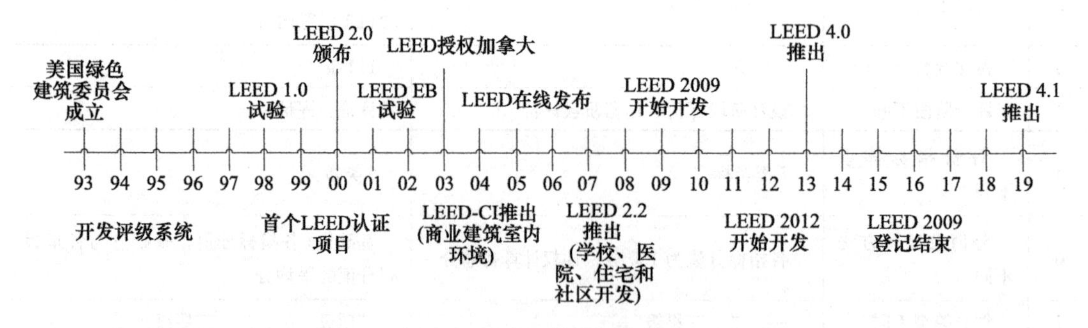


图 9-1 LEED 体系演变过程

### 2. LEED 评估体系

LEED 认证常用七种针对不同建筑类型和业态的评估体系分别为：

1）面向新建筑的评估体系（LEED for New Construction，LEED-NC)。

2）提倡业主和租户共同发展（LEED for Core &. Shell，LEED-CS)。

3）绿色学校（LEED for School)。

4）针对商业内部装修（LEED for Commercial Interior，LEED-CI)。

5）强调建筑营运管理评估（LEED for Existing Building, LEED EB）。

6）社区规划与发展评估（LEED for Neighborhood Development, LEED-ND）。

7）住宅评估产品（LEED for Homes）。

对于新建单体建筑（LEED-V4 BD+C）评估体系，是在 LEED V4.0 版本基础上增补，评估结构包括九大指标：整合过程（Integrative Process）、选址与交通（Location and Transportation）、可持续发展建筑场地（Sustainable Sites）、节水（Water Efficiency）、能源与环境（Energy and Atmosphere）、材料与资源（Materials and Resources）、室内环境质量（Indoor Environmental Quality）、创新和设计（Innovation and Design Process）、本地优先（Regional Priority Credits）。

评估体系中，总分为 110 分。申请 LEED 认证的建筑，当评分为 40~49 分时，该建筑为 LEED 的认证级（Certified）；评分为 50~59 分时，为 LEED 银级（Silver）；评分为 60~79 分时，为 LEED 金级（Gold）；当评分为 80 分以上（含 80 分）时，为 LEED 铂金级（Platinum）。

绿色建筑专业人员可以通过 LEED 专业认证考试（LEED Accredited Professional Exam）成为 LEED 认证专业人员。专业认证资质由绿色建筑委员会（USGBC）管理。目前有三个级别的 LEED 专业认证资格，由低到高分别是：LEED Green Associate、LEED AP 和 LEED Fellow。其中 LEED AP 按专业技术领域的不同，分为 LEED AP（BD+C）建筑设计和建造、LEEDAP（ID+C）内部设计和建造、LEEDAP（O+M）既有建筑运行和维护、LEED AP（Homes）住宅建筑、LEED AP（ND）社区开发等。

每一套 LEED 认证体系几乎都会涉及建筑能耗和天然采光的评价，评价过程主要有三个选项：数值模拟、手工计算、严格按规范设计。数值模拟由于更能适应复杂多变的设计方案，结果明确直观，应用最为广泛。

### 9.3.2 WELL 简介

WELL 建筑标准由 Delos 创立，并由国际健康建筑学会（IWBI）管理，是 IWBI 通过与 GBCI 合作的第三方认证，它由医学、科学和工程等行业的领军人物共同合作，历经了 7 年的严谨研究。WELL 建筑标准体现了健康与幸福因素在设计和施工过程中的实践。它利用建筑环境作为载体，为人类的健康、幸福和舒适提供支持。经过 WELL 认证的空间以及符合 WELL 标准核心的建筑，均可为使用者提供高品质的建筑环境，包括：营养、健康、情绪、睡眠模式和性能等方面。WELL 的特点可总结为以下四个方面：

1）WELL 是第一个以建筑使用者的健康和幸福为评估核心的建筑标准。

2）WELL 定义了 102 个性能指标、设计策略和实施流程，便于建筑的开发商、工程师、承包商、用户和操作人员实施。

3）WELL 的开发是基于既有室内空间对个人影响的研究，同时参考了同行业的标准。

4）为了达到 WELL 建筑标准的要求，目标建筑需经过第三方的现场评估和性能检测。

目前使用的是 WELL 建筑标准 1.0 版本，适用于商业和工业建筑，包括三种项目类型：新建建筑和主体改造项目、租户改造项目、核心开发项目。

WELL 未来还将推出针对特定需求的建筑标准，包括面向多户住宅、零售和餐饮、体育设施和会议中心、学校和医疗设施等。

WELL 建筑标准 1.0 版本的评估结构包括七大要素：空气（Air）、水（Water）、营养（Nourishment）、光（Light）、健身（Fitness）、舒适（Comfort）、心理和情绪（Mind）。这七大要素均包含先决条件（Precondition）和优化项（Optimization），项目在满足全部先决条件要求前提下，用优化项达到的比例再折算成分数，即可获得相应的认证级别。WELL 认证级别分为：银级（5~6

分)、金级(7~8分)、铂金级(9~10分)。WELL认证等级划分见表9-15。

表9-15 WELL认证等级划分

| 项 目 类 型 | 先决条件 | 优化项 | 总计 |
|---|---|---|---|
| 新建建筑和主体改造项目 | 41 | 61 | 102 |
| 租户改造项目 | 37 | 64 | 101 |
| 核心开发项目 | 25 | 26 | 51 |

WELL认证分数核算方法，项目需要满足所有的先决条件。在此基础上，使用以下计算公式：

$$\text{各要素 WELL 得分} = 5 + (\text{要素可得优化项数} / \text{该要素总优化项数}) \times 5 \tag{9-3}$$

$$\text{项目 WELL 总得分} = \sum \text{各要素 WELL 得分} \tag{9-4}$$

### 9.3.3 BREEAM简介

BREEAM评价体系是由英国建筑研究院Building Research Establishment(BRE)制定的绿色建筑评价标准。BREEAM是全球最早的绿色建筑评价体系，在世界绿色建筑史上具有重要的地位。BREEAM(建筑研究机构的环境评估方法)是世界上第一个建筑环境可持续发展评级体系，它对英国建筑设计、建造和使用的可持续发展有很大贡献。BREEAM评价体系从管理、健康舒适、能源、交通、水资源、材料、废弃物、土地利用和生态、污染、创新10个方面进行评分，认证等级分为合格、良好、优良、优秀、杰出等5个等级。等级标准见表9-16，同时需要满足各等级的最低标准(得到的评分)。

表9-16 BREEAM评价体系等级标准

| BREEAM等级 | 百分数(%) | BREEAM等级 | 百分数(%) |
|---|---|---|---|
| 不通过 | $<30$ | 优良 | $\geqslant 55$ |
| 合格 | $\geqslant 30$ | 优秀 | $\geqslant 70$ |
| 良好 | $\geqslant 45$ | 杰出 | $\geqslant 85$ |

### 9.3.4 CASBEE简介

日本建筑物综合环境性能评价体系(Comprehensive Assessment System for Building Environmental Efficiency，CASBEE)主要由日本可持续建筑协会(JSBC)开发，开发成员来自产(企业)、政(政府)、学(学术界)。其从2001年开始进行研究，自2003年颁布了针对新建建筑的评价标准，截至目前先后颁布了CASBEE新建建筑(简版)、CASBEE既有建筑、CASBEE既有建筑(简版)、CASBEE改造、CASBEE改造(简版)、CASBEE热岛、CASBEE城市发展、CASBEE市区+建筑、CASBEE城市、CASBEE独立式住宅、CASBEE市场推广(暂定版)和CASBEE资产评估等。CASBEE是亚洲第一部完整的绿色建筑评价工具，具有良好的地区适应性。

目前应用CASBEE可进行建筑物环境效率评价和$LCCO_2$评价。其中，建筑物环境效率评价根据BEE的数值，更为简洁、明确地将建筑物的评价结果由高到低划分为5个等级，三星级以上为绿色建筑。$LCCO_2$评价则是对从建筑建设、运营直至废弃的全生命期$CO_2$排出量的$LCCO_2$评价，引入了自动而简单的计算$LCCO_2$的标准计算方式，加入了基于BEE的综合评价，将评价建

筑与参考建筑的 $LCCO_2$进行比较，标明比率，同样划分为5个等级。

在 CASBEE 评估体系中，建筑的全生命周期相对应设置了 CASBEE-规划（Tool-0）、CASBEE-新建（Tool-1）、CASBEE-既有（Tool-2）和 CASBEE-改造（Tool-3）4 项基本工具，即预先设计 CASBEE 工具（CASBEE-PD）、新建建筑的 CASBEE 工具（CASBEE-NC）、既有建筑 CASBEE 工具（CASBEE-EB）、建筑翻修 CASBEE 工具（CASBEE-RN）；在基本工具之上针对一些特定用途开发了扩展工具，如 CASBEE-热岛（Tool-4）、CASBEE-住宅（独户独栋）(Tool-11)、CASBEE-街区建设（Tool-21）；此外还有简易版本、地方版本等。将这些统称为 CASBEE 家族。

### 9.3.5 DGNB 简介

德国可持续建筑认证标准 DGNB 是德国可持续建筑委员会开发编制的绿色建筑评估认证体系，于 2008 年首次颁布。DGNB 系统不评估单个措施，而是根据标准评估建筑物的整体性能。新建建筑总共考虑了 37 条标准，涉及 6 个主题：生态、经济、社会文化和功能方面、技术、过程和场所。各个标准的权重取决于建筑物的类型。所有用途的共同点是，如果以出色的方式满足标准，则该项目将获得铂金、金或银级证书或预认证证书。DGNB 2020 年国际版是 DGNB 认证系统下所有可用的新建筑方案的“伞形文件”。目前涵盖 9 个新建筑方案：新办公大楼、新教学楼、新住宅楼、新酒店建筑、新消费市场建筑、新购物中心大楼、新百货公司、新物流大楼、新生产大楼。第一代绿色建筑评估体系片面强调单项技术应用，缺乏整体性，导致设备简单叠加、达不到节能效果、建设成本增加、后期运营成本增加，项目获得其认证并不能满足业主、使用者的要求。在相同投资条件下，按照 DGNB 系统进行设计和认证可以达到相对高的建筑质量，获得在绿色生态节能、建筑使用功能、降低运营成本等各方面综合性能最好的建筑，使物业持有者和使用者获得最大收益。DGNB 系统认证分为四个等级：从低到高依次为铜级（Bronze）、银级（Silver）、金级（Gold）和铂金级（Platinum）。若总性能指标达到 80%，同时 5 个分类的性能指标均达到 65%，则评定为铂金级；总性能指标达到 65%，同时 5 个分类的性能指标均达到 50%，则评定为金级；总性能指标达到 50%，同时 5 个分类的性能指标均达到 35%，则评定为银级；总性能指标达到 35%，5 个分类的性能指标没有要求，且仅针对既有建筑，则评定为铜级。

### 9.3.6 Green Mark 简介

由于新加坡人均占有资源水平在国际上处于下游位置，为此，采取发展绿色建筑措施是关键之举。新加坡建设局（Building and Construction Authority）于 2005 年 1 月起开始推行绿色标识认证计划（BCA Green Mark Scheme）。绿色建筑标识认证计划是引导新加坡建筑工业向更加环保方向发展的重要创新举措，它可以提高开发商、设计师和建造者在概念设计阶段甚至建设阶段的环境保护意识。

Green Mark 在建筑物的全生命期中将环境友好、可持续发展等理念作为核心理念，最初的评估对象包括新建建筑和既有建筑两个部分。随着建筑市场逐渐丰富，评价体系随着评估对象覆盖范围逐步完善，2013 年，已发布居住类新建建筑与非居住类新建建筑更新版本 V4.1。与 BREEAM、LEED 及 CASBEE 不同，Green Mark 在新加坡实质上是强制标准，而非自愿申请。经过近十年的发展，Green Mark 评价标准获得了各界广泛的认同，并被广泛地借鉴和引用。

Green Mark 评价指标分为 5 大类，分别是能源效率、用水效率、环境保护、室内环境质量和其他绿色特征，具体评价等级见表 9-17。

表 9-17 Green Mark 评价等级

| 得　分 | 等级 |
|---|---|
| 得分≥90 | 铂金级 |
| 85≤得分< 90 | 金级 |
| 75≤得分< 85 | 银级 |
| 50≤得分<75 | 认证级 |

# 参 考 文 献

[1] 徐莉燕．绿色建筑评价方法及模型研究［D］．上海：同济大学，2006.
[2] 丁依霏．基于《绿色建筑评价标准》的绿色建筑设计初探［D］．北京：清华大学，2007.
[3] 宋凌，宫玮．我国绿色建筑发展现状与存在的主要问题［J］．建设科技，2016（10）：16-19.
[4] 王浩，王建廷，程响．2019 版绿色建筑评价标准的变化及推进建议［J］．标准科学，2020（3）：120-123.
[5] 中华人民共和国住房和城乡建设部标准定额研究所．绿色建筑评价标准：GB/T 50378—2019［S］．北京：中国建筑工业出版社，2019.
[6] 中华人民共和国住房和城乡建设部标准定额研究所．建筑工程绿色施工评价标准：GB/T 50640—2010［S］．北京：计划出版社，2011.
[7] 中华人民共和国住房和城乡建设部标准定额研究所．既有建筑绿色改造评价标准：GB/T 51141—2015［S］．北京：中国建筑工业出版社，2015.
[8] 朱颖心．建筑环境学［M］．4 版．北京：中国建筑工业出版社，2015.
[9] 高歌．中外绿色建筑评价标准研究［D］．长春：吉林建筑大学，2017.
[10] 周心怡．世界主要绿色建筑评价标准解析及比较研究［D］．北京：北京工业大学，2017.
[11] 韩春琳．绿色建筑评价体系研究［D］．北京：北方工业大学，2016.
[12] 卢求．德国 DGNB：世界第二代绿色建筑评估体系［J］．世界建筑，2010（1）：105-107.

# 附　　录

## 附录 A　采光计算方法

顶部采光典型条件下的窗洞口面积可按图 A-1 和图 A-2 确定。

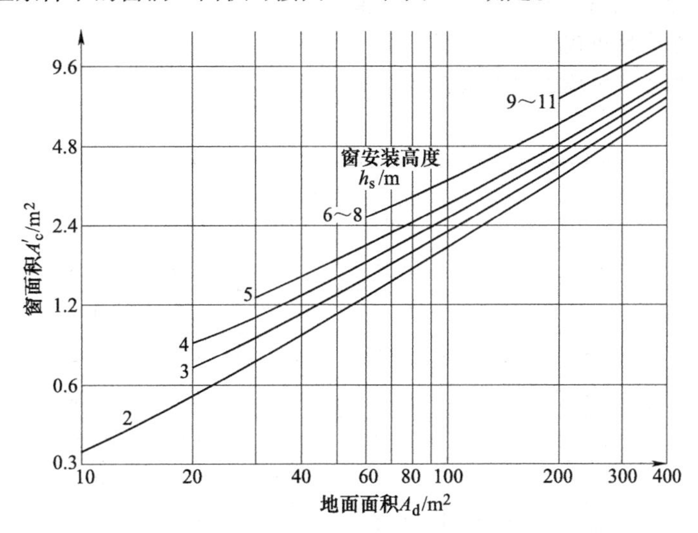


图 A-1　顶部采光典型条件下的窗洞口面积（一）

注：计算条件：采光系数 $C'=1\%$；总透射比 $\tau=0.6$；反射比：顶棚 $\rho_p=0.80$，墙面 $\rho_q=0.50$，地面 $\rho_d=0.20$。

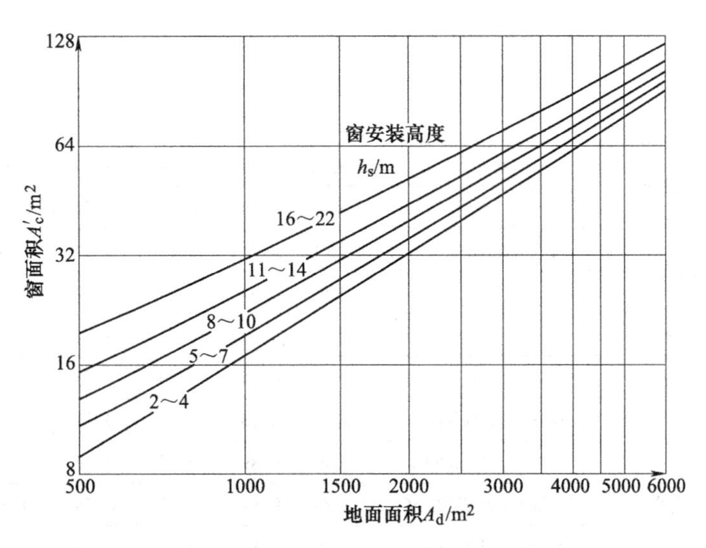


图 A-2　顶部采光典型条件下的窗洞口面积（二）

注：计算条件：采光系数 $C'=1\%$；总透射比 $\tau=0.6$；反射比：顶棚 $\rho_p=0.80$，墙面 $\rho_q=0.50$，地面 $\rho_d=0.20$。

# 附录 B 采光计算参数

透明（透光）材料的光热参数值可按表 B-1 取值。
建筑玻璃的光热参数值可按表 B-2 取值。
常用反射膜材料的反射比 $\rho$ 可按表 B-3 取值。
饰面材料的反射比 $\rho$ 可按表 B-4 取值。
窗结构的挡光折减系数 $\tau_c$ 可按表 B-5 取值。
窗玻璃的污染折减系数 $\tau_w$ 可按表 B-6 取值。
室内构件的挡光折减系数 $\tau_j$ 可按表 B-7 取值。
推荐的采光罩距高比可按表 B-8 取值。
井壁的挡光折减系数可按图 B-1 取值。

表 B-1 透明（透光）材料的光热参数值

| 材料类型 | 材料名称 | 规格 | 颜色 | 可见光 | | 太阳光 | | 遮阳系数 | 光热比 |
|---|---|---|---|---|---|---|---|---|---|
| | | | | 透射比 | 反射比 | 透射比 | 总透射比 | | |
| 聚碳酸酯 | 乳白 PC 板 | 3mm | 乳白 | 0.16 | 0.81 | 0.16 | 0.20 | 0.23 | 0.80 |
| | 颗粒 PC 板 | 3mm | 无色 | 0.86 | 0.09 | 0.76 | 0.80 | 0.92 | 1.07 |
| | 透明 PC 板 | 3mm | 无色 | 0.89 | 0.09 | 0.82 | 0.84 | 0.97 | 1.05 |
| | | 4mm | 无色 | 0.89 | 0.09 | 0.81 | 0.84 | 0.96 | 1.07 |
| 聚甲基丙烯酸甲酯 | 透明亚克力 | 3mm | 无色 | 0.92 | 0.08 | 0.85 | 0.87 | 1.00 | 1.06 |
| | | 4mm | 无色 | 0.92 | 0.08 | 0.85 | 0.87 | 1.00 | 1.06 |
| | 磨砂亚克力 | 3mm | 乳白 | 0.77 | 0.07 | 0.71 | 0.77 | 0.88 | 1.01 |
| | | 4mm | 乳白 | 0.57 | 0.12 | 0.53 | 0.62 | 0.71 | 0.92 |

表 B-2 建筑玻璃的光热参数值

| 材料类型 | 材料名称 | 规格 | 颜色 | 可见光 | | 太阳光 | | 遮阳系数 | 光热比 |
|---|---|---|---|---|---|---|---|---|---|
| | | | | 透射比 | 反射比 | 直接透射比 | 总透射比 | | |
| 单层玻璃 | 普通白玻璃 | 6mm | 无色 | 0.89 | 0.08 | 0.80 | 0.84 | 0.97 | 1.06 |
| | | 12mm | 无色 | 0.86 | 0.08 | 0.72 | 0.78 | 0.90 | 1.10 |
| | 超白玻璃 | 6mm | 无色 | 0.91 | 0.08 | 0.89 | 0.90 | 1.04 | 1.01 |
| | | 12mm | 无色 | 0.91 | 0.08 | 0.87 | 0.89 | 1.02 | 1.03 |
| | 浅蓝玻璃 | 6mm | 蓝色 | 0.75 | 0.07 | 0.56 | 0.67 | 0.77 | 1.12 |
| | 水晶灰玻璃 | 6mm | 灰色 | 0.64 | 0.06 | 0.56 | 0.67 | 0.77 | 0.96 |
| 夹层玻璃 | 夹层玻璃 | 6C+1.52PVB+6C | 无色 | 0.88 | 0.08 | 0.72 | 0.77 | 0.89 | 1.14 |
| | | 3C+0.38PVB+3C | 无色 | 0.89 | 0.08 | 0.79 | 0.84 | 0.96 | 1.07 |
| | | 3F 绿+0.38PVB+3C | 浅绿 | 0.81 | 0.07 | 0.55 | 0.67 | 0.77 | 1.21 |
| | | 6C+0.76PVB+6C | 无色 | 0.86 | 0.08 | 0.67 | 0.76 | 0.87 | 1.14 |
| | | 6F 绿+0.38PVB+6C | 浅绿 | 0.72 | 0.07 | 0.38 | 0.57 | 0.65 | 1.27 |

（续）

| 材料类型 | 材料名称 | 规格 | 颜色 | 可见光 | | 太阳光 | | 遮阳系数 | 光热比 |
|---|---|---|---|---|---|---|---|---|---|
| | | | | 透射比 | 反射比 | 直接透射比 | 总透射比 | | |
| Low-E 中空玻璃 | 高透 Low-E | 6Low-E+12A+6C | 无色 | 0.76 | 0.11 | 0.47 | 0.54 | 0.62 | 1.41 |
| | | 6Low-E+12A+6C | 无色 | 0.67 | 0.11 | 0.44 | 0.51 | 0.59 | 1.27 |
| | 遮阳 Low-E | 6Low-E+12A+6C | 灰色 | 0.65 | 0.11 | 0.44 | 0.51 | 0.59 | 1.27 |
| | | 6Low-E+12A+6C | 浅蓝灰 | 0.57 | 0.18 | 0.36 | 0.43 | 0.49 | 1.34 |
| | 双银 Low-E | 6Low-E+12A+6C | 无色 | 0.66 | 0.11 | 0.34 | 0.40 | 0.46 | 1.65 |
| 镀膜玻璃 | 热反射镀膜玻璃 | 6mm | 浅蓝 | 0.64 | 0.18 | 0.59 | 0.66 | 0.76 | 0.97 |
| | 硬镀膜低辐射玻璃 | 3mm | 无色 | 0.82 | 0.11 | 0.69 | 0.72 | 0.83 | 1.14 |
| | | 4mm | 无色 | 0.82 | 0.10 | 0.68 | 0.71 | 0.82 | 1.15 |
| | | 6mm | 无色 | 0.82 | 0.10 | 0.68 | 0.70 | 0.81 | 1.16 |
| | | 8mm | 无色 | 0.81 | 0.10 | 0.62 | 0.67 | 0.77 | 1.21 |
| | | 10mm | 无色 | 0.80 | 0.10 | 0.59 | 0.65 | 0.75 | 1.23 |
| | | 12mm | 无色 | 0.80 | 0.10 | 0.57 | 0.64 | 0.73 | 1.26 |
| | | 6mm | 金色 | 0.41 | 0.34 | 0.44 | 0.55 | 0.63 | 0.75 |
| | | 12mm | 金色 | 0.39 | 0.34 | 0.42 | 0.53 | 0.61 | 0.73 |

注：1. 遮阳系数=太阳能总透射比/0.87。

2. 光热比=可见光透射比/太阳能总透射比。

表 B-3　常用反射膜材料的反射比 $\rho$

| 材料名称 | 反射比 | 漫反射比 |
|---|---|---|
| 聚合物反射膜 | 0.997 | <0.05 |
| 增强银反射膜 | 0.98 | <0.05 |
| 增强铝反射膜 | 0.95 | <0.05 |
| 阳极铝反射膜 | 0.84 | 0.64~0.84 |

表 B-4　饰面材料的反射比 $\rho$

| 材 料 名 称 | $\rho$ | 材 料 名 称 | $\rho$ |
|---|---|---|---|
| 石膏 | 0.91 | 浅色涂料 | 0.75~0.82 |
| 水泥砂浆抹面 | 0.32 | 混凝土面 | 0.20 |
| 白色乳胶漆 | 0.84 | 浅色木地板 | 0.58 |
| 大白粉刷 | 0.75 | 棕色木地板 | 0.15 |
| 白水泥 | 0.75 | 深色木地板 | 0.10 |
| 红砖 | 0.33 | 不锈钢板 | 0.72 |
| 灰砖 | 0.23 | 沥青地面 | 0.10 |
| 普通玻璃 | 0.08 | 铸铁、钢板地面 | 0.15 |

（续）

| 材料名称 | | $\rho$ | 材料名称 | | $\rho$ |
|---|---|---|---|---|---|
| 调和漆 | 白色和米黄色 | 0.70 | 彩色钢板 | 红色 | 0.25 |
| | 中黄色 | 0.57 | | 深咖啡色 | 0.20 |
| 大理石 | 白色 | 0.60 | 铝板 | 白色抛光 | 0.83~0.87 |
| | 红色 | 0.32 | | 白色镜面 | 0.89~0.93 |
| | 黑色 | 0.08 | | 金色 | 0.45 |
| 瓷釉面砖 | 白色 | 0.80 | 马赛克地砖 | 白色 | 0.59 |
| | 黄绿色 | 0.62 | | 浅蓝色 | 0.42 |
| | 粉色 | 0.65 | | 浅咖啡色 | 0.31 |
| | 天蓝色 | 0.55 | | 绿色 | 0.25 |
| | 黑色 | 0.08 | | 深咖啡色 | 0.20 |
| 塑料贴面板 | 浅黄色 | 0.36 | 塑料墙纸 | 黄白色 | 0.72 |
| | 中黄色 | 0.30 | | 蓝白色 | 0.61 |
| | 深棕色 | 0.12 | | 浅粉白色 | 0.65 |

表 B-5 窗结构的挡光折减系数 $\tau_c$

| 窗种类 | | $\tau_c$ |
|---|---|---|
| 单层窗 | 木窗 | 0.70 |
| | 钢窗 | 0.80 |
| | 铝窗 | 0.75 |
| | 塑料窗 | 0.70 |
| 双层窗 | 木窗 | 0.55 |
| | 钢窗 | 0.65 |
| | 铝窗 | 0.60 |
| | 塑料窗 | 0.55 |

注：表中塑料窗含塑钢窗、塑木窗和塑铝窗。

表 B-6 窗玻璃的污染折减系数 $\tau_w$

| 房间污染程度 | 玻璃安装角度 | | |
|---|---|---|---|
| | 垂直 | 倾斜 | 水平 |
| 清洁 | 0.90 | 0.75 | 0.60 |
| 一般 | 0.75 | 0.60 | 0.45 |
| 污染严重 | 0.60 | 0.45 | 0.30 |

注：1. $\tau_w$值是按6个月擦洗一次窗确定的。

2. 在南方多雨地区，水平天窗的污染系数可按倾斜窗的$\tau_w$选取。

表 B-7 室内构件的挡光折减系数 $\tau_j$

| 构件名称 | 结构材料 | |
|---|---|---|
| | 钢筋混凝土 | 钢 |
| 实体梁 | 0.75 | 0.75 |
| 屋架 | 0.80 | 0.90 |
| 吊车梁 | 0.85 | 0.85 |
| 网架 | — | 0.65 |

表 B-8 推荐的采光罩距高比

| | | |
|---|---|---|
| 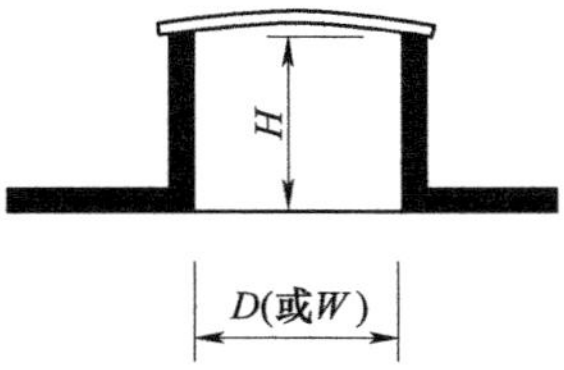 | 矩形采光罩：<br>$WI=0.5\times\left(\frac{W+L}{WL}\right)$<br>圆形采光罩：<br>$WI=H/D$ | $d_c/h_x$ |
| | 0 | 1.25 |
| | 0.25 | 1.00 |
| | 0.50 | 1.00 |
| | 1.00 | 0.75 |
| | 2.00 | 0.50 |

注：WI—光井指数；$W$—采光口宽度（m）；$L$—采光口长度（m）；$H$—采光口井壁的高度（m）；$D$—圆形采光口直径（m）。

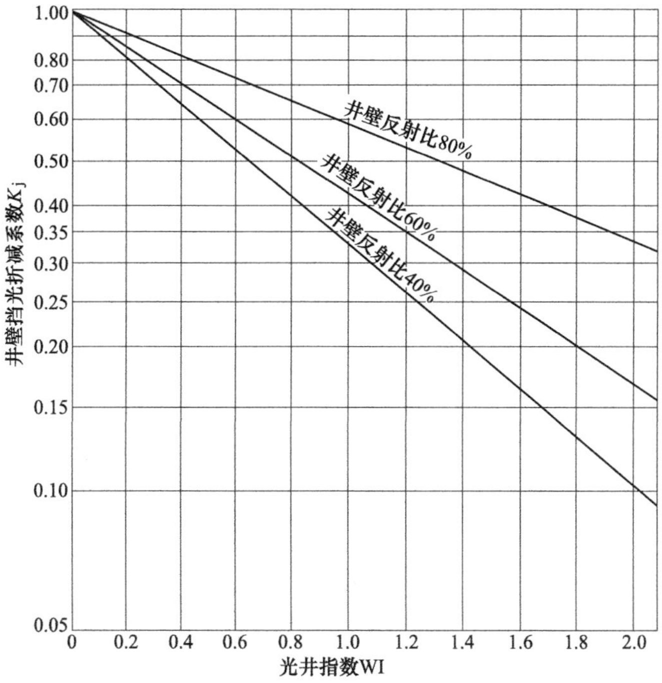


图 B-1 井壁的挡光折减系数